张福泽院士

在研究飞机疲劳寿命

2004 年在日本横滨召开的国际航空科学大会（ICAS′2004）上宣读论文

2010 年在实验室检查试验件的裂纹扩展情况

中国工程院院士文集

张福泽文集

(第2版)

(上册) 飞机疲劳寿命

张福泽　著

航空工业出版社

北　京

内容提要

本书分为上下两册。《（上册）飞机疲劳寿命》，遴选了张福泽院士在国际飞机疲劳寿命理论研究中独创的学术论文；同时汇集了他在我国大机群飞机、多型号系列飞机定寿重大工程项目中的研究论文和他从事半个多世纪科研工作的感悟文章。《（下册）日历寿命》，遴选了张福泽院士在日历寿命理论研究与试验验证方面的独创学术论文，是一套较完整的确定日历寿命的理论体系。

本书不仅体现出张福泽院士的学术造诣，而且还折射出他在研究道路上那种敢于担当、勇于创新、坚韧不拔、百折不挠的精神。相信广大科技人员、高等院校师生从中可以获得借鉴和启迪。

图书在版编目（CIP）数据

张福泽文集/张福泽著. --2版. --北京：航空工业出版社，2024.5

ISBN 978-7-5165-3750-3

Ⅰ.①张… Ⅱ.①张… Ⅲ.①飞机-结构寿命-文集 Ⅳ.①V221-53

中国国家版本馆CIP数据核字（2024）第102511号

张福泽文集（第2版）

Zhang Fuze Wenji（Di-er Ban）

航空工业出版社出版发行

（北京市朝阳区京顺路5号曙光大厦C座四层　100028）

发行部电话：010-85672666　010-85672683

北京天恒嘉业印刷有限公司印刷　　全国各地新华书店经售

2024年5月第1版　　2024年5月第1次印刷

开本：787×1092　1/16　　字数：977千字

印张：44　　插页：4　　定价：260.00元（全二册）

《中国工程院院士文集》总序

二〇一二年暮秋，中国工程院开始组织并出版《中国工程院院士文集》（简称《文集》）系列丛书。《文集》收录了院士的传略、学术论著、中外论文及其目录、讲话文稿与科普作品等。其中，既有早年初涉工程科技领域的学术论文，亦有成为科技领军人物后，学术观点日趋成熟的思想硕果。卷卷《文集》在手，众多院士数十载辛勤耕耘的学术人生跃然纸上，透过严谨的工程科技论文，院士笑谈宏论的生动形象历历在目。

中国工程院是中国工程科学技术界的最高荣誉性、咨询性学术机构，由院士组成，致力于促进工程科学技术事业的发展。作为工程科学技术方面的领军人物，院士们在各自的研究领域具有极高的学术造诣，为我国工程科技事业发展做出了重大的、创造性的成就和贡献。《中国工程院院士文集》既是院士们一生事业成果的凝练，也是他们高尚人格情操的写照。中国工程院出版史上能够留下这样丰富深刻的一笔，与有荣焉。

我向来以为，为中国工程院院士们组织出版《文集》之意义，贵在"真、善、美"三字。他们脚踏实地，放眼未来，自朴实的工程技术升华至引领学术前沿的高境界，此谓其"真"；他们热爱祖国，提携后进，具有坚定的理想信念和高尚的人格魅力，此谓其"善"；他们治学严谨，著作等身，求真务实，科学创新，此谓其"美"。《文集》集真、善、美于一体，辩而不华，质而不俚，既有"居高声自远"之澹泊意蕴，又有"大济于苍生"之战略胸怀，斯人斯事，斯情斯志，令人们阅后难忘。

读一本《文集》，犹如阅读一段院士的"攀登"高峰的人生。让我们翻开《中国工程院院士文集》，进入院士们的学术世界。愿后之览者，亦有感于斯文，体味院士们的学术历程。

徐匡迪

2012年7月

前　言

飞机定寿是航空工业中一个组成部分，它属于多领域、多学科、技术密集型的系统工程。飞机使用寿命有两大指标：一是疲劳寿命，二是日历寿命。疲劳寿命是指在重复载荷作用下能够飞行的小时数和起落次数；日历寿命是指飞机在使用环境和使用条件下，能够完成其使用功能的持续日历时间。

每种飞机寿命（指结构寿命，下同）在使用环境和条件下，它是一个客观存在的定值。这个定值是靠人们用科学的方法，把它确定下来。飞机寿命确定高了，会造成飞机的可靠性降低，给使用部门造成后患；寿命确定低了，会使飞机该具有的性能没发挥出来，给国家造成经济损失和财力物力的浪费。因此，合理确定飞机寿命指标，是保障飞机飞行安全和充分发挥经济效能的关键。对此，国际业界的专家、学者，围绕飞机寿命展开了长期的研究与探索。

笔者自 1966 年步入飞机疲劳寿命领域，1995 年步入飞机日历寿命领域，50 多年来在完成我国近万架、多系列飞机疲劳定寿延寿过程中，即使在没立项和没有资金保障的情况下，依然利用节假日和业余时间，长期坚持疲劳和日历寿命研究。共发表学术论文 106 篇，其中独自发表 59 篇。取得了一批国内外同行专家认可和应用的重要理论成果。

如今，笔者已是一位耄耄老人，不少同事、朋友力劝我把这些研究成果加以整理，汇编成册，一来可供后人了解这一领域的研究发展状况，二来对年轻科研人员也能起借鉴作用。经再三考虑，又逢中国工程院组织并陆续出版《中国工程院院士文集》，于是在 2017 年初，开始了文稿的整理工作，同年 11 月出版了《张福泽文集》。2021 年 7 月重印。前两次印刷出版的文集是疲劳寿命和日历寿命合编的，根据读者的建议，本次文集整理将疲劳寿命和日历寿命分别单独编辑，汇编成为两个分册：《张福泽文集（第 2 版）（上册）飞机疲劳寿命》和《张福泽文集（第 2 版）（下册）日历寿命》。

《张福泽文集（第 2 版）（上册）飞机疲劳寿命》，内容包括飞机疲劳理论、疲劳分散系数、大机群与系列飞机定寿延寿、工作感悟和附录。主要汇集了笔者在国际疲劳寿命理论研究论文和从事半个多世纪科研工作的感悟文章。《张福泽文集（第2版）（下册）日历寿命》则汇集了笔者关于日历寿命理论研究与试验验证方面的学术论文和研究报告，是一套较完整的确定日历寿命的理论体系。

由于笔者水平有限，书中错误或不当之处在所难免，敬请读者批评指正。

本书在编辑出版过程中得到中国工程院和北京航空工程技术研究中心的大力支持，并得到李韶华和陈群志同志的帮助，在此对所有参与本书出版工作的同志一并表示感谢。

张福泽

2024年2月

作者简介

张福泽，辽宁岫岩人，1936年3月出生，1962年9月毕业于北京航空学院（现北京航空航天大学）飞机系，同年10月分配到北京航空工程技术研究中心从事飞机结构寿命与可靠性研究工作。历任技术员、工程师、高级工程师、研究员，空军可靠办总工程师，兼任空军首席专家，中国人民解放军总装备部科学技术委员会兼职委员、顾问。他是我国著名的飞机结构寿命与可靠性专家，1995年当选为中国工程院院士，也是中国空军第一位院士。

他在半个多世纪的科学研究中，敢于担当，勇于创新，为我国飞机的定寿延寿做出了重大贡献。

他是我国第一个和第二个大机群延寿开拓者和奠基人。20世纪60年代末，大学毕业不久的张福泽先后挑起两个大机群飞机延寿重任。他亲自设计并率领课题组成员自力更生研制成功两套用于疲劳试验的设备，该设备获国家发明奖。接着他又率领机群延寿课题组成员，苦战10余年，于70年代中期，首次给出了两种飞机机群的延寿结论。将这两种飞机的总使用寿命由1700飞行小时分别延至3700和3200飞行小时，相当于为军队新增千余架飞机。该课题1978年获全国科学大会奖，张福泽位列获奖名单第一人。

他是我国第一个飞机实测载荷谱的开拓者和编制者。20世纪60年代，我国尚未开展全尺寸疲劳试验工作，全国又处于“文化大革命”的内乱时期，他亲自动手组织飞机载荷谱实测和数据处理，经过3年实干，终于编制出我国第一个实测载荷谱，成功用于乌米格－15全尺寸疲劳试验，开启了我国编制实测飞行载荷谱的先河。

他是我国第一部“飞机强度规范疲劳分册”的开拓者、制定者之一。80年代初，张福泽被借调到空军机关参与编写我国《军用飞机强度和刚度规范》（简称《规范》）。《规范》共设12个分册，他的任务是编写空海军版本的疲劳分册部分。这部分是新增加的，没有经验资料可借鉴，他克服重重困难，完成了编写任务。不仅如此，他还被推选为《规范》编审委员会的专家委员，参与了《规范》全部12个分册的统编工作。这部《规范》是我国自行编写的首部飞机强度和刚度规范文件，对于我国航空工业的正规化建设与发展具有十分重要的意义。1987年，此《规范》荣获国家科学技术进步奖二等奖。

他以自创的“系列飞机定寿法”为指导，在空军可靠办领导下，从技术上组织全国航空疲劳界共同奋斗，仅用3种在研飞机定寿的经费，完成了15个机型近万架飞机的定寿延寿任务，解决了新中国成立40年来一直亟待解决的大难题，取得了数千架飞机的巨大军事效益和经济效益。1995年，“‘系列飞机定寿法’及其在15种飞机定寿中的应用和其中10种飞机定延寿”的重大工程项目，获国家科学技术进步奖一等奖，张福泽位列获奖名单第一人。

张福泽在各大机群定寿过程中，为满足我国飞机定寿需要，利用业余时间，还对该领域国际上未解决的难题进行研究，取得一批突破性的理论成果。他先后发表论文106篇，其中独自完成和撰写59篇，逐步形成了其独树一帜的确定飞机日历寿命的理论体系。

他首创“裂纹形成和裂纹扩展寿命的两个类比计算模型”，为国际疲劳界提供了一种新的寿命计算公式和方法，被誉为“张福泽类比模型”。他在飞机定寿领域，首先发明“代表起落谱”，突破了国际上一直无法解决真实的“载荷迟滞效应”和“随机载荷状态”两大难题，被誉为“里程碑”和“张福泽谱”。

他发明了“寿命系数定寿法”，解决了国内外无法减少全尺寸疲劳试验时间的难题；他发明了“耗损系数单机寿命监控法”，攻克了国内外现行监控无法解决的若干技术难题；他拨乱反正，引领国际疲劳分散系数创新发展30年（1985—2015年），得到国内外学术界认可。

他创建了用真实腐蚀参数计算飞机日历寿命新理论和确定的新方法，解决了国际上数百年来一直追求解决而没有解决的大难题，是历史性突破。

由于上述一系列的重要学术成果受到业界青睐，张福泽先后应邀赴美国、英国、德国、法国、澳大利亚、俄罗斯、日本、新加坡等国参加学术会议、讲学和交流，得到国际同行很高的评价。

张福泽通过多年坚持不懈的勤勉工作和孜孜以求的探索研究，取得了一系列重大成果。他先后荣获全国科学大会成果奖2项，国家科学技术进步奖一、二等奖各1项，军队科技进步奖一等奖4项、二等奖4项。1990年被评为国家级有突出贡献的中青年专家，享受国务院政府特殊津贴。1992年被评为全国12名“科技英才”人物之一，其事迹在中央人民广播电台播出。1996年分别荣获首届全军专业技术重大贡献奖和香港第三届何梁何利基金科学与技术进步奖，2003 年获首届空军专业技术重大贡献奖。2019 年中国空军成立 70 周年之际，他被空军评为“推进空军战略转型十大杰出人物”，受到国家主席习近平的接见并合影留念，这说明他取得的成果达到了空军战略转型高度，为空军做出了战略性贡献。

此外，他先后受聘为空军工程大学教授，北京航空航天大学、西北工业大学、南京航空航天大学兼职教授，被我国十余家航空工业公司和研究所聘任为飞机定寿方面的技术顾问及多个科技学会的理事。

自　述

我1962年毕业于北京航空学院（现北京航空航天大学），分配到北京航空工程技术研究中心工作。报到后，下放飞行部队锻炼一年、到飞机修理厂实习一年、下农村搞“四清”半年、参加杜-4飞机改装发动机一年。

从1966年底，我开始步入飞机寿命研究领域。我是学飞机设计的，从事飞机寿命研究并不是出于自己喜爱这个专业，而是出于当时国家需要而步入这个领域的。我认为，一个科技工作者应该按所学专业向前发展，但有时国家需要你改变专业，去干别的工作时，你还是应该顾全大局，服从国家的需要，在新的领域中发展，为国家作贡献，这就是“小我”服从“大我”的道理。

我在科研中有过5次大的改变工作岗位和专业的经历，我一直按着上述原则行事，当时虽然也有不同的想法，但最终还是服从了国家的需要。可以说，我为国家做了几件成功的事，大部分都是在被迫改变工作岗位和所学专业后，在新的领域中苦学实干、拼搏攀登取得的，甚至是在“发配”和当“二助理”中，锲而不舍见缝插针取得的。可以说，我是在被动调遣中创业，在主动攀登中作贡献，因此，我每走一步，都要付出比常人多几倍的努力。

第一次调动是1966年，我去上海飞机修理厂临时出差之际，主动为乌米格-15型飞机延寿研究确定出3个关键件，并根据其受力状况，又研究制订出这3个关键件的疲劳试验方案。因此，组织上让我改变所学的飞机设计专业去搞乌米格-15飞机延寿课题。当时，我对飞机延寿问题一窍不通，况且这又是一个全所有名的“老大难”课题，已搞了多年，换了几批人，都没搞出结果。叫我这个刚毕业不久的年轻人牵头搞这样大的课题，当时我也感到为难。但又想，国家出于急需才决定研究这个涉及数百架飞机的停飞和报废的课题，难道只因为它是“老大难”，没油水，谁都不干，那么国家怎么办？经过这样对比考虑，我决定放弃所学专业，接受这个课题。经过我们课题组十余年的苦干实干，全力以赴，精心研制疲劳试验设备，实测与编制载荷谱，做应力分析与寿命计算、外场领先使用、工厂延寿修理和长期多次疲劳试验等工作，最后我们不仅将乌米格-15大机群飞机的寿命延长1.2倍，而且还把米格-15比斯大机群飞机的寿命延长1倍，为国家创造出千余架飞机的使用价值。我自己也在苦学实干中学到了许多新知识，开辟了新的学科领域，也使北京航空工程技术研究中心形成了一批飞机疲劳定寿的队伍。这个课题1978年获全国科学大会奖。我个人也因此立了功，并在总结两个大机群延寿课题基础上，发表了我国第一个大机群延寿的论文和我国第一个飞机实测飞行载荷谱等5篇论文。

第二次调动是在1977年，在我搞完乌米格-15和米格-15比斯两个大机群飞机延寿后，又接受了一项全所重点课题——歼6飞机延寿课题并任课题组组长。在课题进行过程中，由于我抵制了本单位领导的一个不公正决定①，没过几日，他们把我调出延寿组，去搞歼6飞机增挂500kg炸弹改装。我到改装组后，发现已动工的实施方案太复杂，等于重新设计一个歼6的后机身。经过全机受力分析，我提出了传力路线最短、受力最佳的挂弹方案。这个挂弹方案不需要改动机体结构，挂在机身与机翼对接的螺栓上，使复杂的改装变得十分简单，不需要进修理厂，在外场就可实施改装。该方案除改装简单易行外，还由于挂弹处刚度大，又靠近飞机重心位置，使投弹命中率高。该方案一提出，就得到上上下下一致赞同。方案通过后，我除画出改装草图外，还进行强度计算、跟产加工和试飞全过程。经课题组成员共同努力，于1978年完成，同年获全国科学大会奖。该课题结束后，我撰写了《歼6增挂500kg炸弹最佳方案研究》和《歼6增挂500kg炸弹强度分析》两篇论文。

第三次调动是在1980年初，我从歼6增挂炸弹课题组回所后，正准备搞歼6飞机延寿之际，领导又把我调出课题组，“发配”到所外“打工”5年，长期与外单位协作，编写《飞机强度和刚度规范》。为了顾全大局，在说明是非后，我被迫地接受了这个任务。从此，我便离开了白手起家、苦干十余年创立的疲劳延寿组和延寿课题，到新的领域中去“闯荡”。不过，我坚信，靠我苦学实干、不屈不挠的性格，我会在新的领域里为国家做出新的贡献。

进入编写组后，我发现工业部门和空海军部门在强度规范编写的方法、观点、内容等方面分歧很大，合写已不可能，因此上级主管部门决定工业部门和空海军部门分别各自写出自己的版本，然后再合编成一个版本。在空海军

① 1977年，因我的一篇论文受到单位领导不公正处理，当时我进行了说理甚至顶撞，后来陈恩鸿总师代表所里进行处理，结论是“张福泽的论文，从研究、发表到署名无误。”虽然我赢了这场“官司”，却引来频繁地调动工作岗位，使我永远离开了自己亲手创办的延寿组。

版本分工时，总共有12个分册，其中有11个分册有人接受编写任务，但疲劳分册无人问津，其原因是该分册在我国老强度规范中是没有的，属于新增加的，我国又缺少这方面的研究和有效的试验数据进行充实和修改，因此，科技界分歧意见比较大，写成规范很难。为了能使这项工作顺利进行，面对这些压力，我主动要求承担这个分册的编写，我原以为，出来编写规范，就脱离了疲劳学科，没想到命运又安排我搞飞机疲劳规范。在此基础上，我结合国内实际情况和研究成果，参考国外相应的规范，于1984年写出空海军版本的飞机疲劳分册及其使用说明书。然后用半年多时间与航空工业部蒋祖国研究员为主编的“疲劳”分册进行合编。在合编过程中，虽然在具体内容上有许多分歧意见，但本着为我国编写出一部先进的飞机疲劳设计和试验用的规范的目的，我们互相取长补短，克服种种技术障碍，经过多次协调，终于在1985年初编出合编版本及其使用说明。我不仅完成了疲劳分册的编写，而且还参加了整个12个分册的统编。这部我国自行编写的12个分册的《飞机强度和刚度规范》于1985年底经国家主管部门批准，正式颁布执行。1987年,这部规范获国家科学技术进步奖二等奖。

这部国家飞机设计规范是航空工业部和空海军几十个有关单位的近百名专家、教授共同完成的。在这5年中，我除完成自己的编写任务外，还充分利用这种有利条件刻苦学习，丰富提高自己。我没有把这5年当成“发配”而消极怠工，相反，当成中途“充电”“加油”的过程，使我有机会系统地学习疲劳领域里的一些基本理论和进行一些前沿专题研究，我的一些理论成果就是在这个阶段中取得的，为今后开展寿命研究打下了理论基础。在编写《规范》的5年中，我先后写了《裂纹形成寿命的类比计算法》《裂纹扩展寿命的类比计算法》和有关疲劳分散系数方面的6篇论文。

第四次调动是1984年底，在我刚刚完成协作编写《飞机强度和刚度规范》，准备回所继续搞飞机延寿课题时，所里领导找我谈话，叫我到上级机关执行临时任务。到机关报到后才知道，这项任务是协助机关进行飞机寿命和可靠性管理。所里曾派了一名同志来做这项工作，但机关不满意，要求换人。所领导又找了几个人，谁都不乐意干这种跑腿的“二助理”任务，最后又派到我的头上。知道了这些情况后，我想不通，只因为我抵制过一次领导的错误决定，“发配”5年在外边，这还不够吗？现在又把“二助理”的跑腿活给我干，这太不公平！我真想不干了，回所评评理。但又想，这样会影响机关和研究所的关系，对全所今后开展工作不利，况且，我不干，总要有人去干，这也是国家需要，就这样我又不情愿地被迫接受了这项“二助理”任务。说实在话，机关“二助理”的活，对我这种性格的人是不合适的，怎样才能适应这种新的环境和任务，我心里是没底的。不过，我还有信心，不管环境和任务有多复杂，有多困难，我会想方设法去打开局面，把工作做好。

到机关的任务是参加《航空产品寿命和可靠性暂行规定》的制定。这是在国防科工委主持下，由航空工业部、空海军和电子工业部共同参加的项目。我们齐心协力，通过1年的调查和研究，把我国《航空产品寿命和可靠性暂行规定》制定出来了，从而使我国航空装备的各类产品，在寿命和可靠性方面的概念、定义、评估原则和评估方法得到统一，对航空产品走向正规、与国际接轨有重要意义。在完成这项任务中，我主动地全面了解了我国各类航空产品普遍存在寿命短、可靠性差的严重情况。1972年和1974年，歼5飞机连续两次在飞行中由于机翼疲劳而断裂，造成机毁人亡的灾难性事故。飞机座舱盖爆破、起落架折断事故也屡屡发生，各个系统的附件和电子产品的故障更是层出不穷。这些问题不解决，不仅对飞机飞行安全和出勤率直接产生影响，而且影响我国航空事业的发展。这不是一个机型的产品问题，它涉及所有机种的产品，是具有全局性质的问题，必须引起重视，抓紧解决。为此，我向国防科工委有关领导提出这方面的建议，他们表示支持并设法解决这些问题。通过参加这项任务，我对航空产品寿命和可靠性研究的认识提高了，过去搞具体机型飞机延寿，只局限于定寿方法、具体的技术途径等方面；编写《飞机强度和刚度规范》，则着重基础知识和一些先进技术的全面掌握和引用；而这次任务，通过深入到设计、生产和使用部门，掌握了用鲜血和生命换来的第一手材料，使我认识到解决这些问题的重要性和迫切性。为了解决飞机寿命的可靠性问题，我在完成这项任务中，一边到基层搞调研，一边研究我国所有机群飞机的定寿延寿和可靠性问题。我利用乌米格－15和米格－15比斯两个机群飞机延寿中研究出来的“类比寿命计算法”的原理，于1985年底又研究出“系列飞机定寿法”。

第五次调动是1986年初，上级机关调我到机关协助完成国防科工委给空军下达的任务，即在“七五”“八五”期间，完成国产3个在研机型飞机的定寿和可靠性问题。为此，空军工程部决定由吕志刚助理和我先做调研和摸底工作。在调研摸底中，空海军强烈要求在“七五”“八五”期间解决新中国成立以来积压下来的现役近万架飞机的寿命问题。为了解决这一重大的历史遗留的系统工程项目，空海军和航空工业部曾多方努力向国家进一步申请经费，但都没有得到解决，国家还是坚持搞在研的3个新机型的寿命课题。在定寿技术方法上，也没找到解决这个系统工程项目的办法，因此这项意义重大的系统工程项目一度无法进行。在这种研究经费严重不足、上下观点存在矛盾的情况下，我当时想，我应该积极主动为国家解决这些困难，于是就利用调研摸底阶段的业余和节假日时间，加班加点把我在1985年底研究的“系列飞机定寿法”，结合我国在研的新机种和现役的老机种的实际情况，进一步充实和完善，使它在基本原理上更合理，在实际应用上更切实可行。就这样，又经过几个月深入研究后，我在一次飞机疲劳寿命专业会上介绍了“系列飞机定寿法”，引起了到会的专家、教授和空海军代表的极大兴趣，并进行了多次热烈讨论。大家一致认为，这是解决我国积压40余年的近万架多系列飞机寿命的有效技术方法。最后大家一致同意，把“系列飞机定寿法”作为我国各系列飞机定寿的指导方法。

1987年，为了把这个多领域、多学科、技术密集型的复杂系统工程项目搞好，经总参谋部批准，空军成立了可靠性办公室，外场部部长蔡凤亭任主任、吕志刚任副主任、我任总工程师。在后来的十余年中，在办公室领导的主持下，我从技术上组织完成这项课题。在机关的正确领导和近百名多学科的专家、教授共同努力下，完全靠我国自己的力量，以“系列飞机定寿法”为指导，仅用3个新机型飞机定寿经费，就完成了近万架15个新老机型飞机的定寿延寿大型系统研究项目，这不仅保证了空海军飞机的飞行安全，而且还产生了数千架飞机的经济价值。1995年，“‘系列飞机定寿法’及其在15种飞机定寿中的应用和其中10种飞机定延寿”的重大工程项目，荣获国家科学技术进步奖一等奖。

我在这频繁调动的二十几年中，由被动地当上“二助理”和总工程师，到主动地去开拓，去创新，结果研究出“系列飞机定寿法”，并以此方法为指导，组织整个航空疲劳界进行十几年的“疲劳战”，终于把新中国成立40多年来一直没解决的重大系统工程难题解决了。这说明，不畏逆境，在被动的局面下，通过主动地工作，改变被动局面，也同样可以做出贡献。可以说，我上半辈子，包括小学因父亲去世被迫停学，大学期间生病和当辅导员两次被迫要降班，工作后，几次被动地改变工作岗位和专业，我都没有被这些被动局面征服；相反，通过主动地迎战，苦学实干，开拓创新，结果使每一次的被动局面都改变了，都取得满意的好结果。

我始终认为，一个国家、一个民族，没有独立自主、开拓创新的精神和行动，这个国家、这个民族就永远是个落后的国家、落后的民族；一个科技工作者，在自己的工作中，没有自力更生、勇于担当、开拓创新的思维，就永远被动地跟在别人的后边，永远不会有自己的一块“天地”。

我不论是研究课题还是执行临时任务，总是在吸收前人已有成果的基础上，通过自己的探索创新，形成与别人不同的新理论、新方法和新成果。

1966年底，我接受乌米格-15飞机延寿课题时，首先总结先前课题组多年没有搞出结果的原因，然后，自己通过调研和独立探索，确立了自己的研究方法和路子。为此，我突破常规，克服重重技术障碍，科学地确定出该型号飞机的疲劳试验部件；根据这个部件受力特点和支持条件，又独立自主地创新开发出国内外没有的（一次可以试验3个部件）自身平衡的疲劳试验设备。为了疲劳定寿更真实，更可靠，我们又探索进行了飞行载荷实测，并编制出我国第一个实测飞行载荷谱。与此同时，我们团队又自己动手研制出疲劳试验用加载系统和自动控制系统。没有实验室，我们就在办公楼的走廊里试验；没有器材，我们就到各单位废料堆里去拣；没有运输工具，我们就自己扛，用马车拉。就这样，我们苦干实干整整十余年，独立自主地研制出我国第一套飞机疲劳试验设备和各个系统，并用这套设备成功地进行了三个大机群飞机（乌米格-15、米格-15比斯和歼5）的部件疲劳试验。依据大量疲劳试验和寿命的分析计算，再结合飞机的领先使用和延寿翻修，便把这三个大机群飞机的寿命平均延长了1倍，为国家创造出近千架飞机的价值。从而，也就开拓出我们自己的一套至今仍适用的大机群飞机延寿和定寿的路子和方法。如果没有独立自主的创新思维和行动，也许走不出当时的困境，就不可能为国家做出这样的贡献。

1969—1980年，在疲劳寿命分析计算中，我发现在相同载荷谱和试件情况下，在使用迈因纳（Miner）经典理论公式计算寿命时，由于公式中的常数取值不同，可以计算出差异很大的寿命值。据研究，这个常数理论值等于1，但工程实际值很分散，这是导致寿命计算结果分散的主要原因之一，也是该理论创立以来一直没有解决的难题。我出于好奇心，也为了探索出一种更准确、更可靠的寿命计算模型，耗费近10年的业余时间进行攻关和试验验证。最后，我用相同部件分散性相等的原理，推导出裂纹形成寿命类比计算数学模型。这个模型不仅解决了Miner经典理论模型的分散性难题，而且还把全尺寸疲劳试验结果引入模型中，这样就可以提高寿命计算的准确性和可靠性，构成一种裂纹形成寿命计算的新方法。这个数学模型在《航空学报》上发表后，当年就被美国国家技术情报局主办的著名刊物《AD报告》译成英文全文转载。后来，写进我国《飞机强度和刚度规范》使用说明中，作为规范推广应用。这说明在日常工作中只要有创新思维，主动寻找问题，深入研究，也可以做出理论成果。

1972年和1974年，我国歼5飞机连续两次在飞行中由于疲劳裂纹引起机翼大梁折断，导致机毁人亡的灾难事故。为了研究该型号飞机的疲劳寿命，上级决定再生产一套上述的疲劳试验设备。但我当时想，既然要重新制造一套设备，我们就应该再向前发展一步，不能停留在原来的水平上。这种想法当时有些同志是不同意的，他们认为，现有的这套设备已经很成功，再生产一套就行了，何必自找麻烦重新设计一套新设备。我并没有因此而罢休，利用一个月的业余时间，设计出一套一次可以试验4个机翼主梁和2个机身主梁的卧式疲劳试验设备图样，这种试验设备与现有设备比较，不仅试验件数由3件提高到6件，而且取消了原设备的承载支持部件，使6个试件构成一个自身平衡系统，试件受力更真实，设备更轻便，使用更方便。经过几次讨论后，大家同意这种创新方法。后来，在这个新设备上，又进行了几个机型飞机的疲劳试验，试验结果与实际飞行结果吻合。该设备的创新方法获国家发明奖。

我是搞工程技术研究的，研究课题往往以工程项目为牵引，完成的标准是项目的总体性能和达到的水平，对理论成果并不苛求。但我在完成每项课题，哪怕是临时任务时，总是要从中找出一些具有前沿性，同时又具有很强适用性的内容，利用业余时间进行深入研究。我在大机群飞机定寿延寿研究中，发表了20余篇论文，几乎全部是这样产生的。这种从实践中提炼出来的前沿理论成果，发表后往往受到国内外工程界欢迎。由于这些理论成果都不是立项搞的，不仅没有经费支持，而且也无充足的时间保证，主要靠业余和节假日进行研究。没有经费做试验验证，只好从大量的别人已发表的用于其他研究的试验数据中查找，转换成为对我有用的数据进行验证，因此，我每发表一篇论文都要花费比别人更多的时间和精力。

1995年，我当选为中国工程院院士后，一如既往地继续奋战在飞机疲劳寿命第一线。除此之外，我还利用搞疲劳寿命的间隙和业余时间进行飞机日历寿命研究。日历寿命与疲劳寿命一样，都是飞机的寿命指标。但到目前，国际上飞机日历寿命确定仍不能像疲劳寿命那样，通过试验和计算较准确地给出，工业部门只能靠经验和“拍脑门”给出不可靠的飞机日历寿命。根据这种不可靠的日历寿命，飞机在外场腐蚀环境下长期使用，使金属腐蚀损伤值超过腐蚀损伤容限值，导致摔飞机，这类事故国内外是屡见不鲜的。由于金属腐蚀的影响因素太多太复杂，因此，自1813年法拉第定律创立200多年来，世界上至今仍没有找到一种有效的计算理论和试验方法给出飞机可靠的日历寿命。

为了确定飞机日历寿命，我“自找苦吃”，决定探索解决这一世界性难题。由于没把握，怕交不了“差”，因此我没敢申请立项。在没资金和时间保证的情况下，利用业余时间默默研究了28年。现在可以说，已取得了一些有效成果，发现了7条与日历寿命有关的基础规律曲线。以这些曲线为基础，经过推导研究给出如下8种公式和其他研究成果：

（1）金属和涂层日历寿命的理论计算公式和确定方法，其中金属4种公式、涂层1种公式；（2）机械（飞机）总日历寿命和翻修日历寿命的各1种计算公式和确定方法；（3）等损伤环境谱的1种换算公式；（4）2种求解机件真实腐蚀容限的原理和方法；（5）日历寿命分散系数和全机日历寿命确定方法。这是一套较完整的确定机械（飞机）日历寿命的理论体系。

现在人们可以用我上述研究成果，用真实使用环境参数和腐蚀介质，通过试验和计算就能给出机械（飞机）的日历寿命了！我从1999年开始，陆续在《航空学报》《科学前沿》和国际航空科学大会上，发表日历寿命方面论文23篇。上述成果，目前已在我国××系列飞机日历寿命确定中得到应用，取得良好效果。

回首我的科研之路，它是一条坎坷曲折之路，我所获得的成果也是在这条坎坷曲折路上取得的。有人问我，要没有这条坎坷曲折的路，你会怎么样？这个问题说法不一，我也没有具体答案，请读者帮我回答！

目　录

（上册）飞机疲劳寿命

第一部分　飞机疲劳理论

第二部分　疲劳分散系数

第三部分　大机群与系列飞机定寿延寿

第四部分　工作感悟

附　　录

（下册）日历寿命

第一部分　张福泽日历寿命确定的理论和方法

第二部分　金属腐蚀容限和全机日历寿命确定方法及相关文章

第三部分　张福泽等腐蚀损伤温湿谱编制原理和方法

第四部分　日历寿命分散系数确定方法

第五部分　张福泽日历寿命规律曲线及其试验验证

附　录

第一部分

飞机疲劳理论

导　读

张福泽院士自1966年年底步入飞机结构寿命和可靠性研究领域以来，围绕飞机寿命展开了长期的探索研究，先后发表了《裂纹形成寿命的类比计算法》《裂纹扩展寿命的类比计算法》《飞机载荷谱编制的新方法研究——代表起落谱编制原理和方法》和《寿命系数定寿的原理和方法》等学术论文，主要内容归纳如下。

（1）《裂纹形成寿命的类比计算法》和《裂纹扩展寿命的类比计算法》：解决了Miner理论中常数Q分散性大、难以确定的问题，从而提高了寿命计算的准确性。“裂纹形成寿命类比定寿法”和“裂纹扩展寿命类比定寿法”，在方法上属国际首创，在技术上处于国际领先水平，得到国内外广泛应用，被誉为“张福泽类比计算法”。

（2）《飞机载荷谱编制的新方法研究——代表起落谱编制原理和方法》：在国际疲劳领域属原创，突破了国际上60多年一直无法解决真实的“载荷迟滞效应”和“随机载荷状态”两大难题，而且比传统均值谱更真实、编谱方法更简单、更省时。论文发表后得到广泛应用，被誉为“具有里程碑式意义”和“张福泽代表起落谱”。

（3）《寿命系数定寿的原理和方法》：解决了国内外无法减少全尺寸疲劳试验时间的难题。实现了自有全尺寸大构件疲劳试验以来，国际疲劳界一直追求减少疲劳试验时间的愿望。该定寿法还可用于任何损伤谱的疲劳试验和定寿，具有很好的通用性。

（4）《耗损系数单机监控定寿法和相关的分散系数等问题》：解决了单机监控寿命一直用“当量小时”寿命的难题，由此就消除了用“当量小时”寿命进行单机寿命监控造成的混乱问题，突破了国内外这个长期没有解决的世界性难题。

要想了解上述详细内容，请读如下所列论文。

裂纹形成寿命的类比计算法[①]

摘要：本文提出一种零部件的裂纹形成寿命的类比计算方法。即用已知零部件在谱载荷作用下，经过耐久性试验所得到的寿命（或使用寿命）来类比计算其他未经过耐久试验的同类型的零部件的寿命。本文通过推导给出具体类比计算公式，它基本可以消除Miner公式 $\left(\sum \frac{n}{N}=Q\right)$ 中常值 Q 分散的影响，从而可以提高寿命计算的准确性。本文还给出了在5种载荷谱作用下的试样类比计算和飞机的大型结构件的类比计算实例，并得到了疲劳试验的验证。

在1979年类比计算寿命的研究工作中，曾得到北京航空学院高镇同教授的指导和空军某研究所侯同英工程师的算例验证。在试样类比计算中，北京航空材料研究所顾明达、张诗捷工程师无私地提供了试验数据，在此一并表示感谢。

引言

众所周知，自从1945年Miner理论建立以来，直至今日虽然仍在广泛应用，但它仍存在着某些不足和不准确性，其中最大的问题之一就是公式中常值 Q 的分散性，理论上 $Q=1$，但实际上分散性相当大（几倍甚至十几倍之差），这样就给寿命计算带来很大的误差。

---

① 该研究论文在《航空学报》1982年第3卷第2期发表后，同年就被美国国家技术情报局主办的《AD报告》全文译成英文转载，向全世界发行。论文公开发表后，得到国内外业界广泛应用。

本文通过 Miner 理论和公式 $S_a^m N = c$ 推导出一种零部件的裂纹形成寿命的类比计算寿命公式。在计算中它不需要人为地选取这个分散性很大的 Q 值，从而可以提高寿命计算的准确性和可靠性。同时也可以减少全尺寸疲劳试验。

在飞机性能计算方面，用类比计算法已有很长时间，并得到广泛的应用。用类比计算法计算零部件的疲劳寿命，在国际上尚没有一种计算方法和公式。本文作者在 1969 年编制乌米格飞机载荷谱时，曾推导出一种盈亏类比计算公式并进行了实际应用，但当时并未成文发表。现进一步推导、完善成文如下。

1　裂纹形成寿命的类比计算公式的建立

引入 Miner 公式

$$\lambda \sum_{i=1}^{K} \frac{n_i}{N_i} = Q \tag{1}$$

式中：λ——已知寿命部件的循环周期数；

n_i——已知寿命部件在载荷谱的一个周期内，第 i 级载荷循环次数；

N_i——已知寿命部件在第 i 级载荷作用下的破坏循环次数。

再引用幂函数公式（2）

$$S_a^m N = c \tag{2}$$

式中：S_a——载荷的应力幅；

N——应力幅为 S_a 时对应的材料的破坏循环次数；

m，c——与零部件的材料、形状以及载荷的循环特征有关的常数。

由式（2），对于同一部件同一部位，有

$$S_{ai}^{m_i} N_i = S_{ap}^{m_i} N_p \tag{3}$$

$$\frac{N_i}{N_p} = \left(\frac{S_{ap}}{S_{ai}}\right)^{m_i} \tag{4}$$

式中：S_{ap}——任意一个常值应力幅；

N_p——S_{ap} 所对应的破坏循环次数。

现将式（1）乘以 N_p

$$\lambda \sum_{i=1}^{k} n_i \frac{N_p}{N_i} = Q N_p \tag{5}$$

由式（4）和式（5），可得已知寿命部件的寿命计算表达式（6）

$$\lambda\sum_{i=1}^{k}n_i\left(\frac{S_{ai}}{S_{ap}}\right)^{m_i}=QN_p \tag{6}$$

同理，可得到未知寿命部件的表达式为

$$\lambda'\sum_{i=1}^{j}n'_i\left(\frac{S'_{ai}}{S_{ap}}\right)^{m'_i}=Q'N_p \tag{7}$$

在已知寿命和未知寿命的结构形式、载荷性质、加载顺序以及材料类型基本相同的情况下，则有

$$\lambda\sum_{i=1}^{k}n_i\left(\frac{S_{ai}}{S_{ap}}\right)^{m_i}=\lambda'\sum_{i=1}^{j}n'_i\left(\frac{S'_{ai}}{S_{ap}}\right)^{m'_i} \tag{8}$$

$$\lambda'=\frac{\sum_{i=1}^{k}n_i\left(\frac{S_{ai}}{S_{ap}}\right)^{m_i}}{\sum_{i=1}^{j}n'_i\left(\frac{S'_{ai}}{S_{ap}}\right)^{m'_i}} \tag{9}$$

式（9）即是零部件裂纹形成寿命类比计算公式。如果载荷谱不是应力谱，而是过载谱，在弹性范围内，对于同一部件同一部位，应力幅与过载增量成正比，则有

$$\lambda'=\frac{\sum_{i=1}^{k}n_i\left(\frac{\Delta g_i}{\Delta g_p}\right)^{m_i}}{\sum_{i=1}^{j}n'_i\left(\frac{\Delta g'_i}{\Delta g_p}\right)^{m'_i}}\lambda \tag{10}$$

式中：Δg_i——已知寿命零部件的第 i 级过载增量；

$\Delta g'_i$——未知寿命零部件的第 i 级过载增量；

Δg_p——任意过载增量。

式（10）即是已知过载谱时的类比计算公式。式（9）和式（10）中，由于 S_{ap}，Δg_p 是任意常量，因此，可令 $S_{ap}=1$ 或 $\Delta g_p=1$，对于相同的零部件的类比计算，工程上可以近似地用平均 m 值，再略去循环特征对 m 值的影响，使 $m_i=m'_i=m$，并将应力幅换成应力增量（$\Delta S=\Delta S_{i\max}-\Delta S_{i\min}$），这样可以得到如下简化的式（11）和式（12）

$$\lambda'=\frac{\sum_{i=1}^{k}n_i\Delta S_i^m}{\sum_{i=1}^{j}n'_i\Delta S'^m_i}\lambda \tag{11}$$

或者

$$\lambda' = \frac{\sum_{i=1}^{k} n_i \Delta g_i^m}{\sum_{i=1}^{j} n'_i \Delta g'^m_i} \lambda \tag{12}$$

从上述公式可以看出，只要求得 m 值，即可以求出未知寿命 λ'。

2　m 值及其对寿命的影响

（1）裂纹形成阶段的 m 值，当没有完善的 S—N 曲线时，工程上一般由试验确定，在无试验数据的情况下，常取 3～10[1]。从类比公式可以看出，m 值类比计算得到的相对寿命值比直接用 Miner 公式选取 Q 值算得的绝对寿命值的误差要小，因为类比计算公式中 m 值选大或选小，则分子分母同时增大或减小，对类比计算得到的相对寿命（λ'/λ）影响较小。例如，图 1 所给出的数据和曲线是根据类比计算法用不同的 m 值算得的相对寿命。它们是根据两种飞机的相同部件用各自的谱载荷类比计算的结果。

从图 1 曲线可以看出，相对寿命（λ'/λ）随 m 值的增加而减小，但变化是缓慢的，即 m 值增加 1 而相对寿命才降低 5%。而 Miner 公式中，常值 Q 增加 1 则寿命增加 100%，在计算中 Q 值变化范围又很大，从而使计算结果误差较大。由此可见，对于相同部件的类比计算，由于 m 值的取值不同不会引起计算寿命的很大误差。因此，本类比计算寿命法不仅在消除 Miner 公式中的 Q 值的影响方面显示出它的优越性，而且在减少由于 m 值的不同引起计算寿命的偏差方面也显示出它的优越性。

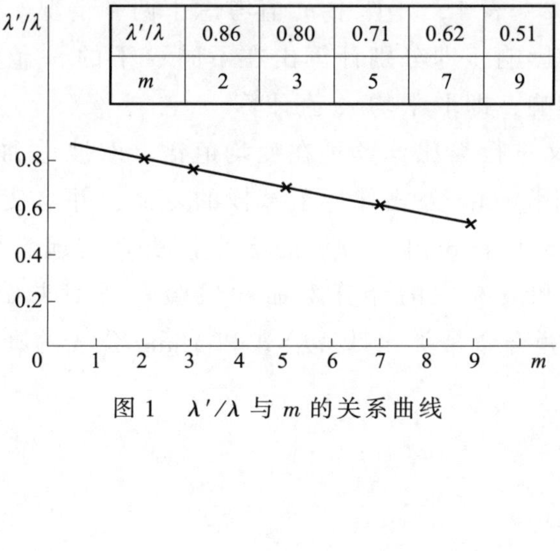

λ'/λ	0.86	0.80	0.71	0.62	0.51
m	2	3	5	7	9

图 1　λ'/λ 与 m 的关系曲线

（2）裂纹形成阶段的 m 值，当有完善的 S—N 曲线时，可以分别求出不同循环特征 R_i 下的 m_i 和 m'_i，这样会使类比计算结果更为准确。此情况也可以直接用 Miner 公式消去 Q 值类比计算。

3 裂纹形成寿命类比计算实例

3.1 试验类比计算实例

本试验形成寿命的类比计算的疲劳试验数据是1980年北京航空材料研究所试验的，试验用的载荷谱是变均值谱、常均值谱、双波（雨流）谱、疲劳计谱和等损伤谱。试验机是联邦德国申克（SCHENCK）公司的PC160N液压伺服疲劳试验机。各谱加载顺序是低—高—低。试验件的材料是LY12CZ铝合金，力学性能见表1。试样板厚是2.5mm，$K_t=4$。

表1 试样的力学性能

σ_{ys}/（kgf①/mm^2）	σ_b/（kgf/mm^2）	δ_{10}/%
35.8	47.8	17.4

本试验的类比计算就是用这5种较精确的程序块谱的疲劳试验结果。其类比计算的方法是用一组试验件在某一载荷谱作用下的疲劳试验寿命去类比计算另一组试样在另一谱载荷作用下的寿命。然后再利用这个计算结果与疲劳试验结果进行比较，得出两者的相对误差。现以常均值谱与疲劳计谱为例进行类比计算，见表2～表4，计算中 m 值考虑了两种情况。一种情况是考虑循环特征 R_i 对 m 值的影响，即分别计算出在不同 R_i 下的 m_i 值；另一种情况是不考虑 R_i 对 m 值的影响，即取平均 m 值计算。

以同样的方法又进行类比计算了在变均值谱、双波谱和等损伤谱作用下的试样寿命，同时也用 Miner 公式计算了试样的寿命，并与疲劳试验寿命进行比较，其结果列入表5和表6内。为了能更直接更真实地看到计算结果与试验结果的比较，表5和表6中的计算寿命和试验寿命都未做任何修正。因此，表5和表6中的计算寿命是类比计算公式和 Miner 公式的真实反映，疲劳试验

① 1kgf≈9.8N。

表 2 试样常均值谱的类比计算

常均值谱各参数值及计算	$\Delta g'_{imax}$		2.84	3.03	3.29	3.54	3.79	4.05	4.28	4.56	4.81	5.05	5.30	5.51	5.79	6.02	6.53	Σ
	$\Delta g'_{imin}$		1.57	1.37	1.11	0.86	0.62	0.35	0.12	-0.15	-0.41	-0.65	-0.90	-1.10	-1.38	-1.61	-2.12	
	R'_i		0.553	0.452	0.337	0.243	0.164	0.086	0.028	-0.033	-0.085	-0.129	-0.17	-0.2	-0.238	-0.267	0.325	
	m'_i		3.19	3.07	3.19	3.12	3.09	3.15	3.26	3.49	3.53	3.52	3.62	3.62	3.57	3.72	3.67	平均 3.39
	$\Delta g'_i$		1.27	1.66	2.18	2.68	3.17	3.70	4.16	4.71	5.22	5.7	6.20	6.61	7.17	7.63	8.65	
	n'_i		100	112	107	62	53	33	30	16	11	8	9	6	2	5	1	
	计 R_i 的影响	$\Delta g'_i$ m'_i n'_i	214	530.77	1285.07	1343.54	1873.02	2034.12	3128.7	3572.48	3756.39	3662.4	6648.12	5588.34	2265.86	9593.15	2746.93	$\sum_{i=1}^{15}\Delta g' m'_i n'_i \times 2 - 2746.93 = 93738.85$
	不计 R_i 的影响	$\Delta g'_i$ m'_i n'_i	224.85	624.85	1502.28	1752.94	2647.69	2784.31	3765.73	3059.57	2980.55	2920.82	4369.68	3619.38	1589.43	4906.00	1501.36	$\sum_{i=1}^{15}\Delta g' m'_i n'_i \times 2 - 1501.36 = 74996.38$

注：（1）表中数据是常均值谱中的上半周期的各参数值，下半周期的各参数值与上半周期相同，但无 6.53 这一级载荷（计算中注意减掉）；

（2）不计 R_i 的影响，取 m'_i = 常值（平均 m' 值）；

（3）一个循环周期为 50 飞行小时。

表3　试样疲劳计谱的类比计算

疲劳计谱各参数值及计算	Δg_{imax}		2.50	3.50	3.50	4.50	4.50	4.50	6.00	6.00	6.00	7.00	7.00	8.00	Σ
	Δg_{imin}		0.50	0.50	0.25	0.25	0	1.00	−0.25	1.00	−0.50	−0.50	−0.75	−0.75	
	R_i		0.20	0.143	0.0714	0.0556	0	0.222	−0.0417	0.167	−0.0833	−0.0714	−0.107	−0.0938	
	m_i		3.05	3.26	3.22	3.26	3.29	3.53	3.41	3.40	3.47	3.48	3.47	3.44	平均 3.36
	Δg_i		2.00	3.00	3.25	4.25	4.50	3.50	6.25	5.00	6.50	7.50	7.75	8.75	
	n_i		124	111	112	22	28	101	16	16	6.00	9	1	1	
	计 R_i 影响	$\Delta g_i^{m_i} n_i$	1026.97	3987.90	4982.88	2460.19	3946.66	8411.68	8280.78	3807.31	3971.55	9987.46	1218.64	1739.83	53821.86
	不计 R_i 影响	$\Delta g_i^{m} n_i$	1273.16	4450.93	5876.89	2843.21	4384.83	6798.16	7555.75	3569.92	3232.51	7842.38	972.87	1462.67	50263.28

注：（1）表中数据是疲劳计谱的全周期值；

（2）不计 R_i 的影响，即计算中取 m_i = 常值（平均 m 值）；

（3）一个循环周期为50飞行小时。

表 4　试样类比计算寿命与试验寿命的误差

疲劳试验寿命	(1) 在常均值谱作用下，一组试件（6 个）的平均疲劳试验寿命 $\lambda' = 35.0$，即 $T' = 35.0 \times 50 = 1750\text{h}$； (2) 在疲劳计谱作用下，一组试件（6 个）的平均疲劳试验寿命 $\lambda = 64.0$，即 $T = 64.0 \times 50 = 3200\text{h}$
类比计算寿命及误差	(1) 在疲劳计谱作用下，以试件疲劳寿命（$\lambda = 64.0$）类比计算常均值谱下的试验寿命 λ'，取表 2 和表 3 的计算结果，类比计算 $\lambda' = \dfrac{\sum_{i=1}^{23} n_i \Delta g_i^{m_i}}{\sum_{i=1}^{29} n'_i \Delta g'^{m'_i}_i}\lambda = \dfrac{53821.86 \times 64}{93738.85} = 36.75$，即 $T' = 36.75 \times 50 = 1837\text{h}$ （误差 5%）； (2) 在常均值谱作用下，以试件疲劳寿命（$\lambda' = 35.0$）类比计算疲劳计谱下的试验寿命 λ，取表 2 和表 3 的计算结果，类比计算 $\lambda = \dfrac{\sum_{i=1}^{29} n'_i \Delta g'^{m_i}_i}{\sum_{i=1}^{23} n_i \Delta g_i^{m_i}}\lambda' = \dfrac{93738.85 \times 35.6}{53821.86} = 62$，即 $T = 62.0 \times 50 = 3100\text{h}$（误差 3%）

寿命是试样在谱载荷作用下的真实体现。如果试样的试验寿命已考虑了分散系数和某些数据处理时，而用这些数据类比计算出的寿命就已包含了同样的分散系数和数据处理了。

表 5　试样的疲劳试验与类比计算结果比较

谱型＼结果＼项目		疲劳试验寿命/h	类比计算寿命/h		计算与试验值的相对误差	
			计 R_i 影响（m_i 是变值）	不计 R_i 影响（m_i 是常值）	计 R_i 影响	不计 R_i 影响
		①	②	③	（① - ②）/①	（① - ③）/①
类比	常均值	1750	1837	2145	5%	23%
	疲劳计	3200	3100	2611	3%	18%

表5（续）

谱型 \ 结果 \ 项目		疲劳试验寿命/h ①	类比计算寿命/h 计 R_i 影响（m_i 是变值）②	不计 R_i 影响（m_i 是常值）③	计算与试验值的相对误差 计 R_i 影响（①-②）/①	不计 R_i 影响（①-③）/①
类比	变均值	1950	1897	1750	3%	11%
	常均值	1750	1799	1950	3%	10%
类比	变均值	1950	1992	2145	2%	10%
	疲劳计	3200	3133	2910	2%	9%
类比	变均值	1950	1635	1804	16%	7%
	双波（雨流）	2160	2576	2586	19%	19%
类比	常均值	1750	1509	1804	14%	3%
	双波	2160	2505	2095	16%	3%
类比	疲劳计	3200	2628	2692	18%	16%
	双波	2160	2630	2568	22%	19%
类比	等损伤	950	1138	1537	20%	62%
	双波	2160	1803	1335	16%	38%
类比	常均值	1750	1259	1115	28%	36%
	等损伤	950	1343	1491	41%	57%

表6　按Miner公式计算的试样寿命

谱型 \ 计算	疲劳试验寿命	按 $\sum \frac{n}{N}=Q$ 计算寿命 $Q=0.5$	$Q=1$	$Q=1.5$	误差 $Q=0.5$	误差 $Q=1$	误差 $Q=1.5$	类比计算寿命（计 R_i 影响）寿命	误差
变均值	1950	1320	2641	3961	32%	35%	103%	1897	3%
常均值	1750	1590	3180	4771	9%	82%	173%	1799	3%
疲劳计	3200	1814	3628	5441	43%	13%	70%	3133	2%
双波（雨流）	2160	1327	2654	3981	39%	23%	84%	2576	19%
等损伤	950	1243	2486	3729	31%	162%	293%	1138	20%

注：类比计算只列了精确解（计 R_i 影响）。

上述计算所用的 S—N 曲线也是北京航空材料研究所测试的，其试样所用材料性能和 K_t 值与上述 5 种疲劳试验的试样所用材料性能和 K_t 值是一致的，因此本类比计算所用的 S—N 曲线是比较精确的，针对性是很强的。

3.2　大型构件的裂纹形成寿命的类比计算实例

本类比计算的疲劳试验数据是用不同用途的同类型飞机的机翼机身主要承力部件的全尺寸疲劳试验的结果。这样大型构件的疲劳试验是在一个专用设备上进行的，设备的加载值与标定值误差低于 2%。

疲劳试验所用的载荷谱是使用一个仪器分别在两种飞机上实测得到的，两个谱的编制方法也是一致的，其加载顺序也相同（低—高形式）。在这两种载荷谱作用下，两结构件的疲劳断裂部位相同。

为了比较出过载谱与应力谱对类比计算公式的影响，本大型结构件的类比计算分别用这两种谱进行计算。其应力谱是由断裂部位上实测得到的。计算中的 m_i 和 m'_i 是由 S—N 曲线并考虑了 R_i 的影响计算得到的，但由于变化不大而取平均 m 计算，计算结果见表 7。

表 7　大型构件的类比计算与疲劳试验寿命比较

项目 / 结果 / 谱	两构件类比计算的相对寿命	两构件疲劳试验的相对寿命	相对误差	公式
过载谱	0.635	0.65	2%	(12)
应力谱	0.615	0.65	5%	(11)

4　结论

（1）本类比计算寿命公式和方法，通过上述 5 组试样在 5 种载荷谱作用下的类比计算和大型结构件的类比计算，以及疲劳试验验证表明：对于同类零部件的寿命计算，只要 m 值确定得合理，用本文提供的公式类比计算的结果是比较准确的，与疲劳试验结果也是吻合的，此情况可以略去循环特征 R_i 对 m 值的影响（取平均 m 值），直接用式（11）或式（12）计算。

（2）本类比计算寿命法，对设计阶段的寿命计算是比较方便的，即用原准机的零部件寿命（已知寿命）类比计算新设计的同类零部件的寿命。这样可以计算出新设计的零部件的寿命是高于或低于原准机的寿命，对修改设计是有参考意义的。也可以类比算出哪些零部件的寿命是薄弱的，哪些零部件的寿命是保守的，这对全面衡量全机的寿命也是有参考价值的。

（3）对于使用中个别飞机的谱载荷与机群飞机的谱载荷（或疲劳试验的谱载荷）有变动时，用类比计算公式可以很方便地计算出由于这种变动而引起的寿命变化。

（4）从表5和表6的计算结果可以看出：用本类比计算法计算的结果较用Miner公式计算的结果有较大的差异，前者是比较接近于试验结果的，其原因：①减少了Q值的分散性的影响；②本类比计算公式是Miner公式和S—N曲线表达式的综合式，计算时不需要多次反复地去查S—N曲线或等寿命图，因此，查图与绘图方面的误差会大大地减少；③m值对相对寿命影响小。

（5）对于不同的零部件的类比计算，在载荷性质、加载顺序基本相同时，从Miner理论上讲，本类比计算法是可用的，但由于结构形式、用材等不同会产生一些误差，因此，要做适当的修正。但有的试验表明，在载荷性质和加载顺序相同的情况下，某些不同材料对Q值影响不大[2]，就是说，某些不同材料对本类比计算法影响不大。

参考文献

[1] 高镇同. 载荷谱的编制 [J]. 航空学报，1980（2）：36－47.

[2] French H J. Trans Amer. Soc. Steel. Trsat 21 899. Fatigue and Hardening of Steels.

An analogy method for crack initiation life prediction

Zhang Fuze

(Beijing Aeronautical Technology Research Centre, Beijing 100076)

Abstract A method for crack initiation life prediction of components is presented. This method employs the life of a given component obtained from endurance testsunder spectrum load to predict the life of another untested same type component by analogy.

The formula for analogy life prediction is deduced from Miner's theory and formula

$S_a^m N = c$ as follows:

$$\lambda' = \frac{\sum_{i=1}^{k} n_i \left(\frac{S_{ai}}{S_{ap}}\right)^{m_i}}{\sum_{i=1}^{j} n'_i \left(\frac{S'_{ai}}{S_{ap}}\right)^{m'_i}}$$

or

$$\lambda' = \frac{\sum_{i=1}^{k} n_i \Delta g_i^m}{\sum_{i=1}^{j} n'_i \Delta g'^m_i} \lambda$$

where n_i, S_{ai}, Δg^i and λ are load cyclic number, stress amplitude, overload increment and life cycle number of the given component in i level; n'_i, S'_{ai}, Δg^i and λ' are those of the unknown component; S_{ap} and Δg^P are any constant stress amplitude and overload increment (they may be taken as unit in calculation); m_i, m'_i are constant (generally between 5 and 10) and may be estimated from the $S-N$ curve or by experiments. In life prediction with this formula it is unnecessary to choose the constant Q in Miner's formula, therefore its accuracy may be improved.

The lives of large components of two aeroplanes and the specimens under five different loading conditions are predicted by this analogy method. The results are quite consistent with fatigue test results and the comparison is shown in table (4) and table (3). This demonstrates that the formula presented in this paper is more accurate, particularly for components analogous to given ones, and may give quite satisfactory results provided the value of the m is estimated appropriately. According to Miner's theory it is possible to apply this analogy method to components different from given ones, but it is necessary to make appropriate correction in actual use.

裂纹扩展寿命的类比计算法①

摘要： 本文是《航空学报》1982年第3卷第2期发表的《裂纹形成寿命的类比计算法》的姊妹篇，继“裂纹形成寿命的类比计算法”之后，又进一步研究给出一种机件在裂纹扩展阶段寿命的类比计算法。即用已知寿命的零部件类比计算出未知寿命零部件的寿命，它是建立在试验（或使用）基础上的，通过类比方法可以减少Miner公式中难以确定的常数值 Q 的影响，从而提高寿命计算的准确性和可靠性。

引言

众所周知，在计算零部件寿命时，不论是用常规的名义应力计算法，还是用应力严重系数计算法，都要用Miner累积损伤公式。理论证明还指出，Miner累积损伤公式在裂纹扩展阶段也是成立的[1]。

近几年来，由于局部应力计算越来越接近于实际，使得Miner公式也越来越趋于准确，因此，国内外用Miner公式计算疲劳寿命仍占相当大的比重。但在用Miner公式计算寿命中，最难以确定的是常数值 Q，理论上 Q 等于1，而实际上在很大的范围内变化，给寿命计算带来几倍甚至十几倍的误差。

---

① 本文于1985年在《航空学报》第6卷第2期全文发表，同年美国权威刊物《AD报告》将其译成英文全文转载，向全世界发行。同时《国际宇航学报》也转载该文的部分内容。该篇论文公开发表后被广泛引用。这两个（裂纹形成和扩展寿命）类比计算法，被誉为“张福泽类比计算法”。

本文通过 Miner 公式和 Paris 公式推导出一种类比计算公式，它在计算中，不要人为地去选择 Q 值，从而减少了由于 Q 的选值误差引起计算寿命的误差，因而可以提高寿命的计算准确性。

本文所论述的裂纹扩展寿命的类比计算法与裂纹形成寿命的类比计算法[2]的类比计算公式是从不同理论学科推导出来的，即前者是从断裂力学学科推导出来，后者是从疲劳学科推导出来。但二者的公式形式是完全一致的。如本文推导出来的式（11）与参考文献［2］的式（12）是一致的，即都是如下式（A）的形式，这在国际上首次把“疲劳”与“断裂”两个不同学科统一到同一计算公式中，这反映出“疲劳”与“断裂”两个学科存在着内在关系。

$$\lambda' = \frac{\left(\sum_{i=1}^{K} n_i \Delta g_i^m\right)\lambda}{\sum_{i=1}^{j} n'_i \Delta g'^m_i} \tag{A}$$

1　裂纹扩展寿命类比计算公式的建立

裂纹扩展寿命类比计算法是通过未知寿命部件与已知寿命部件进行类比来计算寿命的。所用理论是 Miner 公式和 Paris 公式。Miner 公式在裂纹扩展阶段的表达式是

$$\lambda \sum_{i=1}^{K} \frac{n_i}{N_i^*} = Q^{[1]} \tag{1}$$

式（1）乘以常数 N_p^*，即

$$\lambda \sum_{i=1}^{K} n_i \frac{N_p^*}{N_i^*} = Q_1 N_p^* \tag{2}$$

式（2）是已知寿命部件的各参数，其中：

n_i——在谱载荷中，第 i 级载荷的循环次数；

N_i^*——在裂纹扩展阶段中，第 i 级破坏的循环次数；

N_p^*——在裂纹扩展阶段中，任意常值破坏的循环次数；

λ——循环周期数；

Q_1——常数。

引用Paris公式（3）

$$\frac{da}{dN} = C[\lambda^{\circ} S_a \sqrt{\pi a}]^m \tag{3}$$

式中：C，m——常量；

λ°——有限宽度系数；

a——裂纹半长；

S_a——应力幅。

式（3）积分得

$$N_i^* = \frac{1}{CS_{ai}^m}\int_{a_0}^{a_c}\frac{da}{[\lambda^{\circ}\sqrt{\pi a}]^m} \tag{4}$$

$$N_p^* = \frac{1}{CS_{ap}^m}\int_{a_0}^{a_c}\frac{da}{[\lambda^{\circ}\sqrt{\pi a}]^m} \tag{5}$$

将式（4）与式（5）分别代入式（2）左半部得

$$\lambda\sum_{i=1}^{K} n_i \frac{\frac{1}{CS_{ap}^m}\int_{a_0}^{a_c}\frac{da}{[\lambda^{\circ}\sqrt{\pi a}]^m}}{\frac{1}{CS_{ai}^m}\int_{a_0}^{a_c}\frac{da}{[\lambda^{\circ}\sqrt{\pi a}]^m}} = Q_1 N_p^*$$

化简得

$$\lambda\sum_{i=1}^{K} n_i\left(\frac{S_{ai}}{S_{ap}}\right)^m = Q_1 N_p^* \tag{6}$$

式（6）即是已知寿命部件的各级应力幅与各级加载次数和其他参数的关系式。同理，我们可以得到未知寿命部件的各级应力幅与各级加载次数和其他参数的关系式，即

$$\lambda'\sum_{i=1}^{j} n'_i\left(\frac{S'_{ai}}{S_{ap}}\right)^{m'} = Q_2 N_p^* \tag{7}$$

在已知寿命部件和未知寿命部件的使用（或试验）条件（包括加载顺序、谱块大小和谱型等）以及构件的形式基本相同时，则式（6）与式（7）应相等，即

$$\lambda'\sum_{i=1}^{j} n'_i\left(\frac{S'_{ai}}{S_{ap}}\right)^{m'} = \lambda\sum_{i=1}^{K} n_i\left(\frac{S_{ai}}{S_{ap}}\right)^m$$

$$\lambda' = \frac{\sum_{i=1}^{K} n_i \left(\frac{S_{ai}}{S_{ap}}\right)^m}{\sum_{i=1}^{j} n'_i \left(\frac{S'_{ai}}{S_{ap}}\right)^{m'}}\lambda \tag{8}$$

当两个类比的部件完全相同时，则 m 值相同，再令任意常数 $S_{ap}=1$，则式（8）可简化为式（9）

$$\lambda' = \frac{\sum_{i=1}^{K} n_i S_{ai}^m}{\sum_{i=1}^{j} n'_i S'^{m}_{ai}}\lambda \tag{9}$$

如果疲劳试验给出的是过载谱，可以直接用过载谱类比计算寿命，飞机疲劳试验往往是用过载谱试验的。在弹性范围内，对于同一部件同一部位，应力幅与过载增量成正比，则有

$$\lambda' = \frac{\sum_{i=1}^{K} n_i \left(\frac{\Delta g_i}{\Delta g_p}\right)^m}{\sum_{i=1}^{j} n'_i \left(\frac{\Delta g'_i}{\Delta g_p}\right)^{m'}}\lambda \tag{10}$$

式中：Δg_i——已知寿命零部件的第 i 级过载增量；

$\Delta g'_i$——未知寿命零部件的第 i 级过载增量；

Δg_p——任意过载增量。

同样，可得如下的简化式（11）

$$\lambda' = \frac{\sum_{i=1}^{K} n_i (\Delta g_i)^m}{\sum_{i=1}^{j} n'_i (\Delta g'_i)^m}\lambda \tag{11}$$

从上述公式可以看出，除常数 m 外，其余各参数都是已知的，只要求得 m 值，则未知的扩展寿命 λ' 也就可以求出。

有条件的情况下，裂纹扩展阶段的 m 值可以通过试验得到，不过，在这个阶段的 m 值分散范围较小，一般在 2～4 之间。m 值在本类比计算中，对相对寿命影响是比较小的[2]。

2　类比计算与试验结果比较

疲劳试验数据取自参考文献［4］。比较的方法是用一组试件在某一谱载荷作用下的疲劳试验寿命去类比计算另一组试件在另一谱载荷作用下的寿命。然后与疲劳试验结果进行比较，得出二者的相对误差。表1给出等损伤谱、变均值谱、疲劳计谱、常均值谱和双波谱作用下的铝合金试件的类比计算寿命和疲劳试验寿命。表2和表3给出变均值谱和等损伤谱的具体计算数据，其他谱的数据见参考文献［4］。

表1　类比计算和疲劳试验结果比较

比较 项	谱	a_0 /mm	$2a_c$ /mm	类比计算寿命 /h	试验寿命 /h	误差/%
类比	等损伤	4.75	18	882	930	5
	变均值	4.75	19	1086	1030	5
类比	疲劳计	4.75	16	919	825	11
	双波	4.75	18	638	710	10
类比	变均值	4.75	19	635	1030	38
	双波	4.75	18	1133	710	59
类比	常均值	4.75	22	1089	1780	38
	等损伤	4.75	18	1520	930	63
类比	等损伤	4.75	18	553	930	41
	双波	4.75	18	1195	710	68
类比	常均值	4.75	22	1033	1780	41
	变均值	4.75	19	1775	1030	72

表 2　变均值谱的具体计算数据

谱 \ 序号		0	1	2	3	4	5	6	7	8	9	10	11	12	13	14	15	16	17	18
变均值谱（上半周）	g_{imax}	2.38	2.77	3.22	3.78	3.93	4.33	4.61	4.98	5.35	5.7	5.99	6.35	6.68	7.1	7.94	7.1	6.68	6.35	
	g_{imin}	1.11	1.11	1.04	1.1	0.76	0.63	0.45	0.27	0.13	0.01	-0.21	-0.26	-0.49	-0.53	-0.71	-0.53	-0.49	-0.26	
	Δg_i	1.27	1.66	2.18	2.68	3.17	3.70	4.16	4.71	5.22	5.69	6.20	6.61	7.17	7.63	8.65	7.63	7.17	6.61	
	Δg_i^3	2.05	4.57	10.36	19.25	31.86	50.65	71.99	104.49	142.24	184.22	238.33	288.8	368.6	444.19	647.21	444.19	368.6	288.8	
	n_i	100	112	107	62	53	33	30	16	11	8	9	6	2	5	1	5	2	6	
	$n_i\Delta g_i^3$	205	506.24	1108.52	1193.5	1688.58	1671.45	2159.7	1671.84	1564.64	1473.76	2144.97	1732.8	737.2	2220.95	647.21	2220.95	737.2	1732.8	
谱 \ 序号		19	20	21	22	23	24	25	26	27	28	29								
变均值谱（下半周）	g_{imax}	5.99	5.7	5.35	4.98	4.61	4.33	3.93	3.78	3.22	2.77	2.38								
	g_{imin}	-0.21	0.01	0.13	0.27	0.45	0.63	0.76	1.1	1.04	1.11	1.11								
	Δg_i	6.20	5.69	5.22	4.71	4.16	3.7	3.17	2.68	2.18	1.66	1.27								
	Δg_i^3	238.33	184.22	142.24	104.49	71.99	50.65	31.86	19.25	10.36	4.57	2.05								
	n_i	9	8	11	16	30	33	53	62	107	112	100								
	$n_i\Delta g_i^3$	2144.97	1473.76	1564.64	1671.84	2159.7	1671.45	1688.58	1193.5	1108.52	506.24	205								

注：（1）$\sum_{i=1}^{K} n_i(\Delta g_i)^m = \sum_{i=1}^{29} n_i(\Delta g_i)^3 = 41452.72$；

（2）在变均值谱作用下的试件的试验周期数 $\lambda = 20.6$（一个周期数是 50 飞行小时）。

表3　等损伤谱的具体计算数据

谱＼序号		0	1	2	3	4	5	6	7	8	9	10	11	12	13	14	15	16	17	18
等损伤谱（上半周）	$g'_{i\max}$		2.67	2.84	3.08	3.32	3.59	3.83	4.06	4.3	4.57	4.81	5.07	5.32	5.59	5.82	6.04	6.36	6.57	7.29
	$g'_{i\min}$		1.74	1.57	1.32	1.09	0.82	0.57	0.34	0.11	-0.16	-0.4	-0.67	-0.92	-1.18	-1.41	-1.63	-1.95	-2.12	-2.89
	$\Delta g'_i$		0.93	1.27	1.76	2.23	2.77	3.26	3.72	4.19	4.73	5.21	5.74	6.24	6.77	7.23	7.67	8.31	8.65	10.18
	Δg_i^{3}		0.8	2.05	5.45	11.09	21.25	34.65	51.48	73.56	105.82	141.42	189.12	242.97	310.29	377.93	451.22	573.86	647.12	1054.98
	n'_i		9	123	96	100	56	45	31	34	12	13	10	7	7	4	4	2	4	1
	$n'_i\Delta g_i^3$		7.2	252.15	523.2	1109	1190	1559.25	1595.88	2501.04	1269.84	1838.46	1891.2	1700.79	2172.03	1511.72	1804.88	1147.72	2588.84	1054.98
谱＼序号			19	20	21	22	23	24	25	26	27	28	29	30	31	32	33	34	35	
等损伤谱（下半周）	$g'_{i\max}$		6.53	6.36	6.04	5.82	5.59	5.32	5.07	4.81	4.57	4.3	4.06	3.83	3.59	3.32	3.08	2.84	2.67	
	$g'_{i\min}$		-2.12	-1.95	-1.63	-1.41	-1.18	-0.92	-0.67	-0.4	-0.16	0.11	0.34	0.57	0.82	1.09	1.32	1.57	1.74	
	$\Delta g'_i$		8.65	8.31	7.67	7.23	6.77	6.24	5.74	5.21	4.73	4.19	3.72	3.26	2.77	2.23	1.76	1.27	0.93	
	Δg_i^{3}		647.21	573.86	451.22	377.9	310.29	242.97	189.12	141.42	105.82	73.56	51.48	34.56	21.25	11.09	5.45	2.05	0.8	
	n'_i		3	1	3	4	7	7	9	13	12	33	31	45	55	99	96	122	8	
	$n'_i\Delta g_i^3$		1941.63	573.86	1353.66	1511.72	2172.03	1700.79	1702.08	1838.46	1269.84	2427.48	1595.88	1559.25	1168.75	1097.9	523.2	250.1	6.4	

注：（1）$\sum_{i=1}^{j} n'_i(\Delta g'_i)^m = \sum_{i=1}^{35} n'_i(\Delta g'_i)^3 = 48411.21$；

（2）类比计算寿命　$T = 50\lambda' = 50 \times \frac{\sum_{i=1}^{29} n_i(\Delta g_i)^3}{\sum_{i=1}^{35} n'_i(\Delta g'_i)^3}\lambda = 50 \times \frac{41452.72}{48411.21} \times 20.6 = 882$ 飞行小时。

3　结论

（1）本裂纹扩展寿命的类比计算公式与参考文献［2］中给出的裂纹形成寿命类比计算公式在形式上是完全一致的，这在国际“疲劳”与“断裂”两个学科领域还是首次呈现。

（2）本类比计算法比其他寿命计算法简单，在计算中除谱载荷外，没有其他参数选择，因此，计算结果是比较可靠的。

（3）本裂纹扩展寿命的类比计算法，最适用于同类构件的类比计算。尤其对设计阶段的寿命预测是比较方便的，即用原准机构件的寿命，类比地计算出新设计的同类构件的寿命，这对于全面衡量全机各部件的寿命和修改设计都是有直接参考价值的。

参考文献

［1］高镇同，张行. 裂纹扩展的线性累积损伤理论［R］. 北京航空学院科学研究报告，1979.

［2］张福泽. 裂纹形成寿命的类比计算法［J］. 航空学报，1982，3（2）：51－60.

［3］高镇同. 载荷谱的编制［J］. 航空学报，1980（2）：36－47.

［4］内部科技资料. 北京航空材料研究所. 80－028.

An analogy method for crack propagation life prediction

Zhang Fuze

（Beijing Aeronautical Technology Research Centre，Beijing 100076）

Abstract　A method for crack propagation life prediction of aircraft components is proposed which employs the life of a given component tested under spectrum load to predict the life of another untested one of same type by analogy.

The lives of specimens under five differentloading conditions are predicted by this analogue method. The results are quite consistent with the fatigue test results（see table 1）.

飞机载荷谱编制的新方法研究

——代表起落谱编制原理和方法①

摘要： 通过对国内外飞机平均载荷谱编制方法的研究，首先指出现有编谱方法存在的问题，最后给出一种以代表每种实测科目的平均寿命（或平均损伤）的起落编谱的新方法。按这种新方法编谱，可以保持实际飞行科目各动作间的真实先后顺序（载荷迟滞效应）和各动作的真实载荷状态（载荷大小和作用位置，下同），可以真实地反映出载荷作用顺序和真实载荷状态对寿命的影响，解决了国际疲劳领域一直没有解决的"载荷迟滞效应"和随机载荷作用点真实模拟难题，因此可以提高定寿的可靠性。本方法还可以大大简化编谱中的计数和计算，从而可以减少编谱的工作量，提高工作效率。

关键词： 中值寿命；平均寿命；载荷谱编制方法；载荷出现顺序

目前国内外在编制飞机平均过载谱中，一般采用式（1）的计算方法[1]

$$\boldsymbol{P} = \boldsymbol{q}\boldsymbol{n} \tag{1}$$

式中：$\boldsymbol{q}$——科目比例矩阵；

$\boldsymbol{n}$——实测科目的平均过载次数矩阵。

这种编谱方法，$\boldsymbol{n}$ 矩阵是把每一实测科目的所有起落的各级过载进行平均，这里的平均有两个：一是实测科目的各实测起落每级过载幅值、均值大

① 本文在《航空学报》1998 年第 19 卷第 5 期发表后，又被 1998 年国际航空科学大会选用，并到会宣读论文。同行专家认为，用实测的中值寿命起落编制飞机的飞—续—飞载荷谱，解决了国际上在编谱中一直未能解决的"载荷迟滞效应"与"载荷加载状态"的两项难题。它不仅可以在各类飞机编谱中应用，而且还可以在汽车、拖拉机和火车的疲劳定寿编谱中应用，有广泛的应用价值，对国际疲劳发展起到了推动作用，被誉为"实测谱编制的里程碑"和"张福泽代表起落谱"。

小的平均；二是每一实测科目的各起落过载次数的平均，通过这两次平均，再经过排谱等过程编出的平均谱，不能代表机队飞机平均使用情况，也就是说，按此平均谱试出的寿命不可能代表机队飞机的平均寿命。

国内外现有的编谱方法是通过“雨流计数法”计数的，而“雨流计数法”是不能自动编排载荷顺序和确定载荷状态的，因此编出的平均谱的载荷顺序已与按大纲实际飞行各科目的动作顺序不同，这种平均载荷谱是不能真实反映实际飞行载荷作用顺序和载荷状态对结构寿命的影响。

很多研究都证明，载荷顺序和载荷状态改变，会很大地影响试件寿命的结果，本文给出的这种编谱方法，就是针对上述国内外现有编谱方法存在的问题提出的。本编谱方法，是通过计算找出符合数理统计概念的每个实测科目平均寿命的起落，以这些实测的平均寿命的起落进行编谱。在编谱中，这些按飞行大纲实测的平均寿命起落出现的载荷状态和过载出现的先后顺序都保留不变，因此，本编谱方法既真正保证是平均寿命谱，又能保持真实的载荷顺序和加载状态对飞机寿命的影响，可以提高疲劳定寿的可靠性。

1　对编制平均载荷谱存在问题的分析

1.1　在编制平均载荷谱中，用算术平均值求其过载均值、幅值和频次是不合理的

式（1）中的 $\boldsymbol{n}$ 矩阵是把每一实测科目的所有起落的各级过载的幅值、均值分别平均。这种平均不能真实代表机队飞机平均使用情况，虽然如此，但目前国内外仍按此方法编谱，如我国某歼击机实测平均载荷谱：把过载均值分为：0，1，2，3，4，5，6，7，它们分别是均值区间 -0.5～0.5，0.5～1.5，1.5～2.5，2.5～3.5，3.5～4.5，4.5～5.5，5.5～6.5，6.5～7.5 的算术平均值。把过载的幅值分为：0.125，0.375，0.625，0.875，1.125，1.375，1.625，1.875，2.125，2.375，2.625，2.875，3.125，3.375，3.625，3.875，它们分别是幅值区间 0～0.25，0.25～0.5，0.5～0.75，0.75～1.0，1.0～1.25，1.25～1.5，1.5～1.75，1.75～2.0，2.0～2.25，2.25～2.5，2.5～2.75，2.75～3.0，3.0～3.25，3.25～3.5，3.5～3.75，3.75～4.0 的算术平均值。其各级的过载频数当然也是各科目起落各级别上的算术平均值。再如某歼击机在编制平均载荷谱中，把载荷均

值分为10级：0.5，1，1.5，2，2.5，3，3.5，4，4.5，5；过载幅值 S_a 分为13级：±0.3，±0.6，±0.9，±1.2，±1.5，±1.8，±2.1，±2.4，±2.7，±3，±3.3，±3.6，±3.9。其计算结果向载荷数据矩阵 $\boldsymbol{n}$ 内投放原则是：均值投放：$0.25 \leqslant S_m < 0.75$ 放入 $S_m = 0.5$，$0.75 \leqslant S_m < 1.25$ 放入 $S_m = 1$，$1.25 \leqslant S_m < 1.75$ 放入 $S_m = 1.5$，……，其余类推。幅值投放：$0.15 \leqslant S_a < 0.45$ 放入 $S_a = 0.3$，$0.45 \leqslant S_a < 0.75$ 放入 $S_a = 0.6$，$0.75 \leqslant S_a < 1.05$ 放入 $S_a = 0.9$，……，其余类推。这种通过计算机向矩阵 $\boldsymbol{n}$ 投放的做法，本质上也是把各均值和幅值取其算术平均值，其过载频数也是各实测科目起落次数的算术平均值。

为了分析这种平均方法的不合理性，再拿某歼击教练机100飞行小时谱来说明。现列出1.5～2.5区间，过载幅值（g）与频数（n）的对应关系，见表1。

表1　过载幅值（g）与频数（n）的对应关系

g	1.5	1.6	1.7	1.8	1.9	2.0	2.1	2.2	2.3	2.4	2.5
n	2457	935	849	292	132	170	107	167	214	54	133

这组过载幅值（g）和频数（n）数据，如果按上述某歼击机幅值求平均的投放方法，幅值1.5～1.9投放到2.0，而2.1～2.5也投放到2.0，即1.5～2.5的过载幅值的平均值是2.0，其频数为各级频数的总和为5510。这样在试验加载时，1.5～2.5这组过载幅值以平均值2.0代替，加载频数是5510次。按这种平均方法，1.5～1.9的频数之和（4665次）大于2.1～2.5的频数之和（845次）的5倍，使试验谱失真，这种算术平均值方法不合理性可以明显看出，因此，这种平均方法不能代表机群飞机的平均使用情况。当然，如按等损伤原则处理，这类问题可以解决，但还有不少人仍用这种不合理的方法编谱。

1.2　在编制平均谱中，不计载荷顺序对寿命的影响是失真的

载荷谱的加载顺序对疲劳寿命具有较大影响，即“载荷迟滞效应”，这已是公认的事实。但由于国际上仍未找到解决这个问题的方法，因此在目前国内外的飞机载荷谱编制中，往往对此缺乏考虑，即没有充分考虑飞机实际飞行载荷发生的顺序。如图1所示的某飞机实测过载曲线，该曲线是按使用训

练大纲规定的动作顺序飞行的。盘旋、90°转弯、180°转弯、半滚、筋斗、半筋斗翻转和它们之间的过渡衔接动作的先后顺序在训练大纲是规定好的，一般不准颠倒（战时和个别训练除外），每个科目都是按训练大纲规定的动作、时间、次数……完成后，才算完成本科目的一个起落的飞行。

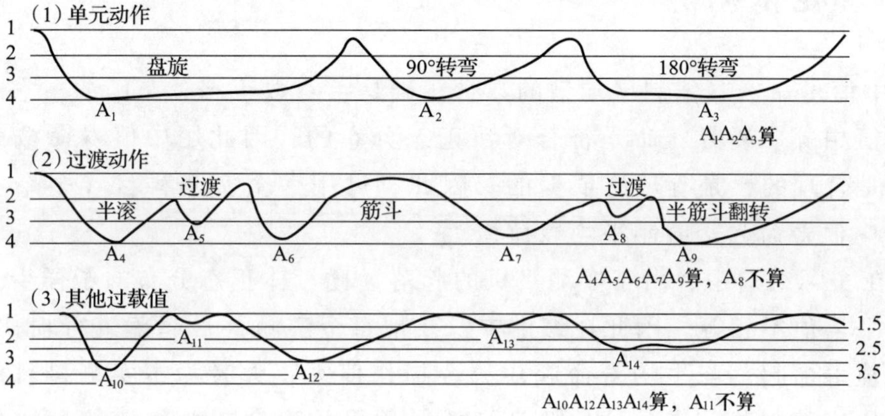

图 1　某飞机实测过载曲线

然而，目前各种编谱中，由于采用了“雨流计数法”计数，编制平均载荷谱，这种平均谱，无论是程序块谱还是飞—续—飞谱都没有考虑实际飞机的动作先后顺序和各动作间的过渡衔接状态，编出的谱的加载顺序与真实飞行不一致，这从载荷加载顺序对结构寿命的影响方面考虑，这种编谱方法是失真的。这是疲劳领域亟待解决的难题。

1.3　在编制平均载荷谱中，不考虑各级载荷的峰谷点的瞬时作用位置是不合理的

大家知道，飞机在飞行中，载荷的大小和载荷的作用位置（加载状态）随飞行时间、高度、速度、迎角、侧滑角、副翼偏角、平尾偏角、滚转角速度、俯仰角速度、油耗等十几个参数在变化，目前各国在编谱中，由于载荷作用位置在编谱中怎样准确给出，至今尚未解决，因此目前仅考虑了载荷的大小，而没有考虑载荷的作用位置。对于飞机结构的同一部位，在载荷大小不变，而载荷作用位置不同时，则该部位的寿命也会不同。这就是说，在编制飞机载荷谱中，只考虑载荷大小，不考虑载荷作用位置是不合理的，是失真的，这对飞机寿命的确定是不准确的，不可靠的。这也是国际疲劳领域一直无法解决的难题。

2 以中值寿命概念编制飞机均值谱

2.1 理论依据

以中值寿命概念编制平均谱的数学基础是：对数正态分布函数，它的中值与平均值相等。疲劳寿命是符合对数正态分布的，因此用中值寿命概念编制平均谱是合理的，是有理论依据的。因此，可用一个实测科目（多个实测起落）的中值寿命起落编制平均载荷谱。

但在实际编谱中，由于实测飞机的起落远比母体正态分布的子样少，这样中值与平均值不相等，因此在编谱中，要把每个实测科目起落进行损伤计算，比较中值寿命起落与平均寿命起落哪个损伤值大，大者为本实测科目的代表起落，用它编制载荷谱。试验验证证明，用平均寿命起落编谱比用中值寿命编谱要准确，为此本文以平均寿命起落编谱。

2.2 计算公式的建立

上述通过求各参数的算术平均值的方法编制的平均谱，不仅没有考虑载荷顺序和载荷作用位置对结构寿命的影响，而且还缺乏寿命的数理统计概念，所谈的平均谱的真正含义是指用该谱试验出的飞机结构寿命是代表机群飞机的平均寿命。怎样在编谱一开始就用到寿命概念呢？本文认为，单独求其过载（或应力）的幅值、均值等参数算术平均值不可能反映出寿命的平均概念，它们必须与所对应的频数发生关系才能反映出寿命概念，即按照等损伤理论进行编谱。本文从这种概念出发，通过 Miner 理论和公式 $S_a^m N = C$ 推导出式（6）计算形式，具体推导如下。

引用 Miner 公式（2）

$$\lambda \sum_{i=1}^{k} \frac{n_i}{N_i} = Q \tag{2}$$

式中：λ——寿命循环周期数；

n_i——第 i 级载荷循环次数；

N_i——第 i 级载荷下的破坏循环次数；

Q——常数。

由于此处只做比较计算用，假定平均应力保持不变，故引入式（3）

$$S_a^m N = C \tag{3}$$

式中：S_a——载荷的应力幅；

N——S_a对应的破坏循环次数；

m，C——常数，由试验确定，在没有试验条件下，在裂纹形成阶段 m 一般取 3～10[2]，在裂纹扩展阶段 m 一般取 2～4[2]。

由式（3）可得

$$S_{ai}^m N_i = S_{ap}^m N_p$$

$$\frac{N_i}{N_p} = \left(\frac{S_{ap}}{S_{ai}}\right) \tag{4}$$

式（2）$\times N_p$

$$\lambda \sum_{i=1}^{k} n_i \frac{N_p}{N_i} = QN_p \tag{5}$$

由式（4）和式（5）得

$$\lambda \sum_{i=1}^{k} n_i \left(\frac{S_{ai}}{S_{ap}}\right)^m = QN_p$$

$$\lambda = \frac{QN_p}{\sum_{i=1}^{k} n_i \left(\frac{S_{ai}}{S_{ap}}\right)^m} \tag{6}$$

式中：Q——Miner 公式中常数，理论上等于 1；

S_{ap}——任意一个常值应力幅；

N_p——S_{ap}所对应的破坏循环数，是任意常数。

S_{ap}和 N_p 的取值：在 S—N 曲线的直线段（中等寿命区）任取一个 S_{ap} 值，它对应的值就是 N_p 值。S_{ap}和 N_p 在计算中是常值。

式（6）就是我们所要求的寿命（λ）与载荷频数（n_i）、载荷幅值（S_{ai}）关系表达式，即寿命的疲劳损伤计算式。

2.3　以实测平均寿命的起落数据编制平均载荷谱

（1）比较算出实测平均寿命 λ_{im} 的代表起落

由于通过求 S_a等参数的算术平均值的方法编制平均载荷谱，它不能代表平均寿命概念，为了在编谱中一开始就利用寿命概念，而推导出式（6）计算寿命循环周期数（λ）的形式。怎样利用式（6）判别实测平均寿命的起落呢？

①首先从实测诸参数的数据处理和计算得出实测科目的各个起落的载荷—

时间历程，从而求得相对应的每个实测起落的各级 S_{ai} 和 n_i。

②用式（6）分别计算各个实测起落的寿命循环周期数 λ 值，从中可以比较找出平均寿命 λ_{im} 的起落。在确定平均寿命 λ_{im} 所对应的起落中，允许用高载外推和小载荷截除等办法修正。如果所选的平均寿命 λ_{im} 代表起落没有包含该实测科目的最大过载值，可以采用等损伤的原则，把最大过载移入选定的代表起落中。

（2）以各平均寿命 λ_{im} 所对应的各代表起落编总平均载荷谱

在比较计算找出每一个实测科目的平均寿命 λ_{im} 所对应的代表起落后，即可得到每一个实测科目代表起落的实测载荷历程曲线。有了这些载荷历程曲线，就可以按下述各项原则进行编制飞—续—飞载荷谱：

①总平均谱中，每个代表起落的各级载荷顺序，就按每一代表起落的实测载荷历程各级载荷出现的顺序加载，这样可以保持真实的加载顺序。

②总平均谱中，每个代表起落的各级载荷状态（载荷大小和作用位置），就按各代表起落载荷历程曲线的各级峰、谷点所处的状态（可由实测参数计算确定）加载。

③平均谱中，各个代表起落先后加载顺序，可以根据飞行训练大纲排列的顺序（由浅入深、由简单到复杂）加载，也可以随机抽取加载。这样就构成一个代表起落接一个代表起落的总的飞—续—飞载荷谱，如图 2 所示。每个代表起落的各级过载出现的频数，就构成总谱的频数矩阵 $\boldsymbol{n}$。

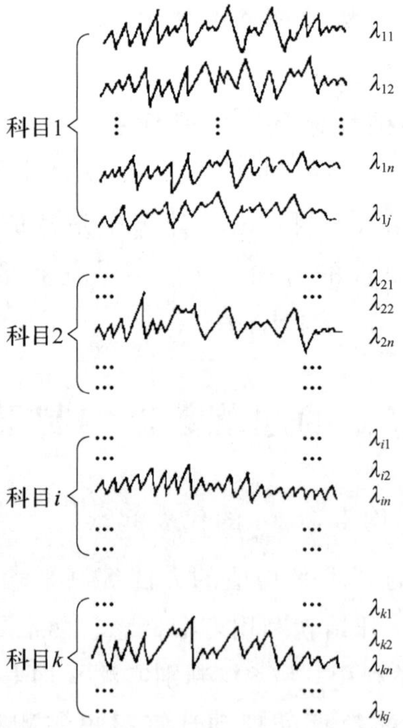

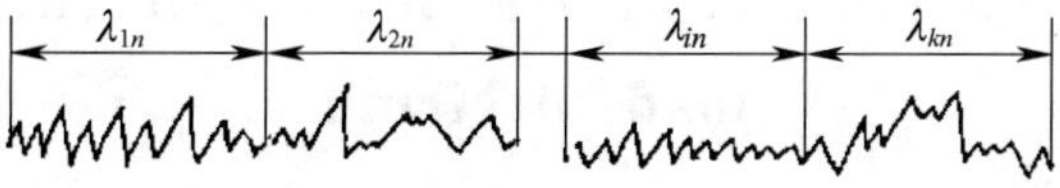

图 2 飞机的中值寿命飞—续—飞载荷谱

有了上述原则，再把各科目使用比例矩阵 $\boldsymbol{q}$ 计入总谱中的各代表起落中去，这样一种真正代表平均寿命的随机飞—续—飞载荷谱就可编制出来。这种载荷谱，它既考虑了载荷顺序对寿命的影响，又能保证载荷的加载状态，因此，可以提高定寿的可靠性。

3 结论

（1）通过对目前惯用的均值谱的分析，找出两项严重失真和缺陷：第一，在均值谱中，完全失掉了载荷作用顺序对寿命的影响（即“载荷迟滞效应”）；第二，在均值谱中，完全失去各载荷峰谷点的真实作用位置。理论和试验都证明，这两项失真对机械定寿有很大影响，这是国际疲劳界一直没有解决的难题。

（2）根据对数正态函数中值与均值相等原理，研究出用一个实测平均寿命（或平均损伤）起落，代替一个实测科目（多个起落）的编制飞—续—飞载荷谱方法（简称代表起落谱编制方法）。按该编谱法编出的代表起落谱，把多年无法解决的“载荷迟滞效应”和加载峰谷作用位置的世界性难题一起解决了。

（3）在国际疲劳领域，首先把疲劳等损伤概念引入编制载荷谱中，使疲劳载荷谱编制更合理和可靠。代表起落谱不仅可解决“载荷迟滞效应”和加载峰谷值作用位置难题，它还有编谱简单、工作量少和效率高的优点，因此，本文发表后，就在国内外广泛应用，已成为“谁用谁爱的载荷谱”。

对 20 世纪 80 年代后期至 90 年代初期，张熙箴、阎楚良、张爱民和徐春生等研究员，分别成功地在不同飞机上用本方法编制重心过载谱和尾翼谱表示感谢！

参考文献

[1] 高镇同. 载荷谱的编制 [J]. 航空学报，1980 (2)：36 – 47.
[2] 张福泽. 裂纹形成寿命的类比计算法 [J]. 航空学报，1982，3 (2)：51 – 60.

New method of drawing up aircraft load spectrum

Zhang Fuze

(Beijing Aeronautical Technology Research Centre, Beijing 100076)

Abstract For nearly 20 years, "Rain Flow Counting Method" has been generally used to draw up the aircraft load spectrum over the world. This paper points out that "Rain Flow Counting Method" has serious disadvantages, i. e. It can not consider the sequence of flight load appearance and the loading condition of peak and valley points for each load. Many researches and tests have all proved that the load acting sequence and the loading condition have a great effect on the aircraft structural fatigue life. So the load spectrum drawn up by means of "Rain Flow Counting Method" is not accurate enough to aircraft structural life determination. The author has studied a new method using the mean lives takeoff and landing of actually measuring Courses to draw up the aircraft F - BY - F load spectrum, which uses the formula derived in this paper to calculate the mean life of each flight course actually measured, and joining them stochastically, i. e. to draw up the F - BY - F mean life load spectrum. This spectrum can keep the sequence of flight loads and the loading conditions of load peak and valley points unchanged, so as to increase the accuracy of aircraft structural life determination. By means of this method, load spectra for m any types of aircraft have been drawn up and successfully used to make the full scale fatigue tests and life determination for these aircraft, achieving good results.

Key words mean life, method of drawing up load spectrum, sequence of load appearance

高空腐蚀环境下飞机疲劳寿命的修正

导语： 为论证高空低温腐蚀对疲劳寿命有无影响，张福泽选取LY12CZ铝合金、LC4CS铝合金和30CrMnSiA钢3种典型航空结构材料为对象，模拟高空飞行腐蚀环境进行腐蚀试验，获得了3条对应的腐蚀损伤与温度关系曲线；研究结果表明，3种典型航空结构材料确实存在临界腐蚀温度 T_c，在 -50℃温度的高空腐蚀环境下，腐蚀环境对疲劳寿命几乎没有影响。因此，飞机在高空低温腐蚀环境下不需要修正疲劳寿命。

以英文发表的论文原文如下。

Amendment to the Fatigue Life of Aircraft in High - Altitude Corrosion Environment①

ABSTRACT It is known to all that the corrosion environment has effect on the fatigue life of aircraft. In order to analyze and resolve the problem, the corrosion environment of aircraft flying at high altitudes is simulated on ground in testing room, and corrosion test and statistics are made with nu-

① 本文于2004年在日本横滨召开的国际航空科学大会上发表。该论文论证了高空低温腐蚀对疲劳寿命无影响，不需要修正。解决了国际上尚没有答案的问题。

merous metals. Here in this paper, corrosion test curves of three kinds of aeronautical materials (LY12CZ and LC4CS aluminum alloys and 30CrMnSiA alloy steel) are given, as shown in Fig. 1, Fig. 2 and Fig. 3. It can be obtained from the three corrosion curves that there does exist a critical corrosion temperature T_c, and under the corrosion environment at high altitudes, i. e., at an environmental temperature of $-50℃$, there is almost no effect of flight corrosion environment on the fatigue life of aircraft, therefore, no amendment is necessary to the fatigue life of aircraft in corrosion environment at high altitudes.

Key Words Corrosion Environment, Fatigue Life, Aircraft

1 Introduction

It is generally known that the corrosion environment has an effect on the fatigue life of aircraft structure [1], [2]. U_p till now, a lot of researches have been made in the international field of fatigue research; however, no satisfactory results in the engineering circles have been obtained. On determination of fatigue life of aircraft, it is known to all that corrosion does have effect on the aircraft fatigue life [3], [4]. However, how and to what extent such corrosion makes still remains a problem being frequently faced by engineers, since there are not any reasonable explanations or accurately quantitative amendment. Scientific circles have put forward some formulas and methods for quantitative amendment, while the fatigue life of aircraft is often made relatively short, even unacceptably short in some cases, i. e., far from actual conditions of aircraft operation. In such cases, a number of uncertain factors would be brought to the determination of aircraft fatigue life and consequently, hidden dangers to the flight safety may exist.

For probing into the above - mentioned subject, in this paper, the research has been made on the corrosion temperature factor (other corrosion factors are taken into consideration in the corrosion test). In the past, however, researches were made only under normal temperature on the ground, losing sight of effects of high - altitude and low - temperature corrosion on the fatigue life of aircraft. Results obtained from those researches, therefore, could not reflect the true fatigue life of aircraft.

During corrosion tests mentioned in this paper for reproducing the temperature environment in which the aircraft flies at high altitudes, stress has been put while simulating a temperature environment of 0℃ to −50℃ in addition to the normal temperature on the ground. Within such a range of temperature and under the condition of the same corrosion amount *D*, the variation law of corrosion time *H* with respect to corrosion temperature *T* has been studied for the purpose of analyzing the effect of corrosion temperature on the fatigue life of aircraft.

2 Corrosion Test

2.1 Materials for Corrosion Test

Three kinds of commonly-used aeronautical materials, i. e., LY12CZ, LC4CS aluminum alloys and 30CrMnSiA alloy steel, have been chosen for the present corrosion tests.

2.2 Basic Mechanical Properties of Materials for Corrosion Test

The mechanical properties of those materials used for corrosion tests meet the standard for aeronautical materials, refer to Table 1.

Table 1 Static Properties of Three Materials: LY12CZ and LC4CS Aluminum Alloy Sheets and 30CrMnSiA Alloy Steel Sheet

Material	E/GPa	$\sigma_{0.2}$/MPa	σ_b/MPa	δ_5/%	Test Method
LY12CZ	65.7	362.3	470.7	19.5	HB 5134—1996
LC4CS	65	510.3	558	12.1	
30CrMnSiA		1056.7	1130.7	13.4	

2.3 Test Method

Before test, the aluminum-clad layers of LY12CZ and LC4CS aluminum alloy specimens are removed, the thickness of the specimen is measured and a protective layer of 901 – M acid – resistant insulating varnish is applied on the non – testing surface of the specimen. For 30CrMnSiA alloy steel specimens, the rust on the surface is cleared and the specimens are weighed by means of a JJ200 electronic balance.

Test temperature: Solutions for corrosion test are kept in such six different temperatures as 50℃, 28℃, 5℃, 0℃, –5℃ and –25℃. The volumetric ratios of corrosion test solutions are as follows: NaCl, 4mol/L; KNO_3, 0.5mol/L; HNO_3, 0.1mol/L. The area – volume ratio is 13.3. After corrosion test, the LY12CZ and LC4CS aluminum alloy specimens are lengthwise cut apart and made into metallographic specimens, and the corrosion depth is checked by using of a Neopht – 1 horizontal – type metalloscope. The corrosion amount of the 30CrMnSiA alloy steel specimen is checked through weighing, i. e., through comparing the weight differences of specimens before and after the corrosion test. 5 specimens are sampled from each kind of material, and the average value of the maximum corrosion amounts of the 5 specimens is taken as the test result.

3 Test Result

3.1 The corrosion test data of LY12CZ aluminum alloy sheet is as shown in Table 2; and the $T-H$ test curve is as shown in Fig. 1.

3.2 The corrosion test data of LC4CS aluminum alloy sheet is as shown in Table 3; and the $T-H$ test curve is as shown in Fig. 2.

Table 2 *T – H* Curve Data of Average Corrosion up to 1 mm for LY12CZ Aluminum Alloy Sheet

Test Temp T/℃	–25	–5	0	5	28	30
Test time	114	114	114	114	114	114
Average corrosion depth/mm	0	0	0.24	0.32	0.81	1.83
Time required for average corrosion up to 1 mm/h	∞	∞	475	356.3	140.7	62.3

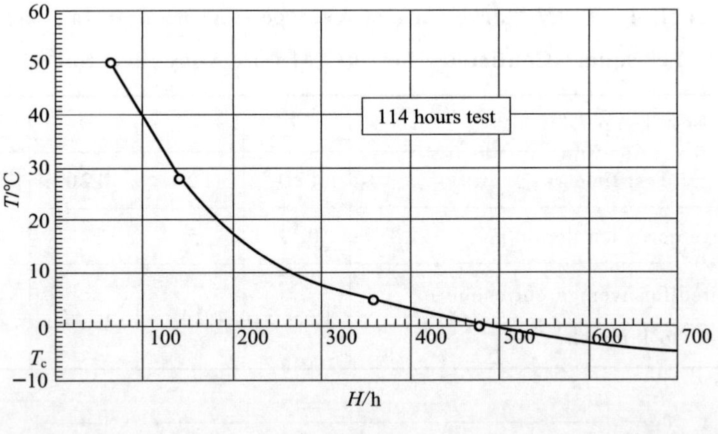

Fig. 1　$T-H$ test curve of average corrosion up to 1 mm for LY12CZ aluminum alloy sheet

Table 3　$T-H$ Curve Data of Average Corrosion up to 1 mm for LC4CS Aluminum Alloy Sheet

Test Temp T/℃	−25	−5	0	28	50
Test time	40	40	40	40	40
Average corrosion depth/mm	0	0.28	0.33	0.52	0.90
Time required for average corrosion up to 1 mm/h	∞	142.9	121.2	76.9	44.4

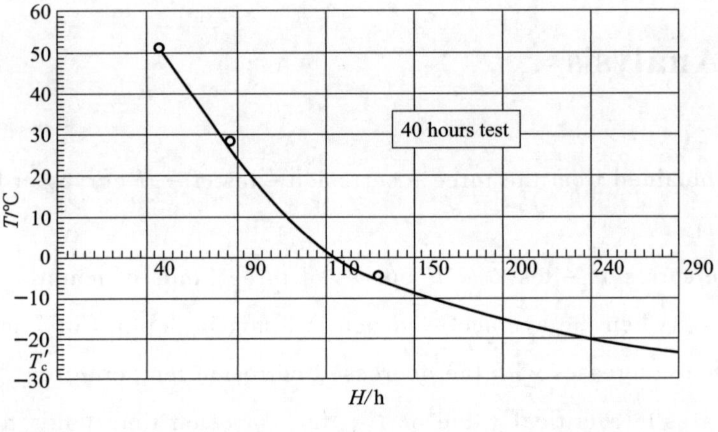

Fig. 2　$T-H$ test curve of average corrosion up to 1 mm for LC4CS aluminum alloy sheet

3.3　The corrosion test data of 30CrMnSiA alloy steel sheet is as shown in Table 4; and the $T-H$ test curve is as shown in Fig. 3.

Table 4　*T* – *H* Curve Data of Average Corrosion up to 1 mg Per square Centimeter for 30CrMnSiA Alloy Steel Sheet

Test Temp *T*/℃	–25	–5	0	28	50
Test time	120	120	120	120	120
Average corrosion depth/mm	0.9	5	6.8	44.9	63.5
Time required for average corrosion up to 1 mm/h	133.3	24	17.6	2.67	1.89

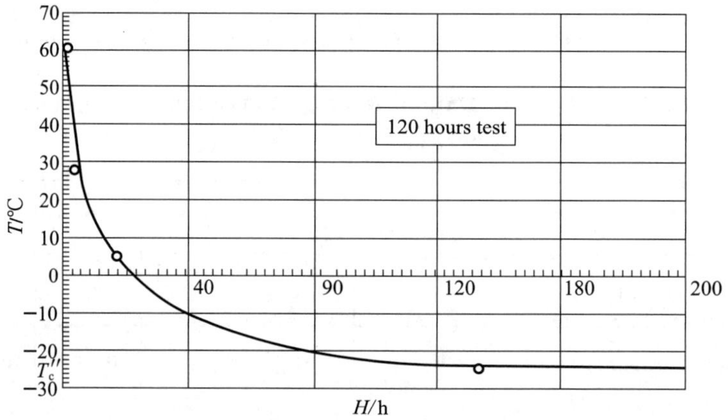

Fig. 3　*T* – *H* test curve of average corrosion up to 1 mm per square centimeter for 30CrMnSiA alloy alloy steel sheet

4　Test Analysis

It can be obtained from the three – corrosion – test *T* – *H* curves in Fig. 1, Fig. 2 and Fig. 3 that:

4.1　The corrosion – test *T* – *H* curves of three kinds of materials show a common law, i. e., when the average corrosion is 1 mm in depth (or 1 mg in weight), the corrosion time increases with the decreased corrosion temperature. When the temperature decreases to a critical value of T_c, the corrosion time tends to be infinitesimal, i. e., the material tends to be of no corrosion.

4.2　Profiles of the three *T* – *H* curves and critical temperature T_c of the three materials are different, which indicates that different materials have specific corrosion characteristics. It can also be obviously seen that the critical corrosion temperature T_c of LY12CZ is higher than critical corrosion temperatures T_c' and T_c'' of LC4CS and 30CrMnSiA.

4.3 Corrosion test $T-H$ curves of three kinds of materials have different slopes.

5 Conclusions and Discussions

5.1 Through the corrosion test and research on the three materials, the law of distribution shown in Figs. 1, 2 and 3 has been obtained, the critical corrosion temperature T_c for each of the three materials has been found. Such a conclusion indicates that if a piece of metal is immersed in some corrosive solution, the corrosion process stops whenever the corrosion temperature T_i is lower than the critical corrosion temperature T_c (i. e. $T_c > T_i$) of the metallic material.

Such a conclusion is not only valuable to the determination of calendar service life of aircraft, but also important to the amendment to fatigue life of aircraft under corrosion environment. As everybody knows that the aircraft, in most cases, flies at high altitudes where the ambient temperature is usually about −50℃. We can derive from Figs. 1, 2 and 3 that the critical corrosion temperature T_c of LY12CZ is around −5 ℃, while critical corrosion temperatures T_c' and T_c'' of LC4CS and 30CrMnSiA are about −25℃. It means that the corrosion of the aircraft structure stops when the aircraft flies at high altitudes under an environmental temperature of −50℃. Hence maybe, an amendment is not necessary to the fatigue life of aircraft when the aircraft structure suffers no corrosion damage and, the flight time under such an environment may be counted directly into the total calendar life of aircraft. Therefore, such a conclusion of research is of importance to both determination of calendar service life of aircraft and amendment to the fatigue life of aircraft.

5.2 The corrosion test and research on three materials of LY12CZ, LC4CS and 30CrMnSiA, not only derives the law of distribution shown in Figs. 1, 2 and 3, but also verifies that the law of change in corrosion time with respect to the corrosion temperature is correct when metals are put in corrosive solution as described in Reference [5], and that the prediction model (1), derived in Reference [5], on calendar life of metal corrosion is tenable.

$$\lambda \sum_{j=1}^{m} \left(\sum_{i=1}^{k} \frac{h_i}{H_i} \right)_j = 1 \tag{1}$$

Where, H_i denotes the time in hours in which a corrodible part, being placed in certain medium and under a temperature of class i, is corroded to a specified depth D_c; h_i denotes the time in hours corresponding to temperature of class i in an adopted temperature spectrum; λ, the total blocks of cycles of the adopted temperature spectrum when the corrodible part is corroded to a specified depth D_c under the combined action of m kinds of media; k denotes the numbers of classes of a given temperature spectrum and m is the number of corrosion media.

5.3 Problems for further Discussions and Explanations

5.3.1 Conclusions drawn in this paper are only confined to the three kinds of materials of LY12CZ, LC4CS and 30CrMnSiA. Other materials should normally follow the same law. However, this is pending on further tests and researches.

5.3.2 Tests under an environment of −50℃ were planned at the beginning. Tests thereafter of the three materials show that almost no corrosion exists to the specimens when the temperature reaches −25℃. Therefore, no further tests have been done for specimens at temperatures below −25℃.

REFERENCE

[1] Li Jin Gui and Zhao Gui Yan as Chief Editors. A Handbook of Corrosion and its Control for Aeronautical Products. (No. 621 Institute of Aeronautical Ministry), 1984, 161-182.

[2] Wanhill R J H. De Luccia J J. Russo M T. The Fatigue in Aircraft Corrosion Testing (FACT) Program (R). AGARD Report No. 713, 1989.

[3] Liu Wen Ting, Jiang Dong Bin. Researches on Test Environment Spectrum for Accelerated Corrosion in Key Dangerous Position of Aircraft Structure [J]. Acta Aeronautical and Astronautical Sinica, 1998, 19 (4): 434-438.

[4] Jiang Zu Guo as the Chief Editor. Corrosive Fatigue of Aircraft Structure. (Aeronautical Industry Publishing House [M]), 1992, 20-90.

[5] Zhang Fuze. Calculation Model and Determination Method of Corrosion Damage Calendar Life of Metal Parts [J]. Acta Aeronautical and Astronautical Sinica, 1999, 20 (1); 75-79.

高空低温飞行飞机的疲劳寿命高于相同谱载下的地面常温试验寿命①

摘要：作者为了探讨高空低温飞行的飞机利用地面常温下飞机结构试验寿命的可靠性和安全性，先后进行了三种航空材料的常温和低温疲劳试验对比研究，即对 LY12CZ，LC4CS 和 30CrMnSiNi2A 三种材料的地面（25℃）与高空（－40℃）的裂纹形成寿命、裂纹扩展寿命和分散系数的对比研究。本文通过这些研究得到如下结论：通过地面常温环境试验的飞机结构疲劳寿命，用于高空低温环境飞行的飞机是安全的，而且还可以提高使用寿命。

关键词：飞机疲劳寿命；地面疲劳试验寿命；空中飞行寿命

引言

目前，国内外的飞机疲劳使用寿命是通过地面实验室里的疲劳试验寿命除以规范规定的分散系数[1-2]和一些分析计算给出来的[3-4]。地面实验室的试验温度通常是15～30℃，这些试验温度环境与高空飞行的－40～－50℃温度环境有很大差异。环境温度由15～30℃改变为－40～－50℃，对金属疲劳裂纹形成寿命和裂纹扩展寿命是提高还是降低？应该如何修正？这些问题是涉及飞机飞行安全的问题，因此也是疲劳界需要回答和解决的问题，但至今国内外仍没有给出结论。

为了回答和解决这一问题，本文作者先后在参考文献［5］和［6］中，分别进行了在室温和低温两种温度环境下的三种航空材料的疲劳品质、裂纹

① 该研究成果2008年5月申报国家发明专利，论文未公开发表。

扩展品质试验研究。由于这两项专题研究是在不同时间针对飞机定寿中不同问题进行的，每个专题只解决一个问题。为了回答上述综合问题，本文对这两项专题研究进行分析并补充研究两种温度（25℃和-40℃）6种状态下的试件寿命的分散系数，以综合分析找出答案。

1 地面与高空两种温度环境对金属裂纹形成寿命的影响[5]

1.1 两种温度三种材料的裂纹形成寿命对比试验

（1）试验材料：LY12CZ、LC4CS和30CrMnSiNi2A；

（2）试验温度：25℃和-40℃；

（3）试验数据和曲线：如表1～表6和图1～图3所示。

表1 LY12CZ铝合金δ2.5包铝板材25℃疲劳试验数据（$K_t=3$，$R=0.06$）

σ_{max}/MPa	试件试验寿命（$\times10^3$）
170	60，45，62，37
135	101，144，133，156
100	261，481，523，408
72	2765，2853
68	>10000，2647，2544，3561
64	5816，>10000，>10000
60	>10000

表2 LY12CZ铝合金δ2.5包铝板材-40℃疲劳试验数据（$K_t=3$，$R=0.06$）

σ_{max}/MPa	试件试验寿命（$\times10^3$）
200	78.83，50.47，43.76
170	123.03，155.45
135	312.71，306.22
100	685.23，>1655，>1016

表 3　LC4CS 铝合金 δ2.0 包铝板材 25℃疲劳试验数据（$K_t=3$，$R=0.06$）

σ_{max}/MPa	试件试验寿命（×10³）
120	57，61，92，68
100	146，139，142
80	490，338，470
57	3413，8784
54	>10000，>10000，1808，9273
51	>10000，>10000

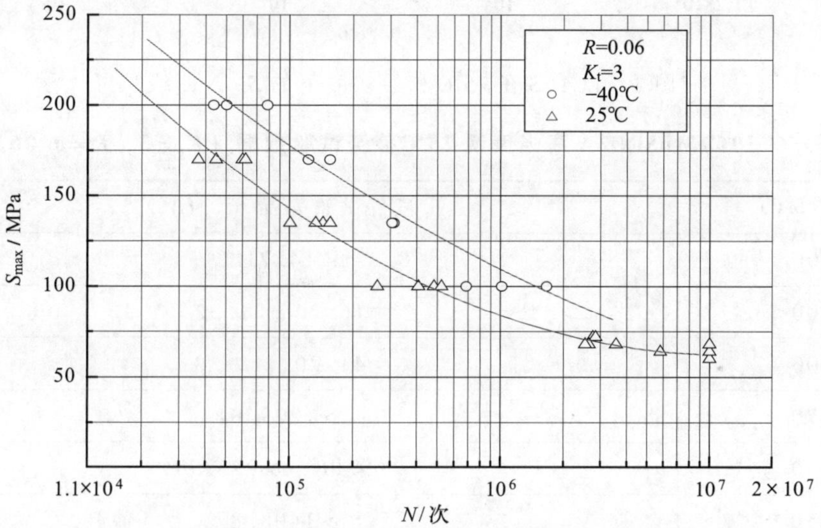

图 1　LY12CZ 在 25℃和 −40℃下的 S—N 曲线

表 4　LC4CS 铝合金 δ2.0 包铝板材 −40℃疲劳试验数据（$K_t=3$，$R=0.06$）

σ_{max}/MPa	试件试验寿命（×10³）
160	53.71，43.54
140	103.10，77.93
120	248.64，213.07
100	454.26
90	446.38，1475.04，865.52
80	>922.94

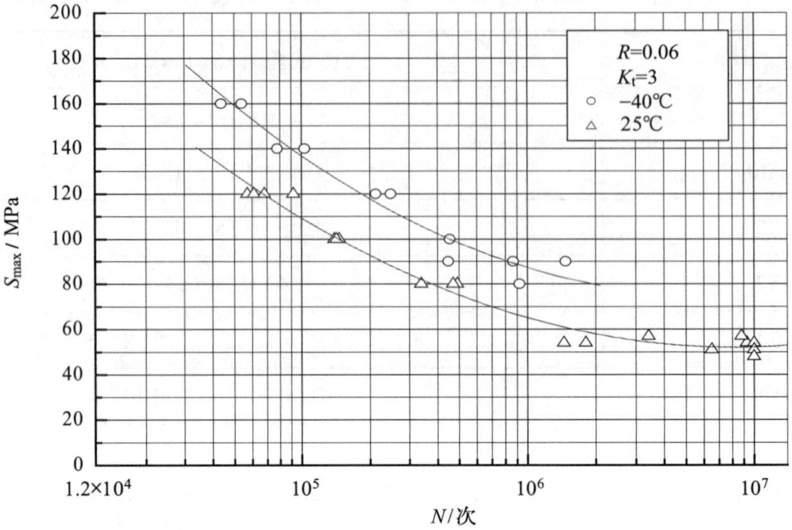

图 2　LC4CS 在 25℃和 −40℃下的 S—N 曲线

表 5　30CrMnSiNi2A 高强度钢 25℃疲劳试验数据（$K_t = 3$，$R = 0.06$）

σ_{max}/MPa	试件试验寿命（×10³）
800	14.71
700	16.26，21.32
600	41.20，42.30
570	>1209.81
560	69.88，>973.77
550	>1408.87
500	120.00

表 6　30CrMnSiNi2A 高强度钢 −40℃疲劳试验数据（$K_t = 3$，$R = 0.06$）

σ_{max}/MPa	试件试验寿命（×10³）
800	19.87
700	49.56，66.8
600	30.67，46.4，>160.00
560	>865.43
550	1704.50
500	>1000.00

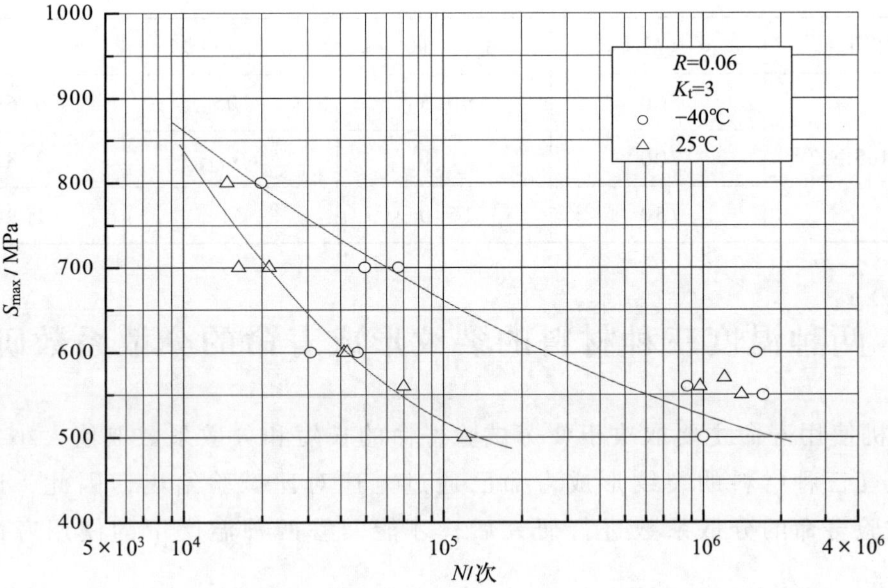

图 3 30CrMnSiNi2A 在 25℃和 −40℃下的 S—N 曲线

1.2 试验结果比较

为了清楚地看出 LY12CZ、LC4CS 和 30CrMnSiNi2A 三种材料在 −40℃和 25℃下疲劳寿命的差异，从曲线图 1 ~ 图 3 中，分别各取了三组 σ 值所对应的寿命进行比较，见表 7。从表 7 数据可以看出，三种材料在 −40℃环境下的疲劳寿命 $N_{-40℃}$ 全部比 25℃下的疲劳寿命 $N_{25℃}$ 高，最低高 1.94 倍，最高高 6.69 倍。

表 7 三种材料 25℃、−40℃相同应力下疲劳试验寿命对比

材料	σ_{max}/MPa	$N_{25℃}/10^3$	$N_{-40℃}/10^3$	$N_{-40℃}/N_{25℃}$
LY12CZ	100	450.0	1600	3.55
	135	143.0	310	2.17
	170	53.7	110	2.05
LC4CS	80	380.0	1950	5.13
	100	140.6	450	3.20
	120	60.7	190	3.13

表7（续）

材料	σ_{max}/MPa	$N_{25℃}/10^3$	$N_{-40℃}/10^3$	$N_{-40℃}/N_{25℃}$
30CrMnSiNi2A	560	60.5	405	6.69
	700	21.0	60	2.85
	750	16.0	31	1.94

1.3 两种温度三种材料的裂纹形成寿命的分散系数研究

飞机使用寿命主要取决于疲劳试验寿命的长短和分散系数取值大小，由于两种温度三种材料的裂纹形成寿命已通过上述对比试验给出，因此，还需对这些试验寿命的分散系数进行研究后，才能回答两种温度下的使用寿命谁高谁低。

（1）两种温度三种材料试验寿命的标准差 S 研究

试验寿命选取原则：取每种材料在相同应力作用下的两种温度（25℃和 -40℃）的试验寿命值（每组有效寿命2个以上）。根据此原则，由表1～表6选出有效、可比的试验寿命和它们的标准差 S 计算结果，列入表8。

表8　三种材料5种应力下的25℃和 -40℃试验寿命和计算的标准差 S

材料	σ_{max}/MPa	温度/℃	试件 n	有效试验寿命（$\times10^3$）	标准差 S
LY12CZ	170	25	4	60，45，62，37	0.1064
		-40	2	123.03，155.45	0.0632
	135	25	4	101，144，133，156	0.1410
		-40	2	312.71，306.22	0.00636
LC4CS	120	25	4	57，61，92，68	0.0920
		-40	2	248.64，213.07	0.0474
30CrMnSiNi2A	700	25	2	16.26，21.32	0.0832
		-40	2	49.56，66.80	0.0917
	600	25	2	41.20，42.30	0.0130
		-40	2	30.67，46.40	0.1270
说明	$S=\sqrt{\dfrac{\sum_{i=1}^{n}X_i^2-\dfrac{1}{n}\left(\sum_{i=1}^{n}X_i\right)^2}{n-1}}$ 式中，X_i 为试验件试验寿命的对数值；n 为每组的试验有效试验件数。				

从表 8 显示出 n 的有效数是不足的，有待进一步试验补充。

（2）25℃和 -40℃下的试验寿命的分散系数 L_f 计算

①25℃和 -40℃下的寿命标准差的平均值，由表 8 计算可得

$$S_{25℃} = (0.1064 + 0.1410 + 0.0920 + 0.0832 + 0.0130)/5 = 0.08712$$

$$S_{-40℃} = (0.0632 + 0.00636 + 0.0474 + 0.0917 + 0.1270)/5 = 0.06713$$

②25℃和 -40℃下的试验寿命的分散系数 L_f 计算

取我国规范规定的可靠度 $P = 99.87\%$，对应的 $U_p = -3$；置信度 $r = 90\%$，对应的 $U_r = 1.282$；试件个数按表 8 取，分散系数 L_f 计算公式取式（1）。

$$L_f = 10^{\left(\frac{U_r}{\sqrt{n}} - U_p\right)S} \tag{1}$$

则

$$L_f^{25℃} = 10^{\left(\frac{1.282}{\sqrt{4}} - (-3)\right)0.08712} = 2.076$$

$$L_f^{-40℃} = 10^{\left(\frac{1.282}{\sqrt{2}} - (-3)\right)0.06713} = 1.829$$

③比较

$L_f^{-40℃}$ 比 $L_f^{25℃}$ 低 12%，这说明在相同寿命情况下，-40℃下的使用寿命比 25℃下的使用寿命长 12%。

2　地面与高空两种温度环境对裂纹扩展寿命的影响[6]

2.1　两种温度三种材料的裂纹扩展寿命对比试验

（1）试验材料：LY12CZ、LC4CS 和 30CrMnSiNi2A；

（2）试验温度：25℃和 -40℃；

（3）试验曲线：

①a—N 实测曲线，如图 4 ~ 图 6 所示。

②da/dN—ΔK 实测曲线，如图 7 ~ 图 9 所示。

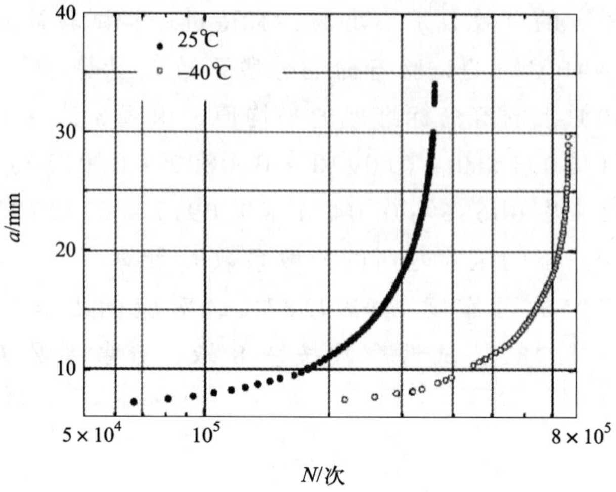

图 4　LY12CZ 在 25℃和 -40℃下的 a—N 曲线

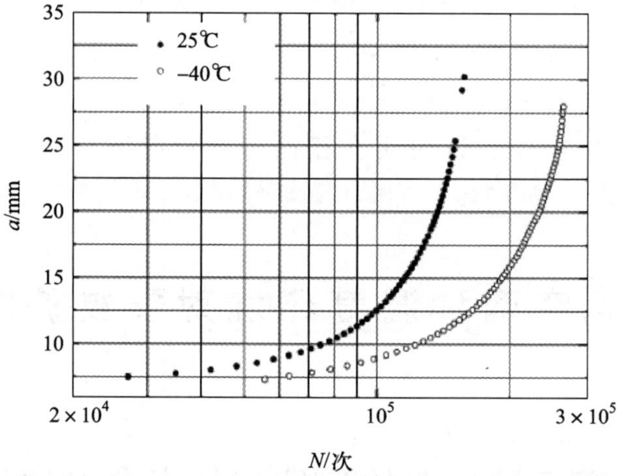

图 5　LC4CS 在 25℃和 -40℃下的 a—N 曲线

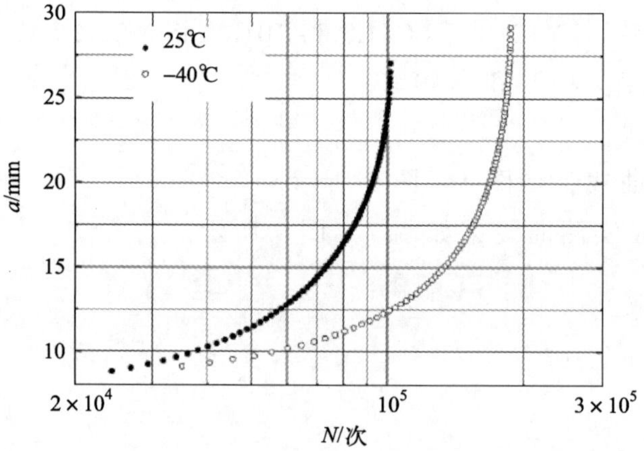

图 6　30CrMnSiNi2A 在 25℃和 -40℃下的 a—N 曲线

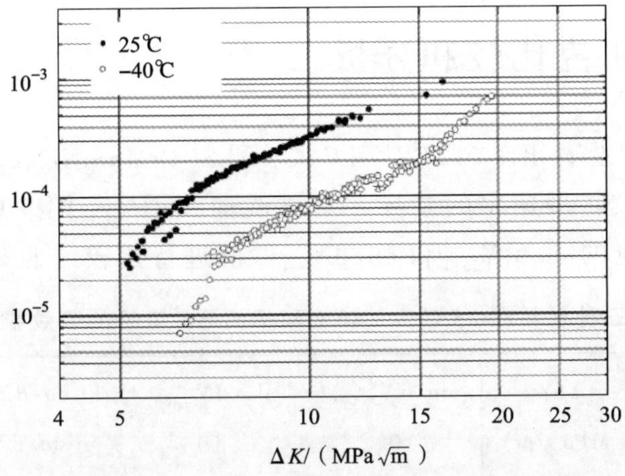

图 7　LY12CZ 在 25℃和 -40℃下的 $da/dN—\Delta K$ 曲线

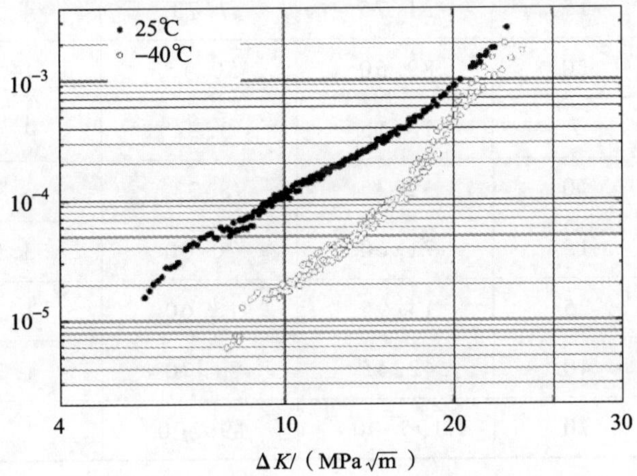

图 8　LC4CS 在 25℃和 -40℃下的 $da/dN—\Delta K$ 曲线

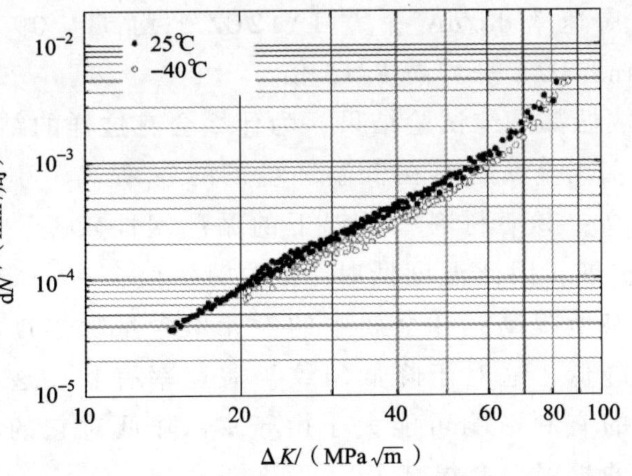

图 9　30CrMnSiNi2A 在 25℃和 -40℃下的 $da/dN—\Delta K$ 曲线

2.2 试验研究比较和分析

为了更清楚地看出LY12CZ、LC4CS和30CrMnSiNi2A三种材料在25℃和−40℃下的裂纹扩展速率的差异，从试验曲线图4~图9中，分别取三组ΔK值把它们所对应的$da/dN_{25℃}$和$da/dN_{-40℃}$值进行比较（见表9）。

表9 三种材料在25℃、−40℃和相同ΔK值下的裂纹扩展速率对比

材料	ΔK/(MPa $\sqrt{m}$)	($da/dN_{25℃}$)/10^{-5}	($da/dN_{-40℃}$)/10^{-5}	($da/dN_{25℃}$)/($da/dN_{-40℃}$)	平均
LY12CZ	10	11.45	1.795	6.38	4.09
	15	31.75	7.73	4.11	
	20	89.50	50.15	1.78	
LC4CS	7	14.15	3.04	4.65	4.05
	10	32.35	8.23	3.91	
	15	71.60	20.00	3.58	
30CrMnSiNi2A	25	14.95	13.60	1.10	1.15
	40	42.45	31.70	1.34	
	70	195.00	190.00	1.01	

从表9可以看出，三种材料，25℃的裂纹扩展速率$da/dN_{25℃}$全部高于−40℃的裂纹扩展速率$da/dN_{-40℃}$。LY12CZ平均高4.09倍，LC4CS平均高4.05倍，30CrMnSiNi2A平均高1.15倍。

这些曲线和数据都是纯试验结果，为什么会有这样的结果呢？这可能由如下三种原因造成：①金属材料在低温环境下的σ_b提高，引起疲劳品质和裂纹扩展品质相应提高；②“材料在低温下的循环塑性较差，这可使其疲劳裂纹在低ΔK下不易扩展，因此温度低时ΔK的门槛值会有一定的提高”[1]，从而使裂纹扩展寿命有所提高；③金属中的氢元素含量随温度的降低而降低，氢脆的敏感性也就降低，这对于降低裂纹扩展速率有利。这三种因素在低温下对裂纹扩展寿命的有利影响可能大于由于K_{IC}降低对它的不利影响，因此三种材料在低温下的扩展寿命提高了。

3　研究结论

（1）通过地面与高空两种温度环境对金属裂纹形成寿命影响的对比试验研究，获得了LY12CZ、LC4CS和30CrMnSiNi2A三种材料在低温-40℃环境下的疲劳裂纹形成寿命$N_{-40℃}$比常温25℃环境下的疲劳裂纹形成寿命$N_{25℃}$要高。LY12CZ平均约高3倍，LC4CS和30CrMnSiNi2A平均高近4倍。这说明在地面常温25℃环境下试验的疲劳裂纹形成寿命用于高空-40℃环境飞行的飞机是安全的，还有提高的潜力。

（2）通过地面与高空两种温度环境对金属裂纹扩展寿命影响的对比试验研究，给出LY12CZ、LC4CS和30CrMnSiNi2A三种材料在室温25℃下的裂纹扩展速率da/dN全部高于在-40℃下的裂纹扩展速率da/dN。两种铝合金平均高4倍，合金钢平均高1.15倍。即同样的材料，在相同载荷谱作用下，在低温-40℃下的裂纹扩展寿命要比在25℃下的裂纹扩展寿命要长。这也说明在常温25℃环境下试验的疲劳裂纹扩展寿命用于高空低温-40℃环境飞行的飞机是安全的，也有潜力可挖。

（3）通过对三种材料两种温度（25℃与-40℃）的试件寿命分散系数研究，得到-40℃下的分散系数比常温25℃下的分散系数低12%。这说明在相同试验寿命下，在高空低温飞行的飞机使用寿命长。这进一步证明，在高空低温飞行飞机用地面常温试验的相同结构寿命不仅安全，而且还可提高。

（4）总结论：通过地面与高空两种温度环境对金属裂纹形成寿命、裂纹扩展寿命和分散系数的对比研究，所有数据都支持通过地面常温环境试验寿命用于高空低温飞行的飞机是安全的，其寿命可提高。提高多少有待进一步研究，这是一项对国际疲劳领域很有意义、有使用价值的研究。

参考文献

[1] 军用飞机强度和刚度规范. 国防科学技术工业委员会，1986.

[2] 顾伟豪. 飞机结构疲劳定寿文集（1~3册）. 北京：航空航天工业部科学技术委员会，1987，1989，1991.

[3] 高镇同. 航空金属材料疲劳性能手册. 北京航空材料研究所，1981.

[4] 军用飞机疲劳·损伤容限·耐久性设计手册. 中国航空研究院，1994.

[5] 张福泽，叶序彬. 在25℃和-40℃环境下的三种航空材料的疲劳品质研究［J］. 航空学报，2006，27（6）：1127-1129.

[6] 张福泽，叶序彬．在25℃和-40℃环境下的三种航空材料的裂纹扩展品质研究［J］．航空学报，2007，28（3）：593-595．
[7] 刘文珽，李玉海．飞机结构日历寿命体系评定技术［M］．北京：航空工业出版社，2004：121-138．
[8] 蒋祖国．飞机结构腐蚀疲劳［M］．北京：航空工业出版社，1992：20-90．
[9] 李金桂，赵闺彦．航空产品腐蚀及其控制手册．航空工业部621所，1984：161-182．
[10] 张福泽．金属机件腐蚀损伤日历寿命的计算模型和确定方法［J］．航空学报，1999，20（1）：75-79．

耗损系数单机监控定寿法和相关的分散系数等问题①

摘要：本文通过建立飞机各次大修和总使用寿命各节点上的结构疲劳损伤判据式和相应模型，推导出寿命耗损系数。用这个耗损系数和机群飞机总使用寿命，便可确定出监控飞机的单机使用寿命和剩余寿命（飞行小时），这样就取消了现行单机监控的“当量寿命”，因此仍用原飞行小时寿命指标控制和管理单机监控飞机的寿命。这样就解决了自从有单机监控以来，国际上一直无法解决的难题。本文还对单机寿命监控中的相关疲劳分散系数等问题进行了论述。

关键词：疲劳寿命；单机寿命监控；损伤计算；判据模型；载荷谱

引言

国际上，自20世纪70年代（我国是80年代末）开始进行单机寿命监控。单机寿命监控是解决只按飞行小时、不计飞行强弱（结构损伤大小）的平均寿命定寿方法[1-2]的不足，给出机群每架个体寿命。单机寿命监控必须在经过全尺寸疲劳试验，按结构损伤规律给出的机群飞机总使用寿命和各次翻修寿命的前提条件下，进行监控。也就是说，在已给定机群飞机各类寿命的基础上，按各次翻修寿命节点和总使用寿命节点进行单机寿命监控，使飞行强度大的飞机少飞，保证飞行安全；使飞行强度小的飞机多飞，保证经济

---

① 本文于2012年全国第16届疲劳与断裂学术会议上发表，受到热议和好评。自20世纪70年代，世界各国开始进行飞机的单机寿命监控，通过这种监控给出单机的“当量小时寿命”，这个“当量小时寿命”与机群飞行小时寿命是不同的，给使用和寿命管理造成新的问题和矛盾。60年来，世界各国都期待找到一种好的监控方法解决这个难题。这项成果研究出一种“耗损系数”，用这个“耗损系数”可消除“当量小时寿命”，解决了国际上长期无法解决的难题。

不受损失。从而达到合理、可靠地调配单机的使用寿命。显然，这种少飞或者多飞的判据取值就显得十分重要，但目前国内外尚没有一种确定方法[3]，能够把各监控节点的使用寿命和各监控节点的损伤结合在一起，来描述各节点判据式和单机寿命的确定方法，因此就不能较准确地直接给出单机监控飞机飞行小时的使用寿命，必须引入所谓的“当量寿命”。由于单机监控飞机用“当量寿命”，而试验给出的总寿命和各翻修寿命又是“飞行小时寿命”，这样就给飞机使用带来了一些不确定因素和混乱。这是国际上兴起单机寿命监控以来，国内外业内人士共同追求解决的问题，但至今仍无法解决，仍用“当量寿命”来监控[3]。

另外，在单机寿命监控中，国内外也没有一种模型，能把监控节点的判据式与被监控结构损伤计算式联系在一起，这样就造成由于两者的计算公式和参数选取的不同，而引出诸多矛盾和不可靠问题。本文针对上述问题和单机监控寿命的疲劳分散系数等问题进行如下研究。

1 监控节点结构损伤判据式和相应计算模型

1.1 总使用寿命监控节点结构损伤判据式和相应计算模型

引用参考文献［4］和［5］类比计算公式见式（1）

$$\lambda \sum_{i=1}^{k} \Delta S_i^m n_i = \left[\sum_{i=1}^{k'} \Delta S'^{\,m}_i n'_i\right]\lambda' \tag{1}$$

式（1）等号两边参数的内涵是：右边参数是疲劳试验的参数；左边参数是待求寿命飞机的参数，而本文仍用这些参数的内涵，只是把待求飞机的参数改为监控飞机的参数，其中：

$\Delta S'_i$——试验载荷谱中第 i 级应力幅值；

n'_i——试验载荷谱中第 i 级应力加载频数；

λ'——疲劳试验的谱块重复周期数；

ΔS_i——监控飞机在规定飞行时段上的第 i 级应力幅值；

n_i——监控飞机在规定飞行时段上的第 i 级应力幅值对应的载荷频数；

λ——监控周期数；

m——材料常数，裂纹形成寿命一般取 3 ~ 10[4]，裂纹扩展寿命取 2 ~ 4[5]。

如果寿命监控时段不是固定相等的，而是不定期地随机监控（假定 p 次监控），则式（1）可改写为式（2）

$$\sum_{j=1}^{p}\left[\sum_{i=1}^{k}\Delta S_i^m n_i\right]_j \leqslant \left[\sum_{i=1}^{k'}\Delta S'^m_i n'_i\right]\lambda' \tag{2}$$

式（2）的左边 $\left[\sum_{i=1}^{k}\Delta S_i^m n_i\right]$ 是一个监控时段的结构损伤，$\sum_{j=1}^{p}\left[\sum_{i=1}^{k}\Delta S_i^m n_i\right]_j$ 是监控飞机经过 p 次监控计算的结构损伤之和（对应监控寿命 L_p）。式（2）的右边 $\left[\sum_{i=1}^{k'}\Delta S'^m_i n'_i\right]$ 是试验载荷谱一个谱块的结构损伤，$\left[\sum_{i=1}^{k'}\Delta S'^m_i n'_i\right]\lambda'$ 是通过疲劳试验和计算获得的结构总损伤（对应总使用寿命 L'）。监控飞机结构损伤值要小于或等于这个总损伤值，不得超过。式（2）即是总使用寿命监控节点判据式和计算模型。

1.2　各翻修周期监控节点上的结构损伤判据式和相应计算模型

（1）假设

L'——通过疲劳试验确定的机群飞机总使用寿命（飞行小时）；

L'_1——通过疲劳试验确定的机群飞机首翻寿命（飞行小时）；

L'_2——通过疲劳试验确定的机群飞机第二次翻修寿命（飞行小时）；

L'_n——通过疲劳试验确定的机群飞机第 n 次翻修寿命（飞行小时）；

L_p——通过 p 次监控给出的寿命（飞行小时）；

λ'——疲劳试验载荷谱的试验循环周期数；

$\left[\sum_{i=1}^{k'}\Delta S'^m_i n'_i\right]\lambda'$——通过疲劳试验和计算的结构某一部位总损伤值，在全寿命周期内是线性累加的。

（2）模型与判据式

由上述假设可得 1 飞行小时的结构损伤是

$$\left[\sum_{i=1}^{k'}\Delta S'^m_i n'_i\right]\frac{\lambda'}{L'} \tag{3}$$

由式（2）和式（3），可得如下各翻修周期节点的模型和判据式（4）~式（6）。

①首翻寿命结构损伤类比计算模型和判据式

$$\sum_{j=1}^{p}\left[\sum_{i=1}^{k}\Delta S_i^m n_i\right]_j \leqslant \left[\sum_{i=1}^{k'}\Delta S'^m_i n'_i\right]\lambda'\frac{L'_1}{L'} \tag{4}$$

②第二次翻修寿命结构损伤类比计算模型和判据式

$$\sum_{j=1}^{p}\left[\sum_{i=1}^{k}\Delta S_i^m n_i\right]_j \leqslant \left[\sum_{i=1}^{k'}\Delta S'^m_i n'_i\right]\lambda' \frac{L'_2}{L'} \tag{5}$$

③第 n 次翻修寿命结构损伤类比计算模型和判据式

$$\sum_{j=1}^{p}\left[\sum_{i=1}^{k}\Delta S_i^m n_i\right]_j \leqslant \left[\sum_{i=1}^{k'}\Delta S'^m_i n'_i\right]\lambda' \frac{L'_n}{L'} \tag{6}$$

1.3 用过载增量表示的判据和模型

由于有些部位的应力（S）与过载（g）呈线性关系，对这些部位，模型式（2）、式（4）、式（5）和式（6）中的 ΔS 可以用 Δg 代替，这样模型式（2）、式（4）、式（5）和式（6）可改成用过载 Δg 表示的判据和模型（省略），它们适用于重心过载监控。

2 分析

2.1 基本消除 *m* 取值的影响

参考文献［4］和［5］给出，裂纹形成寿命 $m=3\sim10$，裂纹扩展寿命 $m=2\sim4$。m 值对结构损伤计算结果影响是很大的，在用其他公式如式（7）单独计算监控结构损伤（D）时，m 值稍有增减，则会引起损伤值成倍的变化。而本文给出的是类比计算模型式（2）～式（6），用它计算结构损伤时，各模型两边的 m 是同一值，计算结果是相对值，这样就减少或消除了由于 m 取值大小对损伤计算结果的影响，这正是本类比计算方法的优越之处。

2.2 结构损伤计算

本文给出的损伤计算式 $\left[\sum_{i=1}^{k}\Delta S_i^m n_i\right]$ 是沿用参考文献［4］的最简单表达式，它忽略了应力比 R 对寿命计算的影响，但由于单机寿命监控，只是监控单机在全寿命周期内，按已给定的各项使用寿命指标合理使用的问题，它要求的是相对值，因此用本计算式计算损伤的精度，从工程上是可以接受的。

如果考虑 R 对损伤计算的影响，选择一种将任意载荷循环折算到脉动循

环的等损伤折算法[3]，该法一个载荷谱块的损伤（D_i）计算公式见式（7）

$$D_i = \sum_{i=1}^{k} \frac{n_i \sigma_i^m (1 - R_i)^{\frac{m}{2}}}{c} \tag{7}$$

式中：n_i——一个载荷谱块的第 i 级应力频数；

σ_i——一个载荷谱块的第 i 级最大应力；

R_i——一个载荷谱块的第 i 级应力比；

m，c——材料常数。

将式（7）代入式（2）、式（4）~式（6），可得考虑 R 对损伤计算影响的相应计算模型和各节点判据式（8）~式（11），用这族模型计算结构损伤比用式（2）、式（4）~式（6）计算损伤，精度略高些[3]。

（1）总使用寿命结构损伤模型和判据式

$$\sum_{j=1}^{p} \left[\sum_{i=1}^{k} n_i \sigma_i^m (1 - R_i)^{\frac{m}{2}}\right]_j \leqslant \left[\sum_{i=1}^{k'} n'_i \sigma'^m_i (1 - R_i)^{\frac{m}{2}}\right]\lambda' \tag{8}$$

（2）首翻寿命结构损伤模型和判据式

$$\sum_{j=1}^{p} \left[\sum_{i=1}^{k} n_i \sigma_i^m (1 - R_i)^{\frac{m}{2}}\right]_j \leqslant \left[\sum_{i=1}^{k'} n'_i \sigma'^m_i (1 - R_i)^{\frac{m}{2}}\right]\lambda' \frac{L'_1}{L'} \tag{9}$$

（3）第二次翻修寿命结构损伤模型和判据式

$$\sum_{j=1}^{p} \left[\sum_{i=1}^{k} n_i \sigma_i^m (1 - R_i)^{\frac{m}{2}}\right]_j \leqslant \left[\sum_{i=1}^{k'} n'_i \sigma'^m_i (1 - R_i)^{\frac{m}{2}}\right]\lambda' \frac{L'_2}{L'} \tag{10}$$

（4）第 n 次翻修寿命结构损伤模型和判据式

$$\sum_{j=1}^{p} \left[\sum_{i=1}^{k} n_i \sigma_i^m (1 - R_i)^{\frac{m}{2}}\right]_j \leqslant \left[\sum_{i=1}^{k'} n'_i \sigma'^m_i (1 - R_i)^{\frac{m}{2}}\right]\lambda' \frac{L'_n}{L'} \tag{11}$$

3 耗损系数单机监控寿命定寿法

3.1 寿命耗损系数 η'

（1）寿命耗损系数 η' 的定义：监控飞机的结构损伤值（p 次监控）除以总损伤值。

（2）寿命耗损系数 η' 计算式：

由式（2）和式（8）可导出式（12）和式（13），即总使用寿命的耗损系数 η' 的计算式

$$\eta' = \frac{\sum_{j=1}^{p}\left[\sum_{i=1}^{k}\Delta S_i^m n_i\right]_j}{\left[\sum_{i=1}^{k'}\Delta S'^m_i n'_i\right]\lambda'} \leqslant 1 \tag{12}$$

$$\eta' = \frac{\sum_{j=1}^{p}\left[\sum_{i=1}^{k} n_1\sigma_i^m(1-R_i)^{\frac{m}{2}}\right]_j}{\left[\sum_{i=1}^{k'} n'_i\sigma'^m_i(1-R_i)^{\frac{m}{2}}\right]\lambda'} \leqslant 1 \tag{13}$$

寿命耗损系数 η'（无量纲）值是 $0\leqslant\eta'\leqslant1$，它真正的含义是监控结构的损伤值占总损伤值的比例，即总损伤值耗损率。$\eta'<1$ 表示监控飞机尚没有到规定的寿命，可以继续使用。$\eta'=1$ 表示已达到规定的寿命，应该停止使用。$\eta'=0.5$ 表示监控飞机已耗损一半的规定寿命。

3.2 单机监控寿命和剩余寿命

由式（2）可知，结构总损伤 $[\Sigma\Delta S'^m_i n'_i]\lambda'$ 对应寿命是总使用寿命 L'，监控结构损伤 $\sum_{j=1}^{p}[\Sigma\Delta S_i^m n_i]$ 对应寿命是监控寿命 L_p。从飞机使用寿命上讲，监控寿命 L_p 就是飞机已飞过的寿命，从结构损伤上讲，L_p 就是结构总损伤耗损掉的损伤对应的寿命（耗损寿命）。由此可得

（1）监控飞机的使用（耗损）寿命 L_p

$$L_p = \eta' L' \quad （飞行小时） \tag{14}$$

（2）监控飞机的剩余寿命 L_s

$$L_s = (1-\eta')L' \quad （飞行小时） \tag{15}$$

由式（14）可以看出，L_p 是 L' 的耗损值，在同样的飞行小时下，飞行强度大（η'大）的飞机 L_p 长，反之 L_p 短。在 L_p 和 L_s 计算中，L'是总寿命，以飞行小时为单位，耗损系数 η'是无量纲值，因此计算出的 L_p 和 L_s 是××飞行小时，这样就消除了当今国际上通用的“当量小时寿命”或“当量寿命”的寿命指标，监控寿命仍是总使用寿命（L'）的飞行小时，不改变原飞行小时的管理和使用。这样就解决了自从有单机寿命监控以来，国内外一直没有解决的难题，即在单机监控中，不需要“当量寿命”或“当量小时寿命”，仍用飞行小时。

（3）已飞行 L^0（h）的飞机的 L_p 和 L_s

$$L_p = \eta'(L' - L^0) \tag{16}$$

$$L_s = (1-\eta')(L' - L^0) \tag{17}$$

3.3　单机监控飞机寿命使用和管理

当 $L_p = L_1'$ 时，进行首翻；当 $L_p = L_n'$ 时，进行第 n 次大修；当 $L_p = L'$ 时，总使用寿命已到，停止飞行。使用部门不需要考虑单机监控问题，完全按原给出的寿命点（翻修期和总寿命）进行使用和管理。

4　单机寿命监控的其他相关问题

4.1　单机监控寿命的疲劳分散系数

在国际上，单机寿命监控技术已经发展50多年了，至今它的疲劳分散系数如何取值仍没有一种统一的认识和结论。有人认为，我国1985年《军用飞机强度和刚度规范》GJB 67—85（简称85规范）规定的疲劳分散系数包含载荷分散系数和结构质量疲劳分散系数两部分，载荷分散系数是1.5，它可通过单机监控除掉，因此结构质量分散系数取值从4降到2.67。

本文作者知道85规范中的疲劳分散系数取值4～6不包含使用中所谓的载荷分散系数，完全是平均载荷下的结构材料和工艺质量等方面的差异，引起的分散系数取值。取值4～6是根据我国大量疲劳试验数据统计计算出安全标准差 $S=0.18$、可靠度 $P=99.87\%$、置信度 $r=90\%$ 和疲劳试验件个数1～6，用计算公式计算得来的，没有一处考虑载荷分散的因素，因此说，85规范中疲劳分散系数取值4～6包含所谓载荷分散系数，这完全是误读。美国、澳大利亚、英国、日本、俄罗斯等国家的同期规范中的疲劳分散系数取值，也是根据本国疲劳试验数据统计计算得出的标准差和规定的可靠度、置信度、试验件数计算给出的疲劳分散系数的具体取值（如表1所示），这些取值也只包括结构材料和工艺质量等方面的差异引起的分散性，也不包括载荷的分散性。本文认为上述这种误读的后果，不仅直接影响单机寿命监控飞机分散系数的取值，而且还将全机群定寿的分散系数的取值降低到2.67，这是值得关注的问题。

本文研究认为，单机寿命监控是在机群飞机平均寿命基础上进行的。机群飞机的平均寿命是平均谱下的疲劳试验寿命除以规范规定的疲劳分散系数给出的。监控机是机群的一分子，因此这个平均寿命也是每架监控寿命飞机在监控谱等于平均谱时的寿命。由于机群中每一架飞机的飞行强度是不同的，如果都按平均谱给出的平均寿命使用，那么飞行强度大的飞机则寿命不足，导致飞行不安全；飞行强度小的飞机则寿命还有剩余，导致不经济。为了解决这一实际矛盾，而进行单机寿命监控，通过这一监控，使飞行强度大的飞机寿命减下来，以确保这部分飞机的安全；使飞行强度小的飞机寿命得以提高，把这部分飞机的潜在寿命挖掘出来，发挥最大经济效益。由此可见，单机监控寿命是在机群总使用寿命（即机群平均寿命）基础上的增加或减少，没有机群飞机总使用寿命是无法进行单机寿命监控的，因此说，机群飞机的总使用寿命是单机寿命监控的基石。因此，单机监控寿命，它不是根据监控参数独立地计算寿命，它是机群总使用寿命的修正值。

由本文推导的式（14）可以看出：单机监控寿命等于机群总使用寿命乘以结构损伤耗损系数，这样单机监控寿命只是机群总使用寿命或长或短的问题，它的一切属性都与总使用寿命一致，因此单机寿命监控飞机的疲劳分散系数与机群总使用寿命的疲劳分散系数是相同的。由于总使用寿命已包含规范的分散系数，因此用总使用寿命算得单机监控寿命也包含规范的分散系数，即规范的分散系数就是单机监控寿命的分散系数，因此单机监控寿命就不需再除以1.5的所谓载荷疲劳分散系数。这也说明因所谓的载荷分散系数取值1.5，引出全机群定寿分散系数从4降到2.67的结论是错误的。

表1　各国在20世纪80年代的裂纹形成寿命的疲劳分散系数

国家	试验件数	1	2	3	4	5	6
中国	公式：$L_f=10^{\left(\frac{U_r}{\sqrt{n}}-U_p\right)S}$ $S=0.18$，$U_p=-3$（$p=99.87\%$） $U_r=1.282$（$r=90\%$）	5.7	4.9	4.6	4.4	4.2	4.0
澳大利亚	公式：$L_f=10^{-U_pS\sqrt{1+1/n}}$ $S=0.176$，$U_p=-3$（$p=99.87\%$）	5.6	4.4	4.1	3.9	3.7	3.6
美国	公式：$L_f=10^{-U_pS}$ $S=0.2$，$U_p=-3$（$p=99.87\%$）	4	4	4	4	4	4
日本	公式：$L_f=10^{\left(\frac{U_r}{\sqrt{n}}-U_p\right)S}$ $S=0.2$，$U_p=-3$（$p=99.87\%$） $U_r=1.282$（$r=90\%$）	7.2	6.0	5.6	5.3	5.2	

4.2　单机寿命监控不能降低对试验载荷谱的要求

众所周知，用什么样的载荷谱，就试出什么样的寿命，用设计谱或不经实测编制的其他载荷谱，试出的寿命代表这个谱下的寿命，它不能代表使用部件的真实使用寿命。如果载荷谱轻了，则试出的寿命指标就高，按这个指标飞行则不安全，反之，载荷谱重了，则试出的寿命指标就低了，按此指标飞行，则造成飞机提前退役，给使用部门带来经济损失。而且这种由于寿命指标不可靠带来的危害，想通过单机寿命监控来纠正也是办不到的。因为单机寿命监控，它不是监控已给定的机群飞机的总使用寿命和翻修寿命指标，而是通过机群总使用寿命给出监控机的个体寿命，不能颠倒。因此说，有了单机寿命监控，不能降低对全尺寸疲劳试验载荷谱的要求。为了给出可靠的机群飞机各项寿命指标，必须根据飞机使用情况进行实测，编制反映部队真实情况的使用载荷谱，以此谱进行全尺寸疲劳试验，才能获得较真实的使用寿命指标。这些寿命指标是单机寿命监控无法撼动的，所以说，有了单机寿命监控不能降低对机群飞机总使用寿命试验载荷谱的要求。

5　结论

（1）给出一族飞机疲劳寿命单机监控各节点的类比计算模型和相应判据，它们可保证监控寿命飞机按各节点计算的寿命飞行，确保监控飞机飞行安全。由于本族模型计算的损伤是相对值，因此可以减少由于材料常数 m 取值不同对损伤计算的影响，从而可提高单机寿命监控计算的精确度。

（2）通过建立的耗损系数，给出单机监控寿命定寿法，从而使单机监控寿命与机群总使用寿命表述得到统一（都用飞行小时），由此取消了“当量寿命”。使用部门可按原飞行小时寿命使用和管理机群飞机。这样就消除了原单机寿命监控的不足和混乱，从而解决了国际上自从有单机寿命监控以来一直未解决的难题，使单机寿命监控技术有了一个新突破。

（3）论证了单机监控寿命是通过耗损系数由机群总使用寿命折算出来的，因此它的分散系数与机群总使用寿命是一致的。由于机群总使用寿命包含了规范规定分散系数，所以单机监控寿命也包含了规范规定的分散系数，即规范分散系数就是单机监控寿命的分散系数。

参考文献

[1] GJB 67.6—85. Military airplane structural strength specification. Beijing: Defense Technology Commission, 1986.

[2] Gao Z T. Handbook of fatigue properties of aerial metals [M]. Beijing Institu-

te of Aeronautical Materials, 1981. (in Chinese)

[3] Liu W T, Wang Z. Monitoring techniques Guide of aircraft life. Chinese National Defense Industry press. 2010. (in Chinese).

[4] Zhang F Z. An analogy method for crack initiation life prediction. Acta Aeronoutica et Astronautica Sinica, 1982, 3 (2): 51 - 60 (in Chinese).

[5] Zhang F Z. An analogy method for propagation life prediction. Acta Aeronoutica et Astronautica Sinica, 1985, 6 (2): 194 - 200 (in Chinese).

[6] Zhang F Z. Standard deviation study in Fatigue Scatter Factors [J]. Acta Aeronoutica et Astronautica Sinica, 1986, 3: B17 - 27.

[7] Zhang F Z. The categories and values of fatigue scatter factors [J]. Acta Aeronoutica et Astronautica Sinica, 1987, 8 (6): B239 - 243. (in Chinese)

[8] Gao Z T. Fatigue scatter factors of aircraft, BH - B884 [R]. Beijing: Beijing University of Aeronautical and Astronautics, 1982. (in Chinese)

[9] Zhang F Z. Heavy spectra under operational loads may reduce life, but not fatigue scatter factors [J]. Acta Aeronoutica et Astronautica Sinica, 2013, 34 (8): 1892 - 1896 (in Chinese).

[10] JSSG—2006. Jointly apply specification guide of U. S. Ministry of National Defense, 2006.

[11] GJB 67.6A—2008. Military airplane structural strength specification. Beijing: Defense Technology Commission, 2008.

Monitoring life determination method of loss factor for single aircraft and other issues on fatigue scatter factor

Zhang Fuze

(Beijing Aeronautical Technology Research Centre, Beijing 100076)

Abstract To extrapolate factor of life loss through establishing criteria and relevant model for structure fatigue damage based on the nodal points of various overhaul and the total service life of the aircraft. Utilization of this loss factor and the total average service life of group aircraft can determine the service life and the residual life (flying hours) of the monitored single aircraft, which obviates the currently used "equivalent life" for the monitored single aircraft, therefore the original flying hours life index control and the management for monitoring the life of single aircraft are still used. Therefrom giving solution to the unsolved problems, which came into being ever since the monitoring of single aircraft. This article also analyses the relevant fatigue scatter factor during monitoring the life of single aircraft.

Key words fatigue life, life monitoring for single aircraft, damage calculation, criteria model, load spectrum

单机寿命监控模型和耗损系数法

——在 2012 年全国第 16 届疲劳与断裂学术会议上宣读的论文（PPT）

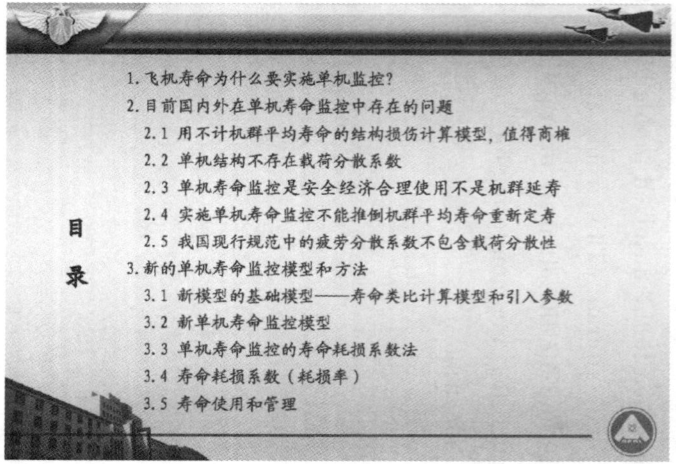

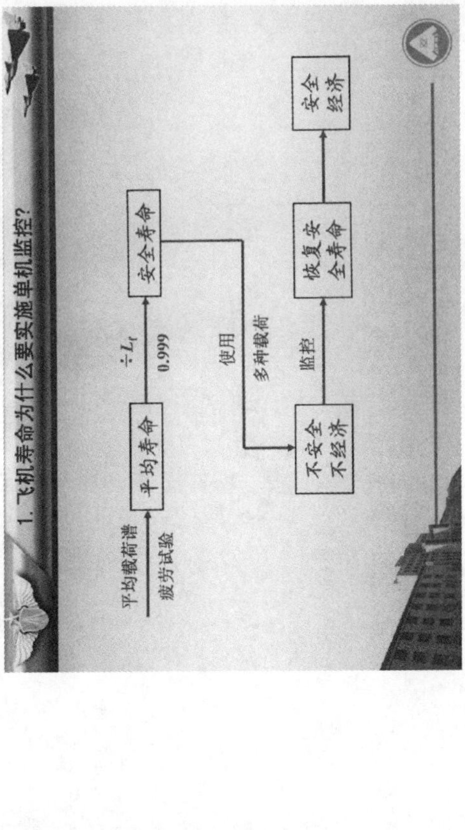
1. 飞机寿命为什么要实施单机监控?
平均载荷谱
疲劳试验
平均寿命
$\div L_f$
0.999
安全寿命
使用
多种载荷
监控
不安全 不经济
恢复安全寿命
安全经济

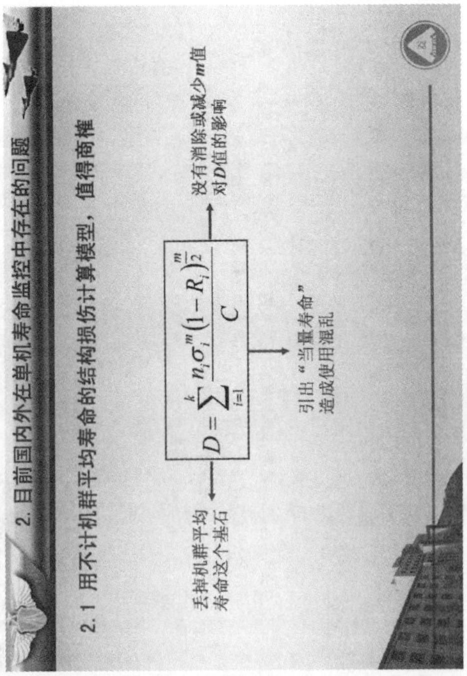
2. 目前国内外在单机寿命监控中存在的问题
2.1 用不计机群平均寿命的结构损伤计算模型，值得商榷
丢掉机群平均寿命这个基石
$D=\sum_{i=1}^{k}\frac{n_i\sigma_i^m(1-R_i)^{\frac{m}{2}}}{C}$
没有消除或减少m值对D值的影响
引出“当量寿命”造成使用混乱

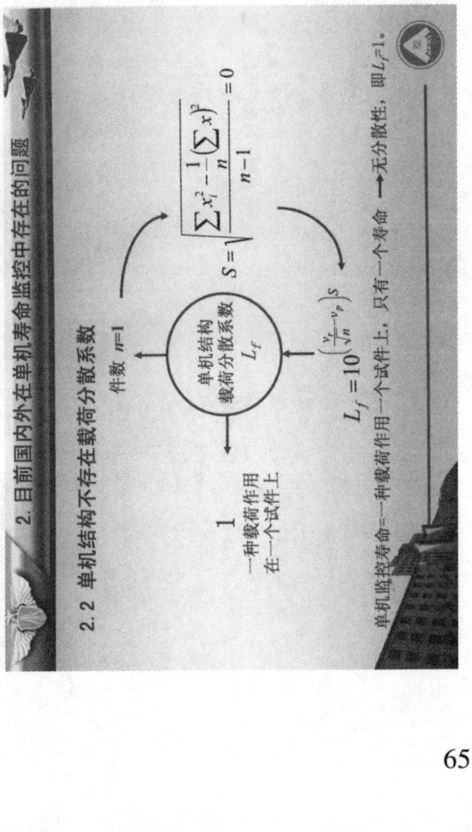
2. 目前国内外在单机寿命监控中存在的问题
2.2 单机结构不存在载荷分散系数
件数 n=1
单机结构载荷分散系数 L_f
1
一种载荷作用在一个试件上
$S=\sqrt{\frac{\sum x_i^2-\frac{1}{n}\left(\sum x\right)^2}{n-1}}=0$
$L_f=10^{\left(\frac{v_r}{\sqrt{n}}-v_p\right)S}$
单机监控寿命=一种载荷作用一个试件上，只有一个寿命 →无分散性，即L_f=1。

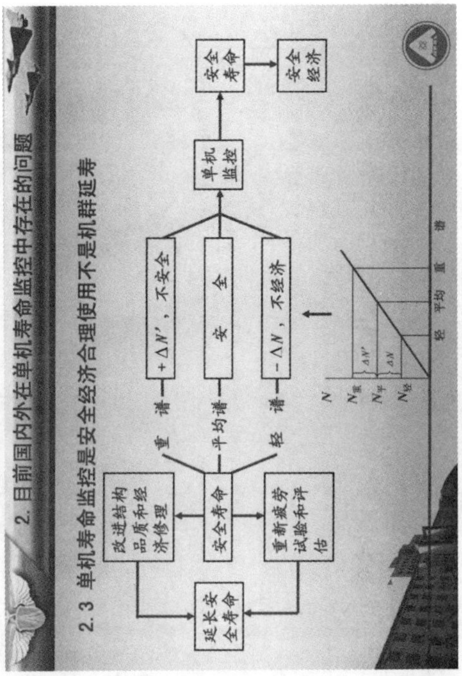
2. 目前国内外在单机寿命监控中存在的问题
2.3 单机寿命监控是安全经济合理使用不是机群延寿
改进结构品质和经济修理
延长安全寿命
安全寿命
重新疲劳试验和评估
重 谱 +ΔN′，不安全
平均谱 安 全
轻 谱 −ΔN，不经济
单机监控
安全寿命
安全经济
N
$N_重$
$N_平$
$N_轻$
ΔN′
ΔN
轻 平均 重 谱

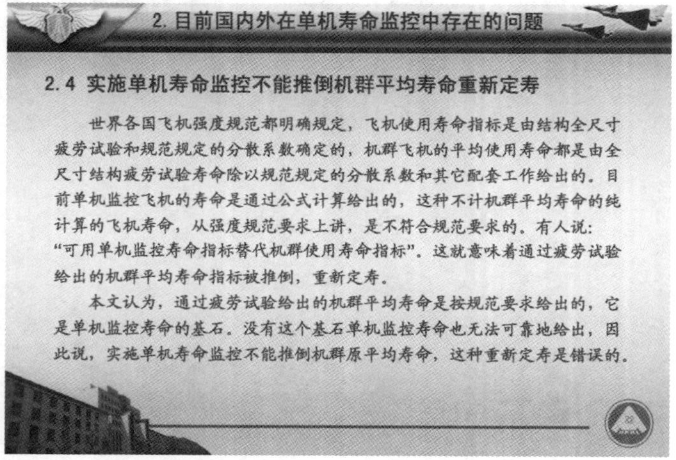
2. 目前国内外在单机寿命监控中存在的问题
2.4 实施单机寿命监控不能推倒机群平均寿命重新定寿
世界各国飞机强度规范都明确规定，飞机使用寿命指标是由结构全尺寸疲劳试验和规范规定的分散系数确定的，机群飞机的平均使用寿命都是由全尺寸结构疲劳试验寿命除以规范规定的分散系数和其它配套工作给出的。目前单机监控飞机的寿命是通过公式计算给出的，这种不计机群平均寿命的纯计算的飞机寿命，从强度规范要求上讲，是不符合规范要求的。有人说："可用单机监控寿命指标替代机群使用寿命指标"。这就意味着通过疲劳试验给出的机群平均寿命指标被推倒，重新定寿。
本文认为，通过疲劳试验给出的机群平均寿命是按规范要求给出的，它是单机监控寿命的基石。没有这个基石单机监控寿命也无法可靠地给出，因此说，实施单机寿命监控不能推倒机群原平均寿命，这种重新定寿是错误的。

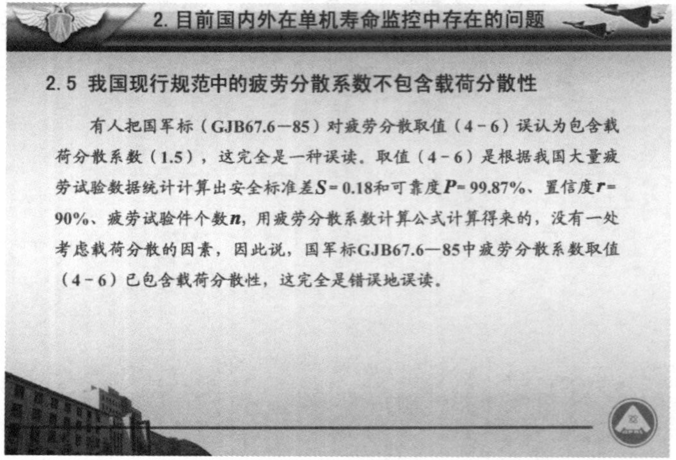
2. 目前国内外在单机寿命监控中存在的问题
2.5 我国现行规范中的疲劳分散系数不包含载荷分散性
有人把国军标（GJB67.6—85）对疲劳分散取值（4－6）误认为包含载荷分散系数（1.5），这完全是一种误读。取值（4－6）是根据我国大量疲劳试验数据统计计算出安全标准差S= 0.18和可靠度P= 99.87%、置信度r= 90%、疲劳试验件个数n，用疲劳分散系数计算公式计算得来的，没有一处考虑载荷分散的因素，因此说，国军标GJB67.6—85中疲劳分散系数取值（4－6）已包含载荷分散性，这完全是错误地误读。

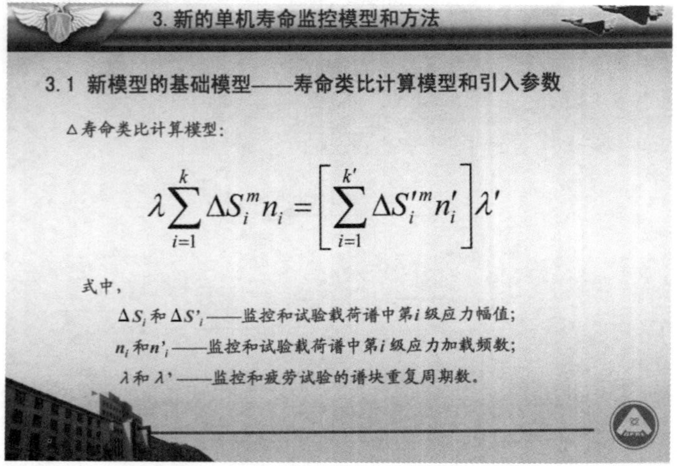
3. 新的单机寿命监控模型和方法
3.1 新模型的基础模型——寿命类比计算模型和引入参数
△寿命类比计算模型：
$\lambda\sum_{i=1}^{k}\Delta S_i^m n_i=\left[\sum_{i=1}^{k'}\Delta S_i'^m n_i'\right]\lambda'$
式中，
ΔS_i和$\Delta S'_i$——监控和试验载荷谱中第i级应力幅值；
n_i和n'_i——监控和试验载荷谱中第i级应力加载频数；
λ和λ'——监控和疲劳试验的谱块重复周期数。

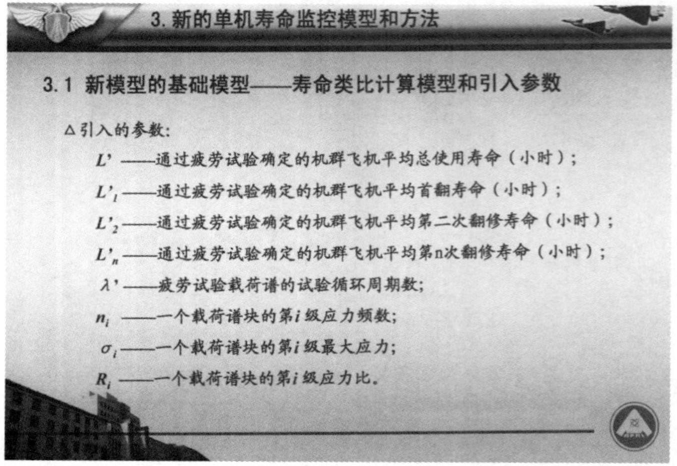
3. 新的单机寿命监控模型和方法
3.1 新模型的基础模型——寿命类比计算模型和引入参数
△引入的参数：
L'——通过疲劳试验确定的机群飞机平均总使用寿命（小时）；
L'_1——通过疲劳试验确定的机群飞机平均首翻寿命（小时）；
L'_2——通过疲劳试验确定的机群飞机平均第二次翻修寿命（小时）；
L'_n——通过疲劳试验确定的机群飞机平均第n次翻修寿命（小时）；
λ'——疲劳试验载荷谱的试验循环周期数；
n_i——一个载荷谱块的第i级应力频数；
σ_i——一个载荷谱块的第i级最大应力；
R_i——一个载荷谱块的第i级应力比。

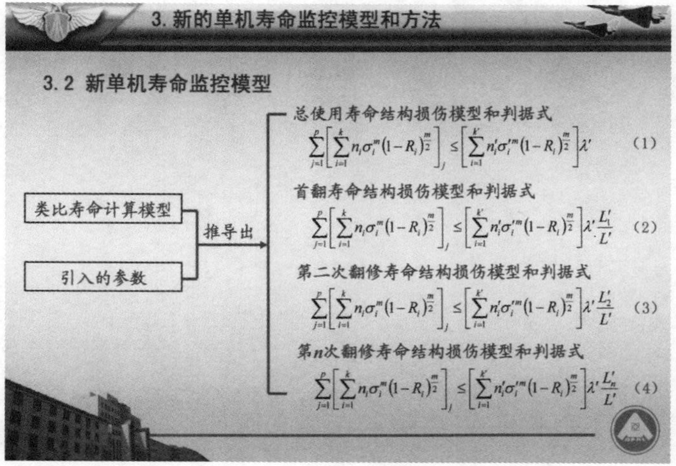
3. 新的单机寿命监控模型和方法
3.2 新单机寿命监控模型
类比寿命计算模型
引入的参数
推导出
总使用寿命结构损伤模型和判据式
$\sum_{j=1}^{p}\left[\sum_{i=1}^{k}n_i\sigma_i^m(1-R_i)^{\frac{m}{2}}\right]_j \le \left[\sum_{i=1}^{k'}n_i'\sigma_i'^m(1-R_i)^{\frac{m}{2}}\right]\lambda'$ (1)
首翻寿命结构损伤模型和判据式
$\sum_{j=1}^{p}\left[\sum_{i=1}^{k}n_i\sigma_i^m(1-R_i)^{\frac{m}{2}}\right]_j \le \left[\sum_{i=1}^{k'}n_i'\sigma_i'^m(1-R_i)^{\frac{m}{2}}\right]\lambda'\frac{L_1'}{L'}$ (2)
第二次翻修寿命结构损伤模型和判据式
$\sum_{j=1}^{p}\left[\sum_{i=1}^{k}n_i\sigma_i^m(1-R_i)^{\frac{m}{2}}\right]_j \le \left[\sum_{i=1}^{k'}n_i'\sigma_i'^m(1-R_i)^{\frac{m}{2}}\right]\lambda'\frac{L_2'}{L'}$ (3)
第n次翻修寿命结构损伤模型和判据式
$\sum_{j=1}^{p}\left[\sum_{i=1}^{k}n_i\sigma_i^m(1-R_i)^{\frac{m}{2}}\right]_j \le \left[\sum_{i=1}^{k'}n_i'\sigma_i'^m(1-R_i)^{\frac{m}{2}}\right]\lambda'\frac{L_n'}{L'}$ (4)

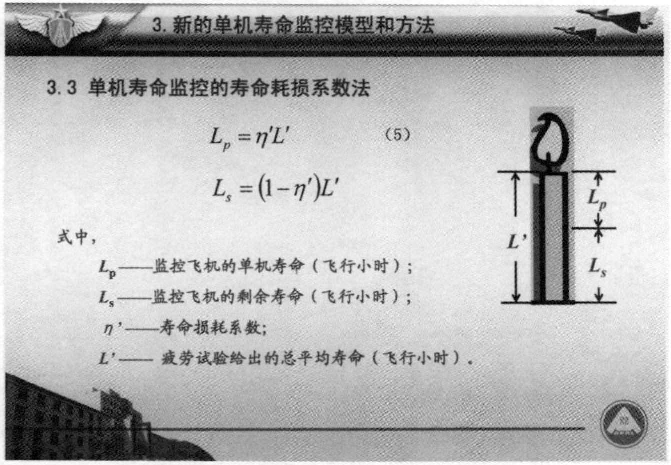
3. 新的单机寿命监控模型和方法
3.3 单机寿命监控的寿命耗损系数法
$L_p=\eta' L'$ (5)
$L_s=(1-\eta')L'$
式中，
L_p——监控飞机的单机寿命（飞行小时）；
L_s——监控飞机的剩余寿命（飞行小时）；
η'——寿命损耗系数；
L'—— 疲劳试验给出的总平均寿命（飞行小时）.
L'
L_p
L_s

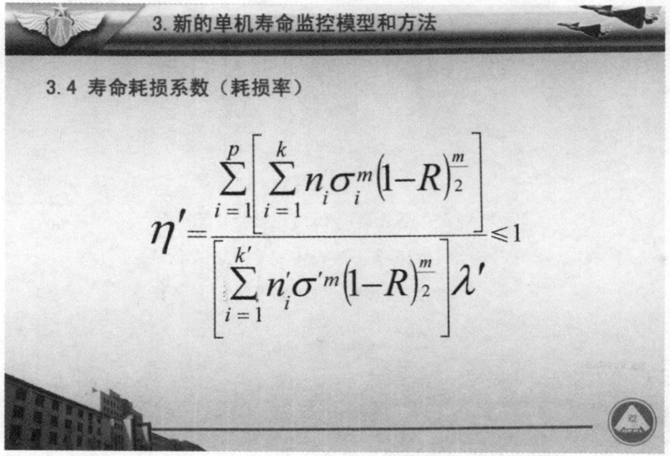
3. 新的单机寿命监控模型和方法
3.4 寿命耗损系数（耗损率）
$\eta'=\frac{\sum_{i=1}^{p}\left[\sum_{i=1}^{k}n_i\sigma_i^m(1-R)^{\frac{m}{2}}\right]}{\left[\sum_{i=1}^{k'}n_i'\sigma'^m(1-R)^{\frac{m}{2}}\right]\lambda'}\leqslant 1$

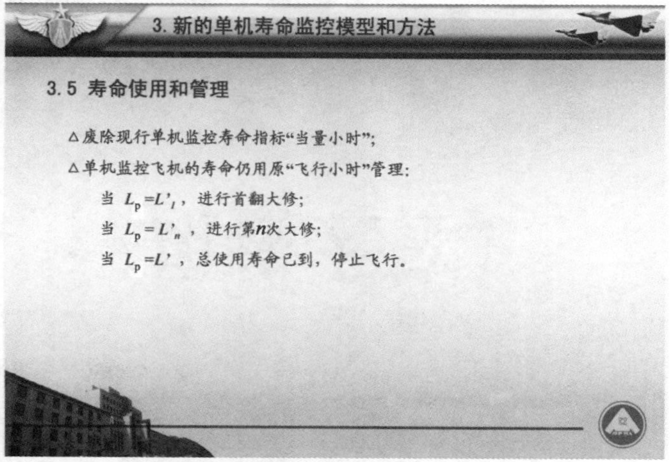
3. 新的单机寿命监控模型和方法
3.5 寿命使用和管理
△废除现行单机监控寿命指标“当量小时”；
△单机监控飞机的寿命仍用原“飞行小时”管理；
当 $L_p=L'_1$，进行首翻大修；
当 $L_p=L'_n$，进行第n次大修；
当 $L_p=L'$，总使用寿命已到，停止飞行。

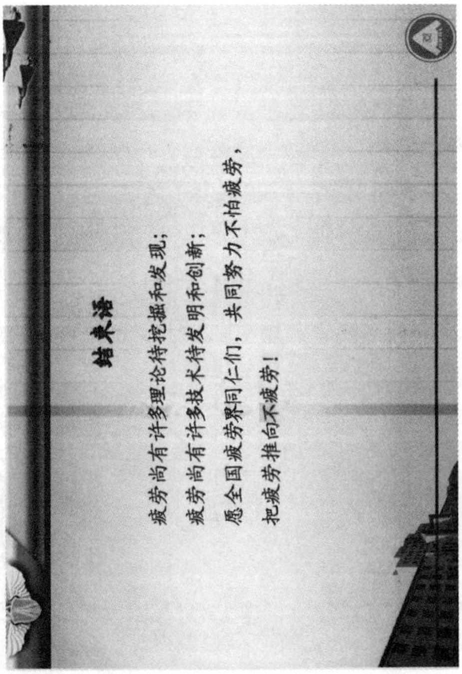
结束语
疲劳尚有许多理论待挖掘和发现；
疲劳尚有许多技术待发明和创新；
愿全国疲劳界同仁们，共同努力不怕疲劳，
把疲劳推向不疲劳！

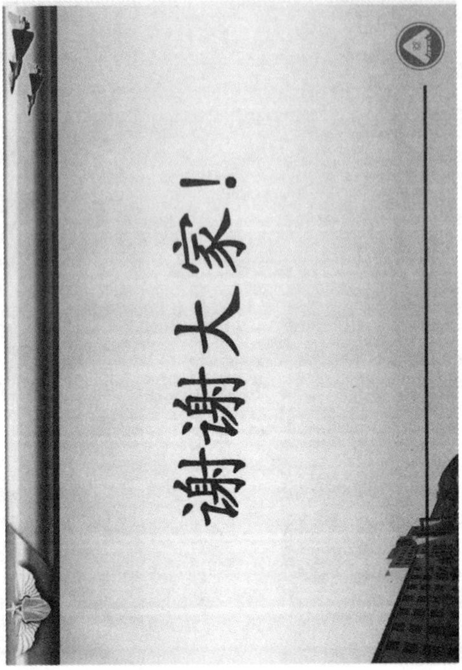
谢谢大家！

寿命系数定寿的原理和方法①

摘要： 通过对疲劳载荷谱损伤值的研究，发现金属材料的疲劳寿命与疲劳试验载荷谱损伤值呈线性关系，即金属材料的疲劳寿命随疲劳试验载荷谱的轻重呈线性关系变化。由此规律推导出寿命系数，通过寿命系数可以降低全尺寸构件的疲劳试验时间。根据已有的疲劳试验数据研究的寿命系数值显示，在平均谱（疲劳损伤值为50%）基础上加重至58.33%损伤谱可降低全尺寸疲劳试验时间11%，75%损伤谱可降低36%，91.5%损伤谱可降低51%。由此得出：为了减少全尺寸疲劳试验时间，可以用加重载荷谱进行全尺寸疲劳试验，获得重谱下的寿命，再用样件的寿命系数将其还原到平均谱下的平均寿命，然后用规范规定的疲劳分散系数除以平均寿命，给出使用寿命。这样既实现了减少疲劳试验时间的目的，又不违背规范规定的疲劳分散数值，使飞机定寿既经济又可靠。

关键词： 疲劳寿命；疲劳损伤；寿命系数；平均载荷谱；重谱

众所周知，全尺寸疲劳试验是一项既费时又费钱的工程，如大型运输机的全机疲劳试验要进行12万～24万飞行小时，疲劳试验时间5～10年，耗资几千万到上亿元人民币。为此，各国“疲劳界”一直在努力寻找解决这个难题的方法，遗憾的是，至今仍没有找到公认有效的方法。

美国在《联合使用规范指南》（JSSG—2006）[1]中规定：用平均谱进行疲劳试验时，试验时间是4倍使用寿命（3倍裂纹形成寿命，1倍裂纹扩展寿

① 本文发表在《航空学报》2016年第37卷第2期。这项成果首先在国际疲劳领域研究出“寿命系数定寿法”，通过寿命系数可以实现减少全尺寸疲劳试验时间的目的。减少全尺寸疲劳试验时间，这是国际疲劳领域一直期待解决的难题。

命）；用重谱进行疲劳试验时，试验时间由原来的使用寿命4倍降到2倍。中国在《军用飞机结构强度规范》（GJB 67A—2008）[2]中也如此规定。按GJB 67.6—85规范理解，有人认为，用重谱试验可降低50%的疲劳分散系数。这样规定的原因是什么？至今各国尚未给出合理的解释。

为了探讨上述问题，作者在参考文献［3］中，对平均谱和重谱是如何影响疲劳分散性的问题进行了深入研究。研究的结论是：在使用载荷下的重谱能降低寿命而不能降低疲劳分散系数，即在使用载荷下，平均谱的疲劳寿命比重谱长，二者的疲劳分散系数相等。由此引起人们对重谱进行疲劳试验可降低试验时间产生疑义。为解决这些问题，本文进行了如下研究。

1 研究的总体思路

参考文献［3］通过论证和试验验证，证明在使用载荷下，用重谱进行疲劳试验，可降低试验寿命，减少试验时间，但分散系数与用平均谱试验的分散系数是相等的。这就是说，重谱不能降低分散系数，用重谱试验仍需用平均谱的分散系数，这显然与参考文献［1］和［2］这两部规范规定的内容相悖。目前，国内外现行规范中的疲劳分散系数取值都是平均谱下寿命的分散系数[4-5]。为了获得用重谱试验可减少试验时间的优点，又能用上平均谱下寿命的分散系数，本文研究出一种“寿命系数定寿法”来解决这个无解的国际难题。

2 寿命系数定寿法的理论依据

2.1 金属材料的疲劳寿命是试验载荷谱损伤的函数

1982年参考文献［6］和1985年参考文献［7］通过推导给出最简化的寿命（λ）与谱损伤$\left(\sum\limits_{i=1}^{k} S_i^m n_i\right)$的类比计算公式为

$$\lambda \sum_{i=1}^{k} S_i^m n_i = \lambda' \sum_{i=1}^{k'} S'^m_i n'_i \tag{1}$$

$$\lambda/\lambda' = \sum_{i=1}^{k'} S'^m_i n'_i / \lambda' \sum_{i=1}^{k} S_i^m n_i \tag{2}$$

式中：S_i，S'_i——两个谱块中的第 i 级应力；

n_i，n'_i——两个谱块中的第 i 级应力加载次数；

λ，λ'——两个谱块在试验中的循环周数（寿命）；

k，k'——两个谱块的应力级别数；

m——材料常数；

$\sum_{i=1}^{k} S_i^m n_i$，$\sum_{i=1}^{k'} S'^m_i n'_i$——两个谱块各自的损伤值。

式（2）表示金属材料在两种谱载荷作用下，寿命比值（λ/λ'）是谱块损伤比值的函数关系，即金属材料的疲劳寿命是试验谱损伤的函数。

2.2　金属材料的疲劳试验寿命与试验谱损伤值在中等寿命区近似呈线性关系

众所周知，S—N 曲线是每级试验应力 S_i 与寿命 N_i 之间变化曲线。但从疲劳损伤角度分析，它不是单纯的应力 S 与寿命 N 曲线，它隐含着试验每级应力 S_i 和相应的加载次数 n_i 对材料造成的损伤值与寿命之间的关系。S—N 曲线是在 S_i 等幅加载到 $n_i = N_i$（破裂次数）后获得的。可以说，S—N 曲线是不同等幅应力谱与寿命之间的关系曲线。因此可用谱的损伤值与寿命描述 S—N 曲线。在 S—N 曲线测试中，第 1 级等幅谱的损伤值是 $S_1^m n_1$、试件断裂的寿命是 $N_1 = n_1$，第 2 级等幅谱的损伤值是 $S_2^m n_2$、试件断裂的寿命是 $N_2 = n_2$，第 j 级等幅谱的损伤值是 $S_j^m n_j$、试件断裂的寿命是 $N_j = n_j$。由此绘制出与 S—N 曲线等效的 $S_i^m n_i$—N 曲线，如图 1 所示（图中：$D_1 = S_1^m n_1$；$D_2 = S_2^m n_2$；$D_j = S_j^m n_j$；n_i 为每级等幅谱的加载次数，当试件断裂时，n_i 等于试件试验寿命 N_i）。

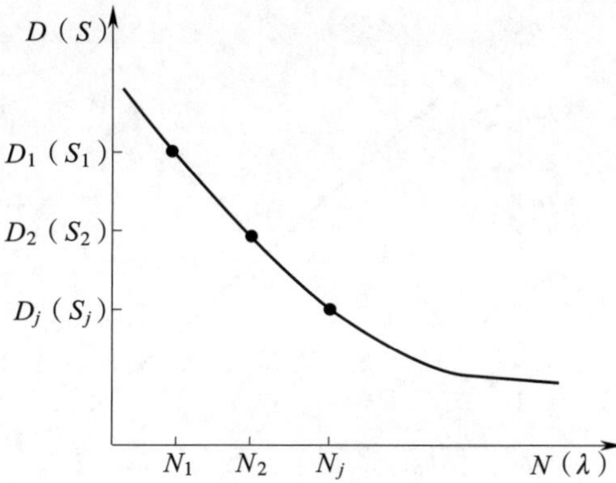

图 1　试验的 D—N 曲线

由于 $D—N$ 曲线即是 $S—N$ 曲线，因此在中等寿命区，$S—N$ 曲线的近似线性关系即是 $D—N$ 曲线的近似线性关系。由此得出，金属材料的试验疲劳寿命与试验谱损伤值有近似线性关系。试验验证见本文4.1节。

3 寿命系数定寿法

3.1 寿命系数 η

试验谱损伤值 $S_i^m n_i$ 与试件试验寿命之间的线性关系是本文定义寿命系数的理论基础。由此线性关系，可以进行不同损伤谱的寿命互相折算。因此可根据试验谱损伤值 $S_i^m n_i$ 的高低，把载荷谱分为平均载荷谱（简称平均谱，即50%损伤谱）和重谱（损伤值高于平均谱），把平均谱和重谱试出的寿命分别以 L_{50} 和 L' 表示。由此定义寿命系数：寿命系数 η 等于平均谱下的寿命 L_{50} 除以重谱下的寿命 L'，即

$$\eta = L_{50}/L'$$

3.2 寿命系数 $\eta = L_{50}/L'$ 曲线和取值

由寿命系数 η 定义，可绘制出推断的寿命系数 η 与不同损伤谱试验的寿命 L_i 的关系曲线，如图2所示。图2中的纵坐标是寿命系数 η，横坐标是标准试样在不同损伤谱中试出的寿命 L。寿命系数 η 的取值，即是标准试样的平均谱寿命 L_{50} 值除以某一重谱寿命 L' 的比值。

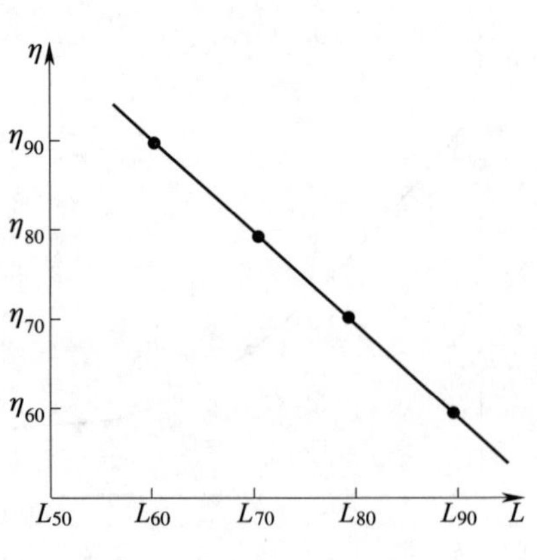

图2　$\eta—L$ 推断原理曲线

3.3 寿命系数定寿法

寿命系数定寿法，简单说，就是用小试样试出寿命系数，来减少大构件疲劳试验时间的方法。具体讲，寿命系数定寿法，就是通过小试样试出的寿命系数，把大构件用重谱试出的疲劳寿命转换成大构件在平均谱下的疲劳寿命。用算式表示，即 $L_{50}=\eta L'$。理论和试验都证明，对于试验到破坏的相同构件，重谱试出的寿命 L' 要低于平均谱的试验寿命 L_{50}，重谱试验时间要低于平均谱的试验时间，即重谱可以降低试验时间。

由于构件定寿的规范规定，寿命指标是平均谱下的寿命，重谱下的寿命不能作为定寿寿命指标，因此本文通过标准试样试出的寿命系数，把大构件在重谱下的寿命 L' 转换成大构件在平均谱下的寿命 L_{50}，然后再除以规范规定的平均寿命的分散系数，给出高可靠度和高置信度的使用寿命。这样就实现了国内外从开始有全尺寸大构件疲劳试验以来，大家一直追求减少疲劳试验时间的目的。

3.4 用 η 求疲劳试验时间降低的百分率 f

（1）用 η 求减少的疲劳试验寿命 ΔL

$$\Delta L=L_{50}-L'=\eta L'-L'=L(\eta-1) \tag{3}$$

（2）用 η 求疲劳试验时间降低的百分率 f

由于在全尺寸疲劳试验中，完成一个谱块的试验就有一个谱块的寿命，即试验寿命与试验谱块成正比，而每个谱块试验时间又是一定的，因此，试验寿命与谱块试验时间成正比，令 ΔL 对应的时间为 Δt，L_{50} 对应的时间为 t，因此可得

$$f=\Delta t/t=\Delta L/L_{50}=L'(\eta-1)/L'\eta=1-1/\eta \tag{4}$$

4 试验验证

4.1 30CrMnSiA 合金钢试件验证

（1）疲劳试验件

按中航工业北京航空材料研究院试样标准图样制作 30CrMnSiA 钢板试样：

中心孔 $\phi 3$、应力集中系数 $K_t=2.5$、890℃油淬、520℃回火，强度极限 $\sigma_b=1057MPa$。

（2）试验载荷谱

试验载荷谱由参考文献［8］表3和表4提供，谱的基础数据是某机型飞机的实测数据，按谱的损伤值不同编制出：50%损伤的平均谱和58.33%、75%、91.6%的三种重谱。

（3）试验机与试验单位

疲劳试验机是MTSS810：静载精度为≤±1%、动载精度为≤2%。

试验单位：中航工业哈尔滨飞机工业集团理化实验室。

（4）疲劳试验、疲劳试验数据和曲线

用50%、58.33%、75%、91.6% 4种损伤谱分别进行疲劳试验，试验数据和计算的 η 值见表1。根据试验数据和计算的寿命系数 η 值，绘制的 D—L 曲线、η—L 曲线和 η—D 曲线如图3所示。

表1　30CrMnSiA 钢在不同损伤谱下的试验寿命和寿命系数 η

不同损伤谱	试验寿命 L_i/次	平均寿命 L/次	寿命系数 η
50.0%	1786578	1916020	1.0
	2054696		
	1863638		
	1996932		
	1889659		
58.3%	1921273	1817189	1.1
	1970877		
	1542834		
	1923266		
	1763340		
75.0%	984492	1366784	1.4
	1328577		
	1390062		
	1597758		
	1641433		

表 1（续）

不同损伤谱	试验寿命 L_i/次	平均寿命 L/次	寿命系数 η
91.6%	915707	903233	2.1
	817920		
	902670		
	1008606		
	881485		

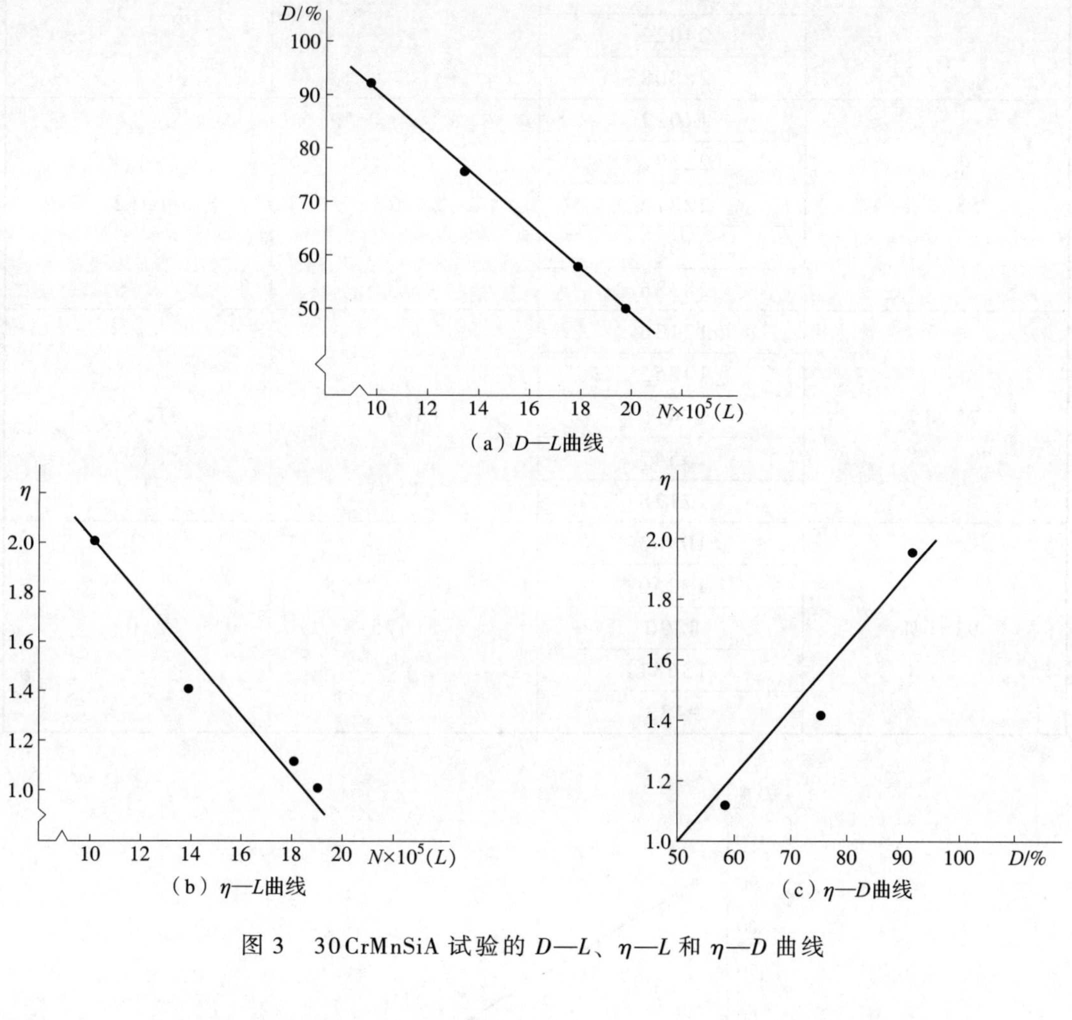

图 3　30CrMnSiA 试验的 D—L、η—L 和 η—D 曲线

4.2　LC4 铝合金试件验证

为了验证 LC4 铝件试验的 D—L 曲线、η—D 曲线和 η—L 曲线的分布规律，

从参考文献［8］第3章的表3和表6中选出LC4材料的试验数据，即平均谱（50%损伤值）和三级重谱（58.33%、75%、91.6%损伤值）的疲劳试验寿命L_i，列入表2中，由表2数据和计算值绘制的D—L曲线、η—D曲线和η—L曲线如图4所示。

表2　LC4铝在不同损伤谱下的试验寿命和寿命系数η

不同损伤谱	试验寿命L_i/次	平均寿命L/次	寿命系数η
50.0%	28017	23659	1.0
	21000		
	23000		
	24022		
	22808		
58.3%	14022	21073	1.12
	22372		
	22216		
	21007		
	28386		
75.0%	12136	15291	1.55
	14855		
	17416		
	15547		
	17128		
91.6%	10963	11675	2.02
	17250		
	8890		
	13681		
	9433		

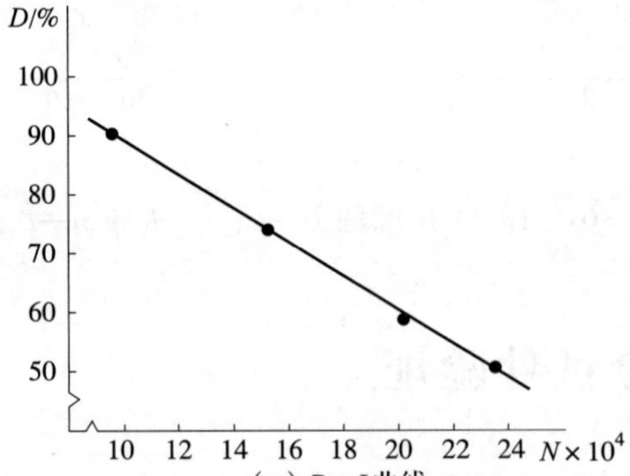

（a）D—L曲线

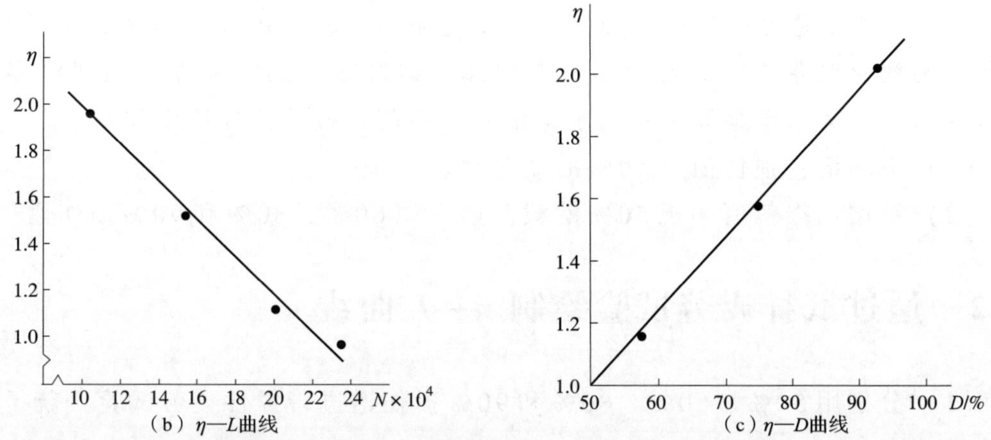

图 4 LC4 试验的 D—L、η—L 和 η—D 曲线

4.3 D—L、η—L 和 η—D 曲线分析

(1) 钢和铝两种材料试件的试验寿命 $L(N)$ 与谱的损伤值呈线性关系，与本文论证结论一致。

(2) 钢和铝两种材料试件的试验寿命 $L(N)$ 与寿命系数 η 呈线性关系，与本文论证结论一致。

(3) 钢和铝两种材料试件的试验寿命系数 η 与谱的损伤值呈线性关系，与本文论证结论一致。

(4) 本文的 η—D 曲线的 $\eta=2$ 点对应 90% 的重谱，这可解释 JSSG—2006 规范规定的重谱可缩减 1/2 疲劳试验时间。反之，也证明本文的寿命系数定寿法正确。这说明，有了 D—L 和 η—D 曲线，人们可以根据试验需要，选择不同重谱进行试验，就可获得相应的缩短试验时间。

(5) 图 3 (c) 和图 4 (c) 的 η—D 曲线还存在延长线的情况，即谱的损伤值小于 50% 的轻谱情况。由于此情况不仅不能减少全尺寸大部件疲劳试验时间，反而会增加，因此本文没有进行试验验证研究。但此情况对修正轻谱试验寿命是有用的。

5 实施步骤和示例

5.1 编制试验载荷谱

如何编制重谱，目前国内外尚没有公认的方法。参考文献 [9] 首次提出按疲劳损伤和载荷加载顺序概念编制“代表起落谱”，之后得到广泛应用。本文认为，编谱要遵循两项基本原则：一要遵循谱的轻重由疲劳损伤大小控制；二要遵循载荷迟滞效应对寿命影响的规律，即遵循谱的载荷加载顺序对寿命影响规律。本文用于验证试验的平均谱和重谱就是按这两项原则编制的。

（1）平均谱：损伤值是50%的载荷谱。

（2）重谱：损伤值大于50%的载荷谱，如60%、80%和90%损伤谱。

5.2 通过试样疲劳试验绘制 η—L 曲线

（1）分别用50%、60%、80%和90%损伤谱进行样件疲劳试验，获得各级谱下的寿命 L_{50}、L_{60}、L_{80}和 L_{90}。

（2）根据 η 的定义可得：$\eta_{50}=L_{50}/L_{50}=1$；$\eta_{60}=L_{50}/L_{60}$；$\eta_{80}=L_{50}/L_{80}$；$\eta_{90}=L_{50}/L_{90}$。

（3）绘制 η—L 曲线：由样件试验获得的 L_{50}、L_{60}、L_{80}、L_{90}和计算获得的各寿命对应的 η_i 值（1、η_{60}、η_{80}、η_{90}），可在 η—L 坐标系中绘出实测曲线，如图2所示。

5.3 用 η 求 L_{50}的示例

（1）假设用85%的损伤谱的重谱做LC4材料全尺寸结构件的疲劳试验，获得试验寿命 L_{85}。

（2）用重谱（85%损伤谱）寿命 L_{85}求全尺寸大构件的平均寿命 L_{50}：由图4（c）可查得 D_{85}对应的 η_{85}是1.82，由此，$L_{50}=1.82L_{85}$。

5.4 用 η 求疲劳试验时间下降百分率 f

以LC4铝为例，由表2的各 η 值和式（4）求得各重谱下的：58.33%重谱的 $f=0.11$，75%重谱的 $f=0.35$，91.5%重谱的 $f=0.51$，即相对平均谱的试验时间，分别降低的疲劳试验时间比率为11%、35%、51%。

6 结论

（1）通过金属材料疲劳损伤研究，给出金属试件疲劳试验寿命 L 与疲劳试验谱的损伤值 D 呈近似线性关系。这个研究结论为不同损伤谱的寿命之间折算提供了理论支持，以此推导出寿命系数等于平均谱的寿命除以重谱的寿命（$\eta = L_{50}/L'$），为建立寿命系数定寿法提供了前提条件。

（2）依据寿命系数内涵，研究给出寿命系数定寿原理和方法。寿命系数定寿法是用高损伤谱试验的大构件寿命乘以小试件试出的寿命系数，可得平均谱下的大构件平均寿命，再用这个平均寿命除以规范规定的分散系数，给出使用寿命。这样既保证了规范规定的分散系数取值不变，又可降低全尺寸构件疲劳试验时间，这是国际疲劳界多年来一直希望解决的难题。

（3）本寿命系数定寿法可用于任何损伤谱的疲劳试验和定寿，具有很好的通用性。JSSG—2006 规范规定可将试验时间缩短 1/2，只是本文的 η—D 曲线上一个点（$\eta = 2$ 点），这不仅证明规范规定的合理性，反之，也证明了寿命系数定寿法的正确性和通用性。利用 η—D 曲线可修正设计试验谱不准确对使用寿命的影响问题。

（4）在相同谱载下，钢和铝的各级寿命系数基本相等，这说明寿命系数取值主要影响因素是试验谱的损伤值，与材料关系不大。由此得出，多种材料组成的整机可用同一寿命系数定寿。

参考文献

[1] Jointly apply specification guide of U S. JSSG—2006 [S]. Beijing: Ministry of national defense, 2006.

[2] GJB 67.6A—2008. Military airplane structural strength specification. Beijing: Defense Technology Commission, 2008.

[3] 张福泽. 使用载荷下的重谱能降低寿命不能降低疲劳分散系数 [J]. 航空学报, 2013, 34 (8): 1892-1896.

[4] GJB 67.6—85 军用飞机强度和刚度规范　可靠性要求和疲劳载荷. 北京: 国防科学技术工业委员会, 1986.

[5] 高镇同. 飞机疲劳分散系数, BH-B884 [R]. 北京: 北京航空学院, 1982.

[6] 张福泽. 裂纹形成寿命的类比计算法 [J]. 航空学报, 1982, 3 (2): 51-60.

[7] 张福泽. 裂纹扩展寿命的类比计算法 [J]. 航空学报, 1985, 6 (2): 194-200.

[8] 刘文珽, 王智, 隋福成, 等. 单机寿命监控技术指南 [M]. 北京: 国防工业出版社, 2010.

[9] 张福泽. 飞机载荷谱编制的新方法研究 [J]. 航空学报, 1998, 19 (5): 518-524.

Theory and method of determination life by the life factor

Zhang Fuze

(Beijing Aeronautical Technology Research Center, Beijing 100076, China)

Abstract This paper, through research on damage value of fatigue load spectrum, finds out that the fatigue life of metallic material is linear with the damage value of fatigue test load spectrum, namely, the fatigue life of metallic material is linear with the weight of fatigue test load spectrum. Life factor can be deduced from the regularities, and the fatigue test time of full - scale component can be reduced from life factor. From what is displayed in the life factor of existing fatigue test data research, when adding damage value on the basis of average spectrum (fatigue damage value is 50%), 58.3% damage spectrum can reduce 11% times of the full - scale component fatigue test time, 75% damage spectrum can reduce 36% and 91.5% damage spectrum can reduce 50%. It comes to the conclusion in this paper as follows: for the purpose of reducing full - scale fatigue test time, load spectrum enhancement is to be employed in full - scale fatigue test, which renders the life in load spectrum enhancement. Then the life factor of sample is used to revert it to the average life under average load spectrum. This average life is then divided by the standard fatigue dispersion coefficient, which renders service life. This method reduces the fatigue test time without violating the standard fatigue dispersion values, making the determination of aircraft life economical and reliable.

Key words fatigue life; fatigue damage; life factor; average spectrum; heavy spectrum

第二部分
疲劳分散系数

导　读

飞机安全使用寿命定义为：疲劳试验的中值（或平均）寿命除以疲劳分散系数。因此，疲劳分散系数是飞机结构疲劳定寿中的关键参数，也是飞机结构寿命的定量可靠性指标。其变化规律和取值大小，直接影响飞机使用寿命的长短和可靠性的高低，因此在国际疲劳领域中，都十分重视对它的研究。

20 世纪 80 年代，由于国际疲劳理论上的不足和空白，引起在飞机定寿中不规范乱取分散系数的问题，导致飞机定寿可靠性降低。为此，张福泽开展了深入系统的研究，其研究成果填补了国际疲劳理论的某些不足和空白，解决了当时国际上争议很大的理论问题和规范问题，使疲劳分散系数取值更科学和规范，使飞机定寿更可靠，提高了飞机定寿的可靠性。期间他先后发表《疲劳分散系数中标准差的研究》《疲劳分散系数的分类及其取值》和《疲劳分散系数与试验应力的变化规律》等学术论文。这些研究成果引领国际疲劳分散系数创新发展 30 年（1985—2015 年），并得到国内外学术界认可，主要体现在以下 6 个方面。

（1）通过对疲劳分散系数安全标准差的研究，在国际上首次研究出安全标准差计算公式，使标准差计算更准确、疲劳分散系数计算更可靠，填补了国际上在这方面的不足，引领疲劳分散系数计算的可靠性进一步提高。

（2）通过对疲劳分散系数的分类及其取值研究，在国际上率先明确提出疲劳分散系数分为“理论计算用的分散系数和疲劳试验用的分散系数”两大类，而每一大类又可分为“裂纹形成寿命分散系数和裂纹扩展寿命分散系数”。并对各类分散系数的取值做了系统研究，给出具体取值。这种分类和取值方法解决了国际疲劳领域中疲劳分散系数取值难点，对提高飞机、汽车、火车、机械以及各类动力装置疲劳寿命的安全性与可靠性均有重要意义和使用价值，填补了国际上在这方面的不足，纠正了国内外规范中含糊不清的错误概念，对机械可靠性定寿有重要的指导引领作用。

（3）通过对飞—续—飞载荷谱与程序块载荷谱对疲劳分散性的对比研究，在国际上首次论证出飞—续—飞载荷谱不能降低分散系数的结论，纠正了国际上与此相悖的错误。这一成果是对我国和世界一些国家军用飞机规范的突破和发展，纠正了国际上多年使用“飞—续—飞谱比程序块谱疲劳寿命分散性小”的结论，引领国际正确使用疲劳分散系数。

（4）通过对已飞飞机原寿命疲劳分散系数的研究，在国内外首次研究给出已飞飞机作为机群延寿试验机时，它原寿命的分散系数有两种取值：一是疲劳分散系数可取1；二是按规范规定取值。这一研究结论解决了国际疲劳领域的难题，引领国际已飞飞机原寿命的分散系数正确取值。

（5）在国际上首次研究出单机监控寿命等于机群总使用寿命乘以结构损伤耗损系数，这样单机监控寿命的一切属性都与总寿命相同。由于总使用寿命已除以规范规定的分散系数，因此单机监控寿命也包含了规范的分散系数，不需要再除以其他分散系数。这样就纠正了国际上与此相悖的错误，引领单机监控寿命的疲劳分散系数正确取值。

（6）通过对使用载荷下的重谱是否降低疲劳分散系数的研究，在国际上首次研究出在使用载荷下的重谱不能降低疲劳分散系数的结论，从而纠正了国际上在这方面的错误，引导国际正确使用重谱寿命的分散系数。

要想了解上述详细内容，请读下列论文。

疲劳分散系数中标准差的研究①

摘要： 本文通过疲劳分散系数中标准差的研究，进一步验证了子样标准差的分布规律和给出符合这种规律的安全标准差的计算公式。

本文还通过大量的疲劳试验数据和本文给出的安全标准差计算公式，计算出了我国一些常用航空材料的试件和组合件的安全标准差的具体数值，这些数据可供疲劳分析和可靠性分析使用。

引言

众所周知，在数理统计理论和疲劳领域中，标准差处于很重要的地位。它的取值大小对数理分析和疲劳分析结果的影响是很大的。如在分散系数计算中，标准差相差1%，则分散系数就要差22%，这样就给安全寿命的确定带来较大的不可靠性。但目前，各国在标准差的取值上，差别还是较大的，如美国取 σ_0 为0.2，英国、澳大利亚取 σ_0 为0.176，而日本取 σ_0 为0.154，这些数据之间最大相差30%，这样就给分散系数的计算带来更大的误差，从而安全寿命也就不可能定得比较可靠。

各国在疲劳领域中，对标准差的研究做了大量工作，如澳大利亚曾用第二次世界大战后剩下的飞机，做了92架的疲劳试验，其主要目的之一就是研究与分散性有关的标准差，结果也没有找到它的安全标准差计算公式，而只给出一个经验的平均标准值。本文通过子样标准差分布规律研究，在国际疲劳领域，首次给出安全标准差的计算公式，使安全寿命确定更为可靠。

---

① 本文发表在《航空学报（增刊）》1986年试刊第1期。该研究在国际上首先研究出安全标准差计算公式，使标准差计算更准确，疲劳分散系数计算更可靠，填补了国际上在这方面的不足。

1 疲劳寿命的子样标准差的分布规律

费歇尔在参考文献［1］中，从纯数学角度证明了标准差这个随机变量，在自由度趋于无穷大时，它渐近地服从正态分布。而本文从疲劳寿命角度上研究认为，疲劳寿命标准差这个随机变量，它不仅在无穷大自由度中服从正态分布，而且在有限自由度中，也渐近地服从正态分布。也就是说，寿命标准差的母体，不论子样大小都渐近地服从正态分布规律，这样才有工程使用意义。

这一结论可以从分布函数运算中得到论证。因为对数疲劳寿命（裂纹形成寿命与裂纹扩展寿命）数据通常是符合正态分布的，而它们的均值也是符合正态分布的[2]。大家知道，疲劳寿命标准差的真正含义是疲劳寿命的差数问题，即寿命的各数据值减去它们的均值（μ）的问题。在分布函数计算中已有证明，若 x 和 y 分别属于两个正态分布母体的随机变量，则随机变量 $z=x-y$ 的母体必定也是正态分布[2]。那么寿命的标准差既然是两个正态分布函数（寿命和它们的均值）的差数问题，则标准差也是正态分布，其均值和方差分别是

$$\mu_z=\int_{-\infty}^{\infty}\int_{-\infty}^{\infty}(x-y)f(x,y)\,\mathrm{d}x\mathrm{d}y=$$

$$\int_{-\infty}^{\infty}\int_{-\infty}^{\infty}x\cdot f(x,y)\,\mathrm{d}x\mathrm{d}y-\int_{-\infty}^{\infty}\int_{-\infty}^{\infty}y\cdot f(x,y)\,\mathrm{d}x\mathrm{d}y=$$

$$\mu_x+\mu_y$$

$$\sigma_z^2=\int_{-\infty}^{\infty}\int_{-\infty}^{\infty}(z-\mu_z)^2f(x,y)\,\mathrm{d}x\mathrm{d}y=$$

$$\int_{-\infty}^{\infty}\int_{-\infty}^{\infty}[(x-y)-(\mu_x-\mu_y)]^2f(x,y)\,\mathrm{d}x\mathrm{d}y=$$

$$\sigma_x^2+\sigma_y^2-2\rho_{xy}\sigma_x\sigma_y$$

式中，ρ_{xy}是相关系数。此处用到子样均值分布问题，并接近正态分布，参考文献［1］要求容量 $n>30$，这说明上述论证适用于中等以上容量的分布。

为了验证疲劳寿命标准差的分布规律是属于何种分布和子样容量 n 对分布的影响，本文从参考文献［3］中取出836个不同 K_t 的铝合金试件和760个不同 K_t 的钢试件的疲劳寿命（在多种应力水平和不同 K_t 下的符合正态分布的裂纹形成寿命），每一组试件（4～6个）计算出一个标准差，这样共计算出铝合金试件寿命的子样标准差98个和各种钢试件寿命的标准差96个，用这些数据，在概率坐标纸上进行判断（其各种判断数据和曲线见表1～表5及图1）。为了检验判断曲线的相关性，又进行了相关性试验，其相关系数 r 达0.995以上。这说明裂纹形成寿命标准差的母体符合正态分布。

表 1　铝合金试件与钢试件标准差值

98 个铝合金试件标准差值	0. 1362	0. 1475	0. 1157	0. 2089	0. 1072	0. 1292	0. 0889	0. 1453	0. 1388	0. 1016	0. 1225	0. 1185	0. 0903	0. 0774
	0. 1197	0. 1189	0. 0468	0. 1057	0. 1985	0. 0657	0. 1048	0. 1172	0. 1587	0. 1391	0. 1142	0. 1079	0. 1142	0. 4173
	0. 1774	0. 1233	0. 1055	0. 1749	0. 0329	0. 1418	0. 1893	0. 1927	0. 3544	0. 0895	0. 0320	0. 0523	0. 0956	0. 2391
	0. 0566	0. 0373	0. 0435	0. 1103	0. 0487	0. 0717	0. 0942	0. 2003	0. 0353	0. 1363	0. 1630	0. 0875	0. 1249	0. 0262
	0. 0659	0. 0810	0. 3447	0. 0627	0. 0608	0. 0613	0. 2584	0. 1974	0. 1876	0. 0481	0. 1020	0. 1367	0. 1043	0. 1843
	0. 0735	0. 1476	0. 0852	0. 1957	0. 1011	0. 1558	0. 0734	0. 0526	0. 0521	0. 0955	0. 1448	0. 0991	0. 1557	0. 0579
	0. 1259	0. 1373	0. 2406	0. 2954	0. 2732	0. 1517	0. 1287	0. 1034	0. 0843	0. 0463	0. 1251	0. 2064	0. 2445	0. 1390
96 个钢试件标准差值	0. 0631	0. 0119	0. 0916	0. 0439	0. 0917	0. 0623	0. 1125	0. 1271	0. 1881	0. 1683	0. 1599	0. 0487	0. 1802	0. 2526
	0. 1516	0. 1582	0. 1328	0. 1489	0. 1057	0. 2346	0. 1790	0. 1249	0. 0874	0. 0177	0. 0883	0. 2585	0. 0810	0. 2340
	0. 0554	0. 1196	0. 0702	0. 1116	0. 1376	0. 0634	0. 1133	0. 3096	0. 0906	0. 0384	0. 2025	0. 0941	0. 2504	0. 3691
	0. 0741	0. 0486	0. 1361	0. 0574	0. 1887	0. 2940	0. 4522	0. 1148	0. 1069	0. 0920	0. 1485	0. 0244	0. 0460	0. 1358
	0. 2028	0. 1332	0. 0880	0. 1326	0. 1375	0. 0818	0. 0774	0. 0134	0. 0446	0. 1458	0. 0321	0. 1497	0. 0219	0. 1881
	0. 1524	0. 0643	0. 1172	0. 0838	0. 1065	0. 1981	0. 1236	0. 1529	0. 0612	0. 0599	0. 0881	0. 0487	0. 1113	0. 1041
	0. 0766	0. 1359	0. 1097	0. 1221	0. 1289	0. 0867	0. 0695	0. 1842	0. 0614	0. 1044	0. 2070	0. 0339		

表2 铝合金试件子样标准差对数值（$\lg S_i$）分布

组号	组限	836个铝合金试件裂纹形成寿命的98个子样标准差对数值（$\lg S_i$）分布	频数
1	-1.6318 ~	-1.5817	1
2	-1.5316 ~	-1.4949　-1.4828　-1.4522	3
3	-1.4314 ~	-1.3615　-1.3120　-1.3344　-1.4283	4
4	-1.3312 ~	-1.3298　-1.2815　-1.2672　-1.3179　-1.3373　-1.2790　-1.2832	7
5	-1.2310 ~	-1.1824　-1.1811　-1.2027　-1.2161　-1.2125　-1.1445　-1.1337　-1.1343	8
6	-1.1308 ~	-1.1113　-1.0195　-1.0580　-1.0915　-1.0696　-1.0742　-1.0511　-1.0443　-1.0482	9
7	-1.0306 ~	-0.9698　-0.9931　-0.9367　-1.0259　-0.9952　-1.0039　-1.0022　-0.9311　-0.9423 -0.9767　-0.9914　-0.9855　-0.9798	13
8	-0.9304 ~	-0.9263　-0.9219　-0.9034　-0.8904　-0.8658　-0.8312　-0.8567　-0.8655　-0.8309 -0.8392　-0.8887　-0.9248　-0.9027　-0.8623　-0.8377　-0.8576　-0.8483　-0.8642 -0.8570　-0.9119　-0.9090　-0.9000	22
9	-0.8302 ~	-0.7994　-0.8074　-0.8077　-0.8190　-0.7878　-0.7572　-0.7515　-0.7345	8
10	-0.7300 ~	-0.7268　-0.7228　-0.6801　-0.6853　-0.7022　-0.7051　-0.6983　-0.7047　-0.7084	9
11	-0.6298 ~	-0.6117　-0.6714　-0.6187　-0.5877　-0.5635	5
12	-0.5296 ~	-0.5296　-0.4626　-0.4505	3
13	-0.4299 ~	-0.3796	1

注：$\lg S_{\min} = -1.5817$；$\lg S_{\max} = -0.3796$；组距 $a = \frac{-0.3796 + 1.5817}{12} = 0.1002$。

表 3　钢试件子样标准差对数值（$\lg S_i$）分布

组号	组限	760 个钢试件裂纹形成寿命的 96 个子样标准差对数值（$\lg S_i$）分布	频数
1	-2.0295 ~	-1.9245	1
2	-1.8245 ~	-1.7521　-1.8728　-1.6596　-1.6383	4
3	-1.6245 ~	-1.6126　-1.4935　-1.5686　-1.5376　-1.1427	5
4	-1.4245 ~	-1.3575　-1.3125　-1.4157　-1.3134　-1.4089　-1.3304　-1.3378　-1.3507 -1.2440　-1.3468　-1.2487	11
5	-1.2245 ~	-1.200　-1.0381　-1.0376　-1.2055　-1.0585　-1.054　-1.0915　-1.0362 -1.2007　-1.1079　-1.1537　-1.0555　-1.0872　-1.1113　-1.1979　-1.0429 -1.0264　-1.1302　-1.0315　-1.0287	20
6	-1.0245 ~	-0.9488　-0.8959　-0.8768　-0.8271　-0.9759　-0.9094　-1.0155　-0.9401 -0.9710　-0.8775　-0.9773　-0.9523　-0.9073　-0.8303　-0.8548　-0.8274 -0.8283　-0.8671　-0.8755　-0.8617　-0.8362　-0.8248　-0.8614　-0.9458 -0.8661　-0.9355　-0.9469　-0.9872　-0.9957　-0.9322	30
7	-0.8245 ~	-0.7256　-0.7739　-0.7962　-0.7442　-0.8193　-0.8008　-0.4297　-0.7471 -0.6308　-0.6929　-0.7256　-0.8170　-0.6936　-0.7242　-0.7545　-0.7520	16
8	-0.6245 ~	-0.5976　-0.5854　-0.5092　-0.4329　-0.5317　-0.5875　-0.6014　-0.4350	8
9	-0.4245 ~	-0.3447	1

注：$\lg S_{min} = -1.9245$；$\lg S_{max} = -0.3447$；组距 $a = \frac{-0.3447 + 1.9245}{10} = 0.158 \approx 2$。

表4 判断所取836个铝合金试样裂纹形成寿命的98个子样标准差的母体的分布数据

组号 i	1	2	3	4	5	6	7	8	9	10	11	12	13
组限	-1.6318 ~	-1.5316 ~	-1.4314 ~	-1.3312 ~	-1.2310 ~	-1.1308 ~	-1.0306 ~	-0.9304 ~	-0.8302 ~	-0.7300 ~	-0.6298 ~	-0.5296 ~	-0.4294 ~
频率/%	1.02	3.06	4.08	7.14	8.16	9.18	18.37	22.24	8.16	9.18	5.10	3.06	1.02
$\lg S_i$	-1.5316	-1.4314	-1.3312	-1.2310	-1.1308	-1.0306	-0.9306	-0.8302	-0.7300	-0.6298	-0.5296	-0.4294	-0.3292
破坏率/%	1.02	4.08	8.16	15.30	23.46	32.64	51.01	73.25	81.41	90.59	95.69	98.75	99.77
存活率/%	98.98	95.92	91.84	84.70	76.54	67.36	48.99	26.75	18.59	9.41	4.31	1.25	0.23

表5 判断所取760个钢试样裂纹形成寿命的96个子样标准差的母体的分布数据

组号 i	1	2	3	4	5	6	7	8	9
组限	-2.0245 ~	-1.8245 ~	-1.6245 ~	-1.4245 ~	-1.2245 ~	-1.0245 ~	-0.8245 ~	-0.6245 ~	-0.4245 ~
频率/%	1.04	4.17	5.12	11.46	20.83	31.25	16.67	8.33	1.04
$\lg S_i$	-1.8245	-1.6245	-1.4245	-1.2245	-1.0245	-0.8245	-0.6245	-0.4245	-0.2245
破坏率/%	1.04	5.21	10.42	21.88	42.71	73.96	90.63	98.96	100
存活率/%	98.96	94.79	89.58	78.12	57.29	26.04	9.37	1.04	0

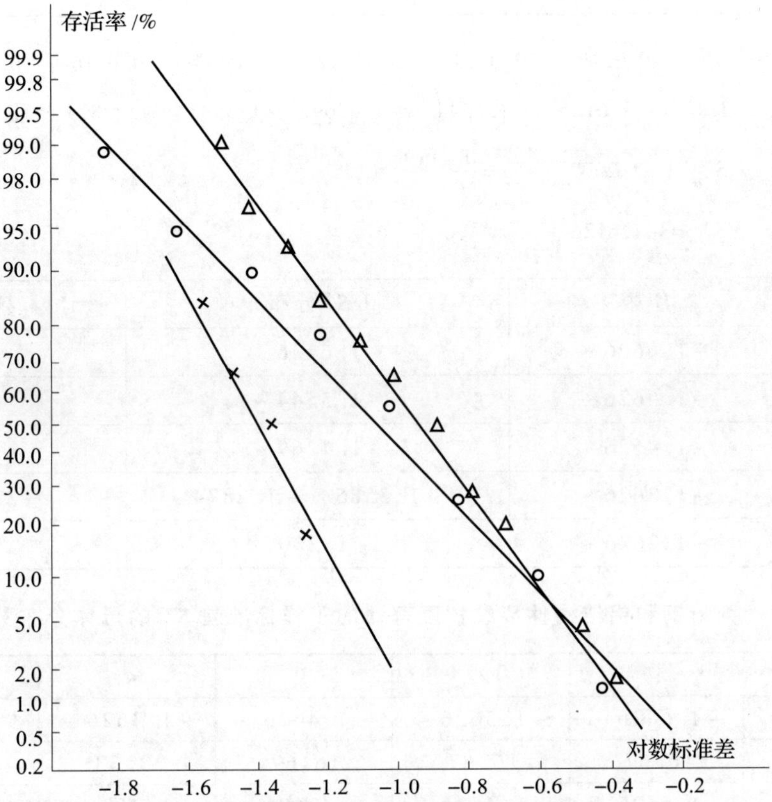

图 1　子样标准差 S 的母体分布判断曲线

Δ—836 个铝合金试件裂纹形成寿命的 98 个子样标准差 S 的母体分布判断曲线；

o—760 个钢试件裂纹形成寿命的 96 个子样标准差 S 的母体分布判断曲线；

×—28 个钢和铝试件裂纹扩展寿命的子样标准差的 S^* 母体分布判断曲线。

为了验证小子样的寿命标准差母体分布情况，取了裂纹扩展寿命标准差 S_i^* 共 6 个（数值取自参考文献［4］和钱嘉训工程师 1982 年 4 月 21 日的试验报告），在概率坐标纸上进行判断（数据和曲线见表 6 ~ 表 7 及图 1）。从图 1 上可以看出，数据点也是分布在一条直线上，这说明虽然子样容量较少，但扩展寿命的子样标准差的母体是符合正态分布的。这就进一步验证了寿命标准差的母体，在工程上不论容量大小都渐近地服从正态分布规律，这样就有了工程使用价值了。

表 6 钢和铝结构件裂纹扩展寿命的标准差对数分布数据

<table>
<tr><td>原始数据</td><td colspan="3">S_i^* 0.0244 0.0279 0.03742 0.0438 0.0516 0.06299
$\lg S_i^*$ −1.6126 −1.5544 −1.4269 −1.3585 −1.2874 −1.2007
$S_{max}^* = -1.2007$ $Q = \frac{0.4119}{4} \approx 0.1$
$S_{min}^* = -1.6126$</td></tr>
<tr><td>组号</td><td>组限</td><td>$\lg S_i^*$ 分布</td><td>频数</td></tr>
<tr><td>1</td><td>−1.6626 ~</td><td>−1.6126 ~</td><td>1</td></tr>
<tr><td>2</td><td>−1.5626 ~</td><td>−1.5544 ~</td><td>1</td></tr>
<tr><td>3</td><td>−1.4626 ~</td><td>−1.4269 ~</td><td>1</td></tr>
<tr><td>4</td><td>−1.3626 ~</td><td>−1.3585 −1.2874</td><td>2</td></tr>
<tr><td>5</td><td>−1.2626 ~</td><td>−1.2007</td><td>1</td></tr>
</table>

表 7 判断钢和铝结构件裂纹扩展寿命的子样标准差 S_i^* 的母体分布数据

组号	1	2	3	4	5
组限	−1.6626 ~	−1.5626 ~	−1.4626 ~	−1.3626 ~	−1.2626 ~
频率/%	16.67	16.67	16.67	33.33	16.67
$\lg S_i^*$	−1.5626 ~	−1.4626 ~	−1.3626 ~	−1.2626 ~	−1.1626 ~
破坏率/%	16.67	33.34	50.01	83.34	100.01
存活率/%	83.33	66.66	49.99	16.66	−0.01

2 子样安全标准差的计算公式

关于子样标准差的计算，有偏估计量和用 X^2 频率函数对它进行修正的无偏估计量。但这些都没有利用它的母体分布规律直接给出它的安全标准差的计算公式。本文利用子样标准差的母体分布是服从正态规律的结论，直接给出具有一定置信度的裂纹形成寿命和裂纹扩展寿命安全标准差 S_P（S_P^*）的计算公式，然后再用 S_P 作为 σ 的估计量进行疲劳分析和可靠性分析。

（1）裂纹形成寿命安全标准差 S_P 的计算公式

根据分布规律，我们可以得到

$$\lg S_P = \mu_s + \mu_r \sigma^s$$

$$S_P = \lg^{-1}(\mu_s + \mu_r \sigma^s) \quad (1)$$

式中：S_P——具有一定置信度的裂纹形成寿命的安全标准差；

μ_r——与置信度有关的标准正态偏量系数；

μ_s——对数标准差的子样平均值；

σ^s——子样标准差的标准差，其计算公式是

$$\sigma^s = \sqrt{\frac{\sum(\lg S_i)^2 - \frac{1}{n}(\sum \lg S_i)^2}{n-1}}$$

式中：S_i——第 i 级子样标准差；

n——子样标准差的个数。

（2）裂纹扩展寿命安全标准差 S_P^* 的计算公式

同理得

$$S_P^* = \lg^{-1}(\mu_s^* + \mu_r \sigma^{s*}) \tag{2}$$

式（2）中，* 表示裂纹扩展寿命的各参数，含义同式（1）。

3　我国常用航空材料的安全标准差的计算结果

（1）以 836 个铝合金试件裂纹形成寿命的子样标准差（98 个），计算具有 90% 置信度的安全标准差 S_P 值。98 个子样标准差数据和它们的对数值见表 1 和表 2。

由于

$$\mu_s = \frac{\sum_{i=1}^{98} \lg S_i}{98} = \frac{-93.6754}{98} = -0.9559$$

$$\mu_r = 1.282 \text{（由 90\% 置信度查表得）}$$

$$\sigma^s = \sqrt{\frac{95.0905 - \frac{1}{98}(-93.6754)^2}{97}} = 0.2392$$

则　$$\lg S_P = -0.9559 + 1.282 \times 0.2392 = -0.6492$$

所以　$$S_P = 0.2242$$

这个数值（$S_P = 0.2242$）的含义是表示在 100 个铝合金试件寿命标准差中，有 90 个低于 0.2242，有 10 个可能大于 0.2242。这样的子样标准差，在使用中就有了较高的可靠性，不必用经验的办法去取标准差了。

（2）以 24 个铝合金试件裂纹形成寿命的标准差（4 个），计算具有 90% 置信度的安全标准差 S_P，其数据取自参考文献［4］

S_i: 0.099　0.1532　0.0438　0.102

$\lg S_i$: −1.0044　−0.8147　−1.3590　−0.9914

$(\lg S_i)^2$: 1.0087　0.6638　1.8456　0.9829

$$\sigma^s = \sqrt{\frac{4.501 - \frac{1}{4}17.3847}{3}} = 0.2272$$

$$\mu_s = -1.0424$$

$$\lg S_P = \mu_s + \mu_r \sigma^s = -1.0424 + 1.282 \times 0.2272$$

则

$$S_P = 0.1773$$

这说明在同样的置信度下，铝合金结构件的安全标准差（0.1773）小于铝合金标准试件的安全标准差（0.2242），大约相差20%。

（3）以576个钢试件裂纹形成寿命的子样标准差（78个），计算具有90%置信度的安全标准差S_P值。78个子样标准差数据取自参考文献［3］，具体数值和它们的对数值见表8。

由于

$$\mu_s = \frac{\sum_{i=1}^{78} \lg S_i}{78} = \frac{-80.9928}{78} = -1.0384$$

$$\sigma^s = \sqrt{\frac{91.1978 - \frac{1}{78}(-80.9928)^2}{77}} = 0.3036$$

则

$$\lg S_P = -1.0384 + 1.282 \times 0.3036$$

$$S_P = 0.2242$$

从这个计算结果可以看出，各种钢试件裂纹形成寿命的安全标准差（0.2242）与铝合金试件裂纹形成寿命的安全标准差（0.2242）是完全相同的，这意味着这些钢试件和铝试件可以用同一个安全标准差。

（4）以10个钢件和18个铝件的裂纹扩展寿命的标准差S_i（6个），计算具有90%置信度的裂纹扩展寿命的安全标准差S_P^*。6个子样标准差数据取自参考文献［4］和钱嘉训工程师1982年4月21日的试验报告。即

S_i^*: 0.03742　0.0516　0.06299　0.0279　0.0438　0.0244

$\lg S_i^*$: −1.4269　−1.2874　−1.2007　−1.5544　−1.3585　−1.6126

$(\lg S_i^*)^2$: 2.0360　1.6574　1.4417　2.4162　1.8455　2.6005

算得

$$\sigma^{s*} = 0.1572$$

$$\mu_s^* = -1.4068$$

表 8　576 个各种钢试件裂纹形成寿命的标准差 S_i 和其对数值 $\lg S_i$

材料	18Cr2Ni4WA 钢	40CrNiMoA 钢	40CrNiMoA 钢
S_i	0.0631　0.0119　0.0916　0.0439　0.0917	0.0623　0.1125　0.1271　0.1881	0.16830　0.1599　0.0487　0.1802　0.2526
$\lg S_i$	−1.200　−1.9245　−1.0381　−1.3575　−1.0576	−1.2055　−0.9488　−0.8959　−0.7256	−0.7739　−0.7962　−1.3125　−0.7442　−0.5976
材料	40CrNiMoA 钢		
S_i	0.2598　0.1516　0.1582　0.1328　0.1489　0.1057　0.2344　0.1790　0.1249　0.0874　0.0177　0.0883　0.2585　0.0810　0.2340　0.1194　0.0702　0.1116		
$\lg S_i$	−0.5854　−0.8193　−0.9009　−0.8468　−0.8271　−0.9759　−0.6297　−0.7471　−0.9034　−1.0585　−1.7521　−1.054　−0.5875　−1.0915　−0.6308　−0.9223　−1.1597　−0.9523		
材料	30CrMoSiNi2A 钢		
S_i	0.1238　0.1487　0.1397　0.0965　0.1488　0.1148　0.1069　0.0920　0.1485　0.0244　0.0460　0.1358　0.2028		
$\lg S_i$	−0.9073　−0.8303　−0.8543　−1.0155　−0.8274　−0.9401　−0.971　−0.10362　−0.8283　−1.6126　−1.3372　−0.8671　−0.6929		
材料	30CrMoSiNi2A 钢		
S_i	0.1332　0.0880　0.1326　0.1375　0.0818　0.0774　0.0134　0.0446　0.1453　0.0321　0.1497　0.0219　0.1881　0.1524		
$\lg S_i$	−0.8755　−1.0555　−0.8775　−0.8417　−1.0872　−1.1113　−1.8729　−1.3507　−0.8362　−1.4935　−0.8248　−1.6596　−0.7256　−0.8170		
材料	45 钢		
S_i	0.0630　0.0960　0.1760　0.1160　0.1130　0.0270　0.1770　0.0780　0.1030　0.0230　0.0450　0.1010　0.0390		
$\lg S_i$	−1.2007　−1.0315　−0.7545　−0.9355　−0.9469　−1.5686　−0.7520　−1.1079　−0.9872　−1.6383　−1.3468　−0.9957　−1.4089		
材料	45 钢		
S_i	0.0290　0.0564　0.0463　0.0720　0.0936　0.1169		
$\lg S_i$	−1.5376　−1.2487　−1.3344　−1.1427　−1.0287　−0.9322		

则
$$\lg S_P^* = -1.4068 + 1.282 \times 0.1572$$
$$S_P^* = 0.06233$$

由此可以看出，裂纹扩展寿命的安全标准差（0.06233）远小于裂纹形成寿命的安全标准差，因此扩展寿命的分散系数远小于裂纹形成寿命的分散系数。

（5）我国一些常见航空材料的安全标准差计算结果见表9。

表9　我国一些常见航空材料的安全标准差的数值

类别	材料（$K_t=1\sim5$）		试验件个数 n	子样标准差个数	置信度/%	安全标准差 S_P（S_P^*）	组合安全标准差 S_P（S_P^*）
裂纹形成阶段	钢	40CrNiMoA	139	27	90	0.2671	0.2242
		18Cr2NiWA	20	5	90	0.1444	
		30CrMoSiA	93	9	90	0.2379	
		30CrMoSiNiA	115	27	90	0.2251	
		45钢	71	19	90	0.1530	
		GC-4	135	18	90	0.3786	0.3786
	铝	LY12	836	98	90	0.2242	0.2242
		结构件	24	4	90	0.1773	0.1773
裂纹扩展阶段	钢和铝	结构件和试件	28	6	90	0.06233	0.06233

4　结论与说明

（1）本文虽然从疲劳分散系数计算角度研究了数理统计理论中的标准差，但本文所给出的安全标准差 S_P 和 S_P^* 的计算式（1）和式（2）不仅适用于疲劳分散系数计算公式中，也适用于其他领域的数理统计分析中。按这两个公式计算出的标准差具有较高置信度的安全标准差。

本文通过试件和结构件的疲劳试验数据计算出了它们的安全标准差，即试件的大于结构件的安全标准差。对于具体的结构件如果有试验数据，最好用式（1）和式（2）计算。

（2）本文表9中给出的安全标准差数据，是根据我国一些常用的航空材料的大量疲劳试验和本文给出的式（1）和式（2）计算得到的，它们是有试验基础的，因此，可以作为飞机设计、定寿和可靠性分析使用。

（3）表9中裂纹扩展阶段的安全标准差 S_P^* 的数值（0.06233）是由钢和铝的结构件、试验件计算得出的。因为在裂纹扩展阶段，这些因素对标准差的影响远小于裂纹形成阶段，为了给出一个便于使用的通用值，因此，没有细分。对于特殊材料和结构可以另行计算。

（4）表9中的组合安全标准差是为综合比较钢和铝之间差异用的，不做直接使用。

致谢

本文定稿后，得到北京航空学院高镇同教授的审核，而后又得到徐灏、高镇同、俞新陆、曹用涛、谢济州、王海清、胡宗武、金虎林、伍义生、梁美训、郭洪全等同志的鉴定，再次表示感谢。同时也感谢海军航空工程部领导协助组织鉴定。

参考文献

[1] Fisher R A. Theory of stsatistical estimation, Proc of the Comb. Philos, 22S, 700 (1925).

[2] 徐灏. 机械强度的可靠性设计［M］. 北京：机械工业出版社，1984.

[3] 高镇同. 航空金属材料疲劳性能手册. 北京航空材料研究所，1981.

[4] 高镇同. 飞机疲劳分散系数，BH - B884［R］. 北京：北京航空学院，1982.

[5] 北京航空学院材料力学教研室. 疲劳应用统计（上、下册）. 1976.

[6] Hoskin B C and Ford D G. Scatter Factors in Aircraft Fatigue Life Estimation. ARL, April, 1970.

[7] Freuovethal A M. The scatter in the Reliabilty Assessment of Aircraft Structure Journal of Aircraft, February, 1977.

飞—续—飞载荷谱与程序块载荷谱对疲劳分散性的对比研究[①]

导语： 多年来，国内外一些专家和《规范》认为，飞—续—飞载荷谱比程序块载荷谱的疲劳分散性小（近2倍）。也就是说，对于同一架飞机，用飞—续—飞载荷谱试验的寿命要比用程序块载荷谱试验的寿命用小50%的疲劳分散系数。

分散系数取大或取小直接影响飞机的可靠性和安全，因此，这一结论直接影响飞机使用寿命的可靠性，更影响飞机的安全。为此，张福泽自选科目于1984—1987年进行了多种飞—续—飞载荷谱与程序块载荷谱的对比研究，最后得到飞—续—飞载荷谱与程序块载荷谱具有基本相同的疲劳分散性的结论。就是说，用这两种谱确定同一飞机的寿命，应取相同的疲劳分散系数。这个结论对提高飞机和其他机械疲劳寿命的可靠性和安全有重要社会效益和经济效益。从理论上讲，在国际上研究出了飞—续—飞载荷谱与程序块载荷谱具有相同的寿命疲劳分散性，即用飞—续—飞载荷谱不能降低疲劳分散系数，纠正了国内外一些错误的结论。

以英文发表的论文原文如下。

① 本文1987年在澳大利亚墨尔本召开的环太平洋国际宇航学术会议上发表后，立即引起世界各国专家的关注，被大会定为“80年代高质量的学术论文”。具有权威性的美国*SAE*杂志将该文全文转载，并出版单行本发行。论文主要解决当时国际上争论不休的飞—续—飞载荷谱与程序块载荷谱对疲劳寿命分散性影响的问题。该论文发表后，在国内外再没人发表与此相悖的论文，从此平息了国际学术界这场争论，引领正确使用疲劳分散系数。

Comparison of Effects of the F – by – F Load Spectrum and the Block Load Spectrum on Fatigue Life Scatter

Abstract In this paper, from the comparison of the results of three fatigue tests on almost 60 specimens of different materials, it is concluded that the effects of the F – by – F random load spectrum (hereinafter the random spectrum) and the block load spectrum (hereinafter the block spectrum) on the fatigue life scatterance are basically the same and that the scatter factor of fatigue lives under either spectrum must be the same. This conclusion is different from those in the preceding references (1) and (2).①

IT IS GENERALLY RECOGNIZED in the preceding reference that the life scatterance is related with the applied load spectrum and the scatterance of test lives under the F – by – F random load spectrum is much smaller than that under the block load spectrum. For example, it is stated in reference (1) p. 266, that the scatterance of the test under the F – by – F random load spectrum smaller than that under the block load spectrum, so that a smaller scatter factor can be taken for the full scale F – by – F fatigue test. And it is stated in the reference (2) in p. 31 as follows: The reduction of scatter factor values selected from 4.0 to 2.0 is due to the improvement of test quality (block load spectrum was used in the past tests, but now the F – by – F spectrum is taken, the effect of load sequence being considered). Even it is stated that under the F – by – F spectrum the scatter factor can be taken as unity.

① Numbers in parenthesis designate references at the end of paper.

The selection of scatter factor values is important to the aircraft reliability design and the determination of the operation life. According to the state of the art, there is no way to determine the life of aircraft merely by analytical calculation. The main way is to undertake the full scale fatigue test. But this consumes much time and money. In the engineering application, a few specimens, at times only one, are allowed to be tested.

In order to obtain the life of aircraft population (the fleet life) using a few test data, the aircraft reliability within the life duration should be specified and the statistical theory used. However, it is quite complex and not convenient to do so directly in engineering application. As a result, the scatter factor concept was presented, with the life distribution and the reliability requirement within the life duration considered in the selection of its value (3) (4). Divide the fatigue test result by the scatter factor, and you can get aircraft life with reliability. On this basis, the scatter factor influences the reliability of aircraft directly. Besides the reliability and confidence level, the scatter factor value is also related with the standard deviation S of the life distribution. The reference (5) has presented the formula to calculate the safe standard deviation. Apart from material, processing quality, heat treatment, testing quality, etc., the fatigue load spectrum affects the value of the scatter factor as mentioned above. According to the references (1) (2), the scatter factor taken under the random spectrum is much smaller than that under the block tests. If it is true, it's OK. If not, the safety of aircraft will be affected. In a word, much attention should be drawn to the problem; otherwise it will affect the flight safety.

This paper analyzes the effects of the random and block spectra on the life scatterance by using specimens of two materials (steel and Al). The specimens completely identical in shape of either material were tested separately under the two kinds of fatigue spectra. Analyzing the scatterance (standard deviation) of the test results, we can derive the effects of the two spectra on the life scatterance.

RESEARCH OF 3 CASES OF COMPARATIVE TESTS

STANDARD DEVIATION FOR TOTAL FATIGUE LIFES OF AL ALLOY SPECIMENS—38 Specimens of Al alloy LY12CZ as shown in Fig. 7 were grouped into 6. The chemical composition and mechanical properties of this material are shown in

Tab. 1 and Tab. 2. The 6 groups of sheet specimens were tested under an F - by - F random spectrum (Fig. 1) and 5 kinds of block spectra (double wave spectrum, variable mean spectrum, constant mean spectrum, fatigue meter spectrum, and damage equivalent spectrum (Fig. 2 - 6) respectively, using a PC160N hydraulic servo fatigue testing machine controlled by an SPC - 16/4 computer, to compare their total fatigue lives (crack initiation lives plus crack propagation lives). All the spectra were processed based on the damage equivalent principle. The test loads of spectra are shown in Tab 3.

Tab. 1　Alloy Chemical Composition

Composition	Al	Mg	Cu	Fe	Si	Zn	Ni	Mn
%	basis	1.54	4.61	0.29	0.26	0.1	<0.024	0.58

Tab. 2　Alloy Performance

σ_{ys}/ (kgf/mm^2)	σ_b/ (kgf/mm^2)	δ_{10}/ (kgf/mm^2)
35.8	47.8	17.4

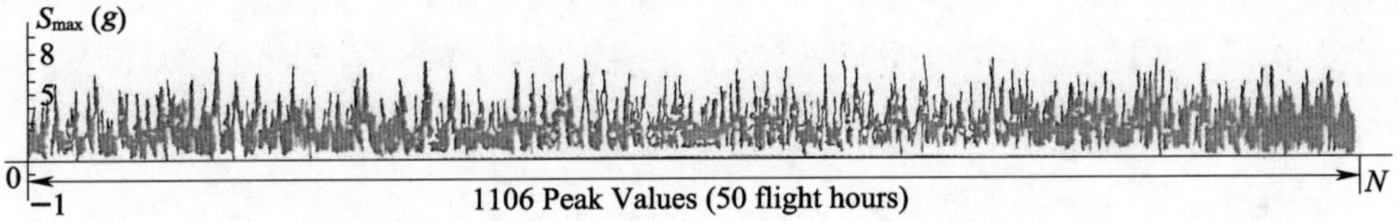

Fig. 1　Waveform of the Random Spectrum

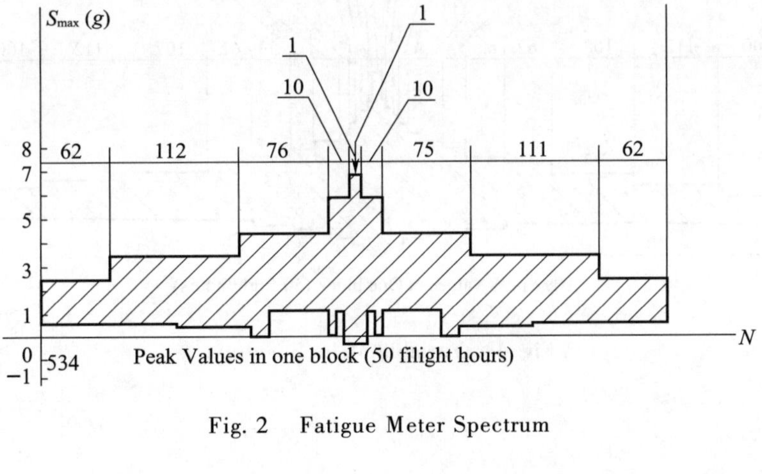

Fig. 2　Fatigue Meter Spectrum

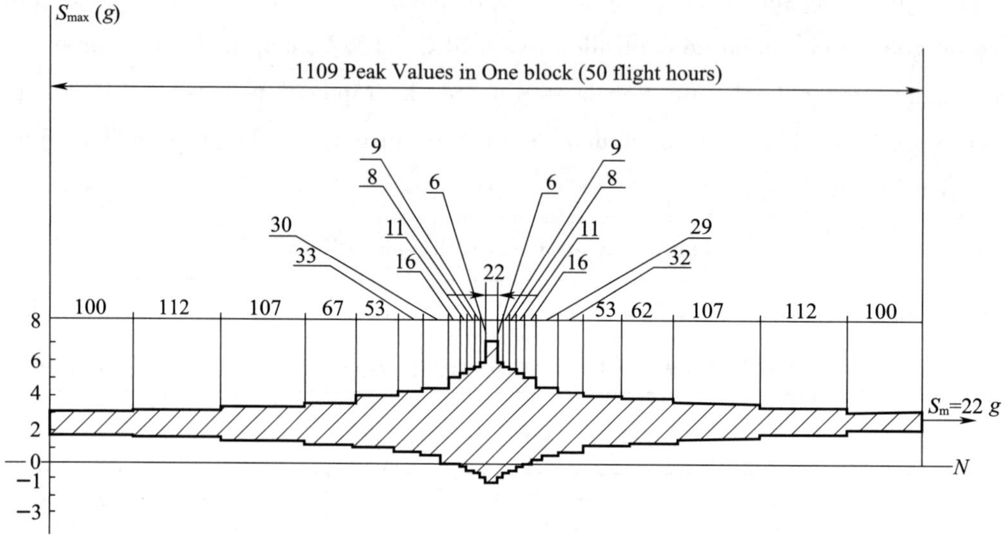

Fig. 3 Constant Mean Spectrum

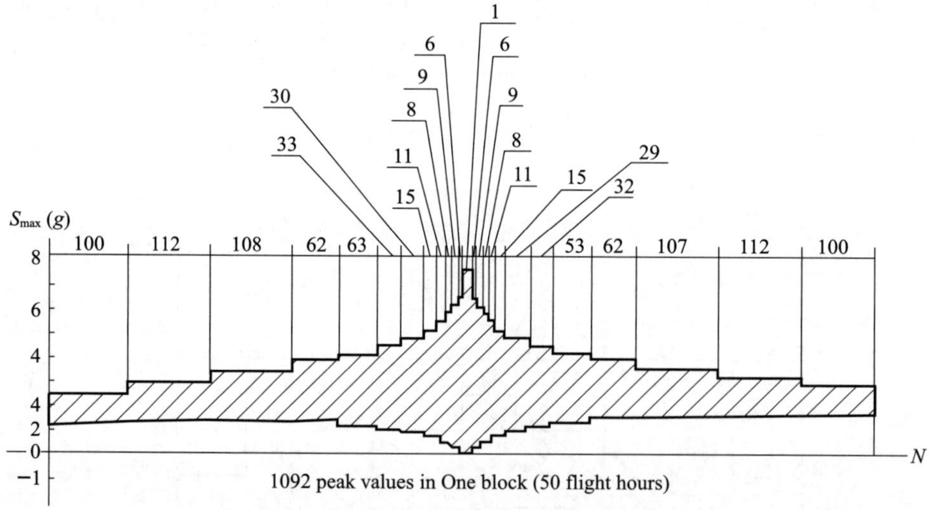

Fig. 4 Variable Mean Spectrum

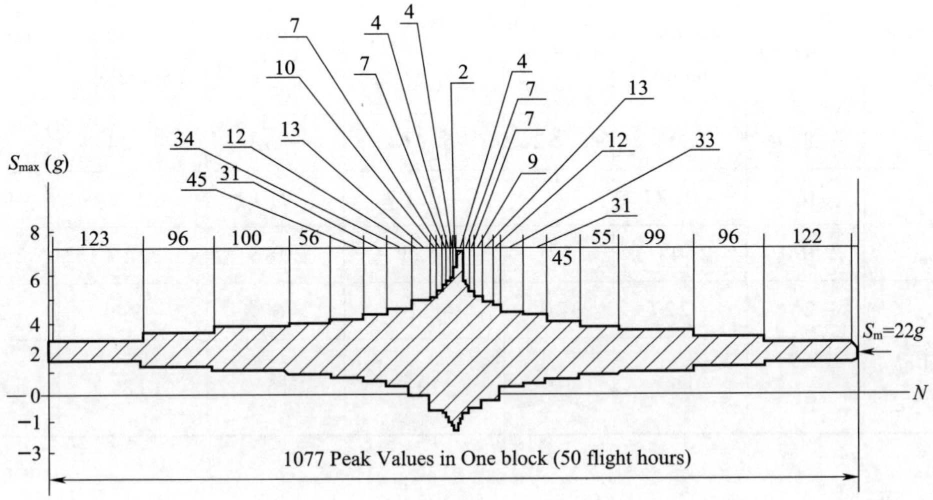

Fig. 5 Damage Equivalent Spectrum

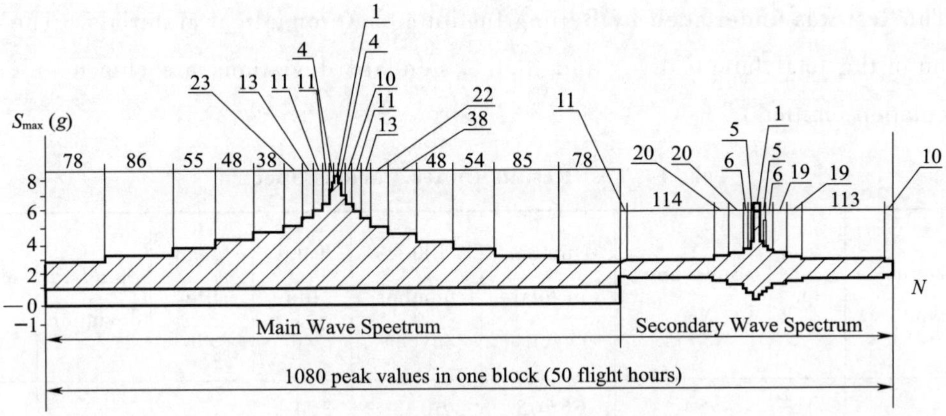

Fig. 6 Double Wave Spectrum

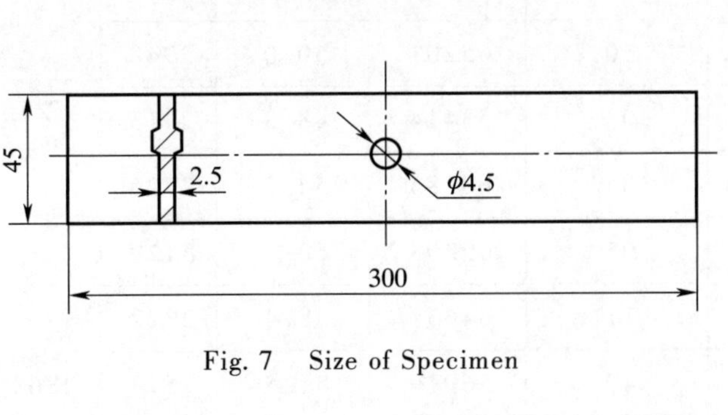

Fig. 7 Size of Specimen

Tab. 3 Loading Case of Test Spectrum

Spectrum type	F - by - F	variable mean	double wave		constant mean	damage equivalent	fatigue meter
			main	secondary			
N_{Ymax}	8	7.94	8.52	5.16	6.53	7.24	8
N_{Ymin}	-0.8	-0.71	1	-0.67	-2.12	-2.94	-0.75
P_{max}	2560	2541	2726	1651	2086	2317	2560
P_{min}	-256	-227	320	-214	-678	-941	-240
Loading Stage No.	-	15	12	11	15	18	6

Loading Condition: Axial tension - compression loading;

Loading Frequency: 5 Hz

Environment: Room temperature, relative humidity ≈ 60%;

This test was undertaken by Beijing Institute of Aeronautical Materials. The comparison of the total fatigue lives and their "standard deviations are shown in Tab. 4 (calculation omitted)".

Tab. 4 Test Results Under Various Spectra

Spectrum type	No.	Specimen No.	Number of total /cycles	Block number /cycles	Total life /h	Mean life /h	Standard deviation	Mean S
F - by - F Spectrum	1	54	66665	60.3	3014	2787	0.0447	0.0447
	2	14	56650	51.2	2561			
	3	50	65201	50.0	2948			
	4	03	53414	48.3	2415			
	5	04	60283	54.5	2725			
	6	05	69208	62.6	3129			
Double wave Spectrum	1	11	64632	58.4	2922	2863	0.0417	0.0453
	2	47	56916	51.5	2573			
	3	51	58211	52.7	2632			

Tab. 4 (continued)

Spectrum type	No.	Specimen No.	Number of total /cycles	Block number /cycles	Total life /h	Mean life /h	Standard deviation	Mean S
Double wave Spectrum	4	3	63518	57.4	2872	2863	0.0417	0.0453
	5	43	63542	57.5	2873			
	6	22	74588	67.4	3372			
Variable wave Spectrum	1	10	58230	52.7	2635	2778	0.0480	
	2	41	65910	59.6	2982			
	3	55	69252	62.7	3134			
	4	36	69294	62.7	3135			
	5	18	56708	51.3	2566			
	6	25	51293	46.4	2321			
Constant mean Spectrum	1	49	97879	88.6	4429	3737	0.0507	
	2	2	74702	67.6	3380			
	3	8	91267	82.6	4130			
	4	42	78060	70.6	3532			
	5	9	79158	71.6	3582			
	6	19	76959	69.6	3482			
Fatigue meter Spectrum	1	27	52800	96.5	4826	4011	0.0527	
	2	52	37562	68.7	3433			
	3	60	43071	78.7	3937			
	4	8	44026	80.5	4024			
	5	23	43213	79.0	3950			
Damage equivalent Spectrum	1	39	41589	37.6	1880	1712	0.0332	
	2	37	36100	32.64	1632			
	3	48	35950	32.5	1625			

On Analysis of Comparative Test Result and Standard Deviation Data – From Tab. 4, it can be made out as follows:

1. There may be considerable difference in the mean lives of specimens tested under F – by – F random spectrum, as compared to 5 block spectra.

2. The standard deviations of their fatigue lives are basically the same. Among the standard deviations under the 5 block spectra, some are larger and some smaller than that under the random spectrum, but the sum of plus and minus relative errors are counteractive. There is no evidence that the standard deviations of fatigue lives under the random spectrum are certainly smaller than those under the block spectra.

STANDARD DEVIATION FOR CRACK PROPAGATION LIVES OF SPECIMENS (HIGH – STRENGTH ALLOY STEEL 30CrMnSiNi2A) SIMULATING THE WING BEAM OF A TYPE OF AIRCRAFT—Loading spectra: F – by – F random and block spectra (damage equivalent). Their structures are shown in Fig. 8, Fig. 9, Tab. 5 and Tab. 6. The simulating specimens shape, size, chemical composition and mechanical performance are shown in Fig. 10, Tab. 7 and Tab. 8. Testing machine—MTS – 50 ton electrical servo fatigue tester is automatically controlled by a PSP – 11/34 computer. This test was undertaken by Beijing Institute of Aeronautical Materials (7). The comparison of crack propagations lives and their standard deviations① is shown in Tab. 9 (calculations omitted).

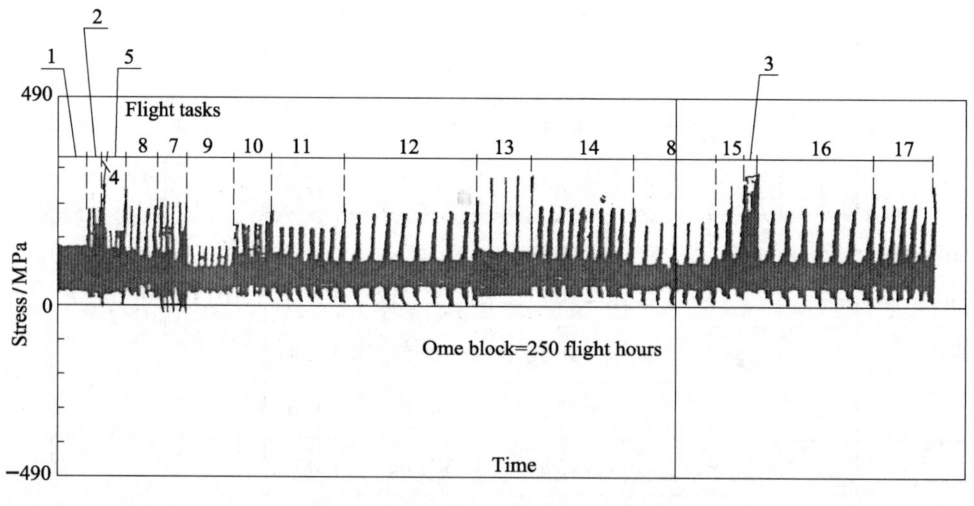

Fig. 8 F – by – F Random Stress Spectrum

① The standard deviation means the standard deviation of 10g life.

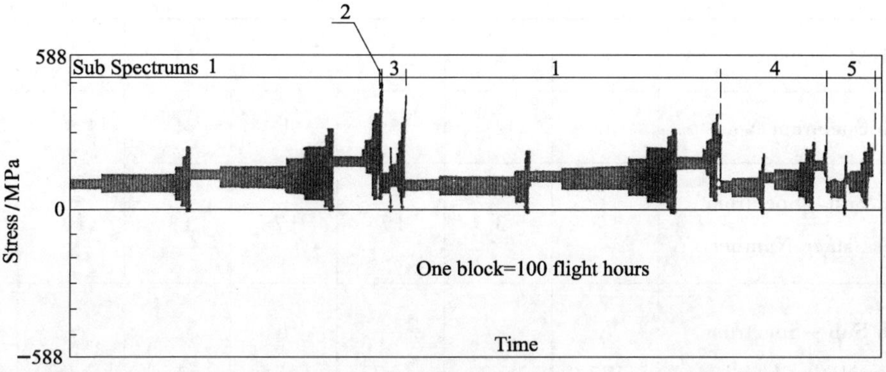

Fig. 9 Block Spectrum

Tab. 5 F – by – F Random Spectrum Structure of a Wing Beam

Test Sequence	Flight Task	Each Task Stress Stage Number	Loading Number			Each Task Accumulative Loading Number
			Test 1	Test 2	Test 3	
1	1	4	50 × 5	33 × 1		283
2	2	9	54 × 3	49 × 1		211
3	4	4		21 × 1		21
4	5	8	53 × 3	31 × 1		190
5	6	6	77 × 3	91 × 1		322
6	7	8	64 × 5			320
7	8	4	67 × 7			469
8	10	6	59 × 6	55 × 1		409
9	11	9	105 × 6	116 × 1	59 × 1	746
10	12	8	154 × 8	106 × 1		1338
11	13	5	130 × 4			520
12	14	6	98 × 9	101 × 1		983
13	8	6	137 × 6			822
14	15	9	146 × 2			292
15	3	11	44 × 1	16 × 1		149
16	16	8	162 × 1	185 × 1		1157
17	17	8	109 × 5	109 × 5		651
Σ	17	119				8883

Tab. 6　Block Stress Spectra Structure of a Wing Beam

Test Sequence	1	2	3	4	5	6	Σ
Sub Spectrum No.	1	2	3	1	4	5	
Each Sub - Spectrum Stress stage Number	17	3	17	17	13	13	
Each Sub - Spectrum Accumulative Loading Number	477	4.2	117	1475	515	236	3824.2
Note	One block = 100 flight hours						

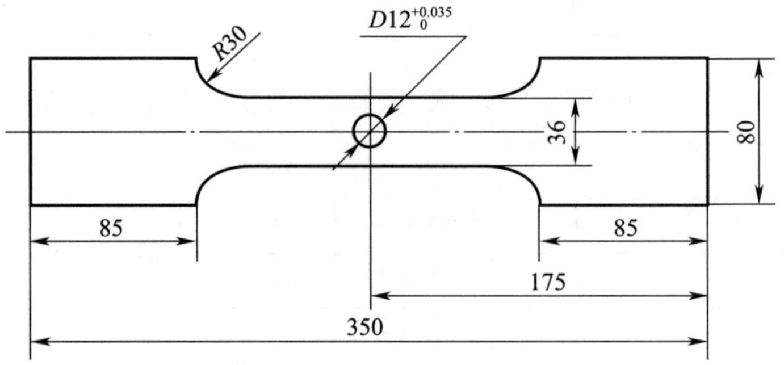

Fig. 10　Shape and Size of Simulating Specimen

Tab. 7　Chemical Compositions

Compositions	C	Cr	Mn	Si	Ni	Cu	S	P
%	0.31	1.03	1.14	1.03	1.70	0.15	0.002	0.013

Tab. 8　Mechanical Performance

$\sigma_{0.2}$/MPa	σ_b/MPa	δ/%	ψ/%	σ_x/ (kJ/m^2)	K_{IC}/ (MPa $\sqrt{m}$)	HRC
1207	1613	13.7	54	1110		47

From Analysis in Tab. 9, we derive that although the mean life under the random spectrum is about 2 times of those under block spectra; there is no much difference in their standard deviations. It shows that it is impossible to decrease the scatterrance of propagation lives by using random spectrum.

Tab. 9　Test Results Under 2 Types of Spectra

specimen No	spectrum type	a_0/mm	a_c/mm	crack propagation life/h	mean life /h	standard deviation
6	Block	0.7	5.5	12600	9375	0.1697
7	〃	0.8	5.8	10400		
17	〃	0.75	5.6	5100		
9	〃	0.8	3.8	9400		
8	F-by-F	0.7	6.5	15000	18688	0.1619
32	〃	0.9	7.7	29250		
10	〃	0.8	5.4	12500		
35	〃	1.3	6.8	18000		

STANDARD DEVIATION FOR TOTAL FATIGUE LIFES (INITIATION LIVES PLUS PROPAGATION LIVES) OF SPECIMENS (HIGH-STRENGTH ALLOY STEEL 30CrMnSiNi2A) SIMULATING THE WING BEAM OF ANOTHER TYPE OF AIRCRAFT - Tests were also conducted under an F-by-F random spectrum and a block spectrum. The detailed features of the two spectra (damage equivalent) are not discussed here. The description of the shape, size, chemical composition and mechanical performance of specimens is also omitted. The test was undertaken by Beijing Institute of Aeronautical Materials on a MTS-50 ton electrical servo fatigue testing machine. The test results and their standard deviation are shown in Tab. 10 (calculations omitted).

From Analysis in Tab. 10 we make out that although there is considerable difference in the mean lives under different spectra, the standard deviation of the total life under the random spectrum is not smaller than that under the block spectrum. On the contrary, the standard deviation of total life under block spectrum is 16% smaller than that under random spectrum.

Tab. 10 Test Results Under 2 Types of Spectra

specimen No	spectrum type	block number /(150h/block)	total life /h	mean life /h	standard deviation
6	F - by - F	27.3	4095	4809	0.0707
7	F - by - F	28.9	4335		
8	F - by - F	24.6	3690		
12	F - by - F	34.9	5235		
15	F - by - F	37.4	5610		
11	F - by - F	35.3	5295		
14	F - by - F	36.0	5400		
10	Block	102.9	15435	14706	0.0608
1	Block	77.9	11685		
4	Block	113.8	17070		
9	Block	97.9	14685		
3	Block	97.7	14655		

CONCLUSION

The following conclusions can be derived from the above three comparative tests of almost 60 specimens of different materials:

1. There may be considerable disparities in the fatigue lives tested under the random and block spectra; however, their standard deviations representing scatterance are basically the same.

2. There is no evidence that the standard deviations of fatigue lives under random spectrum are certainly smaller than those under block spectra.

3. The author considers that the viewpoint in the preceding references that the scatter factor under random spectrum can be expected smaller than those under block spectra, should be open to discussion. It is unsafe to deal with fatigue test results with that viewpoint for the aircraft reliability, to which much attention should be paid.

ACKNOWLEDGEMENT

The author wishes to acknowledge Mr. Ding Chuanfu, Miss Zhang Shijie from Beijing Institute of Aeronautical Materials, Mr. Li Jinghua, and Miss Guo Lijuan from Aeronautical Factory for offering useful test data.

REFERENCES

[1] Military Airplane Strength and Rigidity Specification (Operational Specification) PRC's Commission of Science, Technology and Industry for National Defense, Jan. 1986.

[2] A Record of the Advisory Talk by Mr. WLTTEL (Lockheed Aircraft Company, Ltd., USA) on USA Military Specifications (MIL - A - 8860 Series), Office of Aircraft Strength Specification Development, The Department of Aeronautical Industry of PRC., Nov. 1983.

[3] Gao Zhentong. Scatter Factors for Aircraft Fatigue, BR - 13884. Beijing Institute of Aeronautical and Astronautics, Jun. 1982.

[4] Zhang Fuze. The Classification and Value of Fatigue Scatter Factors. Acta Aeronautical and Astronautics Sinica, Vol. 8 No. 6, 1987.

[5] Zhang Fuze. Research on the Standard Deviations of Fatigue Scatter Factors. Acta Aeronautical and Astronautic (Engineering), March 1986.

[6] Calculating Methodology and Simplified Procedure for Comparative Tests 79014 Project Research Group. Beijing Institute of Aeronautical Material, April 1980.

[7] Ding Chuanfu, Guo Baochen. Test Research on the Fatigue Life of a Specimen Simulating the Wing Beam of a Type of Aircraft under Load Spectra. Beijing Institute of Aeronautical Material, 28 Nov. 1986.

疲劳分散系数的分类及其取值①

摘要： 本文提出疲劳分散系数可以分为疲劳试验用的分散系数和理论计算用的分散系数。其中每一种又可分为裂纹形成寿命的分散系数和裂纹扩展寿命的分散系数，共4类疲劳分散系数。

本文还对各类分散系数的取值进行了研究，并给出了它们的具体数值。本文同时还对各国所用分散系数的计算公式和取值差别进行了评述。

引言

疲劳分散系数是飞机结构寿命的可靠性指标。飞机寿命的可靠性和其他设备可靠性一样，是经过定性阶段发展到定量阶段。飞机结构疲劳分散系数是根据飞机结构失效的分布规律和中值寿命定义，借助于概率数学推导出可靠度与分散系数之间的函数表达式。在飞机结构寿命设计和疲劳试验中，不直接用可靠度函数来描述飞机寿命的可靠性，而用分散系数来描述。一般来说，在产品标准差一定时，分散系数越大，可靠度越高，反之，可靠度越低。

30多年来，许多国家的疲劳专家们对分散系数提出自己的计算公式，如美国提出考虑可靠度的计算公式；澳大利亚等国提出考虑可靠度和试验件个数的计算公式；最近几年中国高镇同教授和日本学者Kamiyama各自提出既要考虑可靠度、试验件个数，又要考虑用少数试验件的试验值代替母体真值的

① 本文发表在《航空学报》1987年第8卷第6期。该研究在国际上首次将疲劳分散系数分为理论计算用的疲劳分散系数、试验用的疲劳分散系数、裂纹形成寿命的疲劳分散系数和裂纹扩展寿命的分散系数，并对各类分散系数的取值做了系统研究，给出具体取值。这种分类方法在国内外得到公认，从而解决了国际疲劳领域中一直没有解决的问题。对提高飞机、汽车、火车、机械，以及各类动力装置疲劳寿命的安全性和可靠性均有重要意义和使用价值。

置信度问题。但目前，认识上还不统一，从而导致实际使用上的不统一，各个国家所用的公式和取值都不同，如表1所示。

表1　各国提出裂纹形成寿命的分散系数[1]

试验件个数 n	1	2	3	4
中国，式（1） $\sigma_0=0.176$ $U_p=-3$（$p=99.87\%$） $U_r=1.282$（$r=90\%$）	5.7	4.9	4.6	4.4
澳大利亚，式（3） $\sigma_0=0.176$ $U_p=-3$（$p=99.87\%$）	5.6	4.4	4.1	3.9
美国，式（2） $\sigma_0=0.2$ $U_p=-3$（$p=99.87\%$）	4	4	4	4
英国（AP-970）	5.0	4.2	3.9	3.75
日本	7.2	6.3	5.9	5.7
苏联	5		3.5	

本文认为，从计算公式角度上来看，同时考虑可靠度、试验件个数和置信度问题是合理的。但在国际疲劳分散系数问题上，还有一个如何分类的重要问题没有得到解决，本文就这个分类问题和相应取值进行如下研究。

1　疲劳分散系数的分类和取值

1.1　疲劳试验用的分散系数与理论计算用的分散系数

本文把疲劳分散系数分为疲劳试验用的分散系数和理论计算用的分散系数。分清这个问题是有现实使用意义的，否则就无法把疲劳试验结果和理论计算结果统一起来。造成它们之间差别的主要原因是计算分散系数公式中的参数取值和取值对象不同引起的。下面以高镇同教授给出的分散系数公式研

究它们之间的差别

$$L_{\mathrm{f}} = 10^{\left(\frac{U_{\mathrm{r}}}{\sqrt{n}} - U_{\mathrm{p}}\right)\sigma_0} \tag{1}$$

式中：L_{f}——疲劳分散系数；

U_{p}，U_{r}——分别与可靠度和置信度有关的标准正态偏量系数；

σ_0——已知标准差；

n——试验件个数。

（1）标准差 σ_0 不同

疲劳试验用的分散系数的标准差 σ_0，要用被试验的构件寿命的标准差；而理论计算用的分散系数的标准差 σ_0，不能用被试验的构件寿命的标准差，而要用计算中使用的性能曲线测试中的试件寿命的标准差。式（1）中的已知标准差 σ_0 是分散系数公式推导中引进的母体真值，在工程应用上是无法直接使用的，要用子样标准差 S 来代替它。由于各国对子样标准差 S 的选取，都是靠自己的经验，没有一个统一的方法，从而导致分散系数的取值不统一，参考文献［2］给出一种代替 σ_0 的子样安全标准差 S_{p} 的计算公式和数值，是可用的。

工程上的疲劳试验一般是用构件来进行的，因此在计算试验用的分散系数时，应该用构件寿命的子样安全标准差代替母体真值标准差；而理论计算虽然是计算构件的寿命，但工程上往往缺少构件的性能曲线，因此在计算理论计算用的分散系数时，应该用测试性能曲线中标准试件寿命的子样安全标准差 S_{p} 代替 σ_0。参考文献［2］分别给出了航空结构件和材料标准试件的子样安全标准差的具体数值，它们的取值有较大的不同，因而试验用的和理论计算用的分散系数的取值就不同了，这是造成这两类分散系数取值不同的重要因素之一。

（2）试验件个数 n 不同

疲劳试验用的分散系数与被试验的构件的个数有关；而理论计算通常用被计算构件的名义尺寸、名义应力（或局部应力）和代替母体性质的疲劳性能曲线，因此计算一件和计算多件是一样的。所以说，理论计算用的分散系数与计算构件个数无关，即公式中不考虑件数 n 的影响。这是造成两类分散系数取值不同的另一重要因素。

综上所述，由于疲劳试验用的分散系数和理论计算用的分散系数的标准差、试验件个数 n 都是不同的，因此在可靠度和置信度取值相同的情况下，两类分散系数一定是不同的。这就是为什么要把疲劳分散系数分为试验用的和理论计算用的主要原因。

1.2 裂纹形成寿命的分散系数和裂纹扩展寿命的分散系数

本文认为，疲劳试验用的分散系数和理论计算用的分散系数，它们的每一类又可分为裂纹形成寿命的分散系数和裂纹扩展寿命的分散系数。其主要原因如下。

（1）裂纹形成阶段和裂纹扩展阶段寿命的标准差不同。参考文献［2］通过大量的疲劳试验数据计算出航空金属结构在裂纹形成阶段和裂纹扩展阶段的安全标准差分别是 $S_p \approx 0.18$，$S_p^* = 0.0623$。由于这两个阶段的标准差有这样大的差别，当然两个阶段的分散系数就有更大的差别了。

（2）实际使用上的需要。目前国际上已经比较公认，把疲劳寿命分为裂纹形成寿命和裂纹扩展寿命，为了得到这两个阶段相应的安全寿命，也必须有相对应的两个阶段的分散系数。

1.3 各类分散系数的取值

本文通过上述分类研究，并根据大量的疲劳试验数据确定的标准差和式（1）计算出航空结构件的各类分散系数的具体数值，如表2所示。

表2 航空结构件各类分散系数的取值

结构件试验件个数 n		1	2	3	4	5
试验用分散系数 $p=99.87\%$ $r=90\%$	裂纹形成寿命的分散系数（$\sigma_0=0.18$）	5.9	5.0	4.7	4.5	4.4
	裂纹扩展寿命的分散系数（$\sigma_0=0.0623$）	1.8	1.8	1.7	1.7	1.7
理论计算用分散系数 $p=99.87\%$	裂纹形成寿命的分散系数（$\sigma_0=0.224$）	4.7				
	裂纹扩展寿命的分散系数（$\sigma_0=0.0623$）	1.6				

2 对一些国家的分散系数取值差别和计算公式的评述

目前各国在裂纹形成阶段的分散系数取值上的差别，除了一些不可避免的因素（如试验机的误差、试件材料的不均匀性、试件尺寸和形状的误差、热处理过程的误差、试验环境的不同和变迁，以及操作人员的技术水平等）各国有所不同外，我们认为更主要的原因是由于各个国家所采用的计算公式、已知标准差的取值和一些认识上的不同造成的。

（1）理论计算公式的不同是造成分散系数取值不同的主要原因之一

①美国采用数理推导的方法，推导出只考虑可靠度的计算公式

$$L_f = 10^{-U_p\sigma_0} \tag{2}$$

式中：L_f——疲劳分散系数；

σ_0——已知标准差；

U_p——与可靠度有关的标准正态偏量系数。

美国取可靠度为99.87%，已知标准差σ_0为0.2，由式（2）计算得到分散系数，$L_f=3.974\approx4$。

这就是美国军用强度规范（MIL-A-008866A）规定的分散系数为4的计算公式。它存在如下三方面的不足：（a）没考虑试验件对分散系数的影响，因此它不适宜处理疲劳试验结果；（b）公式中没考虑置信度的问题，即没有考虑用少数子样的试验结果代替母体真值的影响，显然这是不全面的；（c）没有区分开疲劳试验用和理论计算用的分散系数的差别。

②澳大利亚、英国和其他一些国家采用既考虑可靠度又考虑试验件个数影响的计算公式

$$L_f = 10^{-U_p\sigma_0\sqrt{1+1/n}} \tag{3}$$

式中：n为试验件个数；其他参数同式（2）。

如果在可靠度和已知标准差取值与美国取值相同的情况下，其试验用的裂纹形成寿命的分散系数L_f随试验件个数n的变化如表3所示。

表3 L_f—n变化关系

n	1	2	3	4	5
L_f	7.1	5.4	4.9	4.7	4.5

我们认为，式（3）仍然存在如下两方面的不足：（a）没有考虑置信度的问题；（b）没有区分开疲劳试验用和理论计算用分散系数的差别。

③参考文献［1］推导出同时考虑可靠度、置信度和试验件个数对分散系数影响的计算公式（1）。如果可靠度和标准差与美国取值相同，置信度为90%时，用式（1）计算得到试验用的裂纹形成寿命的分散系数 L_f 随试验件个数 n 的变化值，如表4所示。

表4　同时考虑可靠度和置信度情况下的 L_f—n 变化关系

n	1	2	3	4	5
L_f	7.2	6.0	5.6	5.3	5.2

我们认为，式（1）是目前处理疲劳试验结果比较完善的分散系数公式。

参考文献［1］还通过分散系数的变化规律，提出使用两个实际构件进行疲劳试验较为合理的观点。这一观点对于飞机结构有更重要的意义，例如，一架飞机左右机翼即是两个试件，如果两个机翼承受相同载荷谱，其中之一先破坏，另外一个没有破坏，此时试验就不再进行。以此为条件，推导如下计算公式

$$L'_f = 10^{\left(\frac{U_r}{\sqrt{2}} - U_p - 0.4308\right)\sigma_0} \tag{4}$$

在这种条件下的安全寿命是

$$N_p = \frac{N_1}{L'_f}$$

式中：N_1——先行破坏的构件寿命；

N_p——安全寿命。

从以上三种具有代表性的计算公式分析可以看出，在各参数取值相同的情况下，所得的分散系数是有较大差别的，尤其是美国与其他国家的差别更大。

（2）标准差 σ_0 的取值不同是造成分散系数取值不同的另一主要原因

前面已经提到各个国家在标准差的取值上是有较大差别的，如美国取0.2；澳大利亚、英国和参考文献［1］取0.176；而日本取0.154，这些数据之间，最大相差30%。如果其他参数取值与上述计算相同，标准差 σ_0 按各个国家选取的数值，同时按各自的计算公式，计算出试验用的裂纹形成寿命的分散系数如表5所示。

从表5计算结果可以看出，对于同一公式（1），标准差 σ_0 降低12%（从0.2降至0.176）。在试验件数 $n=1$ 时，则分散系数降低了26%（从7.2降至5.7）。而日本用同样的公式（1），当标准差由0.2降至0.154时，则分散

表5 标准差对分散系数的影响

国别	L_f / σ_0 \ n	1	2	3	4	5
美国，式（2）	0.2	4	4	4	4	4
中国，式（1）	0.2	7.2	6.0	5.6	5.3	5.2
	0.176	5.7	4.9	4.6	4.4	4.2
日本	0.2	7.2	6.0	5.6	5.3	5.2
	0.154	4.6	4.0	3.8	3.6	3.6
澳大利亚，式（3）	0.2	7.1	5.4	4.9	4.7	4.5
	0.176	5.6	4.4	4.1	3.9	3.9

系数降低了36%（$n=1$ 时），这说明标准差对分散系数的影响是很大的。为了使飞机结构寿命的可靠性估算得更准确，本文推荐使用参考文献［2］给出的安全标准差计算公式和各类安全标准差的数值。

（3）各国对可靠度、置信度的取值上的不同也是造成各国分散系数不同的一个原因（分析略）。

（4）各类分散系数的计算公式的选取：裂纹形成和裂纹扩展阶段寿命的试验用的分散系数，目前采用式（1）计算较为合理。而裂纹形成和裂纹扩展阶段寿命的理论计算用的分散系数采用式（2）计算，但式（1）和式（3）也可以采用，这是因为理论计算用的分散系数的计算是要用材料性能曲线的，而材料性能曲线是代表子样容量很大的母体性质的，因此式（1）和式（3）也就变成式（2）了。

3 结论

（1）疲劳分散系数，应分为疲劳试验用和理论计算用两大类，而每一大类又可分为裂纹形成寿命的分散系数和裂纹扩展寿命的分散系数。这样划分才能较真实地反映客观实际，比较好地描述寿命的全过程。

（2）各类分散系数的取值，目前按表2给出的各数值选取是可靠的。因为这些数值是建立在大量的疲劳试验基础上，用目前最为合理的计算公式和安全标准差计算出来的。这些数据不仅考虑了可靠度、置信度，而且还考虑了试验件个数的影响。工程使用时，一般可取整数计算，即试验用的裂纹形成寿命的分散系数，随试验件个数(1～10）的增多，取6～4；理论计算用的裂纹形成寿命的分散系数取5；各种扩展寿命的分散系数，一律取2。

参考文献

[1] 高镇同. 飞机疲劳分散系数，BH－B884［R］. 北京：北京航空学院，1982.

[2] 张福泽. 疲劳分散系数中标准差的研究［J］. 航空学报，1986［工程增刊］，7（1）：17－27.

[3] 高镇同. 航空材料性能手册. 北京航空材料研究所，1981.

[4] Hoskin B C，Ford D G. Scatter Factors in Aircraft Fatigue Life Estimation. ARL，April，1970.

The categories and values of fatigue scatter factors

Zhang Fuze

（Beijing Aeronautical Technology Research Centre，Beijing 100076）

Abstract　This paper considers that fatigue scatter factors should be classified into 2 categories：for fatigue testing and for theoretical calculation. There is some difference in the values of scatter factors of these two categories. Such difference is primarily due to the difference in both the parameters（standard deviations）and the numbers of testing specimen which are used to calculate the scatter factor.

In addition，each of above two scatter factors should be further divided into 2 subcategories：for crack initiation and for crack growth. The difference in the values of these two subcategories is chiefly due to that the standard deviations and the objective requirements for the calculation and testing of crack initiation life an crack growth life are different.

The values of scatter factors of above mentioned categories are given based on a number of fatigue test data，and some equations for calculating the scatter factor used in some countries are reviewed in this paper.

飞机与直升机结构寿命设计中的疲劳分散系数和减缩系数

导语：此文是张福泽于1990年在日本岐阜召开的国际亚太宇航学术会议上发表的，后来被美国著名学术刊物*SAE*转载。该文主要论述飞机与直升机设计中的疲劳分散系数和减缩系数的问题。

以下是用英文发表的论文原文。

The Fatigue Scatter Factors and Reduction Factors in the Design of Aircraft and Helicopter Structural Life

Abstract It is considered that fatigue scatter factors include two categories, i. e., the scatter factors for the fatigue test and theoretical calculation. Either category can bealso divided into two parts, which are the scatter factors for crack initiation and for crack growth lives.

The paper also studies the values of different kinds of scatter factors, and gives out suitable ones. Meanwhile, it makes comments on calculation formulas and different values of scatter factors used in other countries.

INTRODUCITON

In the structural life design of aircraft and helicopter, the fatigue scatter factor is used for the medium and short lives, while the fatigue reduction factor for long (unlimited) lives. They are the related structural reliability factors. The development of the design of aircraft and helicopter structure reliability is same as that of other equipment from the qualitative stage to the quantitative stage. The functional formula between the reliability and the fatigue scatter are derived from structural failure distributions and the definition of the medium life for design of aircraft and helicopter structure lives.

In the structural life design and fatigue test, the structural reliability is not described directly by a reliability function, but by the scatter factor or reduction factor. Generally speaking, for a known standard deviation, the higher the scatter factor or reduction factor values are, the higher the structural reliability is, and vice versa.

In the past over thirty years, many countries fatigue experts presented their own calculation formulas for the scatter factor. Someone considered only the reliability specified in his formula, and someone considered the reliability specified and the number of test specimens in his formula. In recent years, Japanese professor Kamiyama and Chinese professor Gao Zhentong presented the same formula independently, considering not only the reliability specified and the test specimen number, but also the confidence level of the replacement of population's truth value by the test values of a few test specimens. At present, the formulas and values used by some countries are somewhat different, for the different cognition leads to various practices.

It is reasonable to take the reliability specified, the number of test specimens and the confidence level into account simultaneously in the calculation formula for the scatter factor. However, an important problem of the classification of fatigue scatter factors remains unsolved so far. This paper mainly discusses the classification and the suitable values of the scatter factors and the unified calculation formula for the fatigue scatter factor and the reduction factor.

Classification and Suitable Values of Fatigue Scatter Factors

In the paper, fatigue scatter factors are classified into two categories, i. e. , for fatigue test and for theoretical computation. Drawing a clear distinction between them is meaningful in practice. Otherwise, theresult of fatigue tests and theoretical computation cannot be unified, nor can the reliability design be performed properly. The main cause of their difference is the difference between the parameters and their values taken in the calculation formula. The professor Kamiyam's and Gao Zhetong's formula is taken for the study of difference between them, as the formula (1):

$$L_f = 10^{\left(\frac{U_r}{\sqrt{n}} - U_p\right)\sigma_0} \tag{1}$$

where L_f represents fatigue scatter factors; U_p and U_r, the normal deviation factor related to reliability and confidence level separately; σ_0, the known standard deviation; n, the number of test specimens.

The standard deviation σ_0 for the scatter factor in fatigue testing chooses the standard deviation derived from the fatigue test specimens, while the standard deviation for scatter factor in theoretical computation does not choose the standard deviation derived from the fatigue test specimens, but the standard deviation derived from the characteristic curve test. The known standard deviation σ_0 is the population's truth value introduced for the derivation of the scatter factor formula, which cannot be used directly in the engineering application. So we have to use the sample standard deviation S instead. There is no unified method to select S but mainly by respective experiences in many countries. As a result, the values of the scatter factor taken are not unified. The reference (1) shows a calculation method and the value of a safe sample standard deviation S_p used to replace σ_0. Generally, structural components are used in the engineering fatigue testing, therefore we should use the component safe standard deviation S_p instead of σ_0 for the calculation of the scatter factor for fatigue testing. Although theoretical calculation is to calculate the lives of the component, the lack of characteristic curves of components in the engineering application leads to the use of the characteristic curves of material samples. As a result, we should use the safe standard deviation S_p for the material samples in the calculation of the scatter factors for theoretical computation. Reference (1) and (2) give out the detailed values of the safe standard deviation for the aeronautical structural components and material samples separately. Because their values are fairly different, the values of scatter factor for testing and for theoretical computation are different. This is one of the important factors causing the difference between values of two groups of scatter factors.

The scatter factor for fatigue testing is related with the number of test specimens. However, in the theoretical computation, we usually use the nominal stress of the structural components in question, so calculating one component in question, so calculating one component is the same as calculating plural component. As a result, the scatter factor for theoretical computation has nothing to do with the number of the components. That is because we do not consider the influence caused by n (the number of components) in the formula. This is another important factor that causes the value difference between the two groups of scatter factors.

In a word, due to the difference in the standard deviation σ_0 and influence of the number of test specimens for two groups of scatter factors, the two groups of scatter factors are sure to be different for the same reliability specified and confidence level given. That is why we should separate the fatigue scatter factors into ones for testing and the others for theoretical computation.

The scatter factor for crack initiation lives and the scatter factor for crack growth lives. The author considers that both groups of scatter factors should be divided again into scatter factor for crack initiation lives and scatter factor for crack growth lives. The main reasons are as follows:

The standard deviations for crack initiation lives and for crack growth lives are different. Based on the calculation of a lot of fatigue test data, reference (1) gives out the values of the safe standard deviations of aeronautical metal structure components for the crack initiation stage: $S_p = 0.18$, and for the crack growth stage: $S_p^* = 0.0623$. The standard deviations for the two stages are quite different, thus the scatter factors for the two stages are even more different.

At present, the generally recognized concept is to divide the fatigue life into the crack initiationlife and the crack growth life. In order to get the relevant safe lives of the two stages, we must have the relevant scatter factors for the two stages too.

The suitable values of various scatter factor through the studies mentioned above are based on the safe standard deviation values derived from about 5000 pieces of fatigue test data (see reference (1)) and the formula (1), this paper gives the values of different kinds of scatter factors for aeronautical structural components (see Table 1).

Table 1 Values of Different Scatter Factors for Aeronautical Structural Components

<table>
<tr><td colspan="2">The number of tested structural components, n</td><td>1</td><td>2</td><td>3</td><td>4</td><td>5</td></tr>
<tr><td rowspan="2">The scatter factors for testing, for $p = 99.87\%$ $r = 90\%$</td><td>The scatter factors for crack initiation life $\sigma_0 = 0.18$</td><td>5.9</td><td>5.0</td><td>4.7</td><td>4.5</td><td>4.4</td></tr>
<tr><td>The scatter factors for crack growth life $\sigma_0 = 0.0623$</td><td>1.8</td><td>1.8</td><td>1.7</td><td>1.7</td><td>1.7</td></tr>
<tr><td rowspan="2">The scatter factors for the oretical computation, for $p = 99.87\%$</td><td>The scatter factor for crack initiation life $\sigma_0 = 0.224$</td><td colspan="5">4.7</td></tr>
<tr><td>The scatter factor for crack growth life $\sigma_0 = 0.0623$</td><td colspan="5">1.6</td></tr>
</table>

Remarks on the values of scatter factors and the formulas used by some countries

In respect of values of the scatter factors for the crack ignition stage, many countries take them differently. Besides the difference in some unavoidable factors in some countries (such as test equipment accuracy, non uniformity of test material, errors in the size and shape of test specimens, inaccuracy of heat treatment, different test environment and its changes and different skill levels of operators), we think that the value difference is mainly caused by the different formulas, the different values of known standard deviations and the different cognition taken by these countries.

The difference in calculation formulas used is one of the main reasons which cause the different values of scatter factors.

1. A formula is derived from mathematical derivation in some countries, only considering the reliability specified. The formula (2) is as follows:

$$L_f = 10^{-U_p \sigma_0} \quad (2)$$

where L_f represents fatigue scatter factors; σ_0, the known standard deviation; U_p, standard normal deviation factor. They specify reliability as 99.87% and the known standard deviation σ_0 0.2. By formula (2), $L_f = 3.974 \approx 4$。

The formula (2) is imperfect in three respects:

a. It does not consider that the scatter factor value is affected by the number of test specimens, so it is not very suitable to use it to deal with the result of fatigue test.

b. It does not consider the confidence level. In other words, it does not consider the influence of the use of test results of a few specimens to replace the population's truth value. It is not perfect obviously.

c. It does not distinguish the scatter factor for fatigue test form that for theoretical computation.

2. Some other countries use formula (3) whichconsiders not only the reliability specified but also the number of test specimens:

$$L_f = 10^{-U_p \sigma_0 \sqrt{1+1/n}} \quad (3)$$

where, n is the number of test specimens. The definition of other parameters is the same as in the formula (2). If the reliability level and the known standard deviation value are the same as used in the formula (2), the scatter factor L_f for the crack initiation life changes with the number of test specimens as shown in Table 2.

Table 2 $L_f - n$ Relationship

n	1	2	3	4	5
L_f	7.1	5.4	4.9	4.7	4.5

In my opinion, the formula (3) is still imperfect in two aspects:

a. The confidence level is still not considered;

b. The scatter factor for fatigue test and that for theoretical computation is not distinguished.

3. Formula (1) includes the reliability specified, the confidence level and the number of test specified, the confidence level and the number of test specimens. With the same reliability level and q as used in formula (2) and the confidence level being 90%, the relationship between the scatter factor for crack initiation life for tes-

ting, L_f and n are shown in table 3.

Table 3 $L_f - n$ Relationship

n	1	2	3	4	5
L_f	7.2	6.0	5.6	5.3	5.2

We hold that formula (1) is the comparatively perfect scatter factor calculation formula dealing with fatigue test results.

From the analysis of the three typical formulas, it is drawn that, with the same values of all the parameters taken, the scatter factor values calculated can be quite different.

The difference in values of standard deviation σ_0 taken is another major reason for the different values of the scatter factor as mentioned above. The values of standard deviation σ_0 are quite difference taken by some countries, e. g. 0.2, 0.154 and 0.176. The maximum of difference between them is 30%. With other parameters the same as those mentioned above and the standard deviation σ_0 values chosen according to each country's experience, the scatter factors for crack initiation life for testing, L_f calculated by different formulas is shown in table 4.

Table 4 $L_f - \sigma_0$ Relationship

Formula	σ_0 \ L_f \ n	1	2	3	4	5
Formula (2)	0.2	4	4	4	4	4
Formula (1)	0.2	7.2	6.0	5.6	5.3	5.2
	0.176	5.7	4.9	4.6	4.4	4.2
Formula (1)	0.2	7.2	6.0	5.6	5.3	5.2
	0.154	4.6	4.0	3.8	3.6	3.6
Formula (3)	0.2	7.1	5.4	4.9	4.7	4.5
	0.176	5.6	4.4	4.1	3.9	3.9

From the formula (1) in Table 4, if the standard deviation σ_0 decrease by 12% (from 0.2 to 0.176), and $n = 1$, the scatter factor value decreases by 26%

(from 7.2 to 5.7). And if the standard deviation reduces from 0.2 to 0.154, the scatter factor value would decrease by 36%. These show the standard deviation effects scatter factors greatly. In order for us to get more accurate assessment on aircraft structure reliability, this paper recommends reference (1), which gives the safe standard deviation calculation formula and the values of all kinds of safe standard deviation.

The different understanding on scatter factor and the different values of reliability level and confidence level taken are, too, the main reasons for difference in the scatter factor values accepted worldwide.

The selection of calculation formulas for various kinds of scatter factors—It is comparatively reasonable to use formula (1) to calculate the scatter factors for crack initiation and crack growth lives for testing. And to calculate the scatter factors for crack initiation and crack growth lives for theoretical computation, use formula (2), however, formula (1) and formula (3) can also be used. When calculating the scatter factor for theoretical computation, we have to use the material characteristic curve which represents population's characteristics (n is unlimited). So formula (1) and formula (3) are equivalent to formula (2).

Fatigue reduction factor

In the design of some special structural components of aircraft and helicopters, due to the requirements on rigidity and other characteristics, the component working stress is kept lower than the fatigue limit. As a result, a design method for an unlimited life has come into being. In order to gain the unlimited life with high present survival and confidence levels, a so called fatigue reduction factor is introduced. At present, the use of reduction factor and its accepted values are quite confused. There is no unified calculation method.

The comparison between fatigue reduction factors and fatigue scatter factors

1. From the perspective of their definition and meanings, the fatigue scatter factors are defined by the way of medium life, while fatigue reduction factors are defined by the way of medium stress. Both values reflect the level of scatterance.

2. From the analysis of fatigue characteristic curves, we can see that the safe life design for crack initiation and crack growth is used for the parts of the curve corresponding to and short medium lives, while the unlimited life design corresponding to

the unlimited life. From the practical point of view, they are used for the two parts on one curve. The fatigue scatter factor is called in the safe life design, while the fatigue reduction factor is called in the unlimited life design.

3. From the analysis of the establishment of calculation formulas, we can see that the calculation formula for the fatigue scatter factors is based on the definition of middle life and on the fact that the long lives in the middle and short lives area obey the normal distribution, and that the definition of the fatigue reduction factor is based on the middle stress and on the fact that the stress in unlimited lives area obey the normal distribution too. It is the same to calculation formula (1), with different σ_0. For the scatter factor, the log life standard deviation is used. For the reduction factors, the stress standard deviation is used. See Fig. 1.

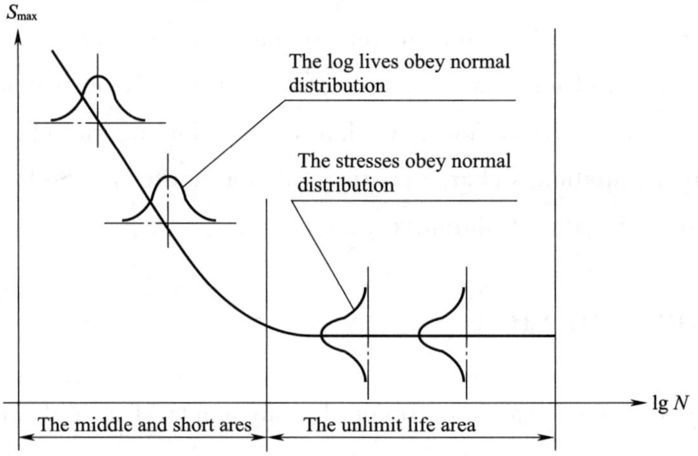

Fig. 1 The relation between scatter factor and reduction factor

Conclusion

1. The fatigue scatter factor should be classified into two groups: one for fatigue testing, and the other for theoretical computation. Each group can also be divided into the scatter factor for crack initiation lives and that for crack growth lives. These classifications can relatively reflect the objective reality and make the design of structural lives good. It is as follows:

- Fatigue scatter factor
  - Fatigue scatter factor of test use
    - Scatter factor of crack initiation life for test use
    - Scatter factor of crack growth life for test use
  - Fatigue scatter factorof estimate use
    - Scatter factor of crack initiation life for estimate use
    - Scatter factor of crack growth life for estimate use

2. So far as the values of all kinds of scatter factors are concerned, at present the values given in table 1 are relatively reliable, for these values are calculated on the basis of a large number of fatigue tests and the safe standard deviation values and by the reasonable formula (1). In their calculations, not only the present survival and confidence levels are considered, but also the test specimen number.

3. Fatigue reduction factors can be calculated by thesame formula as for fatigue scatter factors, but the standard deviation used is different.

These conclusions are the new contributions of this paper to structural life design.

REFERENCE

[1] Zhang fuze. Research on the standard deviation of fatigue scatters factors. Acta Aeronautica et Astronautica Sinica (Engineering), Volume 1, 1986.

[2] Editor - in - chief Gao zhentong. The functional handbook of aeronautical material. Beijing Institute of Aeronautical Material, 1981.

[3] Hoskin B C and Ford D G. Scatter Factors in Aircraft Fatigue Life Estimation. ARL, April, 1970.

疲劳分散系数与试验应力的变化规律①

导语：多年来，各国疲劳专家对疲劳分散系数做了大量研究工作。他们的很多研究是针对材料质量、制造工艺、试件几何尺寸、计算模型等方面对疲劳分散系数的影响。而张福泽则变换思路，针对应力大小与疲劳分散系数之间关系进行研究，给出疲劳分散系数与载荷（应力）的变化规律曲线（简称疲劳分散系数理论曲线）。以此规律为指导，寻找合理确定疲劳分散系数的方法和取值。

为了研究疲劳分散系数理论曲线的规律和它的取值，张福泽从《航空金属材料疲劳性能手册》中取出267个铝合金试件和139个合金钢试件的疲劳试验数据，研究疲劳分散系数随疲劳试验应力的变化规律，即在一定应力范围内，用高应力试验可以降低分散系数，而用较低应力试验则可以提高分散系数。由此变化规律，绘制出钢和铝的两条疲劳分散系数规律曲线。从两条曲线可得出结论：当疲劳试验应力等于强度极限值时，疲劳分散系数是最小值，即疲劳分散系数等于1；当疲劳试验应力等于强度极限值的45%～60%时，疲劳分散系数是2左右；不同材料有不同的疲劳分散系数理论曲线；根据不同疲劳分散系数理论曲线可分析不同应力谱的疲劳分散系数的取值规律。

以下是用英文发表的论文原文。

---

① 本论文于2006年在美国亚特兰大召开的第9届国际疲劳会上宣读。2007年在《航空学报》第3期刊登。该论文在国际疲劳领域中，首次给出疲劳分散系数与应力的变化理论曲线，这对深化研究疲劳分散系数有重要意义。

Law of Fatigue Scatter Factor Versus Test Stress

ABSTRACT On the basis of fatigue test data on 267 aluminum - alloy test pieces and 139 steel - alloy test pieces extracted from the reference document [1], th thesis studies the law of change of the fatigue scatter factor with fatigue test stress, i. e., within a given range of stress, the fatigue scatter factor increases as the stress decreases. A curve of the law of change will be drawn accordingly.
Key Words Fatigue Scatter Factor, Test Stress, Law of Change

Introduction

It is known to all that the fatigue scatter factor is a key technical parameter to determine the fatigue life of the aircraft structure, and it is a quantitative reliability index of theaircraft structure life as well. To understand its law of change and obtain its value might directly affect the service life and the reliability of the aircraft, therefore, great importance has been given to the study of the fatigue scatter factor in the international fatigue research field.

However, although fatigue specialists of various countries have done a great deal of research work on the fatigue scatter factor; no commonly - recognized theoretical achievement has been gained. The result has led to disagreements in specifications formulated by different countries and confusion of evaluation [2] [3]. Formally, many studies in the world focused upon influences of material quality, manufacturing engineering, geometrical size of test pieces, computation model, etc. on fatigue scatter factor. While in this paper, we are studying the relationship between the load and the fatigue scatter factor, in order to find out the law of change of fatigue scatter factor with load (stress), and under the guidance of this law of change, to find out the method reasonably determining the fatigue scatter factor and its value.

1 LAW OF FATIGUE SCATTER FACTOR VERSUS TEST STRESS

1.1 Principle of choice and statistics of fatigue test data

In order to study the Law of Change of the Fatigue scatter factor with Stress and its evaluation, this thesis has chosen two groups of valid data from the test data given in the Reference Document [1]. The principle for selection and statistics of data are:

(1) The test data are complete and valid;

(2) The change range of the test stress can cover the entire range of the operation load of the aircraft, i. e. $\sigma_{max} \approx (0.67 \sim 0.30)\sigma_b$;

(3) Materials with similar property shall be taken into account in the same group.

1.2 Content of statistics and method of processing

(1) According to the above - mentioned principle of statistics of test data and the requirement of calculation of scatter factor, this paper has chosen the sub - sample standard deviation S_i of 139 test pieces of GC - 4, 30CrMnSiNi2A steel alloy in five states and the sub - sample sigma S_i of 267 test pieces of Ly12, Lc4 and Lc9 aluminum alloy in ten states from reference document [1], as given in Tables 1 and 2.

(2) In order to study the influence of the high, medium and low load in the load spectrum on fatigue scatter factor, when processing these data, except the test data of $\sigma_{max} \approx 0.6\sigma_b$ and $\sigma_{max} \approx 0.3\sigma_b$ which are taken into account separately, for the other test data, the average value shall be taken as per $\sigma_{max} \approx 0.45\sigma_b$, as listed in table 1 and 2.

TABLE 1　S_i statistic value and L_f calculation of 267 aluminum alloy test pieces

Material	σ_{max}/σ_b	Qty of test pieces	Standard deviation S_i	Use Formula (2) to calculate L_f		S_i from [1]
LY12CZ $K_t=1$ $R=0.02$	~0.60	11	0.1362	2.9		P98
	~0.45	9	0.1475	3.2	2.9 (avg.)	
		10	0.1157	2.5		
	~0.30	11	0.2089	5.1		
LY12B $K_t=3$ $R=1$	~0.60	3	0.0329	1.3		P107
	~0.45	4	0.1418	3.4		
	~0.30	7	0.1893	4.6		
LY12B $K_t=1$ $R=1.5$	~0.60	3	0.0320	1.3		P107
	~0.45	5	0.0529	1.5	1.9 (avg.)	
	~0.30	3	0.0956	2.3		
		3	0.2391	7.8		
LY12B $K_t=5$ $R=0.5$	~0.60	7	0.0717	1.8		P108
	~0.45	7	0.0942	2.1		
	~0.30	8	0.2003	4.9		
LY12B $K_t=3$ $R=0.1$	~0.60	8	0.0659	1.7		P109
	~0.45	10	0.0810	1.9		
	~0.30	9	0.3447	15.2		
LY12CZ $K_t=1$ $\sigma_m=88.2MPa$	~0.60	10	0.0579	1.6		P131
	~0.45	5	0.1259	2.8	2.9 (avg.)	
	~0.30	10	0.1373	2.9		
		10	0.2406	6.6		
LY12CZ $K_t=2.5$ $\sigma_m=112.7MPa$	~0.60	10	0.0630	1.6		P132
	~0.45	5	0.1147	2.6	2.5 (avg.)	
		10	0.0916	2.1		
		10	0.1241	2.6		
	~0.30	10	0.1784	8.7		

TABLE 1 (continued)

<table>
<tr><th>Material</th><th>σ_{max}/σ_b</th><th>Qty of test pieces</th><th>Standard deviation S_i</th><th colspan="2">Use Formula (2) to calculate L_f</th><th>S_i from [1]</th></tr>
<tr><td rowspan="3">LC9
$K_t = 1$
$R = 0.1$</td><td>~0.60</td><td>5</td><td>0.0544</td><td colspan="2">1.6</td><td rowspan="3">P142</td></tr>
<tr><td>~0.45</td><td>5</td><td>0.0411</td><td colspan="2">1.4</td></tr>
<tr><td>~0.30</td><td>7</td><td>0.1373</td><td colspan="2">3.0</td></tr>
<tr><td rowspan="8">LC4
$K_t = 1$
$\sigma_m = 137.2MPa$</td><td>~0.60</td><td>5</td><td>0.0537</td><td colspan="2">1.6</td><td rowspan="8">P153</td></tr>
<tr><td rowspan="6">0.45
(avg.)</td><td>6</td><td>0.0364</td><td>1.3</td><td rowspan="6">2.0 (avg.)</td></tr>
<tr><td>6</td><td>0.0520</td><td>1.5</td></tr>
<tr><td>5</td><td>0.1524</td><td>3.5</td></tr>
<tr><td>4</td><td>0.0836</td><td>2.0</td></tr>
<tr><td>4</td><td>0.0844</td><td>2.0</td></tr>
<tr><td>4</td><td>0.0587</td><td>1.6</td></tr>
<tr><td>~0.30</td><td>4</td><td>0.1169</td><td colspan="2">2.7</td></tr>
<tr><td rowspan="6">LC4
$K_t = 1$
$\sigma_m = 205.8MPa$</td><td>~0.60</td><td>3</td><td>0.0707</td><td colspan="2">1.8</td><td rowspan="6">P153</td></tr>
<tr><td rowspan="4">0.45
(avg.)</td><td>3</td><td>0.0596</td><td>1.7</td><td rowspan="4">2.3 (avg.)</td></tr>
<tr><td>4</td><td>0.1091</td><td>2.5</td></tr>
<tr><td>3</td><td>0.0708</td><td>1.8</td></tr>
<tr><td>5</td><td>0.1457</td><td>3.3</td></tr>
<tr><td>~0.30</td><td>6</td><td>0.1252</td><td colspan="2">2.8</td></tr>
<tr><td>Average</td><td>~0.6
~0.45
~0.3</td><td></td><td></td><td colspan="3">1.7
2.2
5.2</td></tr>
<tr><td>Σ</td><td></td><td>267</td><td>43</td><td colspan="3"></td></tr>
</table>

TABLE 2 S_i statistic value and L_f calculation of 139 steel alloy test pieces

Material	σ_{max}/σ_b	Qty of test pieces	Standard deviation S_i	Use Formula (2) to calculate L_f		S_i from [1]
GC - 4 $K_t = 1$ $R = -1$	~0.60	6	0.0941	2.1		P181
	~0.45	9	0.2504	7.2	12.5 (avg.)	
		11	0.3691	17.8		
	~0.30	10	0.3673	17.8		
30CrMnSiNi2A $K_t = 2.9$ $R = 0.1$	~0.60	4	0.1148	2.6		P191
	~0.45	3	0.1069	2.5	2.3 (avg.)	
		5	0.0920	2.1		
	~0.30	5	0.1485	3.4		
30CrMnSiNi2A $K_t = 2.9$ $R = 0.5$	~0.60	3	0.0224	1.2		P192
	~0.45	3	0.0460	1.5	1.9 (avg.)	
		6	0.02028	2.0		
		6	0.1358	3.0		
	~0.30	4	0.1332	3.1		
30CrMnSiNi2A $K_t = 4.1$ $R = 0.5$	~0.60	3	0.0643	1.7		P193
	~0.45	4	0.1172	2.8	2.0 (avg.)	
		3	0.0838	2.1		
		4	0.01065	1.1		
	~0.30	4	0.1981	5.3		
30CrMnSiNi2A $K_t = 3$ $R = 0.445$	~0.60	6	0.0487	1.5		P201
	~0.45	11	0.1113	2.4	2.2 (avg.)	
		11	0.1041	2.3		
		6	0.0766	1.9		
	~0.30	12	0.1359	2.9		
Average	~0.60			1.8		
	~0.45			4.2		
	~0.30			6.5		
Σ		139	23			

1.3 Curve of change fatigue scatter factor L_f with stress

(1) L_f value for finding $\sigma_{max} = 0.6\sigma_b$:

From the analysis of the fatigue life X_i of individual test piece, it is one – time stretch – breaking by static force, i. e., $X_i = 1$ ($i = 1, 2, 3, \cdots, n$), substitute $X_i = 1$ into formula (1), and the following is obtained:

$$S = \sqrt{\sum_{i=1}^{n} X_i^2 - \frac{1}{n}\left(\sum_{i=1}^{n} X_i\right)^2} = 0 \tag{1}$$

Substitute $S = 0$ into formula (2) [3] for calculating fatigue scatter factor, and the following is obtained:

$$L_f = 10^{\left(\frac{U_r}{\sqrt{n}} - U_P\right)S} = 1 \tag{2}$$

The meaning of $L_f = 1$ is: all individual test piece of one group is one – time stretch – breaking, i. e. the life of each individual $X_i = 1$, or the standard deviation of life $S = 0$, it indicates that the life of the test pieces of this group has no dispersion, then $L_f = 1$. In the concept of life scatter factor, $L_f = 1$ should be the minimum value.

(2) Drawing of relation curve of $L_f - \sigma_{max}/\sigma_b$

According to data in Table 1 and 2 and $L_f = 1$, we may draw two curves of $L_f - \sigma_{max}/\sigma_b$, as shown in Figure 1.

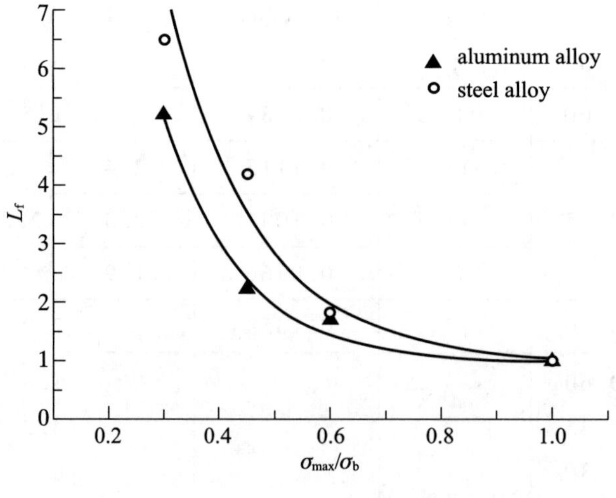

Figure 1 Curve of Fatigue Scatter Factor L_f of 267 Aluminum – alloy and 139 Steel – alloy Test Pieces Versus Stress

(3) Characteristics of curves in Figure 1.

- The fatigue scatter factor L_f of various materials chosen decreases as stress increases.
- The fatigue scatter factor L_f of various materials chosen is a minimum value, i. e., $L_f = 1$.
- Various aluminum alloys and steel alloys are different in curve shape, indicating that their life dispersion degrees are different.

2 INFLUENCE OF LOAD ON FATIGUE SCATTER FACTOR

2.1 High Test Stress May Result in the Reduction of Fatigue Scatter Factor

High stress referred here is 67% σ_b. From Figure 1, we can see that when σ_{max} approaches σ_b, the fatigue scatter factor L_f of 267 aluminum - alloy and 139 steel - alloy test pieces has decreased from 5.2 to 1.7 and from 6.5 to 1.8 respectively. This shows that with other conditions unchanged, the fatigue scatter factor can decrease because of the increase of the fatigue test stress. That is to say, the fatigue scatter factor can be decreased by testing with $0.6\sigma_b$ high load.

2.2 Low Test Stress May Result in the Increase of Fatigue Scatter Factor

From Figure 1, we can see that when σ_{max} decreases from $0.6\sigma_b$ to $0.3\sigma_b$, the fatigue scatter factor will increase from 1.7/1.8 to 5.2/6.5. This shows that the fatigue scatter factor will be increased by the decrease of the fatigue test stress.

3 CONCLUSION

The relation curve of fatigue scatter factor L_f versus maximum test stress σ_{max} in

Figure 1 is drawn on the basis of the research on the fatigue test of 267 aluminum - alloy and 139 steel - alloy test pieces. The following conclusion can be made from these two curves as shown in the Figures:

(1) The fatigue scatter factor has a minimum value, i. e., $L_{min} = 1$.

(2) The fatigue scatter factor follows the law of decrease with the increase of test stress. According to this law, we may change the low load in the test load spectrum to a high load according to the principle of equal damage, thus to decrease the fatigue scatter factor, thereby shortening the fatigue test period and increasing the efficiency for life determination of the aircraft.

(3) Different materials have different $L_f - \sigma_{max}$ curves, indicating that different materials possess different fatigue scatter factors.

REFERENCES

[1] Gao Zhentong. Manual of Aviation Metal Material Fatigue Property. Beijing Aviation Material Research Institute, 1981.

[2] Zhang Fuze. Classification and Evaluation of Fatigue Scatter Factor. Acta Aeronautica et Astronautic Sinica, 1987, Volume 8, Issue 6: B239 - 243.

[3] Gao Zhentong. Fatigue Scatter Factor of Aircraft, BH - B884. Beijing Aviation Academy, 1982.

已飞飞机原寿命的疲劳分散系数①

摘要： 为了准确利用已飞飞机的使用寿命，探讨了两种情况下已飞飞机原寿命的疲劳分散系数：①探讨已飞飞机的原寿命等于或小于机群飞机给定使用寿命时的疲劳分散系数；②探讨没定过寿的已飞飞机作为机群飞机定寿试验机时的疲劳分散系数。通过研究，第一种情况的已飞飞机原寿命的疲劳分散系数可取1，第二种情况的已飞飞机原寿命的疲劳分散系数按规范规定的试验寿命的疲劳分散系数取值。这种取值方法可提高飞机定寿的可靠性。

关键词： 疲劳分散系数；已飞飞机；原寿命；机群飞机

众所周知，在飞机定寿延寿中，经常会用已经使用过若干年的旧机作为试验机。用旧机作为试验机，可以减少实验室里的试验时间，但也引来已飞飞机原寿命与试验寿命如何衔接和相加的问题。具体地说，即原飞行寿命和试验寿命怎样取疲劳分散系数的问题。飞机结构试验寿命的疲劳分散系数是有规范规定的，但至今，如何确定飞机在实际使用条件下飞出来的疲劳寿命的分散系数，在国内外尚没有定论。因此在实际飞机定寿延寿中，凡用旧机做试验件者，都按自己的理解和需要选择分散系数的数值。为了探讨这些问题的合理答案，降低由于在这方面取值混乱造成的隐患，本文进行了如下研究：从可靠度与安全寿命的关系分析试验机原寿命的疲劳分散系数的取值；从疲劳分散系数相关概念上分析试验机原寿命的疲劳分散系数的取值；从疲劳试验件状态分析到寿机群试验机原寿命的疲劳分散系数的取值；机群定寿延寿试验机的原寿命之别；试验机的飞行载荷谱与试验载荷谱对疲劳分散系数的

① 本文发表在《航空学报》2013年第34卷第5期。该研究解决了已飞飞机原寿命如何取分散系数的国际上一直没有答案的难题。

影响；机群定寿试验机原寿命疲劳分散系数的取值。

1 作为机群延寿试验机原寿命的疲劳分散系数

当机群飞机已飞到给定的安全寿命时，如果再使用，就需要进行延寿，此时延寿试验机通常都是随机从到寿机群中抽取的。这样的试验机，它的原寿命如何折算？如何取疲劳分散系数？本文从以下三个方面进行探讨。

1.1 从可靠度与安全寿命关系分析试验机原寿命的疲劳分散系数的取值

飞机疲劳寿命的分散系数是飞机结构定寿的可靠性定量指标，也称结构寿命的可靠性系数[1]。规范规定飞机安全寿命的可靠度是0.999。0.999是什么概念？从可靠性上说，它是指1000架的机群飞机中，其中有999架飞机是安全可靠的，有1架不可靠。从疲劳寿命上说，就是用结构疲劳试验的中值寿命 N_{50}（或平均寿命）除以包含0.999可靠度的分散系数 L_f，得到结构安全寿命 N_p。此时的安全寿命 N_p是指机群飞机哪个寿命呢？是最大寿命 N_{max}？是中值寿命 N_{50}？还是最短寿命 N_{min}？从概念上讲，以上三者都不是。N_p是按1000架飞机寿命长短排列的第999架飞机的寿命，也就是说，有998架飞机的真实寿命大于 N_p，仅有1架飞机寿命小于 N_p。从寿命挖潜角度上看，有998架飞机寿命是有潜力的，每架飞机有多大潜力？这在统计数学和疲劳理论中尚无答案。由此分析可得，凡经过安全寿命定寿的1000架机群飞机，它们中的任何1架飞机的已飞寿命等于或小于机群飞机的安全寿命 N_p，则这个已飞寿命（原寿命）就有99.9%的概率是安全的，因此，这个试验机原寿命就不需要再除以疲劳分散系数了，即它的疲劳分散系数等于1。

1.2 从疲劳分散系数相关概念上分析试验机原寿命的分散系数的取值

（1）延寿机群飞机的寿命标准差 S

众所周知，疲劳分散系数的取值除与可靠度、置信度等相关外，还与寿命标准差 S 相关[2]，如式（1）所示

$$S = \sqrt{\frac{\sum_{i=1}^{n} N_i^2 - \frac{1}{n}\left(\sum_{i=1}^{n} N_i\right)^2}{n-1}} \tag{1}$$

式中，n 为试件个数；N_i（$i=1$，2，3，…，n）为试件个体寿命。

现在分析已飞飞机作为机群飞机延寿试验机的寿命标准差 S 的取值问题。延长机群飞机总使用寿命，从概念上讲即延长用安全寿命定寿法给出的机群飞机的安全寿命 N_p，前述 N_p 是代表1000架机群飞机中的第999架飞机寿命 N_{999}。机群飞机延寿，可以理解为机群绝大部分飞机都达到 N_{999}，暂时尚没达到者，根据安全寿命定寿原理，最终总会有999架飞机安全飞行达到 N_{999}，仅有1架飞机到达 N_{999} 是偏危险的。如果不考虑每架飞机寿命潜能的差异，只从这种概念上讲，已达到安全寿命 N_p 的机群飞机，它们的现实寿命应该为

$$N_1 = N_2 = N_3 = \cdots = N_{998} = N_{999} = N_{1000} = N_p \tag{2}$$

将式（2）中相等的各 N_i（$i=1$，2，3，…，1000）代入式（1）中，则算得 $S=0$。

（2）延寿试验机原寿命的分散系数 L_f 的取值

取疲劳分散系数 L_f 的计算公式[3]为

$$L_f = 10^{\left(\frac{U_r}{\sqrt{n}} - U_p\right)S} \tag{3}$$

式中：U_r——与置信度相关的系数；

U_p——与可靠度相关的系数。

将 $S=0$ 值代入式（3）算得 $L_f=1$。这意味着，当机群飞机的寿命已达到给定的安全寿命 N_p 时，如果还想延寿使用，在从到寿机群中随机抽取1架或几架飞机做延寿试验时，这个（或几个）试验机原寿命的疲劳分散系数 $L_f=1$，即原寿命可100%计入总使用寿命中。

1.3　从疲劳试验件状态分析到寿试验机原寿命的分散系数

从疲劳试验件的状态上分析，作为到寿机群延寿试验件的飞机，它的原始状态是新机，它的原寿命是从新机状态下飞出来的，因此在处理延寿机原寿命时，应按新机状态处理。而它作为延寿机群后续试验件时，它的原始状态是到寿的老机，在处理延寿后续试验寿命时，应按老机状态处理。在统计数学中，在进行数据统计和处理时，都是对同状态下的一组或几组试件试验结果进行统计和处理，不同状态下的试件试验结果是不能混在一起进行数据

处理的[4-5]。作为疲劳试验件而言，新机和老机的结构裂纹部位、损伤累积程度等都会有较大差异，导致它们在寿命方面也会有较大的不同，因此在寿命可靠性处理中，到寿机群作为试验机的原寿命，应该按新机状态处理，两种状态的疲劳分散系数取值是不同的。

新机状态的到寿机群飞机，它们的安全寿命 N_p 已通过新机的试验寿命除以带0.999可靠度的疲劳分散系数给出。这意味着，该机群飞机新机状态的终止寿命就是 N_p，在使用中只要不超过（或等于）N_p 值，则在1000架的机群中，有999架飞机的寿命是安全的。因此说，在该到寿机群中，随机抽取寿命等于或小于 N_p 的试验机，它的潜在真实寿命等于或大于安全寿命 N_p 的概率有99.9%。也可以说延寿试验机的原寿命（等于或小于 N_p）100%地计入总使用寿命中，仅有工程可以接受的0.1%的风险。这意味着，作为延寿试验机原寿命的疲劳分散系数可取1。老机状态的延寿后续试验寿命的疲劳分散系数应按规范规定的数据选取。

这种通过新老机不同状态分析得到的结果与前面用分析计算方法得到疲劳分散系数 $L_f = 1$ 的结论是一致的，即作为机群延寿试验机原寿命的疲劳分散系数可取1。

2 作为机群定寿试验机原寿命的疲劳分散系数

2.1 机群定寿延寿试验机的原寿命之别

机群延寿试验机的原寿命是指在已飞到机群给定安全寿命 N_p 的飞机中抽取到的那一架飞机的使用寿命 N_{pi}。如前所述，当 $N_{pi} \leqslant N_p$ 时，N_{pi} 受 N_p “保护”是安全可靠的，其可靠性达99.9%。因此 N_{pi} 可以直接计入总使用寿命中。

机群定寿试验机的原寿命是指在没有给定安全寿命 N_p 的机群飞机中抽取一架领先飞行飞机的使用寿命 N_i'。N_i' 相当于一组疲劳试验件中的一个样件寿命的前期试验寿命，它没有 N_p “保驾护航”，只是确定机群飞机安全寿命 N_p 的一个试件寿命的一部分寿命。

2.2 试验机的飞行载荷谱与试验载荷谱对疲劳分散系数的影响

试验机的飞行载荷谱与试验载荷谱对疲劳分散系数影响的问题，这实际是回答试验机的飞行载荷谱比试验载荷谱更真实，应取更低疲劳分散系数的问题。这个问题在疲劳领域一直没有共识，在飞机定寿中常引起争议，有些人认为真实飞行载荷谱应该降低疲劳分散系数，有些人则不同意，但都拿不出证据。因此这个问题至今仍是“悬案”，这直接影响飞机定寿的可靠性。本文试着从以下两方面进行论述。

（1）载荷谱谱型差异对疲劳分散系数的影响

笔者于1985—1987年间，为了回答当时国内外学界提出“飞—续—飞载荷谱可以降低疲劳分散系数……”的说法，曾对飞—续—飞载荷谱和程序块（Block）载荷谱（等损伤）的两组裂纹扩展寿命和它们的标准差进行了研究[6]。其结果如表1所示（表中a_0和a_c分别为裂纹初始值和裂纹临界值），两种谱的平均裂纹扩展寿命有近1倍的差别，但标准差几乎相等，即谱型之别对疲劳分散系数取值影响甚小。这个研究结果发表之后，才平息这方面的质疑。众所周知，目前用代表起落法编制的试验载荷谱和飞行载荷谱都属于飞—续—飞谱，它们在谱型上的差异肯定比前述对比试验的飞—续—飞谱与块谱差异小，因此可以说，在谱型上虽然飞行载荷谱比试验谱更真实，这在寿命上可能有差异，但不会降低分散系数的取值。

表1　两种载荷谱下的试验结果

试验件号数	载荷谱类型	a_0 /mm	a_c /mm	裂纹扩展寿命/h	平均寿命/h	标准差 S
6	block	0.70	5.5	12600	9375	0.1697
7	block	0.80	5.8	10400		
9	block	0.80	3.8	9400		
17	block	0.75	5.6	5100		
8	F-by-F	0.7	6.5	15000	18688	0.1619
10	F-by-F	0.8	5.4	12500		
32	F-by-F	0.9	7.7	29250		
35	F-by-F	1.3	6.8	18000		

（2）载荷谱轻重对疲劳分散系数的影响

飞行载荷谱是单机飞行载荷历程[7-8]，这个载荷历程对飞机结构造成的疲劳损伤与编制的平均试验谱对飞机结构造成的疲劳损伤通常是不相等的（寿命不等），这种相对平均试验载荷谱或轻（Light）或重（Heavy）的飞行载荷谱会直接影响飞机结构寿命的长和短，这是众所周知的。但这种轻、中（Mean）、重谱是如何影响疲劳分散系数的，是大家所不知的，这也是本文所要回答的问题。为此本文做了轻、中、重谱下的疲劳分散系数研究。参考文献［9］曾做过这方面的类似试验，但不是研究轻、重谱对寿命分散性的影响，而是研究载荷差异性对疲劳寿命的影响以及寿命的分布规律。本文直接引入参考文献［9］中第3章的表5和表6的试验数据，并混合、重组和计算，将结果列于表2中。

表2　轻、中、重谱的试验值与计算值

<table>
<tr><th>载荷谱号数</th><th>载荷谱类型</th><th>裂纹形成寿命 N_i/h</th><th>平均寿命/h</th><th>标准差 S_i</th><th>平均值 $\overline{S_i}$</th><th>轻、重谱标准差平均值 S</th></tr>
<tr><td>3</td><td>轻</td><td>21369，31417，25205，37903，87264</td><td rowspan="2">31817.6</td><td>0.189</td><td rowspan="2">0.136</td><td rowspan="6">0.159</td></tr>
<tr><td>5</td><td>轻</td><td>20185，21832，22834，25570，24597</td><td>0.082</td></tr>
<tr><td>6</td><td>中</td><td>28017，21000，23000，24022，22808</td><td rowspan="2">22685.0</td><td>0.092</td><td rowspan="2">0.156</td></tr>
<tr><td>7</td><td>中</td><td>14022，22372，22216，21007，28386</td><td>0.220</td></tr>
<tr><td>9</td><td>重</td><td>12136，14855，17416，15547，17128</td><td rowspan="2">13729.9</td><td>0.126</td><td rowspan="2">0.182</td></tr>
<tr><td>11</td><td>重</td><td>10963，17250，8890，13681，9433</td><td>0.238</td></tr>
</table>

从表2裂纹萌生寿命 N_i 计算得到：①轻谱（3与5）、重谱（9与11）的各自平均试验寿命与中谱（6与7）平均试验寿命比，轻谱比中谱高近30%，重谱比中谱低31%，从中可以看出试验谱轻重程度和对寿命的影响；②轻、中、重谱各自 $\lg N_i$ 的标准差 S_i 和它们的平均值；③轻、重谱平均 S 的平均值为0.159（0.136和0.182的平均值），这几乎与中谱的 S（0.156）相等，这说明轻、重谱对 S 的综合影响与中谱对 S 的影响基本一致。从显著度角度

分析轻、重谱标准差 S（0.136、0.182）与中谱标准差 S（0.156）的差异性，取显著度 $\alpha=0.1$ 进行分析计算，得出轻、重谱的标准差与中谱标准差无显著差异（线性关系为0.9856），属同一组统计数据。由上所述，轻、中、重谱6组裂纹萌生寿命试验数据和分析计算数据，可以得到，虽然轻、中、重谱在寿命上有40%的差异，但反映寿命分散性的标准差 S 无显著差异，即对疲劳分散系数无显著影响。由此可知，飞行载荷谱与编制的试验载荷谱对疲劳分散系数影响的问题，即试验机原寿命如何选取疲劳分散系数的问题。由于按飞行大纲和代表起落法编制的试验载荷谱是平均载荷谱，飞行载荷谱也是按飞行大纲飞出的，它或轻或重于这个试验载荷谱，根据以上分析结果可知，它们对寿命可造成不同影响，但对寿命的疲劳分散系数不会造成显著影响。

通过谱型差异和谱的轻、重差异对疲劳分散系数影响的研究可以得出，真实飞出的飞行载荷谱与编制的平均试验载荷谱对寿命可有不同影响，但对疲劳分散系数没有明显影响，因此真实飞行载荷谱不能降低疲劳分散系数的取值，其应与试验载荷谱取相同的疲劳分散系数。

2.3　机群定寿试验机原寿命的分散系数取值

由于定寿试验机是用于确定机群飞机安全寿命 N_p 的1个试件，因此从试件分析原寿命的取值。在同一载荷谱作用下的一组疲劳试验件，它们的寿命具有很大的分散性，但它们是遵循对数正态分布规律的，根据对数正态分布规律，其寿命是最大和最小的概率极低，趋于中值或平均寿命的概率极高，这就是说，在这种疲劳试验件中，随机抽取1个试验件的寿命，趋于平均寿命的概率是极大的[10]。

对于从机群中随机抽取的试验机而言，它相当于一组疲劳试验件中的1个试件，它的原寿命是机群中最大和最小寿命的概率是极低的，趋于平均寿命的概率是极高的。因此在工程上可把随机抽取的这个试验机的原寿命按机群飞机平均寿命处理是相对合理的，也是工程上可以接受的概率处理方法。这样，机群定寿抽取的试验机的原寿命 N'_i，就相当于机群飞机中的1个试验件寿命 N_i 的前期试验寿命，N_i 就相当于一组疲劳试验件寿命（N_1，N_2，N_i，…）中的1个试件的试验寿命，它们都属于试件的试验寿命，都没经过可靠性处理。在寿命可靠性处理中，N_i 与其他试件寿命一起处理成平均寿命 $\overline{N}$。众所周知，此时 $\overline{N}$ 的可靠性仅有50%，想得到99.9%的可靠性，$\overline{N}$ 必须除以规范规定具有可靠度为0.999的疲劳分散系数 L_f 才可获得。

由此分析，机群定寿随机抽取试验机的原寿命 N'_i，只能按1个疲劳试验件中的一部分寿命计入后续疲劳寿命中，其疲劳分散系数取值也与后续疲劳试验寿命一样，取规范规定值。不可按机群延寿试验机的原寿命直接按100%计入总使用寿命中，这就是机群定寿和机群延寿随机抽取试验机原寿命取疲劳分散系数的差别。

3 结论

本文试图解决在机群飞机定寿延寿中经常遇到而又悬而未决的试验机原寿命向使用寿命折算的一些问题。通过研究，对于从不同机群（定寿机群和延寿机群）中抽取的试验机的原寿命，其疲劳分散系数的取值是不同的：

（1）从定过寿机群中抽取的延寿试验机原寿命的疲劳分散系数 L_f 的值可取1，即试验机的原寿命可直接按100%计入总使用寿命中。

（2）从没定过寿机群中抽取的定寿试验机原寿命的疲劳分散系数 L_f 的取值同试验寿命的疲劳分散系数的取值，即试验机的原寿命与试验机后续试验寿命之和，除以规范规定的疲劳分散系数后，才能计入飞机总使用寿命中。

这些问题的合理解决，不仅解决了机群飞机定寿延寿中的几个“悬案”，而且可以提高定寿的可靠性并统一国际疲劳学界的共识，这对提高机群飞机定寿延寿的可靠性都有重要意义。

参考文献

[1] GJB 67.6—85 军用飞机强度规范 可靠性要求和疲劳载荷. 北京：国防科学技术工业委员会，1986.

[2] 张福泽. 疲劳分散系数分类及其取值［J］. 航空学报，1987，8（6）：B239－243.

[3] 张福泽. 疲劳分散系数中标准差的研究［J］. 航空学报（工程增刊），1986，7（1）：17－27.

[4] 高镇同. 飞机疲劳分散系数，BH－B884［R］. 北京：北京航空学院，1982.

[5] 高镇同. 航空材料性能手册. 北京航空材料研究所，1981.

[6] Zhang Fuze. Comparision of Effects of the F－By－F load Spectrum and the Block load Spectrum on Fatigue life Scatter. International pacific Air & Space Technology Conference，Melbourne，Australia. November 13－17，1987.

[7] 李健. 某型飞机后机身－尾翼组合体疲劳试验随机加载谱的自由生成 [J]. 航空学报, 2007, 28 (3): 586－589.
[8] 田丁栓. 飞机疲劳载荷谱代表起落选取方法研究 [J]. 航空学报, 2007, 28 (4): 864－868.
[9] 刘文珽, 王智, 隋福成, 等. 单机寿命监控技术指南 [M]. 北京: 国防工业出版社, 2010.
[10] 董彦民, 刘文珽. 含多种细节结构的耐久性评定技术研究与应用 [J]. 航空学报, 2008, 29 (2): 347－351.

Fatigue scatter factor of flown aircraft's life

Zhang Fuze

(Beijing Aeronautical Technology Research Centre, Beijing 100076)

Abstract This paper discussed the fatigue scatter factor of a flown aircraft's original life in two circumstances for the accurate use of a flown aircraft's original life. First, the original life of flown aircraft equals to the given life of the fleet aircraft; second, the flown aircrafts are used as the testers to determine the fatigue scatter factor of the fleet. The study reveals that in the first circumstance, the fatigue scatter factor of the flown aircraft's original life is set based on that of their test life as specified. This way can improve the reliability in determining an aircraft's life.

Key words fatigue scatter factor; flown aircraft; original life; fleet aircraft; determination of aircraft life

使用载荷下的重谱能降低寿命不能降低疲劳分散系数①

摘要： 本文在研究试验应力与疲劳分散系数分布规律的基础上，进一步研究给出：在使用载荷下高损伤的重谱可降低寿命，但不能降低疲劳分散系数的结论。这一研究结论反驳了国内外一些专业人士认为"重谱可降低疲劳分散系数"的错误。为了验证这一研究结论的正确性，本文找到了在使用载荷下的重谱和平均谱的5种不同材料、不同结构模拟件的试验数据，用这些试验数据验证了本研究结论的正确性。

关键词： 重谱；基准谱；疲劳试验寿命；疲劳分散系数；疲劳损伤

我国2010年颁布的新的军用飞机强度规范，有些内容是参考相关规范编写的。其中，在疲劳试验方面的规定为，在基准谱（平均谱）下要进行4倍使用寿命（3倍裂纹形成寿命，1倍裂纹扩展寿命）的试验，在重谱下要进行2倍使用寿命的试验。这一规定是从参考文献［2］移植过来的，在规范编写中，并没有进行如何编制重谱和相关分散性的研究。至今，国内外疲劳界的研究者们，仍没有针对这一规定的研究成果发表。因此，引起一些业内人士认为重谱比平均谱试出的寿命分散性小，重谱可降低疲劳分散系数。

为了探讨这一问题，本文在研究疲劳分散系数随应力变化规律的基础上，进一步研究使用载荷下的重谱构成特征、使用载荷下的重谱和平均谱构成异同、使用载荷下的重谱对寿命和疲劳分散系数的影响，并用5种试验件进行重谱和平均谱下的对比疲劳试验，验证出使用载荷下的重谱只能降低寿命，

---

① 本文在《航空学报》2013年第34卷第8期和2014年国际航空科学大会上发表。该研究在国际上首次研究出在使用载荷下的重谱不能降低疲劳分散系数的结论，从而纠正了国际上一些人在这方面的误解，引领如何用重谱进行疲劳定寿。

不能降低疲劳分散系数的结论。

1　试验最大应力 σ_{max} 与疲劳分散系数 L_f 的关系曲线

为寻找重谱合理的编制方法，笔者曾用139个不同的应力集中系数K_t(1~5)、不同应力比 R 的合金钢试验件和267个不同 K_t(1~5)、不同 R 的铝合金试验件的疲劳试验寿命的标准差 S，计算出最大应力 σ_{max} 与强度极限 σ_b 的比值 σ_{max}/σ_b 与试验件寿命的分散系数 L_f 的关系曲线，如图1所示[3]。

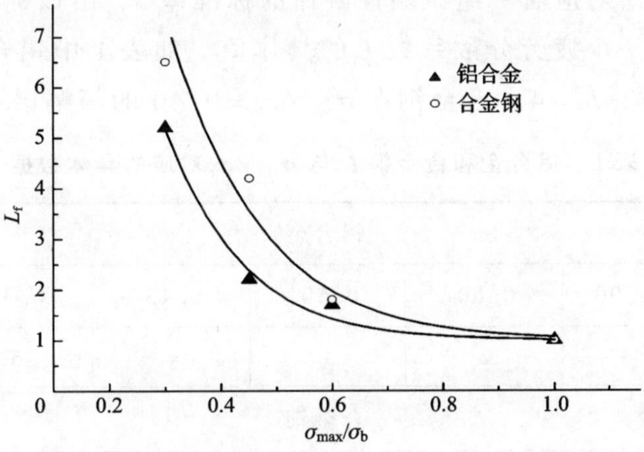

图1　139个合金钢试验件和267个铝合金试验件的疲劳分散系数 L_f 随 σ_{max}/σ_b 的变化曲线[3]

2　L_f—σ_{max} 曲线的特征分析

L_f—σ_{max} 曲线有如下特征：

（1）疲劳分散系数 L_f 有一个最小值。当 $\sigma_{max}=\sigma_b$ 时，$L_{f\,min}=1$，即静力一次拉断。

（2）不同材料有不同速率的 L_f—σ_{max}/σ_b 曲线。如图1所示，$\sigma_{max}/\sigma_b=0.5$ 时，铝合金的 $L_f=3$，合金钢的 $L_f=2$，这说明在同一级 σ_{max}/σ_b 下，不同材料的分散系数 L_f 是有差异的。

（3）存在 L_f 随 σ_{max}/σ_b 降低而增高的变化规律。由图1中铝合金和合金钢两条试验曲线得到的表1数据可说明这种规律。

（4）图1中疲劳分散系数 L_f 背后隐含试验载荷谱。众所周知，在材料、可靠度、置信度、试验件数等因素不变的情况下，疲劳分散系数 L_f 是子样标准差 S 的函数，标准差又是试验件个体寿命的函数，而试验件寿命又是由试验应力与疲劳试验重复次数组合的载荷谱的函数。图1中的试验曲线表面上是 L_f 与 σ_{max} 的关系曲线，实质上是隐含着 L_f 与载荷谱的关系。那么图1隐含什么样的载荷谱呢？它是一级等幅谱，即在一级应力下，一直重复至一组试验件全部断裂的等幅载荷谱，其试验的重复次数取决于每组试验应力的高低。

从图1中 $L_f—\sigma_{max}/\sigma_b$ 曲线和表1中的数据上看，每组应力都隐含着一个等幅谱。这个等幅谱对应着一组试验件寿命的标准差 S，由该标准差 S 便可求得该等幅谱对应的一个疲劳分散系数 L_f 的具体值。如表1中铝合金在 $\sigma_{max}/\sigma_b=0.43$ 的等幅谱下，$L_f=4$；合金钢在 $\sigma_{max}/\sigma_b=0.40$ 的等幅谱下 $L_f=3$。

表1　铝合金和合金钢 L_f 与 σ_{max}/σ_b 对应的具体数据

铝合金						
σ_{max}/σ_b	1.00	0.60	0.50	0.43	0.38	0.35
L_f	1	2	3	4	5	6
合金钢						
σ_{max}/σ_b	1.00	0.50	0.40	0.35	0.31	0.28
L_f	1	2	3	4	5	6

3　使用载荷下的重谱对寿命和疲劳分散系数的影响

这里讨论的重谱是指在相同使用载荷下，重谱的损伤值比平均谱的损伤值高的谱，也称为高损伤谱。研究这个问题，对探讨如何编制参考文献［1］提出的重谱有价值。

3.1　使用载荷下的重谱可降低寿命

取寿命类比计算式[4]，如下式（1）

$$\lambda' = \frac{\lambda \sum_{i=1}^{k} (\Delta S_i)^m n_i}{\sum_{i=1}^{k'} (\Delta S'_i)^m n'_i} \tag{1}$$

式中：ΔS_i——使用载荷的平均损伤谱中的第 i 级应力幅；

n_i——使用载荷的平均损伤谱中的第 i 级应力的频数；

λ——使用载荷的平均损伤谱中的循环周期数（总寿命）；

$\Delta S'_i$——使用载荷的重谱中的第 i 级应力幅值；

n'_i——使用载荷的重谱中第 i 级应力的频数；

λ'——使用载荷下的重谱中的循环周数（总寿命）。

为了讨论方便，根据命题的内容需要，作如下假设：

（1）设在使用载荷下的重谱试验件寿命是待求寿命，在平均损伤谱下的试验件寿命是已知寿命。

（2）设 $\lambda \sum_{i=1}^{k} (\Delta S_i)^m n_i$ 是由平均损伤谱试验给出的总损伤值，即 λ 和 $\sum_{i=1}^{k} (\Delta S_i)^m n_i$（平均损伤谱的一个谱块的损伤值）是已知的确定值。

（3）设 $\sum_{i=1}^{k'} (\Delta S'_i)^m n'_i$ 是使用载荷下的重谱一个谱块的损伤值。

（4）设 $\sum_{i=1}^{k'} (\Delta S'_i)^m n'_i > \sum_{i=1}^{k} (\Delta S_i)^m n_i$ （2）

由于待求寿命和已知寿命的试验件是相同的，它们在使用载荷下的重谱和平均谱分别作用下达到断裂，其总损伤值应是相等的，由式（1）可得

$$\lambda' \sum_{i=1}^{k'} (\Delta S'_i)^m n'_i = \lambda \sum_{i=1}^{k} (\Delta S_i)^m n_i \tag{3}$$

由式（2）和式（3）比对可得

$$\lambda' < \lambda \tag{4}$$

由于式（3）中的 λ 和 $\sum_{i=1}^{k} (\Delta S_i)^m n_i$ 是已知的确定值，因此只要满足式（2）的条件，必得式（4）的结果。式（4）说明，使用载荷下的重谱试验寿命 λ' 要低于使用载荷的平均损伤谱试验寿命 λ，即得使用载荷的重谱可降低寿命的结论。由此可得，谱块的损伤高低是决定寿命的关键因素，在其他条件不变的情况下，损伤高的谱则寿命低，损伤低的谱则寿命高。

3.2　使用载荷下的重谱不能降低疲劳分散系数

（1）两个机型的实测载荷谱与损伤计算分别如表 2 和表 3 所示。

表2　×××教练机的实测载荷谱[6]与损伤计算

n_y	n_y/n_b	n_i	损伤值	损伤率
1.5	0.125	2924	14803	0.032
1.7	0.142	1317	11000	0.024
2.1	0.175	1273	24757	0.055
3.0	0.250	682	55242	0.120
4.0	0.333	597	152832	0.340
4.8	0.400	208	110415	0.240
5.2	0.433	87	63611	0.140
5.7	0.475	14	14778	0.033
6.5	0.541	3	5355	0.012
Σ		7105	452794	
注：n_y为过载的使用值（1~8）；n_b为过载的设计值（12）；n_i为加载频数。				

表3　×××战斗机的实测载荷谱[7]与损伤计算

n_y	n_y/n_b	n_i	损伤值	损伤率
2	0.17	1968	31488	0.017
3	0.25	7156	579636	0.317
4	0.33	2302	589312	0.322
5	0.42	584	365000	0.199
6	0.50	138	178848	0.098
7	0.58	36	86436	0.047
Σ		12184	1830720	

（2）两个机型的实测载荷谱分析：①低中载荷（过载）占大多数。假如把图1中$L_f=2$对应的两条曲线的σ_{max}/σ_b平均值（近似0.55）作为高载限，那么表2载荷谱中仅有1级过载（6.5）接近高载范围，而表3载荷谱中也仅

有1级过载（7）属于高载范围，其余全部都属于低中载范围。②低中载荷（过载）的频数占绝对多数。表2载荷谱中高载的频数（3次）占总频数（7105次）的0.04%，表3载荷谱中高载7的频数（36次）占总频数（12184次）的0.3%，低中载荷频数表2载荷谱占99.96%，表3载荷谱占99.7%。③低中载荷（过载）的损伤值也占绝对高比率。在表2载荷谱中，高载6.5的损伤值（5355）占总损伤值（452794）的1.2%，表3载荷谱中高载7的损伤值（86436）占总损伤值（1830720）的4.7%。低中载荷的损伤值表2载荷谱占98.8%，表3载荷谱占95.3%。

（3）使用载荷下的重谱不能降低疲劳分散系数

笔者理解参考文献［1］规定的重谱是指包含机群90%使用情况，其载荷应包含机群使用包线内载荷的90%。从损伤角度上说，该重谱的损伤要比实测平均谱的损伤高40%。根据国内外实测谱分析，各国战斗机使用载荷谱的最大载荷都在设计载荷的67%之内，而中低载荷的大小值和累积频次等都类同。如表2和表3载荷谱以及用代表起落编制的飞—续—飞载荷谱。从我国已测的各类飞机载荷谱分析得到，对谱损伤值贡献最大的是中等载荷，而中低载荷合起来损伤贡献率都在95%以上，大载荷（6.5~7.5）对谱损伤的贡献率平均在5%左右。

既然参考文献［1］的重谱与实测平均谱都是代表机群飞机的实际使用情况，那么两种谱的最大载荷都要受到设计载荷67%的限制，因此两种谱的最大载荷值应该趋同。而谱中的最小载荷值是根据最小载荷舍取的门槛值而定，这是已有共识的取法，因此两种谱中最小载荷值也应是趋同的。对于在最大和最小载荷之间的中等载荷值而言，由于谱中最大和最小载荷值已限定，而且趋同，那么在它们中间的中等载荷值即使有一定差别，也是在区域内波动，总体也应是趋同的。

由于该重谱与实测平均谱都是代表机群飞机实际使用情况的，因此两种谱的最大、最小和中等载荷值都在使用载荷内，而且是趋同的。既然各类使用载荷值趋同，那么参考文献［1］的高损伤的重谱就不能通过提高载荷的办法来提高谱的损伤值，只有通过提高各级载荷的频数来提高谱的损伤值。前面已谈过，在正常使用情况下，对谱的损伤贡献率最大的载荷是中等载荷，其最大最小载荷贡献率是很低的。为了使该重谱的损伤值分配与使用情况趋同，因此在提高谱的损伤值时，必须大幅度提高中等载荷的频数，来实现该重谱的中等载荷的损伤值达总损伤的90%，再加上小载荷的损伤，使该谱中低载荷损伤达95%。由图1曲线分析，由于该重谱的高损伤值是通过提高中低载荷的频次获得的，因此它仍保持中低载荷对疲劳分散系数影响的属性，其疲劳分散系数仍保持中低载荷水平，不可能降低疲劳分散系数。由此可以说，该重谱试出寿命的疲劳分散系数不会降低。由于该重谱的各级载荷值都在使用载荷范围内，因此说，使用载荷下的重谱不能降低疲劳分散系数。

4　试验验证

为了验证使用载荷下的高损伤的重谱能降低寿命但不能降低疲劳分散系数的结论的正确性，本文从参考文献［8］中找到了5组有效试验数据进行验证。

4.1　验证试验的载荷谱[8]

基准谱（平均损伤谱）：用代表起落法编制的某机型飞机全尺寸试验的平均损伤使用过载谱。

严重谱（重谱）：用代表起落法编制的含90%损伤的某机型飞机的严重过载谱（损伤值比基准谱高40%）。

4.2　试验件[8]

试验件共5种，都是某型飞机在全尺寸疲劳试验中暴露出来的主要裂纹部位，每个部位有5～7个有效试验数据的试验件数。表4中：1为1墙根部下缘条双细节的模拟件；2为3墙对接处 ϕ14孔的模拟件；3为2墙对接处 ϕ12.5孔的模拟件；4为对接带板 ϕ8孔的模拟件；5为LC4铝合金含 ϕ8孔的模拟件。

4.3　试验结果

试验结果如表4所示。

表4　5种模拟件在基准谱和严重谱试验下的试验数据

试验件类型	基准谱		
	平均寿命/h	标准差 S	有效试验件数
1	20247	0.0202	7
2	13637	0.1148	7

表4（续）

试验件类型	基准谱		
	平均寿命/h	标准差 S	有效试验件数
3	24449	0.1256	6
4	15930	0.0153	7
5	19317	0.0453	7
平均值	18716	0.06424	
试验件类型	严重谱		
	平均寿命/h	标准差 S	有效试验件数
1	9732	0.0346	5
2	6807	0.1195	7
3	11125	0.0452	5
4	6757	0.0531	7
5	7525	0.0712	7
平均值	8569	0.06472	

4.4 试验数据分析

（1）试验载荷谱（基准谱与重谱）编制合理。

（2）试验件具有多种材料、多种结构形式，有广泛的代表性。

（3）试验的有效试验件为5～7件，符合最小样件数要求。

（4）试验给出两种谱的中值寿命规律性好，数据可信。重谱的损伤比基准谱损伤高40%，而5种模拟件的试验平均中值寿命则是基准谱高于严重谱的2.18(18716/8569）倍，这符合损伤高、寿命低的规律，也验证了本文给出的使用载荷下的重谱可以降低寿命的结论。

（5）试验给出了两种谱下5种模拟件寿命的平均标准差相等（基准谱 $S=0.06424$，重谱 $S=0.06472$）的数据，由此得出使用载荷下两种不同损伤谱有相等的分散性，即相等的疲劳分散系数。这验证了本文研究给出的使用载荷下的重谱不能降低疲劳分散系数的结论是正确的。

5 结论

在研究试验最大应力 σ_{max} 与疲劳分散系数 L_f 分布规律的基础上，进一步研究给出：在使用载荷下的重谱可降低试验寿命但不能降低试验寿命的疲劳分散系数的结论。这个结论得到参考文献［8］中的5种不同材料、不同结构的65个模拟件的试验寿命和寿命标准差的试验验证，其试验数据与本文给出的结论非常吻合，说明本研究结论是正确的。纠正了国内外一些专业人士认为“用重谱进行疲劳试验可降低分散系数”的错误观点。

参考文献

[1] GJB 67.6A—2008. 军用飞机强度规范　可靠性要求和疲劳载荷. 北京：国防科学技术工业委员会，2008.

[2] JSSG—2006. Jointly apply specification guide of U. S. Ministry of national defense. 2006.

[3] 张福泽. 疲劳分散系数随应力的变化规律［J］. 航空学报，2007，28(3)：582-585.

[4] 张福泽. 裂纹形成寿命的类比计算法［J］. 航空学报，1982，3（2）：51-60.

[5] 张福泽. 裂纹扩展寿命的类比计算法［J］. 航空学报，1985，6（2）：194-200.

[6] 第三机械工业部生产组. 疲劳强度选编［M］. 北京：国防工业出版社，1972：67-86.

[7] 飞机结构疲劳定寿文集（1）. 北京：航空工业部科学技术委员会，1987：209.

[8] 刘文珽，王智，隋福成，等. 单机寿命监控技术指南［M］. 北京：国防工业出版社，2010.

Heavy Spectra Under Operational Loads May Reduce Life But Not Fatigue Scatter Factor

Zhang Fuze

(Beijing Aeronautical Technology Research Centre, Beijing 100076)

Abstract Based on research on the relationship between test stress and distribution of fatigue scatter factor, this paper concludes that heavy spectra with high damage under operational loads may reduce the life but not the fatigue scatter factor. This conclusion contradicts with the aircraft structure strength specifications published in China in 2010, which states that a fatigue scatter factor of half that for the mean spectra can be selected for heavy spectra (i. e. 2 instead of 4). To verify the conclusion of this paper, test data of heavy spectra and mean spectra under operational loads with 5 simulated items of different materials and structures are found and used and they all bear witness to its correctness.

Key words heavy spectrum; baseline spectrum; fatigue test life; fatigue scatter factor; fatigue damage

Heavy Spectra Under Operational Loads May Reduce Life But Not Fatigue Severity Factor

[illegible]

[illegible]

Abstract [illegible]

第三部分

大机群与系列飞机定寿延寿

导　读

20 世纪 50 年代初，我国从苏联先后购买了乌米格－15、米格－15 比斯飞机。苏联靠使用经验给出乌米格－15、米格－15 比斯飞机总使用寿命均为 1700 飞行小时。至 70 年代，这些飞机均已接近或达到 1700 飞行小时，该是退役停飞了。上级给当时空军和航空工业有关单位下达了对该两大机群延寿的课题。可搞了多年，仍没结论，成为我国有名的“老大难”课题。1966 年底，上海飞机修理厂一批已修理好的飞机又因给不出飞机寿命，无法交付。张福泽得知这一情况后提出做机身主梁和机翼主梁试验，代替全机试验，以此探索出飞机寿命的方案。作为新任课题组组长的他，便运用自己所学知识自行设计，并带领课题组成员自力更生，攻克技术难关，先后研制成功立式、卧式两套试验设备。接着又组织飞机实测和数据处理，编制出我国第一个实测自编的载荷谱。最终将乌米格－15 和米格－15 比斯两种飞机的总使用寿命由 1700 飞行小时分别延至 3700 和 3200 飞行小时，相当于为军队新增千余架飞机。

1972 年和 1974 年，歼 5 飞机由于没有做疲劳试验给不出寿命，连续两次在飞行中由于机翼主梁疲劳而断裂，造成机毁人亡的灾难性事故（这充分证明用主梁做疲劳试验定寿是正确的），事故引起了中央军委和国务院的高度重视。其实，20 世纪 80 年代前，我国近万架军用飞机都未做疲劳试验，均未给出寿命指标，这些飞机亟待定寿或延寿。但因国家经费有限，只拨了 3 个在研机型定寿的费用。对此，空军、海军及航空工业部门多次向上级申请经费，但始终无法解决，致使近万架各型在役飞机定寿或延寿的工作无法开展，一拖十几年。这个问题不解决，不仅对飞机飞行安全和出勤率直接产生影响，而且影响我国航空事业的发展，是具有全局性的问题，必须引起重视，抓紧解决。于是张福泽心怀为国排忧解难的责任，利用搞其他项目的业余时间，研究出“系列飞机定寿法”。以此方法为指导，在空军可靠性办公室组织领导下，经过全国疲劳团队共同努力，仅用 3 个新机型 7500 万元的定寿经费，完成了尚需几亿元才能完成的 15 个机型近万架飞机定寿和延寿的任务，破解了新中国成立 40 年来亟待解决的重大系统工程难题，取得了数千架飞机的巨大军事效益和经济效益。1995 年，“‘系列飞机定寿法’及其在 15 种飞机定寿中的应用和其中 10 种飞机定延寿”的重大工程项目，获国家科学技术进步奖一等奖。

从乌米格-15、米格-15比斯、歼5三大机群上千架飞机的延寿到15种机型近万架飞机的定寿意义深远，不仅提高了飞机使用寿命，产生了巨大的经济效益，实现了我国在该领域研究零的突破，而且奠定了我国大机群系列飞机定寿延寿的技术基础。

想要了解上述详细内容，请读如下所列文章。

20 世纪我国军用飞机定寿延寿工作的简要回顾

20 世纪 80 年代以前，我国军用飞机大部分都是仿制的，小部分是外购的，还有一部分是国外飞机改型设计制造的。无论是哪种类型的飞机，当时大部分都是 50—60 年代按静强度准则设计的，没有使用寿命指标，即使少部分从苏联进口的飞机，也只给出经验的使用寿命指标，没有具体的相关资料，而这些当时服役的飞机，有的已出现各种问题，如局部裂纹、部分构件功能失效等。有的已飞行 1700 小时，人们对这些飞机到底能飞行多长时间一片茫然，对于何时检修，如何检修，是否可延寿等也心中没数。这给空军在技术装备的购置、使用、维修、航材保障，以及新装备的发展等诸方面工作带来很大的被动和盲目性。

针对上述状况，为进一步挖掘装备潜力，保证战训任务的完成，我国在 70—90 年代，先后对乌米格 - 15、米格 - 15 比斯、歼 5 三大机群以及 15 个机型近万架系列飞机开展了定寿延寿工作研究，并取得显著成效。

乌米格 - 15 机群延寿是我国第一个大机群飞机延寿。早在 50 年代初，我国从苏联先后购买了乌米格 - 15、米格 - 15 比斯飞机。乌米格 - 15 型飞机，是苏联研制的第一代双座喷气式教练机。由著名的飞机设计师米高扬和格列维奇联合小组设计，于 1948 年投产并装备部队。1950 年 10 月我国首次购得一批乌米格 - 15，次年又购进一批，共 654 架。苏联没经过疲劳试验，靠使用经验给出乌米格 - 15 型飞机总使用寿命为 1700 飞行小时。至 70 年代，这些飞机均已接近或达到 1700 飞行小时，该是退役停飞了。但经调查分析，由于该型飞机出厂时没有做过疲劳试验，因此不可能准确给出飞机的疲劳寿命，1700 飞行小时应该看作是暂定使用寿命。为了挖掘装备的潜力，满足战备训练的需要，上级给北京航空工程技术研究中心下达了对该型机延寿的研究课题。

在研究这项课题中，我们主要抓了以下三方面的工作：

一是领先使用和监控。为找到已到寿飞机的性能和机体结构的故障规律，我们在东北、东南、西北等部队（包括航校）共选择24架已到寿飞机领先使用，并监控其性能和故障情况，对该型机延寿提供参考意见。我们先后调查了80余架领先使用和非领先使用的飞机，没有发现领先飞行的飞机的性能和结构故障有明显的变化。

二是故检和修理。为进一步了解和掌握延寿机在外场无法发现的机体结构故障，我们与修理厂一起共同制定补充检查项目、检查深度和修理方法。从翻修检查的近60架1700飞行小时以上的乌米格-15型飞机来看，尚未发现由于到寿而引起的重大结构故障。检查出来的结构故障均属于一般常发性的故障，在修理中均可以修复，并不影响安全使用。

三是疲劳试验。为了弄清外场和修理厂无法发现的结构材料的内部缺陷和结构疲劳状况，确保领先使用飞机和该机群飞机的安全飞行，我们抓住主要矛盾，对主要受力构件进行必要的疲劳试验。经研究分析，机翼主梁和机身13框大梁是该型飞机最关键受力件。飞行中若机翼主梁和机身13框大梁断了，飞机就会解体；相反，其他非主要受力构件有裂纹，可以修理，一般不会马上危及飞行安全。机翼主梁和机身13框大梁的钢制缘条是无法修复的，也无法换新件，一旦它们坏了，飞机机体将报废。因此，机翼主梁和机身13框大梁对整个机体结构疲劳寿命起着决定性的作用。而根据当时的条件，为了满足工厂和部队的急需，做机翼主梁和机身13框大梁组合件的疲劳试验，比较容易实现和较快得出结果。因此确定，用机翼主梁和机身13框大梁做地面疲劳试验。

然而，做疲劳试验的关键是载荷谱和试验设备。载荷谱不仅是疲劳寿命计算的依据，也是模拟试验加载的依据。载荷谱的编制是疲劳试验的主要工作环节之一，试验结果是否符合实际，在很大程度上取决于载荷谱编制是否合理。可在当时，我国用于疲劳试验的载荷谱和试验设备都没有，一切都得从头开始研究。我们课题组成员到飞行次数较多、飞行科目较全的飞行部队，在飞机上装上单向过载自记器，克服重重困难，边学边测，并对实测记录进行整理，终于编制出我国第一个实测飞行疲劳载荷谱，为飞机的定寿延寿研究提供了真实实测数据和具体编谱方法。没有试验设备，我们自行设计，自力更生，攻克技术难关，先后研制成功立式、卧式两套试验设备，并获国家发明奖。用这个载荷谱及试验设备进行试验得到的寿命与其他工作结合，最终把乌米格-15机群的寿命从1700飞行小时延至3700飞行小时。

米格-15比斯机群飞机延寿是我国第二个大机群延寿。米格-15比斯飞机是苏联乌米格-15教练机的改进型。该机于1949年9月首飞成功，1952

年投产，命名为米格－15比斯，其性能略优于美国的F－86战斗机。抗美援朝时，在世界闻名的朝鲜“米格长廊”上空，与美国F－86争夺制空权的战斗中大显威风。1952年8月，苏联开始向我国出售米格－15比斯飞机，首批348架，至1955年我国共购进1460架。

米格－15比斯飞机原机体结构寿命与乌米格－15型飞机一样为1700飞行小时。1978年年初上级机关向北京航空工程技术研究中心下达延长该机使用寿命的任务。米格－15比斯飞机延寿工作与乌米格－15飞机延寿工作基本相同。为了掌握飞机的现状，我们先后到航空工业部、外场部，三个飞行部队和两个航校，以及空军16、19修理厂等单位，对100多架该型机的使用性能和机体故障进行了调查、统计和分析。

米格－15比斯飞机延寿试验的试验件像乌米格－15一样选择机身13框大梁和机翼主梁为该机的疲劳试验对象。米格－15比斯飞机与乌米格－15是同型机，它们的强度计算报告和静强度试验报告都是一个，仅仅使用情况有些差别，即载荷谱有差别。米格－15比斯飞机载荷谱的确定是用Ch－11单向过载自记器记录该机垂直方向重心过载，数谱是按峰值法，各飞行科目的时间比例等是按训练大纲进行计算，实测科目是进行合并选出了10个。经过飞行时间的统计、飞行时间与起落次数的换算、实测过载曲线、数谱、排谱等诸多繁杂的艰苦细致工作，编制了米格－15比斯飞机疲劳试验载荷谱。米格－15比斯飞机疲劳试验是在我们自己设计制造的卧式试验台上进行的，共试验两架飞机的机翼大梁（4件）和机身大梁（2件）。试验非常成功，试验件的裂纹与真实飞行飞机出现裂纹吻合。同时我们还用乌米格－15疲劳试验结果类比计算米格－15比斯飞机寿命，类比计算与疲劳试验结果也较吻合。

通过外场使用情况和工厂翻修情况的调查，以及疲劳试验和寿命估算等工作，将米格－15比斯飞机机体寿命延至3200飞行小时。

歼5机群飞机定寿延寿是继乌米格－15机群、米格－15比斯机群延寿工作之后进行的。歼5飞机是20世纪50年代初由沈阳飞机制造厂仿照苏联米格－17生产的单座单发亚声速喷气式飞机，是我国第一代歼击机。该机采用机头进气的后掠式中单翼气动布局，全金属结构，装配仿制涡喷5型发动机。歼5飞机的研制成功，标志着我国成为当时世界上能够成批生产喷气式战斗机的少数几个国家之一。

由于当时歼5飞机没有给出总使用寿命，工业部门也没做过这方面的工作，1972年，1架歼5飞机在一次空战表演中，由于疲劳裂纹导致机翼大梁折断，飞机空中解体，造成机毁人亡大事故。1974年，又1架歼5飞机发生同样的机翼大梁疲劳折断导致机毁人亡事故，造成全军歼5飞机的停飞。这次事故引起了中央军委和国务院的高度重视，当时主持军委工作的叶剑英元帅亲自过问此事并听取汇报。与此同时，也引起了人们对飞机定寿延寿工作的重视与关注。1978年3月，根据上级指示北京航空工程技术研究中心成立了歼5机身寿命研究课题组。课题组根据当时的条件，对前机身13框进行了疲劳试验、断裂分析，并对外场使用及场内翻修发现的机身主要结构件故障进行统计分析，最终将歼5使用寿命定为3000飞行小时。

20世纪80年代前，我国的航空工业从仿制到自行研制共制造生产了歼6、歼7、歼8、强5、轰5等6个系列近万架飞机在我空军服役。由于受当时技术水平的限制，这些飞机结构在设计时均采用静强度设计，给不出飞机的可靠性、维修性和总使用寿命的指标，这就给空军在技术装备的购置、使用、维修、航材保障，以及新装备的发展等诸方面的工作带来相当程度的被动和盲目性，造成经费上的巨大浪费，也无法确保飞行安全。随着飞机使用时间的延续，由于疲劳导致多次发生一等事故，经常使飞机不能处于良好的战备状态。在这十分严峻的情况下，国防科工委在“七五”“八五”期间拨出专款对三种“在研”飞机进行定寿。可在役的十几个机型近万架飞机也亟待定寿延寿。由于研究经费严重不足导致这项意义重大的系统工程项目无法进行，在此情况下，空军提出用“系列飞机定寿法”解决这个难题。经过航空“疲劳人”近20年的“疲劳战”，终于把新中国成立40多年一直无法解决的大难题解决了（具体情况详见《“系列飞机定寿法”的原理和应用》一文）。

从乌米格-15、米格-15比斯和歼5三大机群上千架飞机的延寿到15个机型近万架飞机的定寿延寿，这是我国航空“疲劳人”艰苦奋斗、勇于创新、敢于担当的结晶，不仅产生数千架飞机的效益，提升了国防实力，更具深远意义的是为我国飞机定寿延寿工程开拓了一条成功之路，也培养了人才。

进入21世纪后，随着经济的不断发展，国力的不断增强，我国飞机定寿延寿工作的开展有了良好的条件。我国航空疲劳团队根据以往的成功经验和现代的先进技术，又对多种新机进行了定寿。如今，我国飞机定寿延寿工作已经走向常态化。

乌米格－15飞机疲劳试验载荷谱[①]

引言

飞行载荷谱和着陆载荷谱是飞机疲劳试验的重要组成部分。乌米格－15飞机的载荷谱是我们做该机疲劳试验前编制的。在编制这份载荷谱的过程中，我们先后多次到部队和航校调研和实测，经过数据处理后，最后编制出这份载荷谱。

因为乌米格－15飞机是同时用于部队和航校飞行，因此，我们分别测试了部队和航校飞机的飞行过载，从测下来的过载分析，不论是过载次数还是同一动作的过载大小都是部队的飞机情况严重，为了使做出来的疲劳试验结果能适用于所有的乌米格－15飞机，因此，我们选用部队的载荷谱做该机疲劳试验的载荷谱。

乌米格－15飞机载荷谱，包括飞行载荷谱和着陆载荷谱。

飞行载荷谱包括以下几个部分内容：代表部队的选择、飞行科目的合并（测量科目）、飞行时间的统计、时间与起落的换算、实测、数谱原则（曲线判读原则）、排谱、加载级数的划分和加载周期等。这是我国第一个通过实测编制的飞行载荷谱，并成功用于乌米格－15飞机的疲劳试验。

着陆载荷谱，也是经过大量调查和查阅相关强度规范编制的，属于非实测性着陆载荷谱。

① 本文刊于1972年国防工业出版社出版的我国第一本《疲劳强度选编》中，该文是我国第一个用于全尺寸疲劳试验的实测自编载荷谱，在我国载荷谱领域具有里程碑意义。

1　飞行载荷谱

1.1　典型部队的选择

因为乌米格-15飞机分布于全国各个部队和航校，每个部队和航校都进行测试是不可能的，也是不必要的。经过反复的调查和比较，认为××师每年飞行次数较多，飞行科目较全，从飞行员飞行科目统计表中也可以看出，做较大动作的几个科目时间总百分比也比其他师稍大一点儿，为了制作出来的载荷谱偏于安全，故选该师为本次过载测量的典型部队。

1.2　飞行科目的合并（实测科目）

因为乌米格-15飞机是用于部队和航校训练用的，因此其飞行科目从简单到复杂达×××种。每种科目都实测需要很多时间，需要很大的人力物力。经过与部队相关人员共同研究、分析，找出它们的个性与共性的规律，将它们中的飞行动作、飞行时间等接近的划为一组，选出其代表科目，也就是说，在实测时，这一组科目不一一都测，而只测一个代表科目，即所谓科目合并。个性很强的科目，则测它本身。经过这样地反复合并，共合并成10组，即10个代表科目。其代表科目的代号为：4，69，28，15，34，23，121，89，57和166，如表1所示。

表1　科目合并

<table>
<tr><th>飞行科目代号</th><th>科目名称</th><th>代表科目号</th></tr>
<tr><td>4</td><td>航线起落飞行</td><td rowspan="2">4</td></tr>
<tr><td>6</td><td>低空航线起落飞行</td></tr>
<tr><td>69</td><td>单机无线电航行</td><td rowspan="4">69</td></tr>
<tr><td>66</td><td>熟悉飞行区域</td></tr>
<tr><td>79</td><td>航行（4机外场着陆）</td></tr>
<tr><td>183</td><td>云中航行（复杂气象）</td></tr>
<tr><td>28</td><td>高级特技</td><td>28</td></tr>
</table>

表1（续）

飞行科目代号	科目名称	代表科目号
15	复杂特技	15
7	攻击失速及螺旋飞行	
41	双机疏开复杂特技	
129	单机对作复杂特技的轰炸机攻击	
34	双机疏开队形简单特技	34
37	双机密集编队简单特技带飞	
10	高空简单特技	
23	高空复杂特技	23
166	“直线”进入着陆穿云	166
164	云中空域	
121	穿云结合大航线	121
87	垂直攻击带飞	
83	对转弯飞行的目标水平攻击	
85	水平攻击带飞	
104	对袋形空靶射击	
115	低空攻击单个轰炸机	
89	对地面目标射击	89
57	暗舱仪表复杂动作	57
64	暗舱仪表考试	
56	暗舱仪表简单动作	
58	在地平仪出故障情况下暗舱仪表	
59	在气压系统仪表“故障”情况下，暗舱仪表带飞	
60	暗舱仪表航行	
62	暗舱仪表利用定向台“直线”进入着陆带飞	
63	暗舱大航线	
61	直线进入着陆的暗舱仪表	

1.3 飞行时间的统计

飞行时间的统计是根据飞行记录簿统计的，它有科目，有飞行时间，能统计出飞行员历年来的情况，据此能得出全部飞机使用的平均值。

这次统计是选择××师的新、中、老三位飞行员1955—1956年的飞行科目、时间和次数。其统计结果见表2的1~3项。

1.4 时间与起落资料的换算

为了得到100飞行小时（因为我们规定100飞行小时为一个循环）的过载次数，必须将100飞行小时的起落次数换算出来。其换算见表2的4~7项。

1.5 实测

1.5.1 实测仪器的选择及其校准

根据北京航空工程技术研究中心现有的仪器设备情况，我们选择了СП-11单向过载自记器，经改装后记录纸卷由原来转速为5mm/s变为2.8mm/s，这样延长了每个纸卷的工作时间，保证了每个起落都能测得完整的曲线。

该仪器在安装前根据要求进行了地面校准，其校准5个点如表3所示。

根据表3做出校准曲线如表3下方的图所示。

为了简化曲线判读的换算，将原来只能读出曲线高度的尺板，根据校准曲线改制成可以直接读出过载大小的读板，读板刻度精确到1/50mm。

1.5.2 仪器安装部位

仪器原则上应该安装在飞机的重心位置上，但由于重心处无法安放，因此只好安装在前舱座椅的右侧。

表 2　××师 3 名飞行员科目统计（1955—1956 年）

序号	代表练习号 / 换算号 / 类别																																							合计
	练习号 新	4	69	66	79	183	28	15	41	20	129	试	34	37			121	83	85	87	104	115	119	89	166	164	164	164	176	57	64	56	58	59	60	62	56	61	63	23	
	练习号 老	3	31	1	转场	133	18	5	24	7	63		22		20	10	61	40	41	81	57	44	60	46	119	115	117	116	128	110	112	107	109			113	108		55	12	
	换算号	4	69				28	15					34				121							89	186					57										23	
1	统计时间（飞行总时数）/min	1885	395	187	361	395	402	2069	484		1190	241	269		380	366	289	221		273	327	32	25	308	1909	171	197	119	75	505	2324	910	318	122		156	881		53	637	17376
2	统计起落次数（飞行总起落数）	317	10	7	13	9	18	90	19		7	13	10		12	10	8	8		9	11	1	1	14	73	5	7	5	3	14	59	25	8	3		6	23		2	24	844
3	合计（起落次数）	317	39				18	129					32				38							14	93					140										24	860
4	每种科目占总时间的百分比 $a=\frac{t_i}{17376}$	0.108	0.077				0.023	0.172					0.0527				0.0672							0.0177	0.142					0.303										0.0367	0.999
5	每种科目折合 100h 所占的时间/min（$T_i=a\times6000$）	648	462				138	1032					316.2				403.2							106.2	852					1818										220.2	5994

表2（续）

序号	代表练习号（新）	4	69	66	79	183	28	15	41	20	129	试	34	37			121	83	85	87	104	115	119	89	166	164	164	164	176	57	64	56	58	59	60	62	56	61	63	23	合计
	代表练习号（老）	3	31	1	转场	133	18	5	24	7	63		22		20	10	61	40	41	81	57	44	60	46	119	115	117	116	128	110	112	107	109			113	108		55	12	
	换算类别	4	69				28	15					34				121							89	186					57										23	
6	每种科目一次起落的时间（统计得）/min	6	36				22	24					28				32							24	27					40										27	
7	每种科目折合100h的起落次数	108	12.8				6.27	43.0					11.3				12.6							4.43	31.6					45.5										8.16	284

表 3　地面校准值

砝码重量	水平倒放	水平侧放	水平正放	500g	1000g
过载	-1	0	1	2	3
读数	54.5	50.2	46.5	42.5	38.1

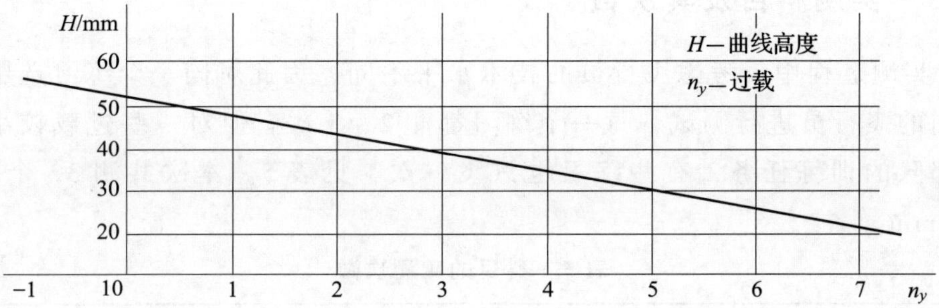

该处距重心的位置：

$x = 2057\text{mm}$

$y = 240\text{mm}$

$z = 360\text{mm}$

x：沿机身轴线；

y：垂直轴线；

z：垂直于 x、y 平面，沿翼展方向。

由于该处是离开重心的，因此必须将测得的过载值换算成重心处的过载值。根据《苏联飞机试飞指南》（1959 年 8 月北京）飞机机动性的测定第 16201 过载一节计算

$$n_{y1} = n_{ynp} + \Delta n_y$$

$$\Delta n_y = \frac{y}{g}\left(\omega_z^2 + \omega_x^2\right) - \frac{z}{g}\omega_y\omega_z - \frac{x}{g}\omega_x\omega_y + \frac{z}{g}\frac{\mathrm{d}\omega_x}{\mathrm{d}t} - \frac{z}{g}\frac{\mathrm{d}\omega_z}{\mathrm{d}t}$$

式中：n_{y1}——记录仪安装在飞机重心时，所记录的过载；

n_{ynp}——过载记录仪所测得过载（下标俄文 пр 是换算）；

Δn_y——修正量；

ω_x，ω_y，ω_z——飞机转动角速度分量。

根据已有的乌米格 -15 性能曲线，分别计算出飞机在急跃升、盘旋等情况下的 Δn_y。从计算的结果来看（见表 4），Δn_y 较小，并且在读板误差范围内，故忽略不计。

表4　急跃升和盘旋 Δn_y 计算值

动作	急跃升	无侧滑盘旋	不稳定盘旋
Δn_y	-0.00339	-0.0057	-0.0235

1.5.3　实测科目及其次数

在实测过程中，考虑飞行员的技术水平不同，为此对同一个练习选用了新老不同的飞行员进行测试，每一个练习都测2~3次，但对一些过载较小和考虑到部队的训练任务，有些练习也只飞一次，见表5。本次共测32个起落，14h53min。

表5　科目的实测次数

练习号	4	15	23	28	34	89	57	87	166	69
实测次数	3	2	5	3	3	2	1	1	1	1

注：（1）121练习是双机对双机攻击，但考虑部队的实际情况，我们选用了单机对单机的攻击，其动作完全符合121的要求。

（2）166练习属于复杂气象，但由于天气条件的限制及部队训练任务所限，在实测中选用晴天飞了此练习，其动作是作穿云动作并作暗舱飞行。

（3）在排谱时，每个练习由于飞了好几次，因此其过载值采用平均值。

（4）实测的曲线见附录（略）。

1.6　数谱

1.6.1　数谱原则

（1）过载值从1.5开始数谱，因为根据分析和计算，1.5以下的过载引起的应力远远小于该试验件（主梁）材料的疲劳极限，所以忽略之。

（2）在飞行中，每一单元动作都有一过载曲线图（见图1的1条），取其中反映该动作特征的一个过载值，即最大峰值。这样规定是真正反映了歼击机飞行过载的规律，而不是人为地规定几条线。在飞行中，还有非科目规定的极少数的其他过载（如调整空域，舱面修正，大坡度下滑等），也按此精神处理，如图1的3条。

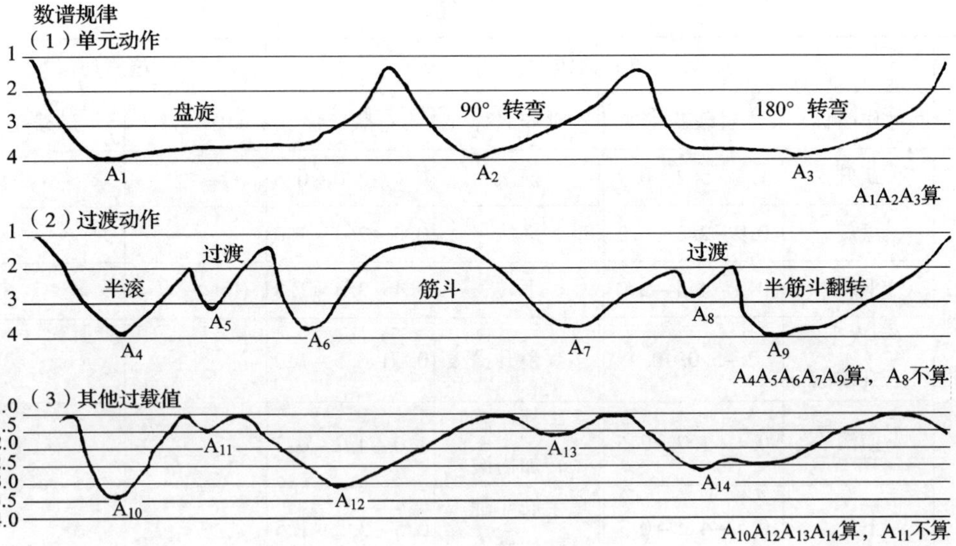

图 1　过载曲线

（3）在飞行中，除了占绝大多数的单元动作外，还有极个别的衔接单元动作的过渡动作。该动作峰值与谷值之差大于或等于 1.0 才能取一个最大峰值，如图 1 中的 2 条。

对于歼击机的过载，单元动作过载约占整个飞行过载的 95%。而过渡动作和其他修正动作所占的比例是很小的。如表 6 中举一个练习即可看出（仅出现两次）。

表 6　单元动作与过渡动作过载出现的频数比较

科目	单元动作				过渡动作	
	动作名称	过载变化	动作名称	过载变化	动作名称	过载变化
练习 28（高级特技）	盘旋（1）	0.8 – 2.6 – 0.8	横滚	0.2 – 3.5 – 1.6	多次上升横滚	1.0 – 1.6 – 0.5
	盘旋（2）	0.8 – 3.4 – 0.8	下转	0.4 – 4.0 – 2.0	半筋斗翻转加横滚	0.5 – 1.5 – 0.5
	下转	0.4 – 4.0 – 2.1	双上升转弯	2.0 – 4.8 – 0.5		
	下 8 字	2.1 – 4.6 – 0	半筋斗翻转加横滚	0.5 – 3.5 – 1.0		
	下 8 字	0 – 4.6 – 0.5	半筋斗翻转加横滚	1.0 – 4.0 – 1.3		
	上 8 字	0.5 – 4.8 – 0.5	横滚	1.3 – 2.7 – 0.3		
	上 8 字	0 – 4.6 – 0.5	横滚	0.3 – 3.2 – 0.4		

表6（续）

科目	单元动作				过渡动作	
	动作名称	过载变化	动作名称	过载变化	动作名称	过载变化
练习28（高级特技）	跃升	1.5－5.2－0.9	横滚	0.4－3.0－0.6		
	盘旋	0.9－2.8－0.3	横滚	0.6－2.4－1.0		
	下转	0.3－4.5－2.0	下转	0.4－3.4－1.3		
	一次半上升横滚	2－5.0－0.4	多次上升横滚	0.4－6.5－1.0		
	横滚	0.4－1.7－0.5	半筋斗翻转加横滚	1.0－4.2－0.3		
	下转	0.5－4.4－0.7	半筋斗翻转加横滚	0.5－3.5－1.5		
	多次上升横滚	2.7－5.6－1.0				
	半筋斗翻转加横滚	0.5－5.4－2.8	合计	0.98－Δ－1.03①		
	半筋斗翻转加横滚	2.8－5.2－0.2				

①可以看出动作开始到结束，基本上是从过载1.0回到1.0。地面试验时要注意这点。

1.6.2　数谱

根据数谱原则，统计所测各科目每个起落的过载大小及次数列入表7中。

1.7　排谱

（1）每种科目折合100飞行小时的起落次数的计算如表2所示。

（2）每种科目在100飞行小时中，出现的过载值及平均总次数：

将表7中的每种科目、每个起落出现的过载平均次数（$n_{平}$）及表2中的每种科目折合100飞行小时的起落次数分别列入表8中，并进行计算，即得到每种科目在100飞行小时中出现的过载值及平均总次数（表8中的合计）。

（3）分级

①分级原则：因为过载1.5～6.5将近50种，如果这样加载，不但给试验带来麻烦，而且从工程上看，也是不必要的。因此要将50种过载分成若干级进行

表7　部队每种科目每个起落出现过载大小及次数

纸卷	1.5	1.6	1.7	1.8	1.9	2.0	2.1	2.2	2.3	2.4	2.5	2.6	2.7	2.8	2.9	3.0	3.1	3.2	3.3	3.4	3.5	3.6	3.7	3.8	3.9	4.0	4.1	4.2	4.3	4.4	4.5	4.6	4.7	4.8	4.9	5.0	5.1	5.2	5.3	5.4	5.5	5.6	5.7	5.8	5.9	6.0	6.5
高级特技——28																																															
4	4	2	1	1		1		1	1		1	1		1		2		3		1	2					2		1	1		1		1	1		3			2	1						1	
13	4	3	1	2			2			1		2	1	1	1		1	1		2	1	1				3		1		3		3		2		1		2		1		1					1
29	3	3	4			2	1					2		2		2	1	1		1				4			2	1	1		1		2	1	1		2	1	1	2			1			1	
$n_{平}$	3.7	2.7	2	1		1	1	0.3	0.3	0.3	0.3	1.7	0.3	1.3	0.3	1.3	0.7	1.7		1.3	1	0.3		1.3		1.7	0.7	1	0.7	1	0.7	1	1	1.3	0.3	1.3	0.7	1	1	1.3		0.3	0.3			0.7	0.3
高空复杂特技——23																																															
7	15	6	4	3		2	2			1	1				1	1					1	2				1		1			1			3		1		2			1			1			
8	12		3	1		2					3															1				1		2		2		1		2		1							
9	4	1	3	3		1		3		1	2		1	2		1						1	1			1			1			1	1	1		3		1									
12	3	1	1	2		3		1			1	1		1				1		1	1	1				2		2						2				3				3	1				
23	2	1		1				2		1	1								1		2		1						2		1		2	1		1					1						
$n_{平}$	7.2	1.8	2.2	2		1.6	0.4	1.2		0.6	1.6	0.2	0.2	0.6	0.2	0.4		0.2	0.2	0.2	0.8	0.8	0.4			1		0.6	0.6	0.2	0.4	0.6	0.6	1.8		1.2		1.6		0.2	0.4	0.6	0.2	0.2			
复杂特技——15																																															
5	6	3	6	2				1	1		1		1	1				3		1	2	1	2	1			1	2	2		1	1	2	1				1									
16	5	4	1	1		1		1	2	1				1		1			2	2		3	2					1		1	2	1	2			1											
$n_{平}$	5.5	3.5	3.5	1.5		0.5		1	1.5	0.5	0.5		0.5	1		0.5		1.5	1	1.5	1	0.5	2.5	1.5			0.5	1.5	1	0.5	1.5	1	2	0.5		0.5		0.5									

表7（续）

纸卷	1.5	1.6	1.7	1.8	1.9	2.0	2.1	2.2	2.3	2.4	2.5	2.6	2.7	2.8	2.9	3.0	3.1	3.2	3.3	3.4	3.5	3.6	3.7	3.8	3.9	4.0	4.1	4.2	4.3	4.4	4.5	4.6	4.7	4.8	4.9	5.0	5.1	5.2	5.3	5.4	5.5	5.6	5.7	5.8	5.9	6.0	6.5
双机编队——34																																															
10	43	18	5	5	2			9		4	2	2		1		3		3			1																										
14	20	8	5	3	1	2		1	1		2	4	2	2		2	1																														
20	12	6	12	4	2	10	1	4	2	3	3	1	1	2	1	1	1		1					2		1	1	1		1																	
$n_平$	25	10.7	7.3	4	1.7	4	0.3	4.7	1	2.3	2.3	2.3	1	1.7	0.3	2	0.7	1	0.3		0.3			0.7		0.3	0.3	0.3		0.3																	
地靶射击——89																																															
15	12	4	5	4	3	8	4	4								1					2			3				1			1					1											
17	10	1	4	4	1	1	1														2			1	1	1		1																			
$n_平$	11	2.5	4.5	4	2	4.5	2.5	2								0.5					2			2	0.5	0.5		1			0.5					0.5											
仪表复杂动作——57																																															
3	23	5	7	2	2		1		3		1	1	1			1					1																										
双机同时攻击——121																																															
26	11	3	5	3	1	2	3	4			2	2	2		1	1																															
单机航行——69																																															
19	10	6	2	1		3																																									

表 7（续）

纸卷	1.5	1.6	1.7	1.8	1.9	2.0	2.1	2.2	2.3	2.4	2.5	2.6	2.7	2.8	2.9	3.0	3.1	3.2	3.3	3.4	3.5	3.6	3.7	3.8	3.9	4.0	4.1	4.2	4.3	4.4	4.5	4.6	4.7	4.8	4.9	5.0	5.1	5.2	5.3	5.4	5.5	5.6	5.7	5.8	5.9	6.0	6.5
穿云——166																																															
28	3	2	4																																												
起落航线——4																																															
1-1	5	3	1																																												
1-2	3	2																																													
1-3	3	1																																													
$n_{平}$	3.7	2	0.3																																												

表 8　100h 过载总次数的分布及加载级数

科目号	过载 n / 次数	过载 n_y																																														
		Δ1.5	1.6	Δ1.7	1.8	1.9	2.0	Δ2.1	2.2	2.3	2.4	2.5	2.6	2.7	2.8	2.9	Δ3.0	3.1	3.2	3.3	3.4	3.5	3.6	3.7	3.8	3.9	Δ4.0	4.1	4.2	4.3	4.4	4.5	4.6	4.7	Δ4.8	4.9	5.0	5.1	Δ5.2	5.3	5.4	5.5	5.6	Δ5.7	5.8	6.0	Δ6.5	Σ
4	$n_平$	3.7	2	0.3																																												
	$N_4=n_平\times108$	399.6	216.0	32.4																																												
69	$n_平$	10.0	6.0	2.0	1.0		3.0																																									
	$N_{69}=n_平\times12.8$	128.0	76.8	25.6	12.8		38.4																																									
28	$n_平$	3.7	2.7	2.0	1.0		1.0	1.0	0.3	0.3	0.3	0.3	1.7	0.3	1.3	0.3	1.3	0.7	1.7		1.3	1.0	0.3		1.3		1.7	0.7	1.0	0.7	1.0	0.7	1.0	1..0	1.3	0.3	1.3	0.7	1.0	1.0	1.3		0.3	0.3		0.7	0.3	
	$N_{28}=n_平\times6.27$	23.2	16.9	12.5	6.27		6.27	6.27	1.9	1.9	1.9	1.9	10.7	1.9	8.2	1.9	8.2	4.4	10.7		8.2	6.27	1.9		8.2		10.7	4.4	6.27	4.4	6.27	4.4	6.27	62.7	8.2	1.9	8.2	4.4	6.27	6.27	8.2		1.9	1.9		4.4	1.9	
15	$n_平$	5.5	3.5	3.5	1.5		0.5		1.0	1.5	0.5	0.5		0.5	1.0		0.5		1.5	1.0	1.5	1.0	0.5	2.5	1.5			0.5	1.5	1.0	0.5	1.5	1.0	2.0	0.5		0.5		0.5									
	$N_{15}=n_平\times43$	236.5	150.5	150.5	64.5		21.5		43.0	64.5	21.5	21.5		21.5	43.0		21.5		64.5	43.0	6.5	43.0	21.5	107.5	64.5			21.5	64.5	43.0	21.5	64.5	43.0	86.0	21.5		21.5		21.5									
34	$n_平$	25.0	10.7	7.3	4.0	1.7	4.0	0.3	4.7	1.0	2.3	2.3	2.3	1.0	1.7	0.3	2.0	0.7	1.0	0.3		0.3			0.7		0.3	0.3	0.3		0.3																	
	$N_{34}=n_平\times11.3$	282.5	120.9	82.5	45.2	19.2	45.2	3.4	53.1	11.3	26.0	26.0	26.0	11.3	19.2	3.4	2.3	7.9	11.3	3.4		3.4			7.9		3.4	3.4	3.4		3.4																	
23	n	7.2	1.8	2.2	2.0		1.6	0.4	1.2		0.6	1.6	0.2	0.2	0.6	0.2	0.4		0.2	0.2	0.2	0.8	0.8	0.4			1.0		0.6	0.6	0.2	0.4	0.6	0.6	1.8		1.2		1.6		0.2	0.4	0.6	0.2	0.2			
	$N_{23}=n_平\times8.16$	58.8	14.7	18.0	16.3		13.1	3.3	9.8		4.9	13.1	1.6	1.6	4.9	1.6	3.3		1.6	1.6	1.6	6.5	6.5	3.3			8.2		4.9	4.9	1.6	3.3	4.9	4.9	14.7		9.8		13.1		1.6	3.3	4.9	1.6	1.6			
121	$n_平$	11.0	3.0	5.0	3.0	1.0	2.0	3.0	4.0			2.0	2.0	2.0		1.0	1.0																															
	$N_{121}=n_平\times12.6$	138.6	37.8	63.0	37.8	12.6	25.2	37.8	50.4			25.2	25.2	25.2		12.6	12.6																															

表 8（续）

科目号	过载 n / 次数	过载 n_y																																												
		Δ1.5	1.6	Δ1.7	1.8	1.9	2.0	Δ2.1	2.2	2.3	2.4	2.5	2.6	2.7	2.8	2.9	Δ3.0	3.1	3.2	3.3	3.4	3.5	3.6	3.7	3.8	3.9	Δ4.0	4.1	4.2	4.3	4.4	4.5	4.6	4.7	Δ4.8	4.9	5.0	5.1	Δ5.2	5.3	5.4	5.5	5.6	Δ5.7	5.8	6.0	Δ6.5	Σ
89	$n_平$	11.0	2.5	4.5	4.0	2.0	4.5	2.5	2.0								0.5					2.0			2.0	0.5	0.5		1.0			0.5					0.5											
	$N_{89}=n_平\times4.43$	48.7	11.1	19.9	17.7	8.9	19.9	11.1	8.9								2.2					8.9			8.9	2.2	2.2		4.4			2.2					2.2											
57	$n_平$	23.0	5.0	7.0	2.0	2.0		1.0		3.0		1.0	1.0	1.0			1.0					1.0																										
	$N_{57}=n_平\times45.5$	1046.5	227.5	318.5	91.0	91.0		45.5		136.5		45.5	45.5	45.5			45.5					45.5																										
166	$n_平$	3.0	2.0	4.0																																												
	$N_{166}=n_平\times31.6$	94.8	63.2	126.4																																												
	合计	2457	935	849	292	132	170	107	167	214	54	133	109	107	75	20	96	12	88	48	74	114	30	111	90	2	25	29	84	52	33	74	54	97	44	2	42	4	41	6	10	3	7	4	2	4	2	
			467 468										4 105									57 57											10 44				21 21						2 5			3 1		
	每级加载次数	2924	1317		1273									682									597											208				87						14			3	
	$\Sigma\Delta n_{y1}N_1=\Sigma\Delta n_{y2}N_2$	46.7	46.8		131					131				91.1					91.5				92							91.5				18.5		18.2		4.6			4.3			两级合起来盈 1.0，亏1.1				

加载，即所谓分级。分多少级合适，要根据所测量出来的过载情况来定。在怎样分级这个问题上，从国内外的资料上看，还没有一个成熟的公式。

a．分级时要用本文给出的如下公式进行

$$\sum \Delta n_{y1}^{m} N_1 = \sum \Delta n_{y2}^{m} N_2$$

式中：Δn_{y1}——分级时，往上进的过载增量，即盈量；

Δn_{y2}——分级时，往下舍的过载增量，即亏量；

N_1——分级时，往上进的过载次数，无量纲；

N_2——分级时，往下舍的过载次数，无量纲；

m——材料常数，因为当时无试验数据，而粗略取 $m = 1$ 计算。

b．考虑所测下来的过载的相对集中性和特殊性。

②分级及说明：根据以上两条原则，将所测的过载共分：1.5，1.7，2.1，3.0，4.0，4.8，5.2，5.7和6.5等9级（见表8）。以下作几点说明：

a．由于过载1.5～1.7出现的次数较多而且集中，因此，在此区间分两级，即将过载1.6的总次数平均分配给过载1.5和1.7，由于 $\Delta n_{y1} = \Delta n_{y2} = 0.1$，$N_1 = 468$，$N_2 = 467$，即 $N_1 \approx N_2$，所以过载盈亏量相当（$\Delta n_{y1} N_1 = 46.8 \approx \Delta n_{y2} N_2 = 46.7$），则得100飞行小时1.5的过载总次数为2924，1.7的过载总次数为1317。

b．过载1.8～2.6的一部分划为一级，根据过载盈亏相当公式计算该级合并到过载2.1最好（盈亏相等）。如：$\Delta n_{y1} N_1 = 0.3 \times 292 + 0.2 \times 132 + 0.1 \times 170 = 131$，而 $\Delta n_{y2} N_2 = 0.5 \times 4 + 0.4 \times 133 + 0.3 \times 54 + 0.2 \times 214 + 0.1 \times 167 = 131$，即 $\sum \Delta n_{y1} N_1 = \sum \Delta n_{y2} N_2$。则得100飞行小时2.1的过载总次数为：$292 + 132 + 170 + 107 + 167 + 214 + 54 + 133 + 4 = 1273$ 次。

c．过载2.6～3.5，3.5～4.6，4.6～5.0，5.0～5.6，同样按过载盈亏相当公式计算分别合并为3.0，4.0，4.8，5.2，其过载总次数见表8。

d．5.6～6.5这个过载区间，为了保持最大过载级的特点，因而合并5.7和6.5。其过载总次数见表8，两级过载盈亏量为：$\Delta n_{y1} N_1 = 0.1 \times 5 + 0.5 \times 1 = 1.0$，$\Delta n_{y2} N_2 = 0.1 \times 2 + 0.3 \times 3 = 1.1$，即

$$\sum \Delta n_{y1} N_1 \approx \sum \Delta n_{y2} N_2$$

按着过载盈亏量相当公式分的过载级及其对应的总次数见表9。

表9　分级结论表——过载大小与次数关系

n_y	1.5	1.7	2.1	3.0	4.0	4.8	5.2	5.7	6.5
N/次数	2924	1317	1273	682	597	208	87	14	3

1.8　加载周期

加载周期是根据过载曲线测量统计得来的，见表10和表11（表11是根据表10统计得到的）。

表 10　部队过载周期统计表

过载 s/次 科目	1.5	1.5	1.5	1.5	1.5	1.5	1.5	1.6	1.7	1.8	1.9	2.0	2.1	2.2	2.3	2.4	2.5	2.6	2.7	2.8	2.9	3.0	3.1	3.2	3.3	3.4	3.5	3.6	3.7	3.8	3.9	4.0	4.1	4.2	4.3	4.4	4.5	4.6	4.7	4.8	4.9	5.0	5.1	5.2	5.3	5.4	5.5	5.6	5.7	5.8	5.9	6.0	6.5
高级特技 1							3 12 4	6 10	30 15 18 15			18 10	5					55 12		5 10		30 17	10	10		26				38 22 22 25			22 20	33	18		37		17 23	34	27		12 30	35	23	12 14			16				18
高级特技 2							15 5 5		25			6		15	22		15			16		22 40		17 22 20			24 22					17 21		30			28 20		17	23		20 15 37			15 32	20						23	
高空复杂特技 1							50 2 5 2	30	10 15 9	8 20 10		30		22 15 10		20	12 25			50 12		10						18	25			27			23			40	17	15		27 30	12										
高空复杂特技 2						2 5 2 5 1	2 7 2 2 2 1 3 10 20 20	2 2 2 1 12 3	2 3 7 1	10 40 40		40 3	10 5			45											40	36				25		30						30 32 27		27		27 27			30			30			

表10（续）

过载 s/次 科目	1.5	1.5	1.5	1.5	1.5	1.5	1.5	1.6	1.7	1.8	1.9	2.0	2.1	2.2	2.3	2.4	2.5	2.6	2.7	2.8	2.9	3.0	3.1	3.2	3.3	3.4	3.5	3.6	3.7	3.8	3.9	4.0	4.1	4.2	4.3	4.4	4.5	4.6	4.7	4.8	4.9	5.0	5.1	5.2	5.3	5.4	5.5	5.6	5.7	5.8	5.9	6.0	6.5
复杂特技1						2 20	6 7 8	6 6 2 20	20	30		50		20	15 20	15				15		10			30 10	18 17			40 20 25	40 15				40		30	45 25	40	30 20			35											
复杂特技2							3 2 5 2 7 7	15 16	13 25 14 3 4 2	15 4				5	16		35		22	50				5 50 31		11	18 22	27	30	22 21			20	21 22	25 26		22	25	25 21	25				40									
双机编队1						2 2 7 15	2 2 10 15 5 3 2 1 1	1 2 2 5 5 3	2 5 10 3 2 8 18 2 20 6 7 10 20	2 7 5 14	6 6	7 8 5 25 4 10 30 25 25 20	10	30 22 30	22 20	20 20 10	25 22 50	16	12	20 23	27	30	26		25					25 17		40	15	25		17																	

表 10（续）

过载 s/次 科目	1.5	1.5	1.5	1.5	1.5	1.5	1.5	1.6	1.7	1.8	1.9	2.0	2.1	2.2
双机编队 2				3 2	2 5 2 2 1 2	5 4 3 1 1 2	2 3 2 1 2 1	3 3 3 4 3 2 3 2	20 3 10 5 15	10 26 20	30	18 25		30
暗舱仪表	20 10 10	10 15.12	10 2 12	4 10 15	8 10 10	6 7 10	10 2 4 5	6 20 12 12 20	20 20 2 12 10 2	30 12	20 3	19	30	
双机攻击						12 5 5 8 5	2 3 20 8 25 12	7 25 10 10	10 8 22 12	11 5 20	10	35 15	9 20 20	12 20 20 20

过载 s/次 科目	2.3	2.4	2.5	2.6	2.7	2.8	2.9	3.0	3.1	3.2	3.3	3.4	3.5	3.6	3.7	3.8	3.9
双机编队 2	22		35 50	30 55 30	25 28	55 30		45 35	42								
暗舱仪表	40 12	22	25	35	15			40					15				
双机攻击			15 27	20 20	30 20		15	35									

过载 s/次 科目	4.0	4.1	4.2	4.3	4.4	4.5	4.6	4.7	4.8	4.9	5.0	5.1	5.2	5.3	5.4	5.5	5.6	5.7	5.8	5.9	6.0	6.5
双机编队 2																						
暗舱仪表																						
双机攻击																						

表 10（续）

过载 s/次 科目	1.5	1.5	1.5	1.5	1.5	1.5	1.5	1.6	1.7	1.8	1.9	2.0	2.1	2.2	2.3	2.4	2.5	2.6	2.7	2.8	2.9	3.0	3.1	3.2	3.3	3.4	3.5	3.6	3.7	3.8	3.9	4.0	4.1	4.2	4.3	4.4	4.5	4.6	4.7	4.8	4.9	5.0	5.1	5.2	5.3	5.4	5.5	5.6	5.7	5.8	5.9	6.0	6.5
打地靶						1	4	7	2	10	22	25	10	12								12					14			13				11			15					15											
						3	3	1	20	12	15	14	9	10													11			7																							
						3	1	7	8	5		30	12	5																10																							
						2	5	2	4	20		23		6																																							
						3	2		15			3																																									
						7	7					30																																									
												4																																									
大航线						6	5	7	6	17		12																																									
						2	17	8	30	20		40																																									
						10	2	25				20																																									
							3	15																																													
							2	15																																													
							7	5																																													
航线							15	20																																													
							12	20																																													
							5																																														
穿云							12	12	8																																												
							15	12	10																																												
									10																																												
									2																																												
总时间	1912									2285								1680										1353										918											108				
总次数	288									124								67										54										38											5				
时间/次	8									18								25										25										24											22				

表 11　加载周期表

n_y	1.5	1.7	2.1	3.0	4.0	4.8	5.2	5.7	6.5
周期/s	8	8	18	25	25	24	24	22	22

2　着陆载荷谱

着陆载荷谱。我们没有根据强度规范规定的设计情况来定，主要是根据部队使用中大量出现的情况定的。

根据统计和换算得到的部队飞行 100h 起落次数是 284 次（表 2 中序号 7），根据调查各种动作的百分比及其计算如表 12 所示。

表 12　着陆载荷谱

设计情况	$E_{щ}$	$G_{щ}$	$E'_{щ}$	$R_{2щ}^{C/T'}$
占总起落次数/%（统计得）	1	1	98	10（这个百分数是包括在 $E_{щ}$，$G_{щ}$，$E'_{щ}$ 里面的）
每种情况的起落次数	3	3	278	28
每个起落里的重复次数	1（一般只能跳一次，第二次由教员纠正）	1	有 5% 的两点跳跃着陆，每次平均跳两次，其余是一次	1
在 100 飞行小时里总共出现的次数	3	3	278（1－5%）＋278×5%×2＝292	28

乌米格－15 飞机机翼主梁和机身 13 框大梁疲劳试验①

引言

乌米格－15 飞机机翼主梁和机身 13 框大梁的疲劳试验，是根据空军部队作战训练的需要而提出来的，其目的是通过疲劳试验研究延长该型飞机的使用寿命，充分挖掘装备的潜力，更好地保证部队的作战训练和飞行安全。

在部队、工厂各兄弟单位大力支持和帮助下，我们坚持“三结合”的方针，土法上马，土洋结合，自己动手研制出两套受力自身平衡的疲劳试验设备，并成功地进行了试验，为延长乌米格－15 飞机使用寿命提供了必要的试验依据。根据这个试验和领先使用等情况，已将该型飞机的寿命从 1700 飞行小时延长到 3700 飞行小时，这是我国首次成功完成全尺寸大构件疲劳试验，并成功地给我国第一个大机群飞机（乌米格－15）延长了疲劳寿命。

1 试验件的选择

乌米格－15 飞机延寿疲劳试验，为什么选择机翼主梁和机身 13 框大梁做试验呢？主要考虑以下三个方面：

（1）根据全机结构受力分析，认为机翼主梁和机身 13 框大梁是该飞机

① 本文刊于 1972 年国防工业出版社出版的我国第一本《疲劳强度选编》中，该文论述的疲劳试验虽然规模还不大，但它却是我国第一个成功完成全尺寸大部件的疲劳试验，为我国第一个大机群乌米格－15 飞机延长了寿命，在我国疲劳领域，属里程碑式的成果。

结构的最关键最主要的承力部件。因为机翼与机身有三个连接点，前交点是用 ϕ18mm 的螺栓（30CrMnSiA）连接的，是一个铰支，不能传弯矩。中交点是 ϕ12mm 螺栓连接，也是铰支，不能传弯矩。主交点是用两个 ϕ44mm 的大螺栓（30CrMnSiNiA）连接的，由于主梁与 13 框大梁的上下凸缘分别都用大螺栓连接，因此，能传弯矩。左右机翼的全部弯矩，都是通过主梁传到 13 框大梁得到平衡的。一旦机翼主梁或 13 框大梁坏了，机翼的弯矩就无法传递，机翼就会掉下来而导致飞机失事。此外，从修理方面来看，一些非关键零件，如机翼的蒙皮、肋、长桁，机身上的蒙皮和框等有裂纹，进厂后是可以修理的，飞机在这些部位也是经常坏的。见该机结构故障统计附表 1 和 2。但该飞机的主要承力部件如机翼主梁和机身 13 框大梁的钢凸缘坏了，则无法修复，飞机就要报废。从而可以看出，它们在该飞机结构中的重要性了。

（2）参考该机的静力试验

该机静力试验，机身破坏载荷是设计载荷的 135%，尾翼破坏载荷是设计载荷的 170%，机翼破坏载荷是设计载荷的 105%。机翼的破坏部位是主梁。虽然目前还没有找到疲劳强度与静强度有什么直接关系式，但对于同样一批构件，受到不同的应力循环，大应力循环者寿命低，小应力循环者寿命长。全机静力试验机翼主梁首先坏，并且破坏载荷与其他部件比相差的还比较大，从这个意义上讲，机翼主梁又是一个薄弱环节。因此，在选择疲劳试验件时优先考虑机翼主梁。而它的静力试验破坏部位，不一定与疲劳试验破坏部件相同。

（3）根据延寿的迫切需要考虑

在做疲劳试验时，部队有好多飞机已超寿命飞行 200 ~ 300h 了。部队和修理厂迫切需要我们尽快地给延长寿命。根据北京航空工程技术研究中心当时的条件，不但没有疲劳试验设备，而且也没有静、动力实验室。为了满足部队和修理厂的急需，我们自主研制了一台受力自身平衡的疲劳试验设备，进行机翼主梁和机身 13 框的疲劳试验，这样就能较快地拿出结论。

概括起来说，我们选择这个试验件是由于：①它们是最主要最关键的承力部件；②它们在静强度方面是薄弱环节；③根据当时的急需和具体条件，为了尽快地拿出试验结果。

2　试验设备及其工作原理

2.1　试验方案的确定

试验方案见图1。

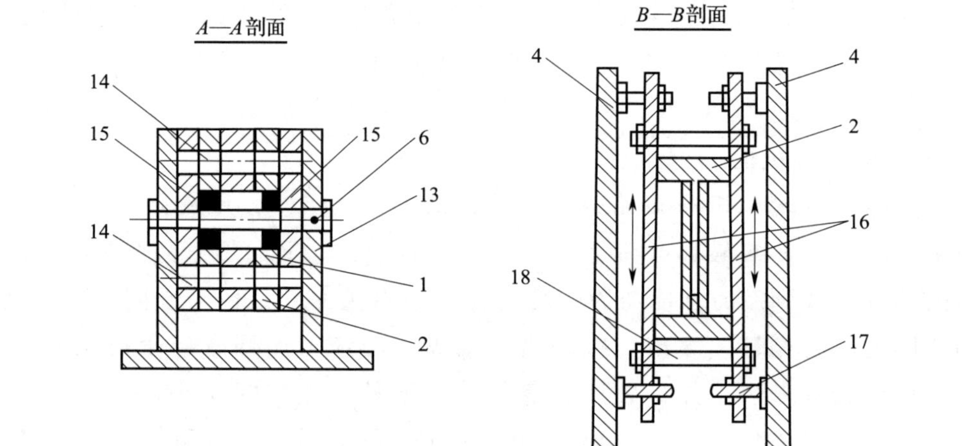

(a) 着陆加载情况

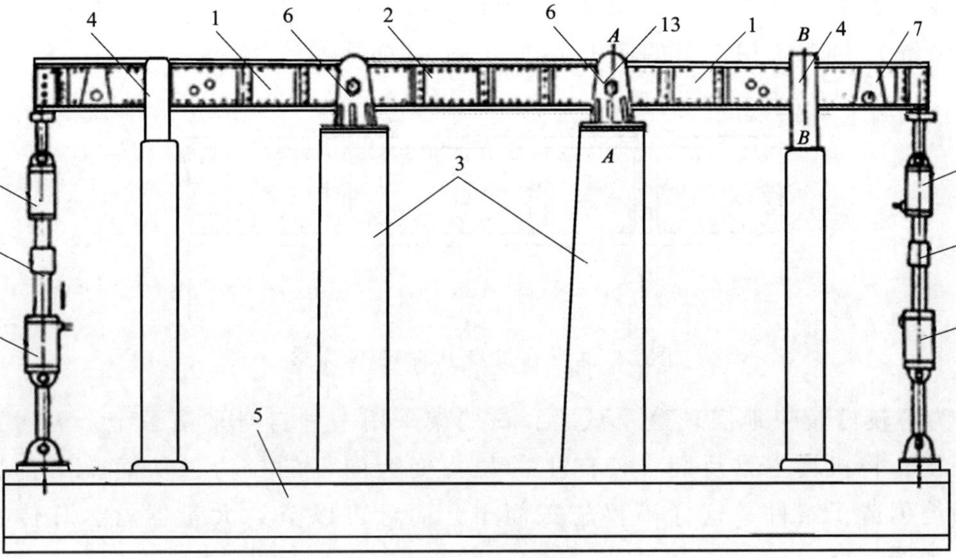

（b）飞行加载情况

图 1 乌米格－15 飞机机翼主梁和机身 13 框大梁疲劳试验台示意图

1—机翼主梁；2—机身 13 框大梁；3—支柱；4—防扭、防失稳装置；
5—平衡工字梁；6—传剪力销子；7—起落架转轴孔；8—测试作动筒；
9—连接接头；10—加载作动筒；11—滚棒；12—立柱（着陆加载时用）；
13—主支座；14—连接机翼主梁与机身 13 框大梁螺栓；15—夹板；
16—固紧夹板；17—防扭螺栓；18—固紧螺栓

2.2 机翼主梁原始设计的计算模型和地面模拟受力分析

疲劳试验是否能获得良好的结果，很大程度上取决于地面模拟受力和支持情况是否真实。从国外一些疲劳试验来看，有不少是因为地面模拟受力和支持情况不真实，而导致整个试验失败。为了不犯这方面的错误，我们对乌米格－15 飞机的机翼主梁和机身 13 框大梁的受力进行了仔细的分析。

从传力观点看，机翼主梁是固支在机身 13 框大梁上的，即相当于在端部受一个集中力的悬臂梁。因为主梁区域正好是起落架舱，翼尖传到这个区域的弯矩、剪力、扭矩都已重新分配，都是以集中力的形式传给主梁的端部。主梁的设计计算也是以支持在机身 13 框大梁上的一个悬臂梁形式计算的，如图 2 所示，其中 P 是作用于主梁上的集中力。

为了模拟这种受力形式和支持情况，使试验的机翼主梁与机身 13 框大梁连接形式，保持真正飞机上的连接形式不变，即弯矩传递与飞机上相同。通过主梁传到机身上的剪力，本来是由机身的惯性力平衡，而为了模拟这一传力，又不影响传递弯矩，在主梁与13框梁连接处，用通过主梁中性轴的销子（ϕ40mm）与支座相连，如图1（a）A—A剖面所示。

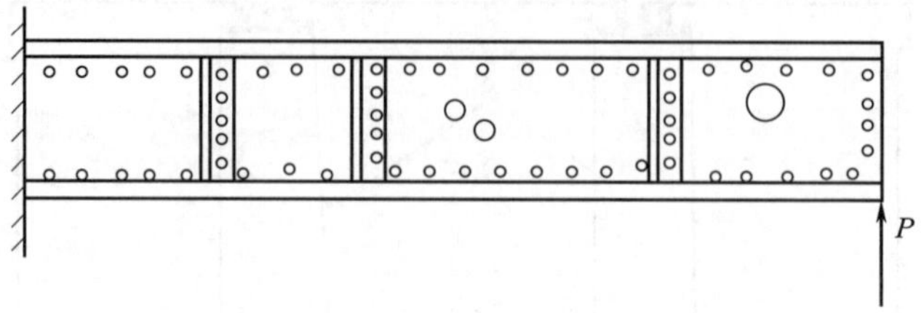

图2　固支在机身上的13框大梁

为了较好较快地实现这个试验，试验架采用一种自身平衡系统，为达到自身平衡，将机翼主梁反装，使向上的拉力变为向下的拉力，从而就给自身平衡系统创造了条件，这样不仅施工简单，而且可以节约大量器材，其传力和平衡如图3所示。

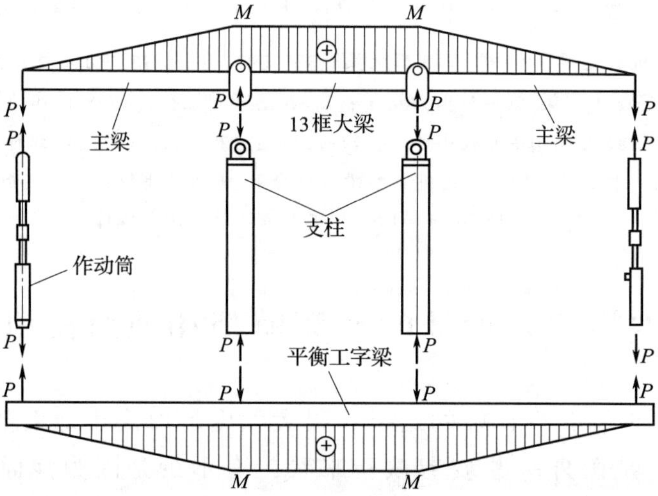

图3　平衡力图

所谓自身平衡，是指加力装置与承力构件组成一个封闭系统，这个系统的力完全由该封闭系统内部构件自己承受，外界地板只承受设备的重量。乌米格-15飞机两个主梁试验时，需要最大的力将近30tf[①]，这些力完全由它们内部构件（机翼主梁、机身13框大梁、支柱、工字梁）所平衡，如图3所示。这样就不要承受30tf的钢筋水泥地基的实验室和其他的承力设备了。

① 1tf≈9.8kN。

2.3 机身13框大梁原始设计的计算模型和地面模拟受力分析

机身13框大梁是机身最强的大钢梁，其材料是30CrMnSiNiA的，它的设计载荷是机翼传给它的纯弯矩 M，如图4所示。

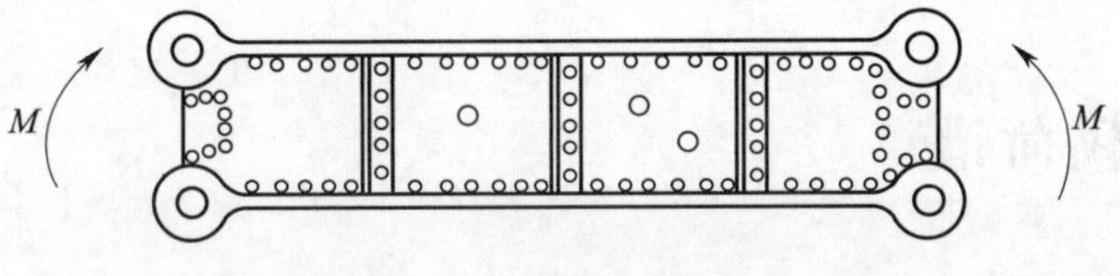

图4　机身13框大梁的设计载荷

为了模拟这一受力情况，我们保留了原飞机的连接形式，因此，它的受力形式在试验中没有改变，如图3中的13框大梁是受纯弯曲的。

2.4 机翼主梁防扭防失稳问题

防止机翼主梁扭转和总体失稳的装置，见图1。由于加载作用线与主梁的刚心线不重合，产生一个扭矩，因此，必须有一个防扭装置传递这部分扭矩，防止将梁扭坏。防失稳问题，主要防止主梁横向总体失稳，因为在机翼上有壁板支撑防止它失稳，所以地面试验时也要用一个装置防止它失稳。其防扭失稳的原理，参看图1（a）中 *B—B* 剖面。夹板16被螺栓18固紧在主梁1上，防扭螺栓固定在夹板16上，为便于调节间隙，夹板16与防扭螺栓17是螺纹连接的。防扭螺栓17与防扭装置4之间的间隙调整好后，必须用螺帽将它固紧，以免防扭螺栓17活动。这样主梁受力上下移动时，由于防扭装置4不动，则防扭螺栓17跟着主梁在防扭装置4上滑动，既不影响主梁上下移动而又起到了防扭防失稳的作用。

2.5 机翼主梁反复加载的实现

由于机翼主梁反过来装，因此，机翼向上的升力，是靠液压作动筒往下拉来实现的。由于我们测的载荷谱没有出现负过载，因此，反行程的力就不需要外加了，靠机翼主梁的弹力就可以实现。实际飞机在空中飞行也是这样的，飞机在作大过载飞行时，机翼在外载作用下产生弹性变形，但飞机转入平飞后，大过载消失，则机翼靠其本身的弹力回复原平飞状态，其道理是一致的。

3　载荷谱

载荷谱是疲劳试验中的重要组成部分。试验结果是否符合实际，很大程度取决于载荷谱确定得是否合理。乌米格-15飞机疲劳试验的载荷谱，分飞行载荷谱和着陆载荷谱。

3.1　飞行载荷谱

乌米格-15飞机的过载，是用CП-11过载自记器在飞机上实测下来的。测下来的过载曲线经过数谱和排谱等加工，编制成我们试验中所需要的载荷谱。该飞机的载荷谱共分9级。过载的大小和过载出现的次数如表1所示。

该飞机过载的周期也是根据空中实测统计得到的。过载与周期关系如表1所示。

有关该飞机的载荷谱编制过程，见本书的《乌米格-15飞机疲劳试验载荷谱》一文。

表1　100飞行小时各级过载出现的次数和周期

过载 n_y	1.5	1.7	2.1	3.0	4.0	4.8	5.2	5.7	6.5
N/次数	2924	1317	1273	682	597	208	87	14	3
周期/（s/次）	8	8	18	25	25	24	24	22	22

3.2　着陆载荷谱

着陆载荷谱是根据强度规范的计算和部队多年使用情况的统计，综合编制出来的，如表2所示。

表2　100飞行小时各着陆情况出现的加载次数

设计情况	$E_щ$	$G_щ$	$E'_щ$	$R_{2щ}^{C/T}$
占总起落次数/%（统计得）	1	1	98	10（这个百分数是包括在$E_щ$，$G_щ$，$E'_щ$里面的）
每种情况的起落次数	3	3	278	28

表 2 （续）

设计情况	$E_{щ}$	$G_{щ}$	$E'_{щ}$	$R^{C/T}_{2щ}$
每个起落里的重复次数	1（一般只能跳一次，第二次由教员纠正）	1	有 5% 的两点跳跃着陆，每次平均跳两次，其余是一次	1
在100飞行小时里总共出现的次数	3	3	$278(1-5\%)+278\times5\%\times2=292$	28

3.3　地—空—地循环载荷

我们认为地—空—地循环载荷对歼击教练机来说，无论是载荷的大小和出现的次数都比机动飞行时小得多，少得多。地—空—地循环过载值，也就是从 0 ~ 1（近似），这个值对非机动飞行的飞机有较大影响，对机动飞行的飞机的影响是很小的。

从过载大小上看，地—空—地循环的过载是可以忽略的，但它作用在飞机的时间很长，飞行多长时间，即作用于飞机多长时间，也就是说在整个飞行中，相当于作用在飞机上过载等于 1 的常幅值，这一点我们在试验时是模拟了。因为试验时，每一次加载都是从过载等于 1 开始，经过加载，然后再回到过载等于 1。这样过载等于 1 的常幅值在整个试验过程中都加在飞机上，如图 5 所示。

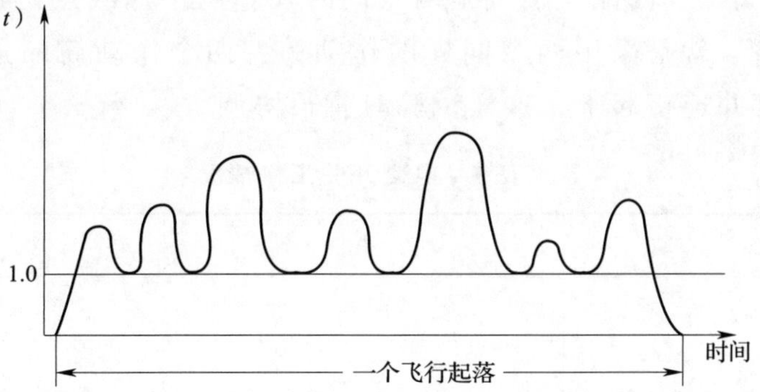

图 5　过载等于 1 的常幅值在整个试验过程中都加在飞机上

4　加载控制系统和加载次序

4.1　加载控制系统

加载控制系统如图6所示（这部分是学习沈阳飞机制造公司好经验后自制的土设备）。

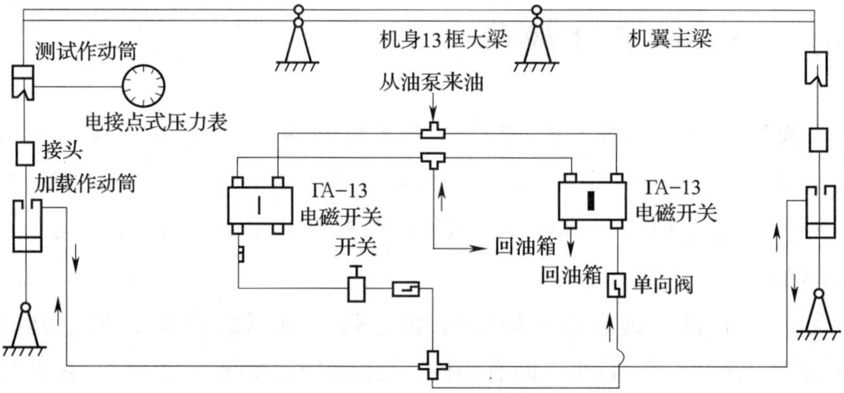

图6　加载控制系统示意图

（1）电磁开关通电特点：通电时，油路斜通；断电时，油路直通。

（2）电磁开关工作情况见表3。

这个疲劳试验，由于一次试验三个件，两个机翼的主梁（左、右）和一个机身13框大梁，因此，加载是两点同时加；两个加载点协调问题，没有用什么复杂设备。就是采用两个同样的作动筒，两个作动筒的进油导管采用相同内径和长度并连接起来，这样试验时就很协调。

表3　电磁开关工作情况

	Ⅰ	Ⅱ
加载	断电	通电
卸载	通电	断电
保持	通电	通电

加载的大小、加载级数的转换都靠电接点压力表来控制和调整。

加载曲线最大值的保持时间与最小值的保持时间是靠两个时间继电器来实

现的。

加载与卸载的控制和转换靠两个电磁开关，如图 6 中的 ГА－13。

各级过载所对应的压力是用测试作动筒在拉伸试验机上试验出来的，各级过载所对应的力和压力列入表 4 中。为了看起来方便将各级过载所对应的加载次数和周期以及着陆载荷谱也列入表 4 中。

表 4　飞行情况试验一览表

过载 n_y	力/kgf	压力/（kgf/cm^2）	周期/（s/次）	次数	备注
1.0	2160	19.4			加载基值为 19.4
1.5	3240	29.2	8	2924	
1.7	3670	33.0	8	1317	
2.1	4540	40.9	18	1273	
3.0	6480	58.3	25	682	
4.0	8640	77.8	25	597	
4.8	10370	93.3	24	208	
5.2	11230	101.1	24	87	
5.7	12310	110.8	22	14	
6.5	14040	126.4	22	3	
合计				7105	

表 5　着陆情况试验一览表

$G_щ$	8720	78.5	4	3	
$E'_щ$	10260	92.3	4	292	
$E_щ$	12230	110.1	4	3	
$R_{2щ}^{C/T}$	14300	128.7	8	28	

4.2　加载次序

加载采用递增加载次序，如图 7 所示。图 7 中的加载次序仅是飞行载荷情况，着陆情况没列入。

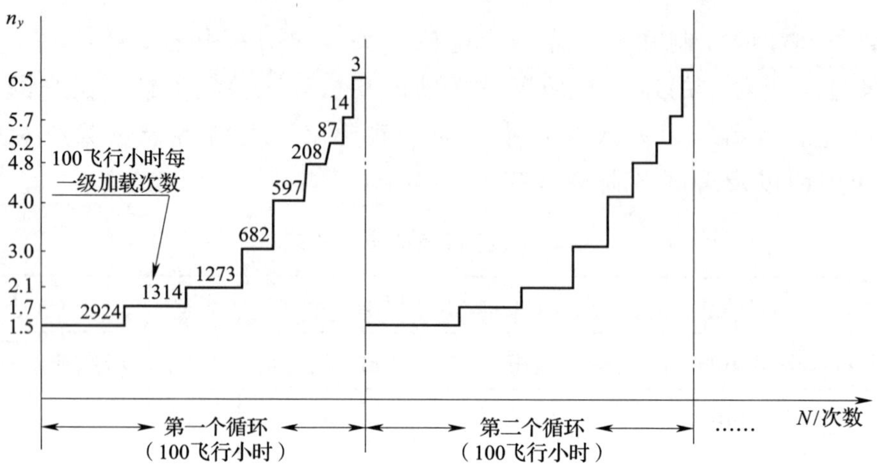

图7　飞行加载次序

4.3　试验时液压基值的选择

（1）飞行情况

液压基值的选择，就是确定每次加载和卸载的基础载荷问题，是零值开始经过加载，然后再回到零值呢？还是应该选择一个其他的值？从一些资料上看，对于飞行载荷是从零值回到零值。我们认为这是不合理的，因为飞机在空中飞各种动作时，基本都是从平飞开始，做一定飞行动作后，又回到平飞。也就是说它的过载基本上是从1到某一值再到1。因此，地面试验时，必须用过载等于1的液压值为基值。这样不仅仅模拟了机动飞行情况，而且模拟了地—空—地循环情况。

（2）着陆情况

着陆情况与飞行情况不同，在试验时，液压的基值应近似地从零经过加载再回到零。

5　试验的初步结果

5.1　试验概况

根据所测下来的载荷谱和规定的加载次序，按表4和表5的数据进行试验，已试验了4100飞行小时。从循环次数看，已循环了3.5×10^5次。目前这个试验还在继续进行，设备运行正常。

5.2　比较

（1）试验件的应变值与理论计算比较

为了验证这个试验与理论计算之间的差异，我们在试验过程中，在主梁上贴了 14 片电阻丝片，进行了应变测量。应变仪是 YJ－5。

从测量下来的应变值来看，与原文计算的应变值是吻合的，一般误差在 1%～3% 之间。为减少篇幅，现只举一点为例，说明两者之间的关系。将试验测量下来的应变值与理论计算应变值画出曲线，如图 8 所示。

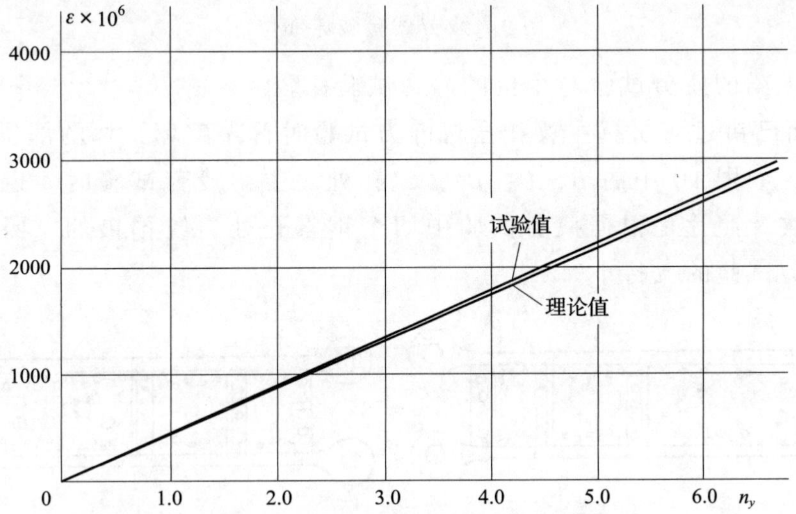

图 8　乌米格－15 飞机机翼主梁理论计算的应变值与疲劳试验的应变值比较（1 号点）

（2）飞机在使用中主梁出现的裂纹与试验中出现的裂纹比较

为了验证这个试验的准确程度，我们深入实际，到部队和修理厂，统计真正使用飞机的损坏情况，通过调查，发现乌米格－15 飞机机翼主梁有三个在起落架转轴旁一个埋头螺栓孔处有裂纹，裂纹的部位和方向都是一样的。在我们试验中，也发现在同样的部位有裂纹，裂纹部位和方向与使用飞机的裂纹部位和方向完全一致，而且左右机翼主梁的裂纹几乎同时出现，如图 9 所示。图中照片是根据疲劳试验时 A，A' 裂纹拍摄的。照片上的数字是指疲劳试验的飞行小时数（如 4400 是指机翼主梁已试验了 4400 飞行小时）。从记录的数字可以看出裂纹发展速度。

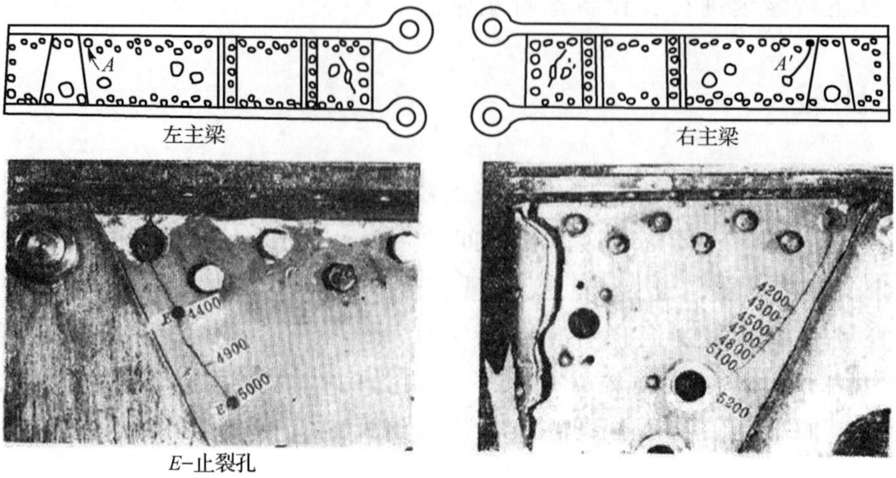

图9 疲劳试验破坏部位

（3）主梁的疲劳试验与全机的静力试验比较

在前面已讲过，机翼主梁在全机静力试验时首先破坏，坏的部位在两个钢索孔一带，如图10中的B，C，B'，C'孔处。主梁疲劳试验时，也在这个部位出现裂纹，照片是根据疲劳试验中两个钢索孔处裂纹拍摄的。照片上的数字是指疲劳试验的飞行小时数。

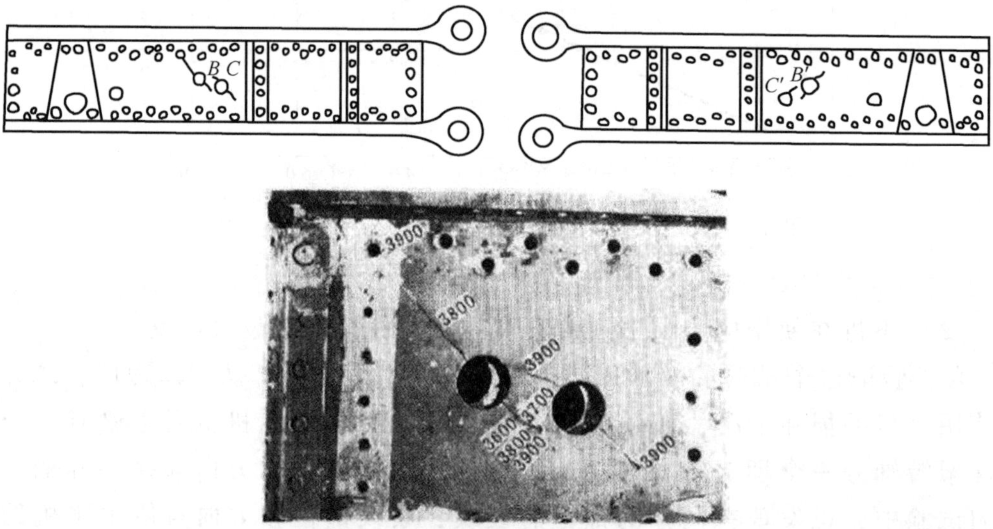

图10 疲劳试验破坏部位

从以上三方面来看，疲劳试验无论与真正使用飞机或与全机静力试验以及与理论计算相比较都是较吻合的，说明这个设备进行的疲劳试验结果是有一定可靠性的。

5.3 裂纹的分散性

从试验可以看出，疲劳裂纹的分散性有两种情况：

（1）两个主梁在同一部位，几乎在同一时间出现裂纹，方向也一致。如图 9 中的 A，A'裂纹和 D，D'裂纹。A 裂纹是试验到 4400 飞行小时发现的，A'裂纹是试验到 4200 飞行小时发现的。D，D'裂纹都是试验到 3600 飞行小时发现的。

（2）一个梁在某一部位出现了疲劳裂纹，而另外一个隔了一段时间后才出现裂纹。如图 10 中的 B，C 孔裂纹是试验到 3600 飞行小时出现的，而 B'，C'孔的裂纹是试验到 4800 飞行小时才出现。

从以上这两种情况看，两个主梁疲劳裂纹的出现有它的相对集中性，也有它的分散性，一般来说疲劳裂纹的分散性是很大的，但从这个疲劳试验的裂纹来看还是比较集中的，分散性还不算大。

5.4 裂纹发展速度

裂纹发展速度是疲劳试验要获得的指标之一，它和找到疲劳裂纹的部位有同样的重要意义，找到它们的规律性可以用来指导实践。研究疲劳裂纹发展速度与找疲劳裂纹部位一样，是为部队使用维修提供资料的，为制定维修检查条例提供依据。在这方面我们积累的资料很少，不过从这个疲劳试验中，也观察到疲劳裂纹发展速度有以下两种情况：

（1）疲劳裂纹缓慢发展

由图 9 和图 10 的疲劳裂纹和照片可以看出，它们的裂纹发展速度是缓慢的。裂纹的长度随试验的循环次数的增加而增加，特点是裂纹刚出现时发展较快，到一定程度后，裂纹的发展速度减慢，而最后阶段裂纹发展得很快。由图 9 中 A'裂纹的照片和它的记录数据绘成曲线图 11。

（2）突然出现的裂纹

在试验中，我们除发现缓慢发展的裂纹外，还发现突然的爆炸式的断裂。如有一个主梁腹板，当试验到 5500 飞行小时时，最大过载刚加上，突然听到“砰”的响声，经检查发现在防扭装置附近，整个主梁腹板裂透，见图 12 中的裂纹 F。

这个裂纹的发生，初步分析与防扭装置集中传扭有关，也与我们去掉腹板上的加强筋有关（使临界应力降低）。

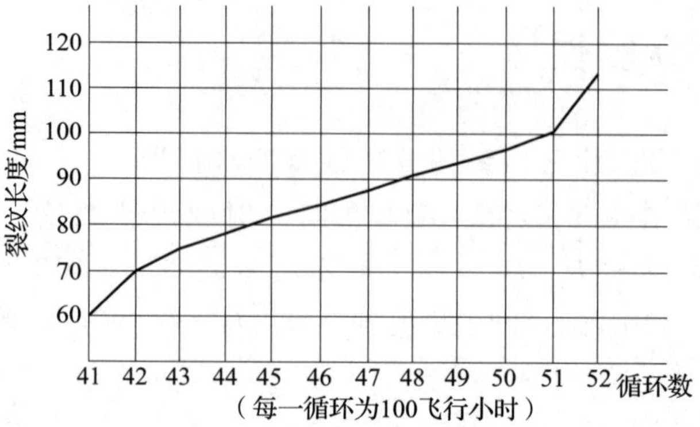

图 11　裂纹试验发展曲线

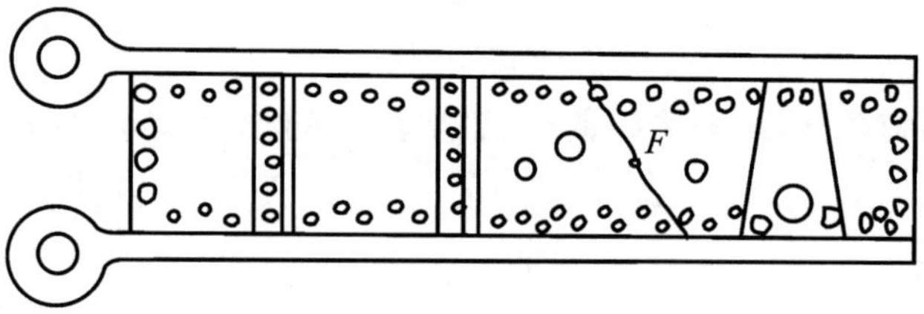

图 12　疲劳试验破坏部位

5.5　止裂孔的作用

为了使用维护提供资料，我们在疲劳裂纹发展过程中打止裂孔，看止裂孔对疲劳裂纹的止裂效果。图 9 中的两个梁，在同一部位出现的裂纹 A 与 A'，采取不同措施。A'裂纹让它自由发展（但不能发展到不可修复的地步），记录它的发展速度，而 A 裂纹发现后，马上打止裂孔，观察止裂效果。我们在三处打止裂孔，止裂孔的直径为 3mm。通过观察，一般这种止裂孔能止裂 300～400 飞行小时。但止裂孔一旦裂开其发展速度也是比较快的，好像突然崩开一样。尽管如此，总的裂纹长度比没打止裂孔的裂纹长度短得多。比较图 9 中的 A，A'照片的裂纹就可以看出这一点，说明打止裂孔是有一定效果的。因此，在外场如果发现机翼主梁腹板有裂纹时，允许打止裂孔继续飞行一段时间。为了更清楚地说明这个问题，将图 9 中的裂纹 A（打止裂孔）和它的记录数字绘成曲线，如图 13 所示。

5.6　液压附件疲劳情况

在疲劳试验的液压系统中，我们用了 435 油泵和两个 ГА－13 电磁阀等液压附件。这些附件在整个试验中，一直没有更换，在地面已工作了 1117h，

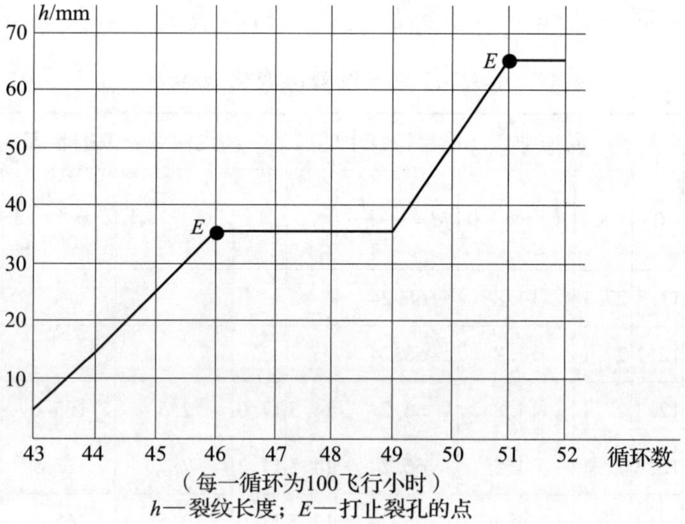

图 13　试验裂纹止裂孔效果曲线

循环次数是 3.5×10^5 次，工作温度一般在 50 ~ 60℃，工作压力一般在 0 ~ 130kgf/cm^2。这实际上也等于给它们做了疲劳试验。由于整个试验还在进行，到目前为止尚未发现什么大故障。

6　实测应变

为了校验不同设计情况（A，A'，B，L_A，e，…），即不同飞行动作对主梁受力的影响，我们进行了主梁应力（应变）空中测量。在主梁上共贴 4 点应变片。

（1）测量科目有复杂特技、简单特技、双机编队、航发、航线、起飞着陆和跳跃着陆等 7 个科目；

（2）共测 11 个起落；

（3）测量仪器是 F401；

（4）测量结果及分析。

这项工作不详细介绍，只将测量的结果举两个例子说明。

通过空中应变的实测，找到了在不同设计情况（不同动作）下，对主梁的受力影响规律。现以两种不同情况来说明这个问题。

（1）同一动作（如简单特技中的横滚），主梁上的应变（$\varepsilon\times10^{-6}$）随过载（n_y）的变化规律是成比例的。如表 6 的数值和图 14 的曲线（根据表 6 数值绘制的），可看出横滚动作从开始到结束，应变与过载的变化规律是很好的。这就说明在同一动作下，主梁的受力只与过载大小有关。

表 6　应变与过载的变化规律

动作	动作时间 t/s	过载 n_y	同一动作（简单特技中的横滚）实测应变 ε 数据整理——1 号点									
			0	K	$A_T = K - 0$	$M = \frac{\varepsilon_T}{A_T}\frac{K}{K_0}$	A_0	A_t	$A_i = A_t - A_0$	$\varepsilon_i = A_i \cdot M$	$\varepsilon = \varepsilon_i / 1 + \mu$	备注
横滚		0	12.3	27.1	14.8	66.24						
横滚			12.3	27.1	14.8	66.24						
横滚	609	0.5	12.3	27.1	14.8	66.24	14.5	17.0	2.5	165.6	127.4	
横滚	609.5	0.6	12.3	27.1	14.8	66.24	14.5	17.2	2.7	17.89	137.6	
横滚	612	0.6	12.3	27.1	14.8	66.24	14.5	17.0	2.5	165.6	127.4	
横滚	618.5	0.8	12.3	27.1	14.8	66.24	14.5	20.5	6.0	399.4	305.7	
横滚	619.5	1.2	12.3	27.1	14.8	66.24	14.5	27.0	12.5	828	636.9	
横滚	621	1.75	12.3	27.1	14.8	66.24	14.5	34.2	19.7	1304.9	1003.7	
横滚	627	1.1	12.3	27.1	14.8	66.24	14.5	24.6	11.0	728.6	560.5	
横滚	624	1.7	12.3	27.1	14.8	66.24	14.5	34.0	19.5	1291.7	993.6	
横滚	630	1.6	12.3	27.1	14.8	66.24	14.5	32.0	17.5	1159.2	891.7	
横滚	634	2.0	12.3	27.1	14.8	66.24	14.5	37.3	22.5	1510.3	1161.7	
横滚	636	2.0	12.3	27.1	14.8	66.24	14.5	37.5	23.0	1523.5	1171.9	
横滚	639	0.8	12.3	27.1	14.8	66.24	14.5	21.0	6.5	430.6	331.2	
横滚		0	7.5	21.9	14.4	73.95	7.9					
横滚	609	0.6	7.5	21.9	14.4	73.95	7.9	9.5	1.6	118.3	91.0	
横滚	609.5	0.6	7.5	21.9	14.4	73.95	7.9	9.7	1.8	133.1	102.4	
横滚	618.5	0.7	7.5	21.9	14.4	73.95	7.9	11.0	3.2	236.6	182.0	
横滚	619.5	1.2	7.5	21.9	14.4	73.95	7.9	14.0	6.1	451.1	346.9	
横滚	621	1.75	7.5	21.9	14.4	73.95	7.9	16.0	8.1	599.0	460.8	
横滚	627	1.1	7.5	21.9	14.4	73.95	7.9	12.4	4.5	332.8	256.0	
横滚	624	1.7	7.5	21.9	14.4	73.95	7.9	16.0	8.1	599.0	460.8	

表6（续）

动作	动作时间 t/s	过载 n_y	同一动作（简单特技中的横滚）实测应变 ε 数据整理——1号点									
			0	K	$A_T=K-0$	$M=\frac{\varepsilon_T}{A_T}\frac{K}{K_0}$	A_0	A_t	$A_i=A_t-A_0$	$\varepsilon_i=A_i\cdot M$	$\varepsilon=\varepsilon_i/1+\mu$	备注
横滚	630	1.6	7.5	21.9	14.4	73.95	7.9	15.4	75	554.6	426.6	
横滚	634	2.0	7.5	21.9	14.4	73.95	7.9	17.3	9.4	696.0	536.0	
横滚	636	2.0	7.5	21.9	14.4	73.95	7.9	17.5	9.7	717.3	551.8	
横滚	639	0.8	7.5	21.9	14.4	73.95	7.9	10.6	2.7	199.7	153.6	
横滚		0	29.5	45.4	15.9	63.21	31.0					
横滚	609	0.6	29.5	45.4	15.9	63.21	31.0	25.0	−6.0	−379.3	−291.7	
横滚	612	0.6	29.5	45.4	15.9	63.21	31.0	25.0	−6.0	−379.3	−291.7	
横滚	618.5	0.7	29.5	45.4	15.9	63.21	31.0	23.6	−17.4	−467.8	−359.8	
横滚	619.5	1.2	29.5	45.4	15.9	63.21	31.0	21.0	−10.0	−632.1	−486.2	
横滚	621	1.75	29.5	45.4	15.9	63.21	31.0	18.4	−12.6	−796.4	−612.7	
横滚	627	1.1	29.5	45.4	15.9	63.21	31.0	22.2	−8.8	−556.3	−427.9	
横滚	624	1.7	29.5	45.4	15.9	63.21	31.0	19.0	−12.0	758.5	583.5	
横滚	630	1.6	29.5	45.4	15.9	63.21	31.0	19.3	−11.7	−739.6	−568.9	
横滚	634	2.0	29.5	45.4	15.9	63.21	31.0	16.4	−14.6	−927.4	−713.4	

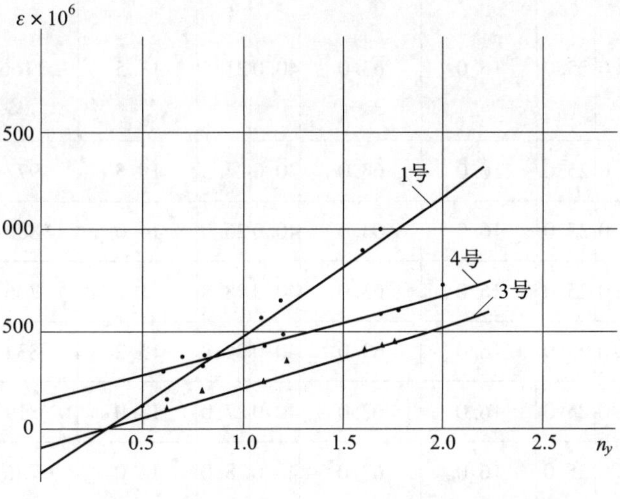

图14　同一动作（简单特技中的横滚）里1号、3号、4号测量点的 ε—n_y 曲线

（2）混合动作（如复杂特技），主梁上的应变ε随过载n_y的变化规律也是成比例的。如表7的数值和图15的曲线（根据表7数值绘制的）。可看出在不同动作的情况下，如盘旋、半滚、筋斗、半筋斗翻转、斜筋斗结束、横滚、跃升……主梁上的应变随过载的变化规律也是很好的。因为这些不同动作就是在设计过程中的不同设计情况，不同动作，机翼上的压力分布也是不同的。对机翼一般零件如蒙皮、肋、前梁和后梁等，在不同动作，过载相同的情况下，受力是不同的。为什么主梁的受力，在不同的动作，相同过载下，影响不大呢？这是因为从翼尖往翼根传递的弯矩、剪力、扭矩等到根部三角形区域重新分配的结果（分配给主梁的只有集中力）。

表7　应变随过载的变化规律

动作	动作时间 t/s	过载 n_y	混合动作（复杂特技）实测应变ε数据整理——1号点									
			0	K	$A_T=K-0$	$M=\frac{\varepsilon_T}{A_T}\frac{K}{K_0}$	A_0	A_t	$A_i=A_t-A_0$	$\varepsilon_i=A_i\cdot M$	$\varepsilon=\varepsilon_i/1+\mu$	备注
盘旋	38	4.3	41.0	25.0	16.0	63.0	40.0	18.0	22.0	1386	1066	
盘旋	68	3.9	41.0	25.0	16.0	63.0	40.0	19.5	20.5	1292	994	
半滚	122	4.2	41.0	25.0	16.0	63.0	40.0	18.2	21.5	1355	1042	
筋斗结束	160	3.7	41.0	25.0	16.0	63.0	40.0	20.5	19.5	1229	945	
筋斗	172	4.8	41.0	25.0	16.0	63.0	40.0	15.5	24.5	1544	1188	
斜筋斗结束	304	3.4	41.0	25.0	16.0	63.0	40.0	21.5	18.5	1166	897	
横滚	424	2.6	41.0	25.0	16.0	63.0	40.0	24.5	15.5	977	751	
盘旋	88	2.3	41.0	25.0	16.0	63.0	40.0	26.0	14.0	882	678	
半滚	127	1.7	41.0	25.0	16.0	63.0	40.0	28.8	11.2	706	543	
半滚	128	2.2	41.0	25.0	16.0	63.0	40.0	26.8	13.2	834	642	
半滚	271	2.1	41.0	25.0	16.0	63.0	40.0	27.0	13.0	819	630	
跃升	373	2.0	41.0	25.0	16.0	63.0	40.0	28.0	12.0	756	582	

表7（续）

动作	动作时间 t/s	过载 n_y	混合动作（复杂特技）实测应变 ε 数据整理——1号点									
			0	K	$A_T=K-0$	$M=\frac{\varepsilon_T}{A_T}\frac{K}{K_0}$	A_0	A_t	$A_i=A_t-A_0$	$\varepsilon_i=A_i\cdot M$	$\varepsilon=\varepsilon_i/1+\mu$	备注
	452	1.5	41.0	25.0	16.0	63.0	40.0	30.0	10.0	630	485	
	473	1.6	41.0	25.0	16.0	63.0	40.0	29.3	10.7	674	518	
盘旋	3.5	0.7	41.0	25.0	16.0	63.0	40.0	33.9	6.1	384	296	
盘旋	8.5	0.65	41.0	25.0	16.0	63.0	40.0	34.0	6.0	378	291	
盘旋	12.5	1.5	41.0	25.0	16.0	63.0	40.0	30.3	9.7	586	451	
半滚	110.2	0.5	41.0	25.0	16.0	63.0	40.0	35.8	4.2	265	204	
筋斗	13.2	1.2	41.0	25.0	16.0	63.0	40.0	31.9	8.1	510	392	
半滚	125.8	2.8	41.0	25.0	16.0	63.0	40.0	23.1	16.9	1065	819	
筋斗	300.5	3.0	41.0	25.0	16.0	63.0	40.0	22.9	17.1	1077	828	
半滚	357.5	3.3	41.0	25.0	16.0	63.0	40.0	21.4	18.6	1172	901.4	
盘旋	3.8	4.3	37.3	23	14.3	67.2	37.5	17.5	20.0	1344	1034	
盘旋	68	3.9	37.3	23	14.3	67.2	37.5	19.5	18.0	1209.6	930	
筋斗结束	160	3.7	37.3	23	14.3	67.2	37.5	2.0	17.5	1176	905	
半滚	127	1.7	37.3	23	14.3	67.2	37.5	30.6	6.9	463.7	357	
筋斗	172	4.8	37.3	23	14.3	67.2	37.5	15.5	22.0	1478.4	1137	
斜筋斗结束	304	3.4	37.3	23	14.3	67.2	37.5	21.5	16.0	1075.2	827	
横滚	424	2.6	37.3	23	14.3	67.2	37.5	25.2	12.3	826.6	636	

表7（续）

动作	动作时间 t/s	过载 n_y	混合动作（复杂特技）实测应变 ε 数据整理——1号点									
			0	K	$A_T=K-0$	$M=\frac{\varepsilon_T}{A_T}\frac{K}{K_0}$	A_0	A_t	$A_i=A_t-A_0$	$\varepsilon_i=A_i\cdot M$	$\varepsilon=\varepsilon_i/1+\mu$	备注
盘旋	88	2.3	37.3	23	14.3	67.2	37.5	27.2	10.3	692.2	532	
半滚	128	2.2	37.3	23	14.3	67.2	37.5	28.2	9.0	604.8	465	
半滚	271	2.1	37.3	23	14.3	67.2	37.5	29.0	8.5	571.2	439.4	
跃升	373	2.0	37.3	23	14.3	67.2	37.5	30.0	7.5	504.0	388	
	452	1.5	37.3	23	14.3	67.2	37.5	32.1	5.4	362.9	279	
	473	1.6	37.3	23	14.3	67.2	37.5	30.9	6.6	443.5	341	
盘旋	3.5	0.7	37.3	23	14.3	67.2	37.5	36.0	1.5	100.9	77.6	
盘旋	7.0	0.65	37.3	23	14.3	67.2	37.5	36.0	1.5	100.9	77.6	
盘旋	12.5	1.5	37.3	23	14.3	67.2	37.5	32.5	5.0	3360	258	
半滚	110.2	0.5	37.3	23	14.3	67.2	37.5	36.5	1.0	67.2	51.7	
筋斗	132	1.2	37.3	23	14.3	67.2	37.5	33.8	3.7	248.6	191.2	
半滚	125.8	2.8	37.3	23	14.3	67.2	37.5	23.6	13.9	934.1	719	
筋斗	300.5	3.0	37.3	23	14.3	67.2	37.5	22.9	14.6	981.1	754.7	
半滚	357.5	3.3	37.3	23	14.3	67.2	37.5	21.4	16.1	1082	832.0	
半滚	122	4.2	37.3	23	14.3	67.2	37.5	17.2	20.3	1364.2	1049	
盘旋	38	4.3	43.0	30.5	12.5	74.1	42.0	1.0	41.0	3038.1	2337	
盘旋	68	3.9	43.0	30.5	12.5	74.1	42.0	2.4	39.6	2934.4	2257	
半滚	122	4.2	43.0	30.5	12.5	74.1	42.0	1.0	41.0	3038.1	2337	
筋斗	140	4.8	43.0	30.5	12.5	74.1	42.0	-1.7	43.7	3238.	2491	

表7（续）

动作	动作时间 t/s	过载 n_y	混合动作（复杂特技）实测应变 ε 数据整理——1号点									备注
			0	K	$A_T=K-0$	$M=\frac{\varepsilon_T}{A_T}\frac{K}{K_0}$	A_0	A_t	$A_i=A_t-A_0$	$\varepsilon_i=A_i\cdot M$	$\varepsilon=\varepsilon_i/1+\mu$	
筋斗结束	160	3.7	43.0	30.5	12.5	74.1	42.0	3.5	38.5	2852.9	2195	
半筋斗翻转	172	4.8	43.0	30.5	12.5	74.1	42.0	-2.0	44.0	3260.4	2508	
斜筋斗结束	304	3.4	43.0	30.5	12.5	74.1	42.0	6.0	37.0	2741.7	2109	
横滚	424	2.6	43.0	30.5	12.5	74.1	42.0	3	29.0	2148.9	1653	
盘旋	88	2.3	43.0	30.5	12.5	74.1	42.0	15.8	26.2	1941.4	1493	
半滚	127	1.7	43.0	30.5	12.5	74.1	42.0	23.0	19.0	1407.9	1083	
半滚	128	2.2	43.0	30.5	12.5	74.1	42.0	17.5	24.5	1815.5	1397	
跃升	373	2.0	43.0	30.5	12.5	74.1	42.0	20.5	21.5	1593.2	1226	
	452	1.5	43.0	30.5	12.5	74.1	42.0	27.8	14.2	1052.2	809	
	473	1.6	43.0	30.5	12.5	74.1	42.0	25.2	16.8	1244.9	958	
盘旋	3.5	0.7	43.0	30.5	12.5	74.1	42.0	36.0	6.0	444.6	342	
盘旋	8.5	0.65	43.0	30.5	12.5	74.1	42.0	36.5	5.5	407.6	314	
盘旋	12.5	1.5	43.0	30.5	12.5	74.1	42.0	27.6	14.4	1067.0	821	
半滚	110.2	0.5	43.0	30.5	12.5	74.1	42.0	38.8	3.2	237.1	182	
筋斗	132	1.2	43.0	30.5	12.5	74.1	42.0	29.0	13.0	963.3	741	
半滚	125.8	2.8	43.0	30.5	12.5	74.1	42.0	8.0	34.0	2519.3	1938	
筋斗	300.5	3.0	43.0	30.5	12.5	74.1	42.0	9.5	32.5	2408.3	1853	
半滚	357.5	3.3	43.0	30.5	12.5	74.1	42.0	5.5	36.5	2704.7	2081	

附表1　乌米格－15飞机机翼故障统计表

部件	零件故障名称	图号	1000~1500h（10架）					1600~1900h（17架）					2000~2100h（6架）					2300~2600h（10架）				
			总件数	损坏情况				总件数	损坏情况				总件数	损坏情况				总件数	损坏情况			
				件数	占比/%	架数	占比/%		件数	占比/%	架数	占比/%		件数	占比/%	架数	占比/%		件数	占比/%	架数	占比/%
机翼	主梁胶板裂							34	1	3	1	6										
	52蒙皮裂纹	C2100－52	20	13	65	8	80	34	20	60	11	65	12	7	59	4	67	20	10	50	6	60
	主轮舱波纹板		20	5	25	3	30	34	5	16	4	23	12	4	33	3	50	20	0	0	0	0
	前梁下部角材腐蚀轻/重		20/	2/	10	2/	20	34	15/1	44/30	12/1	70/6	12	7/	59/	5/	83/	20	11/1	55/5	7/1	70/10
	后梁8肋处裂纹		20	2	10	2	20	34	6	18	5	29	12	4	33	4	67	20	3	15	3	30
	01蒙皮根部																	20	4	20	4	40
	主起落架大轴后支座	C4010－14						34	4	12	4	23						20	1	5	1	10
	炸弹挂架斜肋板							34	1	3	1	6										
	20交点	CT2129－20 C2129－20	20	10	50	7	70	8/26	5/22	63/85	17	100	12	11	91	6	100	20	4	20	3	30
	机身机翼中接点	C2129－10	20	6	30	6	60	34	8	23	6	35	12	2	17	2	33	20	2	10	2	20
	中6肋		20	3	15	3	30	34	11	32	8	47	12	5	41	5	83	20	11	55	8	80
	7前肋		20	6	3	5	50	34	8	23	7	41	12					20	13	65	8	80

附表1（续）

部件	零件故障名称	图号	1000~1500h（10架）					1600~1900h（17架）					2000~2100h（6架）					2300~2600h（10架）				
			总件数	损坏情况				总件数	损坏情况				总件数	损坏情况				总件数	损坏情况			
				件数	占比/%	架数	占比/%		件数	占比/%	架数	占比/%		件数	占比/%	架数	占比/%		件数	占比/%	架数	占比/%
机翼	7中肋		20	16	80	9	90	34	18	53	13	77	12	2	17	1	17	20	5	25	3	30
	17前肋							34	1	3	1	6	12	1	8	1	17					
	轮舱支臂	C2127-10	20	2	10	2	20	34	5	10	4	23	12	3	25	2	37	20	1	5	1	10
	纵梁与梁连接角铝		20	1	5	1	10	34	3	9	3	18	12	5	41	4	67	20	3	15	3	30
	襟翼大梁	C3901-05						34	25	37	15	90	12	12	100	6	100	20	10	50	8	80
	襟翼滑轮支臂	C3901-20						102	38	37	15	90	36	20	56	6	100	60	5	8.3	5	50
	襟翼锁钩座	C3901-30						34	12	35	8	47	12	4	33	4	67	20	5	25	4	40
	襟翼滑轨支座	C2106-60						34	1	3	1	6						20	1	5	1	10
	襟翼滑轨更新	C2123-21	120	1	1	1	10	204	5	2	4	23	72	2	3	1	17	120	3	2.5	3	3

附表2　乌米格－15飞机机身故障发生率统计表

部件	零件故障名称	图号	1000～1500h（10架）					1600～1900h（17架）					2000～2100h（6架）					2300～2600h（10架）				
			总件数	损坏情况				总件数	损坏情况				总件数	损坏情况				总件数	损坏情况			
				件数	占比/%	架数	占比/%		件数	占比/%	架数	占比/%		件数	占比/%	架数	占比/%		件数	占比/%	架数	占比/%
机身	13框轮缘	Cu0213－270						68	31	46	11	65	24	19	69	6	100	40	13	33	6	60
	13框匚字型材	Cu0213－408	30	15	50	9	90	51	28	55	17	100	18	8	44	4	67	30	18	60	10	100
	13框后部角铝	C0213－182	10	8	80	8	80	17	12	70	12	70	6	6	100	6	100	10	2	20	2	20
	13框前部角铝	C0213－61	10	7	70	7	70	17	9	53	9	53	6	4	67	4	67	10	1	10	1	10
	13框前部角铝	C0213－87	10	6	60	6	60	17	12	70	12	70	6	3	50	3	50	10	4	40	4	40
	前交点盒形件	C0200－141						34	3	9	3	18						20	1	10	1	10
	3框下框板		10	8	80	8	80	17	14	82	14	82	6	6	100	6	100	10	1	10	1	10
	4框左上角型材	CД0204－16						17	6	35	6	35	6	3	50	3	50					
	4框下框板		17	3	18	3	18	6	1	17	1	17										
	5A框		1					17	6	35	6	35	6	2	37	2	37					
	机翼与机身中交点	C0200－500						34	6	18	5	29	12	1	8	1	17	20	3	15	2	20
	14框上下结点	CД0300－770	20	1	5	1	10	34	5	14	5	29	12	3	25	2	37	20	1	5	1	10
	14框侧结点	CД0300－204	40	5	13	2	20	68	33	49	13	76	24	9	38	5	50	40	15	38	6	60
	14框中结点	－840	40	3	8	2	20	68	19	28	10	60	24	9	38	6	100	40	1	3	1	10

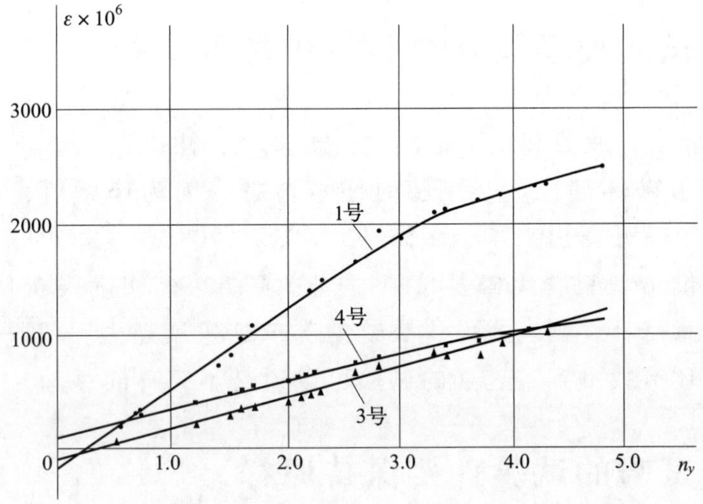

图 15　混合动作（复杂特技）里 1 号、3 号、4 号测量点的 ε—n_y 曲线

根据实测应变的结果，不论是同一动作，还是不同动作，在过载相同的情况下，主梁受力是一致的，就是说，主梁的受力只与过载大小有关，与动作关系不大。根据这个结论，在试验时，我们只选用一处设计情况（A'）的压力分布为基准。

7　疲劳试验中应注意的几个问题

7.1　支持刚度问题

根据国内外的经验，地面疲劳试验能不能得到好的结果，与地面模拟支持刚度有很大关系，如果支持刚度模拟的与真正飞机相同或接近，载荷谱和加载控制系统等也都比较精准，这样，试验就能得到比较好的结果。如果支持刚度模拟得不对，载荷谱再准，加载系统再精，试验是得不到好结果的，甚至是失败的。如一个兄弟厂谈到为了考核××飞机主梁的疲劳强度，将主梁固定在静力试验的承力墙上，由于支持刚度模拟得不准，再加上防扭和防失稳问题没有很好考虑，试验没有成功。接着又试验了两个机翼，由于支持刚度太强，结果一个是 950 飞行小时，在主梁根部断；另一个是 1050 飞行小时，也在主梁根部坏了，如果再考虑分散系数，则寿命就更少了，这与真正飞行的飞机寿命是不相符的。因此，在做地面疲劳试验时，对支持刚度要给予足够的重视。

7.2 疲劳试验要多找几个疲劳破坏部位

在疲劳试验中，疲劳裂纹不是同时出现多个，往往是一个一个地出现，为了找到多处疲劳破坏部位，必须随时注意修补，因为修补后，矛盾转化了，另一个薄弱环节就暴露出来了，多修补几次，就可以多暴露出一些薄弱环节，直到最关键部位出现裂纹无修复价值时，才算结束。实际飞机修理也是这样做的。如不注意修补，则首先发生裂纹的部位越发展越大，使整个构件损坏，而其他的薄弱环节找不到，这样的试验可以说是不完善的。

7.3 疲劳试验的试验件要保持原样

试验件尽量保持原来的完整性，哪怕是一个铆钉也好。这方面我们是有教训的，下面举几个例子说明。

（1）试验件机身13框大梁上下凸缘缺一个连接接头，试验到3500飞行小时疲劳断裂了。图16是缺凸缘连接接头的13框大梁的破坏情况，箭头A是指缺接头的部位，箭头B是指疲劳破坏部位。图17是受拉凸缘疲劳破坏断面。从断裂特点看，一是没有残余变形，好像是脆性断裂，二是断裂面有疲劳源（箭头C指的螺栓孔周围，特点是表面光滑而且有波浪式的花纹）、有发展区（箭头D指的周围，它的特点是沿凸缘周边成45°，比较光滑）、有断裂区（表面粗糙）。虽然是疲劳破坏，但没有反映出它的真正寿命。后来我们又做了一个好的13框大梁的疲劳试验，再也没有发现类似情况。

（2）机翼主梁腹板缺加强筋，而导致腹板大面积剪坏，见图12中的裂纹。

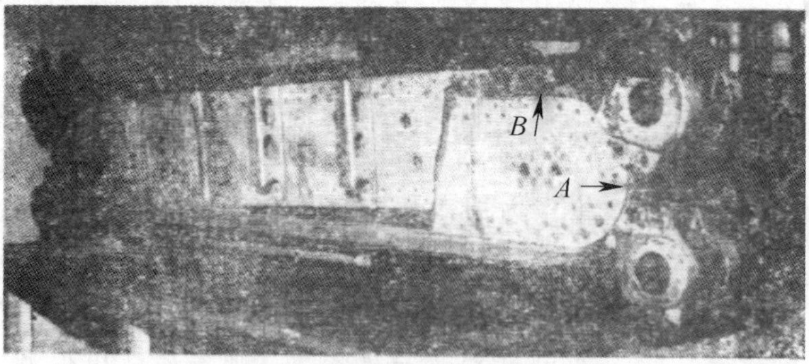

图16 13框大梁的破坏情况

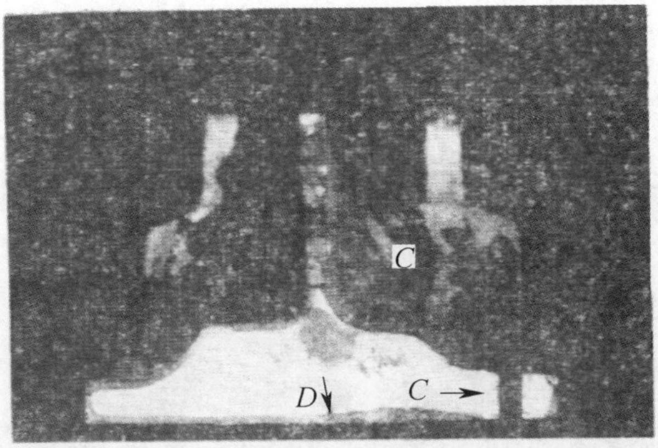

图 17 13 框大梁断裂断口

（3）机翼主梁腹板的一个小支架（起落架锁钩座），由于它在主梁受力时不起什么作用，试验时没有装它，结果在试验过程中，从这个支架所在位置的腹板处开始出现裂纹。见图 9 中 D，D' 裂纹。后来装上支架后，裂纹就不再发展了。

从以上三处裂纹可以看出，它们都是因为缺件造成的，因此，疲劳试验的试验件要尽量保持原来的完整性，否则会影响试验结果。

“系列飞机定寿法”的原理和应用[①]

摘要： 本文用“寿命类比计算法”原理，研究给出“系列飞机定寿法”。所谓“系列飞机定寿法”，就是突破单个型号飞机定寿方法，而是采用一个系列一个系列的飞机定寿法。一个系列飞机是指机体结构基本相同，用途不同的机群飞机。系列飞机的定寿方法，是在一个系列飞机中，选择一个有代表性的机型进行全面的全尺寸疲劳试验，关键部位的损伤容限试验和修理后的耐久性试验，给出这个机型的总使用寿命和翻修寿命。然后以这个机型寿命为基准类比算出该系列使用情况不同的其他型号飞机的寿命。这样可减少大量的全尺寸疲劳试验，提高飞机定寿效率。它是一种又省钱又省时的工程技术方法。通过我国六大系列近万架飞机定寿延寿证明本“系列飞机定寿法”是有效的。

关键词： 飞机定寿；系列飞机；疲劳试验；寿命类比计算法

引言

众所周知，在现阶段，国内外规范都规定飞机机体结构定寿是要通过机体结构的全尺寸疲劳试验给出，是一个机型一个机型地进行全尺寸结构疲劳试验，给出每个机型飞机的平均使用寿命。全尺寸结构疲劳试验包括裂纹形成寿命疲劳试验、裂纹扩展寿命疲劳试验（损伤容限试验）和修理后的耐久性修理试验。这些疲劳试验寿命经过可靠性处理（除以规范规定的疲劳分散系

① 本文在1986年空军主持召开的飞机寿命专业会议上宣读（当时因牵涉机型多，未公开发表）。它是我国多系列近万架飞机定寿延寿的顶层设计和指导方法。

数）后，给出该机型的高可靠性的疲劳总使用寿命和各次翻修寿命[3-4]。这种飞机定寿法，在国际上已沿用60多年。

自1982年笔者在《航空学报》上发表《裂纹形成寿命的类比计算法》后，于1984年研究给出裂纹形成寿命的“系列飞机定寿法”。1985年《裂纹扩展寿命的类比计算法》发表后，同年又研究给出全寿命（裂纹形成寿命+裂纹扩展寿命）的“系列飞机定寿法”。1986年底，“系列飞机定寿法”被我国六大系列15个机型近万架飞机定寿延寿工程项目采用。以“系列飞机定寿法”为指导，在空军可靠性办公室领导下和我国“疲劳帮”共同努力下，仅用3个机型飞机的定寿经费（7500万元）完成了15个机型近万架飞机的定寿延寿庞大系统工程项目，不仅创造出数千架飞机的经济价值，而且还通过定寿把疲劳断裂隐患找到，并采取延寿措施，使近万架飞机再没有发生疲劳断裂大事故，确保了飞行安全，产生巨大的军事效益。由于“系列飞机定寿法”在当时是用于我国各种飞机定寿，不宜发表，因此，现在才补充应用实例刊于本书。

1 “系列飞机定寿法”原理

1.1 裂纹形成寿命的类比计算法[5]

《裂纹形成寿命的类比计算法》，1982年在《航空学报》第3卷第2期发表，同年美国国家技术情报局的《AD报告》全文转载，《国际宇航学报》也同时部分转载。它的理论计算公式见式（1）

$$\lambda' = \frac{\sum_{i=1}^{k} n_i S_i^m}{\sum_{i=1}^{k'} n_i' S_i'^m} \cdot \lambda \tag{1}$$

式中：λ——已知裂纹形成寿命构件的寿命试验循环周数；

λ'——未知裂纹形成寿命构件的寿命循环周数；

S_i——已知裂纹形成寿命构件的谱载中第i级应力；

S_i'——未知裂纹形成寿命构件的谱载中第i级应力；

n_i——已知裂纹形成寿命构件的谱载中第i级应力的加载次数；

n_i'——未知裂纹形成寿命构件的谱载中第i级应力的加载次数；

k——已知裂纹形成寿命构件的谱载中的级数；

k'——未知裂纹形成寿命构件的谱载中的级数；

m——材料常数，在裂纹形成阶段，$m = 3 \sim 10$。

1.2 裂纹扩展寿命的类比计算法[6]

《裂纹扩展寿命的类比计算法》，1985年在《航空学报》第6卷第2期发表，同年美国国家技术情报局《AD报告》全文转载，《国际宇航学报》也同时转载部分内容。它的理论计算公式见式（2）

$$\lambda' = \frac{\sum_{i=1}^{k} n_i S_i^m}{\sum_{i=1}^{k'} n'_i S'^m_i} \cdot \lambda \tag{2}$$

式中：λ——已知裂纹扩展寿命构件的寿命试验循环周数；

λ'——未知裂纹扩展寿命构件的寿命循环周数；

S_i——已知裂纹扩展寿命构件的谱载中第i级应力；

S'_i——未知裂纹扩展寿命构件的谱载中第i级应力；

n_i——已知裂纹扩展寿命构件的谱载中第i级应力的加载次数；

n'_i——未知裂纹扩展寿命构件的谱载中第i级应力的加载次数；

k——已知裂纹扩展寿命构件的谱载中的级数；

k'——未知裂纹形成寿命构件的谱载中的级数；

m——材料常数，在裂纹扩展阶段，$m = 2 \sim 4$。

1.3 两个寿命类比计算法的功能和应用范围

（1）“裂纹形成寿命类比计算法”和“裂纹扩展寿命类比计算法”，为结构相同、使用情况不同的系列机械提供一种简便、高效和可靠的裂纹形成寿命和裂纹扩展寿命计算方法。这种方法可直接用已知寿命构件的寿命，类比算出使用情况不同的未知寿命相同构件的寿命。这种寿命类比计算法与其他寿命计算方法不同，它不需要材料的性能曲线，因此用寿命类比计算法计算寿命可省掉材料性能曲线的测试。

（2）两个寿命类比计算法的寿命计算公式得到统一，使裂纹形成和裂纹扩展寿命计算更简便。裂纹形成寿命类比计算公式是由Miner理论公式推导出来的，裂纹扩展寿命类比计算公式是由Pairs断裂理论公式推导出来的，但推导出来的两种类比计算公式形式却完全一致，如式（1）和式（2）所示。仅

常值 m 取值不同，这不仅有学术价值，而且可简化寿命的计算程序，使寿命计算更简便。

（3）两个寿命类比计算法计算的寿命更可靠。由于两个寿命类比计算公式消除了 Miner 理论公式中的常数 Q，直接用已知寿命构件的寿命代替，不选用分散性很大的常数 Q 值来计算寿命，因此可提高寿命计算的准确性和可靠性。

（4）用两个寿命类比计算法定寿更高效。寿命类比定寿法是用已知寿命构件的寿命类比计算出同类构件的未知寿命，由于已知寿命构件的寿命是通过全尺寸构件疲劳试验获得的，因此类比计算法的构件寿命是在全尺寸疲劳试验基础上获得的，可不需要再做重复性的全尺寸结构疲劳试验了，从而可提高定寿效率。

（5）两个寿命类比计算法是"系列飞机定寿法"的理论基础。有了这个理论基础，可把结构基本相同的飞机划为一个系列，在一个系列飞机中选一个机型飞机进行全面的全尺寸疲劳试验，给出这个机型飞机的寿命。然后，用这个机型飞机的寿命类比算出同系列其他机型飞机的寿命。这就是"系列飞机定寿法"的基础原理。

2　"系列飞机定寿法"的技术途径

（1）划分各系列飞机。即把飞行性能，机体结构受力，结构使用材料，制造工艺等特点相近的机型划分为一个系列。

（2）确定每个系列飞机的"核心"机型。即在每个系列飞机中，选择一个数量多、使用情况有代表性的机型飞机，对这个"核心"机型的定寿延寿的载荷谱、试验件、疲劳试验、关键危险部位和检查修理等都有特殊要求。对"核心"机型的各个部件都必须进行疲劳试验和寿命计算才能给出寿命。

（3）确定"非核心"机型。在一个系列飞机中，除"核心"机型之外的机型称为"非核心"机型。对这类机型飞机凡与"核心"机型飞机结构有较大差别的结构件，要进行补充试验和计算，与"核心"机型结构基本一样的结构件就不重复进行试验，但必须进行补测载荷谱，用该补测谱与"核心"机型的谱和试验寿命进行比较计算，给出使用寿命。

（4）对通过疲劳试验暴露出寿命短的关键部件开"小灶"。通过"吃小灶"找出这些部位寿命短的真正原因，然后研究出提高这些部位寿命的有效方法，使整系列飞机寿命得以提高。

（5）横向比较，纵向综合分析研究。在一个系列中，各种试验、分析计算和定寿结论都要经过每一个系列各个机型飞机横向比较，再经过各系列飞机纵向综合分析研究后才可确定。这样，每一系列中的每一个机型飞机的定寿，都不是一个孤立事件，它是这一系列飞机的一个个体。对有的机型飞机的疲劳试验等可能是不完善的，但从整个系列飞机来看，则是完善的，而且是充分的。在系列飞机定寿中，通过横向一个系列飞机的比较和纵向多个系列飞机定寿的综合分析，就可以把整个定寿工作纳入一个系统管理的轨道，使整个定寿工作做得更全面，更深入，更可靠。

3　我国6个系列近万架飞机定寿应用实例

3.1　满足当时定寿形势需要（应用背景）

（1）我国当时各类飞机都没有寿命指标

众所周知，20世纪60年代以前，我国军用飞机大部分都是仿制的，小部分是外购的，还有一部分是国外飞机改型设计制造的。无论是哪种类型的飞机，当时大部分都是50—60年代按静强度准则设计的，没有使用寿命指标，即使少部分从苏联进口的飞机，也只给一个很短的使用寿命指标，没有具体的相关资料，而这些当时服役的飞机，有的已出现各种问题，如局部裂纹、部分构件功能失效等。有的已飞行近千小时，人们对这些飞机到底能飞行多长时间一片茫然，即使少数有使用寿命指标的服役飞机，由于缺少相关资料，对于何时检修，如何检修，是否可延寿等也心中没数。给空军在技术装备的购置、使用、维修、航材保障，以及新装备的发展等诸方面工作带来很大的被动和盲目性。

新中国成立以来，空军现役的所有各类飞机没有寿命指标，不仅会造成经济上的巨大损失和人力浪费，而且还会给飞行部队指战员的使用安全造成威胁乃至形成一定的精神压力。这些问题不解决，不但对飞机飞行安全和出勤率直接产生影响，还将直接影响到我国航空事业的发展。这不是一个机型的问题，它涉及所有机种的产品，是具有全局性质的问题。

（2）连续摔两架飞机

1972年，一架歼5飞机仅飞行900h，就在一次空战表演中空中解体，造成机毁人亡的特大事故。空军领导忧心忡忡，担心这类事故再次发生。没想到1974年，又一架歼5飞机发生同样的机毁人亡事故。不仅牺牲了用黄金培养出来的飞行员，而且造成全军歼5飞机的全部停飞。事故引起了中央军委和国务院的高度重视，当时主持军委工作的叶剑英元帅亲自过问此事并听取汇报。

(3) 经费困扰飞机定寿工作难以展开

面对严峻的现实，"七五"至"八五"期间，我国第一次把航空装备定寿和可靠性工作纳入国防预算之中。上级领导机关决定，把解决航空装备定寿和可靠性问题这一重大工程任务交给空军，国防科工委拨给空军7500万元作为当时的"在研"机种——歼7Ⅲ、歼教7和歼8Ⅱ开展定寿和可靠性工作的经费。但空军大批现役机种歼6甲、歼6丙、歼侦6、歼教6、歼7原型、歼7Ⅰ型、歼7Ⅱ型、强5基本型和增大航程型、歼教5型，以及国产轰5、轰教5、轰6和运8飞机的寿命和可靠性问题都亟待解决。为了解决这些飞机的寿命和可靠性问题，空军曾向总参装备部和总后勤部申报经费，但由于国家经费困难，没有这部分经费的预算，因此经费无法解决，按国防科工委拨款比例计算，把空军上述各类型现役飞机装备的寿命和可靠性指标搞出来，尚需几亿元人民币。为此，空军、总参装备部、总后勤部和国防科工委等领导机关都很着急，因为空军上述现役飞机寿命和可靠性指标再不确定下来，不仅直接危及空军的飞行安全和作战训练，而且还影响空军装备的发展计划。

冰冻三尺，非一日之寒。诸如以上经费和管理上的种种矛盾和问题，是新中国成立40多年来积累下来的结果。有人说，急也没有用，给多少钱就干多少事，给三种飞机的寿命和可靠性工作经费就干三种飞机，别无他策；也有人说，在缺乏经费、缺少管理机构和经验的情况下，想把上述"在研"机型和"现役"机型的寿命和可靠性问题都解决，是绝对不可能的；还有其他一些持异议的说法；等等。在这种情况下，此项工作拖了很长一段时间无法开展。通过什么技术途径和管理办法把这些矛盾解决呢？人们在苦苦思索着，探寻着……

3.2 "系列飞机定寿法"出炉

围绕如何解决近万架飞机的定寿延寿，笔者想到自己1985年底曾经研究"系列飞机定寿法"，于是把它找了出来，利用业余和节假日时间，在原来基础上结合我国在研的新机种和现役的老机种的实际情况，进一步充实和完善，以使它在基本原理上更合理，在实际应用上更切实可行。经过几个月深入研究后，在一次空军主持召开的飞机疲劳寿命专业会议上，首次公开介绍了"系列飞机定寿法"，引起了到会的专家、教授和空海军代表的极大兴趣，并进行了多次热烈讨论。大家认为，这是解决我国积压40余年的近万架飞机定寿延寿最有效的好方法、好途径。最后大家一致同意，把“系列飞机定寿法”作为我国各系列飞机定寿延寿的指导方法。

3.3 各系列飞机的划定

在我国近万架飞机定寿中，共划分成歼6、歼7、歼8、强5、轰5和歼5等6个系列共15个机型飞机。歼6系列包括歼6甲、歼6丙、歼侦6和歼教6共4个机型；歼7系列包括歼7Ⅰ型、歼7Ⅱ型、歼7Ⅲ型（在研）、歼教7型（在研）、歼7原型5个机型；歼8系列包括歼8白天型、歼8Ⅰ型和歼8Ⅱ型（在研）3个机型；强5系列包括强5基本型和强5增大航程型两个机型；歼5系列包括歼5（空军已定寿）和歼教5型两个机型；轰5系列包括国产轰5、国产轰教5和苏产轰5、轰教5（后两个型号已有定寿指标）4个机型。

3.4 “系列飞机定寿法”应用实例

各个系列飞机划分后，由空军可靠办分别与每个系列飞机的研制单位签订合同。按合同指标要求，以“系列飞机定寿法”为指导，对15个机型近万架飞机的定寿延寿工作于1986年正式拉开帷幕。一场“疲劳战”分别在成都飞机工业公司、成都飞机设计研究所、沈阳飞机制造公司、沈阳飞机设计研究所、西安飞机制造公司、西安飞机设计研究所、南昌飞机制造公司和飞机设计所、贵州011基地一所、汉中飞机制造厂和设计所、西安试飞院、北京航空材料研究院、北京航空工程技术研究中心、北京航空航天大学、西北工业大学和南京航空航天大学同时展开。现以歼7系列飞机定寿为实例，介绍“系列飞机定寿法”的应用。

（1）核心机型确定与定寿

歼7系列飞机共有5个机型，其中有3个是现役老机型——歼7Ⅰ型、歼7Ⅱ型和歼7原型，两个“在研”机型——歼7Ⅲ型和歼教7型。这5个机型中，歼7Ⅱ在部队服役的数量最多，使用情况也比较复杂，另外在疲劳试验方面，歼7Ⅱ型也有一定的基础，因此，就选定歼7Ⅱ型飞机作为歼7系列飞机的定寿“核心”机型。对歼7Ⅱ型这个“核心”机型飞机的定寿，均按系列飞机定寿法的要求进行。机翼、机身组合体和后机身、尾翼组合体等大部件都进行疲劳试验，载荷谱都是实测飞—续—飞谱。所有各主要部件（包括襟翼和副翼）和主要系统也都进行了全尺寸疲劳试验。对主要受力构件还进行了裂纹扩展寿命试验和剩余强度试验，以及应力分析和寿命估算。对座舱盖还进行了模拟环境的高、低温疲劳试验。起落架等部件也单独进行了疲劳试验和寿命分析计算，其试验和分析计算是严格和全面的。

（2）“非核心”机型确定与定寿

对歼7系列飞机定寿的“非核心”机型之一的“在研”型歼教7飞机，由于它的前机身结构与歼7Ⅱ不一样，它的座舱是双座的，结构和受力形式都与歼7Ⅱ单座舱有较大差别。此外，歼教7飞机还有一个金属的机背油箱和主起落架局部改型问题，与歼7Ⅱ不同。从系列飞机定寿横向比较分析，这些重要部件与“核心”机型歼7Ⅱ有差别，为确保歼教7定寿的安全可靠，也为整个歼7系列飞机定寿提供有用试验数据，研究决定对歼教7的翼身组合体、机背油箱和主起落架进行疲劳试验和损伤容限试验，并实测编制飞—续—飞载荷谱。其他与歼7Ⅱ相同和基本相同的部件，如尾翼、后机身等不再进行上述试验，用“核心”飞机歼7Ⅱ的试验数据，通过类比计算给出寿命。“非核心”机型之二的“在研”型歼7Ⅲ飞机，因其重量比歼7Ⅱ重，而且起落架也局部改型，因此，对主起落架要进行试验。另外从歼7系列横向比较和纵向与歼8系列综合研究，认为全动式水平尾翼大轴是这两个系列飞机共有的关键部件，为了确保这两个系列飞机水平尾翼定寿的安全，深入研究水平尾翼大轴的寿命分布情况和它们的分散性问题，决定除在歼7Ⅱ水平尾翼试验考核两根大轴外，在歼7Ⅲ定寿中还补试了6根水平尾翼大轴。为使大轴支持和加载真实可靠，成都飞机设计研究所用6个水平尾翼固定在后机身上，进行疲劳试验和裂纹扩展寿命试验以及剩余强度试验。歼7Ⅲ型飞机定寿的其他部件不再重复进行试验，用歼7Ⅱ试验数据类比计算给出寿命。

“非核心”机型之三、之四的现役老机种歼7原型和歼7Ⅰ型飞机，则采用上述歼7系列飞机定寿的各项有效的试验数据类比计算给出这两个机型的寿命。

（3）关键薄弱部件吃“小灶”

对歼7系列飞机寿命短的关键部件进行加强研究。通过上述各种试验和分析，暴露出几处寿命短的部件，其中关键寿命短的部件有两个，一个是机翼主梁根部下缘条螺栓孔裂纹，二是机翼70隔板与机身连接的接头裂纹。这两个部件不仅是受力的关键部件，而且是歼7系列飞机结构定寿中寿命最短的部件，这与合同的寿命指标要求相差较远，必须采取延长寿命的有效措施才能达到合同寿命指标要求。在多方分析研究找出这两个关键危险部件寿命短原因的基础上，采取两种不同措施延长寿命：一种是成都飞机工业公司采用挤压强化的办法研究提高这两个部件的寿命；另一种是贵州011基地一所采用改型设计，用替损件的办法研究提高这两个部件的寿命。在研究的基础上，分别各取10件的主梁和70隔板进行对比试验，取得明显效果后，再上全机疲劳试验考验。在多方面都证明确实有效果而且可靠，才能用到歼7系列飞机定寿结论中去。为研究这两个关键危险部件的寿命，共用掉近40个真实的结构件进行试验，取得大量的有效数据，花了很大的人力和财力，终于把歼7系列飞机的寿命指标提高到满足合同要求。

（4）全系列飞机比较分析

歼7系列飞机定寿，通过“核心”机型歼7Ⅱ的全面的疲劳试验、裂纹扩展寿命试验、剩余强度试验和各种分析计算；又通过“非核心”机型的歼教7和歼7Ⅲ的补充试验和分析计算，得到歼7系列飞机定寿的关键危险部件有两个，针对这两个关键危险部件再进行多方面的深入研究，获得有效的延寿方法。这从歼7系列横向比较、对“非核心”机型的试验是不完全的，但这些机型飞机不是孤立的个体，它们是歼7系列的一个成员，同系列其他飞机的各项试验对它都是有用的。从整个歼7系列来分析，则是完善的、充分的，给出的寿命是可靠的。

歼6、歼8、强5、轰5、轰6、运8和歼教5等与歼7系列“疲劳战场”一样完成定寿延寿各项任务。

4 “系列飞机定寿法”产生的效益

“系列飞机定寿法”在我国得到广泛应用，受到各方好评：

空军航空技术装备可靠性办公室1994年10月17日提供的材料称：北京航空工程技术研究中心张福泽研究的“系列飞机定寿法”在我国“七五”和“八五”期间开展的飞机结构定寿中起了十分重要的作用，对于同一系列的飞机应用此方法十分有效，为飞机结构定寿开辟了一条新路。我国在歼8系列、歼7系列、歼6系列和强5系列等15个机型近万架飞机的定寿中均采用了此方法，它是我国各系列飞机定寿的理论基础，这些飞机定寿延寿的结论已在全军推广应用。

空军装备部1993年6月15日提供的材料称：“‘系列飞机定寿法’及其在15个机型飞机结构定寿中的应用”课题研究成果，经空军装备技术部门批准，对国产各型军用飞机机体结构进行了疲劳定寿。给出了歼6、歼7、歼8、强5、歼教5、轰5、轰6、轰教5和运8等系列飞机15个机型机体及部件的寿命结论。使这些飞机的机体总寿命、首翻期和翻修间隔得到了确定和延长。该成果提供的定寿结论，为科学制订空军航空装备发展中、长期规划提供了参考；为制订航空装备订购计划提供了依据。在保证飞行安全，节省军费开支、长期保持部队战斗力和装备建设规划的决策等方面起到积极的作用。据统计，歼6、歼7、歼8、强5、歼教5、轰5、轰6、轰教5和运8等系列飞机机体及部件寿命结论给出后，使上述各机型提供的可用寿命总和增加了近285万飞行小时，按此概算，如对上述装备全寿命使用，可节省装备购置费约14.8亿元。

空军装备部外场部1994年4月10日提供的材料称：由空军航空技术装备可靠性办公室承担并组织实施的“‘系列飞机定寿法’及其在15个机型飞机结构定寿中的应用”课题研究工作，采用了以类比计算寿命原理为理论基础的“系列飞机定寿法”，对国产各型飞机机体结构进行了疲劳定寿。给出了歼6、歼7、歼8系列、强5系列、歼教5、轰5、轰教5、轰6和运8等系列15个机型机体及部件的寿命结论。使这些飞机的机体总寿命、首翻期和翻修间隔得到了确定和延长。新中国成立以来，国产飞机没有寿命结论的状况得到了解决，减少了各机型全寿命周期内的大修次数和飞机停用时间，杜绝了盲目维修带来的浪费，大大提高了装备的作战、训练效能。该成果提供的定寿结论和结构大修技术指导及维修大纲，为科学制订空军装备发展中、长期规划提供了参考；为制订装备、航材订购计划提供了依据；为科学维修提供了指导。在保证飞行安全、节省军费开支、长期保持部队战斗力和装备建设规划的决策等方面起到了积极的作用。统计结果表明，歼6、歼7、歼8系列、强5系列、歼教5型、轰教5型、轰6和运8等飞机机体及部件寿命结论给出后，使空军各机型寿命总和增加了近285万飞行小时，按此概算，约折合装备购置费14.8亿元。首翻期和翻修间隔确定和延长后，平均每架飞机可减少一次大修，节省大修费总和约17.2亿元。研制经费投入后的总费效比约为1:80，所取得的军事效益和经济效益是巨大的。

5　结论

(1)“系列飞机定寿法”的理论基础是“裂纹形成寿命类比计算法”和“裂纹扩展寿命类比计算法”。这两个寿命类比计算模型，在1992年中国航空学会和西北工业大学联合承办的国际16种寿命计算模型比赛中名列前茅，说明“系列飞机定寿法”的基础是可靠的。

（2）“系列飞机定寿法”对结构基本相同的同系列飞机定寿，只需进行一个机型的全面全尺寸疲劳试验，用这些疲劳试验结果，类比计算出同系列相同构件的寿命，这样可以减少疲劳试验，缩短飞机定寿时间，提高定寿效率。尤其在新机设计阶段，用原准机的寿命预计新机的寿命是十分有效和便捷的。

（3）“系列飞机定寿法”已成功地用于我国六大系列15个机型近万架飞机定寿延寿。产生了数千架飞机的经济和军事价值。其定寿的规模、效率和效果，在国内外都是史无前例的。

（4）“‘系列飞机定寿法’及其在15种飞机定寿中的应用和其中10种飞机定延寿”的重大工程项目，1995年荣获国家科学技术进步奖一等奖。

参考文献

[1] 军用飞机强度规范 GJB 67.6—85 [S]. 北京：国防科学技术工业委员会，1986.

[2] 军用飞机强度规范 GJB 67.6A—2008 [S]. 北京：国防科学技术工业委员会，2008.

[3] Xiao J M，Cao Ch N. Principte of material corrosion. Beijing：Chemistry Industry Press，2002.

[4] 飞机结构疲劳定寿文集（1～5册）. 北京：国防科学技术工业委员会，1987－1996.

[5] 第三机械工业部生产组. 疲劳强度选编 [M]. 北京：国防工业出版社，1972：67－86.

[6] 张福泽. 裂纹形成寿命的类比计算法 [J]. 航空学报，1982，3（2）：51－60.

[7] 张福泽. 裂纹扩展寿命的类比计算法 [J]. 航空学报，1985，6（2）：194－200.

我国 15 个机型近万架飞机定寿的成功经验

仅用 3 个机型飞机的定寿经费（7500 万元）完成了 15 个机型近万架飞机的定寿延寿庞大系统工程项目，不仅创造出近 40 亿元的经济价值，而且还通过定寿把疲劳断裂隐患找到，并采取延寿措施，使近万架飞机再没有发生疲劳断裂大事故，确保了飞行安全，产生数千架飞机的经济和军事价值。

这不能不说是个奇迹，不能不说是个跨越，不能不说是个创举！然而，奇迹、跨越、创举又是如何实现的呢？我是系列飞机定寿延寿工程项目中在技术方面的主要负责人，是这一系统工程项目的组织者之一，也是这一工程自始至终的参与者和见证者。根据我在这一工程项目十几年的摸爬滚打，我觉得主要有以下几个方面的成功经验。

1　组建了一个敢于担当的“空军可靠办”

1986 年，全军武器装备的研制管理开始实施由国家指令性计划向指令性计划指导下的合同制管理变轨。国防科工委向各军兵种提出，由军方作为甲方，研制单位作为乙方，采用合同制管理开展武器装备的定寿延寿和可靠性工作。

武器装备的“可靠性”是包括“可靠性、耐久性、维修性、保障性”等内容的广义概念。它是大质量概念的重要内容，但又与传统的质量概念有所不同，传统的质量观解决的是“符合性”质量问题，即只要产品符合图样、工艺、材料等设计要求，就不存在质量问题。但大量事实表明，装备使用中暴露的质量问题有相当多的是设计本身不可靠带来的，这就造成了即便产品“符合性”质量百分之百的好，有时故障率仍然很高。

空军装备由于长期受“重性能”轻“可靠性、耐久性、维修性、保障性”及军工产品是“皇帝的女儿不愁嫁”、以工业部门为主导（工业部门提供什么装备，军方就用什么装备）等传统观念的制约，产品的寿命短、可靠性差，造成交付部队后完好率低，长期难以形成战斗力。

那时空军所面对的是：航空装备的寿命、可靠性指标体系落后，概念混乱，所有型号的飞机、发动机都没有完成结构的疲劳试验，飞机翻修期只有（300～600）飞行小时/6年，预定给出的总寿命不超过1800飞行小时；发动机翻修寿命短，且没有确定总寿命；绝大部分机载设备只给出了（200～300）h/3年的寿命（或用保用期代替寿命指标），电子产品没有可靠性指标，故障率很高。同时飞机及机载系统还存在大量的质量隐患危及安全。可以毫不夸张地说，需要解决的质量、可靠性、寿命问题“堆积如山”，而国家能支持的经费又严重不足，空军机关没有专门的管理编制和人员，也没有任何管理经验可借鉴。军方行使装备的寿命、可靠性管理职能面临着巨大困难、风险和严峻的挑战。

但要想扭转军方在装备使用上长期处于的被动局面，就不能不在航空装备的寿命、可靠性、质量管理工作领域有所突破。空军工程部外场部向国防科工委机关表态，可以代表空军对航空装备行使军方“可靠性”管理职能。同时制订了初步的管理办法和方案，并向空军和空军工程部首长写了专题报告。经总参谋部审批，空军成立了一个由外场部部长蔡凤亭任主任，助理员吕志刚任副主任，张福泽任总工程师的“空军航空技术装备可靠性办公室”，简称空军可靠办。1987年，空军机关在北京南苑召开了空军航空装备寿命、可靠性工作第一次会议，明确了指导思想和分工、建立了合同管理的基本方法，空军航空装备的可靠性管理工作从此扬帆起航。

系列飞机的定寿延寿工作就是以甲（军方）乙（承研、承制方）双方签订合同的形式开展的。

与各有关单位签订合同后，空军可靠办并没认为万事大吉，可以放手不管了。因为合同所列各项内容还属于总的指标、原则和方法，在合同执行中，还有许多具体细节问题需要随时处理、审查和协调，否则，不是影响进度，就是影响定寿质量。为此，可靠办人员深入到“疲劳战”现场，狠抓技术监控与审核。

首先是审查总技术实施方案。因为总技术实施方案是实现合同各项技术要求的总框图，是该型机定寿的总方案、总计划、总工作程序。军方对每一种机体定寿的该项工作都认真地组织专家去审查，包括每个细节的实施方案审查。

其次是审定疲劳试验大纲、任务书。疲劳试验是飞机定寿的最关键、最核心的部分，而试验大纲、任务书又是指导整个疲劳试验的纲领性文件，它制定得好不好，完不完善，直接影响定寿的质量。因此，军方对系列飞机每一项机体结构试验大纲、任务书中的试验目的、试验要求、试验对象、试验载荷谱、试验加载状态、全机平衡、裂纹检测、损伤容限试验、剩余强度试验、试验精度要求、试件配套要求和试验寿命等方面，先是初审，而后组织专家、教授审定。

第三是审定疲劳试验载荷谱。载荷谱是疲劳试验中的施加载荷历程。在各型飞机定寿中，为了使给出的寿命更准确、可靠，符合空军实际飞行情况，军方要求用实测载荷谱进行疲劳试验，也就是采用目前国际最先进的飞—续—飞载荷谱。这是一项技术复杂、耗资大的工作，牵涉面广，因此，军方从载荷谱测试大纲制定开始，一直到测试的每个环节都组织专家审定。

空军可靠办的组建，是各系列飞机成功定寿的组织保证。有了这一机构就可以对各系列飞机定寿进行全程管理，保时保质完成任务。它的成立，吕志刚同志功不可没。他既是副主任又是军方谈判总代表，从起草报告、制订项目和经费计划、洽谈和签订合同等，大量的日常管理工作压在他的肩上，工作量很繁重，很少有自己的节假日。当时我们诙谐地给他冠上了一个“工作狂”的雅号。

2　找到了一个好的“系列飞机定寿法”

“系列飞机定寿法”是近万架飞机定寿延寿工程的顶层设计，是总定寿的战略性技术方案，也是系列飞机定寿的理论基础。它为我国各系列飞机定寿延寿铺平了道路，有了它我国多系列飞机定寿延寿才能得以实施。这一方法，取消了“在研”新机种和“现役”老机种的界线，打破了过去各自独立的体系，大大减少了同样的重复性疲劳试验。“系列飞机定寿法”是15种机型近万架飞机定寿延寿工作得以顺利进行的关键所在。

3　科学地提出了各类机种的寿命指标

寿命指标包括总使用寿命指标、首翻期和翻修间隔时间指标。寿命指标就是要夺取的目标，要攻克的堡垒。大家熟知，目标能鼓舞人、激励人、鞭策人，能使人的行动更有计划、更富有成效。人们要干一番事业，就不能没有目标。长期以来，我国各类飞机都是按静强度设计的，在设计生产阶段根本就没有进行寿命和可靠性等方面工作，因此各种寿命指标都没给出。寿命指标是一项既包含很强的技术内容，又包含空军对各类飞机使用的总的战略控制指标，是一项技术性很强具有战略决策的飞机使用指标。指标定高了，现有的装备和技术达不到，会造成飞机的可靠性降低，给部队造成后患；指标定低了，会使飞机应该具有的性能指标发挥不出来，满足不了空军总的战略控制使用指标，会使国家蒙受极大的经济损失和财力物力的浪费。因此，我们空军在系列飞机定寿中，对每种类型飞机都分别提出了经过努力可以达到的寿命指标，以满足空海军作战和训练的需要。

4　制定出正确的技术途径和措施

在系列飞机定寿中，明确提出了具体的三条技术途径：第一是按安全寿命定寿方法，给出裂纹形成寿命；第二是按耐久性定寿方法，允许用通过试验验证确实有效的修理寿命的一部分；第三是按损伤容限要求，确定各翻修周期。提出这三种技术途径的主要目的之一，是保证合同乙方能按空军提出的各项寿命指标给出寿命，如果不明确提出技术途径和方法，合同乙方按规范给出安全寿命（即裂纹形成寿命）就可以交差了。根据空军现有飞机（都是按静强度设计的）只考虑裂纹形成寿命是达不到军方提出的寿命指标要求的。

为确保实现寿命指标，在系列飞机定寿中还提出了对关键危险部件开“小灶”的措施。即凡是通过疲劳试验和损伤容限试验暴露出来的关键危险部位，都要对它们加强研究，把原因研究清楚，并研究出提高寿命的有效方法，以保证系列飞机定寿的可靠性。在“七五”至“八五”期间，承担系列飞机结构定寿工作的研究所和工厂，花了很多精力，下了许多功夫，很大一部分时间是在做寿命和可靠性增长的工作，确保定寿延寿指标安全可靠。例如：歼 8 全机疲劳试验，试验到 5600 飞行小时，机身主承力 42 框疲劳破坏，除以分散系数得到的安全（初始）寿命仅为 1100 ~ 1400 飞行小时。为了解决这个突出问题，空军可靠办专门召开会议讨论改进方案，由沈阳飞机设计研究所改进细节设计重新生产 3 个单独 42 框横梁，并进行了寿命增长试验，通过一些有效的增长寿命的措施，使寿命提高了 3.2 倍以上。为了解决歼 8 Ⅱ 的寿命增长问题，沈阳飞机设计研究所还改进 42 框的原设计，重新进行歼 8 Ⅱ 机身和机翼组合体的试验。此外，该所对歼 8 白天型舱盖也做了多方面的寿命增长工作，把舱盖寿命从 4 年 250 飞行小时提高到 6 年

400 飞行小时。又如歼 7Ⅱ机翼主梁通过 10 件改进的全尺寸主梁寿命增长对比试验，使寿命增长 3 倍多。歼 7Ⅱ机身 70 隔板通过 10 件改进的全尺寸件寿命增长对比试验，使寿命增长 3 倍。歼 7Ⅱ和歼 7Ⅲ联合进行 8 件全尺寸尾翼对比寿命增长修理试验，使寿命增长近 3 倍。歼教 7 采用特殊的寿命增长方法和试验（共 10 根全尺寸机翼大梁），使裂纹形成寿命增长了 5 倍以上。歼 6 系列飞机通过全机耐久性修理的寿命增长试验，使飞机的寿命增长近 2 倍。歼教 5 飞机通过全机耐久性修理的寿命增长试验，使寿命增长 2 倍以上。

“七五”期间，在 6 个系列共 15 个机型近万架飞机结构定寿中，每一个机型的定寿都有许多部件进行寿命增长工作，使寿命和可靠性得到大幅度增长，取得了重大的社会和经济效益。

5　有一支军民融合、团结奋战的“疲劳帮”团队

六大系列 15 种机型近万架飞机的定寿延寿，是个庞大的系统工程，涉及面广，时间长，任务重。这项工程的成功，除了上述各点外，很重要的一点是有一支业务精、能吃苦、负责任、有担当的“疲劳团队”，人们昵称“疲劳帮”。“疲劳帮”的成员主要来自航空工业部门主机厂所、研究院所、航空院校和空海军从事飞机结构设计、制造、试验和飞机使用的研究人员和工程技术人员。他们中既有院士、教授、研究员等资深专家，也有大量不同层级的工程技术人员和研究人员，是肩负我国飞机使用寿命研究、破解飞机寿命之谜的共同使命、共同目标，使十几个单位数百人聚合在了一起。在“七五”至“八五”期间，各单位在这个团队中主要代表人并做出突出贡献者有：航空工业部顾伟豪，空军可靠办吕志刚，国防科工委幺子臣，601 所贾国荣、张熙箴、黄季墀，611 所王正、王世昌、张立新，603 所李令芳，623 所吴德彦、薛景川、朱梅庄，试飞院蒋祖国，112 厂徐绍彦、刘仙之，172 厂孟凡沛、聂忠良，320 厂赵重庆、苏开鑫，132 厂陆英育、李锦华、高志成、钟景明，011 基地张爱民，北航高镇同、刘文珽，西北工业大学吴富民、付洋炯、杨庆雄，航材院郭洪全、吴学仁，北京航空工程技术研究中心刘文琦、张连潘、张万岭、王智，海军段成美等。他们分别在各自单位从相关业务的角度共同承担了大量艰苦的工作，且卓有成效。没有这个团队是不可能在十几年内完成我国 15 个机型近万架飞机定寿延寿的重大系统工程项目的。不仅如此，还通过这 10 余年的实际“疲劳战”的锻炼和培养，我国航空领域一大批

中青年“疲劳人”已成长起来，可以说，即使这一领域的老同志退下去后，中青年科技人员马上可以顶上来，继续进行这领域的工作。

上述是我在开展系列飞机定寿延寿工作中的一点感悟，可谓成功之经验吧。

第四部分

工作感悟

导　　读

为了便于读者进一步了解我国军用飞机定寿延寿工作的发展历程，以及张福泽 60 年飞机寿命研究之路的经历、经验和体会，遴选了如下两篇有代表性的文章供读者阅读。

(1)《我是如何自选研究课题的》概括了张福泽半个多世纪以来，利用业余时间，重点针对工作中遇到的无解问题、国际上一些理论的缺陷或空白、国际上未突破的难题，如何自选课题进行研究的经验和体会。

(2)《进一步提高我国飞机结构定寿工作的可靠性水平》是张福泽在工作中深感我国飞机定寿延寿工作虽然取得显著成绩，但仍需进一步提高而提出的意见建议。

总之，这两篇文章是张福泽工作实践中的认知与感悟，值得科技工作者借鉴。

我是如何自选研究课题的

我自 1966 年底步入飞机结构寿命与可靠性研究领域后，在对我国各系列大机群飞机定寿延寿过程中，根据需要和兴趣，我还利用业余时间进行一些自选研究课题。回顾半个多世纪的研究经历，我是如何根据飞机定寿需要，自选研究课题的呢？概括起来有以下几点。

1　针对工作中遇到的国际无解问题进行研究

1.1　疲劳分散系数中标准差的研究

1980 年，我被借调到空军机关编写《军用飞机强度和刚度规范》，我负责编写“疲劳”分册。在编写过程中，争论最大的问题是疲劳分散系数的取值，由于取值大小直接与寿命标准差相关，为此，编委会进行了多次长时间的讨论。有人认为，国外已有成功经验和规范取值，可以直接引用。但我认为，由于寿命标准差受多种因素影响，这些影响因素每个国家是不同的，直接引用不合我国国情。这两种观点针锋相对，僵持不下。几次讨论中断，无法往下进行。于是，我便开始研究疲劳分散系数中标准差的问题。

研究中，我不仅论证了疲劳寿命的子样标准差的分布规律，而且在国际上首次给出了符合这种规律的子样安全标准差的计算公式。我还用大量的疲劳试验数据和自己研究出的安全标准差计算公式，计算出了我国一些常用航空材料的试件和组合件的安全标准差的具体取值，这些数据可供疲劳分析和计算疲劳分散系数取值使用。我国 1985 年版《军用飞机强度和刚度规范》中的分散系数的取值就是用这些标准差计算出来的。这项研究论文发表在《航空学报（增刊)》1986 年试刊第 1 期。

1.2　疲劳分散系数的分类及其取值研究

疲劳分散系数，在世界各国飞机定寿延寿中普遍使用。但由于理论上的不完善，导致人们认识上和使用上的不统一，如各国在规范中都有疲劳分散系数规定的条文，但由于计算用的和试验用的分散系数规定含糊不清，而导致理论计算与疲劳试验都用同一分散系数。长期以来国内外就一直这样混乱地使用，其原因就是理论上没有研究出明确的概念和结论。为了解决这个前人没有解决的问题，我在1985—1987年3年中，从疲劳分散性机理上深入研究得到：理论计算用的分散系数和试验用的分散系数是不同的，二者不能混用；而裂纹形成寿命的分散系数和裂纹扩展寿命的分散系数也是不同的，更不能混用。疲劳分散系数从理论上和实际应用上都应该进行分类，即在有限寿命区疲劳分散系数应分为理论计算用的分散系数和试验用的分散系数两大类，而每一大类又可分为裂纹形成寿命的分散系数和裂纹扩展寿命的分散系数，这样划分才能较真实地反映客观实际。这项研究成果，分别在《航空学报》1987年第8卷第6期和1990年8月日本岐阜召开的国际学术会议上发表，受到同行专家赞许，同年被美国学术刊物*SAE*全文转载。这项研究成果填补了国内外疲劳领域这方面的空白，纠正了国内外规范中含糊不清的概念，对机械可靠性定寿有重要的指导作用。该研究成果已被国家规范《军用飞机强度和刚度规范》和《军用直升机强度和刚度规范》采用，作为规范在飞机设计和疲劳试验等领域中应用。

1.3　系列飞机定寿法

1985年初，我又被借调到空军机关协助制定《航空可靠性规定》，这是国防科工委直接主持领导，由航空工业部、空海军及电子工业部共同参与的一项任务。在这之前，我国还未有这方面统一的文件，各单位和部门都是根据自定的标准各行其是。因此，资料零乱匮乏，原始数据不足也不规范，有的差异很大，使编写工作一度无从下手。于是，国防科工委决定编写组成员全部下去深入基层，广泛走访各有关部门，向广大的专家、学者请教，听取他们的体会、经验与教训，收集第一手资料。我借这一便利条件，进行全面、深入的调查了解和资料收集工作，并将它们分门别类，归纳整理。我从中发现我国各类航空产品普遍存在寿命短、可靠性差的严重问题，必须即刻引起有关方面的重视，抓紧解决。为此，我及时向国防科工委领导直面提出自己的建议，得到赞许和认可。于是，我抓紧工作中的一切业余和节假日的休息时间，加快了对飞机定、延寿和可靠性问题的研究。1985年底，我根据在乌米格-15和米格-15比斯飞机延寿中研究出来的“寿命类比计算法”原理，研究出了“系列飞机定寿法”。这一方法后来成为指导我国15个机型近万架飞机定寿延寿的指导方法。

这种从工作实践中提炼出来的研究成果，发表后往往受到国内外工程界欢迎。

2 针对国际上一些理论的缺陷或空白进行研究

2.1 裂纹形成寿命类比计算法

众所周知，自从1945年Miner的疲劳累积损伤理论建立以来，直至今日虽然仍在广泛应用，但它却存在着某些缺陷和不准确性，其中最大的难题是公式中的常值 Q 的分散性，理论上 $Q=1$，但实际上分散相当大（几倍甚至十几倍之差），这样就给寿命计算带来很大的误差。为此，国内外专家曾对此理论进行修正，修正公式多达几十种，虽然一些修正公式不同程度地提高了一点计算精度，但仍不理想，计算结果误差仍然较大。我经过一番思考之后，决定对这一经典理论的不足进行研究。通过认真研究与分析，我研究出了一种零部件的裂纹形成寿命的类比计算法。即用已知零部件在谱载荷作用下，经过耐久性试验所得到的寿命（或使用寿命）来类比计算其他未经过耐久性试验的同类型的零部件的寿命。这一类比计算寿命法，较好地解决了Miner理论中常数 Q 分散性大、难以确定的问题，从而提高了寿命计算的准确性。研究论文在《航空学报》1982年第3卷第2期发表后，引起了国内外同行的关注，同年就被美国国家技术情报局主办的《AD报告》全文译成英文转载，向全世界发行。

2.2 裂纹扩展寿命类比计算法

“裂纹形成寿命类比计算法”创立后，引起了国内外理论界的关注和好评，在工程应用上也取得了一些成功。接下来，我又开始思考着能不能再研究出“裂纹扩展寿命类比计算法”。如能如愿，这不就构成全寿命（裂纹形成寿命加裂纹扩展寿命）的类比计算法，使之成为一种完整而独立的体系吗？

于是，我又利用业余时间开始着手研究裂纹扩展寿命类比计算模型。经查询各方面资料，发现前人没有这方面的研究。我只能在探索中前行，经过3年无数次挫折和失败，终于建立起一种裂纹扩展寿命类比计算模型。这个模型是通过裂纹形成寿命的累积损伤理论和断裂力学中Pairs公式导出的一种类比计算公式，它在计算中，不要人为地去选择Q值，从而减少了由于Q的选值误差引起计算寿命的误差，因而可以提高寿命的计算准确性。这一研究论文在1985年《航空学报》第6卷第2期全文发表，同年美国权威刊物《AD报告》杂志译成英文全文转载，向全世界发行。同时《国际宇航学报》也转载该文的部分内容。论文公开发表后，受到较高的评价和广泛应用。

裂纹形成寿命和裂纹扩展寿命类比定寿法（简称“寿命类比定寿法”），把全尺寸疲劳试验和寿命计算统一到了一起，把两者矛盾的根源给消除了，因此，不存在两者不统一的问题。这不仅提高了定寿的可靠性，而且还可以减少全尺寸疲劳试验，提高定寿效率，降低定寿成本，解决了结构基本相同、使用情况不同的机械确定疲劳寿命难题。“寿命类比定寿法”还消除了Miner理论方法中的分散性对寿命的影响，使结构寿命的确定更可靠更准确。这一计算寿命法已编入我国军用标准《军用飞机强度和刚度规范》使用说明中，且用于我国多个系列飞机定寿中。疲劳界的专家们认为，裂纹形成寿命类比定寿法和裂纹扩展寿命类比定寿法在方法上弥补了Miner理论的某些缺陷，处于国际领先水平，并誉其为“张福泽类比计算法”。

2.3　飞—续—飞载荷谱与程序块载荷谱对疲劳分散性的对比研究

多年来，国内外一些专家和《规范》认为，飞—续—飞载荷谱比程序块载荷谱的疲劳分散性小（近50%）。也就是说，对于同一架飞机，用飞—续—飞载荷谱试验的寿命比用程序块载荷谱试验的寿命要用小一半的疲劳分散系数。由于国际上没有答案，因此引起一些纷争。

众所周知，分散系数取大取小直接影响飞机的可靠性和安全，因此，这一结论直接影响飞机使用寿命的可靠性，更影响飞机的安全。为此，我自选课题于1984—1987年进行了多种飞—续—飞载荷谱与程序块载荷谱的对比研究，最后得到飞—续—飞载荷谱与程序块载荷谱具有基本相同的疲劳分散性的结论。就是说，用这两种谱确定同一飞机的寿命，应取相同的疲劳分散系数。这个结论对提高飞机和其他机械疲劳寿命的可靠性和安全有较大的社会效益和经济效益。从理论上讲，在国际上研究出了飞—续—飞载荷谱与程序块载荷谱具有相同的寿命疲劳分散性，即飞—续—飞载荷谱不能降低疲劳分散系数，纠正了国内外一些错误的结论。研究论文在1987年澳大利亚国际会议上发表后，立即引起世界各国专家的关注，被大会定为“80年代高质量的学术论文”。具有权威性的美国*SAE*杂志将该文全文转载，并出版单行本发行。该论文发表后，在国内外再没人发表与此相悖的论文，从此平息了国际学界这场争论，填补了国际疲劳领域这方面的空白。

2.4 使用载荷下的重谱不能降低疲劳分散系数研究

美国2006年颁布的新的军用飞机强度规范（JSSG—2006），在疲劳试验方面的规定为：在基准谱（平均谱）下要进行4倍使用寿命（3倍裂纹形成寿命，1倍裂纹扩展寿命）的试验，在重谱下要进行2倍使用寿命试验。美国的这一规定在我国新编规范（GJB 67—2008）中被原封不动地移植过来。在规范编写中，并没有进行如何编制重谱和相关试验的研究，也不知道这种规定是否可靠。至今，国内外疲劳界的研究者们，仍没有支持或否定这一规定的研究成果发表。这种理论上的短缺引起国内外业内人士的不同观点出现，有些人支持疲劳试验用重谱可降低疲劳分散系数，有些人不支持，经过近10年的争论，仍没有实质进展。

为了解决这一问题，我在研究疲劳分散系数理论曲线的基础上，进一步研究使用载荷下的重谱对寿命的疲劳分散系数的影响，并用5种试验件进行重谱和平均谱下的对比疲劳试验研究，其结论是：使用载荷下的重谱只能降低寿命，不能降低疲劳分散系数。否定了一些人“用重谱进行疲劳试验可降低分散系数”的观点，填补了国际疲劳理论在这方面的空白。引导如何正确应用重谱进行飞机定寿。论文在《航空学报》2013年第34卷第8期发表，2014年应邀在国际航空科学大会（ICAS′2014）上交流。

2.5 已飞飞机原寿命的疲劳分散系数研究

国内外在飞机定寿延寿中，经常会用已经使用过若干年的旧机作为试验机。用旧机作试验机可以减少实验室里的试验时间，但也引来已飞飞机原寿命与试验寿命如何衔接和相加的问题，具体说，就是原飞行寿命和试验寿命怎样取疲劳分散系数的问题。飞机结构试验寿命的疲劳分散系数是有规范规定的，但至今，如何确定飞机在实际使用条件下飞出来的疲劳寿命的分散系数，在国内外尚没有定论。这种理论上的空白，同样引起国内外在实际飞机定寿延寿中，按自己的理解和需要选择分散系数的数值。有人认为，由于是飞机真正飞出的寿命，载荷真实，因此分散系数可以降低，降低多少不清楚。也有人认为，试验机原寿命是一个试验件寿命的一部分，因此它的分散系数应与试验总寿命一样，取规范的分散系数。为了探讨这个问题的合理答案，降低由于在这方面取值混乱造成的隐患，提高飞机定寿延寿的可靠性，我利用业余时间进行了如下研究：从可靠度与安全寿命的关系，分析试验机原寿命的疲劳分散系数的取值；从疲劳分散系数相关概念，分析试验机原寿命的疲劳分散系数的取值；从疲劳试验件状态，分析试验机原寿命的疲劳分散系数的取值；分析机群定寿延寿试验机的原寿命疲劳分散系数取值之差别；分析试验机的飞行载荷谱与试验载荷谱对疲劳分散系数的影响。通过上述多方面研究，结论是：已定过寿机群的试验机，它的原寿命的分散系数等于1；没定过寿机群的试验机，它的原寿命的疲劳分散系数，按规范规定的试验寿命的疲劳分散系数取值。这项研究结论得到了试验验证，是正确的。这样就解决了国内外多年一直没有定论的难题，填补了国际在这方面理论上的空白，这对提高机群飞机定寿延寿的可靠性都有重要意义。论文发表在《航空学报》2013 年第 34 卷第 5 期。

3　针对国际上未突破的难题进行研究

3.1　机械（飞机）日历寿命研究

大家知道，飞机寿命包括疲劳寿命和日历寿命。飞机疲劳寿命的确定，经过国际上诸多专家学者长期的研究探索，已经有一套成熟的试验方法和计算理论。而日历寿命的确定，国内外仍没有找到一种可靠有效的理论计算方法和相应的试验方法。我是搞飞机疲劳寿命研究的，疲劳寿命给出后，受到日历寿命的制约。为了探索解决这一普遍性问题，各国学术界多年来把机械日历寿命的可靠确定当成皇冠上的明珠来追逐，但飞机身处的各种使用环境复杂，编制环境谱与试验谱难；飞机面临的各个环境因素多且复杂，进行模拟试验难；能影响飞机日历寿命的内外因素太多，理论模型建立难；飞机日历寿命试验，不能在使用环境中进行，当量折算难；飞机自身的结构件就很复杂，而其之间的关联更加复杂，如何综合给出日历寿命难；研究周期长，花费时间精力多，取得成果难。由于面临这诸多难题，至今仍无突破。

1995 年我开始步入日历寿命研究领域。开始我并没有什么把握，探索中也确实感到日历寿命确定比疲劳寿命确定复杂和困难。因为它是跨多个学科，各种因素纠缠在一起，很难找到规律，建立不起理论模型，找不到定寿的有效方法。在探索的前期，我感到茫然，不知方向，更不知结果会怎么样。因此，基金不敢申请，研究生不敢带，助手不敢叫介入，怕无法交差，怕误人子弟。我只好自己在不耽搁现有工作的前提下，利用一切可利用的时间，查阅资料，收集信息。在占有大量资料并进行消化和知识积累后，再潜心反复思考研究，推导运算……在总结多次碰壁和失败原因的基础上，再通过多学科交叉综合研究，终于取得一些有效的突破性成果。

在长达28年之久的“飞机日历寿命”研究中，我先后发现金属和涂层两种材料的5条腐蚀和损伤规律曲线，为建立金属和涂层的新理论公式奠定基础；创立了三维等损伤环境谱的编制原理与方法；创立了金属机件腐蚀损伤日历寿命计算公式和确定方法；创立了飞机日历翻修期与总日历寿命计算公式；研究出金属腐蚀“3等线”和试验日历寿命确定方法；研究出金属涂层的日历寿命计算公式与试验方法；研究给出金属材料日历寿命确定的分散系数与取值。这是一套较完整的确定机械（飞机）日历寿命的理论体系。如今人们应用我上述研究成果就可以实现像疲劳定寿那样，通过理论计算和试验给出机械（飞机）日历寿命了！从1999年开始，我陆续在国内外学术期刊发表与该理论相关论文达23篇。这些成果，目前已在我国××系列飞机日历寿命确定中得到应用，取得很好效果。

3.2 寿命系数定寿的原理和方法

全尺寸疲劳试验是一项又耗时又费钱的工作，自从有疲劳试验以来，世界各国一直谋求降低疲劳试验时间，但一直没有找到一个好方法解决这个难题。我通过金属材料疲劳损伤研究，发现金属试件疲劳试验寿命与疲劳试验谱的损伤值呈线性关系。这个研究结论为不同损伤谱的寿命之间折算提供了理论支持，以此推导出寿命系数等于平均谱的寿命除以重谱的寿命，由此建立寿命系数定寿法。“寿命系数定寿法”就是用小试样试出的寿命系数，来减少大构件疲劳试验时间的方法。具体讲，就是通过小试样试出的寿命系数，把大构件用重谱试出的疲劳寿命转换成大构件在平均谱下的疲劳寿命。理论和试验都证明，对于试验到破坏的相同构件，重谱试出的寿命要低于平均谱的试验寿命，重谱试验时间要低于平均谱的试验时间，即重谱可以降低试验时间。由于构件定寿的规范规定，寿命指标是平均谱下的寿命，重谱下的寿命不能作为定寿寿命指标，因此通过标准试样试出的寿命系数，把大构件在重谱下的寿命转换成大构件在平均谱下的寿命，然后再除以规范规定的平均寿命的分散系数，给出高可靠度和高置信度的使用寿命。这样就实现了自有全尺寸大构件疲劳试验以来，国际疲劳界一直追求减少疲劳试验时间的愿望，把这个世界性难题突破了。寿命系数定寿法，它还证明了美国2006规范规定降低50%疲劳试验时间只是寿命系数曲线上的一个点，寿命系数定寿法可用于任何损伤谱的疲劳试验和定寿，具有很好的通用性。论文发表在《航空学报》2016年第37卷第2期。

3.3　耗损系数单机寿命监控的新原理和方法

自20世纪70年代，世界各国开始进行飞机的单机寿命监控，通过这种监控给出单机的"当量小时"寿命，这个"当量小时"寿命与机群飞行小时寿命是不同的，给使用和寿命管理造成一些新的问题和矛盾。60年来，世界各国都期待解决这个难题，但至今仍无突破。我从单机寿命监控基本原理出发，推导出单机寿命监控与机群平均寿命相关的理论模型，由这个模型又推导出寿命耗损系数，再由耗损系数乘以机群平均寿命，便可得单机监控寿命。由于耗损系数是个无量纲的系数，而机群平均寿命是以"飞行小时"寿命表示，因此单机监控寿命必定是"飞行小时"寿命。这就解决了单机监控寿命一直用"当量小时"寿命的难题，由此就消除了用"当量小时"寿命进行单机寿命监控造成的混乱问题。这样就突破了国内外这个长期没有解决的世界性难题。论文于2012年在全国第16届疲劳与断裂学术会议上发表，受到热议和好评。

3.4　代表起落谱

在飞机实测载荷谱编制原理和方法方面，在20世纪90年代之前，世界各国都是用传统均值载荷谱编制方法。用传统的均值谱一是无法解决"载荷迟滞效应"的问题，二是用均值谱进行疲劳试验，无法解决载荷值和作用点失真问题。除此以外，均值谱编制方法耗时太长，一般一个歼击机实测均值谱由实测到数据处理和编制就需2~3年的时间。

针对均值谱诸多问题，各国疲劳界也都纷纷开展研究，可60多年过去了，仍没有突破。我通过研究发现，60多年研究一直没有突破的原因是研究者们一直都在修正均值谱上做文章，没有抛开"平均"二字。于是，我反其道而行之，大胆地抛开"平均"。通过概率数学、损伤力学、飞行力学、疲劳和飞行载荷测试技术等多学科交叉综合研究，终于在国际疲劳领域首先发明出比传统均值谱更真实、编谱方法更简单、更省时的代表起落谱。具体地说，就是发明用一个实测代表起落代替一个实测科目所有起落的新方法，把所有实测科目的代表起落随机连接起来，组成一个载荷—时间历程，叫作代表起落谱。其代表起落就是在每个实测飞行科目的多个实测飞行起落中选择一个疲劳寿命值等于该科目的所有实测起落的平均疲劳寿命值（或中值）的起落。因此，这个代表起落可以代替该实测科目的平均起落使用情况。它的理论根据是概率数学中的对数正态分布的均值与中值相等原理。由于该代表起落谱中的每个代表起落的各级载荷值、频数和作用位置是一个起落的值，不需要“平均”了，因此，它可以突破国际60多年期待解决的“载荷迟滞效应”和“随机载荷作用点控制”的难题，发表后得到广泛应用，被誉为“张福泽代表起落谱”。论文发表在《航空学报》1998年第19卷第5期，同年又被国际航空科学大会（ICAS′1998）选用，并到会交流。

总之，我自选研究课题，都是针对工作需要，而国际上又无解的难题进行研究的。研究成果发表后往往受到欢迎，得到广泛的应用，这是我所欣慰的。

进一步提高我国飞机结构定寿工作的可靠性水平①

摘要：作者通过我国各大机群飞机定寿延寿，感悟到我国飞机结构定寿可靠性水平有待进一步提高，尤其在如下两个方面要加强：一是在飞机结构定寿中，要贯穿“全寿命管理”理念；二要严格执行规范和不断完善规范。只有这样，才能永葆我国飞机结构定寿的高可靠性和高水平。

引言

我国各型飞机定寿工作，除个别飞机是在20世纪60年代中叶开始外，大多数飞机是在70年代末开始的。经过航空“疲劳帮”的20年艰苦努力，飞机结构定寿工作取得了一批卓有成效的理论研究成果和各机型定寿的成果。在这些成果中，有一些项目已接近或达到世界先进或领先水平，这是可喜的事。

但也应该看到，在该定寿领域中，我国各个部门和专业发展还是不平衡的，有些学科还很薄弱，水平不高，甚至还有空白之处，尤其缺乏顶层设计和全寿命管理机制，这些都有待进一步提高和充实。

飞机定寿问题，包括战术技术论证（寿命和可靠性指标的提出）、设计、生产、使用的全过程，即全寿命管理过程。有人认为，飞机定寿只是设计、生产部门的事，与使用部门无关；也有些人认为，设计、生产部门给出设计使用寿命指标后，在整个使用中，设计、生产部门再不需要做什么工作了，

① 本文刊于1989年12月航空航天工业部科学技术委员会出版的《飞机结构疲劳定寿文集》第二集。

要做也是使用部门的事。这些人还不了解飞机寿命和可靠性工作与飞机静强度不同，静强度工作由设计师们在设计定型前完成，而寿命和可靠性工作在设计和生产阶段是无法全部完成的，还有些项目必须在飞机投入使用后，而且要经过较长时间的使用和一定的翻修次数后才能最后完成。他们不了解飞机定寿和可靠性指标除设计固有的指标外，还与使用中所做工作多少、质量高低有关。使用中工作做得多和细其指标可以增长，如有的机型设计使用寿命并不高，但在实际使用中对薄弱部位进行挤压强化加强等工作后，寿命指标得到延长，当然这也是有条件和限制的。反之，使用中工作做得不好，指标还可能下降。在这方面，工业发达国家已做了大量的工作，已把很多现役飞机的寿命指标提高了很多，如表1所示。

表1　欧美国家某些飞机寿命指标增长情况

序号	机种	交付年代	总寿命/h	
			1979年	1984年
1	F－105战斗机	1958	4000	6000
2	F－106战斗机	1959	4000	8000
3	“幻影”Ⅲ战斗机	1967	3000	8000
4	A－7攻击机	1967	4000	8000
5	“美洲虎”战斗机	1968	3000	6000
6	F－5E战斗机	1973	4000	8000
7	F－15战斗机	1975	4000	8000
8	F－16战斗机	1978	4000	8000

这些飞机延寿是利用与寿命有关的多种学科知识和现代的高技术领域的新成果。所以说，全寿命管理是一项多领域、多学科、高密集型复杂技术的系统工程管理问题。它贯穿于指标的论证、设计、生产和使用的全过程，如图1所示。

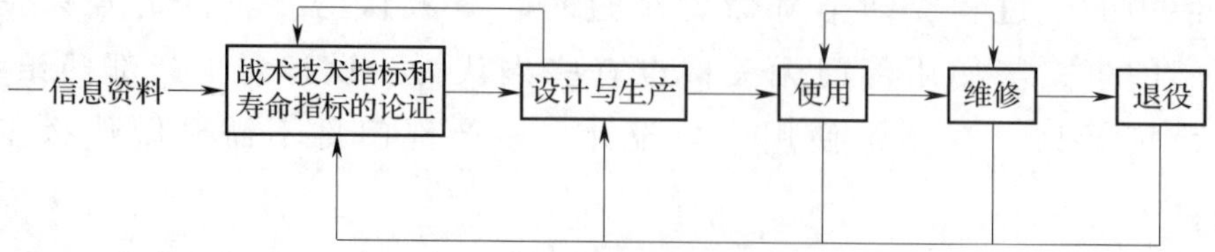

图1　全寿命管理示意图

1 我国“七五”至“八五”期间的飞机结构定寿

我国在“七五”至“八五”期间及以后的一段时间里，现役飞机（指空军所属）的定寿和可靠性工作是属于补课性质的。由于前面所述的种种原因，空军所属的现役飞机在设计阶段都没有给出寿命指标和可靠性指标。等于设计阶段的定寿任务全部移到使用阶段来做，不但各机型的寿命指标要论证给出，而且所有需要试验的项目也都要从实测载荷谱开始，一直到进行各种试验和分析计算。因此说，这项工作还谈不上是全寿命管理，但全寿命管理的内容基本是包括的。也尽量按全寿命管理各项要求去做，当然，由于采用的规范不同，与本文在2.2节中所提的工作项目是有所不同的。

应该说，此期间的定寿工作是在航空工业部疲劳界多年艰苦工作的基础上进行的。有的同志已花了半生甚至毕生精力从事本专业。“七五”至“八五”期间及以后的一段时间里（以后称“七五”期间）的定寿工作虽然在经费和技术管理方面有变化，但从事本专业的人没变，有了这部分既有理论基础又有多年丰富经验的疲劳定寿技术力量，是做好这一工作的首要条件。

为了适应改变了的管理形式，空军成立一个寿命可靠性办公室，它由主任、副主任和总师以及成员、驻厂（所）军代表等组成。负责“七五”期间现役飞机定寿和可靠性的全面工作。

1.1 “七五”期间要定寿的机种

(1) 歼6系列飞机（4个机型）；
(2) 歼7系列飞机（5个机型）；
(3) 歼8系列飞机（3个机型）；
(4) 强5系列飞机（2个机型）；
(5) 歼教5型飞机；
(6) 国产轰5和轰教5型飞机；
(7) 轰6飞机；
(8) 运8飞机。

1.2 总技术途径的确定

“七五”期间各机型的定寿和可靠性工作是要通过经济和技术合同来实现

的。在这项工作中，遇到的矛盾很多，最突出的有两个：第一是国家计划拨给的经费与各型飞机定寿和可靠性工作的实际需要相差很大；第二是上级规定的在研机种和现役的老机种的经费分配比例相差更大。在这些突出矛盾未解决之前，各机型的定寿合同是无法签订的，一度使该项工作处于停顿状态。在这种情况下，空军提出打破在研机种和现役老机种的界线，按“系列飞机定寿法”定寿。这种方法一提出就得到有关同行专家、教授和各级领导的支持。该方法在一个系列的飞机中，取消了在研机种和现役老机种的界限，打破了过去各自独立的体系，大大减少了同样的重复性疲劳试验，这样经费可以压下来，使合同得以签订。

“系列飞机定寿法”的具体做法是在某个系列飞机中，选定一个有代表性的机型，对它的各个部件和主要系统全面进行试验和计算。对同系列的其他机型的飞机，部件有较大差异的要补充进行试验，部件基本相同的用类比计算方法进行，就不再重复试验，这样，对某一个机型来说，试验项目是不全的，但从整个系列来看，则试验是完整的，保证各主要部件都试验全。例如：歼7系列共有5个机型（歼教7当时属于在研机型），由于歼7Ⅱ型飞机的定寿工作已有比较好的基础，对它再投入一些经费，使它的各项试验和计算得以完善，就可以作为歼7系列飞机定寿的“核心”机型了，其他4种机型在歼7Ⅱ所做试验的基础上，或做补充试验或做类比计算。其他系列飞机也照此办理。就这样，“七五”期间各系列飞机的定寿合同都得到签订。

1.3 经济技术合同

“七五”期间的各系列飞机的定寿与从前定寿的最大不同就是一切经济和技术指标都体现在合同中。所谓全寿命管理中第一、第二和第三阶段的大部分工作内容都在合同中签订。关于第三阶段的使用部队和监控等项工作另行安排。在合同的签订中，着重抓了如下几方面的工作。

1.3.1 对各合同中的技术项目经费的审定

（略）

1.3.2 对各型飞机的各寿命指标的制定

寿命指标与选用规范有关，根据我国现役飞机当时的设计水平和我国目前定寿的技术水平，我们经过反复研究确定采用我国1985年颁布的《军用飞机强度和刚度规范》作为现役各系列飞机定寿的依据。由此，我们提出确定各型飞机寿命指标的三条原则：

（1）按安全寿命概念确定使用寿命。

（2）若安全寿命达不到使用寿命要求，允许采用经过试验验证有效的修理寿命作为总寿命的一部分。

（3）按损伤容限试验确定飞机结构的首翻期和各次翻修间隔。

根据以上三条原则提出我国现役各类飞机的寿命指标如表2所示。

表2　我国现役各类飞机的寿命指标

机型	总使用寿命/飞行小时	首翻期/飞行小时
歼击机	3000～3500	1000～1300
歼击教练机	3000～3500	1000～1300
强击机	4100～4500	1200～1300

这些寿命指标经多次反复论证，最后得到确认，写入各机型的定寿合同里。

1.3.3　合同的技术项目

由于采用了“系列飞机的定寿方法”，因此，在一个系列中的各个机型的试验项目是有很大差别的，但在一个系列飞机中尽量保证主要构件都试验全。

1.3.4　载荷谱要求

（1）要求各型飞机结构件疲劳试验都要通过实测编制载荷谱。

（2）要求编制飞—续—飞载荷谱（个别试验除外）。

1.3.5　试验结果的数据处理

由于试验结果的数据处理是定寿中十分关键的一环，因此，在每个合同中都明确规定出疲劳分散系数的选取。一般按国家军用标准规定选取，特殊结构件允许做试验研究后给出分散系数，但需合同的甲方批准。

1.3.6　其他要求

合同中对进度、奖惩、验收鉴定等方面都有明确规定。

2 进一步提高我国飞机结构定寿的可靠性水平

2.1 健全全寿命管理是提高飞机定寿可靠性水平的保证

要想把飞机定寿可靠性水平提高一步，首先就要提高和实现全寿命管理，实现全寿命管理必须建立起全寿命管理体系和机构。要想建立全寿命管理体系和机构，就要变革现有的管理体制，打破在寿命和可靠性问题上的部门界限，把设计、生产和使用部门在寿命和可靠性方面的工作统一管理起来。有了这样一个按系统工程建立起来的体系和机构，它可以把寿命和可靠性指标论证、设计、生产和使用中的技术与经费统一管起来，打破现在各部门之间的割据状态。我国目前在寿命和可靠性工作中，设计、生产和使用是分别由各领导系统管理，经费也是按各自的系统分配和控制，谁也管不了谁，互相之间没有一个统一的机构来指挥。如从总使用寿命延长的问题上看，使用部门一般是希望延长飞机寿命的，而工业部门、修理部门和后勤部门一般就不很关心延寿。因每年国家拨给使用部门的经费是固定的，寿命延长了就等于增加装备，可以节约经费开支，使用部门是欢迎的。但是为了延长寿命，需要对设备进行改造，需要大量投资，但飞机的价格不变，则工业部门的经济效益下降。另外寿命延长了，使飞机的修理次数增加，而修理部门和后勤部门又不能因此而得到经费的补充，因此，这些部门不很关心延长寿命也是自然的。由于上述各部门的经费来源各不相同，没有一个统一机构统一协调这些利害关系，所以，有些很简单的问题往往解决不了。再拿飞机首翻期和使用总寿命来说，由于上述和其他原因，我国所有现役飞机都没有给出总使用寿命指标和合理的首翻期指标，更谈不上可靠性指标了。因此造成使用部门的盲目使用，引起几次机毁人亡的疲劳断裂事故。如歼5飞机曾发生两次机翼疲劳断裂的机毁人亡的事故，损失惨重。由于没有通过损伤容限试验给出合理的各次翻修寿命指标，使空军的修理费用造成极大的浪费。就歼6一个机种来算，由于没有给出合理的首翻期指标，空军从300飞行小时开始试修，然后改为600飞行小时，现在通过疲劳试验和其他方面工作的配合，在不增加修理工作量的情况下，把首翻期定为1000飞行小时。如果这个首翻期指标能在出厂时给出，空军可以节约相当大数量的翻修费用。仅歼6这一项，空军就多花1.4亿元人民币，造成多么大的浪费和损失。把全军各机型都算起来，共浪费的经费就更加惊人了。各机型由于没有给出总使用寿命指标，使空军决策机关无法对各型飞机做战略淘汰和更新机型的决策，直接影响武器装备发展计划。

在飞机寿命的问题上，为什么会出现这么多和这么严重的问题？本文认为，不是做具体工作的同志们不想解决或不能解决问题，而主要是没有一个统一管理的专门机构来规划和调配经费等方面的问题。

2.2　落实规范规定是提高飞机定寿可靠性水平的关键

2.2.1　寿命指标的论证和提出

现阶段由于一些人对全寿命管理尚不完全了解，对我国《军用飞机强度和刚度规范》和《军用飞机结构完整性大纲》也不甚了解，本文在此以《军用飞机结构完整性大纲》为例，对全寿命管理各阶段的工作项目做一简要说明。

订货方要根据飞机总的战略战术要求提出新机的寿命指标要求。提出的寿命指标要求，既要体现出当代先进技术水平，又要考虑国家现有技术水平，使寿命指标既先进，又能达到。

2.2.2　设计部门的技术论证和计划

设计部门要根据订货方提出的寿命指标要求进行可行性和技术上的认证：

（1）选择结构和寿命设计准则；

（2）制订飞机完整性大纲总计划；

（3）耐久性和损伤容限控制计划；

（4）材料和工艺方面的选择。

2.2.3　设计部门进行设计分析和研制试验

（1）设计部门要进行如下分析：

载荷分析、材料分析、应力分析、损伤容限分析、耐久性分析、声耐久性分析和振动分析等。

（2）载荷谱

设计使用载荷谱的制定和设计化学/热/气候环境谱的制定。

（3）各种设计研制试验。

2.2.4　设计部门在设计、生产中的全尺寸试验和各设计使用寿命指标的给出

设计部门在此阶段中要进行设计阶段的各种试验和给出设计寿命指标。

（1）试验项目：静强度试验、损伤容限试验、耐久性试验、声耐久性试验、飞行振动试验和颤振试验等；

（2）寿命指标：给出设计使用寿命指标、设计翻修期指标、飞机维修大纲和计划；

（3）试验结果解释和评语；

（4）强度综合说明。

2.2.5 使用部门的机队管理

使用部门要根据设计部门提出的机队监控大纲进行如下工作：

（1）机队平均载荷谱历程监控；

（2）机队飞机环境谱的测定；

（3）必要时还要进行单机寿命监控；

（4）对机队飞机的单机维护时间的统计；

（5）做好单机维护记录。

2.2.6 设计部门给出订货方要求的使用寿命指标

一些人不了解为什么在设计阶段已给出飞机的设计使用寿命指标了，在使用中还要做工作的原因。这是因为在设计、生产阶段所做的疲劳试验和损伤容限试验及分析都是用设计平均使用载荷谱，而不是在部队实测的平均谱。因此，设计阶段给的寿命指标，都不能代表机队飞机平均使用寿命。因而国内外一些规范中都有明确规定，设计、生产部门在飞机交付部队后要做如下的工作。

（1）根据机队飞机监控得到的载荷历程，编制代表机队平均使用情况的使用载荷谱。

（2）重新进行疲劳试验。

①试片比较试验

试片比较试验，是用主要承力件的危险部位的材料制成试片，分别用设计使用载荷谱和抽样实测使用载荷谱进行对比疲劳试验。对比两组试片的试验寿命，并结合原给的设计使用寿命和其他方面的工作，用“类比寿命计算法”计算，重新确定该机队飞机的实际平均使用寿命。

②全尺寸结构件疲劳试验

全尺寸结构件疲劳试验，是用原试验给出的危险部位的全尺寸结构，用抽样实测平均使用载荷谱进行试验，以此试验结果，并结合其他方面的工作来确定机队飞机实际使用寿命。

这个全尺寸结构件的疲劳试验是否要做，一般要看实测的平均谱是否比设计平均谱严重，如果前者比后者严重，一般要做；反之，则可以考虑不做。我国《军用飞机强度和刚度规范》对此有规定。

（3）重新进行寿命计算。

①用实测使用载荷谱与原设计使用载荷谱比较计算；

②单机监控寿命计算。

用实测使用载荷谱重新进行全尺寸部件疲劳试验，这是确定机队飞机平均使用寿命最好的途径和方法。但这种试验又费钱又费时，试验完了也只能给出机队飞机的平均使用寿命，并给不出单机的使用寿命。为了更有效地使用飞机，军方一般设立一个单机寿命监控中心，把各单机监控的载荷数据，定期地报给监控中心，经过计算处理，给出每个单机的载荷历程，根据监控中心算出的每个单机的载荷历程，计算每个单机的寿命损耗情况。当然也可以计算出机队飞机平均使用情况，这样军方随时可以知道全军每个机型每架飞机的剩余寿命是多少，随时可以调整飞机的使用或报废，从而达到既可靠又经济地使用飞机。如何管理、组织以及计算方法，就不赘述了。

3　不断改进和完善规范是永葆飞机定寿高可靠性的推动力

在飞机结构定寿中，对某一机型来说，严格按某一规范规定的内容去做，这对从事强度专业的人是习惯的。但要不要和如何去修改、完善规范是一些人不想做也是不习惯这样做的。他们只是习惯于信守执行规范而不去研究、修改和完善规范。这些人不了解由于疲劳定寿涉及的学科多，有些理论还不够成熟，目前国内外现行飞机结构定寿规范仍在发展中，现代科学的发展是突飞猛进的，随时都有理论上和技术上的突破。如果不把这些新理论和新技术充实到规范中去，我们的定寿水平就永远停留在现有的水平上。飞机强度规范的发展常常是随着飞行中结构重大事故研究和试验结果研究的突破而发展的，我国这类飞行事故时有发生，而且目前各系列飞机定寿已全面展开，各种试验数据陆续出来，是开展这项研究的好时机。为了增加这方面的了解，促进规范的发展，使定寿可靠性水平更提高一步，本节着重谈谈这方面的问题。

3.1 从国外对重大飞行事故和试验结果的研究看飞机强度和刚度规范的不断发展

美国将飞机强度和刚度可靠性要求、重复载荷和疲劳作为规范，是在1960年制定军用规范 MIL-A-8866 时才明确规定下来，1971年和1975年又进行了修订。

美国军用规范在可靠性和疲劳寿命方面的要求从无到有，从不完善到比较完善的过程，是经历了暴露矛盾、认识矛盾、解决矛盾和再提高的过程。

第二次世界大战之前，民用客机使用还不够广泛，军用飞机从数量上看，已经有一定的发展，但还是处于飞机刚刚诞生的前30年。在这个阶段的前十几年中，飞机结构和飞行动作简单；后20年来，经历了第一次世界大战和西班牙内战的实践，飞机作为武器开始大量装备部队。飞机的结构和动作也开始复杂起来，但由于当时的设计、制造、材料的质量水平较低，因此，飞行中其他各种原因造成的机毁人亡事故，掩盖了飞机结构的强度不够造成的事故和疲劳断裂事故。从强度规范角度上看，这个阶段是静强度为主的阶段，即设计载荷等于使用载荷乘以安全系数。用满足飞机设计包线的静强度要求，来保证飞行安全。

第二次世界大战以后（即从40年代初期到40年代末），飞机作为武器又经历了第二次世界大战的考验，各类飞机都得到很大的发展。这个阶段的后期，活塞式飞机逐渐开始被喷气式飞机所代替，随着喷气式飞机的发展，飞机性能迅速提高，气动弹性问题越来越突出，如颤振、发散等气动弹性的严重事故的多次发生。通过这类事故的分析研究并结合30年代英国人通过9架“蚊式”飞机事故分析提出的颤振问题得出：飞机设计除满足静强度要求外，还要有刚度方面的要求。因此，在此阶段制定的规范是静强度加刚度方面的要求。

50年代后，疲劳和断裂事故开始暴露出来。这是由于前阶段飞机的迅速发展，设计水平的提高，伴随着静强度和刚度方面问题的解决，再加上使用维护经验的丰富，使飞机的其他事故减少，因此，随着飞机寿命的增长而疲劳与断裂事故逐步暴露出来。为了正确认识和解决这一矛盾，从50年代初，英国、美国、澳大利亚、苏联等国先后进行了这方面的事故分析研究、试验研究，以及制定规范等工作，总结关于疲劳和断裂方面的发展可大致分为以下几个阶段。

3.1.1　暴露和发展阶段

疲劳破坏在其他机械制造业中早已发展，但就航空方面来说，直到50年代初，英国“彗星”号旅客机两次空中爆炸解体事故后才引起重视。“彗星”号两次爆炸事故发生后，英国花了相当大的人力和物力进行分析研究。最终是从海底打捞上来的残骸中，发现了疲劳裂纹部位，从这一裂纹开始扩展，导致压力座舱的爆炸解体。对这一事故的分析，引起各国航空界的重视，从此开创了航空疲劳方面的研究和应用。

3.1.2　飞机疲劳基础研究阶段（50年代初—1960年）

疲劳问题在航空界暴露后，美国、澳大利亚等国表现最为积极，花费了相当大的代价进行这方面的研究，他们在这一阶段的主要工作包括以下内容。

（1）飞机载荷环境的测试和编制载荷谱方面的研究

美国获得了在朝鲜等战场作战的F-86、F-100、F-104等机种的几万飞行小时的重心过载、高度、速度数据。这些数据在一定程度上代表了飞机疲劳载荷的母体，是编制载荷谱的原始数据。

（2）地面疲劳试验研究

1952年，美国海军用26架P-51战斗机，澳大利亚用92架P-51战斗机进行等幅和变幅疲劳试验，他们的试验目的是：

①研究损伤理论的正确性；

②研究疲劳试验的分散程度；

③研究加载顺序的影响；

④研究施加地面载荷的影响；

⑤研究载荷均值和幅值的影响。

他们通过试验研究得到两条主要结论：

①载荷谱的加载顺序对飞机结构的寿命有显著影响；

②从大量的飞机全尺寸疲劳试验得到寿命对数标准差，这个数据给确定结构疲劳分散系数提供依据。

3.1.3　制定规范阶段（1960年）

由于疲劳事故的多次发生，在新设计飞机时，迫切需要一个统一的标准来衡量飞机的安全可靠性和疲劳寿命，于是在上述研究的基础上，美国1960年在军用规范MIL-A-8860系列中，新规定了重复载荷和疲劳的章节，即MIL-A-8866的部分。

3.1.4 实践再提高阶段，即疲劳加断裂阶段

完全按静强度加刚度加疲劳的规范设计的F－111飞机，于1969年执行训练任务（投弹拉起）时机翼折断。当时飞机的过载、速度和总重量远低于设计极限，而飞机累积飞行时间只有104h，也远低于MIL－A－8866规范规定的安全寿命要求。

经过对失事的F－111残骸的全面检查和研究，发现机翼枢轴接头有一缺陷，在缺陷周围有一带状条纹，这一缺陷是在锻造中产生的。接着他们又对服役的F－111机队的325架飞机进行一次验证试验。对每一架飞机都施加－2.4和正7.33的过载。验证结果，有两架飞机部件提前破坏。

在F－111事故研究基础上，美国空军于1971年对军用规范进行了一次修改，引进损伤容限设计概念。把MIL－A－8866改为MIL－A－008866A，把MIL－A－8867改为MIL－A－008867A。修改的主要指导思想是，飞机结构安全可靠性还是以安全寿命设计概念为主要保证，但对主要受力件辅之以损伤容限设计，即规范是静强度加刚度加疲劳加断裂阶段。

3.1.5 废旧立新阶段，即损伤容限设计阶段

美国在对安全寿命设计的飞机的事故研究基础上，提出由于结构不可避免地存在着缺陷，因此，安全寿命概念有不安全因素。在1960年到1975年断裂力学理论研究和试验取得很大进展的同时，美国空军于1975年对军用规范又进行一次大的改动。即用MIL－A－008866B和MIL－A－8867B代替MIL－A－8866A和MIL－A－8867A。这次修改去掉了安全寿命设计概念，代之以损伤容限设计为主要内容的、保证飞机安全耐久的新规范。与上述新规范相配合，还规定有飞机损伤容限设计要求MIL－A－83444和飞机结构完整性大纲MIL－STD－1530A以及MIL－A－87221。所有这些规范构成一个完整体系来保证飞机结构的可靠性。当然，这种修改世界其他国家还有一定的看法，如英国、法国等国家有不同意见。

概述上述飞机强度的发展过程，可以得到如下几点结论。

（1）飞机强度和刚度规范是随着飞机的发展和使用中暴露出来的问题而不断发展的。在某种意义上讲，使用中暴露出来的问题和它的彻底解决是推动航空事业发展的原动力。

（2）国外一些国家对使用中出现的重大故障的研究是彻底的，通过事故的研究给出了一些指导性的结论。

（3）一旦发现带有方向性的问题就修改规范，以提高新设计飞机的可靠

性和现役飞机的安全性。

3.2　我国对飞行事故的研究现状和不足

（1）由于我国航空事业发展的历史短，因此还没有形成一个跨行业的、由国家统一管理的机构来组织飞行事故研究。飞行事故往往要牵涉到跨行业跨部门的许多单位，单靠某一个部门或单位是无法集中各方面的力量进行研究的。例如，空军是十分关心和重视重大飞行事故的研究，每发生一起重大事故都要组织调查和研究小组，但一遇到跨行业跨部门的事故，空军就没有办法了。而重大飞行事故往往又必须各个部门（航空工业部、电子工业部、化学工业部和冶金工业部等）共同来参加研究，但由于没有一个国家统一机构来组织这项工作，因而对有些重大飞行事故是无法搞深搞透的，从而就提不出指导性和规律性的结论来推动航空事业的发展。

（2）由于没有一个统一的国家管理机构，因而就没有一个机构能站在国家的高度，对重大飞行事故研究提出战略的部署和要求，并且给以足够的财力和人力，这样只靠某一部门和单位来抓，也只能满足于解决部队的停飞以及不再出现同类事故，也就无法深入研究，就不可能在理论上得到提高和突破，更无法指导修改规范和新机设计。

例如，1972 年歼 5 飞机机翼折断，当时也引起了很大的震动，也投入了一些力量进行分析研究，但当时只限于解决现役飞机的停飞和使用问题，缺乏指导全局的长远打算，因此，研究人员也只能根据这种指导思想去研究铰孔、挤压和加强等应急措施；而美国战斗机 F－111 机翼是在歼 5 大梁折断前 3 年折断的，前面已经讲过，他们不是就事论事地处理这起事故，他们除解决部队现役飞机停飞问题外，还想通过此事故的研究验证 MIL－A－8866 规范规定的安全寿命概念的可靠性。为达此目的，他们进行了前述的大量研究和试验工作，通过这些工作得到如下的重要结论。

①按 MIL－A－8866 规范规定的安全寿命设计要求设计的飞机，安全性基本是可靠的，但实际破坏概率可能要比预计的 1.3% 略高。

②尽管在设计、制造和检验方面做了很大努力以求排除缺陷，但在关键部位中，仍可能存在未发现的缺陷和损伤。

③为了使飞机结构有更高的安全性，必须在承认关键结构可能有缺陷的基础上来考虑飞机结构的可靠性和疲劳。

他们根据这次事故的研究，不仅解决了现役飞机的飞行安全问题，而且对将要设计的新飞机提出指导性依据，即 MIL－A－8866 规定的安全寿命设计原则基本可靠，但还必须承认结构中可能存在内部缺陷。因此，为了确保飞机的可靠性，飞机的主要结构除按安全寿命设计外，还要进行损伤容限设计。可见，同样发生两起事故，其研究指导思想不同，而得到的结果和意义也不同。

（3）由于没有一个国家管理的统一机构，对有些重大飞行事故的研究结论，没有一个机构拍板定案，为此往往是有关单位争论不休，这样就无法实事求是去研究事故发生的内在真实原因，得不出科学的结论来指导实践。

3.3 几点预测和建议

“飞机使用故障的研究和它的解决是推动航空事业发展的原动力。”这句话是总结世界85年航空史得出的真理，每一重大航空事故的突破都要或多或少地推动航空事业向前发展一步。但每前进一步又要暴露出新的预想不到的故障。本文为什么强调这个问题呢？这是从国内外航空事业发展水平提出来的，其主要考虑如下。

（1）我国已陆续颁发新的飞机强度和刚度规范，采用了目前世界先进的设计准则。很显然是个进步，它是通过F－111飞机机翼折断等事故的研究和一些理论研究上的进展而发展起来的，它也必定像其他航空事故的突破一样，推动航空事业向前发展。但它也不可避免地会出现新的故障和问题，有待去发现去研究。况且损伤容限设计的理论基础是断裂力学，而断裂力学又是新兴的科学，尚有一些不成熟不完善的地方。虽然美国近些年来，已有少数飞机部分部件采用损伤容限设计（如A－10、B－1、F－15和F－14等），但经验还不够丰富，有些问题还存在着一定的分歧。预计我国按新规范设计的飞机陆续问世，为保证飞行安全和完善、发展这种设计准则，而特别强调结构故障的监控和研究。

（2）为了降低成本和减轻重量，提高疲劳寿命和抗腐蚀能力，国内外目前新设计的飞机，部分采用纤维复合材料。虽然这种复合材料有容易吸潮、外部容易受损伤、脆性大、不易检查等缺点，但它的优点远大于它的缺点，因此，从发展眼光看，它是大有前途的。目前国外有部分飞机在部分结构中采用了这种材料。如“狂风”、F－111、F－4、F－14、F－15、F－16、F－18、“幻影”2000等飞机。

我国复合材料的研究也取得了一定进展，本文预计我国新设计的飞机，要有部分结构采用复合材料，到那时要特别注意这部分结构的监控和研究。

（3）目前国外航空界为了降低加工成本，改进原来比较成熟的加工技术，如改进铆接技术、改进铸造技术和采用胶结技术，采用粉末冶金技术等。这些技术的改进和采用，无疑也是一个进步，但也存在着许多问题需要去探索。预计这些改进的和采用的技术，我国新生产出的飞机上也会得到应用，要特别注意这方面的监测和研究。

本文认为损伤容限设计准则的采用、纤维复合材料的应用，以及新技术的应用和改进都是进步，但都不是十全十美的，也不可避免地会出现预想不到的新故障和新问题。我国的新机，以上的问题会不同程度地反映出来。如果到那时我们不注意这方面的监控和研究，不仅不能预防由于这些问题引起的事故的发生，而且也不容易发现新的规律性故障，也就无法推动我国航空事业的发展。

附　　录

张福泽代表起落谱的评价与推广应用

无论什么飞机都必须确定其结构的使用寿命。而要定寿，首先就要解决载荷谱的问题。因为载荷谱是飞机定寿的基石，它在飞机定寿中的作用相当于盖楼地基的作用，地基不牢楼会坍塌，载荷谱不准会摔飞机。要编制什么样的载荷谱？载荷谱如何实测？如何编制实测载荷谱和设计使用载荷谱？如何用载荷谱进行疲劳/耐久性/损伤容限试验和分析？这一系列问题都需要解决。

在飞机实测载荷谱编制原理和方法方面，在20世纪90年代之前，世界各国都是用传统均值载荷谱编制方法。尽管用传统均值谱编制方法能基本满足当时飞机实测载荷谱编制和飞机定寿、延寿的需要，但这种编谱方法也有其自身固有的缺点，如载荷大小和频数均取各个载荷区间的平均值使其载荷有一定的失真度，经计数处理后失去了载荷顺序和载荷状态的有关信息。

载荷谱的加载顺序对疲劳寿命具有较大影响，这已是公认的事实，但由于国际上仍未找到解决该问题的好方法，因此在当时的国内外飞机载荷谱编制中，往往对此缺乏考虑，即没有充分考虑飞机实际飞行载荷发生的顺序，如某一科目按使用训练大纲规定，飞机应做盘旋、90°转弯、180°转弯、半滚、筋斗、半筋斗翻转的顺序飞行。它们之间的过渡衔接动作的先后顺序在训练大纲规定好的，一般不能颠倒（战时和个别特殊训练要求除外），每个科目都是按训练大纲规定的动作、时间、次数等完成后，才能完成本科目的一个起落飞行。然而，当时各种编谱中，由于采用了雨流计数法，无论是程序块谱还是飞—续—飞谱，都没有考虑实际飞机动作先后顺序和各动作间的过渡衔接状态，编制出的载荷谱加载顺序与真实飞行不一致，从载荷加载顺序对结构寿命影响方面考虑，这种编谱方法是失真的。

飞机在飞行中，载荷大小和载荷作用位置随飞行时间、高度、速度、迎角、侧滑角、副翼偏角、水平翼偏角、滚转角速度、俯仰角速度、油耗等十几个参数变化而变化，当时各国在编谱时，由于载荷作用位置在编谱中怎样考虑尚未解决，因此仅考虑了载荷大小，而没有考虑载荷的作用位置，对于飞机结构的同一部位，在载荷大小不变而载荷位置不同时，则各部位的应力是不同的，从而寿命也会不同。这就是说，在编制飞机载荷谱时，只考虑载荷大小而不考虑载荷作用位置是不合理的。

如果上述两个问题不解决，飞机寿命的确定是不准确的。除此之外，均值谱编制方法耗时太长，一般一个歼击机实测均值谱由实测到数据处理再到编谱需要2～3年时间。

针对均值谱的问题，美国列专题进行研究，各国疲劳界也都纷纷开展研究，可60多年过去了，仍没有找到解决问题的方法。因此明知有缺点，但又不得不用。张福泽通过研究发现，60多年研究一直没有突破的原因是研究者们一直都在修正均值谱上做文章，没有抛开“平均”二字。张福泽通过概率数学、损伤力学、疲劳和飞行载荷测试技术等多学科交叉综合研究，终于在国际疲劳领域首先发明出比传统均值谱更真实、编谱方法更简单、更省时的代表起落谱。具体地说，就是发明用一个实测代表起落代替一个实测科目所有起落的新方法，把所有实测科目的代表起落随机连接起来，便构成一个代表起落谱。其代表起落就是在每个实测飞行科目的多个实测飞行起落中选择一个疲劳寿命值等于该科目的所有实测起落的平均疲劳寿命值（或中值）的起落。因此，这个代表起落可以代替该实测科目的平均起落使用情况。它的理论根据是概率数学中的对数正态分布的均值与中值相等原理。由于该代表起落谱中的每个代表起落的各级载荷值、频数和作用位置是一个起落的值，不需要“平均”了，因此，它可以突破国内外60多年期待解决的“载荷迟滞效应”和“随机载荷作用点控制”的难题。

1　代表起落谱的创新

（1）在国际疲劳载荷谱领域，率先发明了中值寿命代表起落谱（后期简称代表起落谱）。它突破了国际疲劳界一直无法解决的难题，开拓出用一个实测起落代替一个任务剖面的代表起落谱，使载荷谱一跃至国际前列。这种代表起落谱不仅真实可靠，而且便于使用，是目前国内外业内人士谁用谁爱的载荷谱。

（2）在国际疲劳理论研究领域，率先发明用代表起落谱解决载荷迟滞效应的新方法。使这个国际已研究60余年的难题得到突破，使飞机机体定寿能更真实体现载荷顺序对寿命的影响，使飞机定寿更真实、更可靠和更安全。

（3）在国际疲劳试验领域，率先发明用代表起落谱解决全尺寸疲劳试验载荷值、频数和作用点失真的新方法。使这个自从有全尺寸疲劳试验以来一直无法解决的难题得到解决，这是全尺寸疲劳试验领域的历史性重大突破。

（4）发明编制代表起落谱的系统工程方法。这是载荷谱编制的全系统发明与创新。它不仅比目前国际通用的均值谱编制方法简单、省时，而且安全、可靠，因此被业内专家誉为目前国际领先的编谱方法。

代表起落谱问世之后，受到业界高度赞誉，而且得到广泛的推广与应用，被业界誉为“张福泽代表起落谱”。

2　评价与赞誉

1998 年，清华大学教授、中国工程院院士杜庆华等 9 位专家在对“代表起落谱和编制方法”技术成果进行鉴定时，做出以下结论：

> 在编制飞机、机车、拖拉机、火车等疲劳载荷谱中，国际上普遍采用“雨流计数法”计数，但“雨流计数法”不能区分出载荷作用顺序，更给不出飞机各级载荷峰谷点的作用位置。而很多研究都证明载荷作用顺序和峰谷点的作用位置对疲劳寿命有很大影响，为此国际疲劳界为解决这些难题已进行了多年的研究，但至今仍未突破，技术难度很大。
>
> 本研究成果，巧妙地利用实测科目的中值寿命起落编制飞机的飞—续—飞载荷谱，这种编谱方法，不仅能给出载荷作用顺序，而且还能给出各级载荷峰谷点的作用位置，这样就可以提高飞机结构寿命的可靠性和飞机的安全，解决了国际疲劳界多年没有解决的难题，达到当今国际先进水平，有重大创新，属国际首创。
>
> 本研究成果在《航空学报》上发表后，又被国际航空科学大会录用并到会做介绍，得到国际同行专家的好评。在实际应用上我国已有多个机型采用本编谱方法进行编谱，并成功地进行了全机的疲劳试验和寿命的确定，取得了很大的社会效益和经济效益，在飞机、汽车等领域中有广泛的应用前景。

2012 年，由两院院士顾诵芬作序，蒋祖国、田丁栓、周占廷三位专家所著的《飞机结构载荷/环境谱》一书中，对代表起落谱做了专门描述，摘录如下：

尽管用传统均值谱编制方法能基本满足当时飞机实测载荷谱编制和飞机定寿、延寿的需要，但这种编谱方法也有其自身固有的缺点，如载荷大小和频数均取各个载荷区间的平均值使其载荷有一定失真度，经计数处理后失去了载荷顺序和载荷状态的有关信息。针对这些缺点，20世纪90年代初，著名飞机结构寿命和可靠性专家张福泽研究出了编制飞机实测载荷谱的代表起落随机载荷谱编制方法。该方法把实测载荷谱编制直接与飞机疲劳损伤联系起来，既克服了传统均值载荷谱编制方法的缺点，又能直接编制出以飞—续—飞形式给出的随机载荷谱用于疲劳/耐久性试验和分析，而且该编谱方法还简单易行，便于编谱，便于使用。该编谱方法于90年代初最先用于歼×飞机实测重心过载谱的编制，后来经过进一步充实和完善。该方法已成为一种最有发展前途的先进的实测载荷谱编制方法。从90年代中期到现在，各种飞机机体实测载荷谱，大部分是用这种方法编谱，取得了巨大的经济效益和社会效益。

代表起落随机载荷谱编制方法的提出、实践、完善、再实践和由此带来的巨大的经济效益和社会效益，使我国飞机实测载荷谱编制跨越了一大步，上了一个新台阶，不仅在国内，而且在世界上也属于该领域的领先水平，在某种程度上具有里程碑意义。

代表起落随机载荷谱编制方法（简称代表起落谱法）的基本出发点是把载荷谱编制与飞机结构的累积损伤和使用寿命联系起来，使所编制的实测载荷谱既真实地再现飞机在飞行中经历的载荷时间历程，保持真实的载荷顺序和载荷状态（载荷情况）对飞机寿命的影响，又能使所编制的载荷谱反映机队飞机的平均使用情况，从而改善和提高飞机使用寿命评估和定寿的可靠性。用该方法编制的载荷谱称为代表起落随机载荷谱，简称代表起落谱。

代表起落谱法和代表起落谱是张福泽院士最先研究给出的，故称张氏代表起落谱法和张氏代表起落谱。本书所说的代表起落随机载荷谱编制方法（代表起落谱法）和代表起落谱都是指张氏代表起落谱法和张氏代表起落谱。该谱不仅可克服传统均值谱的缺点，还可解决潜在的载荷迟滞效应问题……

2013年，张彦仲、李明、杜善义、李椿萱、赵熙5位院士在对“代表起落谱和编制方法”技术成果进行鉴定时，做出以下评价：

在国内外首创代表起落谱和编制方法，开拓出用一个代表起落代替一个任务剖面（一个科目）的编制飞机载荷谱的新方法。这种代表起落载荷谱和编制方法比传统均值载荷谱和编制方法真实可靠，简单易行，便于应用。得到学术界和应用单位的充分肯定和高度赞誉。

在国际疲劳领域，自20世纪50年代至今，各国在飞机定寿和延寿的疲劳试验中，一直没有解决“疲劳迟滞效应”问题和载荷峰谷点作用位置、载荷值以及载荷频数等失真问题。针对这些难题，发明人巧妙地发明出代表起落谱和编制方法。用该代表起落谱代替传统均值谱进行疲劳试验，不仅解决了复杂的“载荷迟滞效应”问题，而且解决了长达60余年国际疲劳界一直期盼解决的载荷峰谷点作用位置、载荷值以及载荷频数等失真问题。这确实是一种里程碑式的创新与发明。

代表起落谱和编制方法属国际疲劳领域的一种首创，研究难度大、周期长，现已得到广泛应用。它不仅是国际领先的载荷谱和编制方法，而且还突破了国际上几十年一直没有解决的两项技术难题。对推动本领域的理论创新和技术发展也有重要深远的影响。

3　推广与应用

一个好的发明成果，必须得到学界和社会广泛承认，更必须有广泛的应用。这一成果不仅被学术界广泛认可和好评，而且已成功应用于我国数千架飞机载荷谱编制中，并成功地进行了全机疲劳试验和定寿。具体应用如下。

601所，在编制歼8系列（3个机型）、苏-27、苏-30、歼11B飞机的载荷谱中应用了此方法，并成功地进行了全机疲劳试验和定寿。

011基地、贵航所，在编制歼教7和歼教7P飞机载荷谱中应用了此方法，并成功地进行了全机疲劳试验和定寿。

132厂，在歼7E飞机编谱时应用了此方法，并进行了全机群定寿。

611所，在实测歼10飞机时应用了此方法，并成功地进行了全机疲劳试验和定寿。

试飞院，在实测歼轰7飞机载荷谱中应用了此方法，并成功地进行了全机疲劳试验和定寿。

空军可靠办，在2014年11月出具的应用证明中写道：我部在1988—2013年间，在组织我空军歼8系列3个机型、歼教7、歼7、强5系列、苏-27、苏-30、歼11、歼10等飞机在编制实测谱中，应用了北京航空工程技术研究中心研制的代表起落谱，并进行了全机疲劳试验和定寿，取得了完全成功。

北京航空航天大学，在应用证明中写道：我校受国防科工委的委托，任主编单位，组织航空、航天、兵器、舰船和装甲等领域的专家，编著国防装备《结构可靠性设计手册》。在该手册中，专门设有各类装备载荷谱编制的章节，经过多次对国内外编谱方法的对比、讨论和研究，认为张福泽院士发表的“用中值寿命代表起落谱编制飞机载荷谱的新方法”，能够实现载荷谱中载荷顺序对寿命的影响，同时还能很好地控制疲劳试验中的载荷峰谷点作用位置，解决了多年其他编谱方法无法解决的难题，并已在十余种飞机定寿编谱中得到成功应用。由此，编委们决定把该编谱方法收入本《结构可靠性设计手册》中，在航空、航天、舰船和坦克等相关专业的耐久性试验和评估中推广使用。

如今，“张福泽代表起落谱”已成为谁用谁爱的载荷谱！

为飞机寿命拼搏一生

——记中国空军首位院士、飞机结构寿命与可靠性专家张福泽

李韶华

宽阔的前额，斑白的头发，睿智的目光，1.75米的个子，一身笔挺的军装，慈祥的脸上总是挂着和悦可亲的笑容，腰板硬朗，浑身上下充溢着学者的风度、军人的气质。他，就是中国空军第一位中国工程院院士、著名飞机结构寿命与可靠性专家、总装备部科学技术委员会顾问、空军首席专家和空军某部研究员张福泽。

张福泽，1936年出生在辽宁省岫岩县一个偏僻的小山村。1962年，他从北京航空学院（现北京航空航天大学）飞机系毕业后被分配到北京航空工程技术研究中心工作。自1966年底步入飞机疲劳寿命研究领域，便与飞机寿命结下不解之缘，开始了他破解飞机寿命难题的人生。

在半个多世纪的科学研究工作中，张福泽为我国飞机的定寿延寿做出了具有突破性和创造性的重大贡献：

他是我国第一和第二两个大机群飞机延寿的开拓者和奠基人；是我国第一位飞机实测载荷谱的开拓者和编制者；是我国第一部“飞机强度规范疲劳分册”的开拓者、制定者之一；以他创立的“系列飞机定寿法”，空军仅用3个飞机型号的定寿经费，便完成了15个机型近万架飞机的定寿延寿任务。

张福泽在各大机群定寿过程中，为我国飞机定寿需要，利用业余时间，还对该领域国际尚未解决的难题进行研究，取得了一批突破性的理论成果。他先后发表论文106篇，其中独自撰写和发表的59篇，逐步形成了其独树一帜的确定飞机日历寿命的理论体系。

他在国际上首创“裂纹形成和裂纹扩展寿命的两个类比计算模型”，解决了迈因纳（Miner）自1945年创立的疲劳理论未能解决的分散性问题，被誉为“张福泽类比计算法”。

他在国际疲劳领域首先发明“代表起落随机载荷谱和编制方法”，破解了国际疲劳界一直无法解决的“载荷迟滞效应”和“随机载荷状态”两大难

题，这是国际疲劳领域的一项重要突破，被誉为“张福泽代表起落谱”。

他发明了“寿命系数定寿法”，解决了国内外无法减少全尺寸疲劳试验时间的难题。实现了自有全尺寸大构件疲劳试验以来，国际疲劳界一直追求减少疲劳试验时间的愿望。

他发明了“耗损系数单机寿命监控法”，解决了国内外现行监控法无法解决的一些难题。

他拨乱反正，研究发表一系列论文，使疲劳分散系数取值更科学和规范，使飞机定寿更可靠。这些研究成果引领国际疲劳分散系数创新发展 30 年（1985—2015 年），得到国内外学术界认可。

他创建了用真实腐蚀参数计算飞机日历寿命的新理论和确定的新方法，解决了国际上数百年来一直追求解决而没有解决的大难题，是历史性突破。

由于上述一系列的重要学术成果受到业界青睐，张福泽先后被应邀赴美国、英国、德国、法国、澳大利亚、俄罗斯、日本和新加坡等国参加学术会议、讲学和交流，得到国际同行的认可。

半个多世纪的奋斗，半个多世纪的拼搏，半个多世纪的奉献，张福泽取得了一系列重要科研成果，获得了诸多荣誉。他先后获全国科学大会奖 2 项，国家科学技术进步奖一、二等奖各 1 项，军队科技进步奖一等奖 4 项、二等奖 4 项。1990 年被评为国家级有突出贡献的中青年专家，享受国务院政府特殊津贴。1992 年被评为全国 12 名“科技英才”人物之一，其事迹在中央人民广播电台播出。1995 年当选为中国工程院院士，成为中国空军第一位院士。1996 年分别获首届全军专业技术重大贡献奖和香港第三届何梁何利基金科学与技术进步奖，2003 年获首届空军专业技术重大贡献奖。2019 年中国空军成立 70 周年之际，被空军评为“推进空军战略转型十大杰出人物”，受到国家主席习近平的接见并合影留念。

张福泽获得如此众多的成果与荣誉，源自他敢于担当，主动作为，坚持创新，持之以恒，勇于拼搏的精神。

敢于担当　主动作为

1966 年年底，5 年未探亲的张福泽正准备收拾行囊回老家过年，可组织上突然派他到上海飞机修理厂去了解一批已修好的飞机为何出不了厂的原因，并要求抓紧时间回京汇报。张福泽二话没说，当即退掉火车票直奔上海。经了解得知，修理好的飞机是因给不出飞机寿命，总师不签字，飞机才无法交付，而这种型号飞机部队还有好几百架。这么多飞机急等定寿、延寿，该谁做？怎样做？张福泽的大脑在急速地转着。他跃跃欲试，但又瞻前顾后。他清楚，所里曾专门组织一班人马进行研究攻关，但几年了仍没有一个明确的结论。他明白，自己学的不是疲劳专业能做吗？思来想去，他觉得自己有责任为解决这个问题出主意想办法，不能就这样空手而归。一份沉甸甸的责任激励着他鼓舞着他，他决心主动担当，去迎接挑战。由于当时正处在“文化大革命”时期，上海到处停工停产，回京的火车也停运了，张福泽便利用在上海等待回京的时间，琢磨出一个大胆设想：做机身大梁和机翼大梁试验，代替全机试验，以此探索出飞机的寿命。经思考分析，计算，绘制草图，几个月后便向所里交了一份整体方案。俗话说，谁出主意谁出力。方案经所里认可后，张福泽被任命为课题组组长，从此转变了他所学的专业。这是他自找苦吃，将自己“逼上梁山”。

要做疲劳试验必须有试验设备。若去买，当时一是买不到，二是没钱买，只好自力更生自己研制。没有材料，就到兄弟单位废料堆里找，靠人拉肩扛马车拉回所里。在试验设备的研制中，张福泽是总负责人，既是技术方面的协调人，又是现场跟产跟试的调度员；既是总图的设计者又是跑零件的材料员和做运输的搬运工。他义无反顾、责无旁贷，率领课题组成员克服重重困难，自力更生，先后研制出立式、卧式两套用于疲劳试验的设备。有了试验设备可试验件从何而来？试验件是实体飞机机翼大梁和机身13框大梁，所里没有。报到部里，那时正值“文化大革命”，找到了一个领导，却迎面泼来一盆冷水：“搞什么搞？一件没影儿的事！你们趁早散了，没有大梁给你们做试验！”可张福泽不死心，忙着四处联系。好不容易在某一机场找到了一架报废的飞机，费了老大的劲儿拆下大梁，又因飞机履历不清，没有原始数据，不能做试验件，因此又运到航校再运到上海修理厂换下正在使用的机翼大梁和机身13框大梁，运回北京做试验件。就这样来回折腾，其中的艰辛和劳苦可想而知。接着他又率领课题组成员，用这两套设备进行疲劳试验，并深入部队实测试验载荷谱，最终将乌米格－15和米格－15比斯两种飞机的总使用寿命由1700飞行小时分别延至3700和3200飞行小时，相当于为军队新增千余架飞机。该课题1978年获全国科学大会奖，张福泽位列获奖名单第一人，可谓意外转行建奇功！

众所周知，20世纪80年代以前，我国军用飞机大部分都是仿制的，小部分是外购的，还有一部分是国外飞机改型的。无论是哪种类型的飞机，当时大部分都是50—60年代按静强度准则设计的，没有使用寿命指标。而这些当时服役的飞机，有的已出现各种问题，如局部裂纹，部分构件功能失效等。

人们对这些飞机到底能飞行多长时间一片茫然，由于缺少相关资料，对于何时检修、如何检修、是否可延寿等心中也没数。

1972年，一架歼5飞机仅飞行900多小时，就在一次空战表演中机翼主梁疲劳断裂，造成机毁人亡的重大事故。没想到，1974年又一架歼5飞机发生同样的机毁人亡事故。事故引起了中央军委和国务院的高度重视，当时主持军委工作的叶剑英元帅亲自过问此事并听取汇报。

面对严峻的现实，“七五”至“九五”期间，我国第一次把航空装备定寿和可靠性工作纳入国防预算中。国防科工委拨给空军7500万元，作为当时在研3个机型开展定寿和可靠性工作的经费。

1984年，张福泽被派去机关参加《航空技术装备寿命与可靠性工作暂行规定》的制定。这是在国防科工委主持下，由航空工业部、空海军和电子工业部共同参加的项目。在完成这项任务中，张福泽主动地全面了解了我国各类航空产品普遍存在寿命短、可靠性差的严重情况。他觉得这些问题不解决，不仅对飞机飞行安全和出勤率直接产生影响，而且影响我国航空事业的发展。这不是一个机型的产品问题，它涉及所有机种的产品，是具有全局性质的问题，必须引起重视，抓紧解决。为此，他向国防科工委有关领导提出了这方面的建议，他们表示支持并设法解决这些问题。于是张福泽利用乌米格-15和米格-15比斯两个机群飞机延寿中研究出来的“类比寿命计算法”的原理，用业余时间，于1985年底研究出“系列飞机定寿法”。

1986年年初，上级机关调张福泽到机关协助完成国防科工委给空军下达的任务，即在“七五”“八五”期间，完成国产3个在研机型飞机的定寿和可靠性问题。为此，空军工程部决定由时任助理的吕志刚和他先做调研和摸底工作。在调研摸底中，空海军强烈要求在“七五”“八五”期间解决新中国成立以来积压下来的现役近万架飞机的寿命问题。因为这些现役飞机寿命和可靠性指标再不确定下来，不仅直接危及空军的飞行安全和作战训练，而且还影响空军装备发展计划。为了解决这一重大的历史遗留的系统工程项目，空海军和航空工业部曾多方努力向国家进一步申请经费，但都没有得到解决，国家还是坚持搞在研的3个新机型的寿命课题。在定寿技术方法上，在全国也没找到解决这个系统工程项目的办法，因此这项意义重大的系统工程项目一度无法进行，拖了十几年。在这种研究经费严重不足，上下观点存在矛盾的情况下，张福泽又一次主动担当起责任，积极为国家排忧解难。他利用业余和节假日时间，加班加点把他在1985年年底研究的“系列飞机定寿法”，结合我国在研的新机种和现役的老机种的实际情况，进一步充实和完善，使它在基本原理上更加合理，在实际应用上更切实可行。经过几个月深入研究后，他在一次军民融合的飞机疲劳寿命专业会议上，介绍了“系列飞机定寿法”引起了到会的专家、教授和空海军代表的极大兴趣，并进行了多次热烈讨论。大家一致认为，这是解决我国积压40余年的近万架多系列飞机寿命的有效技术方法。最后大家一致同意，把“系列飞机定寿法”作为我国各系列飞机定寿的指导方法。

所谓“系列飞机定寿法”，就是打破现役老机种和新机种的界线，把全国15个机型近万架飞机划成若干系列，然后一个系列一个系列地定寿、延寿。它是应用张福泽的类比计算寿命原理，根据我国经费少、飞机多又都急需定寿的突际而提出的工程技术方法。

为了把这个多领域、多学科、技术密集型的复杂系统工程项目搞好，1986年，经总参谋部批准，空军成立了可靠性办公室，张福泽任总工程师。从此他奔波于航空工业的厂所院校之间，他的足迹及忙碌的身影无处不在，被人们称之为实干的总工程师。在机关的正确领导和近百名多学科的专家、教授共同努力下，完全靠我国自己的力量，以“系列飞机定寿法”为指导，仅用3个在研机型飞机定寿经费，完成了我国15个机型近万架飞机定寿延寿任务，解决了新中国成立40多年来亟待解决的重大系统工程难题，这不仅保证了空海军飞机的飞行安全，而且还产生了数千架飞机的经济价值。1995年，“‘系列飞机定寿法’及其在15种飞机定寿中的应用和其中10种飞机定延寿”的重大工程项目，荣获国家科学技术进步奖一等奖，张福泽位列获奖名单第一人。

在“七五”至“九五”期间，张福泽先后四次被“借调”到空军机关协助工作，虽然每次都不情不愿，但他仍以大局为重，服从安排，奔赴新的工作岗位。他没有把派出当成“发配”而消极怠工，得过且过，做一天和尚撞一天钟，而是当成中途“充电”“加油”的过程，努力学习掌握新知识，适应工作的新环境，积极主动争作贡献。期间，他不但完成了《军用飞机强度和刚度规范》《航空产品寿命和可靠性暂行规定》的编写工作，而且劳心费神地研究出“系列飞机定寿法”，解决了我国近万架飞机定寿延寿工作无法开展的大难题。

张福泽深感，作为一名科研人员一定要树立为国奉献、为事业负责的担当精神。他认为科研人员应有家国情怀，要有责任意识、大局意识，要有强烈的责任感、使命感，不计较个人名利得失。工作中要立足本职，尽心尽责，勇于负责，敢于担当。

坚持创新　不断探索

创新是引领发展的第一动力。张福泽始终有一种勇于抛弃旧思想旧事物、创立新思想新事物的创新精神。他不满足已有认识，不断进行改革和革新；不墨守成规，敢于打破原有框框，探索新的规律，新的方法；不迷信书本、权威，敢于根据事实和自己的思考，同书本和权威质疑；不盲目效仿别人的想法、说法、做法，不人云亦云，唯书唯上，坚持用新的方式思考用新的方式做事。

早在20世纪60年代，为了我国飞机延寿的急需，张福泽曾创新设计出我国第一台一次可以试验3个部件的受力自身平衡疲劳试验设备，为两个大机群飞机延了寿，产生数百架飞机的效益。1975年，因歼5飞机定寿需要，上级决定再做一台这种疲劳试验设备。按理说，图样资料都是现成的，重新再做一套就完事了。可他认为，既然要重做一套，就应该在原来的基础上有所创新，更为先进。为此他利用一个月的业余时间，设计了一套一次可以试验6个部件的卧式疲劳试验设备图样，这种试验设备不仅试验件数由3件提高到6件，而且取消了原设备的承载支持部件，使6个试验件巧妙地构成一个自身平衡系统，使试件受力更准确，设备更简单，使用更方便。这一台新研制设备，为几个大机群飞机定了寿。它不仅获得全国科学大会奖，还荣获了国家发明奖。

张福泽不仅结合实际工作创新，还在疲劳理论研究中瞄准国际学术前沿的难题进行理论和方法的创新。

业界人士深知，用传统的均值谱，一是无法解决载荷迟滞效应的问题，理论和试验都证明载荷加载顺序对试验寿命的影响很大；二是用均值谱进行疲劳试验，无法解决载荷值和作用点失真问题。除此之外，均值谱编制方法耗时太长，一般一个歼击机实测均值谱由实测到数据处理和编制就需要两三年的时间。由此美国列专题研究，各国疲劳界也都纷纷开展研究，可60多年过去了，仍没有找到解决的方法。因此明知有缺点，但又不得不用。张福泽经过深入思考研究认为，60多年研究一直没有突破的原因是研究者们一直都在修正均值谱上做文章，没有抛开“平均”二字。不抛开“平均”，就永远解决不了均值谱诸多失真的缺点。于是，张福泽反其道而行之，大胆抛开“平均”，另辟蹊径，从根本上创新。他通过概率数学、损伤力学、疲劳和飞行载荷测试技术等多学科交叉综合研究，终于在国际疲劳领域，首先发明出比传统均值谱更真实、编谱方法更简单、更省时的代表起落谱。具体地说，就是发明用一个实测代表起落代替一个实测科目所有起落的新方法。其代表起落就是在每个实测飞行科目的多个实测飞行起落中选择一个疲劳寿命值等于该科目的所有实测起落的平均疲劳寿命值（或中值）的起落。因此，这个代表起落可以代替该实测科目的平均起落使用情况。其理论根据是概率数学中的对数正态分布的均值与中值相等原理。由于该代表起落谱中的每个代表起落的各级载荷值、频数和作用位置是一个起落的值，不需要“平均”了，因此可以克服均值谱的所有缺点。

张福泽还在国际疲劳领域中，首先研究出“裂纹形成寿命类比计算法”和“裂纹扩展寿命类比计算法”，解决了 Miner 经典理论未解决的分散性问题；他还通过对飞—续—飞载荷谱与程序块谱对疲劳分散性影响对比研究，得出来了飞—续—飞载荷谱不能降低疲劳分散系数的结论，纠正了各国沿用多年的相反结论；他还在国际上首次研究出飞机原寿命疲劳分散系数取值问题，解决了国际上一直没有解决的难题；在国际上首次研究出单机寿命监控不能降低总疲劳寿命的分散系数，纠正了国际上与此相悖的错误；在国际上研究出使用载荷下的重谱不能降低疲劳分散系数的结论，纠正了国际上这方面的错误。这些论文发表后，不仅平息了相关争议，而且填补了国际疲劳理论的某些空白，使疲劳分散系数取值更科学和规范，使飞机疲劳定寿更可靠。

可以说，张福泽在工程实际工作中取得的成绩，在国际疲劳研究领域和日历寿命研究领域取得一些突破，均与创新分不开。他深感一个科技工作者在自己的工作中，没有自力更生、勇于探索、开拓创新的意识和行动，就永远处于被动，永远创造不出一片属于自己的“天地”。

勤奋好学　持之以恒

张福泽始终牢记伟大的发明家爱迪生“成功等于百分之一的天才加百分之九十九的勤奋”的名言，认为勤不仅能补拙，还能生出智慧，生出才能，让人聪明起来。他自小就养成了勤奋的习惯，五六岁就开始养猪放牛割草，10 岁才到离家 15 里地的小学念书，仅两年因父亲病故，只好辍学回家帮母亲干农活，但他仍念念不忘课本，每当夜晚或农闲时就拿出来读。后来在青城子铅锌矿打工的二哥接他到矿里插入子弟学校四年级上学。他靠勤奋，只一学期就赶上班里学习进度，毕业时以优异成绩考入岫岩中学。中学时仍靠勤奋获得全校品学兼优学生考入安东一中。高考时他以全校第一的成绩，被北京航空学院录取，成为张家祖祖辈辈第一位大学生。念大学时，因腿疾住院2个月，为了不影响学业，他躺在病床上不是捧着课本，就是翻阅同学的课堂笔记。出院回到班里，好心的同学劝他做好复读一年的准备。但他没明确回答，却暗中较着劲，除了上课，早中晚课余时间全部用上，晚上12点之前没睡过觉。一分耕耘一分收获，结果考试各科全部通过。在北航念书时，他还被选为辅导员，按常规辅导员应与所带新生班一道毕业，即晚一年毕业。而张福泽在做好辅导员工作的同时，仍靠勤奋二字，与原班同学一道毕业。参加工作后，他的一个习惯，就是每天下午别人下班了，他还要工作和学习一段时间。晚饭后，也几乎每天都在办公室，他觉得此时办公楼安静，工作效率更高。1984年前，他一家三代4口挤在一间不足$16m^2$的房子里，一住就是十几年。晚上，他也常常在家人睡着了以后，再继续坐在小马扎上工作。即使躺下了，忽然想到什么问题，或有了某一灵感，便会马上爬起来在小本本上记下。他把这种习惯自嘲为“笨鸟勤飞”。

张福泽念中学、大学时，学的都是俄语。可从事飞机结构寿命和可靠性研究后，经常要查阅一些资料，这些资料中多数是英文的。为看懂这些英文资料他开始用业余时间自学英文。于是买来英汉字典和收音机，对照字典一字一句地抠，打开收音机一遍又一遍地反复听，日积月累，总算能应付资料的阅读。1987年他撰写的《飞—续—飞载荷谱与程序块载荷谱对疲劳分散性的对比研究》论文，被环太平洋国际宇航大会录用，且邀请出席当年在澳大利亚墨尔本举行的大会，并要求在会上宣读该论文。这是他第一次出国，也是第一次站在国际学术舞台上。可用英语宣读论文对他来说还是“大姑娘坐轿头一回”。为了能闯过这一关，张福泽不论白天晚上，只要有空就练习口语，反复默念论文，直至背诵下来，并能用英语回答论文的相关问题。就这样勤学苦练，又掌握了一门外语。此后，张福泽不仅用英文发表了多篇论文，还到多个国家参加国际学术会议并宣读论文。

张福泽的理论研究成果，也是靠勤思考、勤选题、勤创新取得的。他的理论研究课题都是自选的，没有立项，既没有经费，也没有时间保证，全在业余时间进行。因此时间对他来说尤其宝贵。在他脑子里没有星期天、节假日的概念，60岁前从未休过假。研究工作成了他生命中不可或缺的一部分。半个世纪以来，他就这样不间断地研究新课题，不仅取得丰硕成果，而且增长了智慧。

我国有一句谚语，“立志无恒，终身事无成。”万事，恒为贵。古今中外的名人贤士都逐一证明“恒心”是成功的基石。只有持之以恒，才会创造奇迹。

张福泽研究的课题，从开始至结束，少则三五年，多则十几年，甚至几十年。这些课题，有的是基础理论，有的是工程应用，有的是国内急于解决的现实需求，有的是国际上几十年没有破译的难题等不一而足。这些研究，不仅涉及面广，复杂、艰深，须花费很多的精力和大量的时间，还枯燥无味，不易出成果。“类比寿命计算法”研究花了16年时间；“代表起落谱”研究花了20年时间；“飞机日历寿命”研究花了整整28年的时间。如果没有耐得住寂寞的心理准备，没有锲而不舍、持之以恒的执着精神是很难坚持到最后的，更不用说出什么成果，得什么奖项了。可以说，每一个希望都在始终坚持的道路上得以实现。

张福泽在大学毕业之前，对这个“恒”字并没有怎么看重，而是肤浅地认为，人生只要勤奋，就能到达“胜利的彼岸”。待参加工作，特别是深入科研领域后，才掂量到这“恒”字的沉重分量，认识到其在科研中不可或缺的重要性。才体会到“持之以恒”是对学术意志的长期考验，是块比“勤”更能察验一个人意志的“试金石”。

“恒”是科研人员积淀知识，积蓄才能，积累经验的漫长过程。而有了知识、才能、经验的积累，又为今后的科研打下更为坚实的基础。张福泽深知在科学研究的道路上，不可能一帆风顺，会遇到这样那样的问题，而要解决这些困难和问题，就要不断地去研究，不断地去探求，不断地学习新知识、掌握新技术。他认为对于团难和问题，科技工作者一定要勇于面对，不被困难所吓倒，对自己要有信心，永不放弃，只要坚持，平凡也能创造奇迹，相信坚持就有收获的那一天！

敢于挑战　勇攀高峰

大家知道，飞机日历寿命是飞机两大寿命指标（疲劳寿命和日历寿命）之一。目前飞机日历寿命的给出，尚没有做真实使用环境下的有效理论计算和试验，是靠经验和拍脑袋给出的。这样无根据地长期使用，使腐蚀部位的损伤值达到或超过容限值导致飞机或其他机械灾难的事故屡屡发生，如1981年，中国台湾一架波音747飞机，因机身腐蚀在空中解体，造成150人遇难；2002年，美国一架F－15战斗机，由于尾翼腐蚀断裂在空中解体；2001年，我国歼8飞机，由于机身一个主要承力框腐蚀几乎断裂，险些摔飞机。1984年，印度一个化学管道由于腐蚀开裂，造成3000多人死亡，18万人受重伤；1992年，墨西哥一家工厂的输油管道腐蚀泄漏，造成300人死亡。这类腐蚀事故在世界各地每年都屡屡发生，给国家和人民造成重大经济损失和人员伤亡。自20世纪70年代开始，尤其是80年代以来，随着现代飞机对使用寿命要求越来越高，特别是随着飞机在使用中暴露出来的腐蚀和腐蚀疲劳问题越来越严重，如何从日历寿命角度解决飞机使用寿命问题就显得越来越重要、越来越紧迫，已到达非解决不可的地步。因此各国学术界多年来都把机械日历寿命的可靠确定当成皇冠上的明珠来追逐，但自1813年法拉第定律创立至今已200多年，国内外仍没有找到一种可靠有效的理论计算方法和相应的试验方法。

在国内外，为什么至今金属结构的日历寿命仍不能像疲劳寿命那样通过计算和试验给出呢？据了解，主要原因如下：

一是，日历寿命确定的使用环境复杂（多种介质、温度湿度和力环境），编制环境谱和试验谱难！

二是，决定日历寿命的对象之间关联复杂（如防护层、金属本体、修理次数），综合给出寿命难！

三是，环境因素复杂，模拟试验难！

四是，影响日历寿命因素太多，理论模型建立难！

五是，日历寿命试验不能在使用环境下进行，当量折算难！

六是，技术上的复杂性和研究难度太大、周期很长，难于取得成果，因而人们不敢涉足此项研究。

由于涉及这些众多难题，机械日历寿命的计算理论和确定方法在国际上一直未获重大突破。

1995年，张福泽当选为中国工程院院士，成为中国空军第一位院士。按理说他已功成名就，该歇歇了。但他没把院士这一荣誉当成终点，而是把它作为新的起点。长期为飞机疲劳寿命奔波的他，了解到我国的各类飞机日历寿命也都没有真正给出，且出现过险些摔飞机的情况，深知飞机（机械）日历寿命这一研究重要性、迫切性的他，虽已到花甲之年，仍知难而进，决定为探索解决这一世界公认的大难题而拼搏！

责任促使担当，担当促使拼搏。欲攀高峰，必忍其痛；欲戴皇冠，必承其重。拼搏，并不是口号，而是贯穿于平时的行动。张福泽为攻下日历寿命这一世界性难题，开始了漫长而艰辛的跋涉……

考虑到日历寿命与腐蚀有很大关系，张福泽刚踏入日历寿命领域的第一年，主要是从腐蚀学科入手，进行跟踪学习。他为了掌握这一学科研究发展情况，查阅了大量有关资料，发现腐蚀学科从微观到宏观研究得很深很透，论文如云似海，但经仔细分析，认为它给不出真实使用环境的日历寿命。因为机械日历寿命属多学科的问题，仅靠腐蚀单学科是无法解决的。于是张福泽决定另起炉灶，从头探索。由于没把握，怕交不了“差”，因此张福泽没敢申请立项。在没资金和时间保证的情况下，他利用一切可利用的时间，查阅资料，收集信息，找同行或有关专家请教，联系有关单位帮助试验验证。在占有大量资料并进行消化和知识积累后，再潜心反复思考研究，推导运算。其间，走过许多弯路，有过失败教训，但他锲而不舍，百折不挠，义无反顾，始终朝着自己既定目标勇往直前。2014 年，张福泽的脚骨折，到医院上了夹板打了石膏，医生建议他好好休息。可回到家，医生的嘱咐早已忘到脑后，又在日历寿命的课题研究中打拼。由于一坐几小时不动，时间长了，血液不流动，小腿形成弥漫性的静脉血栓。到医院一检查，医生告诉他要马上住院，卧床打针，否则血栓要是脱落，到了心脏会引起心梗，到了脑部会引起脑梗，这才引起他的重视，到空军总医院住院。

始终不服输的人，上天不会让他输。张福泽利用业余时间，从腐蚀、疲劳、损伤力学、材料和表面工程学等进行综合交叉研究 28 年，现在可以说，已取得了一些有效成果，发现了 7 条与日历寿命有关的基础规律曲线。以这些曲线为基础，经过推导研究给出 8 种公式和其他研究成果：（1）金属和涂层日历寿命的理论计算公式和确定方法，其中金属 4 种公式、涂层 1 种公式；（2）机械（飞机）总日历寿命和翻修日历寿命的各 1 种计算公式和确定方法；（3）等损伤环境谱的 1 种换算公式；（4）2 种求解机件真实腐蚀容限的原理和方法；（5）日历寿命分散系数和全机日历寿命确定方法。这是一套较完整的确定机械（飞机）日历寿命的理论体系，是张福泽勇于拼搏的硕果，是他智慧与汗水的结晶！

现在人们可以用张福泽的上述研究成果，用真实使用环境参数和腐蚀介质，通过试验和计算给出机械（飞机）的日历寿命了！张福泽从 1999 年开始，陆续在《航空学报》《科学前沿》和国际航空科学大会上，发表日历寿命方面论文 23 篇。上述成果，目前已在我国 × × 系列飞机日历寿命确定中得到应用，取得很好效果。

2015 年 5 月，张福泽在空军召开的飞机日历寿命学术会议上宣读了日历寿命研究论文，介绍了研究取得的初步成果。同年 10 月，第五届全军高层次科技创新人才工程学术交流会在武汉召开，他又被应邀到会作了题为《金属日历寿命确定的新理论新方法研究》报告。该理论和方法，可用真实使用环境的参数和试验曲线计算日历寿命，也能用真实使用环境参数进行试验，给出日历寿命，这些都得到了多次试验验证，证明是有效的。与会专家认为，这是目前国际其他理论和方法无法达到的。

2018—2019年，中国航空学会还组织举办“张福泽院士飞机日历寿命理论与方法培训班”，分别邀请张院士赴东北地区、西北地区、北京地区、成都和南昌地区、贵阳和荆门地区授课。

至此，张福泽关于日历寿命的研究取得了重大突破和理论成果。年近9旬的张福泽也该歇歇了。但是，全机日历寿命如何确定；总疲劳寿命延长后，金属基体腐蚀容限和总日历寿年如何确定；有总日历寿命指标的机件如何求解其总疲劳寿命；受静载荷机件的日历寿命如何确定等一系列问题应该怎么解决？张福泽曾想，放下吧，这辈子解决不了啦。

天有不测风云，人有旦夕祸福。2022年11月，张福泽因患肺炎入住解放军总医院，不久又感染新冠病毒，一住近半年。2023年8月，又因腰椎疾病入住清华大学玉泉医院做椎间孔镜手术，术后因贫血引起脸、手、脚部浮肿，一度呼吸衰竭，生命垂危，转住解放军总医院后输了8次血。在与病魔抗争的同时，躺在病床上的张福泽仍然心心念念他的有关全机日历寿命问题，说是要放下，可他没放下，也根本放不下！

对于如何确定全机日历寿命，有学者主张通过“全机腐蚀+疲劳试验”来解决。张福泽认为全机腐蚀+疲劳试验的方法，不仅技术难度大，而且需要花费大量的时间、人力和财力，现阶段几乎不可能实现。即使实现了，也解决不了全机日历寿命，原因是通过这类试验得不出腐蚀容限。

张福泽在住院期间，在其日历寿命理论和方法基础上，又研究给出了一种确定全机日历寿命的原理和方法。他认为全机日历寿命确定不需要做整机腐蚀+疲劳试验，只需要将疲劳关键件的总日历寿命作为全机总日历寿命。这样不仅保证总疲劳寿命不损失，而且还使总日历寿命与总疲劳寿命互保安全和协调。全机翻修期日历寿命也由这个疲劳关键件确定。全机非疲劳关键件不需要确定日历寿命，在每次翻修时经过修理、换件和改进防护涂层，使它们不腐蚀或只有轻微腐蚀，即可保证全机总日历寿命是安全的。对特殊的腐蚀机件，要特殊处理，使它们不影响全机总日历寿命。不仅如此，张福泽还一边吸氧一边用微微颤抖的手写出了《全机日历寿命确定及相关问题》的研究论文。

在日历寿命研究的日日夜夜，张福泽觉得拼搏的可贵就在于为着一个明确的目标迎难而上，跌倒了爬起来，屡败屡战，不达目的誓不罢休！科技工作者应记住：只有拼出来的美丽，没有等出来的辉煌，爱拼才会赢！

参加工作之初，张福泽就将自己定位在“不当官、做研究”上，这是他一辈子的选择。因此他始终不忘初心，砥砺前行，一直扎根基层，在科研第一线辛勤耕耘，默默奉献。半个多世纪以来，工程项目一个接一个，研究课题一个接一个，工作时间自不必说，业余时间、节假日也闲不住。他觉得，做自己喜欢的事是自由，喜欢自己做的事是幸福。他不无欣慰地说："我研究了一辈子飞机结构疲劳寿命与日历寿命，却从来没有感到疲劳。"是的，他就像永不停摆的钟，始终在转的"陀螺"，不知疲劳地研究探寻着，用毕生的精力书写他"敢于担当、主动作为、坚持创新、勇于攀峰"的人生！

2023年4月草于南昌

2023年10月改于北京

张福泽大事年表

1936 年 3 月

辽宁岫岩县出生。

1952 年 2 月

岫岩县三家子小学毕业。

1954 年 7 月

岫岩中学初中毕业。

1957 年 7 月

丹东二中高中毕业。

1962 年 9 月

北京航空学院飞机设计专业大学本科毕业。

1962 年 10 月

分配到北京航空工程技术研究中心。

1963 年 1 月

在空军第一师当机械兵 1 年，被评为“五好战士”。

1964 年 1 月

在成都空军 5701 飞机修理厂实习 1 年。

1965 年 6 月

派遣到河南陕县参加“四清”工作队 6 个月。

1966 年 1 月

参加图 -4 飞机改装发动机 1 年。

1967—1970 年

研制一次同时试验三个全尺寸部件的立式疲劳试验设备，为两个大机群飞机延寿提供疲劳试验数据（该设备获全国科学大会奖，位列获奖名单第一人）。

1967—1976 年

任课题组组长，完成我国第一个大机群乌米格 -15 飞机延寿，产生数百架飞机效益（获全国科学大会奖，位列获奖名单第一人）。

1969—1981 年

首创“裂纹形成寿命类比计算法”，在国际上首先研究出类比计算裂纹形成寿命的模型和方法。论文被美国著名学术刊物《AD 报告》全文转载（获部级科学技术进步奖二等奖，独自获得）。

1975—1977 年

研制一次同时试验两组 6 个全尺寸大结构件的卧式疲劳试验设备，为三个大机群飞机延寿提供疲劳试验数据（获全国科学大会奖，该设备独特设计方法获国家发明奖四等奖，独自获得）。

1977—1979 年

参加歼 6 飞机增挂 250kg×2 炸弹改装项目，把歼 6 改装成轻型轰炸机，相对增加一个新机型（获全国科学大会奖，位列获奖名单第四人）。

1978—1979 年

任课题组组长，完成我国第二个大机群米格 - 15 比斯飞机延寿，产生数百架米格 - 15 比斯飞机的效益（获军队科技进步奖三等奖，位列获奖名单第一人）。

1979 年 3 月

加入中国共产党。

1979 年 12 月—1980 年 12 月

参加歼 6 飞机加装机腹油箱后，再增挂 250kg×2 炸弹课题。

1980 年 3 月

参与编写空军版本《军用飞机强度和刚度规范》，历时三年。此规范是国家版本强度规范的参照本（获军队科技进步奖一等奖，位列获奖名单第二人）。

1980 年 4 月

被评为工程师，晋升为专业技术 9 级。

1981—1985 年

首创“裂纹扩展寿命类比计算法”，在国际上首先研究出裂纹扩展寿命类比计算模型和方法。论文被美国著名学术刊物《AD 报告》全文转载（获部级科技进步奖三等奖，独自获得）。

1982—1984 年

参与编写国家版本《军用飞机强度和刚度规范》，结束了我国飞机无疲劳强度规范的历史（获国家科学技术进步奖二等奖）。

1983 年 5 月

晋升为专业技术 8 级。

1983—1986年

对疲劳分散系数中标准差进行研究，填补了国内外疲劳寿命安全标准差计算空白（获部级科学技术进步奖一等奖，独自获得）。

1984—1985年

参与编写《航空产品寿命和可靠性暂行规定》，与此同时研究出“系列飞机定寿法”，为我国各系列飞机定寿延寿提供理论支持。

1985—1987年

在国际上首次将疲劳分散系数分成：理论计算用的疲劳分散系数、试验用的疲劳分散系数、裂纹形成寿命的分散系数和裂纹扩展寿命的分散系数。填补了国际上这方面的空白。

1985—2001年

课题“以中值寿命（或损伤）代表起落编制飞机飞—续—飞载荷谱研究”获军队科技进步奖一等奖（独自获得）。

1986—1989年

课题“飞机结构可靠性定寿方法研究”（获部级科学技术进步奖一等奖，位列获奖名单第二人）。

1986—1995年

以“系列飞机定寿法”为指导，对我国15个机型近万架飞机定寿延寿。解决了新中国成立40年来一直想解决而没有解决的大难题，创造数千架飞机的经济效益（获国家科学技术进步奖一等奖，位列获奖名单第一人）。

1987年2月

被评为高级工程师。

1987年11月

晋升为专业技术7级。

1987年11月

出席在澳大利亚墨尔本召开的第一届环太平洋国际宇航学术交流会，并在会上宣读《飞—续—飞载荷谱与程序块载荷谱对疲劳分散性的对比研究》论文。该论文由于解决了国际疲劳领域的一道难题，被大会誉为“80年代高质量的论文”，同年被美国著名技术刊物*SAE*全文转载，并由该刊出版单行本。

1988年6—12月

在美国威斯康星大学做高级访问学者。

1989年8月

应182厂邀请，赴乌克兰考察，调研有关运8飞机的定寿延寿问题。

1990 年 6 月

应机械工业部之邀，赴德国就有关机械可靠性及寿命问题进行访问考察。

1990 年 8 月

出席在日本岐阜召开的国际亚太宇航学术交流会，并发表论文《飞机与直升机结构寿命设计中的疲劳分散系数和减缩系数》。该论文后来被美国著名学术刊物 *SAE* 转载。

1990 年

被评为国家级有突出贡献的中青年专家，享受国务院政府特殊津贴。

1991 年 12 月

晋升为专业技术 6 级。

1992 年

被评为全国 12 名“科技英才”之一，事迹在中央人民广播电台播出。

1994 年 6 月

与清华大学杜庆华院士、611 所王正研究员一行 3 人，出席在美国西雅图召开的国际应用力学会议，发表《经济寿命类比计算法》。会后辗转到英国出席国际动力学会议。随后到法国巴黎大学、新加坡南洋理工大学进行学术交流。

1995 年 5 月

当选为中国工程院院士，也是中国空军第一位院士。同年 6 月，越级晋升为技术 3 级。

1995 年至今

协助各厂、所进行现役和新机的疲劳定寿，并利用业余时间进行飞机日历寿命研究。

1996 年

在人民大会堂受到中共中央总书记、国家主席、中央军委主席江泽民的亲切接见。

1996 年

获首届全军专业技术重大贡献奖。

1996 年

获何梁何利基金科学与技术进步奖。

1998 年 11 月

出席在澳大利亚墨尔本召开的国际航空科学大会，并宣读论文《代表起落随机载荷谱编制方法》。该论文突破了国际上几十年一直未能解决的“载荷迟滞效应”与“载荷加载状态”两项技术难题，被誉为“张福泽代表起落谱”。

1999年1月

发表论文《金属机件腐蚀损伤日历寿命的计算模型和确定方法》。该论文突破了国际一直无法用真实腐蚀参数计算金属日历寿命的历史。

1999年9月

晋升为文职级别1级。

1999年12月

晋升为专业技术2级。

2000年

任中国人民解放军总装备部科学技术委员会兼职委员（任期12年）。

2001年7月

随011基地有关人员赴俄罗斯西伯利亚航空研究院调研疲劳方面的问题。同年8月又随中国航空学会代表团赴俄罗斯，同俄方协商处理解决我国引进苏-27飞机疲劳寿命、生产线和使用中出现的诸多问题。

2001年

研究出《飞机日历寿命确定的区域定寿法》。该论文在国际上首次提出分区域给飞机定日历寿命的方法。

2001年

任中国人民解放军空军首席专家。

2003年12月

晋升为专业技术1级。

2003—2018年

任再制造技术国防科技重点实验室学术委员会委员、专家指导委员会委员。

2003年

获首届空军专业技术重大贡献奖。

2004年4月

作为空军高级军事代表团成员，赴希腊和埃及考察。

2004年8月

出席在日本横滨召开的国际航空科学大会，并宣读论文《高空腐蚀环境下飞机疲劳寿命的修正》。该论文论证了高空腐蚀对疲劳寿命影响很小，不需修正。解决了国际尚不明确的问题。

2004年9月

晋升为文职级别特级。

2005 年

研究出《飞机日历翻修期与总日历寿命确定方法和计算公式》。该论文的确定方法和计算公式在国际上属首创，解决了国际上一直没解决的难题。

2006 年

研究出疲劳分散系数理论曲线，为重谱不能降低疲劳分散系数研究打下理论基础，在国际上属首次给出。

2006—2007 年

先后发表论文《在 25℃和 -40℃环境下的三种航空材料的疲劳品质研究》和《在 25℃和 -40℃环境下的三种航空材料的裂纹扩展品质研究》。这两篇论文是回答常温下的疲劳试验定寿结论到高空 -40℃使用是安全还是不安全的问题。结论是安全的。解决了国际上一直没解决和担心的问题。

2008 年

在人民大会堂受到中共中央总书记、国家主席、中央军委主席胡锦涛的亲切接见。

2009 年

任中国航空学会第八、第九届理事（任期 8 年）。

2011 年

任航空工业强度研究所强度实验室第二、第三届学术委员会主任。

2012 年

任中国人民解放军总装备部科学技术委员会顾问（任期三年）。

2013 年

在《航空学报》发表论文《已飞飞机原寿命的疲劳分散系数》。该论文解决了用已飞飞机进行疲劳试验如何取分散系数的国际无解问题。

2014 年

出席在俄罗斯圣彼得堡召开的国际航空科学大会，会上发表论文《使用载荷下的重谱能降低寿命不能降低疲劳分散系数》。该论文纠正了国际学界的错误观点，引领疲劳分散系数研究朝着正确方向发展。

2015 年

任中央军委科学技术委员会顾问。

2016 年 3 月

3 月 8 日 80 寿辰，谢绝有关方面的安排，不摆庆贺宴，不开庆祝会，而是将近年研究成果整理成文，向《航空学报》投稿。《航空学报》独设专栏，集结发表了 5 篇论文。其中《金属腐蚀“3 等线”和试验日历寿命确定方法》

推导出金属腐蚀试验日历寿命计算公式，解决了这个国际上没解决的难题；《三维等损伤环境谱的编制原理和方法》解决了日历寿命确定中无法编制等损伤谱的难题；《金属涂层的日历寿命计算公式和试验方法》解决了无法计算涂层日历寿命的国际难题；《寿命系数定寿的原理和方法》解决了国内外无法减少全尺寸疲劳试验时间的难题；《金属材料日历寿命确定的分散系数和取值》解决了国内外没有解决的问题。

2017年1月

《中国工程院院士传记张福泽传》由航空工业出版社、人民出版社出版发行。

2017年9月

在《航空学报》同时发表论文《用腐蚀损伤计算金属日历寿命原理和模型》和《金属任意腐蚀损伤量日历寿命计算模型和曲线》。《用腐蚀损伤计算金属日历寿命原理和模型》论文在国际上首次提出用腐蚀损伤计算金属日历寿命，使日历寿命计算更简便；《金属任意腐蚀损伤量日历寿命计算模型和曲线》研究，在国际上首次发现某些金属在腐蚀中存在一个不变常数，用这个常数可直接求出金属日历寿命，使日历寿命计算更简便。

2017年11月

《张福泽文集》由航空工业出版社出版发行。

2018年6月

由中国航空学会主持“张福泽院士飞机日历寿命理论与方法培训班”（东北地区）。

2018年9月

由中国航空学会主持“张福泽院士飞机日历寿命理论与方法培训班”（西安地区）。

2018年10月

由中国航空学会主持“张福泽院士飞机日历寿命理论与方法培训班”（北京地区）。

2018年12月

由空军宣布退休。

2019年4月

由中国航空学会主持“张福泽院士飞机日历寿命理论与方法培训班”（成都、南昌地区）。

2019年7月

由中国航空学会主持“张福泽院士飞机日历寿命理论与方法培训班”（贵阳、荆门地区）。

2019 年 11 月

中国空军成立 70 周年，被空军评为“推进空军战略转型十大杰出人物”，得到国家主席习近平的接见并合影留念。

2021 年 5 月

在《航空学报》发表《求飞机结构真实腐蚀容限的原理和方法》论文，突破国际一直没解决的难题。

2021 年 7 月

《张福泽文集》由航空工业出版社第 3 次印刷。

2021 年 12 月

在《中国航空学报（英文版）》发表日历寿命总结性论文：*Principles and Methods for Determining Calendar Life and Corrosion Tolerance of Mechanical Parts*。

2023 年 4 月

受组织关怀，转到海淀第七退休干部休养所。

2024 年 2 月

在《航空学报》发表论文《全机日历寿命确定及相关问题》。

张福泽院士

从 1995 年开始利用业余时间研究日历寿命近 30 年

为推广应用张福泽院士日历寿命研究成果,2018—2019 年中国航空学会在全国六个地区举办日历寿命培训班,邀请张院士授课。图为在西北地区的留影(前排中为张福泽)

中国工程院院士文集

张福泽文集

(第2版)

(下册) 日历寿命

张福泽 著

航空工业出版社

北京

内 容 提 要

本书分为上下两册。《（上册）飞机疲劳寿命》，遴选了张福泽院士在国际飞机疲劳寿命理论研究中独创的学术论文；同时汇集了他在我国大机群飞机、多型号系列飞机定寿重大工程项目中的研究论文和他从事半个多世纪科研工作的感悟文章。《（下册）日历寿命》，遴选了张福泽院士在日历寿命理论研究与试验验证方面的独创学术论文，是一套较完整的确定日历寿命的理论体系。

本书不仅体现出张福泽院士的学术造诣，而且还折射出他在研究道路上那种敢于担当、勇于创新、坚韧不拔、百折不挠的精神。相信广大科技人员、高等院校师生从中可以获得借鉴和启迪。

图书在版编目（CIP）数据

张福泽文集/张福泽著. --2版. --北京：航空工业出版社，2024.5

ISBN 978-7-5165-3750-3

Ⅰ. ①张… Ⅱ. ①张… Ⅲ. ①飞机-结构寿命-文集 Ⅳ. ①V221-53

中国国家版本馆 CIP 数据核字（2024）第 102511 号

张福泽文集（第 2 版）

Zhang Fuze Wenji（Di-er Ban）

航空工业出版社出版发行

（北京市朝阳区京顺路 5 号曙光大厦 C 座四层　100028）

发行部电话：010-85672666　010-85672683

北京天恒嘉业印刷有限公司印刷　　全国各地新华书店经售

2024 年 5 月第 1 版　　2024 年 5 月第 1 次印刷

开本：787×1092　1/16　　字数：977 千字

印张：44　　插页：4　　定价：260.00 元（全二册）

《中国工程院院士文集》总序

二〇一二年暮秋，中国工程院开始组织并出版《中国工程院院士文集》（简称《文集》）系列丛书。《文集》收录了院士的传略、学术论著、中外论文及其目录、讲话文稿与科普作品等。其中，既有早年初涉工程科技领域的学术论文，亦有成为科技领军人物后，学术观点日趋成熟的思想硕果。卷卷《文集》在手，众多院士数十载辛勤耕耘的学术人生跃然纸上，透过严谨的工程科技论文，院士笑谈宏论的生动形象历历在目。

中国工程院是中国工程科学技术界的最高荣誉性、咨询性学术机构，由院士组成，致力于促进工程科学技术事业的发展。作为工程科学技术方面的领军人物，院士们在各自的研究领域具有极高的学术造诣，为我国工程科技事业发展做出了重大的、创造性的成就和贡献。《中国工程院院士文集》既是院士们一生事业成果的凝练，也是他们高尚人格情操的写照。中国工程院出版史上能够留下这样丰富深刻的一笔，与有荣焉。

我向来以为，为中国工程院院士们组织出版《文集》之意义，贵在“真、善、美”三字。他们脚踏实地，放眼未来，自朴实的工程技术升华至引领学术前沿的高境界，此谓其“真”；他们热爱祖国，提携后进，具有坚定的理想信念和高尚的人格魅力，此谓其“善”；他们治学严谨，著作等身，求真务实，科学创新，此谓其“美”。《文集》集真、善、美于一体，辩而不华，质而不俚，既有“居高声自远”之澹泊意蕴，又有“大济于苍生”之战略胸怀，斯人斯事，斯情斯志，令人们阅后难忘。

读一本《文集》，犹如阅读一段院士的“攀登”高峰的人生。让我们翻开《中国工程院院士文集》，进入院士们的学术世界。愿后之览者，亦有感于斯文，体味院士们的学术历程。

徐匡迪

2012年7月

前　　言

飞机定寿是航空工业中一个组成部分，它属于多领域、多学科、技术密集型的系统工程。飞机使用寿命有两大指标：一是疲劳寿命，二是日历寿命。疲劳寿命是指在重复载荷作用下能够飞行的小时数和起落次数；日历寿命是指飞机在使用环境和使用条件下，能够完成其使用功能的持续日历时间。

每种飞机寿命（指结构寿命，下同）在使用环境和条件下，它是一个客观存在的定值。这个定值是靠人们用科学的方法，把它确定下来。飞机寿命确定高了，会造成飞机的可靠性降低，给使用部门造成后患；寿命确定低了，会使飞机该具有的性能没发挥出来，给国家造成经济损失和财力物力的浪费。因此，合理确定飞机寿命指标，是保障飞机飞行安全和充分发挥经济效能的关键。对此，国际业界的专家、学者，围绕飞机寿命展开了长期的研究与探索。

笔者自 1966 年步入飞机疲劳寿命领域，1995 年步入飞机日历寿命领域，50 多年来在完成我国近万架、多系列飞机疲劳定寿延寿过程中，即使在没立项和没有资金保障的情况下，依然利用节假日和业余时间，长期坚持疲劳和日历寿命研究。共发表学术论文 106 篇，其中独自发表 59 篇。取得了一批国内外同行专家认可和应用的重要理论成果。

如今，笔者已是一位耄耋老人，不少同事、朋友力劝我把这些研究成果加以整理，汇编成册，一来可供后人了解这一领域的研究发展状况，二来对年轻科研人员也能起借鉴作用。经再三考虑，又逢中国工程院组织并陆续出版《中国工程院院士文集》，于是在 2017 年初，开始了文稿的整理工作，同年 11 月出版了《张福泽文集》。2021 年 7 月重印。前两次印刷出版的文集是疲劳寿命和日历寿命合编的，根据读者的建议，本次文集整理将疲劳寿命和日历寿命分别单独编辑，汇编成为两个分册：《张福泽文集（第 2 版）（上册）飞机疲劳寿命》和《张福泽文集（第 2 版）（下册）日历寿命》。

《张福泽文集（第 2 版）（上册）飞机疲劳寿命》，内容包括飞机疲劳理论、疲劳分散系数、大机群与系列飞机定寿延寿、工作感悟和附录。主要汇集了笔者在国际疲劳寿命理论研究论文和从事半个多世纪科研工作的感悟文章。《张福泽文集（第2版）（下册）日历寿命》则汇集了笔者关于日历寿命理论研究与试验验证方面的学术论文和研究报告，是一套较完整的确定日历寿命的理论体系。

由于笔者水平有限，书中错误或不当之处在所难免，敬请读者批评指正。

本书在编辑出版过程中得到中国工程院和北京航空工程技术研究中心的大力支持，并得到李韶华和陈群志同志的帮助，在此对所有参与本书出版工作的同志一并表示感谢。

张福泽

2024年2月

作 者 简 介

张福泽，辽宁岫岩人，1936年3月出生，1962年9月毕业于北京航空学院（现北京航空航天大学）飞机系，同年10月分配到北京航空工程技术研究中心从事飞机结构寿命与可靠性研究工作。历任技术员、工程师、高级工程师、研究员，空军可靠办总工程师，兼任空军首席专家，中国人民解放军总装备部科学技术委员会兼职委员、顾问。他是我国著名的飞机结构寿命与可靠性专家，1995年当选为中国工程院院士，也是中国空军第一位院士。

他在半个多世纪的科学研究中，敢于担当，勇于创新，为我国飞机的定寿延寿做出了重大贡献。

他是我国第一个和第二个大机群延寿开拓者和奠基人。20世纪60年代末，大学毕业不久的张福泽先后挑起两个大机群飞机延寿重任。他亲自设计并率领课题组成员自力更生研制成功两套用于疲劳试验的设备，该设备获国家发明奖。接着他又率领机群延寿课题组成员，苦战10余年，于70年代中期，首次给出了两种飞机机群的延寿结论。将这两种飞机的总使用寿命由1700飞行小时分别延至3700和3200飞行小时，相当于为军队新增千余架飞机。该课题1978年获全国科学大会奖，张福泽位列获奖名单第一人。

他是我国第一个飞机实测载荷谱的开拓者和编制者。20世纪60年代，我国尚未开展全尺寸疲劳试验工作，全国又处于“文化大革命”的内乱时期，他亲自动手组织飞机载荷谱实测和数据处理，经过3年实干，终于编制出我国第一个实测载荷谱，成功用于乌米格-15全尺寸疲劳试验，开启了我国编制实测飞行载荷谱的先河。

他是我国第一部“飞机强度规范疲劳分册”的开拓者、制定者之一。80年代初，张福泽被借调到空军机关参与编写我国《军用飞机强度和刚度规范》（简称《规范》）。《规范》共设12个分册，他的任务是编写空海军版本的疲劳分册部分。这部分是新增加的，没有经验资料可借鉴，他克服重重困难，完成了编写任务。不仅如此，他还被推选为《规范》编审委员会的专家委员，参与了《规范》全部12个分册的统编工作。这部《规范》是我国自行编写的首部飞机强度和刚度规范文件，对于我国航空工业的正规化建设与发展具有十分重要的意义。1987年，此《规范》荣获国家科学技术进步奖二等奖。

他以自创的“系列飞机定寿法”为指导，在空军可靠办领导下，从技术上组织全国航空疲劳界共同奋斗，仅用3种在研飞机定寿的经费，完成了15个机型近万架飞机的定寿延寿任务，解决了新中国成立40年来一直亟待解决的大难题，取得了数千架飞机的巨大军事效益和经济效益。1995年，“‘系列飞机定寿法’及其在15种飞机定寿中的应用和其中10种飞机定延寿”的重大工程项目，获国家科学技术进步奖一等奖，张福泽位列获奖名单第一人。

张福泽在各大机群定寿过程中，为满足我国飞机定寿需要，利用业余时间，还对该领域国际上未解决的难题进行研究，取得一批突破性的理论成果。他先后发表论文106篇，其中独自完成和撰写59篇，逐步形成了其独树一帜的确定飞机日历寿命的理论体系。

他首创“裂纹形成和裂纹扩展寿命的两个类比计算模型”，为国际疲劳界提供了一种新的寿命计算公式和方法，被誉为“张福泽类比模型”。他在飞机定寿领域，首先发明“代表起落谱”，突破了国际上一直无法解决真实的“载荷迟滞效应”和“随机载荷状态”两大难题，被誉为“里程碑”和“张福泽谱”。

他发明了“寿命系数定寿法”，解决了国内外无法减少全尺寸疲劳试验时间的难题；他发明了“耗损系数单机寿命监控法”，攻克了国内外现行监控无法解决的若干技术难题；他拨乱反正，引领国际疲劳分散系数创新发展30年（1985—2015年），得到国内外学术界认可。

他创建了用真实腐蚀参数计算飞机日历寿命新理论和确定的新方法，解决了国际上数百年来一直追求解决而没有解决的大难题，是历史性突破。

由于上述一系列的重要学术成果受到业界青睐，张福泽先后应邀赴美国、英国、德国、法国、澳大利亚、俄罗斯、日本、新加坡等国参加学术会议、讲学和交流，得到国际同行很高的评价。

张福泽通过多年坚持不懈的勤勉工作和孜孜以求的探索研究，取得了一系列重大成果。他先后荣获全国科学大会成果奖2项，国家科学技术进步奖一、二等奖各1项，军队科技进步奖一等奖4项、二等奖4项。1990年被评为国家级有突出贡献的中青年专家，享受国务院政府特殊津贴。1992年被评为全国12名“科技英才”人物之一，其事迹在中央人民广播电台播出。1996年分别荣获首届全军专业技术重大贡献奖和香港第三届何梁何利基金科学与技术进步奖，2003 年获首届空军专业技术重大贡献奖。2019 年中国空军成立 70 周年之际，他被空军评为“推进空军战略转型十大杰出人物”，受到国家主席习近平的接见并合影留念，这说明他取得的成果达到了空军战略转型高度，为空军做出了战略性贡献。

此外，他先后受聘为空军工程大学教授，北京航空航天大学、西北工业大学、南京航空航天大学兼职教授，被我国十余家航空工业公司和研究所聘任为飞机定寿方面的技术顾问及多个科技学会的理事。

自　　述

我1962年毕业于北京航空学院（现北京航空航天大学），分配到北京航空工程技术研究中心工作。报到后，下放飞行部队锻炼一年、到飞机修理厂实习一年、下农村搞“四清”半年、参加杜-4飞机改装发动机一年。

从1966年底，我开始步入飞机寿命研究领域。我是学飞机设计的，从事飞机寿命研究并不是出于自己喜爱这个专业，而是出于当时国家需要而步入这个领域的。我认为，一个科技工作者应该按所学专业向前发展，但有时国家需要你改变专业，去干别的工作时，你还是应该顾全大局，服从国家的需要，在新的领域中发展，为国家作贡献，这就是“小我”服从“大我”的道理。

我在科研中有过5次大的改变工作岗位和专业的经历，我一直按着上述原则行事，当时虽然也有不同的想法，但最终还是服从了国家的需要。可以说，我为国家做了几件成功的事，大部分都是在被迫改变工作岗位和所学专业后，在新的领域中苦学实干、拼搏攀登取得的，甚至是在“发配”和当“二助理”中，锲而不舍见缝插针取得的。可以说，我是在被动调遣中创业，在主动攀登中作贡献，因此，我每走一步，都要付出比常人多几倍的努力。

第一次调动是1966年，我去上海飞机修理厂临时出差之际，主动为乌米格-15型飞机延寿研究确定出3个关键件，并根据其受力状况，又研究制订出这3个关键件的疲劳试验方案。因此，组织上让我改变所学的飞机设计专业去搞乌米格-15飞机延寿课题。当时，我对飞机延寿问题一窍不通，况且这又是一个全所有名的“老大难”课题，已搞了多年，换了几批人，都没搞出结果。叫我这个刚毕业不久的年轻人牵头搞这样大的课题，当时我也感到为难。但又想，国家出于急需才决定研究这个涉及数百架飞机的停飞和报废的课题，难道只因为它是“老大难”，没油水，谁都不干，那么国家怎么办？经过这样对比考虑，我决定放弃所学专业，接受这个课题。经过我们课题组十余年的苦干实干，全力以赴，精心研制疲劳试验设备，实测与编制载荷谱，做应力分析与寿命计算、外场领先使用、工厂延寿修理和长期多次疲劳试验等工作，最后我们不仅将乌米格-15大机群飞机的寿命延长1.2倍，而且还把米格-15比斯大机群飞机的寿命延长1倍，为国家创造出千余架飞机的使用价值。我自己也在苦学实干中学到了许多新知识，开辟了新的学科领域，也使北京航空工程技术研究中心形成了一批飞机疲劳定寿的队伍。这个课题1978年获全国科学大会奖。我个人也因此立了功，并在总结两个大机群延寿课题基础上，发表了我国第一个大机群延寿的论文和我国第一个飞机实测飞行载荷谱等5篇论文。

第二次调动是在1977年，在我搞完乌米格-15和米格-15比斯两个大机群飞机延寿后，又接受了一项全所重点课题——歼6飞机延寿课题并任课题组组长。在课题进行过程中，由于我抵制了本单位领导的一个不公正决定①，没过几日，他们把我调出延寿组，去搞歼6飞机增挂500kg炸弹改装。我到改装组后，发现已动工的实施方案太复杂，等于重新设计一个歼6的后机身。经过全机受力分析，我提出了传力路线最短、受力最佳的挂弹方案。这个挂弹方案不需要改动机体结构，挂在机身与机翼对接的螺栓上，使复杂的改装变得十分简单，不需要进修理厂，在外场就可实施改装。该方案除改装简单易行外，还由于挂弹处刚度大，又靠近飞机重心位置，使投弹命中率高。该方案一提出，就得到上上下下一致赞同。方案通过后，我除画出改装草图外，还进行强度计算、跟产加工和试飞全过程。经课题组成员共同努力，于1978年完成，同年获全国科学大会奖。该课题结束后，我撰写了《歼6增挂500kg炸弹最佳方案研究》和《歼6增挂500kg炸弹强度分析》两篇论文。

第三次调动是在1980年初，我从歼6增挂炸弹课题组回所后，正准备搞歼6飞机延寿之际，领导又把我调出课题组，“发配”到所外“打工”5年，长期与外单位协作，编写《飞机强度和刚度规范》。为了顾全大局，在说明是非后，我被迫地接受了这个任务。从此，我便离开了白手起家、苦干十余年创立的疲劳延寿组和延寿课题，到新的领域中去“闯荡”。不过，我坚信，靠我苦学实干、不屈不挠的性格，我会在新的领域里为国家做出新的贡献。

进入编写组后，我发现工业部门和空海军部门在强度规范编写的方法、观点、内容等方面分歧很大，合写已不可能，因此上级主管部门决定工业部门和空海军部门分别各自写出自己的版本，然后再合编成一个版本。在空海军

① 1977年，因我的一篇论文受到单位领导不公正处理，当时我进行了说理甚至顶撞，后来陈恩鸿总师代表所里进行处理，结论是“张福泽的论文，从研究、发表到署名无误。”虽然我赢了这场“官司”，却引来频繁地调动工作岗位，使我永远离开了自己亲手创办的延寿组。

版本分工时，总共有12个分册，其中有11个分册有人接受编写任务，但疲劳分册无人问津，其原因是该分册在我国老强度规范中是没有的，属于新增加的，我国又缺少这方面的研究和有效的试验数据进行充实和修改，因此，科技界分歧意见比较大，写成规范很难。为了能使这项工作顺利进行，面对这些压力，我主动要求承担这个分册的编写，我原以为，出来编写规范，就脱离了疲劳学科，没想到命运又安排我搞飞机疲劳规范。在此基础上，我结合国内实际情况和研究成果，参考国外相应的规范，于1984年写出空海军版本的飞机疲劳分册及其使用说明书。然后用半年多时间与航空工业部蒋祖国研究员为主编的“疲劳”分册进行合编。在合编过程中，虽然在具体内容上有许多分歧意见，但本着为我国编写出一部先进的飞机疲劳设计和试验用的规范的目的，我们互相取长补短，克服种种技术障碍，经过多次协调，终于在1985年初编出合编版本及其使用说明。我不仅完成了疲劳分册的编写，而且还参加了整个12个分册的统编。这部我国自行编写的12个分册的《飞机强度和刚度规范》于1985年底经国家主管部门批准，正式颁布执行。1987年，这部规范获国家科学技术进步奖二等奖。

这部国家飞机设计规范是航空工业部和空海军几十个有关单位的近百名专家、教授共同完成的。在这5年中，我除完成自己的编写任务外，还充分利用这种有利条件刻苦学习，丰富提高自己。我没有把这5年当成“发配”而消极怠工，相反，当成中途“充电”“加油”的过程，使我有机会系统地学习疲劳领域里的一些基本理论和进行一些前沿专题研究，我的一些理论成果就是在这个阶段中取得的，为今后开展寿命研究打下了理论基础。在编写《规范》的5年中，我先后写了《裂纹形成寿命的类比计算法》《裂纹扩展寿命的类比计算法》和有关疲劳分散系数方面的6篇论文。

第四次调动是1984年底，在我刚刚完成协作编写《飞机强度和刚度规范》，准备回所继续搞飞机延寿课题时，所里领导找我谈话，叫我到上级机关执行临时任务。到机关报到后才知道，这项任务是协助机关进行飞机寿命和可靠性管理。所里曾派了一名同志来做这项工作，但机关不满意，要求换人。所领导又找了几个人，谁都不乐意干这种跑腿的“二助理”任务，最后又派到我的头上。知道了这些情况后，我想不通，只因为我抵制过一次领导的错误决定，“发配”5年在外边，这还不够吗？现在又把“二助理”的跑腿活给我干，这太不公平！我真想不干了，回所评评理。但又想，这样会影响机关和研究所的关系，对全所今后开展工作不利，况且，我不干，总要有人去干，这也是国家需要，就这样我又不情愿地被迫接受了这项“二助理”任务。说实在话，机关“二助理”的活，对我这种性格的人是不合适的，怎样才能适应这种新的环境和任务，我心里是没底的。不过，我还有信心，不管环境和任务有多复杂，有多困难，我会想方设法去打开局面，把工作做好。

到机关的任务是参加《航空产品寿命和可靠性暂行规定》的制定。这是在国防科工委主持下，由航空工业部、空海军和电子工业部共同参加的项目。我们齐心协力，通过1年的调查和研究，把我国《航空产品寿命和可靠性暂行规定》制定出来了，从而使我国航空装备的各类产品，在寿命和可靠性方面的概念、定义、评估原则和评估方法得到统一，对航空产品走向正规、与国际接轨有重要意义。在完成这项任务中，我主动地全面了解了我国各类航空产品普遍存在寿命短、可靠性差的严重情况。1972年和1974年，歼5飞机连续两次在飞行中由于机翼疲劳而断裂，造成机毁人亡的灾难性事故。飞机座舱盖爆破、起落架折断事故也屡屡发生，各个系统的附件和电子产品的故障更是层出不穷。这些问题不解决，不仅对飞机飞行安全和出勤率直接产生影响，而且影响我国航空事业的发展。这不是一个机型的产品问题，它涉及所有机种的产品，是具有全局性质的问题，必须引起重视，抓紧解决。为此，我向国防科工委有关领导提出这方面的建议，他们表示支持并设法解决这些问题。通过参加这项任务，我对航空产品寿命和可靠性研究的认识提高了，过去搞具体机型飞机延寿，只局限于定寿方法、具体的技术途径等方面；编写《飞机强度和刚度规范》，则着重基础知识和一些先进技术的全面掌握和引用；而这次任务，通过深入到设计、生产和使用部门，掌握了用鲜血和生命换来的第一手材料，使我认识到解决这些问题的重要性和迫切性。为了解决飞机寿命的可靠性问题，我在完成这项任务中，一边到基层搞调研，一边研究我国所有机群飞机的定寿延寿和可靠性问题。我利用乌米格-15和米格-15比斯两个机群飞机延寿中研究出来的“类比寿命计算法”的原理，于1985年底又研究出“系列飞机定寿法”。

第五次调动是1986年初，上级机关调我到机关协助完成国防科工委给空军下达的任务，即在“七五”“八五”期间，完成国产3个在研机型飞机的定寿和可靠性问题。为此，空军工程部决定由吕志刚助理和我先做调研和摸底工作。在调研摸底中，空海军强烈要求在“七五”“八五”期间解决新中国成立以来积压下来的现役近万架飞机的寿命问题。为了解决这一重大的历史遗留的系统工程项目，空海军和航空工业部曾多方努力向国家进一步申请经费，但都没有得到解决，国家还是坚持搞在研的3个新机型的寿命课题。在定寿技术方法上，也没找到解决这个系统工程项目的办法，因此这项意义重大的系统工程项目一度无法进行。在这种研究经费严重不足、上下观点存在矛盾的情况下，我当时想，我应该积极主动为国家解决这些困难，于是就利用调研摸底阶段的业余和节假日时间，加班加点把我在1985年底研究的“系列飞机定寿法”，结合我国在研的新机种和现役的老机种的实际情况，进一步充实和完善，使它在基本原理上更合理，在实际应用上更切实可行。就这样，又经过几个月深入研究后，我在一次飞机疲劳寿命专业会上介绍了“系列飞机定寿法”，引起了到会的专家、教授和空海军代表的极大兴趣，并进行了多次热烈讨论。大家一致认为，这是解决我国积压40余年的近万架多系列飞机寿命的有效技术方法。最后大家一致同意，把“系列飞机定寿法”作为我国各系列飞机定寿的指导方法。

1987年，为了把这个多领域、多学科、技术密集型的复杂系统工程项目搞好，经总参谋部批准，空军成立了可靠性办公室，外场部部长蔡凤亭任主任、吕志刚任副主任、我任总工程师。在后来的十余年中，在办公室领导的主持下，我从技术上组织完成这项课题。在机关的正确领导和近百名多学科的专家、教授共同努力下，完全靠我国自己的力量，以“系列飞机定寿法”为指导，仅用3个新机型飞机定寿经费，就完成了近万架15个新老机型飞机的定寿延寿大型系统研究项目，这不仅保证了空海军飞机的飞行安全，而且还产生了数千架飞机的经济价值。1995年，“‘系列飞机定寿法’及其在15种飞机定寿中的应用和其中10种飞机定延寿”的重大工程项目，荣获国家科学技术进步奖一等奖。

我在这频繁调动的二十几年中，由被动地当上“二助理”和总工程师，到主动地去开拓，去创新，结果研究出“系列飞机定寿法”，并以此方法为指导，组织整个航空疲劳界进行十几年的“疲劳战”，终于把新中国成立40多年来一直没解决的重大系统工程难题解决了。这说明，不畏逆境，在被动的局面下，通过主动地工作，改变被动局面，也同样可以做出贡献。可以说，我上半辈子，包括小学因父亲去世被迫停学，大学期间生病和当辅导员两次被迫要降班，工作后，几次被动地改变工作岗位和专业，我都没有被这些被动局面征服；相反，通过主动地迎战，苦学实干，开拓创新，结果使每一次的被动局面都改变了，都取得满意的好结果。

我始终认为，一个国家、一个民族，没有独立自主、开拓创新的精神和行动，这个国家、这个民族就永远是个落后的国家、落后的民族；一个科技工作者，在自己的工作中，没有自力更生、勇于担当、开拓创新的思维，就永远被动地跟在别人的后边，永远不会有自己的一块“天地”。

我不论是研究课题还是执行临时任务，总是在吸收前人已有成果的基础上，通过自己的探索创新，形成与别人不同的新理论、新方法和新成果。

1966年底，我接受乌米格－15飞机延寿课题时，首先总结先前课题组多年没有搞出结果的原因，然后，自己通过调研和独立探索，确立了自己的研究方法和路子。为此，我突破常规，克服重重技术障碍，科学地确定出该型号飞机的疲劳试验部件；根据这个部件受力特点和支持条件，又独立自主地创新开发出国内外没有的（一次可以试验3个部件）自身平衡的疲劳试验设备。为了疲劳定寿更真实，更可靠，我们又探索进行了飞行载荷实测，并编制出我国第一个实测飞行载荷谱。与此同时，我们团队又自己动手研制出疲劳试验用加载系统和自动控制系统。没有实验室，我们就在办公楼的走廊里试验；没有器材，我们就到各单位废料堆里去拣；没有运输工具，我们就自己扛，用马车拉。就这样，我们苦干实干整整十余年，独立自主地研制出我国第一套飞机疲劳试验设备和各个系统，并用这套设备成功地进行了三个大机群飞机（乌米格-15、米格-15比斯和歼5）的部件疲劳试验。依据大量疲劳试验和寿命的分析计算，再结合飞机的领先使用和延寿翻修，便把这三个大机群飞机的寿命平均延长了1倍，为国家创造出近千架飞机的价值。从而，也就开拓出我们自己的一套至今仍适用的大机群飞机延寿和定寿的路子和方法。如果没有独立自主的创新思维和行动，也许走不出当时的困境，就不可能为国家做出这样的贡献。

1969—1980年，在疲劳寿命分析计算中，我发现在相同载荷谱和试件情况下，在使用迈因纳（Miner）经典理论公式计算寿命时，由于公式中的常数取值不同，可以计算出差异很大的寿命值。据研究，这个常数理论值等于1，但工程实际值很分散，这是导致寿命计算结果分散的主要原因之一，也是该理论创立以来一直没有解决的难题。我出于好奇心，也为了探索出一种更准确、更可靠的寿命计算模型，耗费近10年的业余时间进行攻关和试验验证。最后，我用相同部件分散性相等的原理，推导出裂纹形成寿命类比计算数学模型。这个模型不仅解决了Miner经典理论模型的分散性难题，而且还把全尺寸疲劳试验结果引入模型中，这样就可以提高寿命计算的准确性和可靠性，构成一种裂纹形成寿命计算的新方法。这个数学模型在《航空学报》上发表后，当年就被美国国家技术情报局主办的著名刊物《AD报告》译成英文全文转载。后来，写进我国《飞机强度和刚度规范》使用说明中，作为规范推广应用。这说明在日常工作中只要有创新思维，主动寻找问题，深入研究，也可以做出理论成果。

1972年和1974年，我国歼5飞机连续两次在飞行中由于疲劳裂纹引起机翼大梁折断，导致机毁人亡的灾难事故。为了研究该型号飞机的疲劳寿命，上级决定再生产一套上述的疲劳试验设备。但我当时想，既然要重新制造一套设备，我们就应该再向前发展一步，不能停留在原来的水平上。这种想法当时有些同志是不同意的，他们认为，现有的这套设备已经很成功，再生产一套就行了，何必自找麻烦重新设计一套新设备。我并没有因此而罢休，利用一个月的业余时间，设计出一套一次可以试验4个机翼主梁和2个机身主梁的卧式疲劳试验设备图样，这种试验设备与现有设备比较，不仅试验件数由3件提高到6件，而且取消了原设备的承载支持部件，使6个试件构成一个自身平衡系统，试件受力更真实，设备更轻便，使用更方便。经过几次讨论后，大家同意这种创新方法。后来，在这个新设备上，又进行了几个机型飞机的疲劳试验，试验结果与实际飞行结果吻合。该设备的创新方法获国家发明奖。

我是搞工程技术研究的，研究课题往往以工程项目为牵引，完成的标准是项目的总体性能和达到的水平，对理论成果并不苛求。但我在完成每项课题，哪怕是临时任务时，总是要从中找出一些具有前沿性，同时又具有很强适用性的内容，利用业余时间进行深入研究。我在大机群飞机定寿延寿研究中，发表了20余篇论文，几乎全部是这样产生的。这种从实践中提炼出来的前沿理论成果，发表后往往受到国内外工程界欢迎。由于这些理论成果都不是立项搞的，不仅没有经费支持，而且也无充足的时间保证，主要靠业余和节假日进行研究。没有经费做试验验证，只好从大量的别人已发表的用于其他研究的试验数据中查找，转换成为对我有用的数据进行验证，因此，我每发表一篇论文都要花费比别人更多的时间和精力。

1995年，我当选为中国工程院院士后，一如既往地继续奋战在飞机疲劳寿命第一线。除此之外，我还利用搞疲劳寿命的间隙和业余时间进行飞机日历寿命研究。日历寿命与疲劳寿命一样，都是飞机的寿命指标。但到目前，国际上飞机日历寿命确定仍不能像疲劳寿命那样，通过试验和计算较准确地给出，工业部门只能靠经验和“拍脑门”给出不可靠的飞机日历寿命。根据这种不可靠的日历寿命，飞机在外场腐蚀环境下长期使用，使金属腐蚀损伤值超过腐蚀损伤容限值，导致摔飞机，这类事故国内外是屡见不鲜的。由于金属腐蚀的影响因素太多太复杂，因此，自1813年法拉第定律创立200多年来，世界上至今仍没有找到一种有效的计算理论和试验方法给出飞机可靠的日历寿命。

为了确定飞机日历寿命，我“自找苦吃”，决定探索解决这一世界性难题。由于没把握，怕交不了“差”，因此我没敢申请立项。在没资金和时间保证的情况下，利用业余时间默默研究了28年。现在可以说，已取得了一些有效成果，发现了7条与日历寿命有关的基础规律曲线。以这些曲线为基础，经过推导研究给出如下8种公式和其他研究成果：

（1）金属和涂层日历寿命的理论计算公式和确定方法，其中金属4种公式、涂层1种公式；（2）机械（飞机）总日历寿命和翻修日历寿命的各1种计算公式和确定方法；（3）等损伤环境谱的1种换算公式；（4）2种求解机件真实腐蚀容限的原理和方法；（5）日历寿命分散系数和全机日历寿命确定方法。这是一套较完整的确定机械（飞机）日历寿命的理论体系。

现在人们可以用我上述研究成果，用真实使用环境参数和腐蚀介质，通过试验和计算就能给出机械（飞机）的日历寿命了！我从1999年开始，陆续在《航空学报》《科学前沿》和国际航空科学大会上，发表日历寿命方面论文23篇。上述成果，目前已在我国××系列飞机日历寿命确定中得到应用，取得良好效果。

回首我的科研之路，它是一条坎坷曲折之路，我所获得的成果也是在这条坎坷曲折路上取得的。有人问我，要没有这条坎坷曲折的路，你会怎么样？这个问题说法不一，我也没有具体答案，请读者帮我回答！

序　言

腐蚀是个古老学科，1450 年世界上召开了第一次国际“腐蚀论坛会”，距今已 570 多年了。世界上第一篇“腐蚀论文”是 Robert – Boyle 于 1675 年发表的，距今已 340 多年了。在这漫长的岁月里，人们一直同腐蚀作“斗争”，为人类避免重大伤亡和经济损失做出了不朽贡献。然而，由于腐蚀的普遍性、复杂性、隐秘性和突发性，至今世界各国每年仍有很多因腐蚀引发的重大事故和灾难发生。据世界各国统计，每年平均因腐蚀造成的经济损失占 GDP 的 3% 左右。

为什么腐蚀研究已经 570 多年，各种学术会多如牛毛，学术论文如云似海，怎么每年在全世界还有这么多因腐蚀引发的重大事故和灾难呢？造成这么大的经济损失呢？这是值得全世界多方关注和解决的问题，更是学术界要突破的问题。笔者长期从事飞机疲劳寿命研究，从寿命角度提出一种减少或避免发生这种事故和灾难的技术途径。笔者认为，腐蚀事故和灾难在全世界频发，主要是因为材料（设备）在腐蚀环境下使用，其使用时间没有准确可靠地给出，使材料（设备）无寿命控制地使用，导致在使用中的腐蚀损伤值超过材料（设备）的损伤容限值，从而引起材料（设备）在使用中失效破坏甚至引起爆炸，造成灾难性事故。世界万物都是有寿命的，包括我们的地球，设备在无寿命控制的腐蚀环境下长期使用，必然出事故。

在这方面，笔者在从事飞机疲劳寿命研究中深有体会。20 世纪 50—60 年代我国生产的飞机都没有给出可靠的使用寿命，使飞机在无可靠使用寿命指标控制下飞行，结果在 1972 年和 1974 年，同一型号的两架飞机在飞行中机翼疲劳断裂，造成两起机毁人亡的重大事故。由此引起我国航空界上下一起行动，通过近 20 年的“疲劳战”，把我国多系列近万架飞机的疲劳寿命都搞出来，使每种飞机都有严格控制的疲劳寿命指标，飞机飞行时间不得超过规定的寿命指标。从此，我国凡经过疲劳定寿给出控制寿命指标的飞机，再也没有因疲劳摔过飞机。在全球航空领域，也曾因疲劳摔掉多架飞机，都是这样给出控制疲劳寿命指标，限制飞行时间，才避免了因疲劳摔飞机。

笔者认为，在疲劳领域可通过给出疲劳寿命指标，控制使用时间达到飞机（机械）不发生疲劳破坏或少发生破坏，避免或减少灾难事故发生。在腐蚀领域也可通过给出日历寿命指标，控制材料（设备）使用日历寿命，来达到材料（设备）不因腐蚀引起灾难性事故的发生。这可能是目前最有效的控制因腐蚀造成灾难事故最有效的技术途径。

那么怎样才能给出可靠的日历寿命指标呢？这是个世界性的难题。早在1813年法拉第教授基于电化学腐蚀原理，创立出著名的法拉第定律，想通过这个定律计算出金属腐蚀时间（日历寿命）。之后，各国腐蚀专家在这方面也进行了200多年的研究。但由于影响腐蚀的因素太多而且复杂，至今仍没有一种可以预测在真实腐蚀环境下，便于应用的日历寿命理论计算模型和确定方法，因此，工程上也就无科学根据地给出日历寿命。

因飞机日历寿命在国际上不能可靠给出，所以才多次摔飞机，笔者1995年步入腐蚀领域。第一年是跟踪学习，第二年另起炉灶，从头开始，走自己的路，经20多年深入探索研究，在国际上首次创建了一套较为完整的机件日历寿命的理论体系，既有基本原理和理论公式，又有计算方法、试验方法、基础规律曲线研究和试验验证实例。

本册主要收集笔者关于金属日历寿命研究的原创性学术论文，内容包括张福泽日历寿命确定的理论和方法、金属腐蚀容限和全机日历寿命确定方法及相关文章、张福泽等腐蚀损伤温湿谱编制原理和方法、日历寿命分散系数确定方法和张福泽日历寿命规律曲线及其试验验证和附录。读者可根据各部分的导读，查阅相应的论文。

笔者是从事飞机寿命研究的，因此在日历寿命研究中主要选取飞机结构金属材料为研究对象。但所建立的理论和试验方法、基本原理和试验曲线等具有普适性，不仅适用于飞机金属结构（材料），而且也适用于腐蚀损伤遵循本系统曲线规律的材料（机械），不管它是在自然大气环境、自然土壤环境和海洋环境使用，还是在其他条件下使用，都可应用本册的腐蚀理论计算公式并结合配套的试验方法给出日历寿命。因此，本册的日历寿命理论计算模型与试验技术可应用于飞机、汽车、地下金属管道、桥梁、舰船等领域进行日历寿命评定。

目　录

（上册）飞机疲劳寿命

第一部分　飞机疲劳理论

第二部分　疲劳分散系数

第三部分　大机群与系列飞机定寿延寿

第四部分　工作感悟

附　　录

（下册）日历寿命

第一部分　张福泽日历寿命确定的理论和方法

第二部分　金属腐蚀容限和全机日历寿命确定方法及相关文章

第三部分　张福泽等腐蚀损伤温湿谱编制原理和方法

第四部分　日历寿命分散系数确定方法

第五部分　张福泽日历寿命规律曲线及其试验验证

附　　录

第一部分

张福泽日历寿命确定的理论和方法

导　读

影响腐蚀的因素很多而且复杂，至今世界各国仍没有一种可以预测真实腐蚀环境下机件日历寿命的理论计算公式和确定方法。为此张福泽院士经过28年潜心研究，在国际腐蚀领域创立了一套较为完整的确定机件日历寿命的理论体系，被誉为张福泽“日历寿命”的研究成果已载入国内外文献[①]。本部分遴选了张福泽关于确定日历寿命原创理论方面的文章，归纳如下。

（1）张福泽金属日历寿命理论公式和确定方法

①《金属腐蚀 *T—H* 曲线和日历寿命的计算模型》：张福泽通过对金属腐蚀基础研究，发现金属腐蚀温度 *T* 与腐蚀时间 *H* 存在一条幂函数曲线，以这条规律曲线为基础，推导出一种计算金属基体腐蚀损伤的日历寿命公式和确定方法。该公式和方法只要有相应腐蚀环境的 *T—H* 曲线（即温度—时间曲线）和使用环境的温度—时间腐蚀谱，就可以计算出金属日历寿命。这是国际上首次给出用真实环境参数计算金属基体日历寿命的公式和确定方法。

②《金属腐蚀“3等线”和用腐蚀损伤求金属日历寿命的计算公式与确定方法》：张福泽通过理论分析和大量腐蚀试验发现金属腐蚀存在等温等湿等时线，简称腐蚀“3等线”。根据此曲线和综合研究，推导出用腐蚀损伤求金属日历寿命的计算公式和确定方法，在温度、湿度和时间不变的情况下，只需提高腐蚀介质浓度进行试验获得腐蚀损伤值，就可以直接求出金属在使用环境下的试验日历寿命，不需要“当量折算”。这是一种简单易行的求腐蚀试验日历寿命的方法。另外，根据腐蚀“3等线”原理，给出了一种编制高浓度介质的方法。

③《用“腐蚀常数”求金属任意腐蚀损伤量日历寿命计算公式和曲线》：在国际机械日历寿命研究中，都是假设已有腐蚀容限前提下求金属日历寿命。为此，张福泽另辟蹊径，换了一种解决问题的思路，不假定已知腐蚀容限值（不是固定值），而是把它当成变量，通过反复研究发现，腐蚀浓度与试验时间的乘积除以对应的腐蚀损伤等于一个常数。该常数是他80岁发现的，故称为“张福泽80常数”，有了它便可给出一种简单易行的金属任意腐蚀损伤量日历寿命的计算模型和相应的求解曲线。由此建立了任意腐蚀损伤量的日历寿命计算公式和对应的图解曲线。如果给出腐蚀容限，可直接用“张福泽80常数”计算金属日历寿命。该方法是目前计算金属日历寿命最简单、最准确的公式。

④《用幂函数求金属日历寿命原理和模型》：张福泽通过真实环境参数计算或试验给出金属使用日历寿命，并通过典型飞机日历寿命确定，验证了该理论体系是正确、有效的，可以推广使用。为了进一步深化和完善该理论体系，张福泽从幂函数角度进一步研究了金属腐蚀 *T—H* 曲线分布规律和温湿谱下腐蚀损伤，并给出了真实使用环境

---

① 见中国科学院院士高镇同和徐家进的专著《智能疲劳统计学》，北京航空航天大学出版社，2022年10月。

下日历寿命计算原理和模型，增加了一种计算金属日历寿命的方法。

⑤《金属日历寿命计算的新理论和试验的新方法对比验证研究》：张福泽选取LY12CZ铝合金和30CrMnSiA钢进行了日历寿命理论计算和试验对比研究，验证了日历寿命理论计算模型与试验新方法的吻合性和适用性，说明他给出的计算理论与试验方法是相融的、吻合的、可用的。其中，日历寿命计算和试验用的*T*—*H*曲线、三维环境谱、理论计算公式和腐蚀试验方法，至今在国际腐蚀领域尚未见到类似文献报道。

（2）张福泽涂层日历寿命理论公式和确定方法

《金属涂层的日历寿命计算公式和试验方法》：张福泽通过金属防护涂层腐蚀失效试验研究发现，涂层失效与金属的腐蚀温度—时间（*T*—*H*）曲线一致，而且有相同的使用环境谱。由于金属日历寿命计算公式正是根据*T*—*H*曲线和使用环境谱推导出来的，因此涂层与金属基体具有相同的日历寿命计算公式。为此，选取典型铝合金涂层进行日历寿命理论计算和试验对比研究，验证了该结论的正确性，这在国际日历寿命领域还属首次发表。另外，还发现金属涂层对试验温度敏感且有规律，对介质浓度没有规律。由此，获得涂层日历寿命的有效试验方法是提高试验温度。

（3）张福泽总日历寿命和翻修日历寿命计算公式和确定方法

《飞机日历翻修期与总日历寿命确定方法和计算公式》：确定飞机日历寿命属于多个学科多个部门共同完成的复杂系统工程。然而，国内外还没有一种公认确定飞机日历翻修期和总日历寿命的公式和方法。为此，张福泽系统研究了与飞机日历寿命相关的技术参数及其内在关系，给出了一条规律曲线，建立了确定飞机总日历寿命和各次翻修日历寿命的计算公式，并以在海南岛服役的某型飞机LY12CZ铝合金结构为例，验证了该模型公式的合理性，在国际上首次给出了飞机日历翻修期、总日历寿命计算公式和确定方法。

以上论文不仅给出各自的计算公式，还给出了配套的试验方法，奠定了确定机件日历寿命的理论基础。要了解上述文章的具体内容，请阅读本部分论文。

金属腐蚀 *T—H* 曲线和日历寿命的计算模型①②

摘要： 本文通过金属腐蚀机理研究和推导，给出一种金属腐蚀 *T—H* 曲线和日历寿命计算模型和确定方法，它适用于飞机、汽车、舰船和其他在腐蚀环境下工作的机件日历寿命的确定。该模型和方法只要有相应腐蚀环境的 *T—H* 曲线和使用环境的温度—时间腐蚀谱，就可计算出腐蚀机件的持续腐蚀时间，即日历寿命。这是国际上首次给出用真实环境参数计算金属日历寿命的模型和确定方法。

引言

由于影响腐蚀的因素太多而且复杂，因此，至今仍没有一种可以预测在真实腐蚀环境参数下，便于应用的机件日历寿命的理论计算模型和确定方法，因此，工程上也就无科学根据地给出日历寿命，这样往往引起一些重大事故的发生，这在国内外是屡见不鲜的。尤其航空产品是有日历寿命要求的，如飞机结构寿命有两个主要指标：一是在重复载荷作用下的疲劳寿命（飞行小时数）；二是在腐蚀介质环境下的持续使用的日历寿命。这两个寿命指标都是飞机使用的重要战术技术指标，缺一不可。本文针对这些问题进行了理论计算模型和计算方法研究。

1　腐蚀损伤量与腐蚀时间的关系

所谓日历寿命，它是指机件在使用环境（如温度、湿度、振动、冲击及其他介质）和使用条件（如使用应力、维护条件、储存条件）下，能够完成使用功能的持续日历时间。因此说，时间因素是日历寿命的主要因素之一，没有时间就谈不上日历寿命。

---

① 本文在《航空学报》1999 年第 20 卷第 1 期发表。该研究在国际上首次发现金属腐蚀的 *T—H* 曲线，以此推导出用真实环境参数计算金属日历寿命的公式和确定方法，该文是笔者研究腐蚀日历寿命的首篇论文，发表后受到国内外同行关注。

② 本文原标题为《金属机件腐蚀损伤日历寿命的计算模型和确定方法》，原文内容不变。

从腐蚀机理上分析，绝大多数金属腐蚀是由电化学反应引起的，这一点已为国内外学者所认同[1]。然而电化学反应是伴随着离子的迁移，化学物质的反应，即进行金属氧化成为离子和金属离子及氧的还原过程，这些化学物质的反应是要有一个时间过程，没有时间就没有反应，没有反应就没有腐蚀。这从著名的法拉第定律式（1）也可以看出[2]

$$Q = \frac{1}{F}\int_0^h I_c(h)\,\mathrm{d}h \tag{1}$$

式中：Q——金属腐蚀量；

I_c——腐蚀电流；

F——常数；

h——腐蚀时间，h。

从法拉第公式可以看出，若使金属在腐蚀介质中，腐蚀掉 Q_1 的量，除与腐蚀电流 I_c 有关外，还有腐蚀时间起主导作用，没有腐蚀时间从 $0 \to h_1$ 的过程是不能产生 Q_1 的腐蚀量。至于金属的纯化学腐蚀和其他腐蚀都同样需要腐蚀时间。参考文献［1］指出，I_c 是腐蚀温度、湿度和电解液浓度的函数，当温度 T 为某一恒温（$T = T_i$）时，而腐蚀环境也保持不变时（即湿度与电解液浓度不变），则 I_c 也是常值，因此腐蚀量 Q 与腐蚀时间近似线性变化，这种线性关系可由图 1 中的腐蚀量与腐蚀时间试验曲线得到验证，这种线性关系对建立计算模型有用。

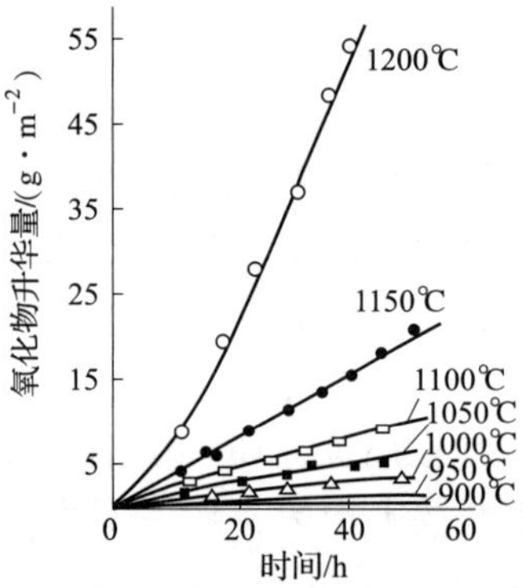

（a）Э И929合金在空气中氧化时氧化物升华的动力学曲线

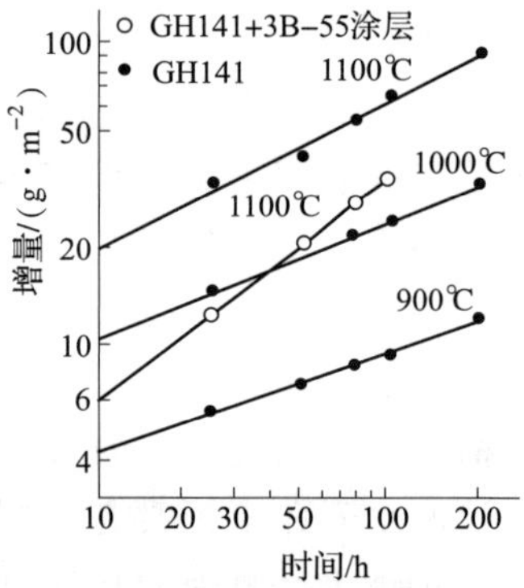

（b）GH141合金静态氧化增重与时间关系曲线

图 1　腐蚀量与腐蚀时间试验曲线[2]

2　腐蚀温度 T 与腐蚀时间 H 关系曲线

由法拉第定律式（1）可以看出，若使 $Q_1 = Q_2$

即
$$\frac{1}{F_1}\int_0^{H_1} I_{c1}(h)\,\mathrm{d}h = \frac{1}{F_2}\int_0^{H_2} I_{c2}(h)\,\mathrm{d}h \tag{2}$$

对同一腐蚀机件和同一腐蚀介质下，可以得到

$$I_{c1}H_1 = I_{c2}H_2 \tag{3}$$

由于腐蚀电流 I_c 是腐蚀温度 T、湿度 RH 和电解液浓度等因素的函数[1]，现假设湿度 RH 与电解溶液浓度在试验中保持不变，这对于上述的同一腐蚀机件和同一环境介质下，对于大多数金属结构，在一定腐蚀温度范围内，可以得到腐蚀温度 T 与时间小时数 H 的近似关系

$$T_1H_1 \approx T_2H_2$$

即

$$TH = C\ (\text{常数}) \tag{4}$$

式（4）表明：对腐蚀掉相同的腐蚀量，提高腐蚀温度 T 可以缩短腐蚀时间小时数 H。但这种关系，对于不同腐蚀机件和介质是有不同适应范围的，这个范围可以通过腐蚀试验确定。因此本文做如下推断：某一金属材料在某一介质、某一湿度和达到同样腐蚀量 D_c 的情况下，提高腐蚀温度 T，可以减少腐蚀时间的小时数 H，腐蚀温度 T 降低需要腐蚀的时间小时数 H 增长，当温度低到某一临界值 T_c 时，则需无穷腐蚀时间（接近不腐蚀），即本文称之为腐蚀 T—H 曲线，如图 2 所示。同理，可推断出腐蚀湿度（RH）与腐蚀时间（H）曲线，称为腐蚀 RH—H 曲线，如图 3 所示。

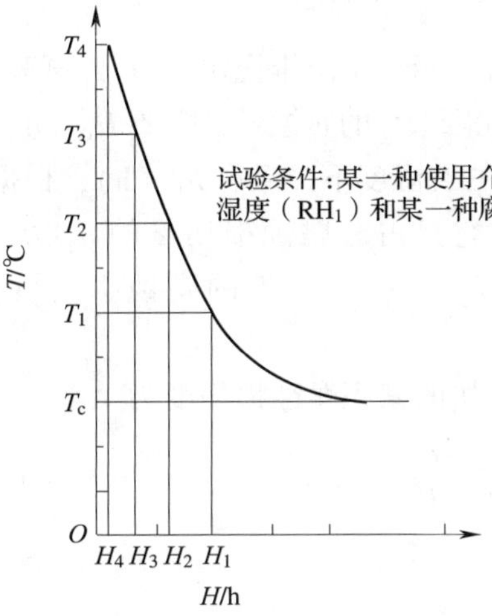

图 2　推断的腐蚀 T—H 曲线

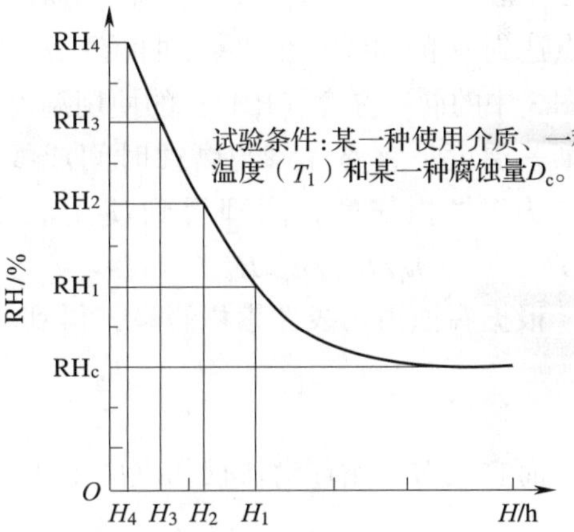

图 3　推断的腐蚀 RH—H 曲线

3　金属基本日历寿命计算数学模型

3.1　假设

（1）假定图 2 的 T—H 曲线和图 3 的 RH—H 曲线中在 OH_1 段近似为直线。

（2）假定任何腐蚀机件都有一个临界腐蚀量（腐蚀损伤容限）D_c，它可以是腐蚀面积、体积、深度或腐蚀损失量和腐蚀增量。

（3）假定某机件有一个如图 4 所示的使用温度 T 和时间小时数 H 的腐蚀谱。

（4）假定某一机件腐蚀到临界腐蚀量 D_c 时，腐蚀温度—时间谱的总循环块数为 λ，即在腐蚀温度—时间谱作用下，经过 λ 次循环后，就可达到临界腐蚀量 D_c。

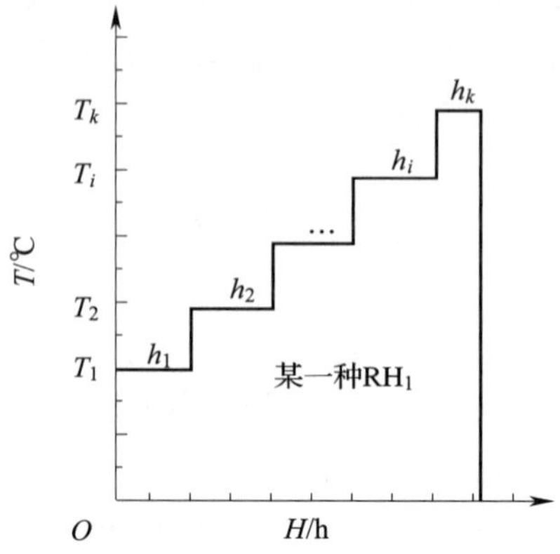

图4　假设的使用温度—时间腐蚀谱

3.2　金属日历寿命计算数学模型

图2中的T—H曲线是在一种介质和一种湿度（RH_1）下，以不同温度（T_i）试验，每点达到D_c的曲线。在T—H曲线上，在T_1温度下，为得到D_c的腐蚀量，需要H_1（h），但图3中的同一湿度（RH_1）的使用温度—时间谱中，在T_1温度下，只有h_1（h），根据在某一温度下，腐蚀量与腐蚀时间成线性关系，因此它只占总腐蚀损伤量的h_1/H_1，称它为腐蚀损伤度。同理得到使用温度—时间谱中T_2，…，T_i，T_k的腐蚀损伤度：h_2/H_2，…，h_i/H_i，h_k/H_k。

根据腐蚀损伤线性累积假设，得到一个腐蚀温度谱块的累积腐蚀损伤度为

$$\frac{h_1}{H_1}+\frac{h_2}{H_2}+\cdots+\frac{h_i}{H_i}+\frac{h_k}{H_k}=\sum_{i=1}^{k}\frac{h_i}{H_i} \tag{5}$$

而它只占总循环谱块损伤度的$1/\lambda$，因此有

$$\sum_{i=1}^{k}\frac{h_i}{H_i}=\frac{1}{\lambda} \tag{6}$$

即

$$\lambda\sum_{i=1}^{k}\frac{h_i}{H_i}=1 \tag{7}$$

式（7）是在一种湿度（RH_1）下推导出来的，若腐蚀机件试验介质不变，但有m种湿度同时作用时，则有m种的图2和图3曲线，由此可以得到

$$\lambda\left[\left(\sum_{i=1}^{k}\frac{h_i}{H_i}\right)_1+\left(\sum_{i=1}^{k}\frac{h_i}{H_i}\right)_2+\cdots+\left(\sum_{i=1}^{k}\frac{h_i}{H_i}\right)_i+\left(\sum_{i=1}^{k}\frac{h_i}{H_i}\right)_m\right]=1$$

即

$$\lambda\sum_{i=1}^{m}\left(\sum_{i=1}^{k}\frac{h_i}{H_i}\right)_i=1 \tag{8}$$

式中：H_i——腐蚀机件在某一介质和某一湿度（RH_1）环境中，在第i级温度下，腐蚀到规定的腐蚀量D_c时的小时数；

h_i——在使用温度—时间谱中，第 i 级温度对应的小时数；

λ——在 m 种湿度联合作用下，腐蚀到规定腐蚀量 D_c 时的使用温度—时间谱的总循环块数；

k——某一使用温度—时间谱的级数；

m——同一介质的湿度级别数。

式（8）就是求金属基体腐蚀损伤累积理论公式，即是在某一使用介质和 m 种湿度作用下，求金属日历寿命计算公式。

4　腐蚀 *T—H* 曲线的存在和规律的试验验证

本文在第 2 节里，通过法拉第定律论述并推断腐蚀温度 T 与腐蚀时间的小时数 H 近似地遵循图 2 的规律。根据这种规律进一步推导出腐蚀损伤累积理论计算式（8）。显然，推断的腐蚀 T—H 曲线是否存在和是否遵循图 2 的规律是十分重要的问题。

一个多世纪来各国研究者开展了各种腐蚀试验和相关研究，但类似 T—H 曲线腐蚀试验和研究尚无见到。众所周知，进行腐蚀试验需要很长时间，尤其在接近 T_c 时，需要腐蚀时间就更长，很难实现。为了探讨验证 T—H 曲线的存在和遵循的规律，笔者查阅了大量的国内外资料，没有找到 T—H 曲线的直接资料，但找到一些为其他目的腐蚀试验资料，从中转化和提炼出为本文研究有用的试验数据，以此来验证本文推断的 T—H 曲线。

由于工程应用上不可能用腐蚀介质来衡量机件腐蚀程度，只能以腐蚀量（深度、面积、体积、失重或增重）为衡量标准。为了便于工程应用和验证笔者主要采用失重或增重为衡量标准，即把在同一环境介质下，得到相同腐蚀失重（或增重）来研究腐蚀温度与时间的关系。为此，查阅收集了国内外有关文献，获得了具有验证价值的 5 组数据，根据这些原封不动的数据，整理出 5 条 T—H 曲线，验证了 T—H 曲线是存在的，其变化规律也基本一致，此处列举了其中 3 条曲线，如图 5 ~ 图 7 所示。

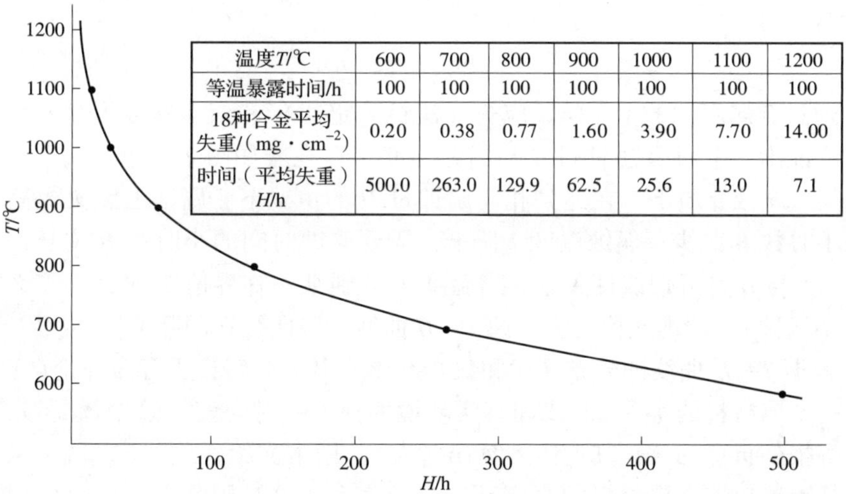

温度T/℃	600	700	800	900	1000	1100	1200
等温暴露时间/h	100	100	100	100	100	100	100
18种合金平均失重/(mg·cm^{-2})	0.20	0.38	0.77	1.60	3.90	7.70	14.00
时间（平均失重）H/h	500.0	263.0	129.9	62.5	25.6	13.0	7.1

图 5　18 种合金混合 T—H 试验曲线[2]

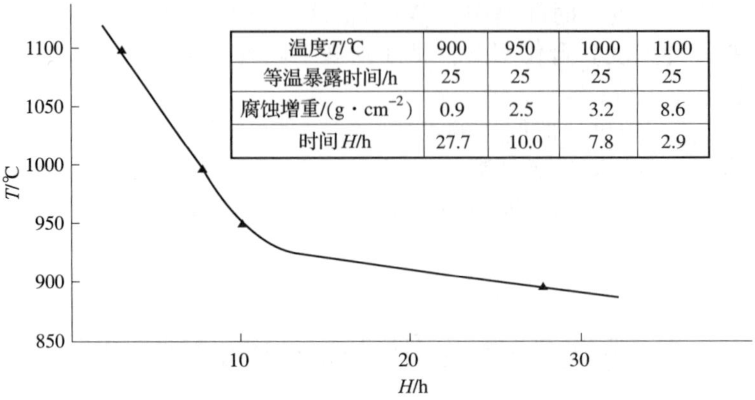

温度T/℃	900	950	1000	1100
等温暴露时间/h	25	25	25	25
腐蚀增重/(g · cm^{-2})	0.9	2.5	3.2	8.6
时间H/h	27.7	10.0	7.8	2.9

图 6　K5 合金 T—H 曲线[2]

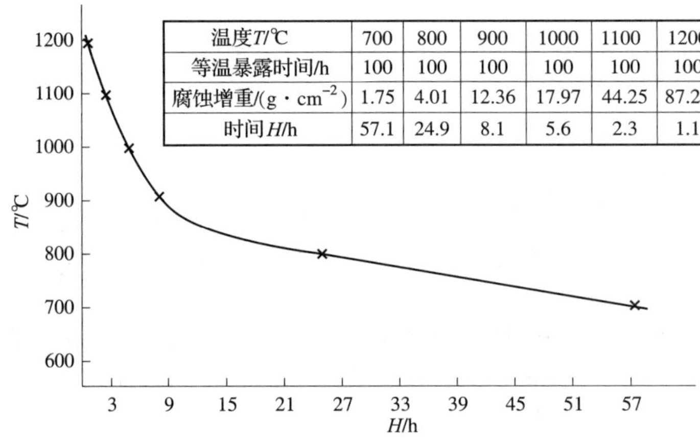

温度T/℃	700	800	900	1000	1100	1200
等温暴露时间/h	100	100	100	100	100	100
腐蚀增重/(g · cm^{-2})	1.75	4.01	12.36	17.97	44.25	87.28
时间H/h	57.1	24.9	8.1	5.6	2.3	1.1

图 7　9 种合金混合 T—H 试验曲线[2]

5　结论

（1）通过金属腐蚀的电化学反应式（法拉第定律）和众多腐蚀因素的分析，在国际上首次论证出：金属腐蚀时间 H 与腐蚀温度 T 存在着如图 2 所示的关系，即对于某些金属在某一腐蚀介质下，在达到相同腐蚀量 D 的情况下，腐蚀温度 T 提高，需要腐蚀时间的小时数 H 减少；腐蚀温度 T 降低，需要腐蚀时间的小时数 H 增长，在一定温度范围内，T 与 H 呈近似线性关系，当温度 T 低到某一临界值 T_c 时，则需无穷腐蚀时间（接近不腐蚀），即本文称之为腐蚀 T—H 曲线。该曲线在国际上属首次发现。

（2）根据 T—H 曲线的分布规律和数学推导给出了金属日历寿命理论计算式（8）。只要有某一金属材料的 T—H 曲线和真实环境的温度—时间谱（这个谱是按 T—H 曲线分布规律等损伤折算的谱，其他谱计算误差大），用本文给的式（8）就可以像计算疲劳寿命一样计算出该金属材料的真实环境日历寿命。这是国际上首次给出用真实环境参数计算金属日历寿命的计算公式，经过试算是有效的。

（3）通过国内外公开发表的32种金属材料的腐蚀试验数据，分5组统计整理出5条T—H曲线，成功地验证了本文推断的T—H曲线是存在的，其腐蚀温度与腐蚀时间的变化规律也基本符合图2和图3的推断结论。

6 讨论与建议

（1）本文推断的腐蚀T—H曲线，经32种金属材料腐蚀试验数据，已验证是存在的，而且在$T>T_c$时，T与H也近似接近线性关系，但现在能查到的材料中，T_c是没有的，T_c可能像疲劳S—N曲线中的σ_{-1}一样，无法真正实测得到它。这个问题有待进一步讨论和研究。

（2）由于本研究未正式列入课题，属于“业余研究”，无经费支持，因此缺少结合国内金属材料的腐蚀试验数据，有待今后进一步充实。

（3）为了解决我国飞机、舰船和其他在腐蚀环境下工作机械的日历寿命问题，需进行不同机械领域的多种腐蚀量D的T—H曲线的测试，供各机械领域确定日历寿命使用。

（4）本文研究结论仅适用于腐蚀规律遵循T—H曲线分布的全面腐蚀和局部腐蚀的金属件。

参考文献

[1] 周希沅. 飞机结构的当量环境谱与加速试验谱［J］. 航空学报，1996，17（5）：613-616.
[2] 李金桂，赵闺彦. 航空产品腐蚀及其控制手册. 航空工业部第621研究所，1984.

Ccalculation model and determination method of corrosion calendar life of metal parts

Zhang Fuze

（Beijing Aeronautical Technology Research Centre, Beijing, 100076）

Abstract A certain kind of approximate linear relationship is found between corrosive temperature（T）and corrosive time（H）for metal structure, within a certain range of temperature. It is called the $T-H$ curve in this paper, which is similar to the $S-N$ curve in the fatigue field. On the basis of $T-H$ curve, the author deduces the formula of calendar life for corrosion dam age of metal under many kinds of medium surrounding. As for the form, it looks like the Miner theoretical formula in fatigue field. Using this formula, the calendar life for corrosion damage of metal can be estimated simply under varied complicated medium surrounding.

金属腐蚀“3等线”和用腐蚀损伤求金属日历寿命的计算公式与确定方法①

摘要：为了探讨金属日历寿命，通过理论分析和试验研究，发现金属腐蚀的一种等温等湿等时线，它在试验腐蚀损伤 D 与试验溶液浓度 d 坐标系中是一条直线，在这条直线上每一点的腐蚀试验湿度、温度和时间各自保持相等，简称腐蚀“3等线”。通过“3等线”与其他综合研究，推导出试验日历寿命计算公式和确定方法。同时又进行了腐蚀损伤与腐蚀时间的线性规律和腐蚀“3等线”存在的试验验证。

关键词：材料腐蚀；金属腐蚀“3等线”；日历寿命；腐蚀环境；腐蚀损伤

引言

众所周知，在金属日历寿命确定中，至今仍没有找到直接用腐蚀试验损伤给出使用日历寿命的计算公式和确定方法，而是必须进行“当量折算”，即把试验值转换成使用值。在金属腐蚀领域中，关于“当量折算”已有很多论述[1~3]，但都存在某些严重不足，因此尚没有得到有效的应用。本文通过理论分析和腐蚀试验研究，发现一种“等温等湿等时线”，简称腐蚀“3等线”。根据此曲线和其他综合研究，推导出了一种直接用试验损伤值求试验日历寿命的计算公式。根据腐蚀“3等线”原理，还给出了一种高浓度介质的配制方法，它在使用环境的湿度、温度不变情况下，仅用提高试验介质浓度的方法进行腐蚀试验，利用试验获得的损伤值就可以直接求出金属在使用环境下的试验日历寿命，不需要上述的“当量折算”，这是一种简单易行的求腐蚀试验日历寿命的方法。

① 本文在《航空学报》2016年第37期第2卷发表，原标题为《金属腐蚀“3等线”和试验日历寿命确定方法》，文章的主要内容不变。

1 金属腐蚀的等温等湿等时线——腐蚀“3 等线”

1.1 理论分析

从腐蚀机理上分析，绝大多数金属腐蚀是由电化学反应引起的，这一点已为国内外同行学者所认同[4~7]。电化学反应的腐蚀损伤量可由著名的法拉第定律式表示为

$$D = \frac{1}{F}\int_0^h I_c(h)\,\mathrm{d}h \tag{1}$$

式中：D——金属腐蚀量；

I_c——腐蚀电流；

F——常数；

h——腐蚀时间。

参考文献［3］和［5］指出，I_c 是腐蚀温度、湿度和电解溶液浓度的函数。本文认为，在温湿谱试验中，每级浓度的试验温度、湿度和时间都各自保持不变，故只有电解溶液浓度是变量，因此式（1）中的腐蚀损伤 D 为溶液浓度的单值函数。这样一来，D 与腐蚀溶液浓度可能存在着一种简单的线性关系。这种分析的线性关系在后续试验中得到了验证。

1.2 腐蚀试验研究

（1）高浓度介质配制原理与方法

根据上述腐蚀“3 等线”原理，本文还给出了一种高浓度介质的配制方法。

①实测使用环境的介质成分和含量（这里使用环境浓度用 $d=1$ 表示）。

②在 $d=1$ 的基础上加倍提高各介质的含量。下面以海南陵水地区实测介质浓度值（$d=1$）加倍所得，如表 1 所示。

（2）试验验证

为了探讨金属腐蚀的等温等湿等时线，采用提高腐蚀试验浓度的方法，进行了 30CrMnSiA 钢和 LY12CZ、LC4SC 铝合金的腐蚀试验研究。在腐蚀试验中，试验浓度 d_i 是由海南陵水地区实测介质浓度值（$d=1$）加倍所得（见表 1 和表 2），D_i 是每种材料在试验湿度 RH、温度 T 和时间 H 设定值不变的情况下，各级试验 d_i 对应的多个试件腐蚀损伤 D 的平均值（见表 3）。根据腐蚀试验数据，分别绘制 3 种材料的腐蚀等温等湿等时线（腐蚀“3 等线”），试验曲线如图 1 所示。

表 1 海南陵水介质成分和含量

浓度 d	pH	H_2SO_4（98%）/［(g/L)（mL/L)］	HNO_3（67%）/［(g/L)（mL/L)］	NaCl /(g/L)
1 倍	6.8	0.046（0.023）	0.041（0.02814）	2.27
20 倍	6.8	0.92（0.46）	0.82（0.5628）	45.40
30 倍	6.8	1.38（0.69）	1.23（0.8442）	68.10
40 倍	6.8	1.84（0.92）	1.64（1.1256）	90.80

表 2　海南陵水介质的 4L、6L 和 12L 的含量

浓度 d	H_2SO_4（98%）/mL			HNO_3（67%）/mL			NaCl/g		
	4L	6L	12L	4L	6L	12L	4L	6L	12L
10	0.92	1.38	2.76	1.13	1.70	3.39	90.8	136.2	272.4
20	1.84	2.26	5.52	2.26	3.39	6.78	181.6	272.4	544.8
30	2.76	4.14	8.28	3.39	5.09	10.17	272.4	408.6	817.2
40	3.68	5.52	11.04	4.52	6.78	13.56	363.2	544.8	1089.6

表 3　三种材料腐蚀试验的平均损伤 *D*

材料	30CrMnSiA			LY12CZ			LC4SC		
RH/%	100			84			100		
T/℃	20			35			25		
H/h	1008			1008			336		
d_i	10	20	40	10	20	40	5	10	20
D_i	154.45	232.93	499.07	0.040	0.080	0.160	0.003	0.015	0.060

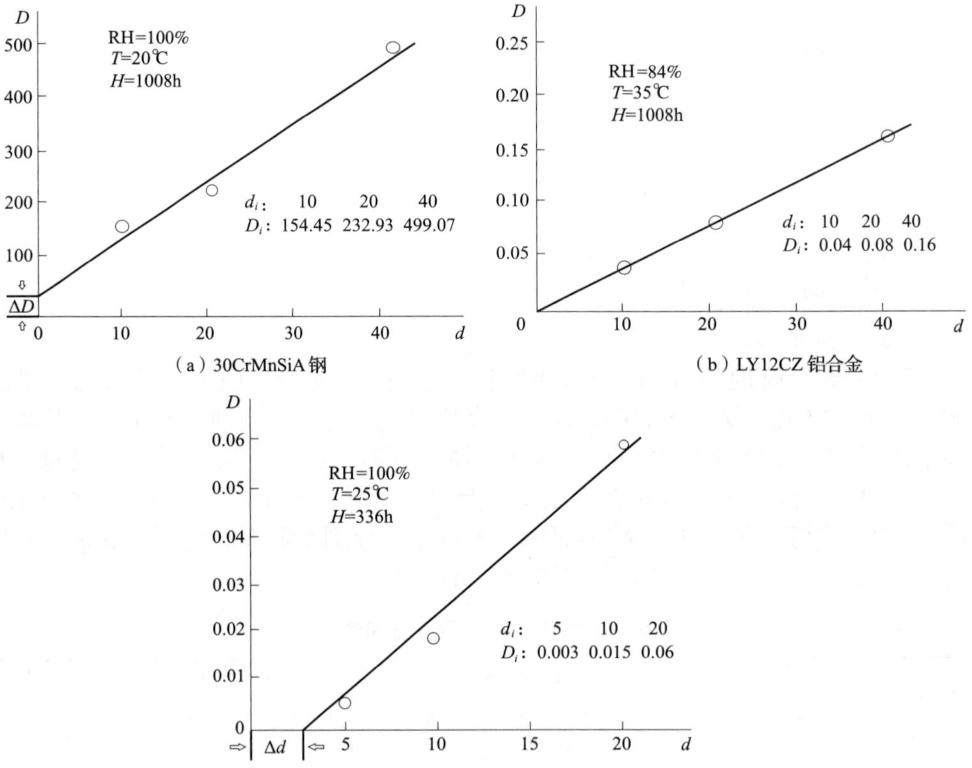

（a）30CrMnSiA 钢　（b）LY12CZ 铝合金

（c）LC4SC 铝合金

图 1　30CrMnSiA 钢、LY12CZ 铝合金和 LC4SC 铝合金的“3 等线”

从图 1 的三条线中可以看出：①在试验中，RH、T、H 保持常值不变的情况下，腐蚀损伤 D 与试验浓度 d 呈近似线性关系，即等温等湿等时线近似线性关系。②三条等温等湿等时线的斜率各不相同，说明它们腐蚀率不同。

1.3　金属腐蚀等温等湿等时线的定义和特性

通过上述试验研究，笔者找到了如图 2 所示的金属腐蚀“3 等线”，定义为标准等温等湿等时线。图中的横坐标为腐蚀溶液浓度 d（使用环境 $d=1$，试验环境 d 可取远大于 1 的溶液浓度），纵坐标是腐蚀损伤 D。当 $d=0$，$D=0$ 时，腐蚀“3 等线”是通过坐标原点的一条直线（0—1—t）。

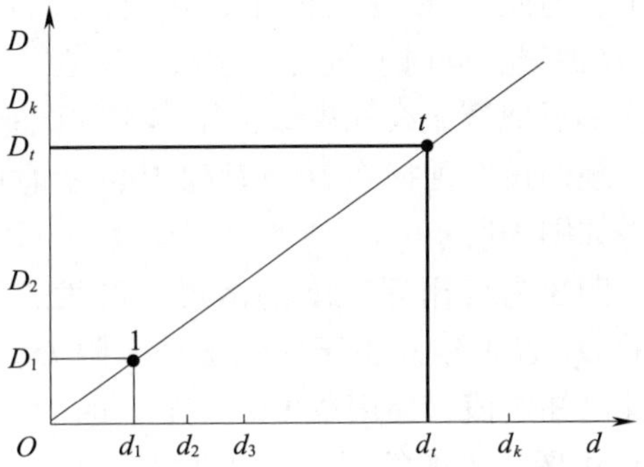

图 2　标准“3 等线”

腐蚀“3 等线”的物理含义是，在金属每一级溶液浓度的腐蚀试验过程中，要湿度温度和时间保持不变，腐蚀损伤 D 随溶液浓度 d 增加呈线性增加。在这条线性线上，任意点的湿度、温度和时间都是各自相等的，故称等温等湿等时线，又称腐蚀“3 等线”。

找到这条腐蚀“3 等线”，对于探讨通过腐蚀试验给出使用环境下的金属日历寿命的计算公式有重要意义。此处也证明，在使用介质 d_1 的基础上可线性增加浓度 d_t 来缩短试验时间是正确的。

2　用腐蚀损伤求金属日历寿命公式的建立

2.1　使用环境的腐蚀损伤 D_1 表达式

假设 1：图 2 中的腐蚀溶液浓度 $d_1=1$ 为某机场使用环境的浓度；d_t 为试验溶液浓度，它是 d_1 的整数倍。

假设 2：图 2 中各级溶液浓度的试验是在使用环境的温度和湿度下进行的，每级浓度的试验皆进行 H_t（h）。

由上述假设，图 2 中的等温等湿等时线的每一点都是使用环境的湿度和温度，每一点的腐蚀时间都是 H_t（h）。也就是说，当用浓度 d_t 进行 H_t（h）的腐蚀试验时，可获得 D_t 的腐蚀损伤量。而用浓度 $d_1=1$ 进行 H_t（h）的腐蚀试验时，则可获得 D_1 的腐蚀损伤量。因此，由图 2 可得试验损伤 D_t 与 D_1 的换算关系式（2）。

$$D_1=\frac{d_1}{d_t}D_t \tag{2}$$

式中：D_1——用使用浓度 $d_1=1$ 试验 H_t（h）的损伤量；

D_t——用试验浓度 d_t 试验 H_t（h）的损伤量。

2.2 腐蚀损伤容限（D_{1c}）与相应的腐蚀时间 H_{1c} 计算公式

由于在建立 D_{1c} 与 H_{1c} 的计算公式时，需要腐蚀损伤 D 与腐蚀时间 H 呈线性规律的结论，为此在试验验证中，进行了高浓度试验的纯腐蚀和腐蚀疲劳的 28 条试验 D—H 曲线，同时又统计了多种材料在使用环境浓度 $d_1=1$ 情况下的 D—H 曲线，这些曲线都近似遵循线性规律，见本文的试验验证。

现假设腐蚀损伤 D 与时间 H 的示意曲线，如图 3 所示。

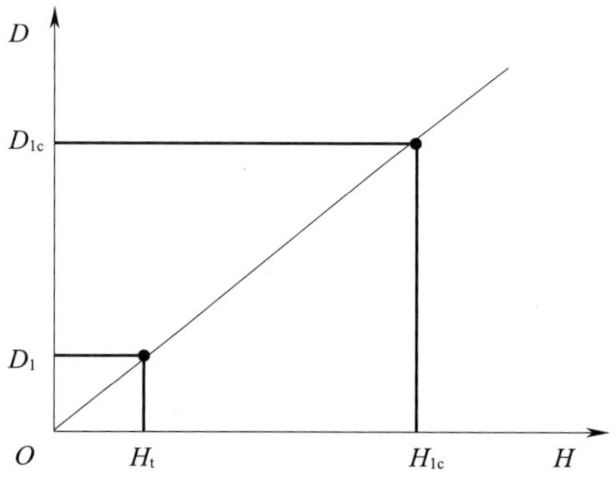

图 3　使用环境（d、RH 和 T）的 D—H 曲线

图 3 为使用环境下的浓度、湿度、温度的 D—H 曲线。由于腐蚀损伤容限 D_{1c} 为设计已知定值，使用浓度 $d_1=1$ 下的 D_1 与 H_t 可由图 2 中的等温等湿等时线获得，因此可导出 D_{1c} 对应的 H_{1c} 计算公式（3）和（4）

$$H_{1c}=\frac{D_{1c}}{D_1}H_t \tag{3}$$

由式（2）和 $d_1=1$ 可得

$$H_{1c}=\frac{D_{1c}d_t}{D_t}H_t \tag{4}$$

式中：H_{1c}——使用浓度、湿度、温度下的 D_{1c} 相应的腐蚀时间，即金属相对腐蚀损伤容限的使用日历寿命，h；

H_t——使用浓度、湿度、温度下的 D_1 相应的腐蚀试验时间（$H_t=H_1$）；

D_{1c}——使用浓度、湿度、温度下的腐蚀损伤容限量；

D_t——在试验浓度 d_t、使用湿度和温度下，试验 H_t（h）的损伤量；

d_t——试验浓度（$d_t=nd_1$，由于 $d_1=1$，所以 $d_t=n$，通常取 $n>5$ 的整数）。

由式（4）可以看出，在给定 D_{1c} 的情况下，只要选定一个便于加速腐蚀试验的浓度 d_t，用 d_t 和使用环境的湿度温度试验 H_t（h）后，测得 D_t，则 H_{1c} 可求出。

当试验时间是温湿谱时，则式（4）化为

$$H_{1c}=\frac{D_{1c}d_t}{D_t}\lambda\sum_{j=1}^{m}\Big(\sum_{i=1}^{k}h_i\Big)_j \tag{5}$$

当用温湿谱试验到 $D_{1c}=D_t$ 时，则有

$$H_{1c}=d_t\lambda\sum_{j=1}^{m}\Big(\sum_{i=1}^{k}h_i\Big)_j \tag{6}$$

式中：λ_t——用温湿谱试验的循环周数；

h_i——温湿谱中第 i 级温度试验时间。

式（5）和式（6）就是用温湿谱试验时的金属使用日历寿命 H_{1c}（h）的计算公式。

当式（5）和式（6）的试验谱是以日历年编制（一个谱块为一日历年），而日历寿命 H_{1c} 也以日历年表示时，式（5）和式（6）可简化为

$$\lambda_{1c}=\frac{D_{1c}d_t}{D_t}\lambda_t \tag{7}$$

$$\lambda_{1c}=d_t\lambda_t \tag{8}$$

式中：λ_{1c}——腐蚀损伤 D_t 等于腐蚀容限值对应的日历寿命（年）。

2.3　用腐蚀损伤求金属日历寿命的计算方法和实例

（1）方法步骤

①编制真实使用环境谱。如海南陵水环境的三维谱，如表 4 所示。

②配制试验的浓度。如表 1 中 $d=1$ 的海南陵水地区实测值和加重 20 倍值。

③选定试验材料，如 LY12CZ 铝合金。

④按编制的三维谱和配制的浓度 d 进行试验，试验实测腐蚀损伤值 D_t 如表 5 所示。

⑤用表 5 试验的 D_t 和公式（7）便可求出 LY12CZ 铝合金在海南陵水地区使用，腐蚀损伤深度是 0.6mm 时的日历年 λ_{1c}。

表 4　海南陵水试验谱

RH/% ＼ 时间/h ＼ T/℃	25	30	35	一个块谱累计时间
90	1067	248.4	39.0	2208.5h（1 年）
100	516.8	212.2	125.1	

表 5　在海南陵水谱和 $d=20$ 下的 LY12CZ 试验损伤 D_t

d_t	试件类型	腐蚀深度/mm	平均腐蚀深度/mm	总平均腐蚀深度/mm
20 倍	6	0.85；0.85；0.83；0.83；0.80；0.80；0.76；0.75；0.72；0.72	0.791	0.7622
	7	0.85；0.83；0.80；0.78；0.76；0.76；0.76；0.75；0.70；0.68	0.769	
	8	0.82；0.78；0.78；0.76；0.76；0.76；0.76；0.75；0.68；0.68	0.753	
	9	0.80；0.80；0.80；0.78；0.78；0.76；0.75；0.70；0.68；0.65	0.750	
	10	0.82；0.82；0.80；0.78；0.76；0.76；0.73；0.70；0.66；0.65	0.748	

（2）算例

LY12CZ 铝合金的腐蚀损伤容限值 $D_{1c}=0.6\text{mm}$，在海南岛使用的日历寿命 λ_{1c}。

由表 5 中的试验结果，可得式（7）中的 $D_t=0.7622\text{mm}$ 和试验浓度 $d_t=20$ 以及试验温湿谱的循环周数 $\lambda_t=1$。由式（7）算得 LY12CZ 铝合金在海南陵水地区使用，腐蚀损伤容限深度是 0.6mm 时，需要日历年 λ_{1c} 是

$$\lambda_{1c}=\frac{D_{1c}d_t}{D_t}\lambda_t=\frac{0.6\times 20}{0.7622}\times 1=15.7\ (\text{年})$$

3 试验验证

3.1 试验环境下金属腐蚀损伤 *D* 与时间 *H* 的线性关系验证

在推导金属日历寿命的计算公式和确定方法时，使用了腐蚀损伤 *D* 与时间 *H* 呈线性关系的结论。为了证明该线性关系的正确性，采用如下试验进行验证。

为了研究金属腐蚀损伤随腐蚀时间的变化规律，选取 30CrMnSiA 钢和 LY12CZ 铝合金两种材料，在三种温度（5℃、25℃和 50℃）、4 种浓度溶液（在海南陵水地区各介质为 1 倍的基础上加权 10 倍、50 倍、90 倍和 130 倍，分别以 A、B、C 和 D 表示）条件下进行纯腐蚀试验和腐蚀疲劳试验，试验结果如下。

（1）30CrMnSiA 钢纯腐蚀和腐蚀疲劳的损伤与时间变化规律，试验曲线如图 4 所示。

（2）30CrMnSiA 钢腐蚀疲劳的损伤与时间变化规律，试验曲线如图 5 所示。

（3）LY12CZ 铝合金腐蚀疲劳的损伤与时间变化规律

LY12CZ 铝合金的纯腐蚀试验和腐蚀疲劳试验与 30CrMnSiA 合金钢的 6 组试验类似，此处只列出在 50℃和 A、B、C、D 共 4 种溶液下的腐蚀疲劳试验曲线，如图 6 所示。

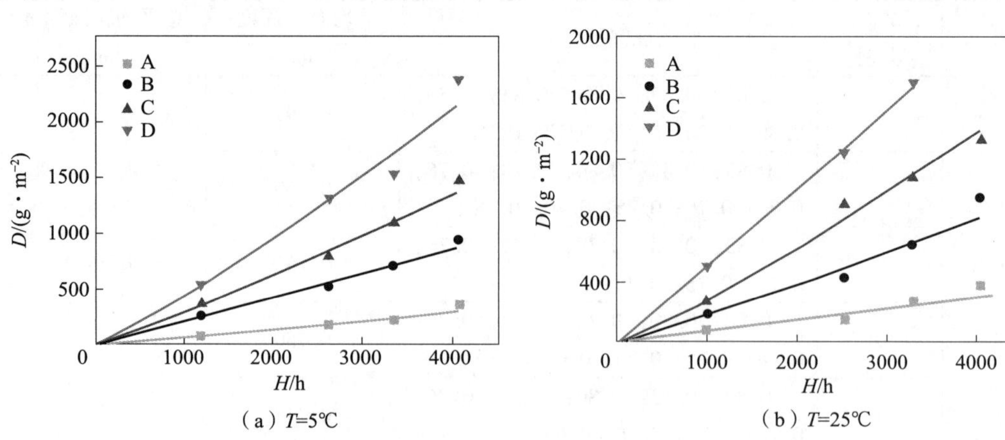

（a）*T*=5℃　　（b）*T*=25℃

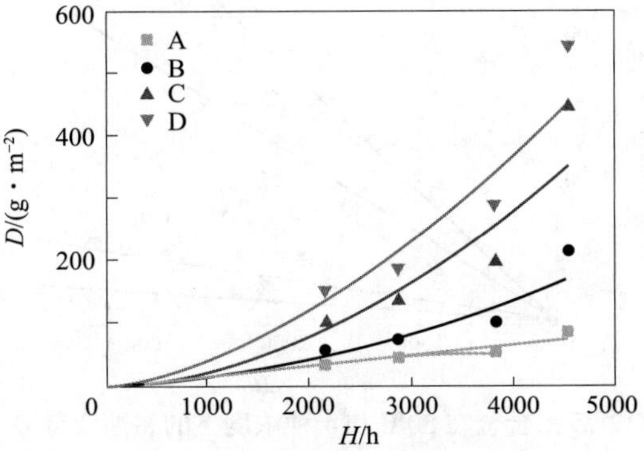

（c）T=50℃

图 4　30CrMnSiA 钢在三种温度和 4 种浓度下的纯腐蚀 D—H 曲线

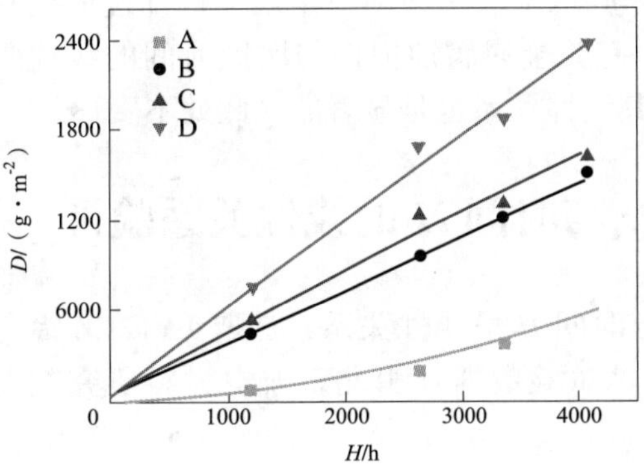

（a）T=5℃

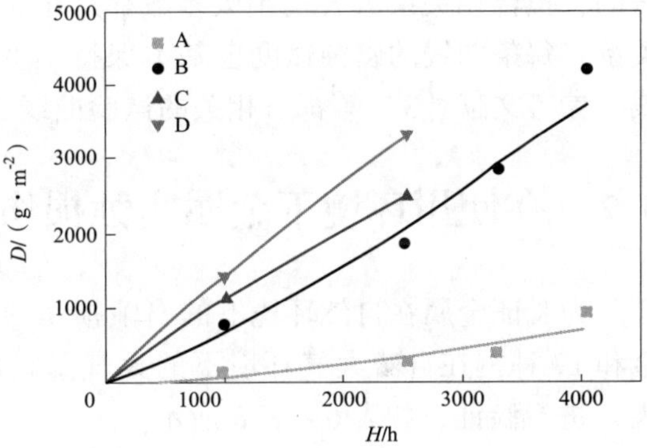

（b）T=25℃

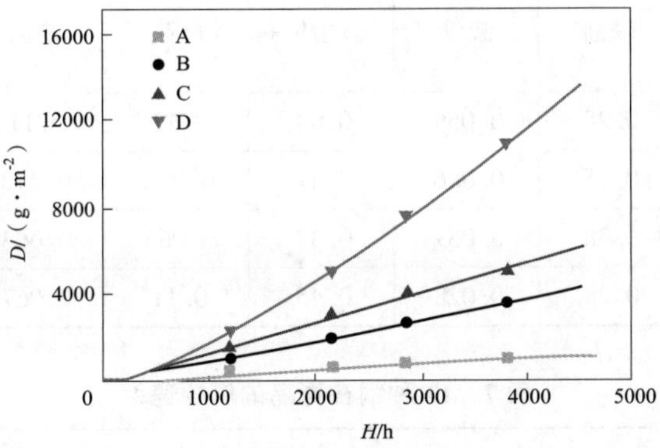

（c）T=50℃

图 5　30CrMnSiA 钢在三种温度和 4 种浓度下的腐蚀疲劳 D—H 曲线

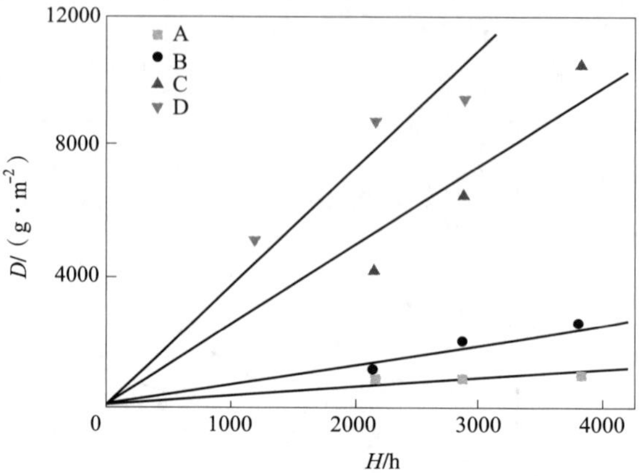

图6　LY12CZ铝合金在50℃和4种浓度下的腐蚀疲劳 *D*—*H* 曲线

（4）曲线的线性与腐蚀动力学分析

对图4～图6的曲线都进行了线性回归分析。它们中的每条曲线的线性关系都是显著的，拟合相关系数 *R* 值绝大多数都是在0.9800以上。腐蚀动力学规律也都遵循线性关系，每条曲线的腐蚀速度也基本保持不变。有关金属腐蚀损伤与腐蚀时间的线性曲线，参考文献［3］等都有相关的试验曲线，其线性关系也是显著的，此处不赘述。

3.2　在使用环境下金属腐蚀损伤 *D* 与时间 *H* 的线性关系验证

为验证金属在自然环境下的腐蚀损伤 *D* 与时间 *H* 呈线性关系，选取LY12CZ铝合金和17种钢在自然大气环境下的大气暴露腐蚀试验数据（由北京航空材料研究院提供）进行验证，如表6～表8所示。

表6　LY12CZ腐蚀速率（mm/年）和平均总损伤 *D*

时间/年	北京	青岛	武汉	江津	广州	琼海	万宁	平均 *D*
1	0.041	0.28	0.059	0.44	0.13	0.11	0.16	0.174
3	0.019	0.25	0.046	0.41	0.060	0.092	0.096	0.417
6	0.022	0.38	0.037	0.37	0.063	0.063	0.24	1.007
10	0.023	0.24	0.028	0.45	0.11	0.067	0.16	1.54

表7　17种钢在青岛的腐蚀速率

试样	腐蚀速率/(mm/年)				
	1年	2年	4年	8年	16年
A3	0.0628	0.0405	0.0295	0.0249	0.0208
3C	0.0589	0.0407	0.0300	0.0239	0.0198

表 7（续）

试样	腐蚀速率/(mm/年)				
	1 年	2 年	4 年	8 年	16 年
20	0.0715	0.0483	0.0368	0.0295	0.0270
08Al	0.1303	0.0894	0.0692	0.0622	0.0813
16Mn	0.0590	0.0417	0.0313	0.0243	0.0228
16MnQ	0.0554	0.0362	0.0282	0.0222	0.0175
D36	0.0545	0.0374	0.0285	0.0218	0.0185
15MnMoVN	0.0494	0.0293	0.0212	0.0156	0.0124
14MnMoNbB	0.0522	0.0322	0.0236	0.0176	0.0141
09MnNb（s）	0.0634	0.0406	0.0313	0.0253	0.0216
09CuPTiRE	0.0559	0.0331	0.0243	0.0185	0.0147
10CrMoAl	0.0531	0.0280	0.0184	0.0124	0.0096
10CrCuSiV	0.0540	0.0299	0.0206	0.0146	0.0116
12CuMnCu	0.0594	0.0321	0.0251	0.0196	0.0165
09CuPCrNi	0.0525	0.0293	0.0209	0.0148	0.0114
09CuPCrNiA	0.0543	0.0332	0.0211	0.0171	0.0139
06CuPCrNiMo	0.0481	0.0335	0.0188	0.0146	0.0105
平均总损伤 D	0.0609	0.0771	0.1127	0.1783	0.3238

表 8　17 种钢在琼海的腐蚀速率

试样	腐蚀速率/(mm/年)				
	1 年	2 年	4 年	8 年	16 年
A3	0.0287	0.0175	0.0176	0.0273	0.0277
3C	0.0282	0.0199	0.0182	0.0279	0.0250
20	0.0322	0.0235	0.0226	0.0398	0.0351
08Al	0.0316	0.0357	0.0634	0.0983	
16Mn	0.0250	0.0245	0.0231	0.0272	0.0375
16MnQ	0.0211	0.0210	0.0187	0.0226	0.0160
D36	0.0227	0.0189	0.0200	0.0240	0.0222
15MnMoVN	0.0202	0.0168	0.0141	0.0179	0.0140

表8（续）

试样	腐蚀速率/(mm/年)				
	1年	2年	4年	8年	16年
14MnMoNbB	0.0233	0.0179	0.0151	0.0173	0.0139
09MnNb（s）	0.0257	0.0196	0.0209	0.0343	0.0251
09CuPTiRE	0.0192	0.0146	0.0167	0.0137	0.0100
10CrMoAl	0.0175	0.0166	0.0144	0.0122	0.0091
10CrCuSiV	0.0197	0.0163	0.0130	0.0119	0.0082
12CuMnCu	0.0257	0.0203	0.0179	0.0178	0.0185
09CuPCrNi	0.0220	0.0143	0.0154	0.0114	0.0077
09CuPCrNiA	0.0191	0.0173	0.0144	0.0149	0.0088
06CuPCrNiMo	0.0189	0.0156	0.0123	0.0109	0.0080
平均总损伤 D	0.0236	0.0389	0.0795	0.2021	0.2868

（1）LY12CZ在大气中腐蚀损伤D与时间H的近似线性关系

根据表6 LY12CZ在大气中腐蚀损伤数据，可计算出平均损伤D_i和总平均腐蚀损伤量D，并绘制总平均腐蚀量D与腐蚀时间H的关系曲线，如图7所示。

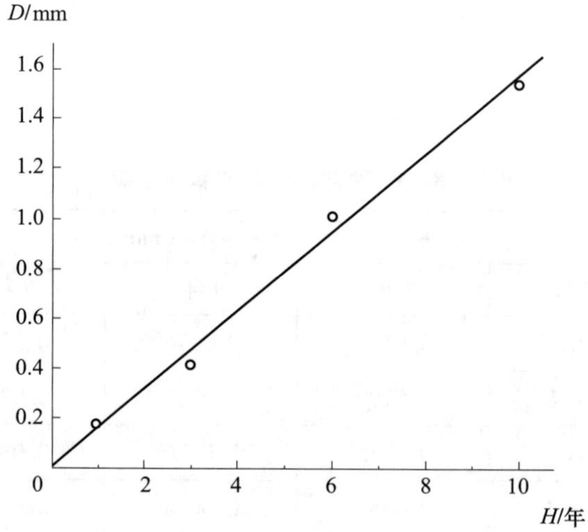

图7　自然环境的LY12CZ腐蚀D—H曲线

（2）17种钢在青岛、琼海自然大气腐蚀损伤量D与时间H的线性关系

由17种钢腐蚀率计算总平均损伤量，列入表7和表8，由此绘制的D—H线性曲线如图8所示。

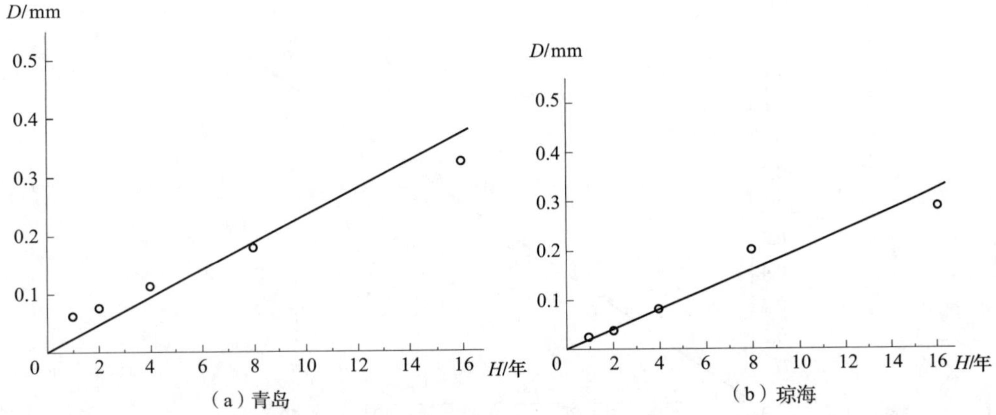

图 8　17 种钢在青岛和琼海自然环境下的 D—H 曲线

（3）曲线线性分析

对图 7 和图 8 中的 3 条曲线进行线性回归分析，可知它们的线性关系是显著的，每条线的拟合相关系数 R 值都在 0.9990 以上。从而验证了 LY12CZ 铝合金和 17 种钢在自然大气腐蚀环境下，腐蚀损伤量 D 与腐蚀时间 H 确实存在线性关系。由此线性关系建立的模型式（3）~式（8）也是有试验基础的。

3.3　金属腐蚀的等温等湿等时线的试验验证

为了验证金属腐蚀的等温等湿等时线的存在和损伤量 D 与浓度 d 的近似线性关系，选取 LY12CZ 铝合金和 A3 钢通过 D—d 曲线测试进行验证。溶液浓度是在海南陵水地区介质浓度基础上加到 10 倍、30 倍、50 倍。

（1）LY12CZ 铝合金的等温等湿等时线的试验验证

在 LY12CZ 每级浓度的腐蚀试验中，湿度、温度和时间都保持各自相等不变，其试验数据如表 9 所示，由此数据绘制的等温等湿等时线如图 9 所示。

表 9　LY12CZ“3 等线”试验数据

浓度 d	试样	试验前重量/g	试验后重量/g	失重/g	平均失重/g	腐蚀时间/h
10 倍	7	5.32	5.17	0.15	0.143	504
	8	5.32	5.19	0.13		
	9	5.32	5.17	0.15		
30 倍	16	5.47	5.08	0.39	0.573	504
	17	5.47	5.03	0.44		
	18	5.47	4.58	0.89		
50 倍	25	5.52	4.45	1.07	1.080	504
	26	5.52	4.41	1.11		
	27	5.52	4.46	1.06		

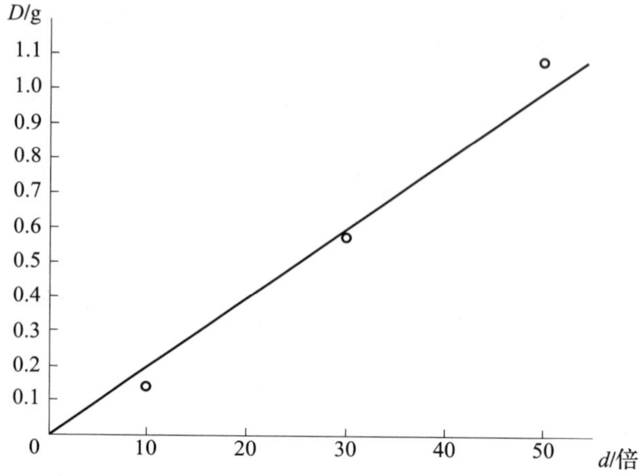

图9　LY12CZ“3等线”

（2）A3钢的等温等湿等时线的试验验证

在A3钢每级浓度的腐蚀试验中，湿度、温度和时间都保持各自相等，其试验数据如表10所示，由此数据绘制的等温等湿等时线如图10所示。

表10　A3钢“3等线”试验数据

浓度 d	样件	试验前重量/g	试验后重量/g	失重/g	平均失量/g	腐蚀时间/h
10倍	7	23.95	23.34	0.61	0.650	840
	8	24.25	23.58	0.67		
	9	24.14	23.47	0.67		
30倍	16	23.73	21.95	1.78	1.970	840
	17	24.10	22.11	1.99		
	18	24.09	21.95	2.14		
50倍	25	23.67	20.11	3.56	3.417	840
	26	23.55	20.08	3.47		
	27	23.73	20.51	3.22		

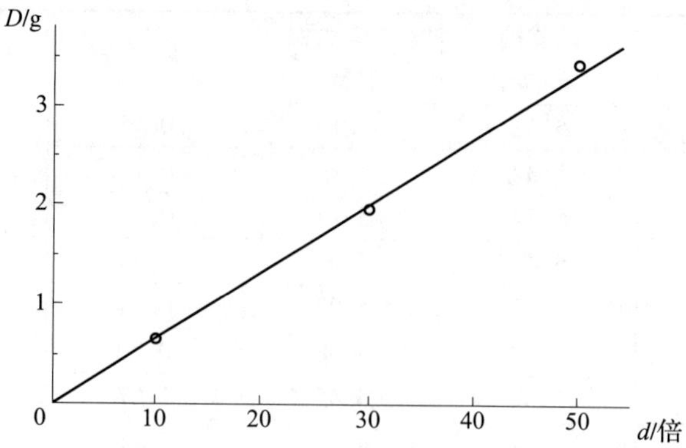

图10　A3钢“3等线”

（3）线性分析

经过对图 10 和图 11 两条曲线进行回归分析，可知它们的线性关系是显著的，每条线的拟合相关系数 R 值都在 0.9900 以上。这说明 LY12CZ 铝合金和 A3 钢在等温等湿等时的腐蚀试验中，它们的腐蚀损伤 D 与溶液浓度 d 存在着近似线性关系，即存在着等温等湿等时线。这也说明，在建立模型式（3）~式（8）时，用法拉第定律论证的等温等湿等时线是存在的、正确的。

4　结论

（1）通过理论分析和对钢、铝两种材料的腐蚀试验研究，发现试验的金属材料存在一条等温等湿等时曲线，在这条曲线上任意点的湿度、温度、时间各自皆相等。它对建立用腐蚀损伤求金属日历寿命公式和确定方法具有重要使用价值。

（2）用腐蚀“3 等线”原理，推导出了用腐蚀损伤求金属使用日历寿命的计算公式。

（3）给出用腐蚀损伤求金属日历寿命的方法和步骤：①编制出使用温度湿度谱；②配制试验的浓度 d_t；③用编制的温湿谱、疲劳载荷谱和配制浓度 d_t 进行试验，测出损伤 D_t；④将设定的 D_{1c} 和试验得到的 D_t 代入式（4）或式（7），可求得使用环境下的金属日历寿命。

（4）通过 30CrMnSiA 和 LY12CZ 两种材料的高浓度腐蚀试验数据和 LY12CZ、17 种钢在自然大气环境下腐蚀数据的研究和分析，验证了这些金属材料在自然使用环境下，腐蚀损伤 D 与腐蚀时间 H 存在近似线性关系。

参考文献

[1] 李金桂. 腐蚀控制设计手册 [M]. 北京：化学工业出版社，2006.
[2] 肖纪美，曹楚南. 材料腐蚀学原理 [M]. 北京：化学工业出版社，2002.
[3] 朱日彰. 金属腐蚀学 [M]. 北京：冶金工业出版社，1989.
[4] 曹楚南. 腐蚀电化学原理 [M]. 北京：化学工业出版社，1985.
[5] Frankel G S. Pitting corrosion of metals. Electrochemical Science，1998.
[6] Talbot D，Talbot J. Corrosion science and technology. Boca Raton：CRC Press，1998.
[7] 宋诗哲. 腐蚀电化学方法 [M]. 北京：化学工业出版社，1988.

Metallic corrosion "3 equal – line" and formula of test calendar life and its determination method

Zhang Fuze

(Beijing Aeronautical Technology Research Center, Beijing 100076, China)

Abstract For research calendar life of metal, this paper through theoretic analysis and test research, a line with equal humidity, temperature and time of metallic corrosion is found out, which presents a straight line in d coordinate system of corrosion damage and solution concentration. Each point on this straight line, known as "3 equal – line", has equal corrosion test humidity, temperature and time. The formula of service calendar life and determination method of the test are deduced from the research on the "3 equal line" and other comprehensive research. Meanwhile, we also carries out test to verify the linear regularities of corrosion damage and corrosion time as well as the existence of the "3 equal line".

Key words material corrosion; "3 equal – line" of metal corrosion; calendar life; corrosion environment; corrosion damage

用“腐蚀常数”求金属任意腐蚀损伤量日历寿命计算公式和曲线①

摘要： 国际机械日历寿命研究，都是假设已有腐蚀损伤容限 D_c 前提下，求在这个 D_c 下的金属日历寿命。为了便于应用，本文不假设腐蚀损伤容限 D_c 为已知数，而把 D_c 当作变量，求金属任意腐蚀损伤量 D_i 的日历寿命。本文通过多方面深入研究，发现金属腐蚀试验的浓度 d_t 与试验时间 H_t 的乘积除以试验获得的腐蚀损伤 D_t 等于一个常数。由此便可给出一种简单易行的金属任意腐蚀损伤量日历寿命的计算模型和相应的求解曲线。由此模型或曲线，便可求得金属任意腐蚀损伤量的日历寿命。
关键词： 金属腐蚀；腐蚀损伤容限；腐蚀试验；日历寿命

参考文献［1］~［8］研究给出机械在使用环境下的日历寿命确定的理论和技术体系，它包括：三维环境谱编制、日历寿命理论计算、试验日历寿命的确定和可靠性处理方法等。用这套体系，可直接用机械使用环境参数计算和试验给出机械使用的日历寿命，并已得到中国第二代飞机日历寿命数值的验证。这是国际机械日历寿命研究中，其他理论和方法不能达到的。但这套体系能给出机械使用环境下的日历寿命是有前提条件的，即假定已知机械在使用环境下的腐蚀损伤容限 D_c 值。有了 D_c 值，用这套理论才可以计算和试验出与这个 D_c 相对应的日历寿命。由于腐蚀容限 D_c 受多种因素影响，在工程上很难准确给出，这样就给日历寿命确定带来变数。另外还由于腐蚀是一个缓慢的过程，需要随时根据腐蚀损伤看对应的日历寿命，因此工程上需要一种确定任意损伤量日历寿命的方法。

本文为了解决上述问题，想换一种思维，不假定已知某种腐蚀损伤容限 D_c 值（即不把腐蚀损伤容限值 D_c 当作固定值），而把它变成变量，来探讨这个变量与日历寿命之间的关系，从而给出计算公式和图解曲线。怎样实现这一目标呢？本文是通过参考文献［8］的试验使用日历寿命公式研究，发现这一公式的腐蚀试验溶液浓度 d_t 与试验时间 H_t 的乘积除以试验获得的腐蚀损伤 D_t，等于一个常数，由这个常数即可获得金

---

① 本文在《航空学报》2017 年第 38 卷第 9 期发表，原标题为《金属任意腐蚀损伤量日历寿命计算模型和曲线》，原文内容不变。

属任意腐蚀损伤量日历寿命的计算公式和求解曲线。以此便可算得金属任意腐蚀损伤量的日历寿命。

1　用腐蚀损伤求金属日历寿命模型分析

1.1　用腐蚀损伤求金属日历寿命 H_{1c} 计算模型

参考文献［8］通过腐蚀“3等线”和 D—H 曲线，推导出如式（1）和式（2）的腐蚀试验日历寿命的计算模型

$$H_{1c}=\frac{D_{1c}d_t}{D_t}H_t \tag{1}$$

$$H_{1c}=\frac{D_{1c}d_t}{D_t}\lambda_t\sum_{j=1}^{n}\left[\sum_{i=1}^{k}h_i\right]_j \tag{2}$$

式中：D_{1c}——使用浓度、湿度和温度下的腐蚀损伤容限值；

H_{1c}——使用浓度、湿度和温度下的 D_{1c} 相应的腐蚀时间，即使用环境下的试验日历寿命；

D_t——试验浓度 d_t、使用湿度和温度下，试验 H_t（h）的腐蚀损伤值；

H_t——腐蚀试验时间；

d_t——腐蚀试验浓度；

λ_t——谱块试验的循环周数；

h_i——温湿谱中第 i 级温度试验时间；

k——温湿谱中温度的级数；

n——温湿谱中湿度的级数。

1.2　用腐蚀损伤求金属日历寿命模型（1）功能分析

（1）可以求出试验日历寿命 H_{1c}

由式（1），在给出使用环境下的腐蚀损伤容限 D_{1c} 时，只要选定一个便于腐蚀试验的 d_t，用 d_t 和使用环境的湿度和温度，试验 H_t（h）后，测得 D_t，用式（1）则可求出使用环境下的试验日历寿命 H_{1c}。这是1813年法拉第定律创建200多年以来，一直追求解决的难题，从此，可以像疲劳寿命那样，用使用环境参量进行试验，直接给出试验日历寿命 H_{1c}。

（2）用模型式（1）计算 H_{1c}，不需要“当量折算”

在日历寿命确定中，“当量折算”是不可缺的，这是因为日历寿命给出，必须进行腐蚀试验，而由于试验环境参数与使用环境参数不一致，为了给出使用环境下的日历寿命，因此，必须通过“当量折算”，把试验结果转化成使用结论。因为在模型式（1）建立过程中，已把试验结果转化到使用结果上了，因此，模型式（1）计算

的 H_{1c} 不需要“当量折算”了，这正是这个模型比其他模型和方法优越之处。详见参考文献［8］。

2　用“腐蚀常数”求金属任意腐蚀损伤量的日历寿命求解原理

2.1　理论模型（1）参数 D_{1c} 由定值改变数

在用腐蚀试验参量计算日历寿命时，模型式（1）的参数 D_{1c} 是金属腐蚀损伤容限的已知定值，根据这个容限定值和腐蚀试验参量 d_t、H_t 和 D_t，便可计算出与它相对应的金属日历寿命 H_{1c} 值，现在我们换一种思维，把腐蚀试验参量 d_t、H_t 和 D_t 作为已知定量，把腐蚀损伤容限 D_{1c} 作为未知变数。即由模型式（1）形式变为模型式（3）形式

$$H_{1c} = \frac{d_t H_t}{D_t} D_{1c} = K D_{1c} \tag{3}$$

即

$$K = \frac{d_t H_t}{D_t} \tag{4}$$

2.2　论证 $K = \dfrac{d_t H_t}{D_t}$ 是个常数，而且不受试验时间 H_t 的影响

为了寻求 H_{1c} 与 D_{1c} 的关系，论证 $K = \frac{d_t H_t}{D_t}$ 是个常数。式中 d_t 是腐蚀试验溶液浓度，在试验中，d_t 是常值不变量；D_t 是在使用温度、湿度和试验浓度 d_t 共同作用下，试验 H_t（h）的腐蚀损伤量。它们的关系可用图 1 表示。

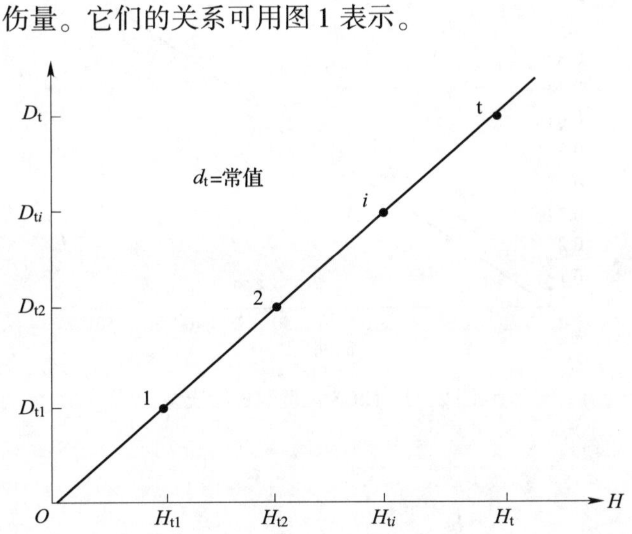

图 1　试验 D_t—H_t 曲线

由参考文献［8］的纯腐蚀和腐蚀疲劳试验曲线以及自然环境的腐蚀曲线，都验证：在某一介质条件下，腐蚀损伤量 D 与腐蚀时间 H 近似线性关系。因此可以认为图1也是线性曲线，在图1曲线上取4个点，由于曲线是线性线，因此得到等式（5），这证明不同试验时间 H_{ti} 与对应的腐蚀 D_{ti} 的比值是常值 C。

$$\frac{H_{t1}}{D_{t1}}=\frac{H_{t2}}{D_{t2}}=\frac{H_{ti}}{D_{ti}}=\frac{H_{t}}{D_{t}}=C\ （常值）\tag{5}$$

由于在腐蚀试验中 d_t 是常值，而 H_t/d_t 也是常值，常值乘常值等于一个新常值 K，因此得式（6）。从式（6）可以看出，K 不受 H_t 改变而变，是个不变的常数 K。由于 K 不受 H_t 影响，因此日历寿命 H_{1c} 也不受 H_t 影响［参见式（3）］。

$$\frac{d_tH_{t1}}{D_{t1}}=\frac{d_tH_{t2}}{D_{t2}}=\frac{d_tH_{ti}}{D_{ti}}=\frac{d_tH_{t}}{D_{t}}=K\tag{6}$$

2.3 论证 K 是常数，而且不受试验溶液浓度 d_t 取值影响

由腐蚀“3等线”的线性关系（见图2和图3），在图3“3等线”取4个点，同样可得式（7）相等式。由于“3等线”上各点 H_t 是相等的，因此可得式（8）相等式。由式（8）可以看出：K 是常值，而且不受 d_t 取值影响。由于 K 不受 d_t 影响，因此日历寿命 H_{1c} 也不受 d_t 影响［参见式（3）］。

$$\frac{d_{t1}}{D_{t1}}=\frac{d_{t2}}{D_{t2}}=\frac{d_{ti}}{D_{ti}}=\frac{d_{t}}{D_{t}}=C\tag{7}$$

$$\frac{d_{t1}H_t}{D_{t1}}=\frac{d_{t2}H_t}{D_{t2}}=\frac{d_{ti}H_t}{D_{ti}}=\frac{d_{t}H_t}{D_{t}}=K\tag{8}$$

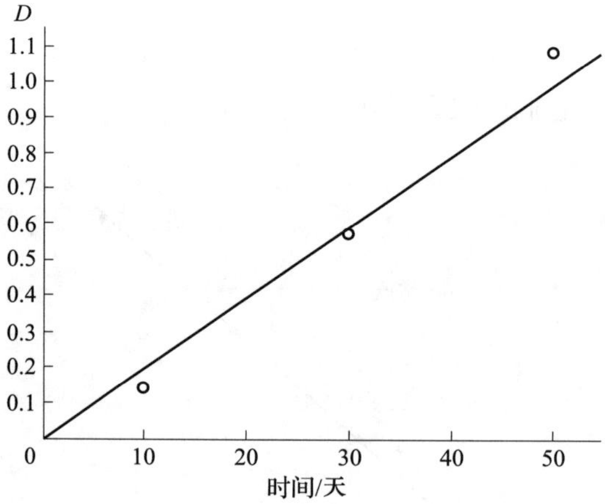

图2 LY12CZ 试验“3等线”

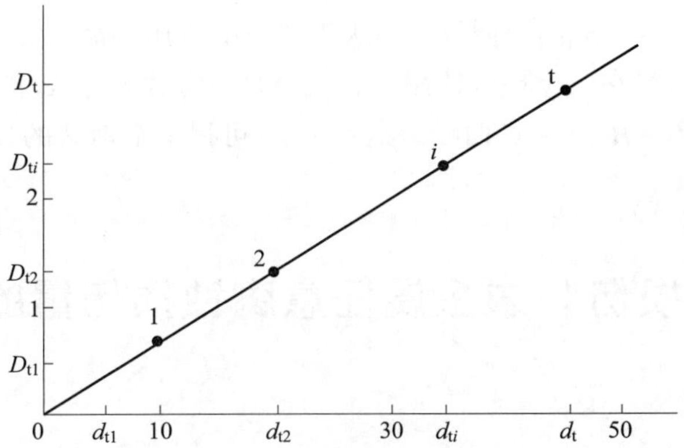

图 3 A3 钢试验“3 等线”

2.4 金属任意腐蚀损伤量日历寿命的求解曲线

由于 K 为常值，因此，可由式（3）绘出图 4 的 O—B 曲线。这条 O—B 曲线就是金属任意腐蚀损伤量日历寿命的求解曲线。例如，求任意腐蚀损伤 D_m 和 D_n 相应的日历寿命是多少？在图 4 中，D_m 和 D_n 对应的 H_m 和 H_n 是答案。

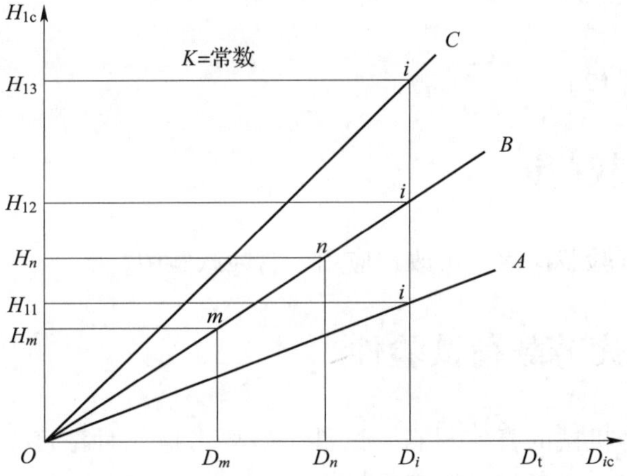

图 4 任意腐蚀损伤量日历寿命的求解曲线

2.5 推论

（1）日历寿命 H_{1c} 不受腐蚀试验时间 H_t 的长或短影响，也不受试验浓度 d_t 高或低的影响，这可由式（6）和式（8）得到解释。这与疲劳寿命是截然不同的。疲劳寿命长和短直接取决于疲劳试验的应力水平和时间，而试验日历寿命则与腐蚀试验的浓度高低和时间长短无关。

（2）一个地区一种金属材料的试验日历寿命 H_{1c}，在腐蚀常数 K 确定后，给一种腐蚀损伤 D_i 值，用式（3）或图4曲线，可求得相对的日历寿命 H_{1i}。

（3）一种金属材料在三个地区使用，有三个腐蚀常数 K_1、K_2 和 K_3，因此也只有三条图4中的 O—A、O—B、O—C 曲线。给一个 D_i 可得三个地区的日历寿命 H_{11}、H_{12} 和 H_{13}。

3 用"腐蚀损伤"求金属任意腐蚀损伤量的日历寿命的图解步骤

3.1 编制真实环境的等损伤三维腐蚀谱

这个谱包括1年365天每一天每一小时的温度、湿度和时间的具体数据。为了数据的真实性，每个地区至少统计5～10年的数据，越多越好。把统计的众多无序数据，通过等腐蚀损伤计算给出有序可控的"三维环境谱"，详见参考文献［9］～［11］。

3.2 实测和统计腐蚀介质成分和含量，配制出腐蚀试验的溶液浓度 d_t

详见参考文献［12］。

3.3 编制使用载荷谱

如飞机的疲劳试验载荷谱，可改进应用于腐蚀试验中。

3.4 制作可加疲劳载荷试验件

试验材料取定寿机械的真实材料，试件个数要考虑三种浓度、每种浓度5个试件的数量。试件制作时，要考虑施加疲劳载荷。

3.5 试验

将试件分组放入温湿箱中，按编制的三维环境谱、配制的溶液浓度 d_t 进行腐蚀试验。根据机械（如飞机）使用情况，在腐蚀试验中，随时加疲劳载荷和紫外线照射等其他腐蚀源。关于试验时间，如果按模型式（1）求日历寿命 H_{1c}，则试验时间是小时；若按模型式（2）求日历寿命 H_{1c}，则试验时间是"三维谱"的循环次数 λ，即一个谱块代表一个日历年，试验循环4次，则试验日历时间是4个日历年。

按试验要求和程序完成试验后，要对试件腐蚀损伤的实测，求出试件腐蚀损伤的平均值 D_t。

3.6　求腐蚀常数 *K* 值

根据试验使用的溶液浓度 d_t、时间 H_t（或 λ）和试验腐蚀损伤的平均值 D_t 代入式（4），便可求得试验常数 K。

3.7　绘制 D_{1c}—H_{1c} 曲线

用求出的腐蚀常数 K 和式（3）可绘出 D_{1c}—H_{1c}的曲线，如图 5 所示。有了图 5 的 D_{1c}—H_{1c}曲线，就可以求任意腐蚀损伤量的日历寿命 H_{1c}了。如给出 D_1 和 D_i 可求得 H_{11} 和 H_{1i}，如图 5 箭头线所示。

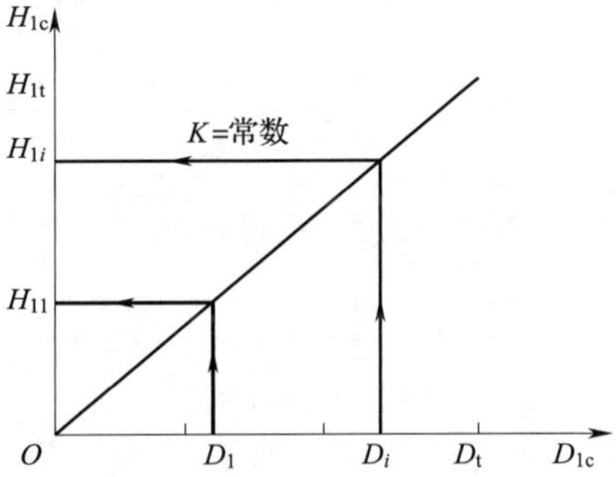

图 5　试验的 D_{1c}—H_{1c}曲线

4　试验验证

本文给出金属任意腐蚀损伤量日历寿命计算的式（3）和图 4 的求解图，都是建立在 d_tH_t/D_t 等于常数的基础上给出的，没有这个常数，就没本文结论，因此首先要验证这个腐蚀常数的存在，然后再验证这个腐蚀常数不受试验浓度 d_t 和试验时间 H_t 的影响。

4.1　验证 $d_tH_t/D_t=K$ 是常数，而且不受试验时间 H_t 影响

（1）用 LY12CZ 铝合金在 7 个地区自然腐蚀数据验证

取参考文献［8］中的 LY12CZ 铝合金在 7 个地区自然腐蚀数据（见表 1），作为验证 K 是常数且不受试验时间 H_t 影响的基础数据。由表 1 的 7 个地区各年（$H_t=1$、3、

6、10年）的平均腐蚀损伤值（D_t = 0.174、0.417、1.007、1.540）和 d_t = 1（因为是自然环境）进行常数 K 计算，结果如下

$$K_1 = d_1H_1/D_1 = 1\times1/0.174 = 5.75;$$
$$K_3 = d_1H_3/D_3 = 1\times3/0.417 = 7.194;$$
$$K_6 = 1\times6/1.007 = 5.958;$$
$$K_{10} = 6.49。$$

由4个 H_t 计算的 K 分析，它们最大误差是20%，最小误差是9.8%，这个误差包括7个地区统计误差、腐蚀损伤测量误差和计算误差，在腐蚀领域这个误差是可以接受的。因此可以认为，LY12CZ铝合金在7个地区自然环境下腐蚀1年、3年、6年和10年的腐蚀常数基本相等，它们的取值是不受腐蚀年限影响的。

表1　LY12CZ腐蚀速率

时间 H_t/年	腐蚀速率/（mm/年）								
	北京	青岛	武汉	江津	广州	琼海	万宁	平均 D	K
1	0.041	0.28	0.059	0.44	0.13	0.11	0.16	0.174	5.7
3	0.019	0.25	0.046	0.41	0.060	0.092	0.096	0.417	7.2
6	0.022	0.38	0.037	0.37	0.063	0.063	0.24	1.007	6.0
10	0.023	0.24	0.028	0.45	0.11	0.067	0.16	1.54	6.5

（2）用17种钢在琼海的自然环境下的腐蚀数据验证

引用参考文献［8］中的自然环境大气暴露试验数据（见表2）进行常数 $K = d_tH_t/D_t$ 计算，结果如下：K_1 = 42.3；K_2 = 51.4；K_4 = 50.3；K_8 = 39.5；K_{16} = 55.8；其中，最大误差是29%，最小误差是7.8%。

可以认为，这17种钢经过1年、2年、4年、8年和16年的自然腐蚀损伤值测量和统计，其数据验证了常数 K 不受腐蚀时间年限影响，而且近似等于常数。

4.2　验证 $d_tH_t/D_t = K$ 是常数，而且不受试验浓度 d_t 影响

（1）以A3钢腐蚀试验数据验证

这里引用参考文献［8］中的A3钢腐蚀试验数据绘制“3等线”进行验证。试验的 d_t 是以海南岛地区介质成分、浓度为基准，加倍到10倍、30倍和50倍。试验的温湿谱也是海南岛地区实测的，试验时间 H_t 是840h，试验实测数据如表3所示。由表3数据进行腐蚀常数 $K = d_tH_t/D_t$ 计算，计算结果是 K_{10} = 12919、K_{30} = 12793和 K_{50} = 12289。从数值上看，K_{10}、K_{30}和 K_{50}基本相等，误差仅为1%、4.8%。这不仅验证了A3钢存在试验腐蚀常数 K，且 K 值不随试验浓度高低（10倍、20倍、30倍）而改变。

表 2　17 种钢在琼海腐蚀速率

试样	腐蚀速率/（mm/年）				
	1 年	2 年	4 年	8 年	16 年
A3	0.0287	0.0175	0.0176	0.0273	0.0277
3C	0.0282	0.0199	0.0182	0.0279	0.0250
20	0.0322	0.0235	0.0226	0.0398	0.0351
08Al	0.0316	0.0357	0.0634	0.0983	
16Mn	0.0250	0.0245	0.0231	0.0272	0.0375
16MnQ	0.0211	0.0210	0.0187	0.0226	0.0160
D36	0.0227	0.0189	0.0200	0.0240	0.0222
15MnMoVN	0.0202	0.0168	0.0141	0.0179	0.0140
14MnMoNbB	0.0233	0.0179	0.0151	0.0173	0.0139
09MnNb（s）	0.0257	0.0196	0.0209	0.0343	0.0251
09CuPTiRE	0.0192	0.0146	0.0167	0.0137	0.0100
10CrMoAl	0.0175	0.0166	0.0144	0.0122	0.0091
10CrCuSiV	0.0197	0.0163	0.0130	0.0119	0.0082
12CuMnCu	0.0257	0.0203	0.0179	0.0178	0.0185
09CuPCrNi	0.0220	0.0143	0.0154	0.0114	0.0077
09CuPCrNiA	0.0191	0.0173	0.0144	0.0149	0.0088
06CuPCrNiMo	0.0189	0.0156	0.0123	0.0109	0.0080
平均腐蚀损伤	0.0236	0.0389	0.0795	0.0253	0.2868

表 3　A3 钢“3 等线”试验数据和 K 值

浓度 d_t	试件	试验前/g	试验后/g	失重/g	平均失重/g	腐蚀时间（H_t）/h	K
10	7	23.95	23.34	0.61	0.65	840	12919
	8	24.25	23.58	0.67			
	9	24.14	23.47	0.67			
30	16	23.73	21.95	1.78	1.97	840	12793
	17	24.1	22.11	1.99			
	18	24.09	21.95	2.14			
50	25	23.67	20.11	3.56	3.4167	840	12289
	26	23.55	20.08	3.47			
	27	23.73	20.51	3.22			

（2）以LY12CZ铝合金腐蚀试验验证

LY12CZ试验验证与A3钢验证同样，也引用参考文献［8］的试验数据，如表4所示，并经过腐蚀常数 $K=d_tH_t/D_t$ 的计算后，一起列入表4中，从表4计算的 K 值可以看出，LY12CZ铝合金的试验腐蚀常数 K_{10}、K_{30} 和 K_{50} 也是基本相等的，但没有A3钢吻合得那样好。溶液浓度 $d_t=10$ 与 $d_t=30$、$d_t=50$ 的 K 值相对误差是25%、33.6%，从而验证LY12CZ铝合金同样存在试验腐蚀常数 K，且 K 值不随溶液浓度 d_t 的改变而改变。这个试验腐蚀常数是笔者在80岁时发现的，故有人称“80常数”。

表4　LY12CZ“3等线”试验数据

浓度（d_t）	试件	试验前/g	试验后/g	失重/g	平均失重/g	腐蚀时间（H_t）/h	K
10倍	7	5.32	5.17	0.15	0.1433	504	35169
	8	5.32	5.19	0.13			
	9	5.32	5.17	0.15			
30倍	16	5.47	5.08	0.39	0.5733	504	26374
	17	5.47	5.03	0.44			
	18	5.47	4.58	0.89			
50倍	25	5.52	4.45	1.07	1.08	504	23335
	26	5.52	4.41	1.11			
	27	5.52	4.46	1.06			

4.3　用“腐蚀常数”*K*求金属日历寿命

如果机件已给出腐蚀容限 D_c 值，可用 K 直接算出金属的日历寿命（$\lambda=KD_c$），这是求金属日历寿命最简单、最准确的公式。

5　结论

（1）通过对笔者近年在机械日历寿命研究成果的综合分析和论证，发现某些金属在一定的温湿谱下，试验的溶液浓度 d_t 和时间 H_t 的乘积除以试验的腐蚀损伤 D_t 等于一个常数，即 $d_tH_t/D_t=K$。还发现 K 不随试验的 d_t 和 H_t 改变而改变，它的取值大小只与被腐蚀的金属材料、腐蚀试验的介质成分、温度、湿度，以及机械在使用中的受载等因素有关。这也说明用“腐蚀常数”求的日历寿命不受试验浓度 d_t 高低和试验时间 H_t 长短的影响，可任意选一种便于加速试验的 d_t 和 H_t 进行试验，不影响试验的日历寿命 H_{1c} 的取值。发现这个“80常数”是很有意义和价值的，它把复杂的日历寿命确定系统工程简化到确定这个常数。

（2）用“腐蚀常数”建立了金属任意腐蚀损伤量日历寿命计算公式和便于应用的求解曲线。有了这个公式和曲线，就可求该种金属在这个地区环境下的任意腐蚀损伤量的相应日历寿命。

（3）理论上讲，常数 K 值用一种 d_t 和一种 H_t 进行试验即可求得，但为了消除由于试验等因素的误差，在求 K 时，最好用一种 d_t 和三种 H_t 进行试验，求其 K 的平均值，或者用一种 H_t 和三种 d_t 进行试验，求其 K 的平均值，用这个平均 K 求试验日历寿命。

参考文献

[1] 张福泽. 飞机停放日历寿命腐蚀温度谱的编制方法和相应腐蚀介质的确定 [J]. 航空学报，2001，22（4）：359－361.

[2] 张福泽. 求任意腐蚀损伤的 $T—H$ 曲线 [J]. 航空学报，2000，21（4）：349－351.

[3] 张福泽. 金属机件腐蚀损伤日历寿命的计算模型和确定方法 [J]. 航空学报，1999，20（1）：75－79.

[4] 张福泽，叶序彬，宋军. 飞机日历寿命试验的介质成分确定和加速方法 [J]. 航空学报，2008，29（4）：873－879.

[5] 张福泽. 飞机日历寿命确定的区域定寿法 [J]. 航空学报，2001，22（6）：549－552.

[6] 张福泽. 飞机日历翻修期与总日历寿命确定方法和计算公式 [J]. 航空学报，2005，26（4）：458－460.

[7] 张福泽. 包含疲劳载荷的金属结构日历寿命确定方法：中国，ZL1069377 [P]. 2012－10－31.

[8] 张福泽. 金属腐蚀“3 等线”和试验日历寿命确定方法 [J]. 航空学报，2016，37（2）：371－380.

[9] 陈群志，崔长京. 海南地区温度、湿度统计报告. 北京航空工程技术研究中心，2010.

[10] 陈群志，崔长京. 重庆地区温度、湿度统计报告. 北京航空工程技术研究中心，2010.

[11] 张福泽. 三维等损伤环境谱的编制原理和方法 [J]. 航空学报，2016，37（2）：381－389.

[12] 张福泽. 飞机停放日历寿命腐蚀温度谱编制方法和相应腐蚀介质的确定 [J]. 航空学报，2001，22（4）：359－361.

Model and curve of calendar life calculation for metal arbitrary corrosion damage value

Zhang Fuze

(Beijing Aeronautical Technology Research Centre, Beijing, 100076)

Abstract Worldwide research on mechanical calendar life is carried out in such a way as to under the premise of existing corrosion tolerance D_c, obtain the calendar life of metal under D_c. To make the application more available, this thesis does not assume the existing corrosion tolerance D_c. It instead takes D_c as a variable and attempts to attain the calendar life of metal corrosion damage D_i. This thesis, through conducting research in various ways, found out that the product of the concentration of corrosion experiment d_t and the experiment time H_t, divided by corrosion damage D_t, which is obtained from experiment, equals to a constant. Therefore, a simple and highly feasible calculation model on metal corrosion damage and the corresponding solution curve can be obtained. Through this model or curve, the calendar life of metal corrosion damage is therefore obtained.

Key words metal corrosion; corrosion damage tolerance; corrosion experiment; calendar life

用幂函数求金属日历寿命原理和模型①

摘要：本文通过金属腐蚀 $T—H$ 曲线分布规律和温湿谱的腐蚀损伤研究，找到一种用腐蚀损伤计算金属日历寿命的原理和模型。这种计算金属日历寿命的模型，只要给出真实使用环境下的腐蚀 $T—H$ 曲线和真实使用环境的温湿谱，就可计算出金属真实使用日历寿命。
关键词：腐蚀损伤；日历寿命；温湿谱；$T—H$ 曲线

在国际上，至参考文献［1］~［7］发表之前，没有用真实使用环境参数计算金属日历寿命的公式和方法，机械在自然使用环境下的日历寿命无法真正可靠地给出，由此引发了一些重大事故的发生。参考文献［1］~［7］是用真实环境参数计算或试验给出机械使用日历寿命，已在少数飞机日历寿命确定的实践中，验证了这个理论体系是正确、有效的，可以推广使用。为了更深化和完善这一理论体系，本文进一步从幂函数方面，研究给出机械在真实使用环境下的日历寿命计算原理和模型。

1 用幂函数求金属日历寿命原理

1.1 金属腐蚀试验 $T—H$ 曲线

笔者在参考文献［1］中，通过理论分析和腐蚀试验数据找到如图 1 和图 2 所示的金属腐蚀试验温度（T）与试验时间（H）的 $T—H$ 曲线。之后，又在北京航空材料研究院试验出两种铝合金（LY12CZ 和 LC4CS）以及合金钢（30CrMnSiA）的三条 $T—H$ 曲线，如图 3 ~ 图 5 所示。这些曲线表明，金属腐蚀是存在 $T—H$ 曲线的，这些试验规律曲线是本文进一步研究用幂函数求日历寿命的基础曲线，因此在此再一次列出。

① 本文在《航空学报》2017 年第 38 卷第 9 期发表，原标题为《用腐蚀损伤计算金属日历寿命原理和模型》，原文内容不变。

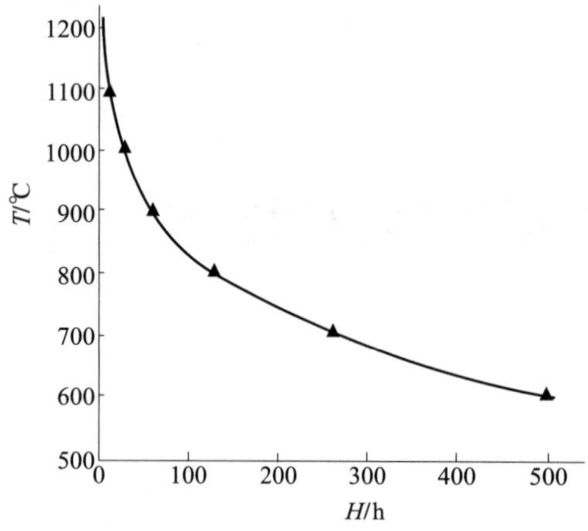

图1　18种合金混合 *T*—*H* 试验曲线

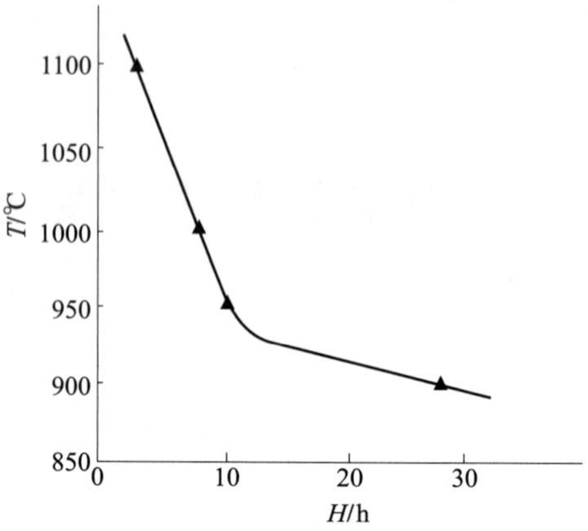

图2　K5合金的腐蚀 *T*—*H* 曲线

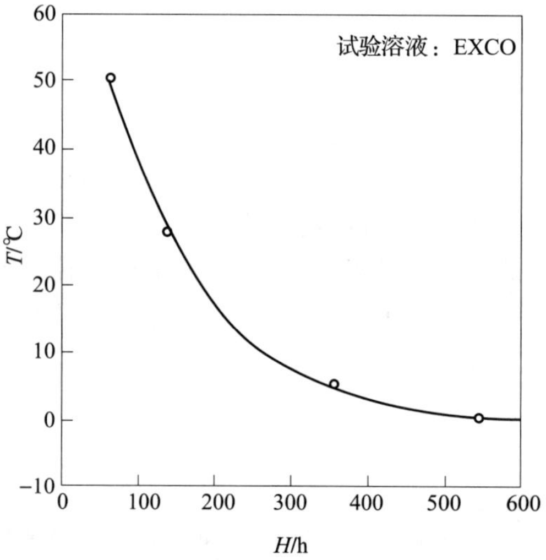

图3　LY12CZ 腐蚀 1mm 深的 *T*—*H* 曲线

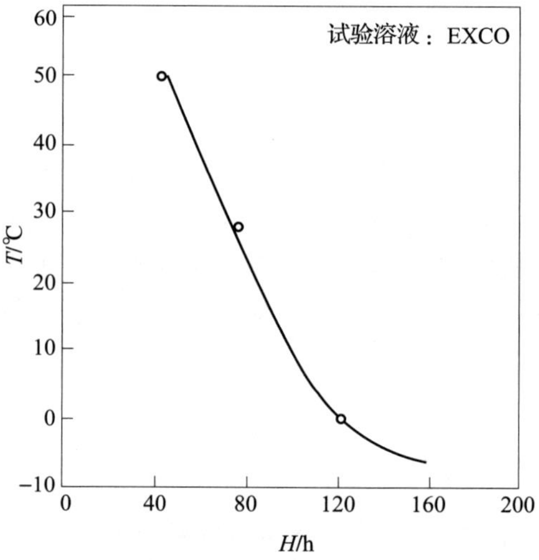

图4　LC4CS 腐蚀 1mm 深的 *T*—*H* 曲线

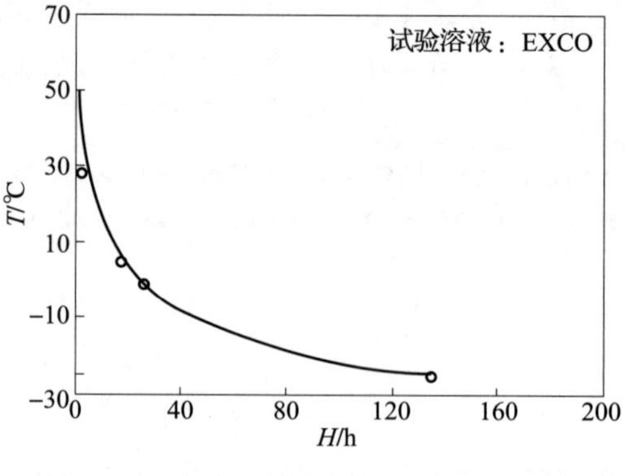

图5　30CrMnSiA 腐蚀 1mm 深的 *T*—*H* 曲线

1.2　T—H 曲线特性分析

（1）T—H 曲线分布规律：图 1～图 5 表明，在给定的环境介质、湿度（RH）和腐蚀损伤容限（D_c）情况下，随腐蚀试验温度（T）的提高，腐蚀时间（H）呈降低趋势，而且这种趋势在不同金属材料中是不同的，表明它们腐蚀速率不同。这与疲劳领域 S—N 曲线规律是一致的。

（2）T—H 曲线是幂函数曲线：由于 T—H 曲线与 S—N 曲线分布规律一致，S—N 曲线可用幂函数表达式（$NS^m=c$）描述，因此，T—H 曲线也可以用幂函数（$HT^m=c$）来描述。式中：T 是腐蚀试验温度；H 是试验到 D_c 的时间；m 和 c 是材料常数。

（3）T—H 曲线有一个临界值：从图 1～图 5 可以看出，当腐蚀试验温度降低到某一个值时，T—H 曲线趋向平行线，这个值为腐蚀温度的临界值（T_c）。它的物理含义为：在腐蚀试验中，当试验温度降到 T_c 时，金属接近不腐蚀。这也与疲劳领域 S—N 曲线相类似。

1.3　恒温 T—H 曲线上某一点的腐蚀损伤的幂函数表达式

所谓恒温 T—H 曲线，就是在试验 T—H 曲线中，每个试验点都用各自的恒温进行试验，使每个试验点的腐蚀损伤达到容限损伤值，这种试验曲线称为恒温 T—H 曲线，如图 1～图 5 所示。为了研究方便，现假设一个如图 6 的标准示意恒温 T—H 曲线。该 T—H 曲线从表面上看，它是腐蚀温度 T 与腐蚀时间 H 的关系曲线，但它隐含着腐蚀损伤的概念。如图 6 曲线上的 2 点，它不仅仅是恒温 T_2 对应时间 H_2 的概念，它隐含着在 T_2 级温度下金属腐蚀 H_2（h）的腐蚀损伤的概念。由于 T—H 曲线可用幂函数表示，因此，它的腐蚀损伤值 $D_2=H_2T_2^m$。同理在曲线上 1 点和 P 点的腐蚀损伤值是 $D_1=H_1T_1^m$ 和 $D_p=H_pT_p^m$，这与 S—N 曲线上任意 i 点的疲劳损伤 $D_i=N_iS_i^m$ 是一致的。由此可得恒温 T—H 曲线上任意 i 点的腐蚀损伤的幂函数表达式是

$$D_i=H_iT_i^m \tag{1}$$

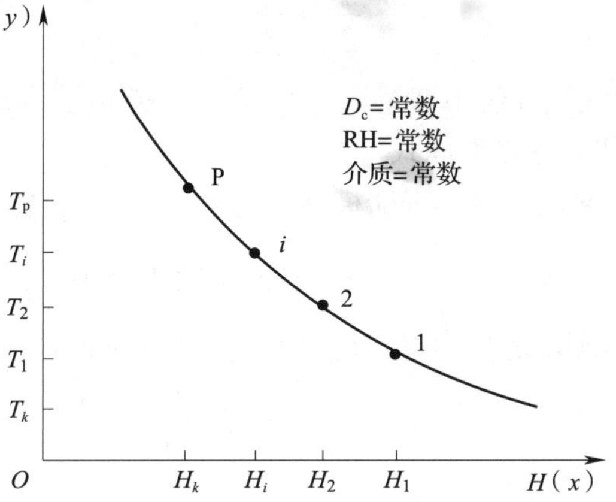

图 6　标准 T—H 曲线

2 用幂函数求金属日历寿命模型

2.1 温湿谱 T—H 曲线上某一点腐蚀损伤的幂函数表达式

所谓温湿谱的 T—H 曲线，就是各试验点用温湿谱试出的 T—H 曲线。假定温湿谱 T—H 曲线与恒温谱 T—H 曲线是等损伤的。现假设用 k 种温度和 n 种湿度组成的温湿谱试验，共试验 λ 个温湿谱块达到恒温 T—H 曲线上第 i 点的腐蚀损伤值 D_i，由此可得温湿谱试验的 T—H 曲线上第 i 点腐蚀损伤的幂函数表达式是

$$D_i = \lambda \sum_{j=1}^{n} \left[\sum_{i=1}^{k} h_i T_i^m \right]_j \tag{2}$$

式中：λ——温湿谱试验循环块数，年；

T_i——温湿谱中第 i 种温度；

h_i——温湿谱中第 i 种温度的对应时间，h；

k——温湿谱中温度级数；

n——温湿谱中湿度级数；

m——与材料和试验的介质、温度、湿度有关的常数；

$\sum_{j=1}^{n} \left[\sum_{i=1}^{k} h_i T_i^m \right]_j$——一个温湿谱块的腐蚀损伤值。

2.2 用幂函数求日历寿命模型

由式（1）和式（2），可得式（3）或式（4）

$$\lambda \sum_{j=1}^{n} \left[\sum_{i=1}^{k} h_i T_i^m \right]_j = H_i T_i^m \tag{3}$$

$$\lambda = \frac{H_i T_i^m}{\sum_{j=1}^{n} \left[\sum_{i=1}^{k} h_i T_i^m \right]_j} \tag{4}$$

式中：H_i——T—H 曲线线性段中任意 i 点 T_i 对应的 H_i 值；

T_i，λ，h_i，k 和 n 等参数同式（2）。

式（4）就是用幂函数求日历寿命模型。式中分子 $H_i T_i^m$ 是 T—H 曲线上第 i 点的腐蚀损伤值。分母 $\sum_{j=1}^{n} \left[\sum_{i=1}^{k} h_i T_i^m \right]_j$ 是一个温湿谱块的损伤值。从中得出，只要有真实环境的 T—H 曲线和真实环境的温湿谱，就可通过式（4）计算出金属在这种真实环境的日历寿命 λ（年）。

2.3　*m* 取值

（1）m 的理论值

$$HT^m = c \tag{5}$$

由式（5）取对数，得式（6）

$$\lg H = \lg c - m\lg T \tag{6}$$

由于式（6）中，$\lg c$ 是常数，因此 m 是 $\lg H$ 与 $\lg T$ 的函数，即 m 可由 $\lg H$ 与 $\lg T$ 的双对数坐标中一条线性线求其值。但需要进行多种金属材料和多种腐蚀环境的试验才能获得 m 具体理论计算值，有待专项研究。

（2）m 的经验取值

工程上一般是经过一些试验给出一些参考经验值，在疲劳领域，试验经验值是：裂纹形成寿命 $m=3\sim10$，裂纹扩展寿命 $m=2\sim4$。本文计算用的 m 值是根据已有的试验数据，通过试算找到一个 $m=2$ 的腐蚀损伤（HT^m）最接近试验结果，因此本文日历寿命计算，经验值取 $m=2$。

3　算例与试验比较

3.1　LY12CZ 铝合金和 30CrMnSiA 钢的日历寿命计算

（1）日历寿命计算模型

取式（4）如下

$$\lambda = \frac{H_i T_i^m}{\sum_{j=1}^{n}\left[\sum_{i=1}^{k} h_i T_i^m\right]_j}$$

（2）设定

①LY12CZ 腐蚀损伤容限是 0.5mm；

②30CrMnSiA 腐蚀损伤容限是 200g/m²；

③$m=2$（经验值）。

（3）计算用的温湿谱：取自参考文献［8］，如表 1 所示。

表 1　海南陵水温湿谱

RH/%	H/h	T/℃			Σ
		25	30	35	
90	H_1	1067	248.4	39	2209.1 (h)
100	H_2	516.8	212.8	125.1	

（4）计算用的试验 H 值

模型式（4）中的 H 值是从 $T—H$ 曲线中得到的，参考文献［9］用海南陵水介质成分和含量进行了30CrMnSiA合金钢的 $T—H$ 曲线测试。为了计算该金属材料日历寿命，引用了参考文献［9］中的相关试验数据（H 值），如表2所示。

表2　30CrMnSiA在RH=90%的 H 值

材料	容限值（D_c）	试验时间/h		
		25℃	30℃	35℃
30CrMnSiA	200g/m²	37508	27016	16525

（5）30CrMnSiA钢的日历寿命计算

①HT^2 计算，计算结果如表3所示。

表3　30CrMnSiA在RH=90%、D_c=200g/m²下的 HT^2 计算值

T/℃	25	30	35	备注
H/h	37508	27016	16525	取自表2
HT^2	23442500	24314400	20243125	计算

② $\sum_{j=1}^{n}\left[\sum_{i=1}^{k}h_iT_i^m\right]_j$ 计算

同样用表1两种湿度的温湿谱，计算结果如表4与表5所示。

表4　RH=90%的温湿谱损伤计算值

T/℃	25	30	35	备注
h_i/h	1067	248.4	39	取自表1
$h_iT_i^2$	666875	223560	47775	计算
$\left[\sum_{i=1}^{k}h_iT_i^2\right]_{90}$	938210			合计

表5　RH=100%的温湿谱损伤计算值

T/℃	25	30	35	备注
h_i/h	516.8	212.8	125.1	取自表1
$h_iT_i^2$	323000	191520	153248	计算
$\left[\sum_{i=1}^{k}h_iT_i^2\right]_{100}$	667768			合计

温湿谱的总损伤

$$\sum_{j=1}^{2}\left[\sum_{i=1}^{3}h_iT_i^m\right]_j = 938210 + 667768 = 1605978$$

③30CrMnSiA 钢的日历寿命计算结果

$$\lambda^{25} = \frac{HT^2}{\sum_{j=1}^{2}\left[\sum_{i=1}^{3}h_iT^2\right]_j} = \frac{23442500}{1605978} = 14.6(年)$$

$$\lambda^{30} = \frac{HT^2}{\sum_{j=1}^{2}\left[\sum_{i=1}^{3}h_iT^2\right]_j} = \frac{24314400}{1605978} = 15.1(年)$$

$$\lambda^{35} = \frac{HT^2}{\sum_{j=1}^{2}\left[\sum_{i=1}^{3}h_iT^2\right]_j} = \frac{20243125}{1605978} = 12.6(年)$$

$$\lambda_{平均} = 14.1\ (年)$$

3.2　30CrMnSiA 钢的日历寿命试验值

30CrMnSiA 钢的试验日历寿命取自参考文献［10］，所采用的试验温湿谱与这里计算用的温湿谱相同，都是海南陵水地区实测数据并按等腐蚀损伤编制成的，如表 1 所示，试验与计算所采用的腐蚀损伤容限值相同。

30CrMnSiA 钢在海南陵水地区的腐蚀损伤容限是 $D_c = 200\text{g/m}^2$，试验得到的日历寿命是 12 年。

3.3　30CrMnSiA 钢的日历寿命计算值与试验值的比较

在同一海南陵水环境和同一腐蚀损伤容限情况下，采用本文理论计算的日历寿命和参考文献［10］试验的日历寿命分别是：

理论计算平均值为 14.1 年，试验平均值为 12 年，日历寿命理论计算值的相对误差为 17.5%。

3.4　分析

关于日历寿命理论计算模型式（4）中 m 的取值问题。由于国内外在腐蚀领域尚未开展对 m 值的研究，因此在本文算例中用 $m=2$ 进行计算，计算结果与试验值较吻合，但在同样条件下，用 $m=2$ 计算 LY12CZ 铝合金的日历寿命与试验日历寿命相差很大，这说明不同材料有不同的 m 值。因此，应加强对不同材料、不同结构的 m 值的研究，以提供较准确的 m 值供日历寿命计算使用。如果 m 值给得准确，采用理论计算模型式（4）计算的日历寿命更准确，这是因为该模型的计算值符合 T—H 曲线幂函数分布规律。

4 结论

通过金属材料 $T—H$ 曲线和温湿谱的腐蚀损伤研究，给出了一种用幂函数计算金属材料在真实环境下的日历寿命理论计算模型（$\lambda = \dfrac{HT^m}{\sum\limits_{j=1}^{n}\left[\sum\limits_{i=1}^{k} h_i T^m\right]_j}$），为金属材料日历寿命计算又提供了一种技术途径。用这个模型计算日历寿命只需两个条件：一是实测真实环境的 $T—H$ 曲线；二是编制真实环境的温湿谱。

参考文献

[1] 张福泽. 金属机件腐蚀损伤日历寿命的计算模型和确定方法 [J]. 航空学报，1999，20（1）：75－79.

[2] 张福泽. 飞机日历翻修期与总日历寿命确定方法和计算公式 [J]. 航空学报，2005，26（4）：458－460.

[3] 张福泽. 包含疲劳载荷的金属结构日历寿命确定方法：中国，ZL1069377 [P]. 2012－10－31.

[4] 张福泽，叶序彬，宋军. 飞机日历寿命试验的介质成分确定和加速方法 [J]. 航空学报，2008，29（4）：873－879.

[5] 张福泽. 求任意腐蚀损伤的 T—H 曲线 [J]. 航空学报，2000，21（4）：349－351.

[6] 张福泽. 飞机日历寿命确定的区域定寿法 [J]. 航空学报，2001，22（6）：549－552.

[7] 宋钧，郭洪全. 三种航空材料腐蚀 T—H 曲线测试报告. 北京航空材料研究院，2000.

[8] 张福泽. 三维等损伤环境谱的编制原理和方法 [J]. 航空学报，2016，37（2）：381－389.

[9] 张福泽，陈勃. LY12CZ 和 30CrMnSiA 航空材料 D—d 曲线、T—H 曲线和 RH—H 曲线的试验报告. 北京航空材料研究院，2011.

[10] 张福泽. 金属日历寿命的新理论和试验的新方法对比验证研究 [J]. 前沿科学，2015，35（9）：4－10.

Theory and model on metal calendar life calculated by corrosion damage

Zhang Fuze

（Beijing Aeronautical Technology Research Centre，Beijing，100076）

Abstract Theory and model on metal calendar life calculated by corrosion damage is found through research on the corrosion damage of metal corrosion $T-H$ curve and temperature and humidity spectrum. This model of calculating metal calendar life is able to calculate metal's real life length when corrosion $T-H$ curve and the temperature and humidity spectrum in real operational environment are provided. By comparing the results of calendar life calculation of two material, namely Ly12cz titanium alloy and 30CrMnSiA Steel, with the corrosion experiment results in real environment, the relative error of titanium alloy is 15%, and that of steel is 22%. This comparison result shows that this model and method for calculating calendar life is feasible and usable.

Key words　corrosion damage; calendar life; temperature and humidity spectrum; $T-H$ curve

金属日历寿命计算的新理论和试验的新方法对比验证研究①

摘要：本文通过 LY12CZ 和 30CrMnSiA 两种金属材料腐蚀日历寿命理论计算和试验对比研究，验证本文作者近年来研究给出的日历寿命计算的理论与试验的新方法的吻合性和适用性，两种材料对比研究结果是：在相同腐蚀环境谱和各自的损伤容限下，LY12CZ 铝合金计算的日历寿命是 18.95 年，试验的日历寿命是 13.4 年。30CrMnSiA 合金钢计算的日历寿命是 10 年，试验的日历寿命是 12 年。LY12CZ 和 30CrMnSiA 两种金属，用不同技术途径（计算和试验）获得的日历寿命值是吻合的，这在日历寿命领域已是精准了。说明所用的计算理论与试验方法是相融的、吻合的、可用的。上述日历寿命计算和试验用的 *T—H* 曲线、三维环境谱、理论计算公式和腐蚀试验方法，都是自己的创新知识产权，至今尚没有发现其他国家有这样的成果发表。

关键词：金属腐蚀；日历寿命；腐蚀损伤；腐蚀试验

引言

笔者是搞飞机疲劳寿命研究的，但飞机疲劳寿命给出后，往往受到日历寿命的制约（飞机有疲劳寿命和日历寿命两个指标，以先到为限）即疲劳寿命有大量剩余，而日历寿命用尽，使飞机停飞或报废。为了探索解决这一普遍性问题，笔者从 1995 年开始踏入腐蚀日历寿命领域。进入后了解到，目前飞机日历寿命的给出，尚没有做真实使用环境下的有效理论计算和试验，是靠经验和拍脑门给出的。研制部门之所以这样做，也是无奈之举。这样无根据地长期使用，使腐蚀部位的损伤值达到或超过容限值导致机械灾难的事故发生。如 1981 年中国台湾 1 架波音 747 客机，因机身腐蚀空中解体，造成 150 人遇难。2002 年美国 1 架 F－15 战斗机由于尾翼腐蚀断裂造成机毁人亡。

---

① 本文在《前沿科学》2015 年第 9 卷第 3 期发表。

2001 年我国某系列飞机因机身主承力框腐蚀断裂，险些摔飞机。还有 1984 年印度一个化学管道腐蚀开裂，造成 3000 人死亡，18 万人受重伤，这类腐蚀事故在世界各地每年都屡屡发生，给国家和人民造成重大经济损失和人员伤亡。因此各国学术界多年来把机械日历寿命的可靠确定，当成皇冠上的明珠来追逐，但至今仍无突破。其原因，是因为影响金属日历寿命的因素太多而且复杂，因此自 1813 年法拉第定律创立至今已 200 多年了，国内外仍没有找到一种可靠有效的理论计算方法和相应的试验方法[1-6]。为此，作者在近 20 年中也进行了研究。刚踏入腐蚀领域的第一年是跟踪学习，通过跟踪和学习认识到，腐蚀学科从微观到宏观已研究得很深、很透，论文如云似海。但也感到机械日历寿命属多学科的问题，靠腐蚀单学科是无法解决的。因此，从踏入腐蚀领域的第二年，就决定另起炉灶，从头开始，通过腐蚀、疲劳、损伤力学和表面工程等多学科交叉综合研究，经过 20 年的反复论证和试验验证，终于研究给出一种用真实环境参数（温度、湿度和介质），又不需当量折算的金属日历寿命确定的理论计算系列成果和试验方法系列成果。

本文通过 LY12CZ 和 30CrMnSiA 两种材料日历寿命的理论计算和试验对比研究，验证上述理论计算系列成果和试验方法系列成果的吻合程度和适用性。本项对比研究分四个阶段：第一阶段是 *T—H* 曲线测试和三维环境谱编制；第二阶段是日历寿命理论计算，将计算结果封存起来；第三阶段是由第三方进行试验；第四阶段是将封存的计算结果与试验结果进行对比。

1　30CrMnSiA 钢和 LY12CZ 铝日历寿命的理论计算

1.1　日历寿命计算的共同基准数据、曲线、公式和腐蚀损伤容限值

（1）计算用的环境谱（见表 1）是由海南陵水环境按等腐蚀损伤原则编制的 1 年等损伤温湿谱[7]。

表 1　海南陵水 1 年等损伤温湿谱

RH/% \ *H*/h \ *T*/℃	25	30	35	Σ
90	1067	248.4	39	2209.1
100	516.8	212.8	125.1	

（2）计算用的 *T—H* 曲线。该 *T—H* 曲线是在海南环境下，通过多种浓度、温度和湿度腐蚀试验获得的不同材料性能曲线[8]。

（3）计算用的公式取自参考文献［9］，如式（1）所示。

$$\lambda \sum_{j=1}^{m} \left(\sum_{i=1}^{k} \frac{h_i}{H_i} \right)_j = 1 \qquad (1)$$

（4）设30CrMnSiA钢的腐蚀损伤容限为200g/m²，LY12CZ铝合金的腐蚀损伤容限为0.5mm（腐蚀深度）。

1.2 30CrMnSiA钢的日历寿命计算

（1）由表1环境谱可得式（1）中各h_i值列入表2中。

表2 30CrMnSiA钢的*h*与*H*对应值

RH/% ＼ 时间/h ＼ T/℃		25	30	35	$\sum h_i/H_i$
90	h_i	1067	248.4	39	0.040
	H_i	37508	27016	16525	
100	h_i	516.8	212.8	125.1	0.0591
	H_i	15119	13980	12841	

（2）由容限200g/m²和参考文献［8］中的*T*—*H*曲线可查出式（1）中的H_i值，列入表2中。

（3）30CrMnSiA的日历寿命计算结果如下

$$\lambda = 1/\sum_{j=1}^{2} \left(\sum_{i=1}^{3} \frac{h_i}{H_i} \right)_j = \frac{1}{0.04 + 0.0591} = 10.1(\text{年})$$

1.3 LY12CZ的日历寿命计算

（1）由表1环境谱可得h_i，各值列入表3中。

（2）由容限0.5mm和参考文献［8］中的*T*—*H*曲线可查得H_i值，列入表3中。

表3 LY12CZ铝合金的*h*与*H*对应值

RH/% ＼ 时间/h ＼ T/℃		25	30	35	$\sum h_i/H_i$
90	h_i	1067	248.4	39	0.01425
	H_i	100800	80640	67200	
100	h_i	516.8	212.8	125.1	0.0352
	H_i	25305	20093	16661	

（3）LY12CZ 铝合金试件的日历寿命计算结果如下

$$\lambda = 1/\sum_{j=1}^{2}\left(\sum_{i=1}^{3}\frac{h_i}{H_i}\right)_j = \frac{1}{0.01425 + 0.0352} = 18.95\,(年)$$

2　用腐蚀试验确定 30CrMnSiA 钢和 LY12CZ 铝合金的日历寿命

2.1　试验环境谱

试验环境谱是海南陵水实测谱，如表 1 所示。

2.2　试验介质成分和浓度[10-11]

试验介质成分和浓度是海南实测值，即浓度 $d=1$ 的成分。试验浓度 $d=10$ 倍、$d=20$ 倍、$d=30$ 倍是在 $d=1$ 成分基础上加倍数，倍数根据加速试验需求选定，如表 4 和表 5 所示。

表 4　浓度 $d=1$ 的溶液各种成分和含量

浓度 d	pH	H_2SO_4（98%）/ [（g/L）（mL/L）]	HNO_3/ [（g/L）（mL/L）]	NaCl/（g/L）
1	6.8	0.046（0.023）	0.041（0.02814）	2.27

表 5　试验溶液各种成分和含量

浓度 d	H_2SO_4（98%）/（mL/L）	HNO_3/（mL/L）	NaCl/（g/L）
10 倍	0.46	0.41	22.7
20 倍	0.92	0.82	45.4
30 倍	1.38	1.23	68.1

2.3　试件

试件尺寸如表 6 所示。

表 6　试件的尺寸和面积

材料	尺寸/mm	面积/mm^2
LY12CZ 铝合金	长方形：50×25×6	3400
30CrMnSiA 钢	长方形：50×25×2	2800

2.4 腐蚀试验及试验结果

将试件分组放入表5所列试验溶液中浸泡1~2min取出（每7天浸泡一次），放入恒温恒湿腐蚀试验箱内，按表1的温湿谱进行腐蚀损伤试验，共进行2209.1h的试验，试验结果如表7和表8所示。

表7　30CrMnSiA钢在海南陵水温湿谱试验的腐蚀值

浓度 d	试件编号	试验前/g	试验后/g	失重/g	平均失重/g	标准差	失重/（g/m^2）
10倍	301	18.9192	18.1056	0.8136	0.85812	0.05314	306
	302	19.8140	18.8935	0.9205			
	303	20.2672	19.4387	0.8285			
	304	19.9493	19.0380	0.9113			
	305	19.7890	18.9723	0.8167			
20倍	306	20.2000	19.2951	0.9049	0.94066	0.05183	336
	307	19.4380	18.5267	0.9113			
	308	19.6247	18.6011	1.0263			
	309	19.3136	18.4062	0.9074			
	310	19.4628	18.5094	0.9534			
30倍	311	19.4893	18.4596	1.0297	0.99034	0.02517	354
	312	19.7813	18.8076	0.9737			
	313	19.0717	18.0765	0.9952			
	314	20.1181	19.1292	0.9889			
	315	19.9426	18.9784	0.9642			

表8　LY12CZ铝在海南陵水温湿谱试验的腐蚀值

d	试件类型	腐蚀深度的测量值	平均值	总平均值
10倍	1	0.65；0.60；0.58；0.58；0.59；0.56；0.55；0.52；0.52；0.52	0.564	0.5618
	2	0.65；0.63；0.60；0.56；0.56；0.55；0.55；0.52；0.52；0.52	0.534	

表 8（续）

d	试件类型	腐蚀深度的测量值	平均值	总平均值
10 倍	3	0. 64；0. 63；0. 60；0. 55；0. 55； 0. 55；0. 54；0. 54；0. 52；0. 52	0. 564	0. 5618
	4	0. 65；0. 63；0. 60；0. 56；0. 56； 0. 55；0. 53；0. 53；0. 52；0. 52	0. 565	
	5	0. 64；0. 63；0. 63；0. 62；0. 62； 0. 56；0. 55；0. 55；0. 52；0. 50	0. 582	
20 倍	6	0. 85；0. 85；0. 83；0. 783；0. 80； 0. 80；0. 76；0. 75；0. 72；0. 72	0. 791	0. 7622
	7	0. 85；0. 83；0. 80；0. 78；0. 76； 0. 76；0. 76；0. 75；0. 70；0. 68	0. 769	
	8	0. 82；0. 78；0. 78；0. 76；0. 76； 0. 76；0. 76；0. 75；0. 68；0. 68	0. 753	
	9	0. 80；0. 80；0. 80；0. 78；0. 78； 0. 76；0. 75；0. 70；0. 68；0. 65	0. 750	
	10	0. 82；0. 82；0. 80；0. 78；0. 76； 0. 76；0. 73；0. 70；0. 66；0. 65	0. 748	
30 倍	11	1. 05；1. 03；1. 02；0. 98；0. 98； 0. 98；0. 98；0. 95；0. 92；0. 92	0. 902	0. 9162
	12	1. 03；1. 03；0. 98；0. 98；0. 96； 0. 96；0. 92；0. 92；0. 82；0. 82	0. 850	
	13	1. 04；1. 03；1. 02；0. 96；0. 96； 0. 96；0. 95；0. 95；0. 92；0. 90	0. 969	
	14	1. 06；1. 03；0. 97；0. 97；0. 96； 0. 96；0. 95；0. 92；0. 80；0. 80	0. 942	
	15	1. 02；1. 02；0. 96；0. 96；0. 94； 0. 94；0. 85；0. 85；0. 82；0. 82	0. 918	

2. 5　30CrMnSiA 钢和 LY12CZ 铝合金试件的试验日历寿命

（1）用表 7 试验数据求 30CrMnSiA 钢试件的试验日历寿命

取试验日历寿命 λ_c 的计算模型[12]，如式（2）所示

$$\lambda_c = \frac{D_c d_t}{D_t} \lambda_t \tag{2}$$

式中：λ_c——试件使用日历寿命（年）；

λ_t——试件试验谱循环周期数；

D_c——试件腐蚀损伤容限值；

d_t——平均试验溶液浓度；

D_t——试件在不同浓度下试验腐蚀损伤平均值。

设定 $D_c = 200 g/m^2$，取 $\lambda_t = 1$（因为本次按表1只做一个2209.1h循环块）。取平均浓度 $d_t = (10+20+30)/3 = 20$。由表7试验数据求平均 $D_t = (306+336+354)/3 = 332 g/m^2$。

将 λ_t，D_c，d_t，D_t 代入式（2）中，计算得

$$\lambda_c = \frac{200 \times 20}{332} = 12 \text{（年）}$$

这意味着30CrMnSiA钢在海南陵水地区腐蚀损伤 $332 g/m^2$ 需要12年。

（2）用表8试验数据求LY12CZ铝件的试验日历寿命

设定 $D_c = 0.5 mm$，由表8腐蚀试验的 D_{ti} 求平均值，$D_t = (0.5618+0.7622+0.9162)/3 = 0.7467 mm$，取 $\lambda_t = 1$，取平均浓度 $d_t = 20$，将 λ_t，D_c，d_t，D_t 代入式（2）中，计算得

$$\lambda_c = \frac{0.5 \times 20}{0.7467} = 13.4 \text{（年）}$$

这意味着LY12CZ铝在海南陵水地区腐蚀损伤达0.5mm需要13.4年。

3 30CrMnSiA钢和LY12CZ铝合金日历寿命试验值与计算值比较

3.1 30CrMnSiA钢试验和理论计算的日历寿命比较

（1）在指定腐蚀损伤容限为 $200 g/m^2$ 下，用 T—H 曲线和公式计算，获得30CrMnSiA钢试件计算日历寿命 $\lambda_c = 10.1$（年）。

（2）在指定腐蚀损伤容限为 $200 g/m^2$ 下，用表1环境谱和相应介质试验，获得30CrMnSiA钢试件的试验平均日历寿命 $\lambda_c = 12.0$（年）。

（3）30CrMnSiA钢理论计算日历寿命值与试验日历寿命值相对误差是15.8%。

3.2 LY12CZ铝合金试验和理论计算的日历寿命比较

（1）在指定腐蚀损伤容限为0.5mm下，用 T—H 曲线和公式计算，获得LY12CZ铝试件的计算日历寿命 $\lambda_c = 18.95$（年）。

（2）在指定腐蚀损伤容限为 0.5mm 下，用表 1 环境谱和相应介质试验，获得 LY12CZ 铝合金试件的试验平均日历寿命 $\lambda_c = 13.4$（年）。

（3）LY12CZ 铝合金理论计算日历寿命值与试验日历寿命值相对误差是 41.4%。

3.3　独立性

上述理论计算和试验，除环境谱共用外，其余都按各自的技术途径在不同时间不同单位分别独立完成，并且所得的理论计算值和试验值都是没有任何修正的初始独立值。计算值与试验值吻合得这样好，在国内外日历寿命研究中尚未见报道。

4　结论

通过日历寿命的理论计算和试验结果比较，可得到如下结论：

（1）在相同腐蚀环境和各自相同腐蚀容限下，30CrMnSiA 钢和 LY12CZ 铝合金两种金属材料，用理论计算和试验两种不同技术途径，所得到的理论计算寿命和腐蚀试验日历寿命值是吻合的，这验证了本文作者开拓出的理论计算系列成果和试验系列成果是成立的，更是成功的。这在国际机械日历寿命研究领域，首次用真实使用环境的参数和试验曲线计算日历寿命，并得到试验验证是历史性突破。

（2）众所周知，传统腐蚀日历寿命确定的理论计算和试验结果必须进行当量折算。所谓当量折算，就是把计算和试验环境得到的寿命转化成使用环境的当量寿命。这个当量转化过程复杂，方法各异，可靠性低，因此学界尚没有取得公认的当量折算模型和可靠的方法。本文给出的理论计算日历寿命和试验日历寿命都是使用环境的日历寿命，不需要进行当量折算。

（3）本文所有日历寿命的理论计算和腐蚀试验，所用的环境介质和 1 年 365 天的温度、湿度变化都是海南陵水地区真实实测值。环境谱也是这些真实实测值按等腐蚀损伤原理编制出来的。因此本文理论计算结果和试验结果，可用于海南地区机械日历寿命确定使用。模拟理论计算和试验的真实环境是本日历寿命研究所追求的重要目标之一，没有真实准确的环境和环境谱是无法获得可靠日历寿命的。

参考文献

[1] 魏宝明. 金属腐蚀理论及应用 [M]. 北京：化学工业出版社，1984.
[2] 蒋祖国. 飞机结构腐蚀疲劳 [M]. 北京：航空工业出版社，1992.
[3] Talbot D，Talbot J. Corrosion Science and technology. Boca Raton：CRC Press，1998.
[4] Szklarska – Smialowska Z. Corrosion Science，1999.
[5] Smith C J E. Corrosion and stress Corrosion of Aluminum – lithum Alloy. AGARD (NATO)，1988.
[6] Heusler K E. Fundametal aspects of the corrosion of alloys. Corrision Science，1995.

[7] 张福泽. 三维等损伤环境谱编制原理和方法. 北京航空工程技术研究中心，2014.
[8] 张福泽，陈勃. 海南陵水腐蚀环境下的LY12CZ铝和30CrMnSiA钢*D—d*曲线、*T—H*曲线和RH－*H*曲线试验报告. 北京航空材料研究院、北京航空工程技术研究中心，2001.
[9] 张福泽. 金属机件腐蚀损伤日历寿命的计算模型和确定方法［J］. 航空学报，1999，20（1）：75－79.
[10] 张福泽. 飞机停放日历寿命腐蚀温度谱的编制方法和相应腐蚀介质的确定［J］. 航空学报，2001，22（4）：359－361.
[11] 张福泽. 飞机日历寿命试验的介质成分确定和加速方法［J］. 航空学报，2008，29（4）：3873－879.
[12] 张福泽. 金属腐蚀“3等线”和试验日历寿命确定方法. 北京航空工程技术研究中心，2014.

Heavy comparative verification research on the theoretic and test method of metallic calendar life

Zhang Fuze

(Beijing Aeronautical Technology Research Centre, Beijing 100076)

Abstract Through comparative research of the theoretic calculation and test of the corrosion calendar life of LY12CZ and 30CrMnSiA, this paper verifies the consistency and applicability of the theoretic formula and test method which are provided by the author′s research over the recent years. Conclusion of the comparative research of two materials is as follows: under the same corrosion environment spectrum and their respective damage tolerance, calendar life of LY12CZ is 18.95 years. The calculation calendar life values and test calendar life of LY12CZ and 30CrMnSiA, are rather coincide which illustrates that the employed calculation formula and test method are integrated, coincide and usable. The $T-H$ curve, 3 dimension environment spectrum, theoretic calculation formula and corrosion test method of the calculation and test of calendar life belong to author′s own innovation property intellectual right. As of date, no other country has ever published such outcome.

Key words Metallic Corrosion; Corrosion Damage; Calendar life; Corrosion Test

金属涂层的日历寿命计算公式和试验方法①②

摘要： 本文通过涂层腐蚀损伤试验研究，发现涂层有与金属腐蚀温度—时间（*T—H*）曲线一致的 *T—H* 曲线，而且还有相同的使用环境谱。由于金属日历寿命计算公式正是根据 *T—H* 曲线和使用环境谱推导出来的，因此涂层的日历寿命计算公式与金属日历寿命计算公式相同。通过试验研究，还发现金属涂层对试验温度敏感且有规律，由此获得涂层日历寿命的有效试验方法是提高试验温度。为了验证上述结论，进行了铝涂层日历寿命的理论计算和试验实例对比研究。

关键词： 金属涂层；日历寿命；温度—时间曲线；腐蚀损伤；环境谱

引言

参考文献［1］通过对拉法第定律和金属腐蚀影响因素研究，并经过严密的数学推导，给出了金属腐蚀损伤日历寿命计算公式。有了这个公式，设计师就可以在机械的设计阶段，像预计金属疲劳寿命一样，预计出金属在腐蚀环境下的日历寿命。经多方试验验证，这个公式适用、有效。但一个机械的日历寿命不仅取决于金属基体的腐蚀日历寿命，还取决于金属防护涂层的有效日历寿命，防护涂层不失效，金属就不会腐蚀，机械日历寿命就可以增长。因此在研究机械设备日历寿命时，还要研究防护涂层的日历寿命。目前国内外在金属涂层日历寿命理论计算方面，尚没有找到直接计算的公式和确定方法，因此国际上还无法通过计算给出涂层的日历寿命。

本文通过防护涂层的使用环境和失效性能曲线分布规律研究，给出防护涂层日历寿命计算公式与金属基体日历寿命计算公式相同的结论，这在国际日历寿命领域还属首次给出。

为了讨论方便，现把参考文献［1］的金属日历寿命计算公式转述如下

---

① 本文在《航空学报》2016 年第 37 卷第 2 期发表。该研究解决了国内外无法计算金属涂层日历寿命的国际性难题，填补了国际上这方面的空白。

② 本试验由北京航空工程技术研究中心陈群志高工和房振乾博士完成。

$$\lambda \sum_{j=1}^{m}\left(\sum_{i=1}^{k} \frac{h_i}{H_i}\right)_j = 1 \tag{1}$$

式中：H_i——机件在某一介质环境中，在第 i 级温度下，腐蚀到损伤容限 D_c 时的小时数；

h_i——在使用温湿谱中，第 i 级温度对应的时间；

λ——金属腐蚀到损伤容限 D_c 时使用温湿谱的总循环块数；

k——使用温湿谱的温度级数；

m——温湿谱的湿度级数。

1　金属结构涂层与金属基体的比较

1.1　金属结构涂层与金属基体所处使用环境比较

在金属基体日历寿命计算式（1）建立时，是以腐蚀环境中的温度和湿度作为重复施加的主要腐蚀变量因素，其他腐蚀因素放到试验溶液中。这样就把腐蚀问题变成温度和湿度的“疲劳”了。为此参考文献［2］和［3］研究给出一种符合金属日历寿命计算式（1）要求的温湿谱。由于金属涂层是附在金属表面上的，处于同一个腐蚀环境之中，因此，温湿谱既是金属日历寿命计算的外部条件，也是涂层日历寿命计算的外部条件。在腐蚀环境谱上，涂层与金属基体的日历寿命计算是一致的，因此，金属基体日历寿命计算式（1）的外部条件要求，防护涂层都能满足。

1.2　金属涂层与金属基体两种性能曲线规律比较

1.2.1　金属涂层失效的温度—时间（*T*—*H*）曲线测试研究[4]

（1）金属涂层腐蚀试验的试件

该试验选择了航空常用材料 LY12CZ 和 30CrMnSiA 的防护涂层进行试验研究。试件的涂层和表面处理皆与飞机结构处理一致，如表 1 所示。

表 1　金属涂层

试件	涂层
LY12CZ	底漆：H06－2；面漆：S04－103H
30CrMnSiA	底漆：H06－2；面漆：H04－2

（2）金属涂层腐蚀试验的介质和浓度 d [5]

试验介质以海南陵水地区的腐蚀介质成分为基准（$d=1$），试验的腐蚀介质成分、浓度及 pH 值如表 2 所示。

表 2　介质的成分和含量

浓度 d	pH	H_2SO_4(98%)/[g/L(mL/L)]	HNO_3(67%)/[g/L(mL/L)]	NaCl/ (g/L)
1 倍	6.8	0.046 (0.023)	0.041 (0.02814)	2.27
20 倍	6.8	0.92 (0.46)	0.82 (0.5628)	45.4

(3) 金属涂层腐蚀试验的温度和湿度

①试验温度 T 为：8℃、30℃、50℃、70℃和 -50℃；

②试验湿度 RH 为 100%。

(4) 金属涂层腐蚀试验的失效判据

①涂层破裂，使金属基体裸露；

②涂层表面大面积起泡，起泡处在正常环境下不能恢复原状，使涂层作用失效。

(5) 两种材料涂层腐蚀试验的 T—H 曲线

LY12CZ 和 30CrMnSiA 涂层在 -50℃下的纯腐蚀和 -50℃下的腐蚀疲劳 T—H 曲线，分别如图 1 和图 2（横坐标一个试验周期为 7 天）所示。

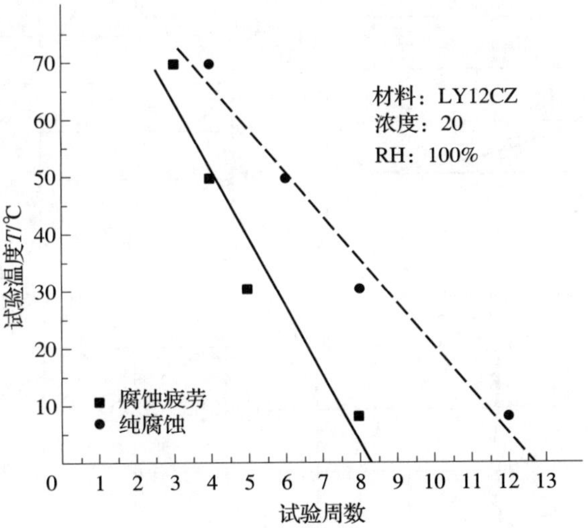

图 1　LY12CZ 涂层的纯腐蚀和腐蚀疲劳 T—H 曲线

1.2.2　三种金属材料的 *T*—*H* 曲线

为了便于比较，在此列出参考文献［5］对 LY12CZ、LC4CS 和 30CrMnSiA 这三种金属的试验 T—H 曲线，如图 3 所示。

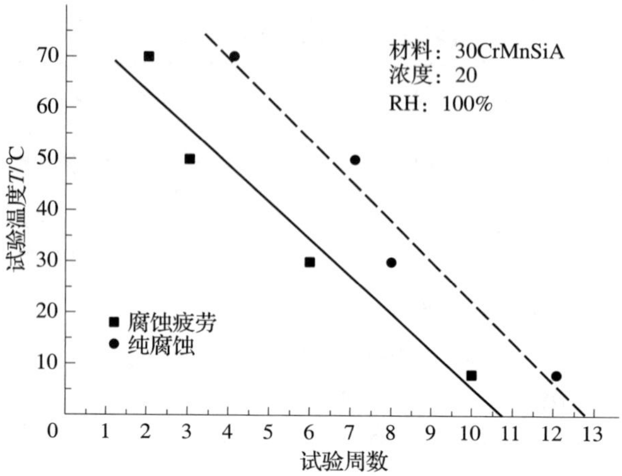

图2　30CrMnSiA 涂层的纯腐蚀和腐蚀疲劳 *T—H* 曲线

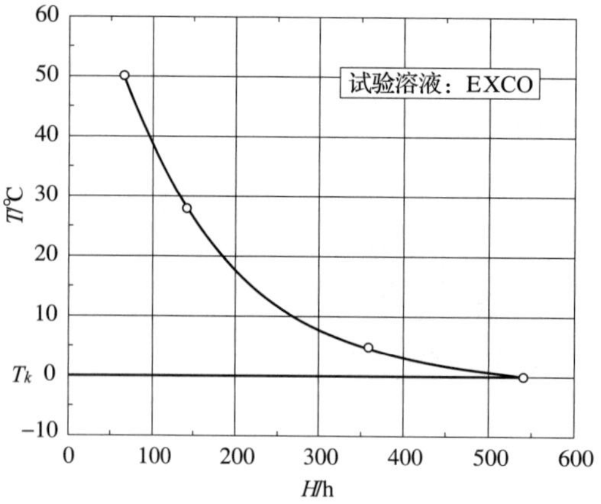

（a）LY12CZ 腐蚀1mm深度的曲线

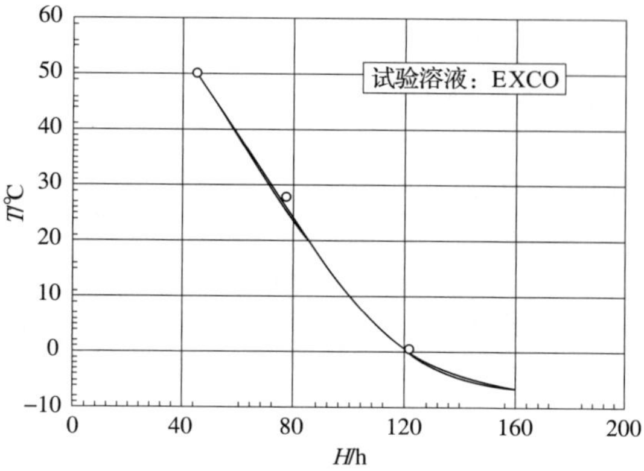

（b）LC4CS 腐蚀1mm深度的曲线

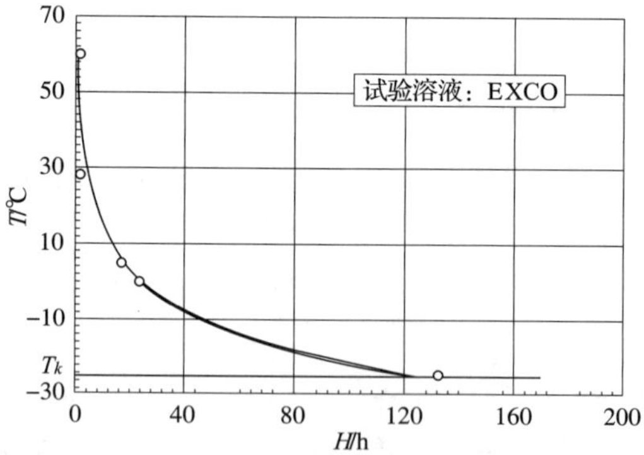

（c）30CrMnSiA 腐蚀1mm深度的曲线

图3　三种金属材料的试验 *T—H* 曲线

1.2.3　金属涂层与金属的 *T—H* 曲线比较

从图1～图3可以看出，高于8℃的金属涂层 *T—H* 曲线和金属 *T—H* 曲线，在腐蚀失效（或一定腐蚀量）下，腐蚀时间 H 随腐蚀温度 T 降低而增加，并近似线性变化，在这一变化规律上，它们是一致的，但涂层 $T—H$ 曲线线性关系更好些。

低于 8℃的 3 条金属 $T—H$ 曲线，H 随 T 的降低呈快速增加的趋势，即类似于疲劳极限部分。但低于 8℃的 4 条涂层 $T—H$ 曲线，由于试验时间太长，没有继续试下去，因此类似于疲劳极限部分没显现出来。不过，参考文献［1］在建立金属日历寿命计算式（1）时，主要用的是金属 $T—H$ 曲线的近似线性部分，因此这对研究金属涂层日历寿命计算公式是否可用金属的计算公式（1）是不受影响的。

1.3　金属涂层日历寿命计算公式

通过金属涂层与金属基体的使用环境和 $T—H$ 曲线比较，二者都是相同的，即金属涂层也符合公式（1）建立的条件，因此公式（1）也适用于金属涂层日历寿命计算。但金属基体与金属涂层的失效模式不同，前者以腐蚀损伤容限 D_c 为失效模式，后者以金属涂层破裂为失效模式，这对确定公式（1）中的参数 H_i 和 λ 值是不同的，但其他参数是相同的。这样本文就把金属涂层和金属基体日历寿命理论计算公式统一为式(1)，从而解决了金属基体及其涂层日历寿命的理论计算的世界难题。

2　确定金属涂层日历寿命的试验方法

2.1　编制金属涂层试验温湿谱

2.1.1　编制规则

（1）金属涂层试验的温湿谱必须是高温—高湿谱。这是在试验方法研究中获得的，一般高温—高湿谱比使用温湿谱相应级别高 2 倍左右，具体数据视不同涂层和试验时间长短而定。

（2）金属涂层试验的高温—高湿谱必须是等腐蚀损伤的谱。这里的等腐蚀损伤是指与使用温湿谱等损伤，只有这样才能保证用高温—高湿谱试出的日历寿命与使用环境的日历寿命相等。

2.1.2　高温—高湿谱编制

金属涂层试验的高温—高湿谱是根据定寿机型所处地区的实测环境数据的统计结果编制的。表 3 是海南陵水地区的使用温湿谱，表 4 为高温—高湿谱（根据试验需要，各级的 T 还可提高 1 倍）。这两个谱的温度和湿度级别相差很大，试验时间由 10.7 个月缩短至 1.66 个月，但它们是等腐蚀损伤的，两个环境谱下的日历寿命是相等的。

表3 海南陵水1年原始三维平均谱（根据5年统计结果编制）

RH/% \ h_j^i/h \ T/℃	10	15	20	25	30	35	Σh_i	$\Sigma\Sigma h_i$
70	9.8	57.8	95.4	237.8	344.2	11.4	756.4	7739.6（10.7个月）
75	2.4	68.2	165.4	413.6	519	2.4	1171	
80	5.6	88	234.4	848.8	601.6	0.2	1778.6	
85	11	112.4	394.8	1159.2	488.8	0.6	2156.8	
90	0	3.2	75.8	1067	248.4	0	1394.4	
95	0	0	0	298.2	20	0	318.2	
100	0.6	27.2	75.8	60.4	0.2	0	164.2	

表4 海南陵水1年三维等损伤谱

RH/% \ h_j^i/h \ T/℃	25	30	35	Σh_i
100	784.7	274.7	134.8	1194.2h（1.66个月）

2.2 试验介质溶液的配制[6]

试验介质溶液要根据定寿机型所在地区的实测和统计的介质成分和含量进行配制。如表2的海南陵水浓度（$d=1$倍和20倍）的试验介质成分和含量。

2.3 选用疲劳载荷谱

由于低温疲劳会影响日历寿命[7-8]，因此在日历寿命试验中，不仅要模拟地面停放的腐蚀介质、温度、湿度等多种因素的影响，而且还要模拟高空－50℃的疲劳载荷的影响。编制疲劳载荷谱是疲劳定寿领域的问题，日历寿命试验的疲劳载荷要根据试件状况和试验设备水平，将疲劳试验中的疲劳载荷谱进行适当修改，才可应用。

2.4 金属涂层试件

对于金属涂层试件，必须保证涂层的金属和喷涂工艺与定寿装备一致。试件的尺寸视试验温度—湿度试验箱尺寸而定，最好进行全尺寸机件的试验。

2.5　金属涂层环境腐蚀试验

金属涂层日历寿命试验要根据编制的温湿谱、配制的试验介质溶液和修改的疲劳载荷谱进行。由于该试验的介质成分和含量是使用环境（$d=1$）值，试验的高温—高湿谱是按使用环境的温湿谱等损伤换算获得的，从损伤理论上，它们的损伤值是相等的，日历寿命也应该相等，因此说，试验结果就是使用日历寿命，不需要再“当量折算”了。

3　LY12CZ 铝合金涂层的日历寿命计算和试验对比研究

为了考验用式（1）计算的涂层日历寿命与试验的日历寿命之间差别的真实性和公信度，其计算和试验是分别独立进行的。

3.1　LY12CZ 铝合金涂层的日历寿命理论计算值①

（1）LY12CZ 试件尺寸和涂层（典型飞机结构铝合金涂层）如表 5 所示。

表 5　LY12CZ 铝合金的试件和涂层

试件	尺寸/mm	面积/mm^2	涂层
LY12CZ	$60\times20\times1.6$	2700	底漆：H06－2；面漆：S04－103H

（2）LY12CZ 涂层的 T—H 曲线

为了计算涂层的日历寿命，首次进行了 LY12CZ 铝合金涂层的 T—H 曲线测试研究。

①涂层的 T—H 曲线试验的介质成分、含量和浓度按表 2（$d=1$ 状态）进行。

②涂层的 T—H 曲线试验的温度 T 分别为 25℃、50℃和 65℃。

③涂层试验结果：由于该试验是用海南陵水 $d=1$ 的真实介质成分和含量进行的，因此试验时间较长（1 年），试验数据见表 6，试验 T—H 曲线见图 4。

表 6　LY12CZ 铝合金涂层失效试验数据

T/℃	循环试验周期数 H	平均循环试验周数	对应的试验时间/h
25	36，38，39	38	6384
50	29，31，32	31	5208
65	23，24，25	24	4032
注：1 周期 = 168h。			

① 理论计算由笔者完成，封存后交给王逾涯副主任保管。

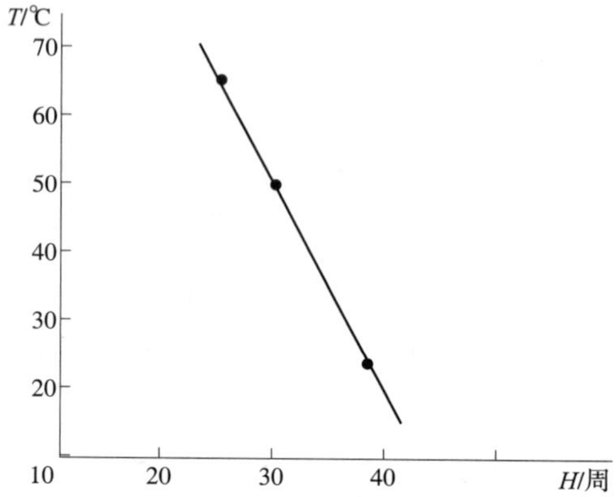

图4　LY12CZ 涂层的试验 T—H 曲线

（3）LY12CZ 铝涂层日历寿命计算

①计算公式取式（1）

$$\lambda = \frac{1}{\sum_{j=1}^{m}\left(\sum_{i=1}^{k}\frac{h_i}{H_i}\right)_j} \tag{2}$$

②式（2）中的 h_i 值：取试验谱表 7 中的温度 40℃、50℃和 60℃对应的时间，分别为 168.0h、185.9h 和 186.4h。

③式（2）中的 H_i 值：由图 4 的铝涂层 T—H 曲线，查得温度 40℃、50℃和 60℃对应的涂层失效时间 H_i 分别为 5628h、5040h 和 4418h（按 1 周期 = 168h 折算得）。

④LY12CZ 铝涂层日历寿命计算结果：

将获得的 h_i 值和 H_i 值分别代入式（2）中，由于该计算用的温湿谱是一个日历年的谱，它的相对湿度 RH 只有 1 级（100%），即式（2）中的 $m=1$，因此可算得 LY12CZ 铝涂层日历寿命值。

为验证理论计算的可靠性和适用性，对 LY12CZ 铝合金涂层日历寿命分别独立进行理论计算与试验，最终的计算结果与试验结果由第三方封存保管。

3.2　LY12CZ 铝合金涂层日历寿命试验值

（1）LY12CZ 铝合金试件和涂层

试件尺寸：48mm × 23mm × 6mm，涂层同表 5，共 4 件。

（2）试验温湿谱如表 7 所示。

表 7　LY12CZ 铝合金涂层的试验谱

T/℃ ／ h_j^i/h ／ RH/%	40	50	60
100	168.0	185.9	186.4

（3）试验介质成分和含量如表 2 所示。

（4）试验

①试验进程和检查

将选定 LY12CZ 铝涂层试件（4 件）放入按表 2 配制的试验溶液中，然后在温度—湿度箱内按表 7 所示温度谱进行试验。试验采用一个循环块（一个日历年）循环方式进行。试验共进行 14 个循环块，在完成第 12 个循环块，发现 LY12CZ 涂层已有起泡、塌陷现象，涂层局部细微区域已经存在破损现象，有诱发金属基体腐蚀趋势。在完成第 13 个循环块后，涂层局部区域已有开裂、破损脱落现象。涂层开裂处的金属已有近 0.3mm^2的腐蚀面积，当第 14 个循环块完成后，这种现象更加严重，终止试验。

②试验结论

根据金属涂层失效标准和试验检查结果，相关专家认为，这次 LY12CZ 铝涂层的试验是成功的，涂层试验失效周期应是第 12 试验循环块，即 12 日历年。

3.3　LY12CZ 铝合金涂层日历寿命的理论计算与试验值比较

该项涂层日历寿命计算与试验对比研究是由不同人、不同时间，在不同单位互不通气的情况下完成的。首先，由理论计算者算出涂层的计算日历寿命值，将它封存起来；然后，由试验者按与计算用的环境谱进行试验，给出涂层的试验日历寿命值；最后，在一次日历寿命专业会议上揭封，宣布封存的计算值与试验值。对比的结果是：LY12CZ 铝涂层的计算日历寿命是 9.18 年，试验的日历寿命是 12 年，试验值比计算值高 23.5%。这说明涂层的日历寿命计算公式和试验方法是相通、相融而且是有效的。

4　结论

（1）通过对金属涂层的失效 T—H 曲线的测试研究和使用环境的对比分析认为，涂层的失效 T—H 曲线分布规律和使用环境与它的金属基体完全一致，即涂层有与金属基体相同的日历寿命计算公式$\left(\lambda = 1/\sum_{j=1}^{m}\left(\sum_{i=1}^{k}\frac{h_i}{H_i}\right)_j\right)$的建立条件，因此涂层的日历寿命计算公式与金属日历寿命计算公式一致。这不仅解决了涂层日历寿命的计算问题，而且把涂层和金属基体日历寿命计算统一为一个公式，便于工程应用，这是一项很有趣的研究结果。由此，在国际上金属涂层有了日历寿命计算公式。

（2）金属涂层的试验日历寿命，要用使用环境的介质成分和含量（$d=1$）和高温—高湿谱进行试验。由于本高温—高湿谱与使用环境的温湿谱是等损伤的，这样不仅可降低试验时间，而且试出的寿命就是涂层的使用寿命。不需要采用误差很大的“当量折算”了，从而解决了国际腐蚀领域中的“当量折算”难题。

（3）通过对 LY12CZ 铝涂层日历寿命理论计算与试验对比研究结果分析，发现涂层的试验日历寿命值（12 年）比理论计算值（9.18 年）高 23.5%。这个结果说明涂层的日历寿命计算式（1）和试验方法是相通的，而且是有效的。由此，金属涂层的日历寿命可以通过真实使用环境参数和 *T*—*H* 曲线计算给出，也可通过试验给出，这是本领域的新突破。

参考文献

[1] 张福泽. 金属机件腐蚀损伤日历寿命的计算模型和确定方法［J］. 航空学报，1999，20（1）：75－79.

[2] 张福泽. 飞机停放日历寿命腐蚀温度谱编制方法和相应腐蚀介质的确定［J］. 航空学报，2001，22（4）：359－361.

[3] 张福泽. 三维等损伤环境谱编制原理和方法. 北京航空工程技术研究中心，2014. 10.

[4] 张福泽，陈勃. LY12CZ 和 30CrMnSiA 航空材料涂层失效的 *T*—*H* 曲线测试报告. 北京航空材料研究院，2006.

[5] 宋钧，郭洪全. 三种航空材料腐蚀 *T*—*H* 曲线测试报告. 北京航空材料研究院，2000.

[6] 张福泽，叶序彬. 飞机日历寿命试验的介质成分确定和加速方法［J］. 航空学报，2008，29（4）：1－9.

[7] 张福泽，叶序彬. 在 25℃和－40℃环境下的三种航空材料的疲劳品质研究［J］. 航空学报，2006，27（6）：1127－1129.

[8] 张福泽，叶序彬. 在 25℃和－40℃环境下的三种航空材料的裂纹扩展品质研究［J］. 航空学报，2007，28（3）：593－595.

Calculation formula and test method of calendar life of metallic coating

Zhang Fuze

(Beijing Aeronautical Technology Research Center, Beijing 100076, China)

Abstract Through research on the test of coating corrosion damage, this paper finds out that the $T-H$ curve of coating corrosion and the $T-H$ curve of metallic corrosion are consistent, and they have the same service environment spectrum. Since the calculation formula of metallic calendar life is deduced from the distribution regularities and service environment spectrum of $T-H$ curve, the calculation formula of coating's calendar life of is the same as that of the metallic calendar life. It is also revealed that metallic coating is sensitive to test temperature with some regularities. Hence, an effective test method to have the calendar life of coating is to increase the temperature of the test. To verify the above－mentioned conclusion, a comparative study of theoretic calculation and test of the calendar life of aluminum coating is also conducted.

Key words metallic coating; calendar life; $T-H$ curve; Corrosion damage; environment spectrum

飞机日历翻修期与总日历寿命确定方法和计算公式[①]

摘要： 本文从飞机日历寿命确定的需要，进行了飞机日历翻修期、总日历寿命计算方法和计算公式研究，只要给出飞机使用腐蚀环境谱、腐蚀材料的 *T*—*H* 曲线、金属自由腐蚀到临界损伤 D_c 的年限（金属日历寿命 λ）、一次有效防腐蚀层的年限（涂层日历寿命 λ_m）和飞机翻修次数 n，则飞机的日历翻修期和总日历寿命即可计算出来，这是国际上一直没有解决的问题。

关键词： 飞机；日历寿命；日历翻修期

引言

飞机总疲劳寿命可通过全机疲劳试验直接给出，但飞机总日历寿命不能通过腐蚀试验直接给出。根据笔者研究，总日历寿命 Y 是金属日历寿命 λ、涂层日历寿命 λ_m 和翻修次数 n 的函数，怎样把 λ、λ_m 组合起来给出 Y 是个难题。笔者前期通过多种方法研究没有给出答案，后来经过对这 3 个参数与日历寿命的内在关系研究，给出一条符合它们内在关系的规律曲线，把这个难题解决了，见图 4。

1　确定飞机日历翻修期和总日历寿命的关键技术内容和解决的方法

目前国内外还没有一种确定和预计飞机日历翻修期和总日历寿命的方法。飞机日历寿命问题是一种周期长、多种因素互相交错影响的复杂过程，不可能是在某一阶段用一两个参数就可以解决的问题。它是贯穿飞机设计、制造、使用、维修，一直到报废的全寿命管理过程，因此它属于多个学科多个部门共同完成的复杂系统工程问题[1]。

---

① 本文在《航空学报》2005 年第 26 卷第 4 期发表。该文提出的计算方法和公式在国际上属首次。

本文在笔者以前专项研究的基础上，更进一步系统地研究了与飞机总使用日历寿命相关的技术参数和它们之间的关系表达式。其中已有方法解决的参数，本文只给出参考文献和简要使用说明；尚没有方法解决的问题，本文给出解决的方法。该技术内容适用于设计与使用两个阶段的日历寿命的预计和延长。

（1）腐蚀损伤容限 D_c

设计部门或研究机构根据强度和使用等方面要求，应该给出飞机关键腐蚀部位的损伤容限 D_c值。D_c对于解决飞机日历翻修期和总日历寿命是必不可少的，它是机件腐蚀的限制性参数。

（2）使用环境下的温度谱

使用温度谱要根据飞机所处地域的温度变化规律进行编制。使用温度谱对于确定飞机日历翻修期与总日历寿命是必需的，它编制准确与否对日历寿命确定有重要意义。参考文献［2］研究出了如何编制飞机使用温度谱的方法，该文给出几种编制温度谱的形式。本文认为，从目前发展水平，采用三个季节（春秋、夏和冬）编制使用腐蚀温度谱较好，如图 1～图 3 所示。

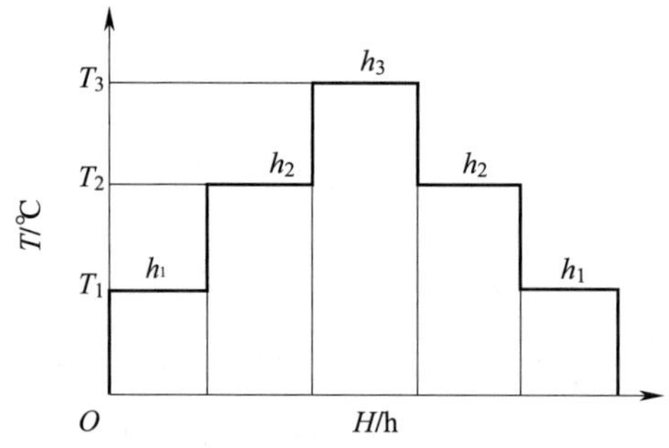

图 1　春秋季平均使用腐蚀温度谱

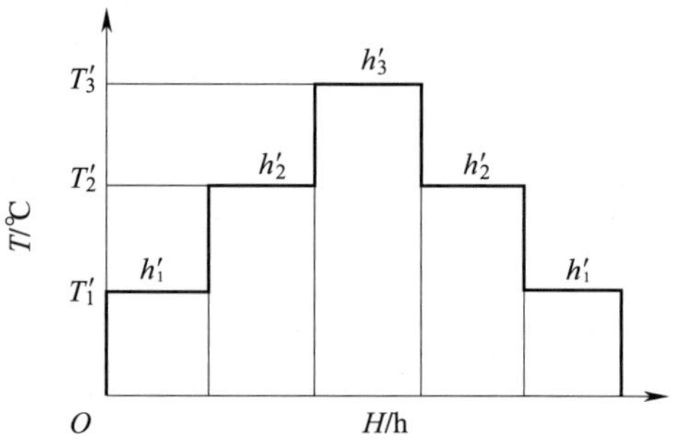

图 2　夏季平均使用腐蚀温度谱

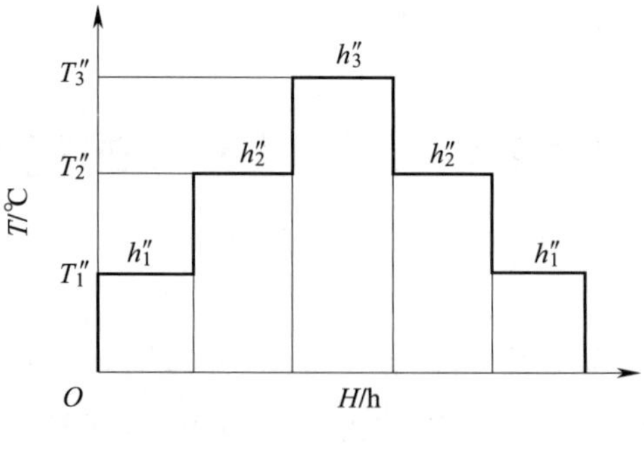

图 3　冬季平均使用腐蚀温度谱

（3）任意腐蚀损伤的 T（温度）—H（时间）曲线

使用环境下的 T—H 曲线是无法实测出来的（除非按腐蚀机件实际使用年限测试），只能用实验室的加速腐蚀试验数据求得腐蚀的 T—H 曲线，然后再按参考文献［3］给出的方法求得任意损伤的 T—H 曲线。在测试 T—H 曲线中，要注意它的温度范围与腐蚀温度谱中的温度范围应大体一致，否则在日历寿命计算中无法对应取值。在测试 $T—H$ 曲线中，还要注意其他腐蚀介质（如水、盐、二氧化碳、酸雨等）[4] 也要与腐蚀温度谱中的各种腐蚀介质一致。

（4）机件自由腐蚀到损伤容限 D_c 的日历年 λ 的计算

在已获得腐蚀温度谱和三个季节（春秋、夏、冬）对应的使用环境的 $T—H$ 曲线后，就可以用参考文献［4］给出的式（1）进行自由腐蚀到损伤容限 D_c 的日历年 λ 的计算。

$$\lambda \sum_{j=1}^{m} \left(\sum_{i=1}^{k} \frac{h_i}{H_i} \right)_j = 1 \tag{1}$$

由式（1）

$$\lambda = \frac{1}{\sum_{j=1}^{m} \left(\sum_{i=1}^{k} \frac{h_i}{H_i} \right)_j} = 1 \Big/ \left[\frac{h_1}{H_1} + \frac{h_2}{H_2} + \frac{h_3}{H_3} + \frac{h'_1}{H'_1} + \frac{h'_2}{H'_2} + \frac{h'_3}{H'_3} + \frac{h''_1}{H''_1} + \frac{h''_2}{H''_2} + \frac{h''_3}{H''_3} \right] \tag{2}$$

式中：λ——在 m 种湿度作用下，腐蚀到 D_c 时温度谱总循环块数；

$h_1 \sim h_3$——春秋季温度谱中三级温度各占的小时数；

$h'_1 \sim h'_3$——夏季温度谱中三级温度各占的小时数；

$h''_1 \sim h''_3$——冬季温度谱中三级温度各占的小时数；

$H_1 \sim H_3$——春秋季 $T—H$ 曲线中三级温度对应的小时数；

$H'_1 \sim H'_3$——夏季 $T—H$ 曲线中三级温度对应的小时数；

$H''_1 \sim H''_3$——冬季 $T—H$ 曲线中三级温度对应的小时数；

m——湿度的级数；

k——某一腐蚀温度谱中的温度级数。

在获得上述各参数的具体数值后，代入上述公式，就可计算机件达到腐蚀损伤容限 D_c 时的日历年限 λ。

（5）机件防腐层一次有效期 λ_m

飞机日历寿命长短，还与防护层性能有关，防护层性能好，机件不腐蚀的时间就长，日历寿命就长，因此必须提高防腐层的一次有效期。从飞机日历寿命确定角度看，防腐层一次有效期提高了，则翻修周期可以增长，每次翻修周期都能增长，则飞机日历寿命也就增长。目前，尚没有针对飞机日历寿命的防护层一次有效期的预计方法和公式，只能靠试验验证的方法进行飞机的不同部位、不同材料的防腐层一次有效期的 λ_m 确定。为了论述飞机日历翻修期和总日历寿命确定方法和计算公式，在此假设 λ_m 已确定，是已知数。

（6）飞机翻修次数 n

飞机翻修次数 n 用飞机疲劳寿命翻修次数。同时假设第 1、第 2 和第 n 次翻修期分别是 y_1，y_2，…，y_n，且各次翻修期的间隔相等。

2　飞机各次日历寿命翻修期和总日历寿命的计算公式

（1）假设

飞机各次日历寿命翻修期为 y_1，y_2，…，y_n，总日历寿命为 Y，金属自由腐蚀到损伤容限 D_c的年限为 λ，防护层一次有效年限为 λ_m，翻修次数为 n 次，各次防护层一次有效期 λ_m 相等，金属自由腐蚀到损伤容限 D_c的年限 λ 平均分配给各次翻修期。

（2）飞机日历寿命确定的规律曲线

根据上述各参数的内在关系和假设，笔者研究给出了飞机日历寿命确定的规律曲线，如图4所示。

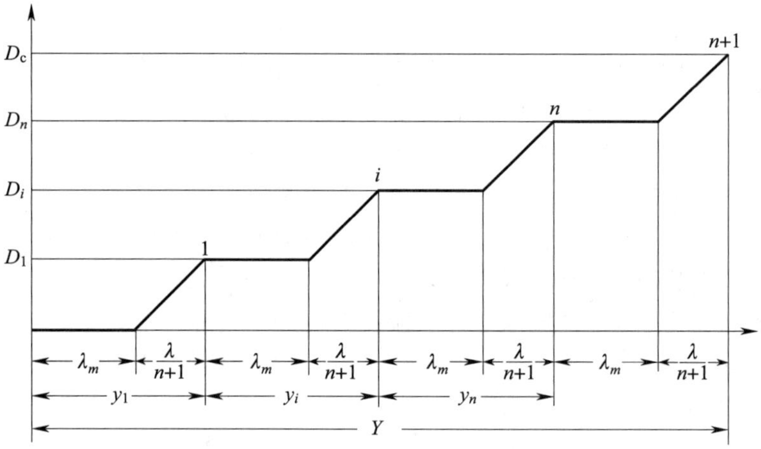

图4　飞机日历寿命确定的规律曲线

（3）飞机日历寿命确定的计算公式

①飞机各次翻修期 y_i的公式，参看图4得

$$y_1 = y_i = y_n = \lambda_m + \frac{\lambda}{n+1} \tag{3}$$

②飞机总日历寿命 Y 公式，参看图4得

$$Y = \sum_{i=1}^{n} y_i + \lambda_m + \frac{\lambda}{n+1}$$

解得

$$Y = (n+1)\lambda_m + \lambda \tag{4}$$

式（3）和式（4）中：

y_i——日历寿命各次翻修期；

Y——飞机总日历寿命；

λ——机件自由腐蚀到损伤容限 D_c的时间；

λ_m——机件防护层一次有效时间；

n——飞机翻修次数。

3　算例

以我国第二代飞机在海南岛服役为例，应用参考文献［8］给出的金属基体和涂层日历寿命分散系数，计算飞机 LY12CZ 铝合金的可靠翻修日历寿命（y）和总日历寿命（Y）：

（1）设腐蚀损伤容限 $D_c = 0.5$mm。

（2）取 LY12CZ 试验日历寿命 $\lambda = 13.4$ 年[6]，除以分散系数 2[8]，得可靠的 $\lambda = 6.7$ 年。

（3）取涂层试验日历寿命 $\lambda_m = 12$ 年[7]，除以分散系数 1.5①，得可靠的 $\lambda_m = 8$ 年。

（4）$n = 3$（我国二代飞机翻修次数）。

（5）计算可靠翻修日历寿命 y_i 和总可靠日历寿命 Y

$$y_i = \lambda_m + \frac{\lambda}{n+1} = 8 + \frac{6.7}{3+1} = 9.7\ (\text{年})$$

$$Y = (n+1)\lambda_m + \lambda = (3+1) \times 8 + 6.7 = 38.7\ (\text{年})$$

（6）小结：我国第二代飞机铝合金（LY12CZ）在海南岛使用的翻修日历寿命是 9.7 年，总日历寿命是 38.7 年。这与实际使用日历寿命 38 ±2 年是比较吻合的。

4　结论

笔者通过研究，在国际上首次给出飞机总日历寿命和各次翻修日历寿命的计算公式，它只取决于三个参数：①防腐层一次有效年限 λ_m，由制造厂和修理厂通过试验给出；②机件腐蚀到损伤容限 D_c 的年限 λ，它由参考文献［2］、［3］和［5］计算和试验得到；③翻修次数 n，它由设计方通过全机疲劳试验结果确定。在确定了 λ_m、λ 和 n 这三个参数后，采用本文建立的式（3）和式（4）就可计算得到飞机的各次日历翻修期和日历总寿命。

参考文献

［1］蒋祖国. 飞机结构腐蚀疲劳［M］. 北京：航空工业出版社，1992：20 -90.

［2］张福泽. 求任意腐蚀损伤的 T—H 曲线［J］. 航空学报，2000，21（4）：349 -351.

［3］张福泽. 飞机停放日历寿命腐蚀温度谱的编制方法和相应腐蚀介质的确定［J］.

① 此处金属涂层日历寿命分散系数为 1.5，是笔者用本书 485 页表 12 的试验数据经初步统计分析得到的，由于试验数据偏少，分散系数取 1.5 只供参考，有待进一步研究。

航空学报，2001，22（4）：359－361.
[4] 张福泽. 金属机件腐蚀损伤日历寿命的计算模型和确定方法［J］. 航空学报，1999，20（1）：75－79.
[5] 刘文珽，蒋冬滨. 飞机结构关键危险部位加速腐蚀试验环境谱研究［J］. 航空学报，1998，19（4）：434－438.
[6] 张福泽. 金属日历寿命计算的新理论和试验新方法对比验证研究［J］. 前沿科学，2015，9（35）：4－10.
[7] 张福泽. 金属涂层的日历寿命计算公式和试验方法［J］. 航空学报，2016，37（2）.
[8] 张福泽. 金属材料日历寿命确定的分散系数和取值［J］. 航空学报，2016，37（2）：307－403.

Predicting Method and Formula for Determining Calendar Repaired Period and Total Calendar Life of Aircraft

Zhang Fuze

(Beijing Aeronautical Technology Research Centre, Beijing 100076)

Abstract The predicting method and formula for determining calendar repaired period and total calendar life of aircraft are researched to meet the needs of determining calendar life of aircraft and the results related to them are given. As long as the used corrosion environment spectrum of aircraft, the $T-H$ curve of corrosive materials, the number of year K set for freely corroding up to critical damage D_c, the number of year K_m set for available anticorrosive layer at a time and the repaired times of air craft n are given, the calendar repaired period and total calendar life of aircraft can be determined.

Key words aircraft; calendar life; calendar repaired period

第二部分

金属腐蚀容限和全机日历寿命确定方法及相关文章

导　读

（1）张福泽金属腐蚀容限确定的原理和方法

本册第一部分的论文奠定了确定日历寿命的理论，但尚未解决机件腐蚀容限 D_c 的取值问题，这是一个世界性难题。D_c 是机件腐蚀损伤的控制标准和判据，如果不能准确给出 D_c，就无法准确给出日历寿命，更无法制定腐蚀损伤的使用检查标准。

张福泽认为，为了能获取准确真实 D_c 值，必须综合考虑机件使用的真实环境参数和真实受力状态。例如：同一机件在同一腐蚀环境下使用，受不同载荷作用，则有不同的 D_c 值；同一机件在同一载荷作用下，受不同腐蚀环境作用，也有不同的 D_c 值。这些客观存在的因素，在确定 D_c 值时必须考虑。否则，就无法给出机件在不同状态下使用的真实腐蚀容限 D_c 值。

为此，张福泽通过静强度、疲劳强度和腐蚀三个学科的综合研究，分别研究给出机件在静载荷作用下应力与腐蚀损伤 D 的分布曲线，以及机件在疲劳载荷作用下寿命与腐蚀损伤 D 的分布曲线。根据这两条曲线、机件使用的容限应力值及总疲劳寿命值，便可分别求出机件在静载荷作用下和在疲劳载荷作用下腐蚀损伤容限值，以及机件同时受静载荷和疲劳载荷作用下腐蚀损伤容限值。此外，还给出了用一个腐蚀损伤容限值，保证同一机件总疲劳寿命与总日历寿命皆安全的方法，同时还解决了总疲劳寿命与总日历寿命的匹配设计和使用中腐蚀损伤控制的问题。

（2）张福泽全机日历寿命确定的原理和方法

张福泽以飞机为例，通过对飞机疲劳寿命与日历寿命内在关系的研究，给出了全机总日历寿命不需要做整机腐蚀 + 疲劳试验来确定，利用全机疲劳试验获得的疲劳关键件即可解决全机总日历寿命。这个总日历寿命不仅保证总疲劳寿命不损失，而且还互保安全和协调。从而解决了全世界一直无法解决的复杂难题。

（3）张福泽日历寿命总结性的英文文章：*Principles and Methods for Determining Calendar Life and Corrosion Tolerance of Mechanical Parts*。

（4）张福泽日历寿命授课 PPT：2018—2019 年中国航空学会组织举办“张福泽院士飞机日历寿命理论与方法培训班”，邀请张院士先后赴东北、西北、北京、成都、南昌、贵阳、荆门等地区向全国航空领域的有关单位进行授课培训。

要了解上述具体内容，请查阅本部分的论文和在全国航空领域的有关单位授课讲稿 PPT。

机件真实腐蚀容限求解的原理和方法

摘要：本文通过静强度、疲劳强度和腐蚀三个学科的综合研究，分别给出飞机结构（简称机件）在静载荷作用下的应力与腐蚀损伤 D 的分布曲线和机件在疲劳载荷作用下的寿命与腐蚀损伤 D 的分布曲线。根据这两条曲线和机件使用的容限应力值及总疲劳寿命值，便可分别求出机件在静载荷作用下的腐蚀损伤容限值和机件在疲劳载荷作用下的腐蚀损伤容限值以及同一机件同时受静载荷和疲劳载荷作用的腐蚀损伤容限值。此外，本文还给出了用一个腐蚀损伤容限值，保证同一机件的总疲劳寿命和总日历寿命皆安全的方法，以及总疲劳寿命和总日历寿命的匹配设计和匹配使用等问题。这些研究结论，适用于大气、海洋、土壤等环境的腐蚀机件，解决了国际机械和腐蚀领域一直未解决的一些难题。

关键词：腐蚀损伤容限；日历寿命；疲劳寿命；静载荷；疲劳载荷

引言

众所周知，金属腐蚀损伤容限 D_c 和日历寿命（使用时间）属于古老的腐蚀学科。500 多年来，腐蚀学科从微观到宏观已研究得很深很透，各种论文如云似海。但由于影响金属腐蚀的因素多样且复杂，所以在国际腐蚀领域，一直追求解决真实环境和受力的腐蚀损伤容限 D_c 和日历寿命确定问题，但至今仍未解决。这些难题不解决，就无法控制机件的使用时间，使在腐蚀环境下工作的金属机件无控制地使用，导致机件的腐蚀损伤值大于腐蚀损伤容限 D_c 值，使这类机件发生破裂或爆炸，甚至引起重大事故发生，造成经济损失和人员伤亡。距世界各国统计，每年各国由腐蚀造成的平均经济损失达 GDP 的 3%。损失如此巨大，可见给出各种金属机件的腐蚀损伤容限 D_c 和使用日历寿命至关重要。只有解决这些难题，才能减少或避免因腐蚀造成的灾难事故和重大经济损失。

在国际上曾有多次（中国两次）因疲劳断裂摔多架飞机。世界各国通过理论计算和试验给出飞机疲劳寿命，用这个寿命指标控制飞机飞行时间，解决了国际因疲劳摔飞机的问题。因腐蚀摔飞机的问题，也应这样解决。但在国际上，一直无法给出飞机日历寿命，直接影响飞机使用和飞行安全，因此笔者才介入日历寿命研究。经过20余年研究，在国际上首先研究出一套较完整的确定机件日历寿命的理论和方法，研究的全部论文都发表在中国《航空学报》上。为使读者便于查阅，现把相关内容和论文整理如下：

（1）发现了金属和防护涂层的5条腐蚀规律线[1-4]，为推导7个日历寿命公式打下基础；

（2）研究出计算金属和防护涂层的日历寿命公式和确定方法[1-12]；

（3）研究出金属机件总日历寿命和翻修期的计算公式和确定方法[13]；

（4）研究出金属机件可靠性处理的原理和方法[14-15]；

（5）研究出等腐蚀损伤三维温湿谱的编制原理和方法[16-22]；

（6）通过多方面试验验证和一种飞机日历寿命计算，成功地验证了本套日历寿命确定理论和方法是正确的和可行的[24,27]。

上述研究成果，解决了机件的日历寿命的理论计算和确定方法问题。但解决不了腐蚀损伤容限 D_c 取值问题。腐蚀损伤容限 D_c 是机件腐蚀损伤的控制标准。标准不准确，就无法给出准确的日历寿命，更无法制定腐蚀损伤的使用检查标准。

为了能获取准确的真实 D_c 值，在确定 D_c 时，必须把机件使用的真实环境参数和真实受力考虑进去，例如：同一机件，在同一腐蚀环境下使用，受不同载荷作用，则有不同的腐蚀容限 D_c 值；同一机件，在同一载荷作用下，受不同腐蚀环境的作用，也有不同的腐蚀损伤容限 D_c 值；同样，同一机件的疲劳寿命和日历寿命，也有各自的腐蚀损伤容限 D_c 值。这些客观存在的因素，在确定腐蚀损伤容限 D_c 值时必须考虑，否则，给不出机件在不同状态下使用的真实腐蚀损伤容限 D_c 值。但至今，在国际机械和腐蚀领域尚没有这方面的研究成果发表。

本文针对上述国际未解决的问题进行了如下研究：

（1）受静载荷机件的腐蚀损伤容限；

（2）受疲劳载荷机件的腐蚀损伤容限；

（3）同时受静载荷和疲劳载荷作用机件的腐蚀损伤容限；

（4）同一机件的疲劳寿命与日历寿命皆安全的腐蚀损伤容限；

（5）同一机件的疲劳寿命与日历寿命的匹配设计、匹配使用，以及它们确定的程序等，具体研究如下。

1　受静载荷机件的腐蚀损伤容限 D_c 的求解原理和方法

1.1　求解原理

（1）假设

①机件受静载荷作用，其工作应力为 σ，容限应力为 σ_p，破坏应力为 σ_b；

②机件在腐蚀环境下使用，腐蚀损伤为 D，腐蚀损伤容限为 D_c。

（2）机件工作应力 σ 分析

①机件工作应力 σ 随腐蚀损伤 D 增加而增加，当 σ 增加至容限应力 σ_p 时，不允许再腐蚀；

②机件腐蚀到工作应力 σ 超过容限应力 σ_p，再腐蚀会使 σ 很快达到机件极限破坏应力 σ_b，使机件破裂。

（3）机件腐蚀损伤 D 分析

①机件未腐蚀时，腐蚀损伤 $D=0$；

②机件随着腐蚀时间 H 的增加，腐蚀损伤 D 随之增加；

③机件随着腐蚀时间 H 的增加，当 $D=D_c$ 时，不允许再腐蚀，D_c 为该机件的腐蚀损伤容限值。

（4）D 与 σ 的综合分析

①机件某部位的工作应力 σ 与承载面积 S 的关系曲线

假设机件受静载荷 P 作用，$P=1000\text{kgf}$，承载面积 $S=100\text{cm}^2$，令 S 以 10% 的梯度递减，计算递增的 σ，如表1所示，并据此做出机件受静载时的 σ—S 分布曲线，如图1所示。

表1　机件受单向拉力 $P=1000\text{kgf}$ 承载面积 $S=100\text{cm}^2$ 的 σ—S 值

面积 S 减小比例/%	100	90	80	70	60	50	40	30	20	10
σ（kgf/cm^2）	10	11.1	12.5	14.3	16.7	20	25	33.3	50	100

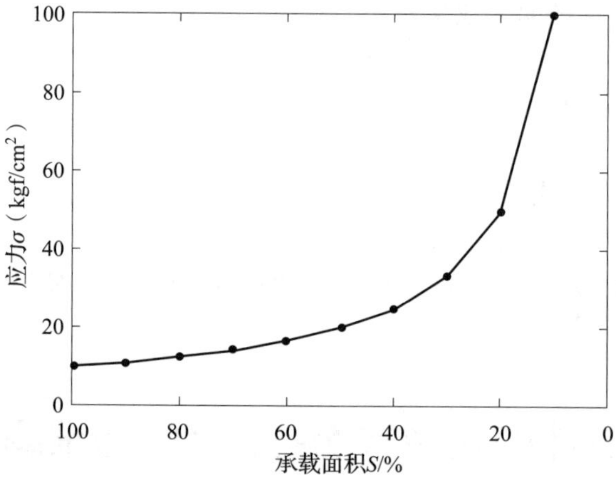

图1　受静载荷机件的应力 σ 随承载面积 S 减小的分布曲线

从图1可以分析出，在机件受载不变的情况下，其应力 σ 随承载面积 S 递减而增加；在 S 递减至60%之前，σ 随 S 的增长规律是比较缓慢的，而且 σ 与 S 近似呈线性增长关系；当 S 从20%降至10%时，则 σ 从 50kgf/cm^2 急升至 100kgf/cm^2，即面积 S 降低10%，应力 σ 增加1倍。可以说，这段曲线呈指数式增长。这说明剩余面积较小时，再降低同等面积会引起应力急剧增加，直至极限破坏应力 σ_b，引起机件破裂失效。

由这条 σ—S 分布曲线得出：在确定腐蚀损伤容限时，不能在指数增长区中确定，要在线性区确定腐蚀损伤容限值。

②机件同一部位的腐蚀损伤 D 与应力 σ 关系曲线

机件同一部位的腐蚀损伤 D 由轻到重，会引起该部位的承载面积 S 由大变小，即工作应力 σ 由小变大，由此可得：机件的 σ 随 D 增大而增大，对不同腐蚀材料的 D 与 σ 的分布曲线可能有所不同，但机件的工作应力 σ 随腐蚀损伤 D 增长而提高的总趋势是一致的。σ 与 D 的这种变化曲线在参考文献［25］中给出例证。

参考文献［25］在 LY12CZ 铝合金腐蚀坑深度 t 与腐蚀坑周边应力 σ 的研究中，给出图 2 的分布曲线。图 2 的纵坐标是腐蚀周边最大应力 σ，横坐标是腐蚀坑平均深度 t 除以试件厚度 H_1 的比值 t/H_1。从图 2 可以看出，应力 σ 随腐蚀坑深度提高而提高的总趋势是存在的，但曲线在不同发展阶段的速率是不同的：在 t/H_1 等于 1/5 之前，腐蚀坑应力 σ 随腐蚀坑深度变化速率比较平缓，而且近似直线，之后则速率急剧增大。这说明，LY12CZ 铝合金的腐蚀损伤 D 与工作应力 σ 的关系，基本符合图 1 的分布规律，即图 1 与图 2 曲线前中段，都近似线性曲线。这里需要的也是这段线性曲线。

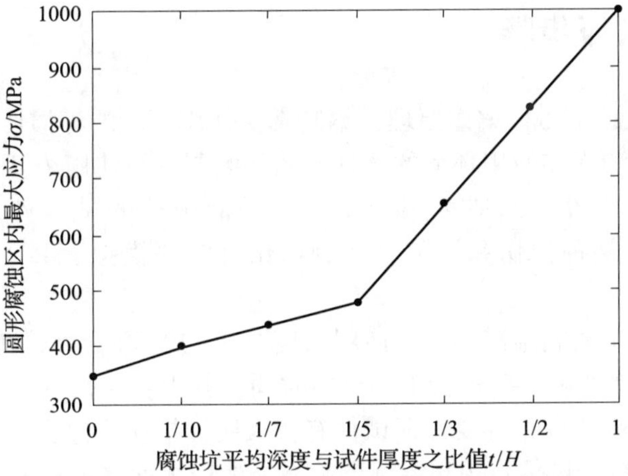

图 2　LY12CZ 铝合金腐蚀坑应力 σ 随 t/H 减小的分布曲线

（5）求解

对于受静载荷作用的机件，其设计极限应力是 σ_b（破坏应力），属于机件使用安全规范规定，它的使用容限应力 $\sigma_p = \sigma_b/f$（f 是安全系数）。机件在使用过程中，其工作应力一般要小于或等于 σ_p，因此 σ_p 是我们确定腐蚀损伤容限的强度容限指标。

通过图 1 的应力 σ 随承载面积 S 减小的曲线研究和图 2 的金属腐蚀损伤 D（腐蚀坑平均深度）与应力变化曲线分析，可以得出：无论是机件面积 S 减小，还是机件腐蚀损伤 D 增加，都会引起应力的增长，在面积 S 减小或腐蚀损伤 D 增加的前中期，应力 σ 随 D（或 S）的变化速率比较缓慢，其变化曲线近似直线。由此可以推断：某些受静载荷的机件，在腐蚀的前中期，其应力 σ 与腐蚀损伤 D 存在如图 3 所示的线性关系。

有了图 3 的曲线，再根据受静载荷关键机件的容限应力 σ_p，便可求出受静载荷机件的腐蚀损伤容限 D_c，如图 3 箭头所示。

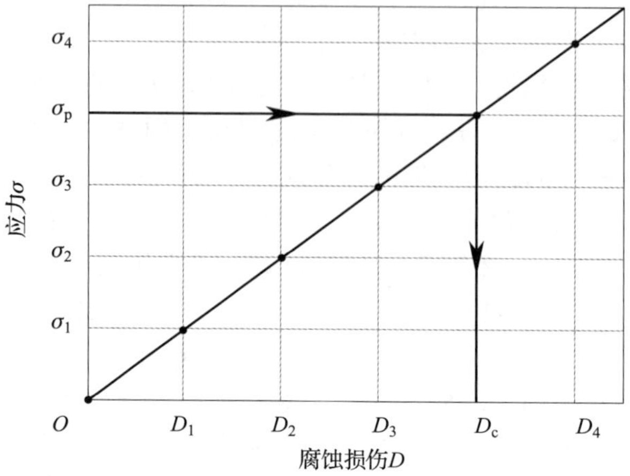

图 3　受静载机件在腐蚀前中期的腐蚀损伤 D 与应力 σ 的关系曲线

1.2　求解方法与步骤

（1）按参考文献［16］编谱原理，编制真实使用环境的等损伤高温湿谱。

（2）统计或实测真实使用环境的各种介质并配制一级使用浓度（$d=1$）。

（3）模拟关键机件，制造可用于腐蚀和受静载荷的试验件。如果求腐蚀损伤容限的机件，已有某种损伤和缺陷，在制造试件时要模拟。共 4 组试件，每组三个试件。

（4）用真实使用高温湿谱和一级使用浓度（$d=1$）进行静载荷和腐蚀试验，这个试验对不同腐蚀速率的材料要进行不同试验时间，其中：$t_1<t_2<t_3<t_4$，但不管试件是什么材料，它的试验时间 t_1 都要保证试件有较大腐蚀损伤再停止。具体步骤如下：

①一组试件的每个试件，用高温湿谱和一级使用浓度（$d=1$），进行 t_1 个谱块的静载荷和腐蚀试验后，再进行腐蚀损伤 D_1'测量，最后拉断试件，测出断裂应力 σ_1；

②一组试件的每个试件，用高温湿谱和一级使用浓度（$d=1$），进行 t_2 个谱块的静载荷和腐蚀试验后，再进行腐蚀损伤 D_2'测量，最后拉断试件，测出断裂应力 σ_2；

③一组试件的每个试件，用高温湿谱和一级使用浓度（$d=1$），进行 t_3 个谱块的静载荷和腐蚀试验后，再进行腐蚀损伤 D_3'测量，最后拉断试件，测出断裂应力 σ_3；

④一组试件的每个试件，用高温湿谱和一级使用浓度（$d=1$），进行 t_4 个谱块的静载荷和腐蚀试验后，再进行腐蚀损伤 D_4'测量，最后拉断试件，测出断裂应力 σ_4；

⑤检验 σ—D 曲线关系，若非近似线性关系，可通过调整腐蚀时间再试。

（5）用 σ_1、σ_2、σ_3、σ_4和 D_1、D_2、D_3、D_4，绘制 σ—D 曲线，如图 3 所示。

（6）用关键机件的容限应力 σ_p 求腐蚀损伤容限 D_c，如图 3 箭头线所示。

2　受疲劳载荷机件的腐蚀损伤容限 D_c 的求解原理和方法

2.1　求解原理

（1）假设

①机件受疲劳载荷作用，其工作应力为 σ_i，疲劳寿命为 N_i，总疲劳寿命为 N_p；

②机件在腐蚀环境下工作，其腐蚀损伤为 D，腐蚀损伤容限为 D_c。

（2）机件某一部位的工作应力 σ 与疲劳寿命 N 的关系曲线

根据疲劳领域的公认结论：即机件的工作应力 σ_i 与疲劳寿命 N_i 存在如图 4 的 σ—N 曲线，即统称 S—N 曲线。

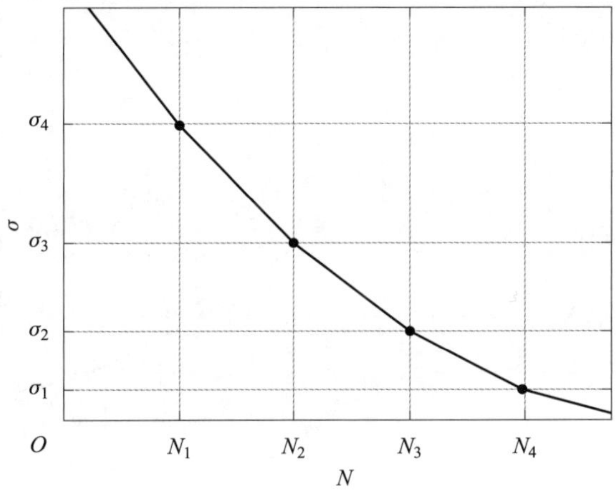

图 4　σ—N 分布曲线

（3）机件某一部位的工作应力 σ 与腐蚀损伤 D 关系曲线

根据本文 1.1 节的研究结论，在机件工作应力 σ 与腐蚀损伤 D 的分布曲线中，前中期的 σ 与 D 曲线，呈近似线性关系，如图 5 所示。

（4）机件的疲劳寿命 N 与腐蚀损伤 D 的关系曲线

①N 与 D 曲线

现假定图 4 和图 5 中应力 σ_1、σ_2、σ_3、σ_4 是同一机件同一部位的 4 级工作应力。用这组应力 σ_i，分别在图 4 和图 5 的曲线中找出对应的 N_i 与 D_i 值，由此可得图 6 的疲劳寿命 N 与腐蚀损伤 D 的对应曲线关系图。这说明同一部位的腐蚀损伤 D 大，则寿命 N 低，反之腐蚀损伤 D 小则寿命 N 大。

②N 与 D 曲线的试验例证

把参考文献［25］中的疲劳试验寿命与腐蚀损伤关系图，转化为图 7 的疲劳试验寿命 N 与腐蚀损伤 D 的关系曲线，图 7 上的数据为原图的数据。其中：a 点是一组未腐蚀（$D=0$）试件的疲劳试验平均寿命；b、c 两点是两组试件分别进行 20 天的 40℃、60℃的腐蚀试验后的疲劳试验平均寿命。

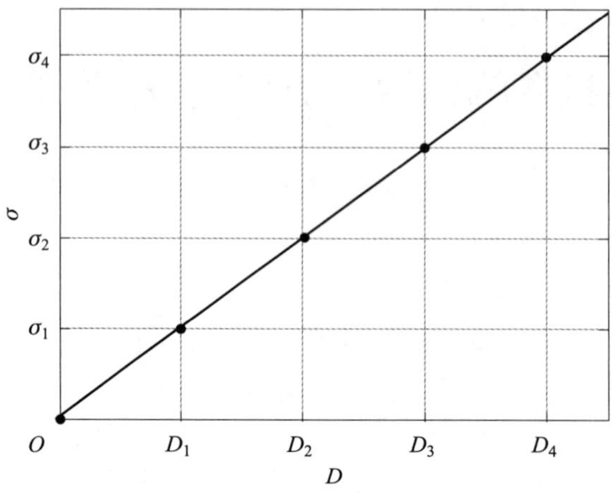

图 5　σ—D 关系曲线

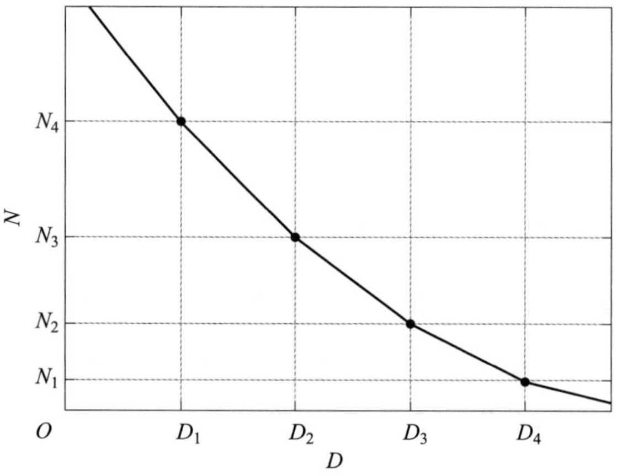

图 6　N—D 关系曲线

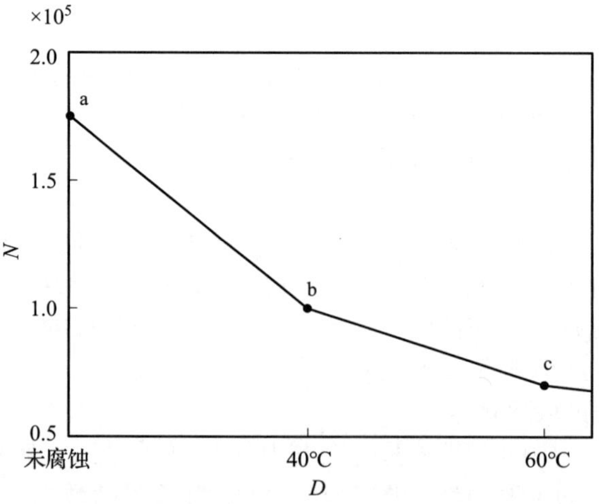

图 7　腐蚀试件的 N—D 关系曲线

从图 7 的 a－b－c 试验曲线可以看出，它的分布规律与图 6 的论证曲线分布规律一致，这说明同一腐蚀疲劳部位的腐蚀损伤 D 与疲劳寿命 N 存在图 6 的分布关系。

（5）求 D_c

假设关键机件的总使用疲劳寿命 N_p 通过试验给出。$N_p=\bar{N}/L_f$，$\bar{N}$ 是总试验均值寿命，L_f 是分散系数。

再根据图 6 的疲劳寿命 N 与腐蚀损伤 D 的关系曲线，便可求出机件在总使用寿命 N_p 下的腐蚀损伤容限值 D_c，如图 8 所示。

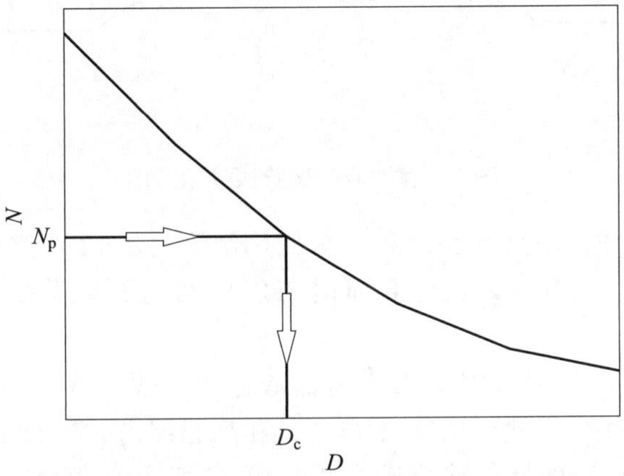

图 8　用总疲劳寿命 N_p 求损伤容限 D_c 示意图

2.2　求解方法和步骤

（1）用参考文献［16］的编谱原理，编制真实环境的等损伤高温湿谱。

（2）统计或实测真实环境的各种介质，并配制一级使用浓度（$d=1$）。

（3）编制疲劳关键件的疲劳载荷谱，可参考机件疲劳定寿的载荷谱，但要与温湿谱配套，如各 1 年的谱。

（4）用疲劳关键件材料，制作可进行腐蚀和疲劳试验的试件，如图 9 所示。如果求腐蚀损伤容限的机件有初始损伤，在制作试件时要模拟。

（5）求使用环境（$d=1$）的腐蚀损伤：

①对一组三个试件，用高温湿谱和一级使用浓度（$d=1$）进行 t_1 个谱块的腐蚀试验，在试验中还要用与 t_1 配套的疲劳载荷谱在 $0.5t_1$ 处进行疲劳试验。然后进行平均腐蚀损伤 D_1 测量。

②对一组三个试件，用高温湿谱和一级使用浓度（$d=1$）进行 t_2 个谱块的腐蚀试验，在试验中还要用与 t_2 配套的疲劳载荷谱在 $0.5t_2$ 处进行疲劳试验。然后进行平均腐蚀损伤 D_2 测量。

③对一组三个试件，用高温湿谱和一级使用浓度（$d=1$）进行 t_3 个谱块的腐蚀试验，在试验中还要用与 t_3 配套的疲劳载荷谱在 $0.5t_3$ 处进行疲劳试验。然后进行平均腐蚀损伤 D_3 测量。

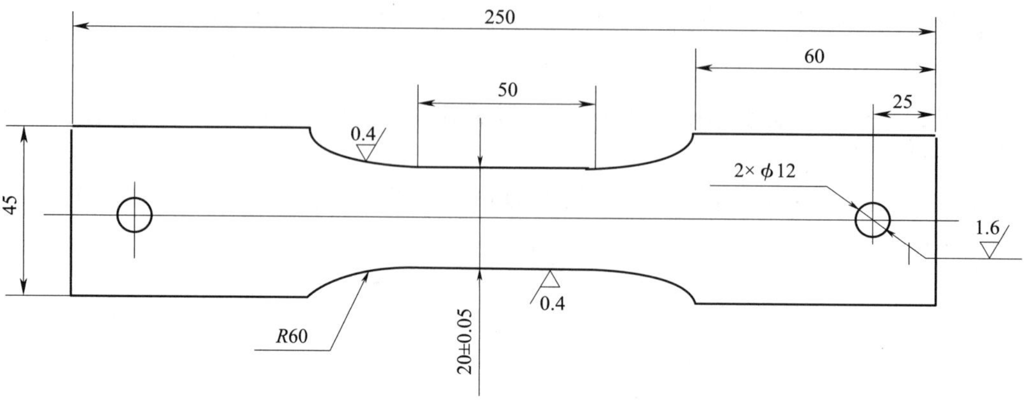

图 9　腐蚀疲劳试验试件示意图

④对一组 3 个试件，用高温湿谱和一级使用浓度（$d=1$）进行 t_4 个谱块的腐蚀试验，在试验中还要用与 t_1 配套的疲劳载荷谱在 $0.5t_4$ 处进行疲劳试验。然后进行平均腐蚀损伤 D_4 测量。

（6）求 D_1、D_2、D_3、D_4 对应的疲劳寿命 N_1、N_2、N_3、N_4：

①对一组 5 个试件，用使用浓度（$d=1$）和高温湿谱，进行 t_1 个谱块的腐蚀试验，在试验中还要用与 t_1 配套的疲劳载荷谱在 $0.5t_1$ 处进行疲劳试验。然后，用同一载荷谱进行疲劳断裂试验，测出疲劳寿命 N_1。

②对一组 5 个试件，用使用浓度（$d=1$）和高温湿谱，进行 t_2 个谱块的腐蚀试验，在试验中还要用与 t_2 配套的疲劳载荷谱在 $0.5t_2$ 处进行疲劳试验。然后，用同一载荷谱进行疲劳断裂试验，测出疲劳寿命 N_2。

③对一组 5 个试件，用使用浓度（$d=1$）和高温湿谱，进行 t_3 个谱块的腐蚀试验，在试验中还要用与 t_3 配套的疲劳载荷谱在 $0.5t_3$ 处进行疲劳试验。然后，用同一载荷谱进行疲劳断裂试验，测出疲劳寿命 N_3。

④对一组 5 个试件，用使用浓度（$d=1$）和高温湿谱，进行 t_4 个谱块的腐蚀试验，在试验中还要用与 t_4 配套的疲劳载荷谱在 $0.5t_4$ 处进行疲劳试验。然后，用同一载荷谱进行疲劳断裂试验，测出疲劳寿命 N_4。

注：腐蚀试验时间 $t_1<t_2<t_3<t_4$，具体试验时间要根据不同材料的腐蚀速率而定。但 t_1 的试验时间，要保证试件产生较大腐蚀损伤后再停止。还要注意，在求 D_1 和 N_1、D_2 和 N_2、D_3 和 N_3、D_4 和 N_4 时，要用相等的 t_1、t_2、t_3、t_4。

（7）用测出的 N_1、N_2、N_3、N_4 和 D_1、D_2、D_3、D_4 绘制 N—D 曲线，如图 6 所示。

（8）用关键机件的总疲劳寿命 N_p 求腐蚀损伤容限 D_c，如图 8 箭头线所示。

（9）依据求出的 D_c 为指标，用载荷谱、温湿谱和一级高浓度 d 进行试验或计算，分别给出金属日历寿命。

（10）用同一个试验箱可试出金属日历寿命 λ 和涂层日历寿命 λ_m。

2.3　机件无总疲劳寿命 N_p，近似求腐蚀容限 D_c 的方法

（1）用本文 2.2 节的方法，求 $d=1$ 情况下的腐蚀 + 疲劳损伤 D_1、D_2、D_3、D_4，再用对应的试验时间 H_1、H_2、H_3、H_4，绘制腐蚀 + 疲劳的 $H—D$ 曲线[5]，如图 10 所示。

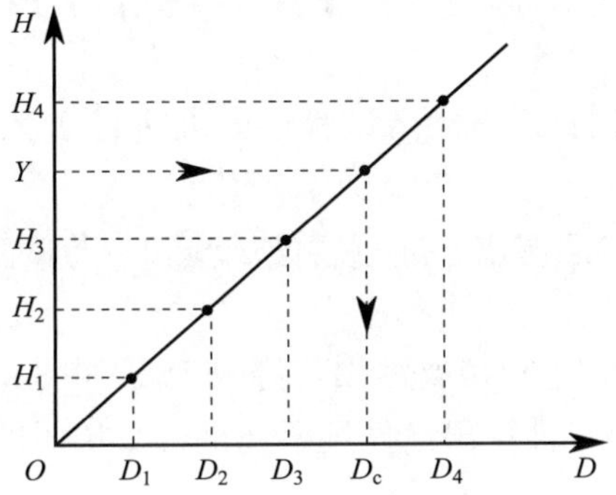

图 10　腐蚀 + 疲劳的 $H—D$ 曲线

（2）寻找使用环境和受力基本一致并退役的同类机件，利用它的服役日历年限 Y，或用日历寿命指标 Y。

（3）在图 10 的 $H—D$ 曲线上，由 Y 求 D_c（箭头线所示）。这个 D_c 值虽然不是准确值，但有参考价值。

附：上述方法，还适合纯腐蚀（不受力）机件腐蚀容限的近似确定，但在测试 $H—D$ 曲线中，要删除疲劳载荷的作用。

3　同一机件同受静载荷和疲劳载荷的腐蚀损伤容限求法

本来这个问题是很复杂无解的难题，但有了上述结论，这个难题便迎刃而解。

（1）分别求同一机件在静载荷作用下和疲劳载荷作用下的腐蚀损伤容限 D_c' 和 D_c，具体求法如前述，此处不赘述。

（2）比较 D_c' 和 D_c，小者为该机件的腐蚀损伤容限值。

4　用一个腐蚀损伤容限值保证同一机件的总疲劳寿命与总日历寿命皆安全的原理和方法

4.1　保证同一机件的总疲劳寿命与总日历寿命皆安全的原理

受疲劳载荷作用的机件又在腐蚀环境下工作，因此它既有疲劳寿命又有日历寿命。

这两种寿命分别由疲劳领域和腐蚀领域给出，怎样保证由不同领域给出的不同寿命皆安全呢？这是使用部门长期期盼解决、设计部门追求解决、研究部门探索解决的国际难题。

本文通过机件腐蚀损伤容限研究，把这个难题解决了。它的原理就是：用机件的总疲劳寿命确定该机件的腐蚀损伤容限 D_c，用这个 D_c 值和相应计算公式[5-6,13]，求出该机件的总日历寿命。这个总日历寿命与总疲劳寿命都是安全的。

4.2 保证同一机件的总疲劳寿命 N_p 与总日历寿命 Y 皆安全的方法

（1）用真实使用载荷谱，通过疲劳试验给出机件的总疲劳寿命 N_p；

（2）求总日历寿命 Y：

①用真实使用载荷谱和温湿谱，通过腐蚀试验和疲劳试验，绘制出 N—D 曲线，如图6所示；

②在 N—D 曲线上，用 N_p 求出腐蚀损伤容限 D_c，如图8所示；

③用 D_c 和公式（1）[5]，计算出机件纯金属部件日历时间 λ_c

$$\lambda_c = \frac{D_c d_t}{D_t}\lambda_t \tag{1}$$

式中：λ_c——机件纯金属部分的腐蚀时间（年）；

λ_t——用温湿谱试验的循环周数，即腐蚀时间（年）；

D_c——金属腐蚀损伤容限值；

D_t——金属腐蚀试验的损伤值；

d_t——试验介质溶液浓度。

④用 λ_c 和式（2）[13]，算出机件的总日历寿命 Y

$$Y = (n+1)\lambda_m + \lambda_c \tag{2}$$

式中：Y——机件总日历寿命（年）；

λ_m——防护层一次有效时间（年）[6]；

λ_c——机件纯金属腐蚀到 D_c 的腐蚀时间（年）；

n——机件疲劳翻修次数。

（3）N_p 与 Y 皆安全分析

从公式（2）分析，λ_m 是防护层一次有效时间，即在 λ_m 有效期内金属不腐蚀。金属不腐蚀，就不会影响疲劳寿命 N_p，因此 $(n+1)\lambda_m$ 项只影响机件总日历寿命 Y，不影响机件的总疲劳寿命 N_p，因此总日历寿命 Y 中，只有纯金属腐蚀时间 λ_c 与总疲劳寿命 N_p 相关联，只要 λ_c 安全，N_p 就安全。

由于总日历寿命 Y 中的 λ_c 是由金属腐蚀损伤容限 D_c 和公式（1）计算出来的，而 D_c 又是由总疲劳寿命 N_p 和 N—D 曲线确定的，因此，D_c 是 λ_c 与 N_p 的中间"协调员"。只要机件在使用中的金属腐蚀损伤值 $D_t \leqslant D_c$，则 λ_c 与 N_p 皆安全，即 Y 与 N_p 皆安全。

这样确定日历寿命，不仅保证 N_p 与 Y 皆安全，而且保证 N_p 不损失，这体现出，用 N_p 确定 D_c 的科学性和优越性。

5　同一机件的总疲劳寿命 N_P 与总日历寿命 Y 匹配设计、使用和确定先后程序

5.1　总疲劳寿命 N_P 与总日历寿命 Y 匹配设计

（1）N_p 分析

在机件的用材、结构和疲劳载荷不变的情况下，机件的总疲劳寿命 N_p 通过试验给出后，不经过延寿，是不允许改变的。即机件的总疲劳寿命 N_p（h）是定值。

（2）Y 分析

总日历寿命计算公式（2）中 λ_c 是机件纯金属腐蚀到容限值 D_c 的腐蚀时间（年），在腐蚀环境不变的情况下 λ_c 一般为定值。式（2）中 λ_m 是机件防护层一次有效时间（年），n 是机件翻修次数。λ_m 和 n 在机件翻修中是可变的，总日历寿命 Y 长或短可通过提高或降低 λ_m 来实现，也可以增加或减少翻修次数来达到，即机件的总日历寿命 Y 是可调整的。

（3）N_p 与 Y 匹配设计和使用

从理论上讲，N_p 是定值，它可通过平均使用强度（每年平均使用小时数）换算出总使用年限 Y^0，在机件总日历寿命 Y 的设计中，通过调整 λ_m，使 $Y = Y^0$，从而实现同一机件的总疲劳寿命 N_p 与总日历寿命 Y 的匹配设计。

总疲劳寿命 N_p 使用年限与机件使用强度有关，使用强度高，则使用年限低，使用强度低，则使用年限就高，导致机件总疲劳寿命 N_p 的使用年限与总日历寿命 Y 出现不匹配，为此，机件在使用中要注意调节使用强度，使 N_p 的使用年限尽量与 Y 匹配使用。

5.2　N_P 与 Y 确定的先后程序

关于同一机件的 N_p 与 Y 确定的先后顺序问题，从本文对金属腐蚀损伤容限研究上分析，它们确定的先后顺序是：首先确定 N_p，根据 N_p 和 N—D 曲线，确定出腐蚀损伤容限 D_c。再根据 D_c，计算出金属腐蚀时间 λ_c。有了 λ_c、防护层一次有效时间 λ_m 和翻修次数 n，便可计算出总日历寿命 Y。这就是由 N_p 到 Y 的先后程序。

6　结论

（1）通过疲劳寿命 N 和腐蚀损伤 D 的综合研究，给出了机件疲劳寿命 N 与腐蚀损伤 D 的分布曲线，用这条曲线和机件的总疲劳寿命 N_p，便可求得机件承受疲劳载荷时的腐蚀损伤容限 D_c。凡是有近似 N—D 分布曲线的材料，都可用此方法求出机件承受疲劳载荷时的腐蚀损伤容限 D_c。由此得出的 D_c 值和求 D_c 时的试验数据，用式（1），

可计算出金属日历寿命 λ_c，再用式（2），可计算出机件的总日历寿命和翻修日历寿命，而且这个腐蚀损伤容限 D_c 值，可保证同一机件的总疲劳寿命和总日历寿命皆安全。本章还全面考虑了同一机件的总疲劳寿命与总日历寿命的匹配设计、匹配使用，以及确定的先后程序等问题。

（2）通过受静载荷机件和受疲劳载荷机件求腐蚀损伤容限的方法，解决了同时受静载荷和疲劳载荷作用机件的腐蚀损伤容限。

（3）依据求出的 D_0 为指标，用真实受力和腐蚀参数，通过试验或计算分别给出金属日历寿命。

（4）本文给出的各类腐蚀损伤容限值都是用机件真实使用参数通过试验获得的，符合使用实际的真实值。有了这些真实腐蚀损伤容限值，再用前面几章所述的机件日历寿命确定的理论和方法，就可通过计算和试验确定出各种受力机件的日历寿命值，据此就可控制机件的使用年限，保证机件使用年限低于这个日历寿命值。有了真实腐蚀损伤容限，还可随时检查机件在使用中的腐蚀损伤值，并将其控制在小于腐蚀损伤容限 D_c 值的范围内。这样机件在使用中就不会因腐蚀发生事故，从而解决了这一世界性难题。这对于避免或减少因腐蚀造成的灾难事故和重大经济损失具有重要作用。

（5）上述研究结论还适用于大气环境、海洋环境、土壤环境和其他腐蚀环境使用的机件，但要遵循本文研究的规律曲线。

参考文献

[1] 张福泽. 金属机件腐蚀损伤日历寿命的计算模型和确定方法［J］. 航空学报，1999，20（1）：75－79.

[2] 张福泽. 求任意腐蚀损伤的 *T—H* 曲线［J］. 航空学报，2000，21（4）：349－351.

[3] 宋钧，郭洪全. 三种航空材料腐蚀 *T—H* 曲线测试报告［R］. 北京航空材料研究院，2000.

[4] 陈勃等. LY12CZ 和 30CrMnSiA 航空材料 *D—d* 曲线、*T—H* 曲线和 RH—*H* 曲线的试验报告［R］. 北京航空材料研究院，2011.

[5] 张福泽. 金属腐蚀"3 等线"和试验日历寿命确定方法［J］. 航空学报，2016，37（2）：371－380.

[6] 张福泽. 金属涂层的日历寿命计算公式和试验方法［J］. 航空学报，2016，37（2）.

[7] 陈勃等. LY2CZ 和 30 CrMnSiA 航空材料涂层失效的 *T—H* 曲线测试报告［R］. 北京航空材料研究院，2006.

[8] 蒋祖国. 飞机结构腐蚀疲劳［M］. 北京：航空工业出版社，1992：20－90.

[9] Talbot D. Talbot J. Corrosion Science and technology. Boca Raton：CRC Press，1998.

[10] Szklarska－Smialowska Z. Corrosion Science，1999.

[11] Smith C J E. Corrosion and stress Corrosion of Aluminum－lithun Alloy. AGARD（NATO），1988.

[12] Heusler K E. Fundametal aspects of the corrosion of alloys. Corrision Science, 1995.
[13] 张福泽. 飞机日历翻修期与总日历寿命确定方法和计算公式［J］. 航空学报, 2005, 26 (4): 458 -460.
[14] 张福泽. 金属材料日历寿命确定的分散系数和取值［J］. 航空学报, 2016, 37 (2): 307 -403.
[15] 高镇同. 飞机结构疲劳分散系数, BH - B884［R］. 北京: 北京航空学院, 1982.
[16] 张福泽. 三维等损伤环境谱的编制原理和方法［J］. 航空学报, 2016, 37 (2): 381 -389.
[17] 张福泽. 飞机停放日历寿命腐蚀温度谱编制方法和相应腐蚀介质的确定［J］. 航空学报, 2001, 22 (4): 359 -361.
[18] 张福泽. 张福泽文集［M］北京: 航空工业出版社, 2017: 178 -182.
[19] 张福泽. 飞机日历寿命试验的介质成分确定和加速方法［J］. 航空学报, 2008 29 (4): 873 -879.
[20] 周希沅. 飞机结构的当量环境谱与加速试验谱［J］. 航空学报, 1996, 17 (5): 613 -616.
[21] 陈群志, 崔长京. 海南地区温度、湿度统计报告［R］. 北京航空工程技术研究中心, 2010.
[22] 陈群志, 崔长京. 重庆地区温度、湿度统计报告［R］. 北京航空工程技术研究中心, 2010.
[23] 张福泽. 飞机日历寿命确定的区域定寿法［J］. 航空学报, 2001, 22 (6): 549 -552.
[24] 张福泽. 金属日历寿命的新理论和试验的新方法对比验证研究［J］. 前沿科学, 2015, 35 (9): 4 -10.
[25] 飞机结构腐蚀损伤容限研究 - 基础部分［R］. 航空工程学院青岛学院, 2006. 12.
[26] 张福泽. 金属任意腐蚀损伤量的日历寿命计算模型和曲线［J］. 航空学报, 2017, 38 (9).

Principle and method of calculating real corrosion tolerance value of aircraft struture

Zhang Fuze

(Beijing Aeronautical Technology Research Center, Beijing 100076, China)

Abstract Through the comprehensive study of static strength, fatigue strength and corrosion, the distribution curve of stress and corrosion damage D of aircraft structure (subscript parts) under static load and the distribution curve of life and corrosion damage D of parts under fatigue load are studied respectively in this paper. According to these two curves and the tolerance, stress value and total fatigue life value of the parts, the tolerance values of the corrosion damage of the parts under static load, the tolerance values of the corrosion damage of the parts under fatigue load and the tolerance values of the corrosion damage of the same parts under static load and fatigue load can be calculated respectively. In addition, the method of using a corrosion damage tolerance value to ensure the safety of the total fatigue life and the total calendar life of the same part, and the matching design and matching use of the total fatigue life and the total calendar life are also studied. These conclusions are applicable to the corrosive parts in atmosphere, ocean, soil and other environments, and solve some unsolved problems in the field of international machinery and corrosion.

Key words corrosion damage tolerance; calendar life; fatigue life; static load; fatigue load

全机日历寿命确定及相关问题①

摘要：本文以飞机为例，根据疲劳寿命与日历寿命的内在关系，应用笔者创建的日历寿命理论和方法，研究解决国际日历寿命领域尚未解决的全机日历寿命确定和三个相关问题：①总疲劳寿命延长后金属腐蚀容限和总日历寿命确定；②有总日历寿命指标的机件求解其总疲劳寿命；③受静载荷机件的日历寿命确定。
关键词：飞机；总疲劳寿命；总日历寿命；机件；腐蚀容限；静载荷

笔者于1995年步入腐蚀领域，开始研究机件日历寿命问题，通过对等腐蚀损伤温湿谱、金属腐蚀容限、金属日历寿命、防护涂层日历寿命、日历翻修期、总日历寿命等方面进行系统研究，建立了对应的理论和确定方法。但如何确定全机日历寿命等问题尚未解决。

本文在笔者前期研究日历寿命理论和方法[1-8]的基础上，研究出一种确定全机日历寿命的原理和方法，并给出以下三个相关问题的答案：①总疲劳寿命延长后如何确定相对应的金属腐蚀容限和总日历寿命；②有总日历寿命指标的机件如何确定其对应的总疲劳寿命；③如何确定受静载荷机件的日历寿命。

1　全机日历寿命确定

1.1　以飞机为例综合分析疲劳寿命与日历寿命的内在关联

以学科划分，疲劳寿命为固体力学的疲劳学科，日历寿命为腐蚀学科，二者互不关联。笔者在前期研究中发现一条幂函数曲线[1-2]，即机件的疲劳寿命 N 与腐蚀损伤 D 的关系曲线（N—D 曲线，如图1所示），该曲线把这两个学科连接起来，使这两个学科互通互用，使复杂的日历寿命确定更科学和简便，具体分析如下。

---

① 本文在《航空学报》2024年第45卷第3期发表。

（1）飞机疲劳寿命确定分析

飞机疲劳寿命是用真实疲劳载荷谱，进行几年全机疲劳试验，逐步暴露薄弱机件，经过修理或换件，继续试验，直到最后一个或几个机件疲劳断裂，不能再修理或换件，疲劳试验终止。这几个（一般是一个）机件就是疲劳关键件，全机总疲劳寿命 N_p 等于它们其中最短寿命除以疲劳分散系数。由此可知，花费几年时间进行全机疲劳试验，最终就是确定出疲劳关键件，由其中寿命最短的关键件确定全机疲劳寿命；同时也可以知道，总疲劳寿命不取决于非疲劳关键件。由此可见，疲劳关键件是飞机结构的“生命”件，在全机日历寿命确定中不仅要保护它，而且还要利用它。

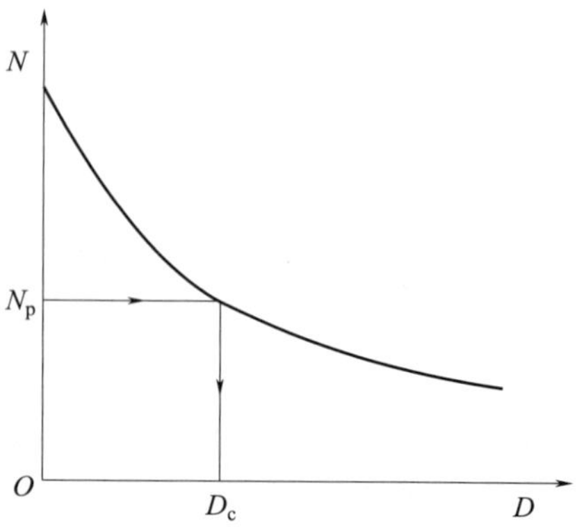

图1　疲劳寿命 N 与腐蚀损伤 D 关系曲线示意图

（2）飞机日历寿命确定分析

在世界范围内，至今还给不出飞机的日历寿命。有学者主张通过全机腐蚀+疲劳试验确定飞机总日历寿命。笔者认为该方法太复杂至今没有人能够实现，即使能够实现，也给不出全机总日历寿命，原因是通过这类试验给不出腐蚀容限。笔者经过对飞机疲劳寿命和日历寿命内在关系研究认为，飞机总日历寿命不需要做全机腐蚀+疲劳试验来确定，利用疲劳关键件即可解决。根据参考文献［2］和［3］的研究结论，机件总日历寿命 Y 是该机件的金属日历寿命 λ、涂层日历寿命 λ_m 及疲劳寿命修理次数 n 的函数，其表达式为式（1）

$$Y=(1+n)\lambda_m+\lambda \tag{1}$$

式中：Y——全机总日历寿命；

λ_m，λ——分别为疲劳关键件的涂层和金属的日历寿命；

n——根据全机总疲劳寿命确定的修理次数。

由式（1）可知，机件总日历寿命不是一个试验值，而是一个“混合值”。如果求飞机总日历寿命，把上述机件改为飞机疲劳关键件，则可求得全机总日历寿命。

（3）用疲劳关键件确定全机总日历寿命的理由

①疲劳关键件是飞机结构的“生命”件，它失效则全机报废。为了使它不因腐蚀而失效，在确定全机总日历寿命 Y 时，也将它作为关键件，通过 Y 确定给出其腐蚀容限 D_c，确保不因腐蚀失效，从而保证全机安全。

②保护飞机总疲劳寿命不损失。

③选取疲劳关键件确定总日历寿命后，则可用它的总疲劳寿命 N_p 求出腐蚀容限 D_c，把日历寿命和疲劳寿命连接在一起，互保安全和协调。

④用疲劳关键件确定日历寿命可简化飞机日历寿命确定，使飞机日历寿命得到简单解决。

1.2　全机日历寿命的确定

（1）全机总日历寿命确定

用决定总疲劳寿命的关键件确定全机总日历寿命，主要步骤如下：

①利用参考文献［1］和［2］给出的原理和方法，求出关键件的疲劳寿命 N 与腐蚀损伤 D 的关系曲线（N—D 曲线），如图 1 所示。

②利用关键件的总疲劳寿命 N_P，求出关键件的腐蚀容限 D_c，见图 1 箭头。

③利用疲劳关键件的腐蚀容限 D_c 求出关键件的金属日历寿命 λ。应用时，λ 要除以疲劳分散系数。在已获得腐蚀温度谱和使用环境的 T—H 曲线（腐蚀损伤 D_c）后，应用式（2）就可以计算出腐蚀到损伤容限 D_c 的日历寿命 λ（见参考文献［2］和［5］）。

$$\lambda = \frac{1}{\sum_{j=1}^{m}\left(\sum_{i=1}^{k}\frac{h_i}{H_i}\right)_j} \tag{2}$$

式中：m——湿度的种类数；

k——某一腐蚀温度谱中的温度级数；

h_i——温度谱中第 i 级温度所占的小时数；

H_i——T—H 曲线中第 i 级温度对应的小时数。

④通过试验或计算给出关键件涂层日历寿命 λ_m（见参考文献［2］和［8］）。在式（1）中的 λ_m 由于疲劳寿命与日历寿命要协调，因此要给出 λ_m 的最小值。λ_m 是日历寿命翻修期的一部分值，它的最小值从参考文献［3］得知，日历寿命翻修期 $y=\lambda_m+\frac{\lambda}{n+1}$，为了协调两种寿命，此处引用平均疲劳寿命翻修期 y'（已知），使 $y=y'=\lambda_m+\frac{\lambda}{n+1}$，由此可求得 $\lambda_m=y'-\frac{\lambda}{n+1}$。为了安全，取最小值 $\lambda_m>y'-\frac{\lambda}{n+1}$，用于式（1）中。

⑤引用疲劳寿命的翻修次数 n 和平均翻修期 y'，将获得的 λ_m、λ 和 n 代入式（1），可求得疲劳关键件总日历寿命 Y，即是本文确定的全机总日历寿命 Y；这个 Y 不仅保证 N_P 不损失和安全，还能与中等飞行强度的 N_P 协调。这显现出 N—D 曲线和疲劳关键件的 N_P 求飞机总日历寿命 Y 的科学性和优越性。

⑥在测试 N—D 曲线的试验中，在一个腐蚀试验箱中，顺便试验出金属日历寿命 λ 和涂层日历寿命 λ_m，这样用一个腐蚀试验箱就可以完成全机总日历寿命试验。

（2）全机翻修期日历寿命确定

用疲劳关键件确定全机日历寿命翻修期，计算公式为

$$y=\lambda_m+\frac{\lambda}{n+1} \tag{3}$$

式中：y——全机翻修日历寿命；

λ_m，λ——分别为疲劳关键件的涂层和金属的日历寿命；

n——疲劳寿命的修理次数，λ_m、λ 和 n 按式（2）取值。

（3）非疲劳关键件不需给出日历寿命

对全机所有的非疲劳关键件不需给出日历寿命，在每次翻修时经过修理、换件和改进防护涂层，使它们不腐蚀或者只发生轻微腐蚀，即可保证全机总日历寿命是安全的。

（4）特殊的腐蚀机件特殊处理

对特殊部位和用材等特殊的腐蚀机件，必须特殊处理，保证不影响全机日历寿命。

（5）小结

按本文这套日历寿命理论和方法确定飞机日历寿命，不需要做全机腐蚀 + 疲劳试验，只需用疲劳关键件就可获得全机总日历寿命，这个总日历寿命不仅保证全机总疲劳寿命不损失，而且还互保安全和协调，从而解决了这个困扰腐蚀领域数百年的复杂难题。这套日历寿命的理论和方法，不仅适用于飞机确定日历寿命，还可应用于其他领域的机械和设备确定日历寿命。

2 飞机总疲劳寿命延长后金属腐蚀容限和总日历寿命的确定

2.1 飞机总疲劳寿命延长后金属腐蚀容限的确定

（1）假设

①飞机总疲劳寿命为 N_p（通过全机疲劳试验给出）；

②延长后的总疲劳寿命为 N_p^+（$N_p^+ > N_p$）；

③N_p对应的金属腐蚀容限为 D_c；

④N_p^+对应的金属腐蚀容限为 D_c^-。

（2）测试疲劳寿命 N 与金属腐蚀损伤 D 的曲线（N—D 曲线）

在参考文献［1］和［2］中，给出了 N—D 曲线的测试原理和方法。本文直接引用测试结果，如图2所示。

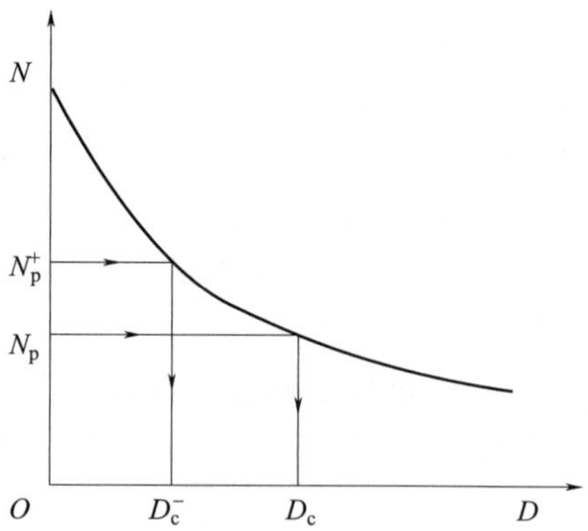

图2 总疲劳寿命延长后 N_p^+ 对应的金属腐蚀容限 D_c^-

（3）求总疲劳寿命延长后 N_p^+ 对应的金属腐蚀容限 D_c^-

如图2中 D_c^- 就是 N_p^+ 对应的金属腐蚀容限，D_c就是N_p对应的金属腐蚀容限。

（4）金属腐蚀容限与总疲劳寿命的变化规律

从图2可以看出，腐蚀容限D_c随总疲劳寿命N_p延长而降低，在制定飞机腐蚀检查标准时，要体现这种变化规律。

2.2　飞机总疲劳寿命延长后总日历寿命的确定

（1）假设

①飞机总疲劳寿命为 N_p 对应的总日历寿命为 Y；

②延长后的总疲劳寿命为 N_p^+ 对应的总日历寿命为 Y^-；

③延长后的总疲劳寿命为 N_p^+ 对应的金属日历寿命为 λ^-。

（2）求 N_p^+ 对应的金属日历寿命 λ^-

用参考文献［2］、［4］和［5］中的公式

$$\lambda^- = \frac{D_c^- d_t}{D_t}\lambda_t$$

可求得 λ^-。

式中：d_t——腐蚀试验介质浓度；

λ_t——温湿谱试验的循环周数；

D_t——用浓度 d_t 的腐蚀介质按照温湿谱试验至 λ_t 周时所对应的腐蚀损伤；

D_c^-——总疲劳寿命延长后 N_p^+ 对应的金属腐蚀容限。

（3）求 N_p^+ 对应的 Y^-

①计算公式

取本文的公式（1）可得

$$Y^- = (n^+ + 1)\lambda_m + \lambda^- \tag{4}$$

式中：Y^-——N_p^+ 对应的总日历寿命；

n^+——N_p^+ 对应的翻修次数（由延长总疲劳寿命 N_p^+ 的单位给出）；

λ^-——N_p^+ 对应的金属日历寿命，已求出；

λ_m——防护涂层日历寿命，由延长 N_p^+ 确定。

②求 N_p^+ 对应的 Y^-

将求得的 λ^-、λ_m 和 n^+ 代入式（4）中，可求出延长后总疲劳寿命 N_p^+ 对应的总日历寿命 Y^-。

3　用同一机件的总日历寿命求对应的腐蚀容限和总疲劳寿命

3.1　用总日历寿命求金属腐蚀容限 D_c

（1）求金属日历寿命 λ

由式（1）可得

$$Y = (1 + n)\lambda_m + \lambda \tag{5}$$

式中：Y——机件的总日历寿命经验值（年）；

λ_m——机件的防护涂层的日历寿命（年）；

λ——机件的金属日历寿命（年）；

n——机件的修理次数。

（2）各参数的取值

机件的总日历寿命经验值Y（已知）；λ_m为防护涂层日历寿命，求λ_m的试验方法和过程如图3所示，参见参考文献［2］、［7］和［8］；根据机件的防护涂层的日历寿命λ_m和总日历寿命Y求n值。

$$n = Y/\lambda_m \tag{6}$$

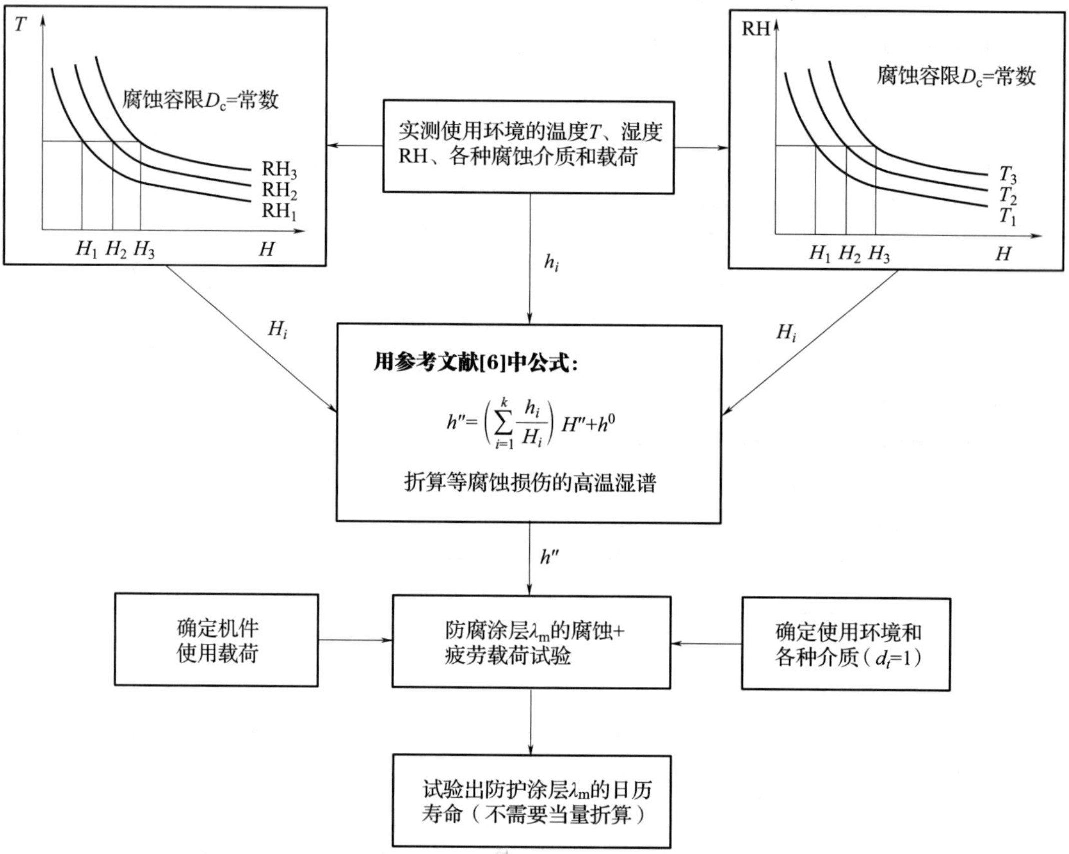

图3　防护涂层日历寿命λ_m的试验示意图

（3）求式（5）中的λ

将Y和求得的n和λ_m代入公式（5），即可求出机件金属日历寿命λ。

（4）求金属腐蚀容限D_c

①用参考文献［2］和［5］中的公式计算D_c

$$\lambda = K D_c \tag{7}$$

$$K = \frac{d_t \lambda_t}{D_c} \tag{8}$$

式中：λ为机件金属的日历寿命（年），已求出；K为“腐蚀常数”，一种金属在一个地区使用，K是一个常数值，具体值可根据该地区的 d_t（介质浓度）、λ_t（温湿谱的块数）和受载，通过试验得出 D_t，把 d_t、λ_t和 D_t代入式（8）则可求出 K。

②求 D_c

将已求得的 λ 和 K 代入式（7）中，可求得 D_c。

在参考文献［1］的2.3节和参考文献［2］中的7.2.3节中，笔者曾用图解法求上述金属腐蚀容限值 D_c。由于这种图解法求得的 D_c偏大，不适宜工程应用。

3.2 用总日历寿命获得的金属腐蚀容限求总疲劳寿命

（1）通过试验得到疲劳寿命 N 与金属腐蚀损伤 D 的曲线（见参考文献［1］），如图1所示；

（2）根据已求得的 D_c求出疲劳总寿命 N_p，如图1箭头所示的逆向；

（3）分析。

由于总日历寿命 Y 不是通过试验和计算求得的，而是经验值，因此由它求得的 D_c和 N_p是参考值，但计算方法是正确的。

4 求受静载荷机件的金属日历寿命、涂层日历寿命和总日历寿命

4.1 求受静载荷机件的金属日历寿命 λ

（1）求金属腐蚀容限 D_c

取参考文献［1］和［2］中给出的金属腐蚀损伤 D 与应力 σ 的关系曲线，如图4所示。图中的应力σ_p是机件在使用中的容限应力，它所对应的腐蚀损伤 D_c就是金属腐蚀容限值，该值是受静载荷作用的机件在使用中允许的最大腐蚀损伤值，也是受静载荷机件的腐蚀检查标准。

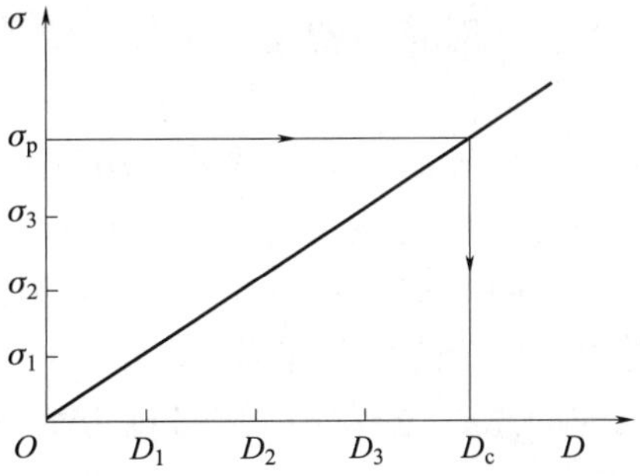

图4 受静载荷作用的机件在使用中腐蚀损伤与应力的关系曲线示意图

（2）求受静载荷机件的金属日历寿命 λ

用式（8）求出腐蚀常数 K（求 K 时加静载荷），将求得的 D_c 和 K 代入式（7），可得受静载荷机件的金属日历寿命 λ。

4.2 受静载荷机件防护涂层日历寿命 λ_m 的确定

受静载荷机件的防护涂层的日历寿命 λ_m，用图3所示的方法试验确定，但要注意在这种方法中，所有试验的载荷都是静载荷。

4.3 求受静载荷机件的总日历寿命 Y 和翻修日历寿命 y

根据式（5）和式（3），可求出总日历寿命 Y 和翻修日历寿命 y。

λ 与 λ_m 用前述方法给出，在条件不变的情况下，λ 与 λ_m 是定值。这表明总日历寿命 Y 和翻修日历寿命 y 直接与翻修次数 n 相关，即翻修次数 n 越多，则 Y 就越长，y 越短。

总之，确定或延长受静载机件的总日历寿命 Y 的条件是：要控制关键部位的腐蚀损伤 $D < D_c$，保证关键部位工作应力 $\sigma < \sigma_p$，就可保证机件安全，则可通过增加修理次数 n，使总日历寿命 Y 延长，但翻修日历寿命 y 减小。当 $D = D_c$ 时，机件达到腐蚀容限，求得 n 值，有了 n、λ 和 λ_m，则可求得 Y 和 y。

5 结论

（1）以飞机为例，根据飞机疲劳寿命与日历寿命的内在关系，运用笔者创建的日历寿命确定理论和方法确定全机总日历寿命：①全机总日历寿命的确定不需要做整机腐蚀+疲劳试验，只需要用疲劳关键件的总日历寿命作为全机总日历寿命；这样不仅保证总疲劳寿命不损失，而且还使总日历寿命与总疲劳寿命互保安全和协调。②全机翻修期日历寿命也由这个疲劳关键件确定。③全机非疲劳关键件不需要确定日历寿命，在每次翻修时经过修理、换件和改进防护涂层，使它们不腐蚀或只有轻微腐蚀，即可保证全机总日历寿命是安全的。④对特殊的腐蚀机件，要特殊处理，使它们不影响全机总日历寿命。

（2）给出了飞机总疲劳寿命延长后相对应的总日历寿命确定方法。

（3）给出了用总日历寿命求对应的疲劳寿命的方法，该方法是用笔者的日历寿命确定原理和方法实现的。但由于用的这个总日历寿命不是根据计算和试验求出的，而是经验值，因此由它推算出的总疲劳寿命只能做参考。

（4）给出了受静载荷机件的总日历寿命和翻修日历寿命的确定方法，从而使这类机件的日历寿命问题得到解决。

参考文献

[1] 张福泽. 求飞机结构真实腐蚀容限的原理和方法 [J]. 航空学报, 2021, 42 (5): 524457.

ZHANG F Z. Principle and method of calculating real corrosion tolerance value of aircraft struture [J]. Acta Aeronautica et Astronautica Sinica, 2021, 42 (5): 524457 (in Chinese).

[2] ZHANG F Z. Principles and methods for determining calendar life and corrosion tolerance of mechanical parts [J]. Chinese Journal of Aeronautics, 2021, 34 (12): 1 - 16.

[3] 张福泽. 飞机日历翻修期与总日历寿命确定方法和计算公式 [J]. 航空学报, 2005, 26 (4): 458 - 460.

ZHANG F Z. Determination method and prediction formula of aircraft calendar renovation period and total calendar life [J]. Acta Aeronautica et Astronautica Sinica, 2005, 26 (4): 458 - 460 (in Chinese).

[4] 张福泽. 金属腐蚀"3 等线"和试验日历寿命确定方法 [J]. 航空学报, 2016, 37 (2): 371 - 380.

ZHANG F Z. Metallic corrosion "3 equal - line" and formula of test calendar life and its determination method [J]. Acta Aeronautica et Astronautica Sinica, 2016, 37 (2): 371 - 380 (in Chinese).

[5] 张福泽. 张福泽文集 [M]. 北京: 航空工业出版社, 2021: 143 - 149; 238 - 248.

ZHANG F Z. Collected Works of Zhang fuze [M]. Beijing: Aviation Industry Press, 2021: 143 - 149; 238 - 248 (in Chinese).

[6] 张福泽. 三维等损伤环境谱的编制原理和方法 [J]. 航空学报, 2016, 37 (2): 381 - 389.

ZHANG F Z. Drawi ng up principle and method of 3D damage environment spectrum of metallic calendar life [J]. Acta Aeronautica et Astronautica Sinica, 2016, 37 (2): 381 - 389 (in Chinese).

[7] 张福泽, 叶序彬, 宋军, 等. 飞机日历寿命试验的介质成分确定和加速方法 [J]. 航空学报, 2008, 29 (4): 873 - 879.

ZHANG F Z, YE X B, SONG J, et al. Corrosion medium composition and accelerated corrosion method of aircraft calendar life test [J]. Acta Aeronautica et Astronautica Sinica, 2008, 29 (4): 873 - 879 (in Chinese).

[8] 张福泽. 金属涂层的日历寿命计算公式和试验方法 [J]. 航空学报, 2016, 37 (2): 390 - 396.

ZHANG F Z. Calculation formula and test method of calendar life of metallic coating [J]. Acta Aeronautica et Astronautica Sinica, 2016, 37 (2): 390 - 396 (in Chinese).

Determination of the calendar life of the whole aircraft and the relevant issues

Abstract With aircraft for an example, according to the internal relationship between fatigue life and calendar life, the unresolved issues of the whole aircraft calendar life and three related issues in the international field of calendar life are researched to solve using the calendar life theory and method created by the author: 1) How to determine the corro- sion tolerance and total calendar life of the metal parts after the total fatigue life was extended; 2) How to solve the to- tal fatigue life of the aircraft parts with the total calendar life index; 3) How to determine the calendar life of the static load parts.

Keywords aircraft; total fatigue life; total calendar life; parts; corrosion tolerance; static load.

Principles and Methods for Determining Calendar Life and Corrosion Tolerance of Mechanical Parts①

Abstract In order to facilitate the determination of the calendar life of mechanical parts, the author summarized his relevant research papers that had studied for many years as eight distinct topics: (A). The principle and method for compiling the equal – damage temperature and humidity spectrum; (B). The principle for preparing the high concentration medium solution; (C). The principle and method for determining the metal calendar life; (D). The principle and method for determining the protective coating calendar life; (E). The principle and method for determining the total calendar life; (F). The principle of the reliability processing; (G). The princi – ple and method for determining the corrosion damage tolerance; (H). The principle and matching design method to ensure that the total fatigue life and the total calendar life of the mechanical part were safe simul – taneously. The above contents established a complete set of theoretical systems and methods for determining the calendar life.

Keywords Coating calendar life; Corrosion damage tolerance; Equal – damage temperature and humidity spectrum; Metal calendar life; Total calendar life

1 Introduction

The studying of the calendar life of mechanical parts (including aircraft structures) belongs to the corrosion discipline that has been conducted for more than 500 years. However, due to too many and complicated fac – tors affecting corrosion, it is still not possible to determine the calendar life and corrosion damage tolerance of metal parts in the service environment internationally. Long – term use of mechanical parts without calendar life control makes the corrosion damage value of the metal structure greater than the corrosion tolerance value, which

① 本文在《中国航空学报（英文版）》2021 年第 34 卷第 12 期发表。

has leaded to the occurrence of major accidents. For example, in 2002 and 2007, two F－15 aircrafts in the United States broke up in the air because of tail corrosion and no calendar life control. In 1981, a Boeing 747 passenger plane in Taiwan, China, broke up in the air due to corrosion of the fuselage and no calendar life control, killing 150 people. In 1980, a Chinese helicopter disintegrated in the air causing casualties owing to blade girders corroded and no calendar life control. In 1984, a chemical pipeline in India was cracked as a consequence of corrosion, killing 3000 people and seriously injured 180000 people. In 1992, a gasoline pipe－line in a Mexican factory leaked for corrosion reason, killing 300 people. There are numerous similar inci－dents all over the world. According to international statistics, the economic loss caused by corrosion accounts for about 3% of GDP in every country in the world every year. What a huge economic loss!

The author has always been engaged in the study of aircraft fatigue life, but in order to solve the disasters and economic losses caused by corrosion, he has studied the corrosion calendar life in his spare time. After more than 20 years of research, it is now possible to use real corrosion parameters to determine the calendar life of parts in the real environment through theoretical calculations and experiments. The set of theories and methods for determining the calendar life has been validated by comparing the calculation result of a type of aircraft with the real calendar life. Because as the papers about this research have been published over a long span of time, and are scattered, it is not convenient for readers to consult. To this end, the author rearranged the published papers on calendar life according to different majors. Each paper focused on its composition principles and application methods. The formula derivation and experimental verification were not repeated in this paper. If details were needed, please refer to the references. The specific contents of the summary were as following.

2 Compiling the equal－damage temperature and humidity spectrum and for preparing the high concentration medium solution

The temperature and humidity spectrum and corrosive media were the basic parameters for determining the calendar life of the parts. Without an accurate temperature and humidity spectrum and the real use media, an accurate calendar life of the mechanical part could not be ascertained.

2.1 Compiling the equal－damage temperature and humidity spectrum

2.1.1 Conversion formula

In the world, it was always impossible to equal－damage convert the original use temperature and humidity spectrum into the corrosion test temperature and humidity spectrum, which made the corrosion test results lose their authenticity. The author proposed the Eq. (1) in which the original temperature and humidity spectrum of various temperatures and humidity could be equal - damage converted into the test temperature and humidity spectrum[1]. Which was derived from the $T-H$ curve and RH $-H$ curve developed by the author in the Ref. 2 (T, RH and H are corrosion temperature, humidity, and time respectively). For details, please refer to the Ref. 1.

$$h'' = \left(\sum_{i=1}^{k'} \frac{h'_i}{H'_i} \right) H'' + h^0 \tag{1}$$

Where: h'_i is the time corresponding to the i - th low temperature T'_i (or low humidity RH'_i) under the same humidity (or temperature) in the original temperature and humidity spectrum; H'_i is the corrosion time to reach corrosion damage D_c using the i - th level low temperature T'_i (or low humidity RH'_i) test under the same humidity (or temperature) in the $T-H$ curve, and for specific values, see the curves in Fig. 1 and Fig. 2; h'' is the time converted from low temperature T'_i (or low humidity RH'_i) to high temperature T''; h^0 is original time converted to that level; H'' is the corrosion time to reach corrosion damage D_c using high temperature T'' (or high humidity RH'') test under the same humidity (or temperature) in the $T-H$ curve (or RH $-H$ curve), and for specific values, see the curves in Fig. 1 and Fig. 2; k' is the number of levels converted from low temperature T'_i (or low humidity RH'_i) to high temperature T'' (or high humidity RH'').

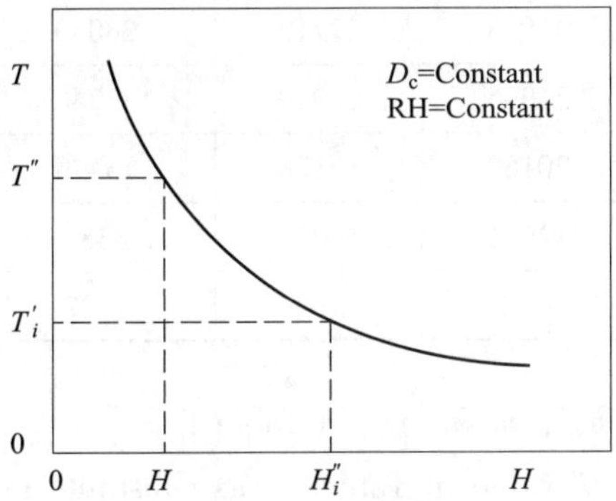

Fig. 1　$T-H$ curve

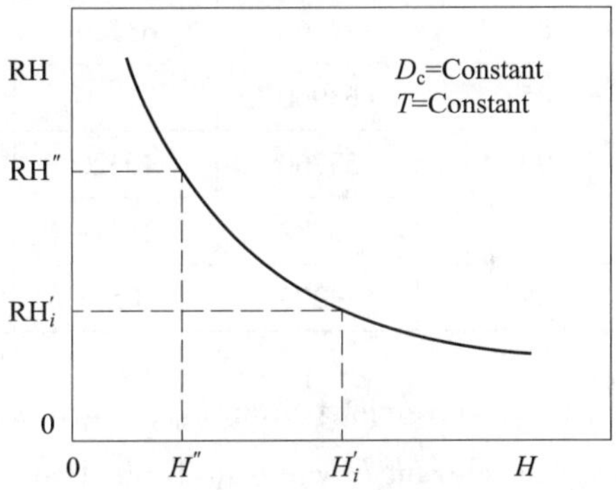

Fig. 2　RH $-H$ curve

2.1.2 Conversion method

(1) Original temperature and humidity spectrum[3,4]

The 1 - year average original temperature and humidity spectrum is shown in Table 1[5]. In h^i_j, i represents temperature and j represents humidity.

(2) The value of H in Eqs. (1)

The test data of $T-H$ curve and RH $-H$ curve (D_c = 0.1 mm) of LY12CZ aluminum alloy taken from Ref. 1 are shown in Table 2. In H^i_j, i represents temperature and j represents humidity.

Table 1 Original average temperature and humidity spectrum of Hainan province in one year

RH (%)	h_j^i						$\sum h_j$	$\sum\sum h_j^i$
	$T=10$℃	$T=15$℃	$T=20$℃	$T=25$℃	$T=30$℃	$T=35$℃		
70	9.8	57.8	95.4	237.8	344.2	11.4	756.4	7739.6 H (10.7 months)
75	2.4	68.2	165.4	413.6	519	2.4	1171	
80	5.6	88	234.4	848.8	601.6	0.2	1778.6	
85	11	112.4	394.8	1159.2	488.8	0.6	2156.8	
90	0	3.2	75.8	1067	248.4	0	1394.4	
95	0	0	0	298.2	20	0	318.2	
100	0.6	27.2	75.8	60.4	0.2	0	164.2	

Table 2 Test H value of $T-H$ curve and RH $-H$ curve of LY12CZ aluminum alloy ($D_c=0.1$ mm)

RH (%)	H_j^i					
	$T=10$℃	$T=15$℃	$T=20$℃	$T=25$℃	$T=30$℃	$T=35$℃
70	94560	85920	77280	67505	59291	52640
75	84360	74520	64680	55669	48500	42840
80	74160	63120	52080	43833	37710	33040
85	63960	51720	39480	31996	26919	23240
90	53760	40320	26880	20160	16128	13440
95	33982	25419	16857	12611	10073	8386
100	14203	10518	6834	5061	4019	3332

(3) Conversion: from h_{70}^i, h_{75}^i to h_{80}^i, and from h_{85}^i, h_{95}^i to h_{100}^i in Table 1

The relevant h_j^i value in Table 1 and the relevant H_j^i value in Table 2 was substitute into Eq. (1) for conversion, as follows:

$$h_{80}^{10}=\left(\frac{h_{70}^{10}}{H_{70}^{10}}+\frac{h_{75}^{10}}{H_{75}^{10}}\right)\times H_{80}^{10}+(h_{80}^{10})^0=\left(\frac{9.8}{94560}+\frac{2.4}{84360}\right)\times 74160+5.6=15.4$$

$$h_{80}^{15}=\left(\frac{h_{70}^{15}}{H_{70}^{15}}+\frac{h_{75}^{15}}{H_{75}^{15}}\right)\times H_{80}^{15}+(h_{80}^{15})^0=\left(\frac{57.8}{85920}+\frac{68.2}{74520}\right)\times 63120+88=188$$

$$h_{80}^{20}=\left(\frac{h_{70}^{20}}{H_{70}^{20}}+\frac{h_{75}^{20}}{H_{75}^{20}}\right)\times H_{80}^{20}+(h_{80}^{20})^0=\left(\frac{95.4}{77280}+\frac{165.4}{64680}\right)\times 52080+234.4=431.9$$

$$h_{80}^{25}=\left(\frac{h_{70}^{25}}{H_{70}^{25}}+\frac{h_{75}^{25}}{H_{75}^{25}}\right)\times H_{80}^{25}+(h_{80}^{25})^0=\left(\frac{237.8}{67505}+\frac{413.6}{55669}\right)\times 43833+848.8=1328.9$$

$$h_{80}^{30}=\left(\frac{h_{70}^{30}}{H_{70}^{30}}+\frac{h_{75}^{30}}{H_{75}^{30}}\right)\times H_{80}^{30}+(h_{80}^{30})^0=\left(\frac{344.2}{59291}+\frac{519}{48500}\right)\times 37710+601.6=1224.1$$

$$h_{80}^{35} = \left(\frac{h_{70}^{35}}{H_{70}^{35}} + \frac{h_{75}^{35}}{H_{75}^{35}}\right) \times H_{80}^{35} + (h_{80}^{35})^0 = \left(\frac{11.4}{52640} + \frac{2.4}{42840}\right) \times 33040 + 0.2 = 9.2$$

$$h_{100}^{10} = \left(\frac{h_{85}^{10}}{H_{85}^{10}} + \frac{h_{95}^{10}}{H_{95}^{10}}\right) \times H_{100}^{10} + (h_{100}^{10})^0 = \left(\frac{11}{63960} + 0\right) \times 14203 + 0.6 = 3.0$$

$$h_{100}^{15} = \left(\frac{h_{85}^{15}}{H_{85}^{15}} + \frac{h_{95}^{15}}{H_{95}^{15}}\right) \times H_{100}^{15} + (h_{100}^{15})^0 = \left(\frac{112.4}{51720} + 0\right) \times 10518 + 27.2 = 50.1$$

$$h_{100}^{20} = \left(\frac{h_{85}^{20}}{H_{85}^{20}} + \frac{h_{95}^{20}}{H_{95}^{20}}\right) \times H_{100}^{20} + (h_{100}^{20})^0 = \left(\frac{394.8}{39480} + 0\right) \times 6834 + 75.8 = 144.1$$

$$h_{100}^{25} = \left(\frac{h_{85}^{25}}{H_{85}^{25}} + \frac{h_{95}^{25}}{H_{95}^{25}}\right) \times H_{100}^{25} + (h_{100}^{25})^0 = \left(\frac{1159.2}{31996} + \frac{298.2}{12611}\right) \times 5061 + 60.4 = 363.4$$

$$h_{100}^{30} = \left(\frac{h_{85}^{30}}{H_{85}^{30}} + \frac{h_{95}^{30}}{H_{95}^{30}}\right) \times H_{100}^{30} + (h_{100}^{30})^0 = \left(\frac{488.8}{26919} + \frac{20}{10073}\right) \times 4019 + 0.2 = 81.2$$

(4) Conversion result: Through the equal – damage conversion of Eq. (1), the 7th – level humidity RH in Table 1 was converted into the 3rd – level humidity RH in Table 3.

It could be seen that the test time reduced from 10.7 months to 7.3 months. In the same way, the 6th – level temperature *T* in Table 1 could be converted into 1st – 3rd level temperature *T*, which reduced the test time even more. This kind of high temperature and humidity spectrum is equivalent to the original temperature and humidity spectrum, and there is no need for equivalent conversion during application. In this way, the equivalent conversion problem that has been unable to be solved in the international corrosion field has been solved.

Table 3　Equal – damage temperature and humidity spectrum converted from Table 1

h_j^i	*T* (℃)						$\sum h_i$
	10	15	20	25	30	35	
h_{80}^i	15.4	188.2	431.9	1328.9	1224.1	9.2	5233.9 h (7.3 months)
h_{90}^i	0	3.2	75.8	1067	248.4	0	
h_{100}^i	3	50.1	144.1	363.4	81.2	0	

2.2　Preparing the high concentration corrosive medium solution

To determine the calendar life of parts, it is not only necessary to measure and count the real corrosive medium components and contents in the service environment of parts, but also to prepare the high concentration corrosive medium solution (hereinafter referred to as the high concentration medium solution) with these media and contents for the calendar life corrosion test of parts. At present, countries in the world do not have a unified principle and method of corrosive medium solution preparation, and this article gives the following principles and methods [6,7].

2.2.1 Basis curve

The relationship curve between the metal corrosion damage D and the corrosion solution concentration d proposed in the Ref. 7, i. e. , the corrosion "3 equal - line", is shown in Fig. 3.

It can be seen from Fig. 3 that the corrosion damage value D had a linear relationship with the corrosion solution concentration d when the test temperature, humidity, and time remained unchanged. This linear relationship was the basis for preparing high concentration medium solutions.

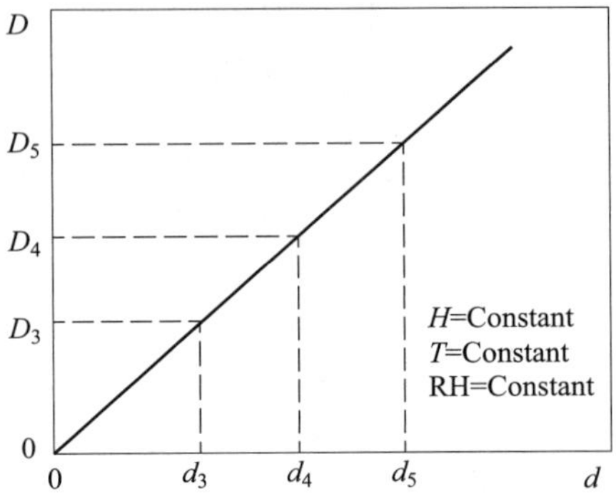

Fig. 3 Metal corrosion $D-d$ curve

2.2.2 Method

(1) Measure and count the components and contents of real corrosive media in the service environment of the part, and let the concentration of the corrosive media solution in this case $d=1$. The contents of three media with $d=1$ are shown in Table 4.

(2) In order to accelerate the corrosion test, it was necessary to increase the multiples of various media content, i. e. , increase the multiples of d. According to the $D-d$ curve in Fig. 3, D had a linear relationship with d. Therefore, on the basis of $d=1$, d could be increased by a factor of 10, 20 and 30 as shown in Table 4.

Table 4 Preparation of three kinds of high concentration solution in Hainan province

Concentration d	H_2SO_4 (g/L)	HNO_3 (g/L)	NaCl (g/L)
1	0.046	0.041	2.27
10	0.46	0.41	22.7
20	0.92	0.82	45.4
30	1.38	1.23	68.1

2.2.3 Conversion of the calendar life tested with high concentration medium solution

How to convert the metal calendar life which was calculated by using the corrosion damage value tested with high concentration medium solution back to the calendar life of the service environment ($d=1$)? This was the equivalent conversion problem in the international corrosion field, and it also led to the problem of large errors in the calendar life. So far, international researchers are still looking for a solution to this problem. In the Ref. 7, the author solved this problem by using the metal calendar life formula deduced by the corrosion "3 equal – line". The calendar life calculated by this formula was the calendar life in the service environment and required no need for equivalent conversion.

3 Determining the metal calendar life

The metal calendar life is the main body of the total calendar life of parts. If the main body calendar life is not accurately determined, there is no accurate total calendar life of parts. But so far, in the world, no discipline can use the real corrosion parameters to give the metal calendar life through theoretical calculations and experiments. After more than 20 years of research, the author has given the following three kinds of theoretical formulas and methods for determining the metal calendar life. From the application needs, a brief description is as follows.

3.1 Determining the metal calendar life by corrosion damage

3.1.1 Calculation formula

In the study of Ref. 7, the author found that the metal corrosion damage D was linearly related to the corrosion solution concentration d, as shown in Fig. 3. According to this linear line, the formula for calculating the metal calendar life by corrosion damage was given after derivation, as following.

$$\lambda = \frac{D_c d_t}{D_t}\lambda_t \tag{2}$$

Where: λ is the metal calendar life (year); λ_t is the cycle number of the temperature and humidity spectrum in the test, i. e., the corrosion time; D_c is the known metal corrosion damage value; D_t is the corrosion damage value obtained through test (or use); d_t is the solution concentration value for corrosion test.

3.1.2 Solution method

(1) Compile the equal – damage temperature and humidity spectrum.

According to the conversion principle and method given in Ref. 5, compile the equal – damage temperature and humidity spectrum.

(2) Prepare high concentration medium solution (hereinafter referred to as the high concentration d_t).

(3) If the part is under load, the load spectrum should be compiled for the corrosion

test.

(4) According to corrosion and different stress conditions, make specimens. Three kinds of test concentrations should be considered, each of which uses 3 – 5 specimens.

(5) Obtain D_t and λ_t through experiments

Divide the specimens into 3 groups. Each group of specimens is subjected to corrosion tests with the 3 kinds of high solution concentrations and the compiled temperature and humidity spectrum. If the part is also under load, the load spectrum should be added. Regarding the termination time of the test, since the conclusion was reached in the Ref. 8 that the length of λ_t did not affect the calendar life calculation, the λ_t can be customized in the test. However, in order to facilitate the detection of the corrosion damage value, the stopping time λ_t should be maintained until the specimen has obvious corrosion damage. After the tests are terminated, the average corrosion damage value D_t of the 3 groups of specimens under 3 kinds of concentrations is obtained by measuring the corrosion damage of each specimen. From the termination time of the tests, the cycle number of the test temperature and humidity spectrum corresponding to D_t, i. e., λ_t (year), can also be obtained. And from the tested solution concentration, the d_t value can be obtained too.

(6) Obtain the metal calendar life λ

The metal calendar life can be obtained using Eq. (2) by the experiment value d_t, D_t, λ_t and known D_c.

3.1.3 Application example

(1) Question: What was the calendar life λ of 30CrMnSiA alloy steel used in Hainan Island when the corrosion damage D_c reached 200 g/m^2?

(2) Solution method and steps

①Prepared the high concentration d_t, as shown in Table 4. In theory, one kind of high concentration d_t test was sufficient, but in order to reduce the test error, three kinds of high concentration d_t tests should be used to calculate λ by taking the average value of D_t.

②Compiled the equal – damage temperature and humidity spectrum, as shown in Table 5.

Table 5 Equal – damage temperature and humidity spectrum of Hainan province in one year

RH (%)	h			$\sum h_i$
	$T=25℃$	$T=30℃$	$T=35℃$	
90	106.7	248.4	39	2209.1 (92 days)
100	516.8	212.8	125.1	

③Calculated D_t, λ_t, d_t:

Used the high concentration d in Table 4 and the temperature and humidity spectrum in

Table 5 to perform a 92 – days corrosion test. The test data is shown in Table 6.

Table 6　Corrosion test data of 30CrMnSiA

Concentration (d_t)	Specimen number	Weight before test (g)	Weight after test (g)	Lost weight (g)	Average weight loss (g)	Standard deviation	Weight loss per square meter (g/m^2)
10	301	18.9192	18.1056	0.8136	0.85812	0.05314	306
	302	19.8140	18.8935	0.9205			
	303	20.2672	19.4387	0.8285			
	304	19.9493	19.0380	0.9113			
	305	19.7890	18.9723	0.8167			
20	306	20.2000	19.2951	0.9049	0.94066	0.05183	336
	307	19.4380	18.5267	0.9113			
	308	19.6247	18.6011	1.0263			
	309	19.3136	18.4062	0.9074			
	310	19.4628	18.5094	0.9534			
30	311	19.4893	18.4596	1.0297	0.99034	0.02517	354
	312	19.7813	18.8076	0.9737			
	313	19.0717	18.0765	0.9952			
	314	20.1181	19.1292	0.9889			
	315	19.9426	18.9784	0.9642			

From the test results in Table 6, the average corrosion damage value of the three kinds of concentrations could be calculated, $D_t = (306 + 336 + 354)/3 = 332\ g/m^2$. Since this test was conducted only for one cycle (92 days) according to the temperature and humidity spectrum in Table 5, $\lambda_t = 1$ (1 year). Also because this test was carried out with three kinds of concentrations, the average $d_t = (10 + 20 + 30)/3 = 20$.

④Calculated the calendar life λ of 30CrMnSiA alloy steel in Hainan Island when $D_c = 200\ g/m^2$.

Substituting the obtained $D_t = 332\ g/m^2$, $\lambda_t = 1$, $d_t = 20$ and known $D_c = 200\ g/m^2$ into Eq. (2) to obtain λ.

$$\lambda = \frac{D_c d_t}{D_t}\lambda_t = \frac{200 \times 20}{332} \times 1 = 12\ \text{(year)}$$

3.1.4　Application notes

(1) For any metal with known corrosion damage D_c, the calendar life λ can be obtained

by Eq. (2).

(2) The height of d_t and length of λ_t in Eq. (2) have no effect on λ. Therefore, d_t and λ_t in the test can be customized, see Ref. 8 for details.

(3) Because λ calculated by Eq. (2) is already for the environment of metal part ($d = 1$), there is no need for the international traditional "equivalent conversion".

3.2 Determining the metal calendar life by the "corrosion constant"

The author found a "corrosion constant"[10], which had a similar function to the "hubble constant" discovered by astronomer Edwin Hubble. The "hubble constant" means that the expansion rate of space is constant, thus the expansion of the interstellar is linear. Similarly, the "corrosion constant" means that the corrosion rate between the corrosion damage and the corrosion life (time) is constant, thus the relationship between the corrosion damage and the corrosion life (time) is linear. With this linear relationship, only the "corrosion constant" is solved, and the metal calendar life of any damage value can be obtained without corrosion tolerance. From the perspective of application, a brief description is as follows.

3.2.1 Solution principle

(1) Calculation model of the metal calendar life using the "corrosion constant"

The author gave the calculation model of the metal calendar life using the "corrosion constant" and the calculation model of the "corrosion constant" k[8], such as Eqs. (3) and (4).

$$\lambda = \frac{\lambda_t d_t}{D_t} D_c' = k D_c' \tag{3}$$

$$k = \frac{d_t \lambda_t}{D_t} \tag{4}$$

Where: k is the "corrosion constant". This constant defined by the solution concentration valuefor corrosion test d_t times the corrosion test time λ_t (years) divides by the damage value D_t obtained by the corrosion tests. This value remains constant and not affected by the d_t and length of λ_t, as long as these 3 parameters (D_t, λ_t, d_t) are combined in this way[10]. D_c' is the unknown corrosion damage value.

(2) Obtain the "corrosion constant" k using the real parameters

①Obtain D_t, λ_t, d_t through tests

The method for obtaining D_t, λ_t, d_t in this section is the same as that in Section 3.1.2.

②Calculate the "corrosion constant" k

Substitute the D_t, λ_t, d_t obtained from the tests into the Eqs. (4) to obtain the value of k.

(3) Calculate the calendar life of any corrosion damage using "corrosion constant" k

By substituting the obtained "corrosion constant" k into Eqs. (3), the corresponding metal calendar life λ can be calculated through any corrosion damage value. If an accurate metal corrosion tolerance can be given, the accurate metal calendar life can be easily obtained through the "corrosion constant" k.

3.2.2 Solution method and example

(1) Question: Using the "corrosion constant" k to calculate the calendar life λ of any corrosion damage of LY12CZ aluminum alloy used in Hainan Island.

(2) Solution method and steps

①Prepared the high concentration d_t, as shown in Table 4.

②Temperature and humidity spectrum is shown in Table 5.

③Corrosion test: The test time was one cycle block time of the temperature and humidity spectrum in Table 5, i.e., $\lambda_t = 1$. The test solution concentration $d_t = 10$, 20, 30, and the test data is shown in Table 7.

Table 7 Corrosion damage values of LY12CZ aluminum alloy with the Hainan temperature and humidity spectrum and high concentration d_t tests

Concentration (d_t)	Specimen number	Measured values of corrosion depth (mm)	Average value (mm)	Total average value (mm)
10	1	0.65; 0.60; 0.58; 0.58; 0.59; 0.56; 0.55; 0.52; 0.52; 0.52	0.564	0.5618
	2	0.65; 0.63; 0.60; 0.56; 0.56; 0.55; 0.55; 0.52; 0.52; 0.52	0.534	
	3	0.64; 0.63; 0.60; 0.56; 0.56; 0.55; 0.54; 0.54; 0.52; 0.52	0.564	
	5	0.64; 0.63; 0.63; 0.62; 0.62; 0.56; 0.55; 0.55; 0.52; 0.50	0.582	
20	6	0.85; 0.85; 0.83; 0.783; 0.8; 0.80; 0.76; 0.75; 0.72; 0.72	0.791	0.7622
	7	0.85; 0.83; 0.80; 0.78; 0.76; 0.76; 0.76; 0.75; 0.70; 0.68	0.769	
	8	0.82; 0.78; 0.78; 0.76; 0.76; 0.76; 0.76; 0.75; 0.68; 0.68	0.753	
	9	0.80; 0.80; 0.80; 0.78; 0.78; 0.76; 0.75; 0.70; 0.68; 0.65	0.750	
	10	0.82; 0.82; 0.80; 0.78; 0.76; 0.76; 0.73; 0.70; 0.66; 0.65	0.748	

Table 7 (continued)

Concentration (d_t)	Specimen number	Measured values of corrosion depth (mm)	Average value (mm)	Total average value (mm)
30	11	1.05; 1.03; 1.02; 0.98; 0.98; 0.98; 0.98; 0.95; 0.92; 0.92	0.902	0.9162
	12	1.03; 1.03; 0.98; 0.98; 0.96; 0.96; 0.92; 0.92; 0.82; 0.82	0.850	
	13	1.04; 1.03; 1.02; 0.96; 0.96; 0.96; 0.95; 0.95; 0.92; 0.90	0.969	
	14	1.06; 1.03; 0.97; 0.97; 0.96; 0.96; 0.95; 0.92; 0.80; 0.80	0.942	
	15	1.02; 1.02; 0.96; 0.96; 0.94; 0.94; 0.85; 0.85; 0.82; 0.82	0.918	

④k calculation: The k value was obtained by substituting average $d_t = 20$, average damage $D_t = 0.7467$, and test time $\lambda_t = 1$ from Table 7 into Eq. (4).

$$k = \frac{d_t \lambda_t}{D_t} = \frac{20 \times 1}{0.7467} = 26.78/\text{mm}$$

⑤Calculated the calendar life λ of any corrosion damage of LY12CZ aluminum alloy with k. Substituted k into Eq. (3), got the Eq. (5).

$$\lambda = kD'_c = 26.78/\text{mm} \times D'_c \tag{5}$$

Eqs. (5) was the calculation equation to calculate any corrosion damage with the corrosion constant for LY12CZ aluminum alloy serviced in Hainan Island. Three kinds of corrosion damage depth were given: $D_1 = 0.2$ mm, $D_2 = 0.5$ mm, $D_3 = 0.8$ mm, and the results as follow.

$$\lambda_1 = 26.78 \times 0.2 = 5.4 \text{ (year)}$$

$$\lambda_2 = 26.78 \times 0.5 = 13.4 \text{ (year)}$$

$$\lambda_3 = 26.78 \times 0.8 = 21.4 \text{ (year)}$$

3.2.3 Focus points

(1) The "corrosion constant" specific values can be obtained by real corrosion parameters, which make the metal calendar life calculation very simple and more convenient for engineering applications.

(2) For reducing the experimental error, it is suggested that three kinds of concentrations d_t, and the equal - damage temperature and humidity spectrum should be used in the tests to calculate the "corrosion constant".

3.3 Determining the metal calendar life by $T-H$ curve

It was found that there was a power function curve for metal corrosion[2], i. e., the $T-H$ (temperature – time) curve. Based on this curve, combined with damage mechanics and fatigue strength, a theoretical formula for calculating metal calendar life was finally given through rigorous mathematical derivation. From the perspective of application, a brief description is as follows.

3.3.1 Test $T-H$ curve

According to the principle and method given by the author in the Ref. 1, the $T-H$ curves of the metal service conditions were tested, as shown in Fig. 4. This curve family was measured by corrosion damage D_1, so the calendar life calculated from the curve family data was corresponding to the corrosion damage D_1. In Fig. 4, $RH_1=100\%$, $RH_2=90\%$, $RH_3=80\%$.

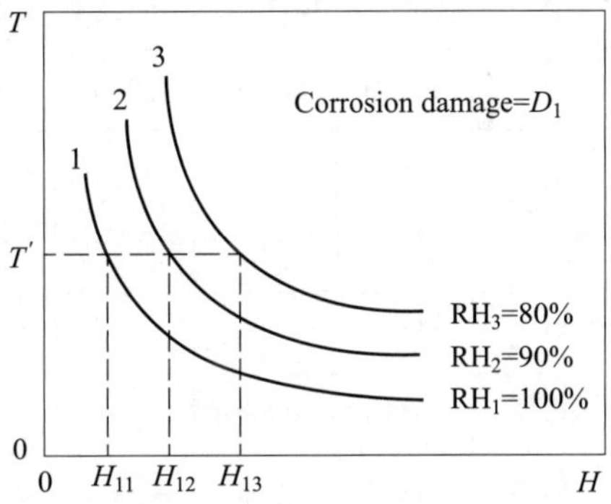

Fig. 4 Metal service $T-H$ curve

3.3.2 Formula

The author researched and gave a formula for calculating the metal calendar life by the $T-H$ curve in the Ref. 2, as shown in Eq. (6).

$$\lambda \sum_{j=1}^{m}\left(\sum_{i=1}^{t}\frac{h_i}{H_i}\right)=1 \tag{6}$$

Where: λ is the calendar life when metal corrosion damage reaches D_c; h_i is the hours of the i – th temperature in the temperature and humidity spectrum, which obtained from the temperature and humidity spectrum; H_i is the corrosion time when the metal corrosion damage reaches D_c using the i – th temperature (T) test under the service media and a certain humidity (RH), which obtained from $T-H$ curve; t is the number of temperature levels in the temperature and humidity spectrum; m is the number of humidity levels in the temperature and humidity spectrum.

3.3.3 Method and application example

(1) Question: Calculating the calendar life λ of LY12CZ aluminum alloy serviced in Hainan Island by $T-H$ curve when the corrosion damage D reached 0.5 mm.

(2) Solution method and steps

①Compiled the equal – damage temperature and humidity spectrum, as shown in Table 5.

②Prepared the high concentration d_t, as shown in Table 4.

③According to the test principle of Ref. 1, the $T-H$ curve of LY12CZ aluminum alloy was tested with Hainan Island media solution and $D = 0.5$ mm. The test data could be found on pages 363 and 367 of the Ref. 1, and the data related to this question were extracted, as shown in Table 8 and Table 9.

④Found the corresponding value of h_i and H_i in Eq. (6) and calculated $\sum h_i/H_i$. Finding h_i from Table 5, and finding H_i from Table 8 and Table 9, the value of $\sum h_i/H_i$ were calculated as shown in Table 10.

Table 8 $T-H$ curve test data of LY12CZ aluminum alloy (RH = 90%, $d = 1$)

Temperature (℃)	Time (h)									
	D_c = 0.1mm	D_c = 0.2 mm	D_c = 0.3 mm	D_c = 0.4 mm	D_c = 0.5 mm	D_c = 0.6 mm	D_c = 0.7 mm	D_c = 0.8 mm	D_c = 0.9 mm	D_c = 1 mm
10	53760	107520	161280	215040	268800	322560	376320	430080	483840	537600
15	40320	80640	120960	161280	201600	241920	282240	322560	362880	403200
20	26800	53760	80640	107520	134400	161280	188160	215040	241920	268800
25	20160	40320	60480	80640	100800	120960	141120	161280	181440	201600
30	16128	32256	48384	64512	80640	96768	112896	129024	145152	161280
35	13440	26880	40320	53760	67200	80640	94080	107520	120960	134400
40	11520	23040	34560	46080	57600	69120	80640	92160	103680	115200
45	10080	20160	30240	40320	50400	60480	70560	80640	90720	100800
50	8960	17920	26880	35840	44800	53760	62720	71680	80640	89600
60	6720	13440	20160	26880	33600	40320	47040	53760	60480	67200

Table 9 $T-H$ curve test data of LY12CZ aluminum alloy (RH = 100%, $d = 1$)

Temperature (℃)	Time (h)									
	D_c = 0.1mm	D_c = 0.2 mm	D_c = 0.3 mm	D_c = 0.4 mm	D_c = 0.5 mm	D_c = 0.6 mm	D_c = 0.7 mm	D_c = 0.8 mm	D_c = 0.9 mm	D_c = 1 mm
10	14203	28406	42609	56812	71015	85218	99421	113624	127827	142030
15	10518	21037	31555	42073	52591	63110	73628	84146	94664	105183
20	6834	13668	20502	27336	34169	41003	47837	54671	61505	68339
25	5061	10122	15183	20244	25305	30367	35428	40489	45550	50611
30	4019	8037	12056	16074	20093	24112	28130	32149	36167	40186

Table 9 (continued)

Temperature (℃)	Time (h)									
	D_c = 0.1mm	D_c = 0.2 mm	D_c = 0.3 mm	D_c = 0.4 mm	D_c = 0.5 mm	D_c = 0.6 mm	D_c = 0.7 mm	D_c = 0.8 mm	D_c = 0.9 mm	D_c = 1 mm
35	3332	6664	9997	13329	16661	19993	23326	26658	29990	33322
40	2894	5788	8681	11575	14469	17363	20256	23150	26044	28938
45	2557	5115	7672	10229	12786	15344	17901	20458	23016	25573
50	2291	4582	6873	9164	11455	13745	16036	18327	20618	22909
60	1758	3516	5274	7032	8790	10548	12306	14064	15822	17580

Table 10　h_i, H_i and calculated value of $\sum h_i/H_i$

RH (%)	h, H				$\sum h_i/H_i$
		T = 25℃	T = 30℃	T = 35℃	
90	h_i	1067	248.4	39	0.01425
	H_i	100800	80640	67200	
100	h_i	516.8	212.8	125.1	0.0352
	H_i	25305	20093	16661	

⑤Calculated λ

Substituted the calculated value of $\sum h_i/H_i$ into Eq. (6), the calendar life λ of LY12CZ aluminum alloy serviced in Hainan Island which corresponded to $D = 0.5$ mm could be calculated.

$$\lambda = \frac{1}{\sum_{j=1}^{2}\left(\sum_{i=1}^{3}\frac{h_i}{H_i}\right)_j} = \frac{1}{0.01425 + 0.0352} = 18.95 \text{ (year)}$$

3.3.4　Application notes

(1) For any metals with a $T-H$ curve law, Eq. (6) can be used to calculate the metal calendar life.

(2) When testing the $T-H$ curve, the test principle of Ref. 1 should be used to measure the $T-H$ curve of the service environment ($d = 1$) to ensure that the calculated calendar life is the service calendar life.

(3) The equal-damage temperature and humidity spectrum should be compiled in years by the principle of Ref. 5 to ensure that the calculated calendar life is in years.

3.4 Comparison of the calendar life of LY12CZ aluminum alloy serviced in Hainan Island calculated by two theories, corrosion damage $D=0.5$ mm

3.4.1 Calculated calendar life λ with the "corrosion constant" k

From the application example in Section 3.2.2:

$$\lambda = kD'_c = 26.78 \times 0.5 = 13.4 \text{ (year)}$$

3.4.2 Calculated calendar life λ with $T-H$ curve theory

From the application example in Section 3.3.3:

$$\lambda = \frac{1}{\sum_{j=1}^{2}\left(\sum_{i=1}^{3}\frac{h_i}{H_i}\right)_j} = 18.95 \text{ (year)}$$

3.4.3 Comparison analysis

The results calculated by two different calculation theories had a relative error of 29%, which was acceptable in the field of international corrosion. The main source of this error was the $T-H$ curve test. As long as the $T-H$ curve was measured accurately, the error could be reduced.

3.4.4 Notes on equivalent conversion

Since these three metal calendar life calculation formulas in this paper obtain the calendar life of metal parts in actual use, the calendar life calculated by them does not require equivalent conversion. If the equal-damage high temperature and humidity spectrum compiled by the principles of this paper and the service concentration ($d=1$) solution are used for the metal calendar life test, the results do not need equivalent conversion. In this way, the problem of metal calendar life determination and equivalent conversion in the field of international corrosion is solved.

4 Determining the protective coating calendar life

4.1 The theoretical formula and calculation method

The calendar life of the protective coating is one of the components of the total calendar life of parts. If the protective coating does not fail, the metal will not corrode, and the calendar life of parts will be extended.

However, in the field of international corrosion, the calendar life of the protective coating in the real service environment is still hard to determine. For this reason, the author developed the calculation formula and the determination method of the calendar life of the coating in the Ref. 9. From the application needs, a brief description is as follows.

4.1.1 Theoretical formula

The author found that the failure time and temperature of some protective coatings also had a power function curve, which was consistent with the metal $T-H$ curve. According to this curve, the theoretical calculation formula of the coating calendar life was also derived, such as Eqs. (7).

$$\lambda_m \sum_{j=1}^{m} \left(\sum_{i=1}^{t} \frac{h_i}{H'''_i} \right)_j = 1 \tag{7}$$

Where: λ_m is the calendar life of protective coating failure (in years); H'''_i is the time for the protective coating to fail using the i - th temperature (T) and the real media test in a certain humidity (RH); h_i, t, m are the same as Eqs. (6).

4.1.2 Method and application example

(1) Question: If the coating on the surface of LY12CZ aluminum alloy was used in Hainan Island, what was the calendar life of the coating failure?

(2) Solution method and steps

①Compiled the equal - damage temperature and humidity spectrum, as shown in Table 11.

Table 11　1 - year equal - damage temperature and humidity spectrum in Hainan Island

RH (%)	h			$\sum h_i$
	$T=40$℃	$T=50$℃	$T=60$℃	
100	168.0	185.9	186.4	540.3

②Prepared the medium solution for the service environment ($d=1$) of Hainan Island, such as the medium with $d=1$ in Table 4.

③Tested the $T-H$ curve of the coating. The corrosion tests of three specimens at each temperature were carried out by using solution concentration $d=1$ in Table 4 and temperatures at 25℃, 50℃ and 65℃. The test data is shown in Table 12 and the test curve is shown in Fig. 5.

Table 12　Test data of $T-H$ curve of the coating on the surface of LY12CZ aluminum alloy

Specimen	T (℃)	Coating failure week number (1 week = 168 h)	Average week number
Coating (H06 - 2 paint and S04 - 103H paint)	25	36、38、39	38
	50	29、31、32	31
	65	23、24、25	24

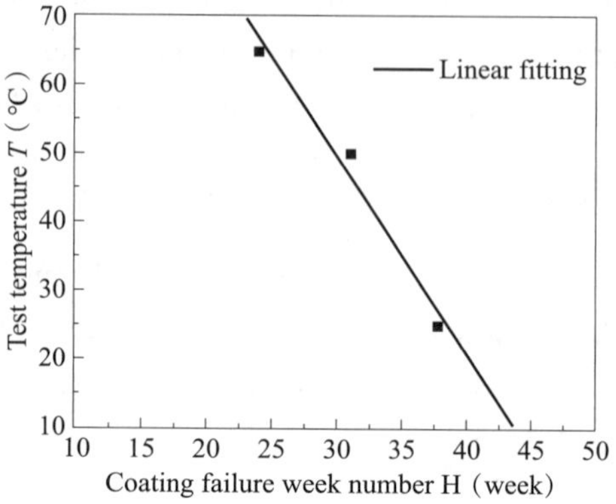

Fig. 5 $T-H$ curve of the coating test

④Found the corresponding value of h_i and H'''_i in Eqs. (7) and calculated the $\sum h_i/H'''_i$. Finding h_i from Table 11, and finding the number of weeks H'''_i corresponding to 40℃、50℃、60℃ from Fig. 5, they were converted from weeks to hours (1 week = 168 hours), as shown in Table 13.

Table 13 Corresponding value of h_i, H'''_i, and $\sum h_i/H'''_i$

h_i, H'''_i(hours)	40℃	50℃	60℃	$\sum h_i/H'''_i$
h_i	168.0	185.9	186.4	0.1089
H'''_i	5628	5040	4418	

⑤Calculated the calendar life λ_m of the coating on the surface of LY12CZ aluminum alloy Substituted the value (0.1089) in Table 13 into Eqs. (7) to calculate the λ_m.

$$\lambda_m = \frac{1}{\sum_{j=1}^{m}\left(\sum_{i=1}^{t}\frac{h_i}{H'''_i}\right)_j} = \frac{1}{0.1089} = 9.18 \text{ (year)}$$

4.1.3 Verification test

In order to verify the correctness and accuracy of the theoretical calculation Eqs. (7) for determining the calendar life of the coating, the author also conducted a closed verification test in the Ref. 9. On one hand, the calendar life of the coating obtained by Eq. (7) was 9.18 years, which kept under seal. On the other hand, another person used the same specimens and the same corrosion conditions to test and found that the calendar life of the coating failure was 12 years. Finally, at a professional conference, the theoretical calculation results and test results were announced separately and the relative error was 23.5%[9]. At that time, there was no theoretical formula for calculating the calendar life of coatings in the world, which stirred the surprise and interest in this theory of the participating experts.

4.1.4 Notes on equivalent conversion

Since the coating calendar life calculation formula in this article obtains the calendar life of the coating in actual use, the calculated calendar life does not require equivalent conversion. If the equal - damage high temperature and humidity spectrum compiled by the principles of this paper and the service concentration ($d = 1$) solution are used for the coating calendar life test, the results do not need equivalent conversion. In this way, the problem of coating calendar life determination and equivalent conversion in the field of international corrosion is solved.

4.1.5 Application notes

(1) For any coating with the $T - H$ curve law, Eq. (7) can be used to calculate the calendar life.

(2) To test the $T - H$ curve of the coating, a high temperature test should be used instead of a high concentration test. Different coatings have different temperature requirements.

(3) 1 year's equal - damage temperature and humidity spectrum should be used and its temperature should be the same level as the temperature of the test $T - H$ curve so as to calculate and determine calendar life.

5 Determining the total calendar life and the calendar overhaul period of parts

The total calendar life of the part is composed of the metal calendar life, the coating calendar life and the number of the overhaul. Metal calendar life and coating calendar life can be calculated according to this paper. The number of the overhaul can be found in the fatigue life determination. But how to combine these three parameters scientifically to give the total calendar life and the calendar overhaul period of the part is an internationally unsolvable problem. After years of research, the author finally solved this problem with a simple "graphic method".

5.1 Calculation formula

5.1.1 Assumption

The calendar life of each overhaul period of the part was y_1, y_2, $\cdots$, y_n, and they were equal. The total calendar life was Y. The life when the metal was corroded to the damage tolerance D_c was λ. The protective coating had an effective life λ_m. The number of the overhaul was n. The validity period λ_m of the protective coating was equal after each overhaul. The life

λ was equally distributed to each overhaul period.

5.1.2 Overall forecast diagram for determining the calendar life of parts

According to the internal relations and assumptions of the above – mentioned parameters, the Ref. 10 researched and obtained: the overall forecast diagram for determining the calendar life of parts, as shown in Fig. 6.

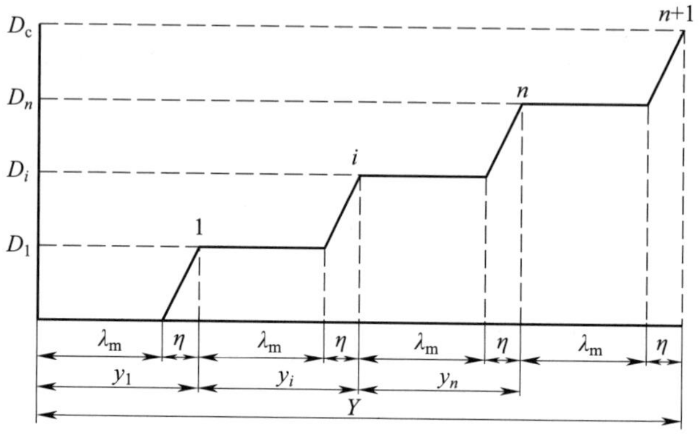

Fig. 6 Overall forecast diagram for determining the calendar life of parts $\left(\text{in the figure: } \eta = \dfrac{\lambda}{n+1}\right)$

5.1.3 Formula for determining the calendar life of parts

(1) The calculation formula of each overhaul period y_i of parts, i. e., Eqs. (8), was derived from Fig. 6.

$$y = y_1 = y_i = y_n = \lambda_m + \frac{\lambda}{n+1} \qquad (i = 1, 2, \cdots, n) \tag{8}$$

(2) The calculation formula of total calendar life Y of parts, i. e., Eqs. (9), was derived from Fig. 6.

$$Y = \sum_{i=1}^{n} y_i + \lambda_m + \frac{\lambda}{n+1} = (n+1)\lambda_m + \lambda \tag{9}$$

Where: y is the overhaul calendar life; Y is the total calendar life of the part; λ is the calendar life when the metal is corroded to the damage tolerance D_c; λ_m is one time effective calendar life of the protective coating.

5.2 Application example

5.2.1 Question

LY12CZ aluminum alloy part serviced in Hainan Island, its metal calendar life $\lambda = 13.4$ years, coating calendar life $\lambda_m = 12$ years, the number of the overhaul $n = 3$. How many years were the total calendar life Y and the overhaul calendar life y of the part?

5.2.2 Solution

(1) The overhaul calendar life y of the part

$$y=\lambda_m+\frac{\lambda}{n+1}=12+\frac{13.4}{3+1}=15.4 \text{ (year)}$$

(2) The total calendar life Y of the part.

$$Y=(n+1)\lambda_m+\lambda=(3+1)\times 12+13.4=61.4 \text{ (year)}$$

5.3 Application notes

(1) As be seen in Eqs. (9), the total calendar life Y is greatly affected by the coating calendar life λ_m, which increases the life by a factor of $(n+1)$. It can be seen that in order to extend Y, the best way is to increase λ_m.

(2) As be seen in Eqs. (8) and Eqs. (9), λ is an important part of Y and y. The length and accuracy of λ are controlled by the corrosion tolerance D_c. Therefore, to obtain accurate Y and y, accurate D_c must be calculated.

6 Reliability processing of the calendar life of parts

The reliability processing of the calendar life of parts is to solve the problem of the reliability of the calendar life. The aforementioned calendar lives of metals and coatings were all calculated by theoretical calculations using damage values or test curves of corrosion tests. These tests were all carried out with the average temperature and humidity spectrum, the test results could only represent the average level, and the given calendar life was the average life too. The reliability of the average life was 50%, i. e., half of the given calendar life was reliable. Therefore, in order to improve the reliability of the calendar life of parts, reliability processing must be carried out. At present, in the field of international corrosion, there is no such article that has studied the above aspects. For this reason, the author conducted the research on the reliability of the calendar life in the Ref. 11

6.1 Scatter factor L_f of the metal calendar life

6.1.1 Relation between reliability and scatter factor

The author proposed that the scatter factor of the metal calendar life increased along with the increase of reliability through research, as shown in Table 14. Please refer to the original text of Ref. 11 for details.

Table 14 Relationship between corrosion scatter factor L_f and reliability.

Material	Reliability (%)	Scatter factor L_f
30CrMnSiA Steel (118 steel specimens)	99.87	1.51
	99	1.40
	95	1.29
LY12CZ, 7075 - T7351 aluminum alloy (100 corrosion depths)	99.87	1.95
	99%	1.72
	95%	1.52

6.1.2 Method for improving the reliability of the metal calendar life

(1) The mean value of the metal calendar life was given by using the average temperature and humidity spectrum and load spectrum to test.

(2) Determined the high reliability level according to the use of parts. Different fields of parts, have different reliability requirements. For example, the reliability requirement for the aircraft structure is 99.9%, which means that structures of 999 aircrafts are guaranteed to be reliable out of 1000 aircrafts, but structures of only 1 aircraft are unreliable. This high reliability was converted into scatter factor through normal distribution curve and mathematical derivation. And high reliability meant high dispersion coefficient, as shown in Table 14. When determining the calendar life of parts, different scatter factors were directly selected to reflect the calendar life at different reliability. So different mechanical fields had different scatter factor requirements, which were reflected in their respective mechanical design specifications.

6.2 Scatter factor L_f of the protective coating calendar life

The scatter factor of the coating calendar life was studied by using the research principle and method in the Ref. 11. Due to the lack of effective test data, only a scatter factor of reliability of LY12CZ aluminum alloy coating was given here. According to the test data of the coating on the surface of LY12CZ aluminum alloy in Table 12, the scatter factor value of the coating with the reliability of 99.9% was $L_f = 1.2$ after calculation. As the basic test data for this value were few, it was only used as a reference value.

6.3 Method for calculating the calendar life of high reliability parts

If the average metal calendar life (λ) and the average protective coating calendar life (λ_m) were divided by their respective scatter factor L_f, the high reliability metal calendar life

(λ') and the high reliability protective coating calendar life (λ'_m) could be obtained.

By substituting the obtained (λ') and (λ'_m) into Eqs. (8) and (9), respectively, the overhaul calendar life y with high reliability and the total calendar life Y with high reliability could be obtained.

6.4 Concerns

(1) Reliability processing is an indispensable part of the calendar life determination of parts. It converts reliability into scatter factor according to probability mathematics. L_f is directly used in the determination of calendar life.

(2) The scatter factor of the calendar life of parts has not been studied in the international corrosion field, and the study in Ref. 11 is only the beginning. Theoretical research and engineering application research are also needed in different mechanical fields.

7 Determining the corrosion damage tolerance of the metal

Corrosion damage tolerance is thebasic index for determining the calendar life of parts and corrosion damage inspection standard. Without an accurate corrosion damage tolerance, it is not only impossible to obtain an accurate calendar life, but also establish the inspection standard for corrosion damage. However, owing to the various forces on the parts and the numerous and complex corrosion factors, it was impossible to solve the corrosion damage tolerance value of the parts under the real load in the field of international machinery and corrosion. Until the publication of Ref. 12 in 2021, the corrosion tolerance of the parts under static load and fatigue load could be solved. Based on the research conclusion of the Ref. 12, for the purpose of application, the following is selected.

7.1 Calculating the corrosion damage tolerance (D_c) of corroded parts under static load

7.1.1 Solution principle

(1) Relationship curve between stress σ and corrosion damage D

In Ref. 12, the author conducted a comprehensive study of stress σ and corrosion damage D of corroded parts under static load. Finally, it was found that the stress of corroded parts under static load was approximately proportional to corrosion damage D before the middle and middle stages of corrosion, i. e., approximately linear, and exponentially distributed in the later stages, as shown in Fig. 7.

(2) Calculated the corrosion tolerance using the linear section of the curve in Fig. 7.

Set: In service tolerance stress of the critical parts was σ_p.

Find: In the linear section of the curve in Fig. 7, found the D_c by σ_p, as shown in the arrow line in Fig. 7.

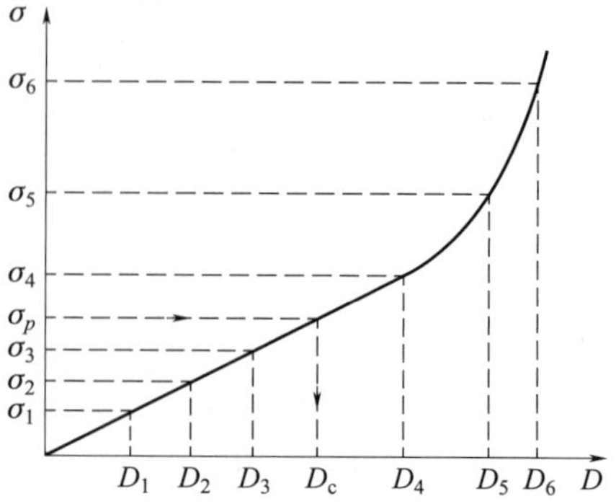

Fig. 7 The $\sigma - D$ curve of corroded parts under static load

7. 1. 2 Solution method and steps

(1) Compiled the equal - damage high temperature and humidity spectrum for the service environment.

(2) Counted or measured the component and content of media in the service environment and prepared the service concentration ($d = 1$) solution.

(3) Simulated critical parts and manufactured specimens for corrosion and static loading tests. There were 4 groups of specimens, 3 in each group. If the parts for which the corrosion damage tolerance was to be obtained, and there was some damage, it should be simulated when manufacturing the parts.

(4) The corrosion test was carried out with the equal - damage high temperature and humidity spectrum and the service concentration ($d = 1$) solution. The test time was different for materials with different corrosion rates, among which $t_1 < t_2 < t_3 < t_4$. However, no matter what the specimen was, its test time t_1 was to ensure that the specimen had relatively obvious corrosion damage before stopping. The process was as follows:

①For each specimen in one group, the static loading and corrosion test of t_1 spectrum blocks was carried out using the equal - damage high temperature and humidity spectrum and the service concentration solution. After that, the mean value of corrosion damage D_1 was first measured, and then the tensile test was conducted to measure the fracture stress σ_1.

②For each specimen in one group, the static loading and corrosion test of t_2 spectrum blocks was carried out using the equal - damage high temperature and humidity spectrum and the service concentration solution. After that, the mean value of corrosion damage D_2 was first measured, and then the tensile test was conducted to measure the fracture stress σ_2.

③For each specimen in one group, the static loading and corrosion test of t_3 spectrum blocks was carried out using the equal - damage high temperature and humidity spectrum and the service concentration solution. After that, the mean value of corrosion damage D_3 was first measured, and then the tensile test was conducted to measure the fracture stress σ_3.

④For each specimen in one group, the static loading and corrosion test of t_4 spectrum blocks was carried out using the equal - damage high temperature and humidity spectrum and the service concentration solution. After that, the mean value of corrosion damage D_4 was first measured, and then the tensile test was conducted to measure the fracture stress σ_4.

⑤Checking the $\sigma - D$ curve, if it was not approximately linear, another test should be conducted by adjusting the corrosion time.

(5) The $\sigma - D$ curve was drawn using σ_1, σ_2, σ_3, σ_4 and D_1, D_2, D_3, D_4, as shown in Fig. 7.

(6) The corrosion damage tolerance D_c was obtained by using the tolerance stress σ_p of the critical parts, as shown the arrow line in Fig. 7.

7.2 Calculating the corrosion damage tolerance of corroded parts under fatigue load

7.2.1 Solution principle

(1) Relationship between fatigue life N and corrosion damage D

In Ref. 12, the author conducted a comprehensive study of fatigue life N and corrosion damage D of corroded parts under fatigue load. Finally, it was found that the relationship between the fatigue life N and corrosion damage D of the corroded parts under fatigue load conformed to the power function distribution curve, as shown in Fig. 8. Using this curve, the corrosion damage tolerance D_c of corroded parts under fatigue load could be obtained.

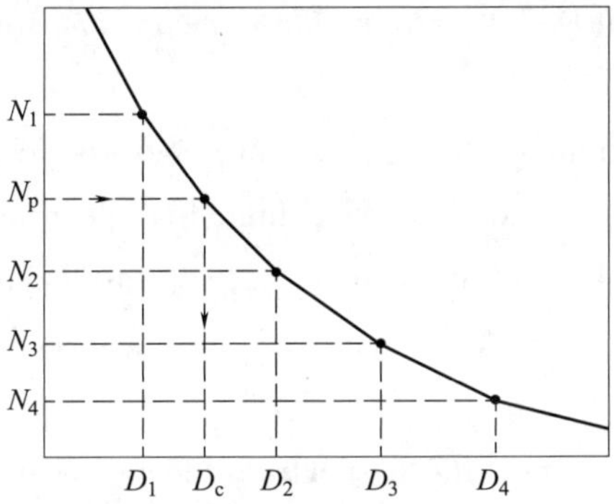

Fig. 8　$N - D$ curve

(2) Calculated the corrosion damage tolerance D_c

Set: The total fatigue life N_p of the critical parts had been given by fatigue tests. $N_p = \overline{N}/L_f$, $\overline{N}$ is the mean test life. L_f is the scatter factor.

Find: In Fig. 8, found the D_c by N_p.

7.2.2 Solution method and steps

(1) Compiled the equal – damage high temperature and humidity spectrum for the service environment.

(2) Counted or measured the component and content of media in the service environment and prepared the service concentration ($d = 1$) solution.

(3) Compiled fatigue load spectrum of the fatigue critical parts. The load spectrum for determining the fatigue life of parts could be used, but it should be matched with the temperature and humidity spectrum (One year's temperature and humidity spectrum was matched with one year's fatigue load spectrum).

(4) Simulated fatigue critical parts and manufactured specimens for corrosion and fatigue tests. If the parts for which the corrosion damage tolerance was to be obtained, and there was some initial damage, it should be simulated when manufacturing the parts.

(5) Calculated the corrosion damage of the service environment ($d=1$):

①For a group of 3 specimens, the t_1 spectrum blocks corrosion tests were carried out by using the equal – damage high temperature and humidity spectrum and the service concentration solution. The fatigue load spectrum matched with t_1 was also used in the tests, and the fatigue tests were carried out at 0.5 t_1. After that, the mean corrosion damage D_1 was measured.

②For a group of 3 specimens, the t_2 spectrum blocks corrosion tests were carried out by using the equal – damage high temperature and humidity spectrum and the service concentration solution. The fatigue load spectrum matched with t_2 was also used in the tests, and the fatigue tests were carried out at 0.5 t_2. After that, the mean corrosion damage D_2 was measured.

③For a group of 3 specimens, the t_3 spectrum blocks corrosion tests were carried out by using the equal – damage high temperature and humidity spectrum and the service concentration solution. The fatigue load spectrum matched with t_3 was also used in the tests, and the fatigue tests were carried out at 0.5 t_3. After that, the mean corrosion damage D_3 was measured.

④For a group of 3 specimens, the t_4 spectrum blocks corrosion tests were carried out by using the equal – damage high temperature and humidity spectrum and the service concentration solution. The fatigue load spectrum matched with t_4 was also used in the tests, and the fatigue tests were carried out at 0.5 t_4. After that, the mean corrosion damage D_4 was measured.

(6) Determined the fatigue life N_1, N_2, N_3 and N_4 corresponding to D_1, D_2, D_3 and D_4:

①For a group of 5 specimens, the t_1 spectrum blocks corrosion tests were carried out by using the equal – damage high temperature and humidity spectrum and the service concentration solution. The fatigue load spectrum matched with t_1 was also used in the tests, and the fatigue tests were carried out at 0.5 t_1. Then, the fatigue life N_1 was measured by fatigue tests with the same load spectrum.

②For a group of 5 specimens, the t_2 spectrum blocks corrosion tests were carried out by using the equal – damage high temperature and humidity spectrum and the service concentration solution. The fatigue load spectrum matched with t_2 was also used in the tests, and the fatigue tests were carried out at 0.5 t_2. Then, the fatigue life N_2 was measured by fatigue tests with the same load spectrum.

③For a group of 5 specimens, the t_3 spectrum blocks corrosion tests were carried out by using the equal - damage high temperature and humidity spectrum and the service concentration solution. The fatigue load spectrum matched with t_3 was also used in the tests, and the fatigue tests were carried out at 0.5 t_3. Then, the fatigue life N_3 was measured by fatigue tests with the same load spectrum.

④For a group of 5 specimens, the t_4 spectrum blocks corrosion tests were carried out by using the equal - damage high temperature and humidity spectrum and the service concentration solution. The fatigue load spectrum matched with t_4 was also used in the tests, and the fatigue tests were carried out at 0.5 t_4. Then, the fatigue life N_4 was measured by fatigue tests with the same load spectrum.

Note: The corrosion test time $t_1 < t_2 < t_3 < t_4$, the specific test time should be determined according to the corrosion rate of different materials. However, the test time t_1 should ensure that the specimens have relatively obvious corrosion damage. Also note that the same t_1, t_2, t_3, and t_4 were used for calculating D_1 and N_1, D_2 and N_2, D_3 and N_3, D_4 and N_4.

(7) The measured N_1, N_2, N_3, N_4, D_1, D_2, D_3 and D_4 were used to draw the $N - D$ curve, as shown in Fig. 8.

(8) The total fatigue life N_p of the critical parts was used to determine the corrosion damage tolerance D_c, as shown the arrow line in Fig. 8. Since the $N - D$ curve was measured by the equal - damage high temperature and humidity spectrum and the service concentration ($d = 1$) solution, the damage in the test was consistent with the actual service damage, so the D_c obtained from the $N - D$ curve did not require equivalent conversion.

7.3 Method for calculating corrosion damage tolerance of the parts under static load and fatigue load simultaneously

Originally, this problem is a very complex and unsolvable problem, but with the above research conclusions in this paper, this problem has been solved:

(1) The corrosion damage tolerance D_{c1} (D_{c2}) of the same part under static load (fatigue load) was calculated respectively. The specific method was as aforementioned, and was not repeated here.

(2) D_{c1} and D_{c2} were compared, and the smaller one was the corrosion damage tolerance value of the part.

8 To ensure that both the total fatigue life and the total calendar life of the part were all safe

8.1 Principle

The part works not only under fatigue load but also under corrosive environment, so it has both fatigue life and calendar life. These two kinds of life are given by fatigue field and corrosion field respectively. How to ensure the different life given by different fields is all safe? This is an international problem that the user department is looking forward to solving for a long time, the design department is pursuing to solve, and the research department is exploring to solve.

This paper solved this problem by studying corrosion damage tolerance of parts. Its principle was that the corrosion damage tolerance D_c of the parts was determined by the total fatigue life, and then the total calendar life of the parts was calculated by using this D_c and the corresponding calculation formula. Both the total calendar life and the total fatigue life were all safe.

8.2 Method and steps

(1) The total fatigue life N_p of the part was obtained by fatigue tests with the real load spectrum.

(2) Calculated the total calendar life Y:

①The $N-D$ curve was drawn through corrosion test and fatigue test by using the real load spectrum and temperature and humidity spectrum, as shown in Fig. 8.

②The total fatigue life N_p was used to calculate the corrosion damage tolerance D_c through the $N-D$ curve, as shown the arrow in Fig. 8.

③Used D_c and Eqs. (2) to calculate the calendar time λ of the pure metal part.

④Use λ and Eqs. (9) to calculate the total calendar life Y of the part.

(3) Analysis of both N_p and Y safety

According to Eqs. (9), λ_m was the effective calendar life of the protective coating, meaning that the metal was non-corrosive during the effective life λ_m. If the metal did not corrode, the total fatigue life N_p would not be affected. Therefore, $(n+1)\lambda_m$ only affected the total calendar life Y of parts, and did not affect the total fatigue life N_p of parts. As a result, in the total calendar life Y, only the pure metal corrosion calendar life λ was associated with the total fatigue life N_p, as long as λ was safe, N_p was safe.

Since the λ in the total calendar life Y was calculated by the metal corrosion damage tolerance

D_c and Eqs. (2), and the D_c was determined by the total fatigue life N_p and $N-D$ curves, D_c was the intermediate "coordinator" between λ and N_p. As long as the metal corrosion damage value D_t of the part in use was less than or equal to D_c, both λ and N_p were safe, i. e., both Y and N_p were safe. This reflected the scientificity and superiority of using N_p to determine D_c.

9 Matching design, in-service and determining sequence of the total fatigue life N_p and the total calendar life Y of the same part

9.1 N_p and Y matching design

9.1.1 N_p analysis

When the material, structure and fatigue load of the parts were unchanged, the total fatigue life N_p of the parts given by the test was not allowed to be changed without life extension. That was to say, the total fatigue life N_p (hours) was a constant value.

9.1.2 Y analysis

According to the calculation Eqs. (9) of the total calendar life, λ was the corrosion time (year) when the pure metal of the part was corroded to the damage tolerance D_c. In the case of the corrosive environment and structure unchanged, generally λ was a fixed value. In the $(n+1)\lambda_m$ of Eqs. (9), λ_m was one time effective calendar life (year) of the protective coating, n was the overhaul number of the part. λ_m was variable in the part overhaul process, and the total calendar life Y could be increased or decreased by increasing or decreasing λ_m. That was, the total calendar life Y of the part was adjustable.

9.1.3 N_p and Y matching design and use

Theoretically speaking, N_p was a fixed value, which could be converted into the total service life Y_0 by the average use intensity (hours of use per year). In the design of the total calendar life Y of the part, by adjusting the λ_m in the Eqs. (9), made $Y=Y_0$, so as to realize the matching design of the total fatigue life N_p and the total calendar life Y of the same part.

The service life of the total fatigue life N_p was related to the service strength of the parts. High using intensity, low service life. Otherwise, low using intensity, high service life. It led to a mismatch between the service life of the total fatigue life N_p and the total calendar life Y. For this reason, when the part was in use, attention should be paid to adjusting the use intensity, so that the service life of N_p matched with Y as much as possible.

9.2 Determining sequence of N_p and Y

As for the sequential problem of N_p and Y determination of the same part, based on the study of metal corrosion damage tolerance in this paper, the sequence of their determination was as follows: first, the N_p was determined, and then the corrosion damage tolerance D_c was determined according to N_p and $N-D$ curve; Secondly, according to the D_c, calculated the metal corrosion time λ; finally, the total calendar life Y could be calculated with λ, one time effective calendar life λ_m of the protective coating, and the overhaul number n. That's the sequence from N_p to Y.

10 General principles for determining the calendar life of the aircraft

(1) The total calendar life of the aircraft is determined by the total calendar life of each critical parts, and the smallest calendar life value is selected as the total calendar life of the aircraft.

(2) The calendar life of non - critical parts with corrosion does not need to be given by the method of determining the calendar life of critical parts. As long as the corrosion protection and partial repairs are used to ensure that there is no corrosion or slight corrosion but do not affect the total calendar life during an overhaul period.

(3) For non - critical parts without corrosion, follow normal corrosion protection and repair.

11 Conclusion

In order to facilitate the application, the author summarized his papers on calendar life research for many years and came to the following conclusions.

(1) By using the conversion principle and method of equal corrosion damage developed in Ref. 1, the temperature and humidity spectrum of equal corrosion damage was compiled.

(2) According to the principle that corrosion damage D was proportional to concentration d in Ref. 7, a high concentration d solution was prepared for the test.

(3) Using the theoretical formula developed in Ref. 7, the calendar life of the metal contained a certain corrosion damage was calculated.

(4) The "corrosion constant" developed in Ref. 8 was used to calculate the calendar life of any corrosion damage.

(5) The theoretical formula and $T-H$ curve developed in Ref. 2 were used to calculate the calendar life of the metal contained a certain corrosion damage.

(6) Using the theoretical formula and $T-H$ curve developed in Ref. 9, the calendar life of the protective coating failure was calculated.

(7) The total calendar life and overhaul calendar life were calculated by using the theoretical formula developed in Ref. 10.

(8) The scatter factor studied in Ref. 11 was used to obtain the calendar life with high reliability.

(9) The solution principle and method of corrosion damage tolerance developed in Ref. 12 were used to determine the corrosion damage tolerance value under different loads.

(10) Based on the principle studied in Ref. 12, the principle and matching design method that the total fatigue life and the total calendar life of the same part were both safe were given.

(11) General principles for determining the calendar life of the aircraft were given.

(12) This set of theories and methods is suitable for determining the corrosion tolerance and calendar life of corrosive machinery and equipment used in the atmosphere, marine and soil environments, and has been successfully used in determining the calendar life of an aircraft.

This set of calendar life determination system, its various tests and theoretical calculations are carried out with the corrosion parameters and loads of the real service environment, and finally give a real and reliable calendar life. Using this calendar life to control the service time of machinery and equipment can eliminate corrosion disasters and economic losses that have been unable to solve internationally. This is the goal that this system can achieve. In order to achieve this goal, in addition to providing this new theory and method to the international corrosion field, the author also provides free consultation to application units and individuals.

Declaration of Competing Interest

The authors declare that they have no known competing financial interests or personal relationships that could have appeared to influence the work reported in this paper.

REFERENCES

[1] Zhang F Z. Zhang Fuze collected works. Beijing: Aviation Industry Press, 2017: 165 - 172, 178 - 182, 345 - 392, 363, 367 [Chinese].

[2] Zhang F Z. Calculation model and determination method of corrosion damage calendar life of metal parts. Acta Aeronautica et Astronautica Sinica, 1999, 20 (1), pp. 75 - 9 [Chinese].

[3] Chen Q Z, Cui C J. Statistical report of temperature and humidity in Hainan. Beijing:

Beijing Aviation Engineering Technology Center, 2010 [Chinese].
[4] Chen Q Z, Cui C J. Statistical report of temperature and humidity in Chongqing. Beijing: Beijing Aviation Engineering Technology Center, 2010 [Chinese].
[5] Zhang F Z. Drawing up principle and method of 3D damage environment spectrum of metallic calendar life. Acta Aeronautica et Astronautica Sinica, 2016, 37 (2), pp. 381 –9 [Chinese].
[6] Zhang F Z, Ye X B, Song J, et al. Corrosion medium composition and accelerated corrosion method of aircraft calendar life test. Acta Aeronautica et Astronautica Sinica, 2008, 29 (4), pp. 873 –9 [Chinese].
[7] Zhang F Z. Metallic corrosion "3 equal – line" and formula of test calendar life and its determination method. Acta Aeronautica et Astronautica Sinica, 2016, 37 (2), pp. 371 –80 [Chinese].
[8] Zhang F Z. Model and curve of calendar life calculation for metal arbitrary corrosion damage value. Acta Aeronautica et Astronautica Sinica, 2017, 38 (9), 221110 [Chinese].
[9] Zhang F Z. Calculation formula and test method of calendar life of metallic coating. Acta Aeronautica et Astronautica Sinica, 2016, 37 (2), pp. 390 – 6 [Chinese].
[10] Zhang F Z. Predicting method and formula for determining calendar repaired period and total calendar life of aircraft. Acta Aeronautica et Astronautica Sinica, 2005, 26 (4), pp. 458 –60 [Chinese].
[11] Zhang F Z. Scatter factor and values of metallic calendar life. Acta Aeronautica et Astronautica Sinica, 2016, 37 (2), pp. 397 –403 [Chinese].
[12] Zhang F Z. Principle and method of calculating real corrosion tolerance value of aircraft structure. Acta Aeronautica et Astronautica Sinica, 2021, 42 (5), 524457 [Chinese].

机件日历寿命和腐蚀容限确定的原理与方法

——在各单位授课讲稿（PPT）①

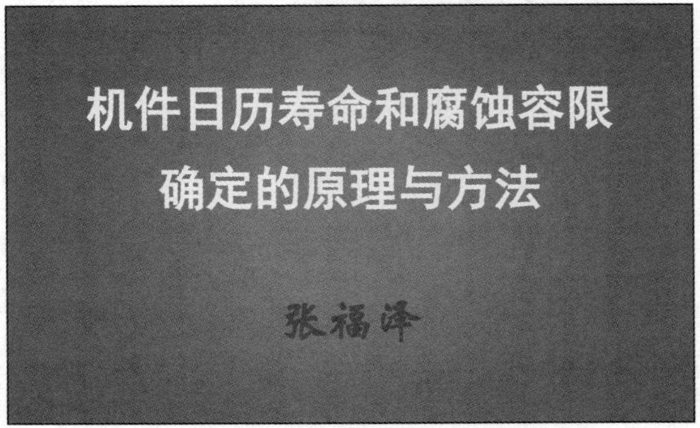

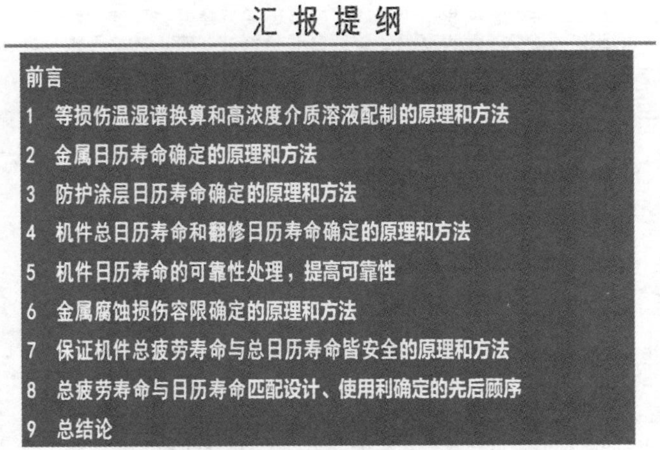

① 2018—2019年中国航空学会组织举办“张福泽院士飞机日历寿命理论与方法培训班”，邀请张院士先后赴东北、西北、北京、成都、南昌、贵阳、荆门等地区向全国航空领域的有关单位进行了授课培训。

前言

08:03:28

（1）国际日历寿命现状

- □ 机件（包括飞机结构）日历寿命属腐蚀学科，腐蚀研究已有500余年，但由于影响腐蚀的因素太多太复杂，因此，至今在国际上，仍无法确定真实使用环境下的金属机件日历寿命和腐蚀容限。
- □ 由于机件在无日历寿命控制下长期使用，使金属结构的腐蚀损伤值大于腐蚀容限值，导致重大事故的发生：

➢ 2002年和2007年，美国2架F-15战斗机，因尾翼腐蚀，无日历寿命控制，在空中解体，机毁人亡。

2

前言

08:03:29

➢ 1981年，中国台湾1架波音747客机，因机身腐蚀，无日历寿命控制，空中解体，造成150人遇难；

➢ 1980年，中国1架直升机桨叶大梁腐蚀，无日历寿命控制，空中解体，造成机毁人亡；

➢ 1984年，印度一个化学管道，由于腐蚀开裂，造成3000人死亡，18万人受重伤；

➢ 1992年，墨西哥一家工厂的汽油管道因腐蚀泄漏，造成300人死亡；

➢ 2013年，我国青岛输油管道因腐蚀爆炸，造成62人死亡，136人受伤，直接经济损失7.5亿元。

□ 世界各国每年因腐蚀造成的经济损失占每个国家GDP的3%左右。这是多么大的经济损失！

3

前言

08:03:29

（2） 本研究工作概述

- □ 本人是搞飞机疲劳寿命研究的，为解决因腐蚀造成的灾害和经济损失，业余进行了腐蚀日历寿命研究。经20余年的研究，现在：① 可以用真实腐蚀参数，通过理论计算和试验确定机件在真实环境下的总日历寿命和翻修日历寿命；② 可以给出真实腐蚀容限；③ 可以使总日历寿命与总疲劳寿命互保安全和实现匹配设计。
- □ 这套确定日历寿命的理论和方法，不需要进行全机腐蚀试验，只进行部件试验即可达到目的。具体汇报内容如下：

4

1. 等损伤温湿谱换算和高浓度介质溶液配制的原理和方法

08:03:29

前言：

- □ 温湿谱和腐蚀介质是机件日历寿命确定的基础参数，没有准确的温湿谱和真实使用介质，就给不出准确的机件日历寿命。
- □ 由于在国际上，一直无法把原始使用温湿谱等损伤的换算成腐蚀试验温湿谱，使腐蚀试验结果失掉真实性。
- □ 本人研究出了这种换算公式，可把多种温度、多种湿度的原始温湿谱，等损伤的换算为试验温湿谱。

详见《张福泽文集》中的“使用温湿谱中各温度和各湿度对应时间的等腐蚀损伤折算原理和公式”（P178）、“三维等损伤环境谱编制原理和方法”（P188）等文章。

6

1. 等损伤温湿谱换算和高浓度介质溶液配制的原理和方法

08:03:29

1.1 等损伤温湿谱换算的公式和方法

（1）换算公式：本研究发现金属存在 *T–H* 曲线和 RH–*H* 曲线，由此给出等损伤温湿谱换算公式。

$$h'' = \left(\sum_{i=1}^{k} \frac{h_i'}{H_i'}\right) H'' + h^0$$

式中：

h_i'—在原始温湿谱中，在相同湿度（或温度）下，第 i 级低温 T_i'（或低湿度 RH_i'）对应的时间；

H_i'—在 T-H 曲线中，在相同湿度（或温度）下，用第 i 级低温 T_i'（或低湿度 RH_i'）试验，达到腐蚀损伤 D_e 的腐蚀时间，具体取值参见图1和图2曲线；

h''—在相同湿度（或温度）下，由低温 T_i'（或低湿度 RH_i'）的时间 h_i' 向高温 T'' 折算的时间；

h^0—折算剩那一级的原有时间；

H''—在 T-H 曲线（或 RH-H 曲线）中，在相同湿度（或温度）下，用高温 T''（或高湿度 RH''）试验，达到腐蚀损伤 D_e 的腐蚀时间，具体取值见图1和图2曲线；

k—由低温 T_i'（或低湿度 RH_i'）向高温 T''（或高湿度 RH''）折算的级别数。

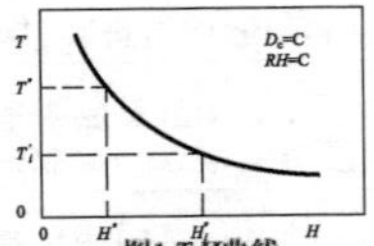

图1 *T-H* 曲线

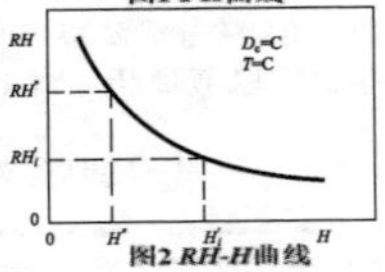

图2 *RH-H* 曲线

7

1. 等损伤温湿谱换算和高浓度介质溶液配制的原理和方法

08:03:29

（2）换算方法和应用案例

海南一年原始平均温湿谱

RH/%	h_j' T=10℃	T=15℃	T=20℃	T=25℃	T=30℃	T=35℃	$\sum h_j$	$\sum\sum h_j'$
70	9.8	57.8	95.4	237.8	344.2	11.4	756.4	
75	2.4	68.2	165.4	413.6	519	2.4	1171	
80	5.6	88	234.4	848.8	601.6	0.2	1778.6	7739.6（10.7个月）
85	11	112.4	394.8	1159.2	488.8	0.6	2156.8	
90	0	3.2	75.8	1067	248.4	0	1394.4	
95	0	0	0	298.2	20	0	318.2	
100	0.6	27.2	75.8	60.4	0.2	0	164.2	

$$h'' = \left(\sum_{i=1}^{k} \frac{h_i'}{H_i'}\right) H'' + h^0$$

折算后的等损伤温湿谱

	T/℃	10	15	20	25	30	35	$\sum h_i$
h_j'	h_{80}'	15.4	188.2	431.9	1328.9	1224.1	9.2	
	h_{90}'	0	3.2	75.8	1067	248.4	0	5233.9（7.3个月）
	h_{100}'	3	50.1	144.1	363.4	81.2	0	

- □ 同理，可进行各种温度等损伤折算，使试验时间进一步缩减，详见《张福泽文集》中的“使用温湿谱中各温度和各湿度对应时间的等腐蚀损伤折算原理和公式”（P178）、“用高浓度介质的试验损伤值求金属使用 *T–H* 曲线、*RH–H* 曲线的原理和方法”（P173）等文章。

8

1. 等损伤温湿谱换算和高浓度介质溶液配制的原理和方法

08:03:30

1.2 高浓度的腐蚀介质溶液配制原理和方法

前言：

- □ 在机件日历寿命确定中，不仅要实测和统计机件使用环境的各种真实介质成分和含量，还需要用这些介质成分和含量配制高浓度的介质溶液，供机件日历寿命腐蚀试验和计算用。
- □ 目前，世界各国还没有一种统一的配制原理和方法，本研究给出了配制原理和方法。

详见《张福泽文集》中的“金属腐蚀“3等线”和试验日历寿命确定方法”（P200）

9

1. 等损伤温湿谱换算和高浓度介质溶液配制的原理和方法

08:03:30

（1）高浓度的腐蚀介质溶液配制原理

- □ 研究出了金属腐蚀损伤 D 与腐蚀溶液浓度 d 的关系曲线，即腐蚀“3等线”，如下图。

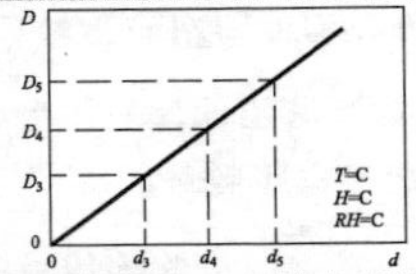

图中，D 是金属腐蚀损伤值，d 是介质溶液浓度。从图中可以看出，在试验温度、湿度、时间各自保持不变情况下，腐蚀损伤值与溶液浓度成线性关系。这种线性关系就是配制高浓度溶液的根据。

10

1. 等损伤温湿谱换算和高浓度介质溶液配制的原理和方法

08:03:30

（2）高浓度的腐蚀介质溶液配制方法和算例

□ 高浓度溶液的配制方法：

① 实测和统计机件使用环境的各种真实腐蚀介质成分和含量，并令此情况的介质溶液浓度 d =1。

② 为了加速腐蚀试验，需要提高各种介质含量的倍数，即提高 d 的倍数。根据 D-d 曲线，D 与 d 是线性关系，因此可在 d =1的基础上，成倍地提高 d，如 d 提高10、20和30倍。

海南3种高介质溶液浓度d的配制

浓度 d/倍	H_2SO_4/(g/L)	HNO_3/(g/L)	NaCl/(g/L)
1	0.046	0.041	2.27
10	0.46	0.41	22.7
20	0.92	0.82	45.4
30	1.38	1.23	68.1

11

1. 等损伤温湿谱换算和高浓度介质溶液配制的原理和方法

08:03:30

（3）用高浓度 d 试验求出的日历寿命如何折算：

用高浓度 d 试出的腐蚀损伤值，计算出的金属日历寿命，怎样折算回使用环境（d =1）的日历寿命？这是国际腐蚀领域的当量折算问题，也是引出使用日历寿命误差大的问题。

至今，国际仍在寻找解决该问题的方法。本人通过腐蚀“3等线”推导出的金属日历寿命公式，把这个问题解决了。

因为用这个公式计算出的日历寿命，就是使用环境的日历寿命，不需要当量折算了。

12

2. 金属日历寿命确定的原理和方法

08:03:30

前言：

➢ 金属日历寿命是机件总日历寿命的组成之一，没有准确的它，就没有准确的机件总日历寿命。

➢ 但至今，在国际上，还没有哪个学科能用真实腐蚀参数，通过理论计算和试验给出真实使用的金属日历寿命。

➢ 本研究找到了3条金属腐蚀损伤与腐蚀参数的规律曲线，以这些曲线为依据，再借助力学和数学，推导出以下3种金属真实使用日历寿命计算公式和确定方法。

14

2. 金属日历寿命确定的原理和方法

08:03:30

2.1 用腐蚀损伤，求金属日历寿命的公式和方法

（1）求解公式：

本研究发现金属腐蚀损伤D与腐蚀溶液浓度d是线性关系。依据这条线性线，经过推导给出：用腐蚀损伤，计算金属日历寿命的公式：

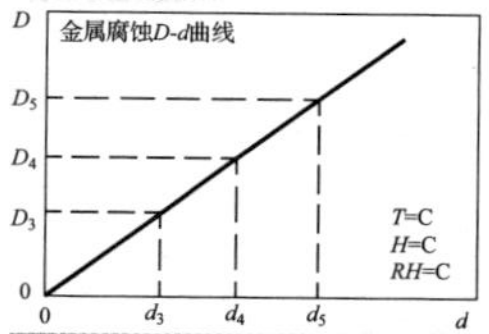

$$\lambda = \frac{D_c d_t}{D_t} \lambda_t$$

λ—待求的金属日历寿命（年）；

λ_t—用温湿谱试验的循环次数，即腐蚀时间（年）；

D_c—已知金属腐蚀损伤值；

D_t—通过试验（或使用）获取的腐蚀损伤值；

d_t—腐蚀试验的溶液浓度值。

详见《张福泽文集》中的“金属腐蚀“3等线”和用腐蚀损伤求金属日历寿命的计算模型和曲线”（P200）

15

2. 金属日历寿命确定的原理和方法

08:03:30

（2）求解方法：

① 编制等损伤温湿谱；

② 配制高浓度的真实介质溶液；

③ **如果机件还受载荷作用**，还要编制载荷谱，供腐蚀试验使用；

④ 制作试件，按腐蚀和不同受力要求，制作试件。试件**数量要考虑3种试验浓度，每种浓度下3~5个试验件。**

16

2. 金属日历寿命确定的原理和方法

08:03:30

⑤ 通过试验求D_t和λ_t：

- 将试件分3组，每组试件分别用3种高溶液浓度和编制的温湿谱进行腐蚀试验，如果机件还受其他载荷作用，还要加载荷谱。
- 关于试验终止时间λt的长与短不影响日历寿命的计算结论，由试验方自定。但为了便于检测腐蚀损伤值，停止时间要坚持到试件有明显腐蚀损伤后，再停止。
- 终止试验后，对试件进行腐蚀损伤实测，求出3种浓度下的3组试件的平均腐蚀损伤值D_t、由终止试验的时间，可获得与D_t相对应的试验温湿谱循环次数λ_t（年）、由试验的溶液浓度，可得d_t值。

17

2. 金属日历寿命确定的原理和方法

08:03:31

⑥ 求金属日历寿命λ：　$\lambda=\frac{D_c d_t}{D_t}\lambda_t$

通过试验获取的d_t、D_t、λ_t和已知的D_c，再用**计算公式**便可求出金属日历寿命λ。

（3）应用算例：

① 问题

求30CrMnSiA合金钢在海南岛使用，腐蚀损伤D_c达到200 g/m²时，它的日历寿命λ是多少年？

18

2. 金属日历寿命确定的原理和方法

08:03:31

② 求解方法和步骤

a. 配制高溶液浓度d。理论上讲，一种高d试验即可，为了减少试验误差，用三种高d试验，取平均D_t值计算λ。

b. 编制等损伤温湿谱

海南一年的等损伤温湿谱

RH/%	h			$\sum h_i$
	T=25℃	T=30℃	T=35℃	
90	106.7	248.4	39	2209.1（92天）
100	516.8	212.8	125.1	

19

2. 金属日历寿命确定的原理和方法

08:03:31

c. 求D_t、λ_t、d_t：用高浓度d和温湿谱，进行92天腐蚀试验（数据见附表），求出3种浓度d的平均腐蚀损伤值D_t：

D_t=(306+336+354)/3=332 g/m²

由于本次试验只按温湿谱试验一个循环（92天），因此，λ_t =1（1年）；还由于本次试验是用3种浓度d进行的，因此，取平均d_t=(10+20+30)/3=20。

20

2. 金属日历寿命确定的原理和方法

08:03:31

附：应用算例试验数据表

30CrMnSiA合金钢腐蚀试验数据

浓度d	试验件号数	试验前重量/g	试验后重量/g	损失的重量/g	平均损失重量/g	标准差	每平方米损失重量（g/m²）
10	301	18.9192	18.1056	0.8136	0.85812	0.05314	306
	302	19.8140	18.8935	0.9205			
	303	20.2672	19.4387	0.8285			
	304	19.9493	19.0380	0.9113			
	305	19.7890	18.9723	0.8167			
20	306	20.2000	19.2951	0.9049	0.94066	0.05183	336
	307	19.4380	18.5267	0.9113			
	308	19.6247	18.6011	1.0263			
	309	19.3136	18.4062	0.9074			
	310	19.4628	18.5094	0.9534			
30	311	19.4893	18.4596	1.0297	0.99034	0.02517	354
	312	19.7813	18.8076	0.9737			
	313	19.0717	18.0765	0.9952			
	314	20.1181	19.1292	0.9889			
	315	19.9426	18.9784	0.9642			

21

2. 金属日历寿命确定的原理和方法

08:03:31

d. 求30CrMnSiA合金钢在海南岛使用，D_c =200 g/m²时的日历寿命 λ：

将求得的D_t=332 g/m²、λ_t=1、d_t=20和给定已知的D_c=200 g/m²，代入公式，便求得λ 。

$$\lambda=\frac{D_c d_t}{D_t}\lambda_t=\frac{200\times 20}{332}\times 1=12\text{年}$$

22

2. 金属日历寿命确定的原理和方法

08:03:31

（4）应用注意事项：

① 凡已知腐蚀损伤D_c的金属，求D_c对应的日历寿命λ，都可用此公式求λ。 $\lambda=\frac{D_c d_t}{D_t}\lambda_t$

② 用试验求D_t时，要用高浓度d。

③ 公式中的d_t高低和λ_t长短对λ是无影响的，所以，实验中的d_t和λ_t可自定。

④ 用此公式计算的λ，不需要国际传统的“当量折算”了，因为该公式算出的λ，已是金属使用环境（d=1）的λ了。

23

2. 金属日历寿命确定的原理和方法

08:03:31

2.2 用“腐蚀常数”，求金属日历寿命的原理和方法

□ 前言

- 本研究发现一个“腐蚀常数”，它与天文学家埃德温•哈勃发现的“哈勃常数”有类似的功能。“哈勃常数”是指宇宙星系间的膨胀率是常数，由此破解了星球间的膨胀是线性关系。
- “腐蚀常数”是指腐蚀损伤量与腐蚀寿命（时间）之间的腐蚀率是常数，由此破解了腐蚀损伤量与腐蚀寿命（时间）之间是线性关系。
- 有了这种线性关系，只要求得“腐蚀常数”，在无腐蚀容限情况下，也可求得任意损伤值的金属日历寿命。

24

2. 金属日历寿命确定的原理和方法

08:03:31

（1）用“腐蚀常数”，求金属日历寿命的原理

① 用“腐蚀常数”，求金属日历寿命λ的计算模型

本研究给出用“腐蚀常数”计算金属日历寿命λ模型和计算“腐蚀常数”k模型：

$$\lambda=\frac{\lambda_t d_t}{D_t}D_c'=\mathrm{k}D_c'$$

腐蚀常数 $\mathrm{k}=\frac{d_t\lambda_t}{D_t}$

它不受 d_t 高低和 λ_t 长短的影响，只要这 3 个参数是这样组合的，k 永是常数，

25

2. 金属日历寿命确定的原理和方法

08:03:31

② 用真实使用参数，求“腐蚀常数”k

$$\lambda=\frac{\lambda_t d_t}{D_t}D_c'=kD_c'$$

a. 通过试验求 D_t、λ_t 和 d_t

b. 求“腐蚀常数”*k*

腐蚀常数 $k=\frac{d_t\lambda_t}{D_t}$

③ 用“腐蚀常数”*k*，求任意腐蚀损伤的日历寿命

把求得的“腐蚀常数”k值代入公式中，给一个任意腐蚀损伤值，则可求得对应的金属日历寿命值。如果能给出准确的金属腐蚀容限值，通过腐蚀常数k，就可简便求得准确的金属日历寿命。

26

2. 金属日历寿命确定的原理和方法

08:03:31

（2）用“腐蚀常数”，求金属日历寿命的方法和算例

① 问题：用“腐蚀常数”*k*，求LY12CZ铝合金在海南岛使用，求它的**任意腐蚀损伤的日历寿命**λ。

② 求解方法和步骤

a. 配制高溶液浓度*d*。

b. 编制温湿谱。

c. 腐蚀试验：试验时间是温湿谱一个循环块的时间，即 λ_t=1，试验溶液浓度*d*=10、20、30。

d. *k*计算：把平均*d*=20、试验平均损伤 D_t=0.7467和试验时间 λ_t=1，代入公式，可得k。

$$\mathrm{k}=\frac{d_t\lambda_t}{D_t}=\frac{20\times1}{0.7467}=26.78/\mathrm{mm}$$

27

2. 金属日历寿命确定的原理和方法

08:03:31

e. 用k值求LY12CZ铝合金任意腐蚀损伤的日历寿命 。

$$\lambda = kD_c' = 26.78/\text{mm} \times D_t$$

这是LY12CZ铝合金在海南岛使用，用腐蚀常数求任意腐蚀损伤的计算式。现给3种腐蚀损伤深度：D_1=0.2 mm、D_2=0.5 mm、D_3=0.8 mm，以此算出：

λ_1=26.78×0.2=5.4（年）

λ_2=26.78×0.5=13.4（年）

λ_3=26.78×0.8=21.4（年）

28

2. 金属日历寿命确定的原理和方法

08:03:31

（3）用“腐蚀常数”，求金属日历寿命的关注点

① “腐蚀常数”可用真实腐蚀参数求出具体值，使金属日历寿命计算变得十分简单，更便于工程应用。

② 在求“腐蚀常数”值时，为减少由试验造成的误差，最好用3种高浓度d和等损伤温湿谱进行试验。

详见《张福泽文集》中的用“腐蚀常数” 求金属日历寿命计算模型和曲线（P238）

29

2. 金属日历寿命确定的原理和方法

08:03:31

2.3 用*T-H*曲线，求金属日历寿命的原理和方法

□ 前言

- 本研究发现金属腐蚀存在1条幂函数曲线，即T（温度）$-H$（时间）曲线。
- 以这条曲线为依据，再结合损伤力学和疲劳强度，经过严格数学推导，最终给出一种金属日历寿命计算的理论公式。

30

2. 金属日历寿命确定的原理和方法

08:03:31

（1）用*T-H*曲线，求金属日历寿命的*T-H*曲线

依据本研究给出的原理和方法，测试金属使用条件的T-H曲线，如图中示意曲线。该曲线族是腐蚀损伤为D_c测得的，因此由该曲线族数据算出的日历寿命，它对应的腐蚀损伤是D_c。

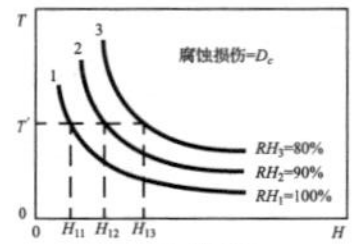

*T-H*曲线

详见《张福泽文集》中的“使用环境的金属T-H 曲线和RH-H 曲线测试原理和方法”（P165）或（P173）的文章

31

2. 金属日历寿命确定的原理和方法

08:03:31

（2）用*T-H*曲线，求金属日历寿命的计算公式

研究给出一种用*T-H*曲线计算金属日历寿命的公式，如下式：

$$\lambda\sum_{j=1}^{m}(\sum_{i=1}^{k}\frac{h_i}{H_i})=1$$

式中：

λ—金属腐蚀损伤等于D_c的日历寿命；

h_i—温湿谱中第i级温度的小时数，由温湿谱获得；

H_i—在使用介质和某一湿度（*RH*）下，用第i级温度（*T*）试验，金属腐蚀损伤达到D_c时的腐蚀时间，由*T-H*曲线获得；

k—温湿谱中的温度级别数；

m—温湿谱中的湿度级别数。

32

2. 金属日历寿命确定的原理和方法

08:03:31

（3）用*T-H*曲线，求金属日历寿命的方法和应用算例

① 问题：用*T—H*曲线，求LY12CZ铝合金在海南岛使用，腐蚀损伤D_c达到0.5 mm时，对应日历寿命多少年？

② 求解方法和步骤

a. 编制等损伤温湿谱。

b. 配制高浓度*d*。

c. 用海南岛介质溶液和D_c=0.5 mm，测试LY12CZ铝合金的*T-H*曲线，试验数据见如下附表。

d. 查h_i与H_i的对应值和计算 $\sum h_i/H_i$。

e. 金属日历寿命λ计算。

33

2. 金属日历寿命确定的原理和方法

08:03:31

附表：LY12CZ铝合金的*T-H*曲线测试数据（*RH*=90%，*d*=1，D_{IC}/mm）

温度/℃	时间/h									
	D_{IC}=0.1	D_{IC}=0.2	D_{IC}=0.3	D_{IC}=0.4	D_{IC}=0.5	D_{IC}=0.6	D_{IC}=0.7	D_{IC}=0.8	D_{IC}=0.9	D_{IC}=1
10	53760	107520	161280	215040	268800	322560	376320	430080	483840	537600
15	40320	80640	120960	161280	201600	241920	282240	322560	362880	403200
20	26800	53760	80640	107520	134400	161280	188160	215040	241920	268800
25	20160	40320	60480	80640	100800	120960	141120	161280	181440	201600
30	16128	32256	48384	64512	80640	96768	112896	129024	145152	161280
35	13440	26880	40320	53760	67200	80640	94080	107520	120960	134400
40	11520	23040	34560	46080	57600	69120	80640	92160	103680	115200
45	10080	20160	30240	40320	50400	60480	70560	80640	90720	100800
50	8960	17920	26880	35840	44800	53760	62720	71680	80640	89600
60	6720	13440	20160	26880	33600	40320	47040	53760	60480	67200

金属日历寿命λ计算：

海南一年的等损伤温湿谱

RH%	*h*			$\sum h_i$
	T=25℃	*T*=30℃	*T*=35℃	
90	106.7	248.4	39	2209.1（92天）
100	516.8	212.8	125.1	

查*T-H*曲线得：

RH%		*h*,*H*			$\sum h_i/H_i$
		T=25℃	*T*=30℃	*T*=35℃	
90	h_i	1067	248.4	39	0.01425
	H_i	100800	80640	67200	
100	h_i	516.8	212.8	125.1	0.0352
	H_i	25305	20093	16661	

计算日历寿命

$$\lambda=\frac{1}{\sum_{j=1}^{2}(\sum_{i=1}^{3}\frac{h_i}{H_i})}=\frac{1}{0.01425+0.0352}=18.95\text{（年）}$$

34

2. 金属日历寿命确定的原理和方法

08:03:32

（4）用*T-H*曲线，求金属日历寿命的注意事项

① 凡存在*T-H*曲线规律的金属，都可以用此方法计算金属日历寿命。

② 在测试*T-H*曲线时，测出使用环境（*d*=1）的*T-H*曲线，保证计算的日历寿命是使用日历寿命。

③ 编制温湿谱时，编出以年为单位的等损伤温湿谱，保证用该谱计算的日历寿命是以年为单位。

详见《张福泽文集》中的“金属机件腐蚀损伤日历寿命的计算模型和确定方法”（P143）

35

2. 金属日历寿命确定的原理和方法

08:03:32

2.4 LY12CZ铝合金在海南岛使用，腐蚀损伤D_c=0.5 mm，用两种理论计算的日历寿命比较

（1）用“**腐蚀常数**”k计算的日历寿命λ：

$$\lambda = kD_c' = 26.78\times0.5 = 13.4\ （年）$$

（2）用***T-H*****曲线**理论计算的日历寿命λ：

$$\lambda=\frac{1}{\sum_{j=1}^{2}\left(\sum_{i=1}^{3}\frac{h_i}{H_i}\right)}=18.95\ （年）$$

□ 2种不同理论计算出的结果，**相对误差为29%**，这在国际腐蚀领域是可接受的，这个**误差主要来源是测试*T-H*曲线**，只要*T-H*曲线测得准确，这个误差会降低。

36

3. 防护涂层日历寿命确定的原理和方法

08:03:32

□ 前言

- 防护涂层日历寿命是机件总日历寿命组成之一。涂层是防护金属腐蚀的，防护涂层不失效，金属就不腐蚀，则机件日历寿命就会延长。
- 但国际腐蚀领域，至今，仍无法确定防护涂层在真实使用环境下的日历寿命。
- 本研究发现有些防护涂层的失效时间与温度也存在幂函数曲线，它与金属*T-H*曲线是一致的。根据这条曲线，同样推导出了涂层的日历寿命理论计算公式。

38

3. 防护涂层日历寿命确定的原理和方法

08:03:32

3.1 防护涂层日历寿命理论计算公式

$$\lambda_m\sum_{j=1}^{m}\left(\sum_{i=1}^{k}\frac{h_i}{H_i}\right)=1$$

式中：

λ_m—防护涂层失效的日历寿命（年）；

H_i—在使用介质和某一湿度（*RH*）下，用第i级温度（*T*）试验，防护涂层失效的时间；

h_i—温湿谱中第i级温度的小时数，由温湿谱获得；

k—温湿谱中的温度级别数；

m—温湿谱中的湿度级别数。

39

3. 防护涂层日历寿命确定的原理和方法

08:03:32

3.2 防护涂层日历寿命的确定方法和应用算例

（1）问题：求LY12CZ铝合金涂层在海南岛使用，涂层失效的日历寿命是多少年？

（2）求解方法和步骤

① 编制海南岛等损伤温湿谱。

② 配制海南岛使用环境（d=1）的介质溶液。

③ 测试LY12CZ铝合金涂层的***T-H*****曲线**，用d=1溶液浓度和25℃、50℃、65℃进行每种温度3个试件的腐蚀试验。

④ 查h_i与H_i的对应值以及计算$\sum h_i/H_i$。

⑤ 求LY12CZ铝合金涂层日历寿命λ_m。

40

3. 防护涂层日历寿命确定的原理和方法

08:03:32

（3）涂层日历寿命λ_m具体计算：

LY12CZ铝合金涂层的*T-H*曲线试验数据

试件	*T*/℃	涂层失效循环周数（1周=168h）	平均周数
LY12CZ涂层（H06-2漆和S04-103H漆）	25	36、38、39	38
	50	29、31、32	31
	65	23、24、25	24

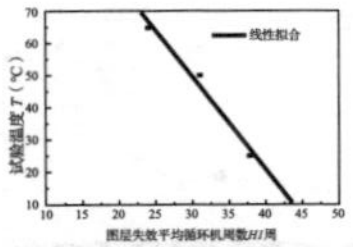

LY12CZ铝合金涂层试验*T-H*曲线

海南一年的等损伤温湿谱

RH/%	*h* *T*=40℃	*h* *T*=50℃	*h* *T*=60℃	$\sum h_i$
100	168.0	185.9	186.4	540.3

查上述*T-H*曲线得：

T/℃	40	50	60	$\sum h_i/H_i$
h_i	168.0	185.9	186.4	0.1089
H_i	5628	5040	4418	

$$\lambda_m=\frac{1}{\sum_{j=1}^{m}(\sum_{i=1}^{k}\frac{h_i}{H_i})}=\frac{1}{0.1089}=9.18\text{（年）}$$

计算日历寿命

41

3. 防护涂层日历寿命确定的原理和方法

08:03:32

3.3 防护涂层日历寿命的验证试验

为了验证涂层日历寿命理论计算公式的正确性和准确性，进行了**封闭式的验证试验**：

① 先用理论公式计算LY12CZ铝合金涂层日历寿命是9.18年，并封存起来。

② 然后，再由另外人员，用同样试件，同样腐蚀条件进行试验，试出LY12CZ铝合金涂层失效日历寿命是12年。

③ 最终在一次本专业的会上，分别宣读理论计算结果和试验结果，其相对误差是23.5%。

在当时，由于在国际上，一直没有金属涂层的日历寿命计算理论公式，现在有了，而且计算结果与试验结果的相对误差仅为23.5%，这引起参会专家们的惊奇与兴趣。

详见《张福泽文集》中的“金属涂层的日历寿命计算公式和试验方法”（P150）

42

3. 防护涂层日历寿命确定的原理和方法

08:03:32

3.4 用试验方法求防护涂层（或金属）使用日历寿命λ_m（或λ）

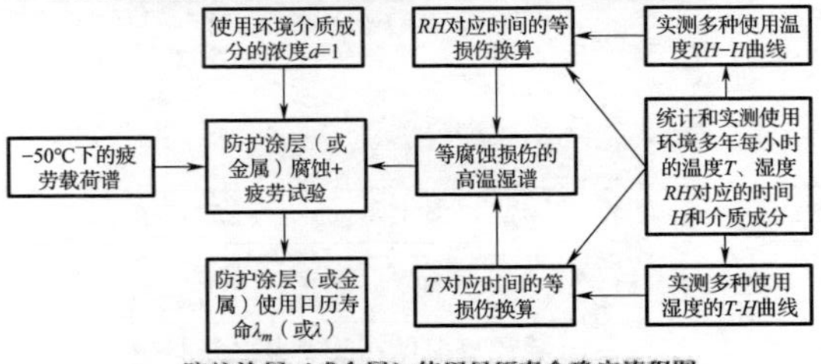

防护涂层（或金属）使用日历寿命确定流程图

注：本试验用的高温湿谱，最高温度不能超过*T-H*曲线的线性范围。

43

3. 防护涂层日历寿命确定的原理和方法

08:03:32

3.5 防护涂层日历寿命确定注意事项

（1）凡存在*T-H*曲线规律的涂层，都可以用此方法计算日历寿命。

（2）测试涂层*T-H*曲线，要用高温试验，不能用高浓度试验，不同涂层对温度要求是不同的。

（3）计算用的温湿谱，要用1年的等损伤温湿谱，它的温度要与试验*T-H*曲线的温度同水平，便于日历寿命计算。

44

4. 机件总日历寿命和翻修日历寿命确定的原理和方法

08:03:32

□ 前言

- ➢ 机件总日历寿命，由机件的金属日历寿命、涂层日历寿命和翻修次数共同构成。金属日历寿命和涂层日历寿命，现已经可以求出，翻修次数在疲劳寿命确定中已给出。
- ➢ 但如何把这3个参数科学地组合在一起，给出机件总日历寿命和各次翻修日历寿命，这是国际上无解的问题。经多年研究，最终，用简单的“图解法”解决了这个难题。

46

4. 机件总日历寿命和翻修日历寿命确定的原理和方法

08:03:32

4.1 机件总日历寿命和翻修日历寿命的计算公式

□ 假设：

- ➢ 机件各次翻修日历寿命为y_1，y_2，…，y_n，并且相等；
- ➢ 总日历寿命为Y；
- ➢ 金属自由腐蚀到损伤容限D_c的年限为λ；
- ➢ 防护层一次有效年限为λ_m；
- ➢ 翻修次数为n次；
- ➢ 各次翻修后防护层一次有效期λ_m相等；
- ➢ 金属腐蚀到损伤容限D_c的年限λ平均分配给各次翻修期。

47

4. 机件总日历寿命和翻修日历寿命确定的原理和方法

08:03:32

□ 机件日历寿命确定的总预计图：

根据上述各参数的内在关系和假设，研究得到机件总日历寿命和翻修日历寿命确定的总预计图。

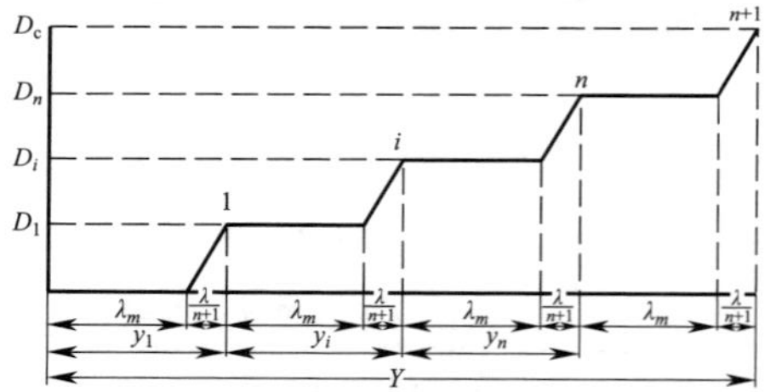

机件日历寿命确定总预计图

48

4. 机件总日历寿命和翻修日历寿命确定的原理和方法

08:03:33

□ 机件日历寿命确定的公式：

（1）机件各次翻修期y_i的计算公式：

$$y = y_1 = y_i = y_n = \lambda_m + \frac{\lambda}{n+1} \quad (i = 1, 2, \cdots, n)$$

（2）机件总日历寿命Y计算公式：

$$Y = \sum_{i=1}^{n} y_i + \lambda_m + \frac{\lambda}{n+1} = (n+1)\lambda_m + \lambda$$

式中：

y—翻修日历寿命；

Y—机件总日历寿命；

λ—金属腐蚀到损伤容限D_c的日历寿命；

λ_m—防护层一次有效日历寿命。

49

4. 机件总日历寿命和翻修日历寿命确定的原理和方法

08:03:33

4.2 应用算例

□ 问题：

LY12CZ铝合金机件，在海南岛使用，它的金属日历寿命λ=13.4年、涂层日历寿命λ_m=12年、翻修次数n=3，求该机件总日历寿命Y和翻修日历寿命y各多少年？

□ 求解：

（1）机件翻修日历寿命y

$$y=\lambda_m+\frac{\lambda}{n+1}=12+\frac{13.4}{3+1}=15.4 \text{（年）}$$

（2）机件总日历寿命Y

$$Y=(n+1)\lambda_m+\lambda=(3+1)\times 12+13.4=61.4 \text{（年）}$$

50

4. 机件总日历寿命和翻修日历寿命确定的原理和方法

08:03:33

4.3 应用注意事项：

（1） 总日历寿命Y，受涂层日历寿命λ_m影响大，是（n+1）倍的影响，可见，要想提高Y，最佳是提高λ_m。

（2） λ是Y和y的重要组成部分，λ的长短和准确性是受腐蚀容限D_c控制，因此，想获得准确的Y和y必须给出准确的D_c。

详见《张福泽文集》中的“飞机日历翻修期与总日历寿命确定方法和预计公式”（P259）

51

5. 机件日历寿命的可靠性处理，提高可靠性

08:03:33

□ 前言

➢ 机件日历寿命的可靠性处理，是解决机件日历寿命的可靠性高低问题。前述的金属和涂层日历寿命，都是用腐蚀试验损伤值或试验曲线，通过理论计算给出的。

➢ 这些试验都是用平均温湿谱进行的，试验结果只能代表平均水平，给出的日历寿命是均值寿命。均值寿命的可靠度是50%，即给出的日历寿命有一半是可靠的，为了提高机件日历寿命的可靠性，必须进行可靠性处理。目前，在国际腐蚀领域，尚未见到有这方面的文章。

53

5. 机件日历寿命的可靠性处理，提高可靠性

08:03:33

5.1 金属日历寿命的分散系数L_f

□ 可靠度与分散系数关系：

本研究给出：金属日历寿命的分散系数，随可靠度的提高而提高，如下表。

腐蚀分散系数L_f与可靠度关系表

材料	可靠度	分散系数L_f
30CrMnSiA钢（118钢试件）	99.87%	1.51
	99%	1.40
	95%	1.29
LY12CZ和7075T7351铝合金（100个腐蚀深度）	99.87%	1.95
	99%	1.72
	95%	1.52

54

5. 机件日历寿命的可靠性处理，提高可靠性

08:03:33

□ **金属日历寿命可靠度提升方法：**

（1）用均值温湿谱和载荷谱进行试验，给出金属均值使用日历寿命。

（2）根据机件用途，确定可靠度的级别。

不同领域的机械，有不同要求，如飞机结构可靠度要求是99.9%，即1000架飞机中，保证999架飞机结构是可靠的，仅1架不可靠。这种高可靠度，是通过正态分布曲线和数学推导，把可靠度转化为分散系数，可靠度高，分散系数就高。不同的分散系数要求体现在各自的**机械设计规范中**。

详见《张福泽文集》中的"金属材料日历寿命确定的分散系数和取值"（P216）

55

5. 机件日历寿命的可靠性处理，提高可靠性

08:03:33

5.2 防护涂层日历寿命的分散系数L_f

- 进行了涂层日历寿命的分散系数研究，但由于缺少这方面的有效试验数据，因此只给出LY12CZ铝合金涂层一种可靠度的分散系数。
- 基于LY12CZ铝合金涂层试验数据，经过计算，给出可靠度为99.9%的LY12CZ铝合金涂层分散系数值，即L_f=1.2。由于这个值的基础试验数据少，因此只作参考数值。

56

5. 机件日历寿命的可靠性处理，提高可靠性

08:03:33

5.3 求高可靠度机件日历寿命的方法

- 把均值金属日历寿命λ和均值防护涂层日历寿命λ_m，分别除以各自的分散系数L_f，则得高可靠度的金属日历寿命和高可靠度的防护涂层日历寿命 。
- 把高可靠度的金属日历寿命和高可靠度的防护涂层日历寿命分别代入下面两式，则得高可靠度的翻修日历寿命y和高可靠度的总日历寿命Y。

$$y = y_1 = y_i = y_n = \lambda_m + \frac{\lambda}{n+1} \quad (i = 1, 2, \cdots, n)$$

$$Y = \sum_{i=1}^{n} y_i + \lambda_m + \frac{\lambda}{n+1}$$

57

5. 机件日历寿命的可靠性处理，提高可靠性

08:03:33

5.4 关注的问题

（1）可靠性处理是机件日历寿命确定不可缺少的组成部分，它依据概率数学，把可靠度转化为分散系数，在确定日历寿命时，直接用L_f。

（2）机件日历寿命的分散系数，在国际腐蚀领域尚未开展研究，上述研究，仅是开始。在不同机械领域，还要进行理论研究和工程应用研究。

58

6. 金属腐蚀损伤容限确定的原理和方法

08:03:33

□ 前言

- ➢ 腐蚀损伤容限是机件日历寿命确定和腐蚀损伤检查标准的基准指标，没有准确的腐蚀容限值，就无法获得准确的日历寿命，更无法制定腐蚀损伤检查标准。
- ➢ 但由于机件受力多样，再加上腐蚀因素众多且复杂，因此在国际机械和腐蚀领域，一直无法解决机件真实受力的腐蚀容限值，直至2021年本研究成果发表，才解决受静载荷和受疲劳载荷的腐蚀容限。

详见《张福泽文集》中的“求飞机结构真实腐蚀容限的原理和方法”（P270）

60

6. 金属腐蚀损伤容限确定的原理和方法

08:03:33

6.1 受静载荷的腐蚀机件，腐蚀损伤容限的求解原理和方法

□ 求解原理：

（1）应力σ与腐蚀损伤D关系曲线

对受静载荷作用的腐蚀机件，进行应力σ和腐蚀损伤D的综合研究，最终发现：受静载荷的腐蚀机件，在腐蚀前中期，它的应力σ与腐蚀损伤D近似正比，即近似线性关系，后期成指数分布。

受静载荷的腐蚀机件，其σ—D曲线：

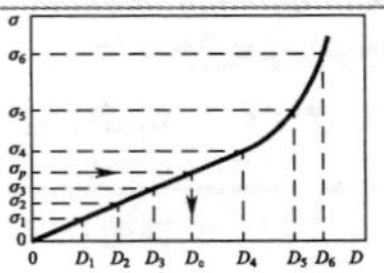

61

6. 金属腐蚀损伤容限确定的原理和方法

08:03:33

（2）利用图中曲线的线性段，求腐蚀容限D_c

设：关键机件的使用容限应力为σ_p。

求：在图中曲线的线性段，用σ_p求出D_c，如图中箭头线所示。

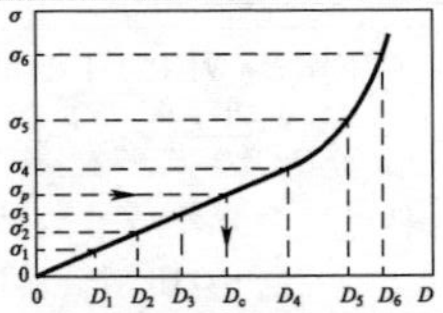

受静载荷的腐蚀机件σ-D曲线

62

6. 金属腐蚀损伤容限确定的原理和方法

08:03:33

□ 求解方法与步骤：

（1）编制真实使用环境的等损伤温湿谱；

（2）统计或实测真实使用环境的各种介质并配制一级高浓度d_1；

（3）模拟关键机件，制造可用于腐蚀和受静载荷的试验件，共4组试件，每组3个。如果求腐蚀损伤容限的机件已有某种损伤，在制造试件时要模拟；

63

6. 金属腐蚀损伤容限确定的原理和方法

08:03:33

（4）用等损伤高温湿谱和一级高浓度d_1进行腐蚀试验：

a. 4组试件均用等损伤高温湿谱和一级高浓度d_1，分别进行t_1、t_2、t_3、t_4个谱块的静载荷和腐蚀试验后，先进行腐蚀损伤均值 D_1'、D_2'、D_3'、D_4'测量，然后拉断试件，测出断裂应力σ_1、σ_2、σ_3、σ_4；

b. 检验σ-D曲线关系，若非近似线性关系，可通过调整腐蚀时间再试；

c. 依据“3等线”原理，求使用环境（d=1）的腐蚀损伤：

$D_1 = D_1'/d_1$ $D_2 = D_2'/d_1$ $D_3 = D_3'/d_1$ $D_4 = D_4'/d_1$

64

6. 金属腐蚀损伤容限确定的原理和方法

08:03:33

（5）用σ_1、σ_2、σ_3、σ_4和D_1、D_2、D_3、D_4，绘制σ-D曲线；

（6）用关键机件的容限应力σ_p求腐蚀损伤容限D_c，如图中箭头线所示。

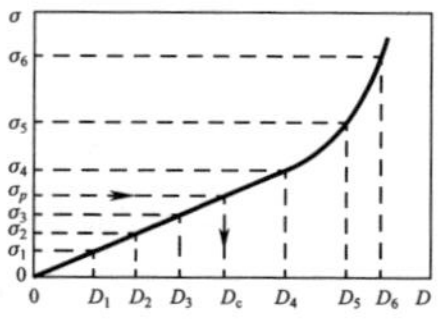

受静载荷的腐蚀机件σ-D曲线

65

6. 金属腐蚀损伤容限确定的原理和方法

08:03:33

6.2 受疲劳载荷的腐蚀机件，腐蚀损伤容限求解原理和方法

□ 求解原理：

（1）疲劳寿命N与腐蚀损伤D关系曲线

对受疲劳载荷作用的腐蚀机件，进行疲劳寿命N与腐蚀损伤D综合研究，发现疲劳寿命N与腐蚀损伤D近似幂函数分布曲线。利用这条曲线，可求出受疲劳载荷作用的腐蚀机件的腐蚀损伤容限值D_c。

N-D关系曲线：

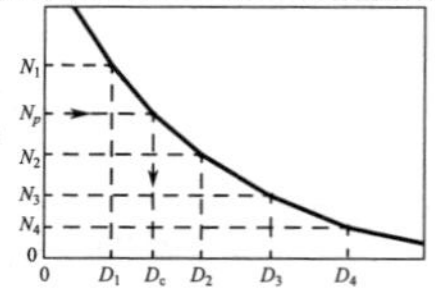

66

6. 金属腐蚀损伤容限确定的原理和方法

08:03:33

（2）求腐蚀损伤容限值D_c

设：关键机件的总疲劳寿命N_p，已通过疲劳试验给出：

$$N_p = \frac{\text{试验总均值寿命}}{\text{分散系数}}$$

求D_c：在图中曲线上，用N_p求出求D_c，如图中箭头线所示。

N-D关系曲线：

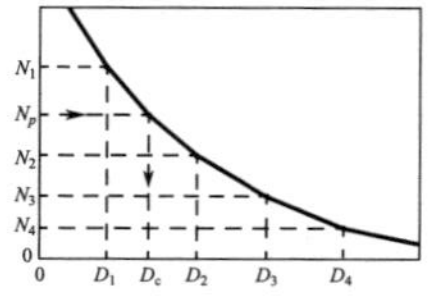

67

6. 金属腐蚀损伤容限确定的原理和方法

08:03:33

□ 求解方法与步骤：

（1）编制真实使用环境的等损伤高温湿谱；

（2）统计或实测真实使用环境的各种介质并配制一级高浓度d_1；

（3）编制疲劳关键件的疲劳载荷谱，可用机件疲劳定寿的载荷谱，但要与温湿谱配套（一年的温湿谱配一年的疲劳载荷谱）；

（4）模拟疲劳关键件，制作可进行腐蚀和疲劳试验的试件。如果求腐蚀损伤容限的机件有初始损伤，在制作试件时要模拟；

68

6. 金属腐蚀损伤容限确定的原理和方法

08:03:33

（5）求使用环境（d=1）的腐蚀损伤：

a. 4组试件（每组3件）均用等损伤高温湿谱和一级高浓度d_1，分别进行t_1、t_2、t_3、t_4个谱块的腐蚀试验，在试验中还要分别用与t_1、t_2、t_3、t_4配套的疲劳载荷谱，并分别在$0.5t_1$、$0.5t_2$、$0.5t_3$、$0.5t_4$处，进行疲劳试验。然后进行平均腐蚀损伤D_1'、D_2'、D_3'、D_4'测量。

b. 依据“3等线”原理，求使用环境（d=1）的腐蚀损伤：

$D_1 = D_1'/d_1$　　$D_2 = D_2'/d_1$　　$D_3 = D_3'/d_1$　　$D_4 = D_4'/d_1$

69

6. 金属腐蚀损伤容限确定的原理和方法

08:03:33

（6）求D_1、D_2、D_3、D_4对应的疲劳寿命N_1、N_2、N_3、N_4：

a. 4组试件（每组5件）均用使用浓度（d=1）和等损伤高温湿谱，分别进行t_1、t_2、t_3、t_4个谱块的腐蚀试验，在试验中还要分别用与t_1、t_2、t_3、t_4配套的疲劳载荷谱，并分别在$0.5t_1$、$0.5t_2$、$0.5t_3$、$0.5t_4$处，进行疲劳试验。

b. 然后，用同一载荷谱进行疲劳断裂试验，测出疲劳寿命N_1、N_2、N_3、N_4。

70

6. 金属腐蚀损伤容限确定的原理和方法

08:03:34

（7）用测出的N_1、N_2、N_3、N_4和D_1、D_2、D_3、D_4绘制N-D曲线；

（8）用关键机件的总疲劳寿命N_p，求腐蚀损伤容限D_c，如图中箭头线示意。

N-D关系曲线：

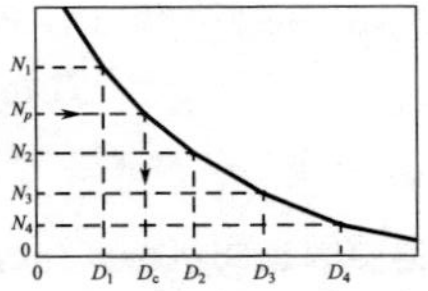

71

6. 金属腐蚀损伤容限确定的原理和方法

6.3 受疲劳载荷的腐蚀机件，无总疲劳寿命N_p，近似求其腐蚀容限D_c的方法

（1）用前一节的方法，求$d=1$情况下的腐蚀+疲劳损伤D_1、D_2、D_3、D_4，再用对应的试验时间H_1、H_2、H_3、H_4，绘制腐蚀+疲劳的H-D曲线。

腐蚀+疲劳的H-D曲线：

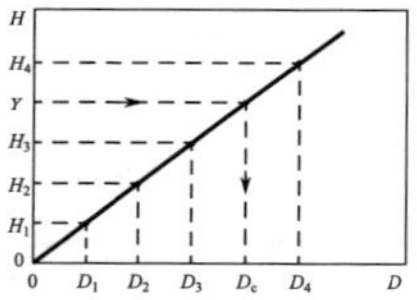

6. 金属腐蚀损伤容限确定的原理和方法

（2）寻找使用环境和受力基本一致并退役的同类机件，利用它的服役日历年限Y，或日历寿命指标Y。

（3）在H-D曲线上，由Y求D_c（箭头线所示）。这个D_c值虽然不是准确值，但有参考价值。

附：上述方法，还适合纯腐蚀（不受力）机件腐蚀容限的近似确定，但在测试H-D曲线中，要删除疲劳载荷的作用。

腐蚀+疲劳的H-D曲线：

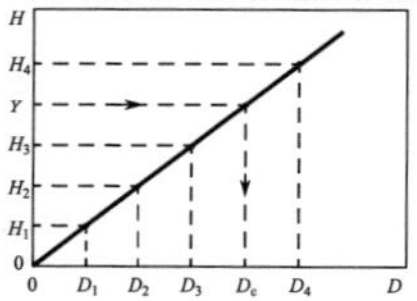

6. 金属腐蚀损伤容限确定的原理和方法

6.4 同一机件同受静载荷和疲劳载荷的腐蚀损伤容限求法

本来这个问题是很复杂无解的难题，但有了上述研究结论，这个难题便迎刃而解：

（1）分别求同一机件在静载荷作用下和疲劳载荷作用下的腐蚀损伤容限D_{c1}和D_{c2}，具体求法如前述，此处不赘述。

（2）比较D_{c1}和D_{c2}，小者为该机件的腐蚀损伤容限值。

详见《张福泽文集》中的“求飞机结构真实腐蚀容限的原理和方法”（P270）

7. 保证机件总疲劳寿命与总日历寿命皆安全的原理和方法

7.1 保证同一机件的总疲劳寿命与总日历寿命皆安全的原理

- 受疲劳载荷作用的机件又在腐蚀环境下工作，因此它既有疲劳寿命又有日历寿命。这两种寿命分别由疲劳领域和腐蚀领域给出，怎样保证由不同领域给出的不同寿命皆安全呢？这是国际一直无解的难题。
- 通过机件腐蚀损伤容限研究，把这个难题解决了，其原理为：

① 用机件的总疲劳寿命确定该机件的腐蚀损伤容限D_c；

② 用这个D_c值和相应计算公式，求出该机件的总日历寿命。这个总日历寿命与总疲劳寿命都是安全的。

7. 保证机件总疲劳寿命与总日历寿命皆安全的原理和方法

7.2 保证同一机件的总疲劳寿命与总日历寿命皆安全的方法步骤

（1）用真实使用载荷谱，通过疲劳试验给出机件的总疲劳寿命N_p；

（2）求总日历寿命Y

① 用真实使用载荷谱和温湿谱通过腐蚀试验和疲劳试验，绘制出N-D曲线。

② 在N-D曲线上，用总疲劳寿命N_p求出腐蚀损伤容限D_c。

③ 用D_c和下面公式，计算出机件纯金属部件日历时间λ_c。

$$\lambda_c=\frac{D_c d_t}{D_t}\lambda_t$$

式中：
λ_c—纯金属的日历寿命（年）；
λ_t—用温湿谱试验的循环周数；
D_c—金属腐蚀损伤容限值；
D_t—金属腐蚀试验的损伤值；
d_t—试验介质溶液浓度。

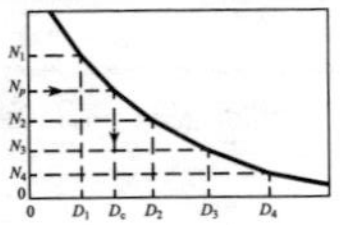

7. 保证机件总疲劳寿命与总日历寿命皆安全的原理和方法

④ 用λ_c和下面公式，算出机件的总日历寿命Y。

$$Y=(n+1)\lambda_m+\lambda_c$$

式中：
Y—机件总日历寿命（年）；
λ_m—防护层一次有效日历寿命（年）；
λ_c—纯金属腐蚀到D_c的日历寿命（年）；
n—机件翻修次数。

7. 保证机件总疲劳寿命与总日历寿命皆安全的原理和方法

（3）N_p与Y皆安全分析

$$Y=(n+1)\lambda_m+\lambda_c$$

① λ_m是防护层一次有效日历寿命，即在λ_m有效期内金属不腐蚀。金属不腐蚀，就不会影响总疲劳寿命N_p，因此$(n+1)\lambda_m$项只影响机件总日历寿命Y，不影响机件的总疲劳寿命N_p。

② 因此总日历寿命Y中，只有纯金属腐蚀日历寿命λ_c与总疲劳寿命N_p相关联，只要λ_c安全，N_p就安全。

7. 保证机件总疲劳寿命与总日历寿命皆安全的原理和方法

③ 由于总日历寿命Y中的λ_c是由金属腐蚀损伤容限D_c和下面公式计算出来的，而D_c又是由总疲劳寿命N_p和N-D曲线确定的，因此，D_c是λ_c与N_p的中间“协调员”。

$$\lambda_c=\frac{D_c d_t}{D_t}\lambda_t$$

④ 只要机件在使用中的金属腐蚀损伤值$D_t \le D_c$，则λ_c与N_p皆安全。即Y与N_p皆安全。这体现了用N_p确定D_c的科学性和优越性。

详见《张福泽文集》中的“求飞机结构真实腐蚀容限的原理和方法”（P270）

8. 总疲劳寿命与日历寿命匹配设计、使用和确定的先后顺序

08:03:34

8.1 N_p与Y匹配设计

（1）N_p分析：

在机件的用材、结构和疲劳载荷不变情况下，机件的总疲劳寿命N_p通过试验给出后，不经过延寿，是不允许改变的。即机件的总疲劳寿命N_p（小时）是定值。

82

8. 总疲劳寿命与日历寿命匹配设计、使用和确定的先后顺序

08:03:34

（2）Y分析：

$$Y=(n+1)\lambda_m+\lambda_c$$

由总日历寿命计算公式分析，式中λ_c是机件纯金属腐蚀到容限值D_c的腐蚀时间（年），在腐蚀环境和结构不变的情况下，一般λ_c为定值。

式中的$(n+1)\lambda_m$项，λ_m是机件防护层一次有效时间(年)，n是机件翻修次数。λ_m在机件翻修中是可变的，总日历寿命Y长或短可通过提高或降低λ_m来实现，即机件的总日历寿命Y是可调整的。

83

8. 总疲劳寿命与日历寿命匹配设计、使用和确定的先后顺序

08:03:34

（3）N_p与Y匹配设计：

$$Y=(n+1)\lambda_m+\lambda_c$$

从理论上讲，N_p是定值，它可通过平均使用强度（每年使用小时数）换算出总使用年限Y_0，在机件总日历寿命Y的设计中，通过调整公式中的λ_m，使$Y=Y_0$，从而实现同一机件的总疲劳寿命N_p与总日历寿命Y的匹配设计。

84

8. 总疲劳寿命与日历寿命匹配设计、使用和确定的先后顺序

08:03:34

8.2 N_p与Y匹配使用

总疲劳寿命N_p的使用年限与机件使用强度有关，使用强度高，则使用年限低，使用强度低，则使用年限就高。

由于使用强度不同，导致机件的总疲劳寿命N_p的使用年限与总日历寿命Y出现不匹配，为此，**机件在使用中，要注意调节使用强度，使N_p的使用年限尽量与Y匹配使用。**

85

8. 总疲劳寿命与日历寿命匹配设计、使用和确定的先后顺序

08:03:34

8.3 N_p与Y确定的先后顺序

关于同一机件的N_p与Y确定的先后顺序问题，从本研究对金属腐蚀损伤容限研究上分析，它们确定的先后顺序是：

① 首先确定N_p，根据N_p和N-D曲线，确定出腐蚀损伤容限D_c。

② 再根据D_c，计算出金属腐蚀时间λ_c。

③ 有了λ_c、防护层一次有效时间λ_m和翻修次数n，便可计算出总日历寿命Y。

详见《张福泽文集》中的“求飞机结构真实腐蚀容限的原理和方法”（P270）

86

讨　论

08:03:34

（1）有腐蚀的非关键件还要给出总日历寿命？

本研究认为，全机的总日历寿命，已通过关键件的试验和计算给出了，有腐蚀的非关键件的日历寿命，只要大于翻修日历寿命即可，不需要给出总的日历寿命，请讨论！

（2）有腐蚀的非关键件日历寿命怎样给出？

本研究认为，有腐蚀的非关键件的日历寿命给出，不需要用关键件的定寿方法给出具体指标，只要通过腐蚀防护和局部修理，确保在一个翻修期内，不腐蚀即可，请讨论！

87

9. 总结论

08:03:34

（1）① 实测使用腐蚀参数；② 测T-H曲线、RH-H曲线；③ 用公式（1）等损伤换算 —求出→ 等腐蚀损伤温湿谱和溶液浓度d。

$$h''=\left(\sum_{i=1}^{k}\frac{h_i'}{H_i'}\right)H''+h^0 \quad (1)$$

（2）引用疲劳关键件的载荷谱、总疲劳寿命N_p和翻修次数n。

（3）① 测N-D曲线；② 引用N_p —求出→ 腐蚀容限D_c。

（4）求金属使用日历寿命λ_c

① 计算 $\lambda_c'=\dfrac{D_c d_t}{D_t}\lambda_t$ —可靠性处理→ $\lambda_c=\dfrac{\lambda_c'}{L_f}$

② 以D_c为指标，用等损伤高温湿谱、使用浓度和载荷谱进行试验，求λ_c' —可靠性处理→ $\lambda_c=\dfrac{\lambda_c'}{L_f}$

9. 总结论

08:03:34

（5）求涂层使用日历寿命λ_m

① 计算 $\lambda_m'=\dfrac{1}{\sum_{j=1}^{m}\left(\sum_{i=1}^{k}\frac{h_i}{H_i}\right)}$ —可靠性处理→ $\lambda_m=\dfrac{\lambda_m'}{L_f}$

② 以涂层失效为指标，用等损伤高温湿谱、使用浓度和载荷谱进行试验，求λ_m' —可靠性处理→ $\lambda_m=\dfrac{\lambda_m'}{L_f}$

（6）求

① 总使用日历寿命 $Y=(n+1)\lambda_m+\lambda_c$

② 使用翻修日历寿命 $y=\lambda_m+\dfrac{\lambda_c}{n+1}$

（7）保证N_p与Y皆安全：① 以N_p求D_c；② 以D_c求λ_c；③ 以λ_c求Y，则N_p与Y互保安全。

9. 总结论

08:03:35

（8）全机日历寿命确定：

① 全机疲劳关键件都作为总日历寿命 Y 确定的试验件，取它们中小 Y 作为全机总日历寿命，没有特殊情况不需要做全机腐蚀试验；

② 非疲劳关键件不需要给出总日历寿命指标，通过修理和防护保证机件在翻修期内不腐蚀即可。

（9）本确定日历寿命系统，不仅能给出真实环境的可靠使用日历寿命，还能保证 N_p 不损失和 N_p 与 Y 互保安全。

谢谢大家！

2

第三部分

张福泽等腐蚀损伤
温湿谱编制原理和方法

导　读

腐蚀环境谱是确定日历寿命的基石，其作用相当于盖楼的地基。无论是进行加速模拟环境腐蚀试验还是进行日历寿命计算，都需要将腐蚀环境参量等效转换成使用环境谱。但至今，国内外在日历寿命研究中，尚没有找到直接用真实环境的温度、湿度和时间编制等损伤谱的理论和方法。本部分遴选了张福泽研究解决这些难题的有关文章，主要内容归纳如下。

（1）《使用温湿谱中各温度和各湿度对应时间的等腐蚀损伤折算原理和公式》：确定金属日历寿命需要进行腐蚀试验和计算，无论是试验还是计算都需要使用环境谱。因此，使用环境谱编制得越真实和准确，则试验和计算结果越可靠。但国内外尚没有找到一种按等损伤原理进行合并和编谱的方法。为此，张福泽研究给出一种等损伤折算温度、湿度对应时间的编制腐蚀环境谱的原理和方法。该方法可根据腐蚀试验和计算的需要，在国际上首次提出并成功实现了把统计出来的多种温度和湿度折算出少数几级温度和湿度的等腐蚀损伤使用环境谱，以此进行试验或计算的寿命是使用日历寿命，不需要“当量化处理”。

（2）《三维等损伤环境谱的编制原理、方法和算例》：张福泽通过深入研究，给出了一种金属机件腐蚀损伤日历寿命计算模型和确定方法。以此可以直接用真实使用环境参数（腐蚀温度、湿度和时间）计算机件日历寿命，但尚未给出如何编制温度、湿度和时间的三维腐蚀环境谱的方法。为此，张福泽研究给出了一种真实使用环境的温度、湿度和时间三维日历寿命定寿谱的编制原理和方法，可根据日历寿命计算或试验需要，编制成多级温度和多级湿度的谱，也可编制成一级温度和一级湿度谱。

（3）《飞机停放日历寿命腐蚀温度谱的编制方法和相应腐蚀介质的确定》：飞机日历寿命是地面停放时间（包括修理时间）和空中飞行时间之和，但对绝大部分军用飞机而言，飞行时间仅占总日历寿命的2%左右，由于飞机在高空－50℃下飞行基本不腐蚀，为了安全，这2%的时间也按地面时间计算。张福泽针对地面停放时间日历寿命确定的温度谱和相应的腐蚀介质开展研究，结合腐蚀线性累积损伤理论公式预计飞机日历寿命的工程实际需要和可能，按飞机所在地区，分别编制出春秋、夏和冬三个季节的温度谱，并分别制定出春秋、夏和冬三个季节的腐蚀介质的种类和浓度，与春秋、夏和冬三个季节的温度谱一一对应。飞机在几个地区使用，就需要编制和制定出对应的几种温度谱、腐蚀介质种类和浓度。这篇文章是“等腐蚀损伤谱”论文发表前，张福泽研究给出的腐蚀温度谱编制方法，虽然没有按等腐蚀损伤进行编谱，但具有参考价值。

要了解上述具体内容，请阅读本部分的论文，其中有关内容与第一部分、第二部分的论文具有关联性，请一并参照阅读。

使用温湿谱中各温度和各湿度对应时间的等腐蚀损伤折算原理和公式①

摘要： 本文给出一种按等腐蚀损伤原则，合并和折算环境谱中的不同温度、不同湿度对应时间的新方法。不同温度之间的合并和折算方法，是用一族不同湿度的 *T—H* 曲线进行等腐蚀损伤折算；不同湿度之间的合并和折算方法，是用一族不同温度的RH—*H* 曲线进行等腐蚀损伤折算。这样就可以把统计出来的多种温度和湿度，按腐蚀试验和计算的需要，折算出少数几级温度和湿度的使用环境谱。由于上述合并不是人为的随意合并，而是按材料的 *T—H* 曲线和 RH—*H* 曲线等腐蚀损伤折算的，因此用本方法编制的谱是使用环境谱，用它试验、计算的寿命是使用日历寿命，不需要"当量化处理"，因此本方法更为合理和可靠。

关键词： 腐蚀损伤；温度；湿度；使用环境谱；折算方法

引言

众所周知，金属日历寿命的确定是需要进行腐蚀试验和计算的，而这些试验和计算则需要使用环境谱。大家都知道，使用环境谱编制得越真实和准确，则试验和计算结果越可靠。但遗憾的是，目前国内外尚没有一种编制使用环境谱的方法[1-3]，按等损伤原理进行合并和编谱[4-6]。

本文用参考文献［7］研究出的使用环境的多种湿度（RH_i）的 *T—H* 曲线，由这个*T—H* 曲线族，就可以进行相同湿度（RH_1）下的不同温度对应时间的等腐蚀损伤的折算。同样用参考文献［7］给出的使用环境的多种温度（T_i）的 RH—*H* 曲线，由这个 RH—*H* 曲线族，就可以进行相同温度（T_i）下的不同湿度对应时间的等腐蚀损伤的折算。这样就可以把多种温度和湿度对应时间等损伤折算成少数几种温度和湿度对应时间的使用环境谱，便于工程应用。这项等损伤折算温度、湿度对应时间的编制腐蚀环境谱的原理和方法，在国际上是首次提出并成功实现。

① 该研究成果于2009年10月申报国家发明专利，论文未公开发表。

1　在使用环境谱中各级温度之间等腐蚀损伤折算

1.1　不同湿度 RH_i 的 $T—H$ 曲线族

参考文献［7］研究给出使用环境下的多种湿度（RH_i）的 $T—H$ 曲线族，如图 1 所示。假设图 1 中各条 RH 曲线的损伤容限值皆为 D_c，同时再设 $RH_1 = 100\%$、$RH_2 = 90\%$、$RH_3 = 80\%$、$RH_4 = 70\%$、$T_1 = 30℃$、$T_2 = 20℃$、$T_3 = 15℃$。

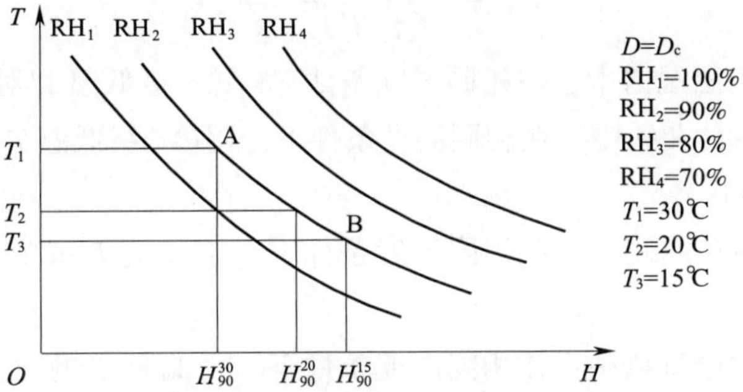

图 1　不同湿度 RH_i 的 $T—H$ 曲线族

1.2　各级温度对应时间的等腐蚀损伤折算

（1）假设某区域 1 年的温度和湿度对应的时间 h_j^i，如表 1 所示。

表 1　假设的温度和湿度对应的时间 h_j^i

h_j^i/h \ T_i/℃ \ RH_i/%	5	10	15	20	25	30	35	40	45	50	55
70	h_{70}^5	h_{70}^{10}	h_{70}^{15}	h_{70}^{20}	h_{70}^{25}	h_{70}^{30}	h_{70}^{35}	h_{70}^{40}	h_{70}^{45}	h_{70}^{50}	h_{70}^{55}
80	h_{80}^5	h_{80}^{10}	h_{80}^{15}	h_{80}^{20}	h_{80}^{25}	h_{80}^{30}	h_{80}^{35}	h_{80}^{40}	h_{80}^{45}	h_{80}^{50}	h_{80}^{55}
90	h_{90}^5	h_{90}^{10}	h_{90}^{15}	h_{90}^{20}	h_{90}^{25}	h_{90}^{30}	h_{90}^{35}	h_{90}^{40}	h_{90}^{45}	h_{90}^{50}	h_{90}^{55}
100	h_{100}^5	h_{100}^{10}	h_{100}^{15}	h_{100}^{20}	h_{100}^{25}	h_{100}^{30}	h_{100}^{35}	h_{100}^{40}	h_{100}^{45}	h_{100}^{50}	h_{100}^{55}

（2）等腐蚀损伤折算公式

假设表 1 中的 h_{90}^{15}（h），折算到同一湿度（90%）不同温度（30℃）上去，那么 h_{90}^{30}应如何算出？

由于 $T—H$ 曲线是等腐蚀损伤的，而且还有线性段，如图1中的各条曲线。现以 $RH_2 = 90\%$ 曲线为例回答 h_{90}^{15} 与 h_{90}^{30} 如何折算。因为在 RH_2 的 $T—H$ 曲线上，H_{90}^{30}/H_{90}^{15} 的比值代表A点与B点的腐蚀时间的比值，要想编制的温湿谱的腐蚀规律与该曲线一致，在其他试验条件相同的情况下，必须保证 $h_{90}^{30}/h_{90}^{15} = H_{90}^{30}/H_{90}^{15}$ 才能实现，因此有式（1）

$$h_{90}^{30} = \frac{h_{90}^{15} \cdot H_{90}^{30}}{H_{90}^{15}} \tag{1}$$

由式（1）可得，在同一湿度下，不同温度对应时间的折算通用式（2）

$$h'' = \left(\sum_{i=1}^{k} \frac{h_i'}{H_i'} \right) H'' + h^0 \tag{2}$$

式中：h'——在使用温湿谱中，在相同湿度条件下，第 i 级低温 T' 对应的时间；

H'——在 $T—H$ 曲线中，在相同湿度条件下，用第 i 级低温 T' 试验，达到 D_c 所需的时间；

H''——在 $T—H$ 曲线中，在相同湿度条件下，用高温 T'' 试验，达到 D_c 所需的时间；

h''——在使用温湿谱中，在相同湿度条件下，由低温 T' 的时间 h' 向高温 T'' 折算的时间；

h^0——折算到那一级的原有时间；

k——由低温 T' 向高温 T'' 折算的级数。

2 在使用环境谱中各级湿度之间等腐蚀损伤折算

2.1 不同温度 T_i 的 RH—H 曲线族

参考文献［7］研究给出使用环境下的多种温度（T_i）的 RH—H 曲线族，如图2所示。假设图2中各条 RH—H 曲线的损伤容限值皆为 D_c，同时再设 $T_1 = 45℃$、$T_2 = 35℃$、$T_3 = 25℃$、$T_4 = 15℃$、$RH_1 = 100\%$、$RH_2 = 90\%$、$RH_3 = 80\%$、$RH_4 = 70\%$。

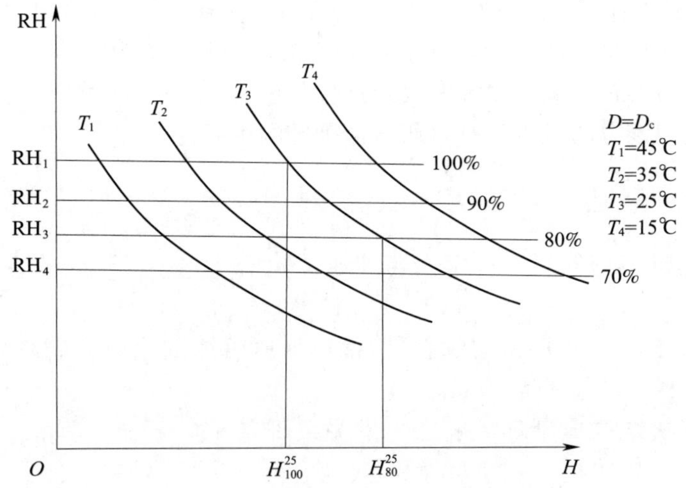

图 2　不同温度的 RH—H 曲线族

2.2　各级湿度的等腐蚀损伤折算公式

某区域 1 年的温度和湿度对应的腐蚀时间 h_j^i 如表 1 所示，它们的相应 RH—H 曲线如图 2 所示。现假设把表 1 中的 $RH_3=80\%$ 和 $T_3=25℃$ 对应的时间 h_{80}^{25}，按等腐蚀损伤原则折算成 $RH_1=100\%$ 和 $T_3=25℃$ 对应的时间，即 h_{100}^{25}。

与 1.2 节各级温度等腐蚀损伤折算一样原理，可得各级湿度对应时间的等腐蚀损伤公式（3）和公式（4）

$$h_{100}^{25}=\frac{h_{80}^{25}\cdot H_{100}^{25}}{H_{80}^{25}} \tag{3}$$

在同一温度下，不同湿度对应时间的折算通用公式见式（2）

$$h''=\left(\sum_{i=1}^{k}\frac{h'_i}{H'_i}\right)H''+h^0 \tag{4}$$

式中：h'_i——在使用温湿环境谱中，在同一温度下，第 i 级低 RH′对应的时间；

H'_i——在 RH—H 曲线测试中，在同一温度下，用第 i 级低 RH′试验达到 D_c 的时间；

H''——在 RH—H 曲线测试中，在同一温度下，用高 RH″试验达到 D_c 的时间；

h''——在同一温度下，由低 RH′的时间 h' 向高 RH″折算的时间。

h^0——折算到那一级的原有时间；

k——由低湿度 RH′向高湿度 RH″折算的级数。

3　结论

（1）在使用环境谱编制中，本文研究给出一种等腐蚀损伤折算各级温度对应时间的公式和方法。同时也给出一种等腐蚀损伤折算各级湿度对应时间的公式和方法。

（2）在国内外腐蚀日历寿命确定中，笔者首次给出上述各级温度和各级湿度对应时间的等腐蚀损伤折算方法。应用该方法编制的环境谱是使用环境谱，以此进行试验和计算得到的日历寿命，就是我们需要的使用日历寿命，不再需要经过“当量折算”的过程，因此应用该方法可以提高日历寿命确定的可靠性。

参考文献

[1] 周希沅. 飞机结构的当量环境谱与加速试验谱［J］. 航空学报，1996，17（5）：613-616.

[2] 刘文珽，蒋冬滨. 飞机结构关键危险部位加速腐蚀试验环境谱研究［J］. 航空学报，1998，19（4）：434-438.

[3] 陈群志. 飞机结构典型环境腐蚀当量关系研究［J］. 航空学报，1998，19（4）：414-418.

[4] 张福泽. 飞机停放日历寿命腐蚀温度谱编制方法和相应腐蚀介质的确定［J］. 航空学报，2001，22（4）：359-361.

[5] 董登科. 关于军用飞机服役日历年限评定用的当量环境谱［J］. 航空学报，1998，19（4）：451-455.

[6] 刘文珽，李玉海，陈群志，等. 飞机结构腐蚀部位涂层加速试验环境谱研究［J］. 北京航空航天大学学报，2002，28（1）：109-112.

[7] 张福泽. 使用环境的金属 *T*—*H* 曲线和 RH—*H* 曲线绘制原理和方法. 见本书第496-503页.

三维等损伤环境谱的编制原理、方法和算例①②

摘要：本文研究给出了一种真实使用环境的温度、湿度和时间三维等腐蚀损伤谱。它包含：使用环境的原始参数的实测和统计；三个参数合并和等腐蚀损伤折算和三个参数任意组合的三维谱编制。该三维谱可根据日历寿命计算或试验需要，编制成多级温度和多级湿度的谱，也可编制成一级湿度和多级温度等多种谱。从理论上讲，由于这些不同的谱具有相同损伤，因此最终计算和试验给出的日历寿命相等，从而可消除腐蚀领域的“当量折算”这个不准确环节，使日历寿命确定更加可靠。

关键词：金属日历寿命；腐蚀；腐蚀等损伤折算；三维环境谱；温度；湿度；时间

引言

环境谱是机械日历寿命确定的基石，它在日历寿命确定中的作用，相当于盖楼的地基作用。这个道理大家都了解，但至今，国内外在机械日历寿命研究中，尚没有找到直接用真实环境的温度、湿度和时间进行编制等损伤谱的理论和编制方法。1999 年，参考文献［1］研究给出一种金属机件腐蚀损伤日历寿命计算模型和确定方法，它可用相关的温度、湿度、时间和腐蚀性能曲线，进行金属机件日历寿命计算和试验，可直接给出使用日历寿命。这在国际机械日历寿命研发中，称得上是重要的里程碑。由此人们可以直接用真实使用环境参数（腐蚀温度、湿度和时间）计算机械日历寿命，可以说，这是该领域中的重大突破。参考文献［1］虽然建立了日历寿命模型，但没有给出如何编制温度、湿度和时间的三维腐蚀环境谱的方法，截至目前，国外也没有相关成果发表。参考文献［2］根据传统的统计方法给出 1 年“三个季节的平均温度谱”，它没有经过等腐蚀损伤折算给出等损伤的“三维谱”。本文针对日历寿命计算和试验的需要进行如下研究。

---

① 本文在《航空学报》2016 年第 37 卷第 2 期发表。该研究解决了国内外日历寿命确定中无法编制三维等损伤谱的难题，填补了这方面的空白。

② 本文原标题为《三维等损伤环境谱的编制原理和方法》，原文内容不变。

1 使用环境的原始参数

1.1 原始参数的实测地区

（1）原始参数地区的选择：在全国选定有代表性的若干个地区。

（2）原始参数实测单位：最好是专职的监测站。

1.2 原始参数监测的参数和内容

（1）原始统计参数：温度 T、湿度 RH、时间 H 以及与腐蚀相关的各种介质成分及含量。

（2）原始统计参数的监测内容：监测每1年每一天每一小时的温度、湿度、时间和各介质含量的真实值。

2 三维等损伤环境谱的编制原理和方法

2.1 三维等损伤环境谱的由来

由于原始参数（T、RH 和 H）值是每1年每一天每一小时的监测值，这些监测值繁多又无序，无法用于日历寿命的计算和试验，因此必须在各参数间进行合理的合并，使 T、RH 和 H 值可控而有序。但由于各国的专家们一直没找到合理的合并原理和方法，因此直到今日仍无法编制出等损伤谱。自参考文献［1］给出金属材料的 $T—H$ 曲线和 RH—H 曲线之后，本文开始研究如何利用 $T—H$ 曲线和 RH—H 曲线编制日历寿命的三维等损伤环境谱。所谓三维等损伤环境谱，它包含三个参数和等腐蚀损伤两方面内容。三维是指使用环境中的温度 T、湿度 RH 和时间 H 的组合体；等损伤是指在编谱过程中各参数的合并和各谱之间转换都是等腐蚀损伤的，保证编出的各种谱都是三维等损伤谱。

2.2 合理确定使用温度和湿度的门槛值（T_w和 RH_w）

为了编制出可用于日历寿命试验的三维等损伤谱，必须舍弃对金属腐蚀损伤无贡献或贡献很小的温度 T 和湿度 RH。舍弃标准就是它们的门槛值 T_w 和 RH_w。T_w 和 RH_w 的理论值可根据材料 $T—H$ 曲线和 RH—H 曲线的持久极限值（T_k 和 RH_k）[4] 确定，即 $T_w \leqslant T_k$、$RH_w \leqslant RH_k$，如图1和图2所示。

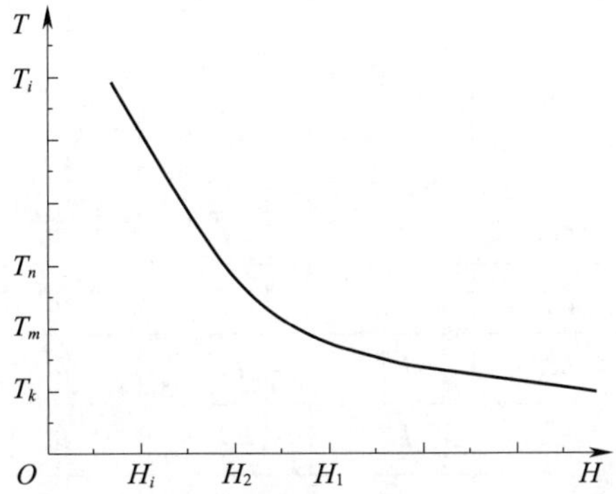

图 1　材料的 T—H 曲线

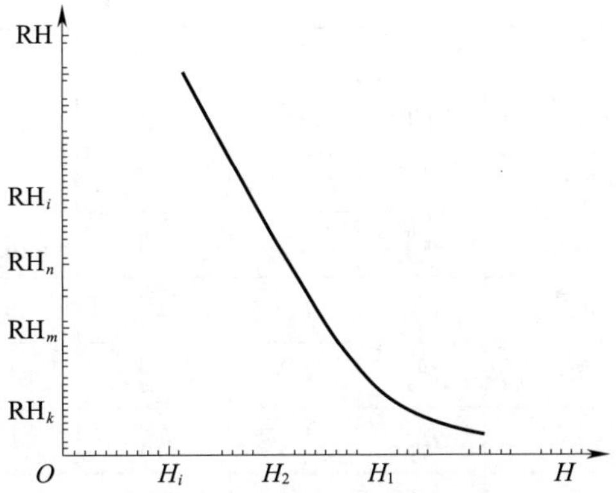

图 2　材料的 RH—H 曲线

2.3　各温度和湿度对应时间的互相等损伤换算公式

笔者在参考文献［5］给出了同一湿度（或温度）下，不同温度（或湿度）的时间折算通用公式，如式（1）所示

$$h'' = \left(\sum_{i=1}^{k} \frac{h_i'}{H_i'}\right) H'' + h^0 \tag{1}$$

式中：h'_i——在使用温湿谱中，在相同湿度（或温度）条件下，第 i 级低温 T'（或低 RH′）对应的时间；

H'_i——在 T—H 曲线中，在相同湿度条件下，用第 i 级低温 T' 试验，达到 D_c 所需的时间；

h^0——折算到那一级的原有时间；

H''——在 T—H 曲线中，在相同湿度（或温度）条件下，用高温 T''（或高湿 RH″）试验，达到 D_c 所需的时间；

h''——在使用温湿谱中，在相同湿度（或温度）条件下，由低温 T'（或低湿 RH′）的时间 h' 向高温 T''（或高湿 RH″）折算的时间；

k——由低温 T'（或低湿 RH′）向高温 T'（或高湿 RH″）折算的级数。

2.4　原始三维等损伤谱

通过上述公式的等损伤折算和舍弃对腐蚀损伤无作用或作用很小的 T 和 RH 之后，可使繁多无序的原始监测温度、湿度和时间，变成级别较少且有序的原始三维等损伤谱，如表 1 所示。表 1 中的 h_j^i，i 代表温度 T 级别、j 代表湿度级别。h_j^i 代表三维等损伤谱中第 i 级温度、第 j 级湿度的共同占有的时间。

表1　某地区1年原始三维平均谱

h_j^i/h　T/℃　RH/%	10	15	20	25	30	35	40	45
60	h_{60}^{10}	h_{60}^{15}	h_{60}^{20}	h_{60}^{25}	h_{60}^{30}	h_{60}^{35}	h_{60}^{40}	h_{60}^{45}
65	h_{65}^{10}	h_{65}^{15}	h_{65}^{20}	h_{65}^{25}	h_{65}^{30}	h_{65}^{35}	h_{65}^{40}	h_{65}^{45}
70	h_{70}^{10}	h_{70}^{15}	h_{70}^{20}	h_{70}^{25}	h_{70}^{30}	h_{70}^{35}	h_{70}^{40}	h_{70}^{45}
75	h_{75}^{10}	h_{75}^{15}	h_{75}^{20}	h_{75}^{25}	h_{75}^{30}	h_{75}^{35}	h_{75}^{40}	h_{75}^{45}
80	h_{80}^{10}	h_{80}^{15}	h_{80}^{20}	h_{80}^{25}	h_{80}^{30}	h_{80}^{35}	h_{80}^{40}	h_{80}^{45}
85	h_{85}^{10}	h_{85}^{15}	h_{85}^{20}	h_{85}^{25}	h_{85}^{30}	h_{85}^{35}	h_{85}^{40}	h_{85}^{45}
90	h_{90}^{10}	h_{90}^{15}	h_{90}^{20}	h_{90}^{25}	h_{90}^{30}	h_{90}^{35}	h_{90}^{40}	h_{90}^{45}
95	h_{95}^{10}	h_{95}^{15}	h_{95}^{20}	h_{95}^{25}	h_{95}^{30}	h_{95}^{35}	h_{95}^{40}	h_{95}^{45}
100	h_{100}^{10}	h_{100}^{15}	h_{100}^{20}	h_{100}^{25}	h_{100}^{30}	h_{100}^{35}	h_{100}^{40}	h_{100}^{45}

3　海南三维等损伤环境谱算例

3.1　陵水原始三维平均谱

表2所示的陵水地区原始三维平均谱是从海南万宁监测站5年（2005—2009年）的监测数据中，删除温度 $T\leqslant5.5$℃和湿度 RH≤65%的数据之后，依据5年平均计算结果编制的1年平均环境谱[6-7]。

表2　海南陵水1年原始三维平均环境谱

h_j^i/h　T/℃	10	15	20	25	30	35	Σh_j	$\Sigma\Sigma h_j^i$
h_{70}^i	9.8	57.8	95.4	237.8	344.2	11.4	756.4	7739.6（10.7个月）
h_{75}^i	2.4	68.2	165.4	413.6	519	2.4	1171	
h_{80}^i	5.6	88	234.4	848.8	601.6	0.2	1778.6	
h_{85}^i	11	112.4	394.8	1159.2	488.8	0.6	2156.8	
h_{90}^i	0	3.2	75.8	1067	248.4	0	1394.4	
h_{95}^i	0	0	0	298.2	20	0	318.2	
h_{100}^i	0.6	27.2	75.8	60.4	0.2	0	164.2	

3.2　陵水原始三维平均谱损伤计算

表2陵水地区原始三维平均谱的腐蚀损伤计算如表3所示。表中腐蚀损伤计算用的 H_j^i 值取自参考文献［8］LY12CZ 的 T—H 曲线和 RH—H 曲线试验数据（D_c = 0.1mm）。

表3　原始三维平均谱的损伤 D 计算

T/℃ H_j^i，h_j^i/h	10	15	20	25	30	35	$\sum h_j^i/H_j^i$
h_{70}^i	9.8	57.8	95.4	237.8	344.2	11.4	0.0116
H_{70}^i	94560	85920	77280	67505	59291	52640	
h_{75}^i	2.4	68.2	165.4	413.6	519	2.4	0.0217
H_{75}^i	84360	74520	64680	55669	48500	42840	
h_{80}^i	5.6	88	234.4	848.8	601.6	0.2	0.0413
H_{80}^i	74160	63120	52080	43833	37710	33040	
h_{85}^i	11	112.4	394.8	1159.2	488.8	0.6	0.0668
H_{85}^i	63960	51720	39480	31996	26919	23240	
h_{90}^i	0	3.2	75.8	1067	248.4	0	0.0712
H_{90}^i	53760	40320	26880	20160	16128	13440	
h_{95}^i	0	0	0	298.2	20	0	0.0256
H_{95}^i	33982	25419	16857	12611	10073	8386	
h_{100}^i	0.6	27.2	75.8	60.4	0.2	0	0.0257
H_{100}^i	14203	10518	6834	5061	4019	3332	
$\sum\sum h_j^i/H_j^i$	D = 0.2639						

3.3　陵水三维等损伤试验谱

由于原始三维平均谱需要的试验时间太长，用于试验必须按等损伤换算原则，用式（1）进行折算，使试验时间降低。

（1）表2的 h_{70}^i、h_{75}^i 向 h_{80}^i 折算，h_{85}^i、h_{95}^i 向 h_{100}^i 折算，折算过程和结果如式（2）～式（12）和表4所示，其中 H_j^i 为腐蚀到损伤容限时的小时数，由参考文献［8］查得。

$$h_{80}^{10}=\left(\frac{h_{70}^{10}}{H_{70}^{10}}+\frac{h_{75}^{10}}{H_{75}^{10}}\right)\times H_{80}^{10}+\ (h_{80}^{10})^{0}=\left(\frac{9.8}{94560}+\frac{2.4}{84360}\right)\times 74160+5.6=15.4 \tag{2}$$

$$h_{80}^{15}=\left(\frac{h_{70}^{15}}{H_{70}^{15}}+\frac{h_{75}^{15}}{H_{75}^{15}}\right)\times H_{80}^{15}+\ (h_{80}^{15})^{0}=\left(\frac{57.8}{85920}+\frac{68.2}{74520}\right)\times 63120+88=188.2 \tag{3}$$

$$h_{80}^{20}=\left(\frac{h_{70}^{20}}{H_{70}^{20}}+\frac{h_{75}^{20}}{H_{75}^{20}}\right)\times H_{80}^{20}+\ (h_{80}^{20})^{0}=\left(\frac{95.4}{77280}+\frac{165.4}{64680}\right)\times 52080+234.4=431.9 \tag{4}$$

$$h_{80}^{25}=\left(\frac{h_{70}^{25}}{H_{70}^{25}}+\frac{h_{75}^{25}}{H_{75}^{25}}\right)\times H_{80}^{25}+\ (h_{80}^{25})^{0}=\left(\frac{237.8}{67505}+\frac{413.6}{55669}\right)\times 43833+848.8=1328.9 \tag{5}$$

$$h_{80}^{30}=\left(\frac{h_{70}^{30}}{H_{70}^{30}}+\frac{h_{75}^{30}}{H_{75}^{30}}\right)\times H_{80}^{30}+\ (h_{80}^{30})^{0}=\left(\frac{344.2}{59291}+\frac{519}{48500}\right)\times 37710+601.6=1224.1 \tag{6}$$

$$h_{80}^{35}=\left(\frac{h_{70}^{35}}{H_{70}^{35}}+\frac{h_{75}^{35}}{H_{75}^{35}}\right)\times H_{80}^{35}+\ (h_{80}^{35})^{0}=\left(\frac{11.4}{52640}+\frac{2.4}{42840}\right)\times 33040+0.2=9.2 \tag{7}$$

$$h_{100}^{10}=\left(\frac{h_{85}^{10}}{H_{85}^{10}}+\frac{h_{95}^{10}}{H_{95}^{10}}\right)\times H_{100}^{10}+\ (h_{100}^{10})^{0}=\left(\frac{11}{63960}+0\right)\times 14203+0.6=3.0 \tag{8}$$

$$h_{100}^{15}=\left(\frac{h_{85}^{15}}{H_{85}^{15}}+\frac{h_{95}^{15}}{H_{95}^{15}}\right)\times H_{100}^{15}+\ (h_{100}^{15})^{0}=\left(\frac{112.4}{51720}+0\right)\times 10518+27.2=50.1 \tag{9}$$

$$h_{100}^{20}=\left(\frac{h_{85}^{20}}{H_{85}^{20}}+\frac{h_{95}^{20}}{H_{95}^{20}}\right)\times H_{100}^{20}+\ (h_{100}^{20})^{0}=\left(\frac{394.8}{39480}+0\right)\times 6834+75.8=144.1 \tag{10}$$

$$h_{100}^{25}=\left(\frac{h_{85}^{25}}{H_{85}^{25}}+\frac{h_{95}^{25}}{H_{95}^{25}}\right)\times H_{100}^{25}+\ (h_{100}^{25})^{0}=\left(\frac{1159.2}{31996}+\frac{298.2}{12611}\right)\times 5061+60.4=363.4 \tag{11}$$

$$h_{100}^{30}=\left(\frac{h_{85}^{30}}{H_{85}^{30}}+\frac{h_{95}^{30}}{H_{95}^{30}}\right)\times H_{100}^{30}+\ (h_{100}^{30})^{0}=\left(\frac{488.8}{26919}+\frac{20}{10073}\right)\times 4019+0.2=81.2 \tag{12}$$

表4　海南陵水1年三维等损伤使用环境谱

T/℃ \ h_j^i/h	10	15	20	25	30	35	Σh_i
h_{80}^i	15.4	188.2	431.9	1328.9	1224.1	9.2	5233.9（7.3个月）
h_{90}^i	0	3.2	75.8	1067	248.4	0	
h_{100}^i	3	50.1	144.1	363.4	81.2	0	

（2）表4的 h_j^{10} 向 h_j^{15} 折算，h_j^{35} 向 h_j^{30} 折算，得表5谱，各折算谱的计算式省略，只给折算结果谱。

（3）表5的 h_{80}^i 向 h_{100}^i 折算，得表6谱。

表5　由表4进行等损伤折算得到的使用环境谱

h_j^i/h \ T/℃	15	20	25	30	$\sum h_i$
h_{80}^i	201.3	431.9	1328.9	1234.6	5232.1（7.3个月）
h_{90}^i	3.2	75.8	1067.0	248.4	
h_{100}^i	52.3	144.1	363.4	81.2	

表6　表5谱的等损伤折算谱和 *D* 计算

H_j^i，h_j^i/h \ T/℃	15	20	25	30	$\sum h_i$
h_{90}^i	3.2	75.8	1067	248.4	2410.6（3.3个月）
H_{90}^i	40320	26880	20160	16128	
h_{100}^i	85.8	200.8	516.8	212.8	
H_{100}^i	10518	6834	5061	4019	
$\sum h_j^i/H_j^i$	$D=0.2638$				

（4）表6谱的 h_j^{15}、h_j^{20} 向 h_j^{35} 折算，得表7谱。

表7　表6谱的等损伤折算谱

h_j^i/h \ T/℃	25	30	35	$\sum h_i$
h_{90}^i	1067	248.4	39.0	2209.1（3.07个月）
h_{100}^i	516.8	212.8	125.1	

（5）表7的 h_{90}^i 向 h_{100}^i 折算，得表8谱。

表8　表7谱的等损伤折算谱和 *D* 计算

H_j^i，h_j^i/h \ T/℃	25	30	35	$\sum h_i$
h_{100}^i	784.7	274.7	134.8	1194.2（1.66个月）
H_{100}^i	5061	4019	3332	
$\sum h_j^i/H_j^i$	$D=0.2639$			

（6）表8的 h_j^{25} 向 h_j^{40}、h^{30}向 h_j^{50}、h_j^{35} 向 h_j^{60} 折算，得表9谱。

表9　表8谱的等损伤折算谱和 D 的计算

T/℃ H_j^i，h_j^i/h	40	50	60	$\sum h_i$
h_{90}^i	609.7	138.0	19.5	1250 （1.7个月）
H_{90}^i	11520	8960	6720	
h_{100}^i	295.5	121.3	66.0	
H_{100}^i	2894	2291	1758	
$\sum h_j^i/H_j^i$	$D=0.2638$			

（7）表8的 h_j^{25} 向 h_j^{40}、h_j^{30} 向 h_j^{50}、h_j^{35} 向 h_j^{60} 折算，得表10谱。

表10　表8谱的等损伤折算谱和 D 的计算

T/℃ H_j^i，h_j^i/h	40	50	60	$\sum h_i$
h_{100}^i	448.7	156.6	71.1	0.94个月
H_{100}^i	2894	2291	1758	
$\sum h_j^i/H_j^i$	$D=0.2638$			

4　重庆三维等损伤环境谱算例

4.1　重庆5年原始平均谱

删除对腐蚀影响小的 $T\leqslant5.5$℃和 RH≤70%数据之后，留下的有效 RH 与 T 对应时间的5年（2005—2009年）有效原始平均谱，如表11所示。

表11　重庆1年原始三维平均谱

T/℃ h_j^i/h	10	15	20	25	30
h_{75}^i	154.4	114.6	98.0	149.4	121.6
h_{80}^i	228.2	150	132.6	201.8	89.6
h_{85}^i	329.6	187.8	184.6	266.2	60.8
h_{90}^i	403.0	232.8	303.2	326.4	37.0
h_{95}^i	355.8	329.0	455.2	338.2	22.0
h_{100}^i	114.0	105.6	209.4	114.0	10.0
$\sum h_{80}^i/h_{80}^i$	$D=0.2452$				

4.2　重庆等腐蚀损伤折算的谱

（1）表 11 的 h_{75}^{i} 向 h_{80}^{i}、h_{85}^{i} 向 h_{90}^{i}、h_{95}^{i} 向 h_{100}^{i} 折算，得表 12 谱。

表 12　表 11 谱的等损伤折算谱

h_j^i/h \ T/℃	10	15	20	25	30
h_{80}^{i}	363.9	247.1	211.5	319.4	184.1
h_{90}^{i}	680.0	379.0	428.9	494.1	73.4
h_{100}^{i}	262.7	241.7	393.9	249.7	18.8

（2）表 12 的 h_j^{15} 向 h_j^{30} 折算，得表 13 谱。

表 13　表 12 谱的等损伤折算谱

h_j^i/h \ T/℃	10	20	25	30	$\sum h_i$
h_{80}^{i}	363.9	211.5	319.4	331.7	4072.1（5.7 个月）
h_{90}^{i}	680.0	428.9	494.1	225.1	
h_{100}^{i}	262.7	393.9	249.7	111.2	

（3）表 13 的 h_j^{10}、h_j^{20}、h_j^{25} 分别向 h_j^{35}、h_j^{40}、h_j^{45} 折算，得表 14 谱。

表 14　表 13 谱的等损伤折算谱

h_j^i/h \ T/℃	30	35	40	45	$\sum h_i$
h_{80}^{i}	331.7	161.3	115.0	180.6	2080.4（2.9 个月）
h_{90}^{i}	225.1	170.6	183.8	247.1	
h_{100}^{i}	111.2	61.6	166.8	126.2	

（4）表 14 的 h_{80}^{i} 向 h_{100}^{i} 折算，得表 15 谱。

表15　表14谱的等损伤折算谱

h_j^i/h \ T/℃	30	35	40	45	$\sum h_i$
h_{90}^i	225.1	170.6	183.8	247.1	1373.9（1.9个月）
h_{100}^i	146.6	77.9	178.6	144.8	

（5）表15的 h_{90}^i 向 h_{100}^i 折算，得表16谱。

表16　表15谱的等损伤折算谱和 D 计算

H_j^i，h_j^i/h \ T/℃	30	35	40	45	$\sum h_i$
h_{100}^i	202.6	120.2	224.7	207.5	755（1个月）
H_{100}^i	4019	3332	2894	2557	
$\sum h_i/H_i$	$D=0.2453$				

（6）表16的 h_j^{30}、h_j^{35} 向 h_j^{50} 折算，h_j^{45} 向 h_j^{60} 折算，得表17谱。

表17　表16谱的等损伤折算谱和 D 计算

H_j^i，h_j^i/h \ T/℃	40	50	60	$\sum h_i$
h_{100}^i	224.7	198.1	142.7	565.5（0.79个月）
H_{100}^i	2894	2291	1758	
$\sum h_i/H_i$	$D=0.2453$			

（7）表12中的 h_{80}^i、h_{90}^i 向 h_{100}^i 折算，得表18谱。

表18　表12谱的等损伤折算谱和 D 计算

H_j^i，h_j^i/h \ T/℃	10	15	20	25	30	$\sum h_i$
h_{100}^i	511.6	381.7	530.7	410.6	56.7	1891.3（2.6个月）
H_{100}^i	14203	10518	6834	5061	4019	
$\sum h_i/H_i$	$D=0.2452$					

(8) 表 18 的 h_j^{15}、h_j^{25} 分别向 h_j^{40}、h_j^{50} 折算，h_j^{10}、h_j^{20}、h_j^{30} 向 h_j^{60} 折算，得表 19 谱。

表 19　表 18 谱的等损伤折算谱和 D 计算

T/℃ \ H_j^i，h_j^i/h	40	50	60	$\sum h_i$
h_{100}^i	105.0	185.9	224.6	(0.72 个月)
H_{100}^i	2894	2291	1758	
$\sum h_i/H_i$	$D=0.2452$			

5　结论

(1) 本文在国际机件日历寿命研究中，首次给出三维等损伤使用环境谱。三维环境谱能真实反映机械在外场的使用情况，这是因为机件在外场使用中，每天的任何时间都是温度、湿度和介质等同时作用。在三维谱试验中，能实现在同一时间里同时施加温度、湿度和介质，使日历寿命确定更准确。

(2) 在国际环境谱研究中，首次用材料的 T—H 曲线和 RH—H 曲线进行不同温度、不同湿度对应时间的等损伤折算，因此可编制出任何级别温度和任何级别湿度的三维等损伤环境谱。这些谱与原始谱是等损伤的，以此进行试验不仅缩短了试验时间，而且还可以删除“当量折算”这个不准确的环节。

(3) 在中国首次给出海南陵水地区 7 种 1 年的三维等损伤环境谱和重庆地区 8 种 1 年的三维等损伤环境谱。这些谱都是用这两个地区 5 年监测数据的平均值再经过等腐蚀损伤折算编制出来的，可供日历寿命试验选用。根据参考文献［2］和［9］试验研究，使用温度谱适用于金属材料日历寿命试验，高温谱 40～80℃适用于涂层日历寿命试验。与此相应的介质值应是 5 年监测值的平均值。

(4) 本文提出的温度门槛值 T_w 和湿度门槛值 RH_w 的取值如何准确确定，有待深入研究。本文给出的海南谱和重庆谱，每个地区用一个 D_0 值折算的等损伤谱，由于在一定的 D_0 值范围内，不同 D_0 值对 T—H 曲线和斜率影响较小，因此用一个 D_0 值折算的谱，可以近似用于不同 D_0 值的日历寿命计算。

参考文献

［1］张福泽. 金属机件腐蚀损伤日历寿命的计算模型和确定方法［J］. 航空学报，1999，20（1）：75－79.

［2］张福泽. 飞机停放日历寿命腐蚀温度谱编制方法和相应腐蚀介质的确定［J］. 航空学报，2001，22（4）：359－361.

［3］张福泽. 飞机日历寿命确定的区域定寿法［J］. 航空学报，2001，22（6）：549－552.

［4］宋钧，郭洪全. 三种航空材料腐蚀 T—H 曲线测试报告. 北京航空材料研究院，

2000.
[5] 张福泽. 使用温湿谱中各温度和各湿度对应时间的等腐蚀损伤折算原理和公式. 见本书第448－452页.
[6] 陈群志，崔常京. 海南地区温度、湿度统计报告. 北京航空工程技术研究中心，2010.
[7] 陈群志，崔常京. 重庆地区温度、湿度统计报告. 北京航空工程技术研究中心，2010.
[8] 张福泽，陈勃. LY12CZ、30CrMnSiA的D—d曲线、T—H曲线、RH—H曲线试验报告. 北京航空材料研究院和空军装备研究院航空所，2011.
[9] 张福泽，陈勃. LY12CZ、30CrMnSiA在高温、使用介质下的金属和涂层的T—H曲线试验报告. 北京航空材料研究院，2007.

Drawing up principle and method of the 3D damage environment spectrum of metallic calendar life

Zhang Fuze

(Beijing Aeronautical Technology Research Center, Beijing 100076, China)

Abstract This paper has developed a principle and method of the 3D damage environment spectrum of metallic calendar life, which is made through the operating temperature, humidity and time. It contains: actual measurement and statistics of the original parameter of the operating temperature; the formation principle of equal corrosion damage spectrum; 3D spectrum formation method made of the random combination of 3 parameters (temperature, humidity and time) of operating environment. Then cases of various 3D spectrum of two regions, namely, Hai Nan and Chong Qing are provided. This 3D spectrum can form a multi－layer humidity and multi－layer temperature spectrum on the basis of calendar life calculation and test demand. Meanwhile, 3D spectrums of one－layer humidity with multi－layer temperature spectrum or 3D spectrums of any other random combination can be formed. Theoretically, since these different spectrums are under equal damage, the calendar lives of final calculation and test are the same. In this way, the inaccurate "equivalent conversion" phase in the field of corrosion can be eradicated, making the determination of calendar life more reliable.

Key words metallic calendar life; corrosion; convent of equal corrosion damage; 3D environment spectrum; humidity; time

飞机停放日历寿命腐蚀温度谱的编制方法和相应腐蚀介质的确定①

摘要： 本文研究认为，飞机在每一年使用腐蚀环境下，应编制成三种平均使用腐蚀温度谱，每一种平均温度谱又由三级温度构成，即春秋、夏和冬三个季节的平均温度谱，每个季节的平均温度谱又由中午、夜间和它们的平均值三级温度构成。每一个季节的平均温度谱对应的平均腐蚀介质含量，就作为本季节的平均腐蚀介质。

关键词： 飞机日历寿命；温度谱；腐蚀介质

飞机日历寿命是地面停放时间（包括修理等时间）和空中飞行时间之和，但对绝大部分军用飞机，它们飞行时间仅占总日历寿命的2%左右，因此飞机日历寿命主要是约占98%的地面停放时间。这两部分寿命，由于所处的受力环境和腐蚀环境不同，因此在寿命确定的方法上也有所不同。对疲劳寿命如何折算成日历寿命已有论述，在此不赘述，本文主要研究地面停放时间日历寿命确定的温度谱和相应的腐蚀介质问题。由于影响日历寿命的环境因素太多，如盐水、酸雨、空气、水蒸气、二氧化硫、氢、温度和湿度等，这些因素经常是同时作用于飞机机体上，而且这些因素在不同地区、不同季节又有很大变化，因此很难找到一种简单有效地预测飞机机体结构日历寿命的计算模型。参考文献［1］为了解决这个复杂工程难题，进行了科学有效的假设，它把温度和湿度单独作为多级重复施加的谱，而把其他诸多腐蚀因素放在材料 $T—H$ 曲线测试和机件腐蚀试验中考虑。在此假设下，论证并推导出了日历寿命计算公式，这个公式适用于多种温度和湿度的金属材料的日历寿命计算，这是一种全新的思维方法。但由于参考文献［1］的主要目的是建立日历寿命计算模型和 $T—H$ 曲线的分布规律研究，而针对飞机日历寿命预计中的温度谱和相应的腐蚀环境介质，没有给出可以应用的成果，本文针对这些国内外没有解决的问题进行了如下研究。

---

① 本文在《航空学报》2001年第22卷第4期发表。

1 编制飞机使用腐蚀温度谱要考虑的几种关系

（1）飞机腐蚀温度谱与相应环境介质的关系。飞机在地面停放中，腐蚀温度和湿度与其他腐蚀介质，如盐水、二氧化硫等因素是同时作用于飞机机体上的，因此，飞机日历寿命预计必须同时考虑这些环境因素对它的影响。为了建立计算日历寿命数学模型，探索规律，参考文献［1］假定得到相同腐蚀量 D_i，在其他腐蚀介质不变的情况下，找到了腐蚀温度 T 与腐蚀时间 H 的变化规律曲线，以此曲线为基础，推导出腐蚀线性累积损伤理论公式（1）。但它并没有给出温度谱与其他腐蚀介质是什么关系，它们怎样搭配使用。

$$\lambda \sum_{j=1}^{m} \left[\sum_{i=1}^{k} \frac{h_i}{H_i} \right]_j = 1 \tag{1}$$

式中：h_i——使用腐蚀温度谱中第 i 级温度所对应的腐蚀小时数；

H_i——使用腐蚀温度谱中用第 i 级温度腐蚀至损伤容限 D_c 所需要的腐蚀小时数。

飞机结构在实际腐蚀过程中，由于地域（沿海、内地、南方、北方）不同、一年四季差异、一天早中晚不同，其腐蚀的各种因素都在变化，有时变化还很大，这样，就给如何编制出既符合飞机实际腐蚀状态，又能应用于腐蚀线性累积损伤理论公式（1）进行日历寿命计算的温度谱与相应的介质造成十分复杂的情况。对此，本文认为，必须根据工程定寿需要，进行合理的工程简化，才可能编制出工程上适用的温度谱和确定出相应环境介质的关系，但这种关系必须是相互对应的关系，否则，无法用公式（1）进行日历寿命计算，无法实测 T—H 曲线和部件的腐蚀试验。

（2）根据腐蚀线性累积损伤理论公式（1）的内涵，飞机腐蚀温度谱与 T—H 曲线具有对应的关系，说明在飞机结构日历寿命计算中，要求使用腐蚀温度谱的温度范围与 T—H 曲线测试中的温度范围应保持在一个范围内，否则无法对应取值进行计算。因此，在进行 T—H 曲线测试中，要参照使用腐蚀温度谱的温度范围选择 T—H 曲线测试的温度范围，使腐蚀温度谱与测得的 T—H 曲线温度范围相匹配，供日历寿命预计使用。

（3）在编制温度谱中，要考虑环境腐蚀介质与 T—H 曲线的相应关系，如水、氯离子、二氧化硫、酸雨等，由于腐蚀介质也随地域、季节、每天时差的不同而变化。为了能使测得的 T—H 曲线适用于腐蚀线性累积损伤理论公式（1），在实测 T—H 曲线中，除要求实测温度范围要与温度谱的 T—H 温度范围相匹配外，还要求其他腐蚀介质也要匹配。即不同地域、不同季节，要用相应的腐蚀介质和相应的温度谱进行曲线实测。因此说，飞机腐蚀日历寿命预计的 T—H 曲线，与疲劳领域中的 S—N 曲线有很大不同。T—H 曲线必须根据不同地域、不同季节，分别实测，给出多条 T—H 曲线，而 S—N 曲线通常是不考虑地域和季节的影响，对某一种材料给出一条 S—N 曲线即可。这样实测腐蚀 T—H 曲线的复杂程度和工作量要比 S—N 曲线实测要难得多、大得多。

2　飞机使用腐蚀温度谱的几种可能形式分析

（1）1 年的随机使用腐蚀温度谱。从飞机真实使用分析，最真实的使用腐蚀温度谱是按不同地域（沿海、内地、南方、北方等）分别编制一种每年 365 天的随机温度谱。这样的随机温度谱理论上是真实的，而且通过统计也可以编制出来，但这种随机温度谱每一时刻相对应的其他腐蚀介质的浓度都随着时间的变化而改变，这样在腐蚀 *T—H* 曲线的实测中是无法模拟的，因此这种随机温度谱是无法使用的。

（2）1 年的平均使用腐蚀温度谱。从编制可能形式分析，可以把飞机在某一地区，一年 365 天的使用温度和腐蚀介质，编制一种某一地区全年的平均使用腐蚀温度谱和平均使用腐蚀介质。这种温度谱虽然形式简单，使用也方便，但由于它只有一级平均温度，因此真实性差，满足不了飞机的日历寿命的预计和腐蚀试验需要。

（3）一个月的平均使用腐蚀温度谱。从编制可能出现的形式分析，还可以把飞机在某一地区一个月内的使用温度和介质，编制出某一地区一个月的平均使用腐蚀温度谱和平均腐蚀介质浓度。这种谱相对而言，是比较真实的，编制也不困难，但用于腐蚀 *T—H* 曲线实测和零部件腐蚀试验时，要频繁地更换腐蚀介质 12 次（一个月为一循环块），这样工程实际应用受到限制，也不是理想的编制形式。

3　按春秋、夏和冬三个季节编制使用腐蚀温度谱

考虑到 1 年中春季和秋季的温度比较接近，从工程应用角度，将春季和秋季合并，给出一种按不同地域，按三个季节编制程序块平均使用腐蚀温度谱，其温度等级是按每个季节的平均夜间温度、平均中午温度和它们的平均值温度来确定的，如图 1 ~ 图 3 所示的春秋、夏和冬三个季节的平均使用腐蚀温度谱。

图 1 中：T_1为某一地区的春秋季夜间平均温度；T_3为某一地区的春秋季中午平均温度；$T_2=(T_1+T_3)/2$；h_1为某一地区的春秋季夜间平均小时数；h_3为某一地区的春秋季中午平均小时数；h_2为某一地区的春秋季除掉夜间和中午以外的小时数。图 2 中：T'_1为某一地区的夏季夜间平均温度；T'_3为某一地区的夏季中午平均温度；$T'_2=(T'_1+T'_3)/2$；h'_1为某一地区的夏季夜间平均小时数；h'_3为某一地区的夏季中午平均小时数；h'_2为某一地区的夏季除掉夜间和中午以外的小时数。图 3 中 T''_1、T''_2、T''_3和 h''_1、h''_2、h''_3代表某一地区的冬季各温度和小时数，不一一赘述。

飞机在几个地区使用，就需要分别编制出几个地区的春秋季、夏季和冬季平均使用腐蚀温度谱和制定出相应的腐蚀介质，供飞机日历寿命计算和腐蚀 *T—H* 曲线实测以及零部件腐蚀试验使用。在 1 年内，编制这样三个季节平均使用温度谱是合适的，既保持了足够的真实性，又使工程上容易实施。

4　按季节确定飞机使用腐蚀介质浓度

飞机的使用腐蚀环境因素很多，而且随机性和偶然性很大，想找到一种精确解是很困难的，而且工程上也没有必要这样做。从满足飞机日历寿命预计需要考虑，按每个地区的春秋季、夏季和冬季的各自腐蚀环境因素的平均值就够用了。如在海南岛地区，分别统计出春秋季、夏季和冬季的湿度、盐、二氧化硫等，这些腐蚀介质的平均值就分别代表海南岛的春秋季、夏季和冬季的飞机使用腐蚀环境。这样与该地区的春秋季、夏季和冬季平均使用腐蚀温度谱也一一对应，更方便了飞机日历寿命预计和 T—H 曲线的测试及零部件的腐蚀试验。

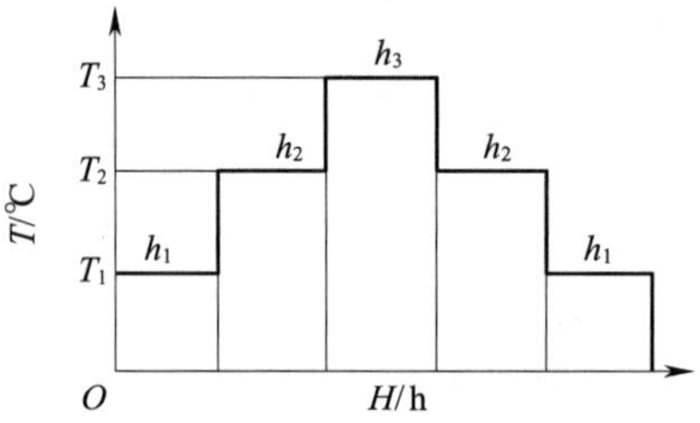

图1　春秋季平均使用腐蚀温度谱

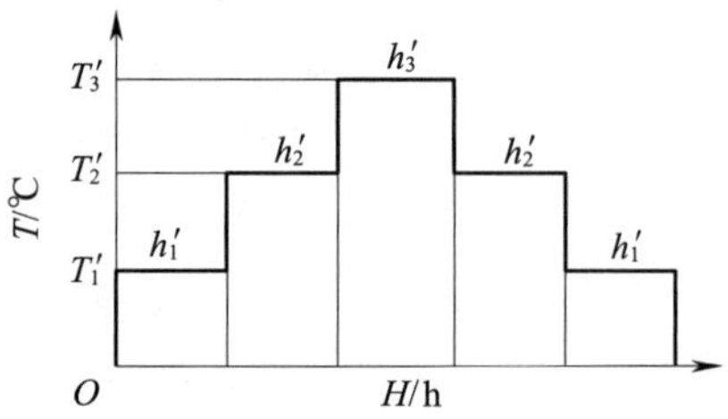

图2　夏季平均使用腐蚀温度谱

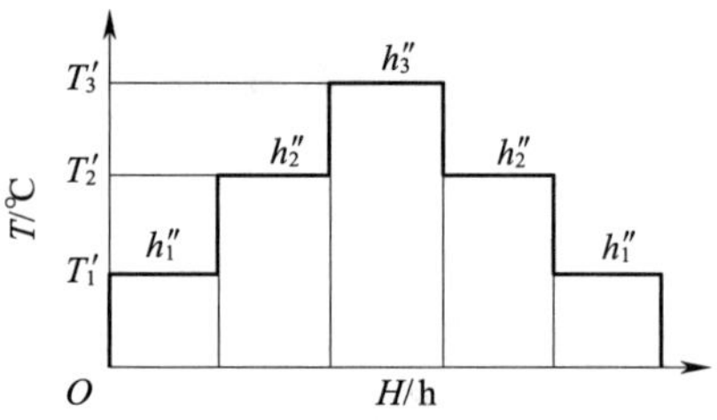

图3　冬季平均使用腐蚀温度谱

5　结论与讨论

本文结合应用腐蚀线性累积损伤理论公式预计飞机日历寿命，并从工程实际需要和可能，研究给出：

（1）飞机在1年期间，按所在地区，分别编制出春秋、夏和冬三个季节的温度谱。每个谱中的温度等级分别由本季节的平均中午温度、平均夜间温度和它们的平均值温度构成。每个温度谱中的各级温度对应的小时数，是根据每级温度每天占有的小时数，进行统计平均后得到的是平均谱，应用时要注意。

（2）飞机在1年期间，按所在地区，分别制定出春秋、夏和冬三个季节的腐蚀介质的种类和浓度，与春秋、夏和冬三个季节的温度谱一一对应。

（3）飞机在几个地区使用，就需要编制和制定出上述的几个温度谱和几种腐蚀介质种类和浓度。

参考文献

[1] 张福泽. 金属机件腐蚀损伤日历寿命的计算模型和确定方法［J］. 航空学报，1999，20（1）：75－79.

Method for drawing up corrosion temperature spectrum of aircraft calendar life and determination of respective corrosion medium

Zhang Fuze

(Beijing Aeronautical Technology Research Centre, Beijing 100076)

Abstract From research of engineering application, the paper considers that the average temperature spectra in three seasons of spring (and fall), summer and winter should be drawn up, under corrosion environment to be used in each year , and the average temperature spectrum of each season consists of three temperatures at noon, night and their average value. The content of other corrosion medium in respect to the average temperature spectrum at each season serves as the average corrosion medium of this season.

Key words aircraft calendar life; temperature spectrum; corrosion medium

第四部分

日历寿命分散系数确定方法

导　读

国内外在金属日历寿命确定中，尚没有一套解决腐蚀分散性系数取值及日历寿命可靠性的有效方法。众所周知，在金属日历寿命确定中，需要进行大量的腐蚀试验，所获得的腐蚀试验数据，也与疲劳试验数据一样，存在着一定的分散性。

在疲劳领域里，为了降低这种分散性给疲劳寿命确定带来的不可靠性，引进了具有高可靠度和高置信度的分散系数，用疲劳试验的平均寿命除以这个分散系数，即可得到高可靠度、高置信度的疲劳安全寿命。

张福泽围绕金属腐蚀分散性及日历寿命可靠性开展了深入研究，借鉴疲劳寿命分散系数的概念和确定方法，引入腐蚀分散系数，即用腐蚀试验得出的平均日历寿命除以具有高可靠度、高置信度的分散系数，获得高可靠度和高置信度的日历寿命，从而解决了腐蚀分散系数取值及日历寿命可靠性的难题。

张福泽首先通过 LY12CZ 铝合金材料腐蚀试验的研究，得出腐蚀深度遵循正态分布的规律。由此分布规律，选择了腐蚀日历寿命分散系数计算公式。然后通过对 30CrMnSiA 合金钢试件、LY12CZ 和 7075T7351 铝合金试件的腐蚀试验数据研究，得出了这 3 种材料腐蚀深度平均标准差，进而确定了具有高可靠度、高置信度的分散系数的取值。

关于金属涂层日历寿命的分散系数，主要依据典型涂层试样腐蚀失效寿命的试验数据计算得到，总体思路和方法与金属基体相同。但由于涂层腐蚀试验数据偏少，涂层腐蚀失效寿命的概率分布以及腐蚀分散系数的取值还有待进一步研究。

要了解上述具体内容，请阅读《金属材料日历寿命确定的分散系数和取值》。

金属材料日历寿命确定的分散系数和取值①

摘要：本文研究了在日历寿命确定中的可靠性处理问题，通过金属腐蚀试验数据分布规律的研究，选定了符合这种规律的分散系数计算模型；通过这些腐蚀试验数据，计算给出这些试验材料的标准差；通过给出的标准差计算出腐蚀试验用的分散系数的取值。

关键词：金属腐蚀；日历寿命；标准差；分散系数；腐蚀试验

众所周知，在金属日历寿命确定中，需要进行大量的腐蚀试验。这些腐蚀试验数据，也与疲劳试验数据一样，存在着一定的分散性。在疲劳领域里，为了降低这种分散性给疲劳寿命确定带来的不可靠性，引进了具有高可靠度和高置信度的分散系数，用疲劳试验的平均寿命除以这个分散系数，即可得到高可靠度、高置信度的疲劳安全寿命。

目前，国内外在金属日历寿命确定中，尚没有一套有效可用的方法。参考文献［1］~［7］给出了金属日历寿命确定的一套方法和预计模型，已取得有效的试验验证。但文献中没有给出如何解决由于腐蚀试验数据的分散引起日历寿命的不可靠的问题。本文为了解决这一问题，在金属日历寿命的确定中，也像确定疲劳寿命一样，引入分散系数的概念，即用腐蚀试验的平均日历寿命除以具有高可靠度、高置信度的分散系数，获得高可靠度和高置信度的日历寿命。本文在这一命题上，研究如下三个方面的问题：①研究和分析腐蚀试验数据的分布规律，从而选择符合这种分布规律的分散系数的计算模型；②研究与计算可反映一些金属材料的腐蚀试验数据分散性的标准差；③计算给出具有高可靠度、高置信度的分散系数的具体数值。

① 本文在《航空学报》2016年第37卷第2期发表。该研究解决了国内外一直没有解决的日历寿命可靠性处理的问题，即如何取日历寿命的分散系数的问题。

1　典型航空材料的腐蚀损伤分布规律和腐蚀分散系数计算模型

1.1　LY12CZ 铝合金基体腐蚀深度的分布规律

笔者于 2000 年委托北京航空材料研究院测试三种航空材料的 *T—H* 曲线时，对 LY12CZ 材料的腐蚀深度分布规律进行了研究[8]，即用 LY12CZ 板材，每组 5 个试件，在 28℃的 EXCO 溶液中，试验 72h，每个试件共测得 25 个区域的最大腐蚀深度，研究最大腐蚀深度的分布规律。它们的频数分布图如图 1 所示。各数据点在正态概率坐标系中近似呈一直线，置信度 $r=0.9897$，这说明 LY12CZ 铝合金板材的最大腐蚀深度符合正态分布。有关航空材料腐蚀深度分布符合正态分布的研究亦比较多，如参考文献［9］对 LY12CZ、7075T7351 铝合金的腐蚀深度分布规律进行了研究，其结果也是符合正态分布规律。

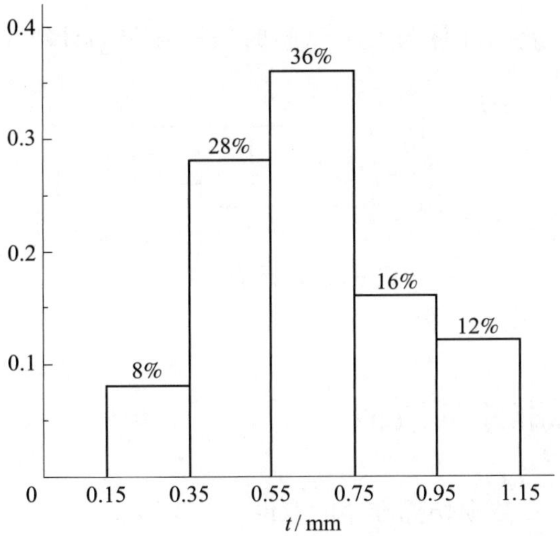

图 1　LY12CZ 铝合金板材腐蚀深度的频数分布图

1.2　腐蚀分散系数的模型选择

众所周知，疲劳分散系数计算模型式（1）是适用于疲劳试验寿命符合正态或对数正态分布规律的公式[10-11]

$$L_f = 10^{\left(\frac{U_r}{\sqrt{n}} - U_P\right)S} \tag{1}$$

式中：L_f——疲劳分散系数；

U_p，U_r——分别为与可靠度和置信度有关的标准正态偏量系数；

S——寿命标准差；

n——试验件个数。

1.1节研究最大腐蚀深度分布规律的目的在于，分析构建腐蚀日历寿命分散系数模型时是否可以直接引入疲劳分散系数的确定方法和计算模型。确定飞机腐蚀日历寿命中，机件腐蚀深度（或失重）通常是度量日历寿命的尺度，腐蚀深度的分布规律，也就代表了日历寿命的分布规律。既然腐蚀日历寿命与疲劳寿命一样，也遵循正态或对数正态分布规律，那么适用于正态分布规律的疲劳分散系数公式，也可作为腐蚀日历寿命分散系数计算公式，对于金属基体而言，将腐蚀深度和失重统称腐蚀损伤，所谓的标准差S应是腐蚀深度（或失重）的标准差。

2　腐蚀损伤标准差的计算公式和取值

2.1　腐蚀损伤标准差的模型选择

由于腐蚀损伤标准差的计算与疲劳试验数据标准差的计算是一致的，因此可选用常用的标准差计算公式

$$S=\sqrt{\frac{\sum_{i=1}^{n}x_i^2-\frac{1}{n}\left(\sum_{i=1}^{n}x_i\right)^2}{n-1}} \tag{2}$$

式中：x_i——腐蚀深度（或失重）的第i个测量值；

n——测量腐蚀深度的个数。

2.2　腐蚀损伤标准差的取值

（1）30CrMnSiA钢腐蚀损伤标准差的取值

为了研究常用航空材料30CrMnSiA钢在不同腐蚀温度、不同腐蚀失重下的分散性，在同一腐蚀溶液下，用−25、0、5、28和60℃ 5种温度，且每种温度下选取5个级别的腐蚀试验时间（24、72、120、192和240h），共进行25种状态下的腐蚀试验。每种状态取5个有效试件（试件号随机抽取），测出每个试件的失重，用每组每个试件的失重和式（2）计算出它们的标准差S_i和平均值$\overline{S_j}$，并列入表1～表5中。

表1　30CrMnSiA 钢在 -25℃的腐蚀试验数据和标准差

试件	腐蚀时间/h	腐蚀前重量/g	腐蚀后重量/g	失重/g	S_i
A71	24	23.20	23.19	0.01	0.0055
129	24	23.21	23.19	0.02	
10	24	23.11	23.10	0.01	
112	24	24.10	24.08	0.02	
38	24	23.12	23.10	0.02	
54	72	23.04	23.02	0.02	0.0058
4	72	23.90	23.88	0.02	
13	72	23.27	23.24	0.03	
139	72	23.22	23.19	0.03	
39	120	23.28	23.26	0.02	0.0140
126	120	23.27	23.23	0.04	
49	120	22.93	22.88	0.05	
89	120	23.17	23.12	0.05	
78	192	23.02	22.98	0.04	0.0089
29	192	23.25	23.23	0.02	
99	192	23.15	23.13	0.02	
72	192	23.19	23.17	0.02	
118	192	23.23	23.20	0.03	
平均标准差$\overline{S_j}$					0.0086

表2　30CrMnSiA 钢在 0℃的腐蚀试验数据和标准差

试件	腐蚀时间/h	腐蚀前重量/g	腐蚀后重量/g	失重/g	S_i
A48	24	23.66	23.63	0.03	0.0089
50	24	23.38	23.35	0.03	
52	24	23.54	23.49	0.05	
62	24	23.55	23.51	0.04	
64	24	23.61	23.58	0.03	
42	72	22.82	22.72	0.10	0.0055
43	72	22.83	22.72	0.11	
45	72	23.29	23.18	0.11	
46	72	22.52	22.41	0.11	
47	72	23.64	23.54	0.10	

表2（续）

试件	腐蚀时间/h	腐蚀前重量/g	腐蚀后重量/g	失重/g	S_i
31	120	23.50	23.32	0.18	0.0120
34	120	23.63	23.47	0.16	
37	120	23.84	23.65	0.19	
38	120	23.86	23.68	0.18	
40	120	23.67	23.48	0.19	
66	192	23.28	23.05	0.23	0.0190
67	192	23.79	23.53	0.26	
70	192	23.56	23.30	0.26	
75	192	24.05	23.83	0.22	
76	192	23.66	23.43	0.23	
1	240	23.62	23.33	0.29	0.0300
2	240	23.59	23.22	0.37	
3	240	23.34	23.02	0.32	
9	240	23.86	23.55	0.31	
12	240	23.80	23.49	0.31	
平均标准差$\overline{S_j}$					0.0151

表3　30CrMnSiA钢在5℃的腐蚀试验数据和标准差

试件	腐蚀时间/h	腐蚀前重量/g	腐蚀后重量/g	失重/g	S_i
A128	24	23.66	23.59	0.07	0.0055
131	24	23.62	23.56	0.06	
132	24	23.53	23.47	0.06	
133	24	23.63	23.57	0.06	
141	24	23.85	23.78	0.07	
114	72	23.62	23.44	0.18	0.0190
116	72	23.64	23.50	0.14	
123	72	23.57	23.41	0.16	
124	72	23.68	23.55	0.13	
125	72	23.62	23.47	0.15	
142	120	23.33	23.06	0.27	0.0150
146	120	23.23	22.98	0.25	
147	120	23.76	23.48	0.28	
138	120	23.60	23.33	0.27	
80	120	23.84	23.55	0.29	

表 3（续）

试件	腐蚀时间/h	腐蚀前重量/g	腐蚀后重量/g	失重/g	S_i
100	192	23.68	23.41	0.27	0.0190
103	192	23.62	23.33	0.29	
104	192	23.81	23.53	0.28	
106	192	23.60	23.31	0.29	
113	192	23.93	23.61	0.32	
56	240	23.32	22.82	0.50	0.0190
53	240	23.50	23.04	0.46	
58	240	23.52	23.07	0.45	
73	240	24.00	23.52	0.48	
79	240	23.58	23.10	0.48	
平均标准差$\overline{S_j}$					0.0155

表 4　30CrMnSiA 钢在 28℃的腐蚀试验数据和标准差

试件	腐蚀时间/h	腐蚀前重量/g	腐蚀后重量/g	失重/g	S_i
A96	24	23.43	22.74	0.69	0.0071
86	24	23.49	22.80	0.69	
45	24	23.46	22.74	0.72	
70	24	23.45	22.65	0.80	
65	24	23.48	22.76	0.72	
148	72	23.98	22.71	1.27	0.0364
143	72	23.05	21.85	1.20	
30	72	23.45	22.22	1.23	
51	72	23.42	22.24	1.18	
134	72	23.48	22.29	1.19	
117	120	23.95	22.42	1.53	0.0735
144	120	23.08	21.64	1.44	
119	120	23.49	21.96	1.53	
57	120	23.11	21.70	1.41	
77	120	23.40	21.81	1.59	
136	192	23.44	21.86	1.58	0.0811
8	192	23.43	21.88	1.55	
28	192	23.45	21.87	1.58	
27	192	23.42	21.69	1.73	
21	192	23.47	21.77	1.70	

表4（续）

试件	腐蚀时间/h	腐蚀前重量/g	腐蚀后重量/g	失重/g	S_i
44	240	23.42	21.25	2.17	0.0955
60	240	23.44	21.38	2.06	
7	240	23.47	21.36	2.11	
37	240	23.40	21.28	2.12	
86	240	23.49	21.18	2.31	
平均标准差$\overline{S_j}$					0.0587

表5 30CrMnSiA钢在60℃的腐蚀试验数据和标准差

试件	腐蚀时间/h	腐蚀前重量/g	腐蚀后重量/g	失重/g	S_i
A2	24	23.74	22.77	0.97	0.1520
6	24	23.77	22.68	1.09	
83	24	23.75	22.38	1.37	
101	24	23.74	22.50	1.24	
115	24	23.76	22.56	1.20	
1	72	23.71	22.15	1.56	0.0624
61	72	23.77	22.09	1.68	
74	72	23.74	22.04	1.70	
105	72	23.79	22.16	1.63	
5	120	23.77	22.04	1.73	0.0716
17	120	23.78	22.16	1.62	
22	120	23.76	22.04	1.72	
33	120	23.78	22.10	1.68	
35	120	23.76	22.20	1.56	
36	192	23.76	20.23	3.53	0.2990
41	192	23.77	20.31	3.46	
59	192	23.72	20.29	3.43	
120	192	23.79	21.00	2.79	
140	192	23.74	20.38	3.36	
15	240	23.75	21.31	2.44	0.1700
32	240	23.73	20.98	2.75	
55	240	23.76	21.05	2.71	
95	240	23.79	21.26	2.53	
22	240	23.73	20.87	2.86	
平均标准差$\overline{S_j}$					0.1510

由表1～表5中30CrMnSiA钢每种腐蚀试验状态下的平均失重标准差$\overline{S_j}$，可求得25种状态，共118个试件的总平均失重标准差为

$$\overline{S} = \frac{1}{5}\sum_{j}^{5}\overline{S_j} = 0.0498$$

（2）LY12CZ和7075T7351铝合金腐蚀深度标准差的取值

为了研究常用航空铝合金材料的腐蚀分散性，笔者查阅了诸多文献，从参考文献［9］中获得了LY12CZ和7075T7351铝合金100个腐蚀深度的试验数据。按参考文献［9］原试验序号，每5个最大腐蚀深度分为一组，分别算出10组的标准差S_i和两种材料的平均失重标准差，列入表6和表7。

表6　LY12CZ样件的腐蚀试验深度和标准差

第1组		第2组		第3组		第4组	
序号	腐蚀深度 t/mm	序号	腐蚀深度 t/mm	序号	腐蚀深度 t/mm	序号	腐蚀深度 t/mm
1	0.824	6	0.560	11	0.680	16	0.720
2	0.648	7	0.776	12	0.560	17	0.720
3	0.624	8	0.680	13	0.440	18	0.696
4	0.520	9	0.856	14	0.560	19	0.640
5	0.624	10	0.640	15	0.704	20	0.680
S_1	0.12410	S_2	0.11580	S_3	0.10650	S_4	0.03320
第5组		第6组		第7组		第8组	
序号	腐蚀深度 t/mm	序号	腐蚀深度 t/mm	序号	腐蚀深度 t/mm	序号	腐蚀深度 t/mm
21	0.608	26	0.560	31	0.560	36	0.696
22	0.624	27	0.656	32	0.808	37	0.560
23	0.600	28	0.488	33	0.680	38	0.800
24	0.664	29	0.568	34	0.680	39	0.792
25	0.720	30	0.616	35	0.680	40	0.760
S_5	0.04940	S_6	0.06340	S_7	0.08776	S_8	0.09920
第9组		第10组					
序号	腐蚀深度 t/mm	序号	腐蚀深度 t/mm				
41	0.680	46	0.784				
42	0.640	47	0.720				
43	0.704	48	0.720				
44	0.520	49	0.744				
45	0.640	50	0.720				
S_9	0.07080	S_{10}	0.02790				
平均 $\overline{S}=0.07780$							

表7　7075T7351样件的腐蚀试验深度和标准差

第1组		第2组		第3组		第4组	
序号	腐蚀深度 t/mm	序号	腐蚀深度 t/mm	序号	腐蚀深度 t/mm	序号	腐蚀深度 t/mm
1	0.440	6	0.480	11	0.600	16	0.600
2	0.504	7	0.648	12	0.480	17	0.656
3	0.456	8	0.600	13	0.560	18	0.720
4	0.520	9	0.544	14	0.664	19	0.568
5	0.544	10	0.656	15	0.560	20	0.600
S_1	0.0436	S_2	0.0741	S_3	0.0671	S_4	0.0601
第5组		第6组		第7组		第8组	
序号	腐蚀深度 t/mm	序号	腐蚀深度 t/mm	序号	腐蚀深度 t/mm	序号	腐蚀深度 t/mm
21	0.664	26	0.656	31	0.680	36	0.496
22	0.552	27	0.720	32	0.800	37	0.576
23	0.728	28	0.496	33	0.520	38	0.640
24	0.672	29	0.480	34	0.680	39	0.720
25	0.560	30	0.640	35	0.560	40	0.560
S_5	0.0761	S_6	0.1035	S_7	0.111	S_8	0.08513
第9组		第10组					
序号	腐蚀深度 t/mm	序号	腐蚀深度 t/mm				
41	0.520	46	0.720				
42	0.576	47	0.760				
43	0.704	48	0.528				
44	0.552	49	0.520				
45	0.400	50	0.560				
S_9	0.1093	S_{10}	0.0279				
平均 $\overline{S}=0.08458$							

由表6和表7中LY12CZ和7075T7351两种铝合金100个腐蚀区域最大腐蚀深度的平均标准差，求得LY12CZ和7075T7351两种材料的平均标准差$\overline{S}$，即

$$\overline{S}=\frac{1}{2}\ (0.0778+0.08458)\ =0.08119$$

3　金属基体腐蚀日历寿命的分散系数的取值

前面研究了30CrMnSiA、LY12CZ和7075T7351这三种航空材料与日历寿命相关的腐蚀失重（或腐蚀深度）的标准差，这为计算分散系数提供了基础数据。现取式（1）中 $U_r=1.282$（对应置信度90%），$n=5$，和求得的标准差为0.0498、0.08119，分别计算不同可靠度（99.87%、99%和95%）的分散系数，如表8和表9所示。

表8　30CrMnSiA的腐蚀分散系数（118个试件的统计结果）

可靠度	置信度	n	S	L_f
99.87% ($U_p=-3.000$)	90% ($U_r=1.282$)	5	0.0498	1.51
99% ($U_p=-2.236$)	90% ($U_r=1.282$)	5	0.0498	1.40
95% ($U_p=-1.645$)	90% ($U_r=1.282$)	5	0.0498	1.29

表9　LY12CZ和7075T7351腐蚀深度的腐蚀分散系数（均为100个试件的统计结果）

可靠度	置信度	n	S	L_f
99.87% ($U_p=-3.000$)	90% ($U_r=1.282$)	5	0.08199	1.95
99% ($U_p=-2.236$)	90% ($U_r=1.282$)	5	0.08199	1.72
95% ($U_p=-1.645$)	90% ($U_r=1.282$)	5	0.08199	1.52

4　金属结构涂层日历寿命的分散系数

4.1　涂层试样试验结果分析

（1）涂层试样

①LY12CZ铝合金涂层试样，采用厚度为6mm的LY12CZ铝合金板材，按纵向取样加工，试验件尺寸（长×宽）为50mm×25mm。试验件按照典型飞机铝合金结构涂装工艺进行表面防腐处理，表面先进行阳极化处理后，喷涂1道H06－2锌黄环氧酯底漆，再喷涂2道白色SO4－103H聚氨酯磁漆（面漆）。

②A3钢涂层试样，采用厚度为2mm的A3钢板材，按纵向取样加工，试验件尺寸

（长×宽）为50mm×25mm。试验件按照典型飞机钢结构涂装工艺进行表面防腐处理，先喷砂+磷化处理后，喷涂1道H06-2铁红环氧酯底漆，再喷涂2道黑H04-2环氧硝基磁漆（面漆）。

（2）试验方法及条件：以海南陵水地区腐蚀介质成分（$d=1$倍）配制腐蚀溶液（见表10），分别在25℃、50℃和65℃下进行腐蚀浸泡试验，直至涂层失效。

表10 试验溶液中各成分含量

浓度 d	pH	H_2SO_4（98%）/［（g/L）（mL/L）］	HNO_3（67%）/［（g/L）（mL/L）］	NaCl/（g/L））
1倍	6.8	0.046（0.023）	0.041（0.02814）	2.27

（3）涂层试样采用的失效判据

①涂层开裂：涂层发生开裂或破坏，致使基体裸露；

②表面大面积起泡。表面涂层由于吸入腐蚀溶液，致使涂层起泡，起泡处在一般环境下不能恢复原状，或部分长大的，则涂层的防护作用大大降低。

（4）涂层试样腐蚀试验结果

LY12CZ铝合金和A3钢涂层试样的失效模式主要为起泡和边角处涂层开裂，涂层的失效时间，可认为是涂层的寿命，假设服从对数正态分布。先将涂层试样失效时间（小时数）取对数后计算各样本的标准差，具体试验数据及统计处理结果见表11。

表11 两种涂层试样的失效时间及统计处理结果

材料	温度/℃	失效时间		标准差 S_i（失效时间取常用对数）	材料	温度/℃	失效时间		标准差 S_i（失效时间取常用对数）
		周	小时数				周	小时数	
LY12CZ涂层试样	25	36	6048	0.0177	A3钢涂层试样	25	23	3864	0.0272
		38	6384				25	4200	
		39	6552				26	4368	
	50	29	4872	0.0218		50	19	3192	0.0217
		31	5208				20	3360	
		32	5376				21	3528	
	65	23	3864	0.0181		65	14	2352	0.0173
		24	4032				15	2520	
		25	4200				15	2520	

4.2 金属结构涂层日历寿命的分散系数取值

按照式（1）对25℃、50℃和65℃在90%的置信度（对应的$U_r=1.282$），分别计算可靠度为99.87%、99%和95%对应的分散系数，$n=3$。由于目前涂层失效寿命试验数据较少，分别取 LY12CZ 铝合金和 A3 钢涂层试样在 25℃、50℃和 65℃对数失效寿命的各自标准差以及平均值，以此作为近似计算涂层试样腐蚀失效寿命分散系数的基础数据，两种涂层失效寿命分散系数的计算结果如表 12 所示。

表 12 涂层试样腐蚀失效寿命的分散系数的计算值

试样	温度/℃	S_i	不同可靠度的分散系数 L_f		
			99.87% $U_p=-3.000$	99% $U_p=-2.236$	95% $U_p=-1.645$
LY12CZ 铝合金涂层试样	25	0.0177	1.16	1.13	1.10
	50	0.0218	1.21	1.16	1.13
	65	0.0181	1.17	1.13	1.10
	标准差平均值$\overline{S_i}$	0.0192	1.18	1.14	1.11
A3 钢涂层试样	25℃	0.0272	1.26	1.20	1.16
	50℃	0.0217	1.21	1.16	1.13
	65℃	0.0173	1.16	1.13	1.10
	标准差平均值$\overline{S_i}$	0.0221	1.21	1.16	1.13

由表 12 可见，两种涂层失效寿命分散系数统计分析结果在 1.10 ~ 1.26 范围内。由于试验样本数据较少，据此进行统计分析得到的分散系数只供参考。

5 结论与讨论

（1）通过 LY12CZ 铝合金材料腐蚀试验的研究，得出腐蚀深度 t 遵循正态分布的规律。由此分布规律，选择了腐蚀日历寿命分散系数计算公式，见式（1）。

（2）通过 25 种腐蚀状态，118 个 30CrMnSiA 合金钢试件中的腐蚀失重研究，给出了它们失重的平均标准差 $\overline{S}=0.0498$。通过对参考文献［9］给出的 100 个 LY12CZ 和 7075T7351 两种铝合金试件的腐蚀试验数据研究，得到这两种材料腐蚀深度的平均标准差 $\overline{S}=0.08119$。

（3）由本文给出的合金钢和铝合金的标准差 $\overline{S_i}$，用式（1）计算得到它们的腐蚀试验用的分散系数的取值。可靠度取 99.87% 时，三种材料的平均分散系数等于 1.73，工程上建议取 2。可见腐蚀试验的分散系数远比疲劳试验的分散系数小。

（4）由于金属腐蚀是比较缓慢的，而且比较好检查，因此腐蚀试验用的分散系数的可靠度可以比疲劳试验用的疲劳分散系数的可靠度低一些，是 99% 还是 95%，可以讨论。如果取 99%，则腐蚀试验用的分散系数在 1.4 ~ 1.7 之间（平均 1.55）。如果取 95%，则腐蚀试验用的分散系数在 1.29 ~ 1.52 之间（平均 1.4）。

（5）LY12CZ 铝合金和 A3 钢两种涂层失效寿命分散系数的计算结果在 1.10 ~ 1.26 范围内；结合工程实际经验，并考虑到真实飞机结构特点（如连接部位）、结构尺寸效应、载荷作用等因素的影响，金属涂层日历寿命的分散系数的近似值可取为 1.5。

（6）鉴于目前涂层失效寿命试验数据较少，关于飞机结构涂层日历寿命的概率分布及分散系数的取值还有待进一步研究确定。

参考文献

[1] 张福泽. 飞机停放日历寿命腐蚀温度谱的编制方法和相应腐蚀介质的确定［J］. 航空学报，2001，22（4）：359-361.

[2] 张福泽. 求任意腐蚀损伤的 *T—H* 曲线［J］. 航空学报，2000，21（4）：349-351.

[3] 张福泽. 金属机件腐蚀损伤日历寿命的计算模型和确定方法［J］. 航空学报，1999，20（1）：75-79.

[4] 张福泽，叶序彬，宋军. 飞机日历寿命试验的介质成分确定和加速方法［J］. 航空学报，2008，29（4）：873-879.

[5] 张福泽. 飞机日历寿命确定的区域定寿法［J］. 航空学报，2001，22（6）：549-552.

[6] 张福泽. 飞机日历翻修期与总日历寿命确定方法和计算公式［J］. 航空学报，2005，26（4）：458-460.

[7] 张福泽. 包含疲劳载荷的金属结构日历寿命确定方法：中国，ZL1069377［P］. 2012-10-31.

[8] 宋钧，郭洪全. 三种航空材料腐蚀 *T—H* 曲线测试报告. 北京航空材料研究院，2000.

[9] 谢伟杰，李荻，胡艳玲，等. LY12CZ 和 7075T7351 铝合金在 EXCO 溶液中腐蚀动力学的统计研究［J］. 航空学报，1999，20（1）：34-38.

[10] 高镇同. 飞机疲劳分散系数，BH-B884［R］. 北京：北京航空学院，1982.

[11] 国防科学技术工业委员会. 军用飞机强度规范：第6分册：GJB67.6—85［S］北京：国防科学技术工业委员会，1986.

Scatter factor and values of metallic calendar life

Zhang Fuze

(Beijing Aeronautical Technology Research Center, Beijing 100076, China)

Abstract This paper studies the scatter factor of calendar life, and through research on the distribution regularities of the test data of metal corrosion, a calculation model of scatter factor which is in consistence of the regularities is determined. Standard deviation is calculated through the corrosion test data. Scatter factor value used in corrosion test is calculated by the given standard deviation.

Key words metallic corrosion; calendar life; standard deviation; scatter factor; corrosion test

第五部分

张福泽日历寿命规律曲线及其试验验证

导　读

本册第一至第四部分较为系统地介绍了张福泽关于确定机件日历寿命原创理论研究方面的文章，第五部分遴选出“张福泽日历寿命系列理论公式和规律曲线”试验验证方面的文章，主要包括他发现的 7 条经过验证的规律曲线，这些规律曲线是构成确定机件日历寿命理论体系的重要基础。

（1）由 *T—H* 曲线和 RH—*H* 曲线推导出等损伤温湿谱换算公式。该公式给出了编制使用环境谱时各级温度和各级湿度对应时间的等腐蚀损伤折算方法，以此进行试验和计算得到使用日历寿命，不再需要经过“当量折算”的过程，因此应用该公式可以提高日历寿命确定的可靠性。

（2）由“3 等线”和 *T—H* 曲线推导出金属日历寿命理论公式。其中，公式 $\lambda = kD_c$ 是计算金属日历寿命最简单、最准确的公式。如果机件已给出腐蚀容限 D_c 值，可用“张福泽 80 常数” *K* 直接计算金属日历寿命，该公式把确定复杂的金属日历寿命简化到确定这个常数。

（3）由 *T—H* 曲线推导出防护涂层日历寿命计算公式。通过对金属涂层失效 *T—H* 曲线的测试研究和使用环境的对比分析，结果表明涂层失效 *T—H* 曲线分布规律和使用环境与金属基体一致，因此涂层与金属日历寿命计算公式一致。这不仅解决了涂层日历寿命的计算问题，而且把涂层和它的金属基体日历寿命计算统一为一个公式，具有重要的理论意义和工程应用价值。

（4）由确定飞机日历寿命曲线推导出飞机总日历寿命和翻修期日历寿命计算公式。这是张福泽在国际上首次给出总日历寿命和各次翻修日历寿命的计算公式，采用这两个公式计算得到飞机的各次日历翻修期和日历总寿命只取决于三个参数：①防腐层一次有效年限 λ_m，可通过试验给出；②金属腐蚀到损伤容限 D_c 的年限 λ，可通过计算和试验得到；③翻修次数 *n*，由设计方通过全机疲劳试验结果确定。

（5）张福泽还研究给出了受静载荷机件和受疲劳载荷机件腐蚀损伤的两条规律曲线，利用这两条规律曲线，分别给出了受静载荷和疲劳载荷作用金属的腐蚀容限的原理和方法。要了解上述详细内容，请阅读如下文章：

①《求任意腐蚀损伤 *T—H* 曲线的方法》；

②《使用环境的金属 *T—H* 曲线和 RH—*H* 曲线绘制原理和方法》；

③《用标准 EXCO 溶液测试三种航空材料的腐蚀 *T—H* 曲线》；

④《用高浓度介质的试验损伤值求金属使用 *T—H* 曲线和 RH—*H* 曲线的原理和方法》；

⑤《LY12CZ 铝合金和 A3 钢在三种腐蚀浓度、六种温度下的腐蚀 *D—H* 曲线研究》；

⑥《三种金属材料的 *D—d* 曲线验证及“集中疲劳”与“分段疲劳”对它的影响》；

⑦《LY12CZ、LC4CS 铝合金基体和 LY12CZ 铝合金、A3 钢涂层试样的 *T—H* 曲线

研究》；

⑧《LY12CZ 和 30CrMnSiA 在常温、高浓度介质、低温暴露、低温疲劳情况下防护涂层失效的 *T*—*H* 曲线研究》；

⑨《30CrMnSiA 钢 、LY12CZ 铝合金在高温及使用介质浓度下的金属基体和涂层的 *T*—*H* 曲线研究》；

⑩《海南陵水地区环境下 LY12CZ 铝合金与 30CrMnSiA 钢 *D*—*d* 曲线、*T*—*H* 曲线和 RH—*H* 曲线研究》。

读者如果想要了解上述规律曲线的来源，请阅读本册第一和第二部分的相关文章，如果想要了解两条腐蚀容限曲线，请阅读本册第二部分的相关文章。

求任意腐蚀损伤 *T—H* 曲线的方法①

摘要： 本文给出一种在腐蚀日历寿命计算中，任意腐蚀损伤的 *T—H* 曲线的求解方法。该方法求解独特，制作简便，经济适用，只要有三条以上的标准腐蚀损伤 *T—H* 曲线，就可导出任意腐蚀损伤的 *T—H* 曲线，供金属日历寿命预计使用。

关键词： 日历寿命；任意腐蚀损伤；*T—H* 曲线

国内外，在飞机、轮船等所有机械日历寿命确定中，至今仍没有一种适合工程应用的理论和方法，因此各国都是靠经验和半经验给出日历寿命指标，造成潜在的不安全因素。参考文献［1］给出一种线性累积腐蚀损伤法则，利用这个法则，可以像预计疲劳寿命那样预计飞机等机件的日历寿命，在预计日历寿命方面迈出了可喜的一步。参考文献［1］提到，在预计腐蚀损伤机件的日历寿命时，必须有相应腐蚀损伤的 *T—H* 曲线（腐蚀温度 *T*—时间 *H* 曲线），但如何求这个相应腐蚀损伤曲线，文中并没有给出。由于预计的腐蚀机件损伤 *D*（面积、深度、失重等）是多种多样的，在进行各种金属材料的腐蚀 *T—H* 曲线测试中，每种金属材料只能试几个标准腐蚀损伤 *D* 的 *T—H* 曲线，不可能满足工程各种腐蚀损伤计算的需要。因此，必须解决适合任意腐蚀损伤 *D* 的 *T—H* 曲线的问题，否则，参考文献［1］的线性累积腐蚀损伤法则是无法计算准确的。本文从标准 *T—H* 曲线制作过程入手，研究出求解任意腐蚀损伤 *T—H* 曲线的方法，以满足腐蚀日历寿命计算使用。

1　金属腐蚀损伤的标准 *T—H* 曲线

参考文献［1］已详细地通过论证和试验数据的验证，证明金属在腐蚀环境下，发生电化学腐蚀时，存在着腐蚀温度 *T* 与腐蚀时间 *H* 的相对关系，即如图 1 所示 *T—H* 曲线关系的存在。这种关系曲线规律的发现和线性累积腐蚀损伤法则的建立，给金属日历寿命计算带来了希望。但尚需进一步做各种金属材料的腐蚀损伤的标准 *T—H* 曲线测

---

① 本文在《航空学报》2000 年第 21 卷第 4 期发表。

试，这像疲劳领域中的 S—N 曲线一样重要，它是一项正在探索的基础工作。它的制作的简要过程是：

（1）腐蚀试验件制造：根据腐蚀箱尺寸设计加工试验件，除去表面防护层并编号。

（2）热处理：要求与实际机件的使用状态一致。

（3）腐蚀试验前处理：除油、打磨、去离子水冲洗、干燥。

（4）腐蚀环境谱编制：模拟真实机件的使用环境编制加速腐蚀试验谱。

（5）根据机件使用要求，制定不同腐蚀损伤 D_i 的标准尺寸（如腐蚀最大深度）。

（6）腐蚀试验：用机件的使用腐蚀谱试验或用加速腐蚀谱进行加速试验。

（7）对腐蚀试验结果进行统计分析和数据处理：首先研究腐蚀损伤 D_i（如最大深度）的分布规律[2]，然后根据分布规律进行数据处理，给出带有高存活率的数据。

（8）绘制带有高存活率的腐蚀标准 T—H 曲线：由于参考文献［1］用电化学反应式论证出金属腐蚀温度 T 与时间 H 存在着图 1 的规律，又用 32 种金属腐蚀试验数据验证了图 1 中 T 与 H 的变化规律是存在的。因此，本文对它的具体绘制就不再赘述，而直接引用它的规律曲线，如图 1 所示。

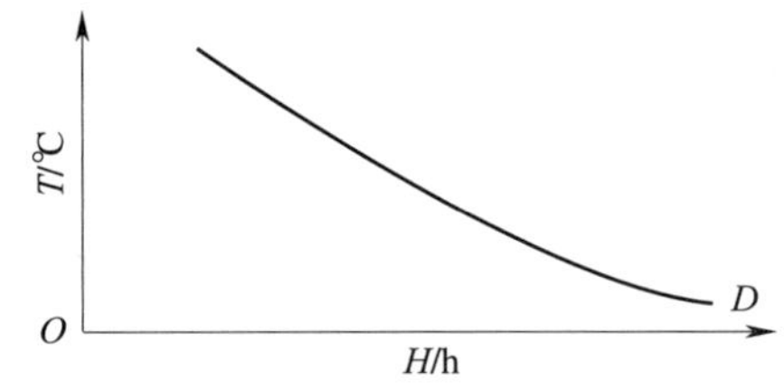

图 1　腐蚀损伤 D 的标准 T—H 曲线示意图

2　任意腐蚀损伤的 T—H 曲线的方法

由于机件在使用中的腐蚀损伤是多种多样的，在实验室里试验出再多的标准 T—H 曲线，也不可能满足工程上带有任意损伤机件的日历寿命计算的需要，为此，可以通过少数几条试验的标准损伤 T—H 曲线，推导出任意损伤的 T—H 曲线的方法。具体方法归纳如下：

（1）假设对某金属试样有 4 个级别的腐蚀损伤（D_1，D_2，D_3，D_4），令 $D_1>D_2>D_3>D_4$，为了使 4 条标准 T—H 曲线在图上是等间距的平行线，并令 $D_1-D_2=D_2-D_3=D_3-D_4$。

（2）根据这 4 个级别的腐蚀损伤要求，并按照绘制标准 T—H 曲线的方法，绘制标准 T—H 曲线。由于参考文献［1］验证了同一金属试样在某一腐蚀环境下，在一定腐蚀温度范围内，腐蚀温度 T(℃）与腐蚀时间 H(h）有一段线性关系，又由于有 $D_1-D_2=D_2-D_3=D_3-D_4$ 的假设，因此可以绘制出理想化的 4 条等间距平行的标准 T—H 曲线，如图 2 所示。

（3）在图 2 上取 4 个温度点（T_1，T_2，T_3，T_4）并令 $T_1>T_2>T_3>T_4$，通过这 4 个温度点分别作平行于 H 轴的平行线，并与 D_1，D_2，D_3，D_4 各腐蚀损伤的 T—H 曲线相交，取出各交点的 16 个 H_{ij} 值，即 H_{11}，H_{12}，H_{13}，H_{14}，H_{21}，H_{22}，H_{23}，H_{24}，H_{31}，H_{32}，H_{33}，H_{34}，H_{41}，H_{42}，H_{43}，H_{44}。其中：下角标第一项代表温度 T 的级别；第二项代表腐蚀损伤 D 的等级，如 H_{21} 是指在第二级温度 T_2 下，达到第一级损伤 D_1 时的腐蚀小时数 H。

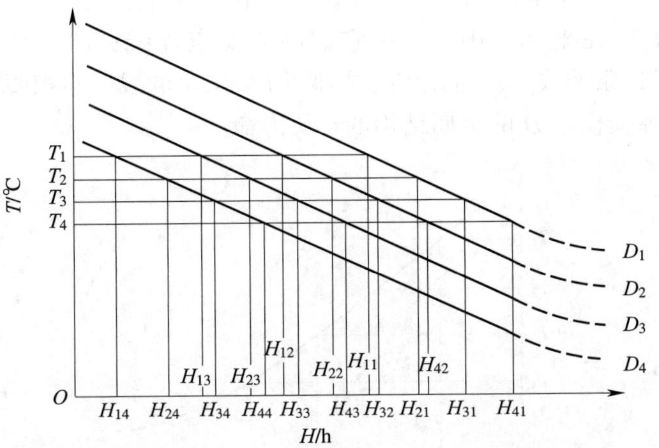

图2　4条腐蚀损伤（$D_1>D_2>D_3>D_4$）的标准 T—H 曲线

（4）取一个 D 与 H 的坐标系，如图3所示。在 D 轴上取 D_1、D_2、D_3和 D_4点，并分别作平行于 H 轴的平行线，与图2的16个 H_{ij}值的垂线相交，其交点为1、2、3、4、…、16。现在分析1、2、3、4点与温度的关系，这4点对应的小时数分别是 H_{11}，H_{12}、H_{13}、H_{14}，它们角标的第1项都是1，说明它们同处于第1级温度线上，该4点连线，即是第1级温度线 T_1，同样5、6、7、8点连线为 T_2温度线，9、10、11、12点连线为 T_3温度线，13、14、15、16点连线为 T_4温度线。这样就得到了腐蚀损伤 D、腐蚀时间 H 和腐蚀温度 T 三者间的关系图，称之为等温腐蚀图。有了它就可以转化出任意损伤的 T—H 曲线，因此它有重要使用意义。

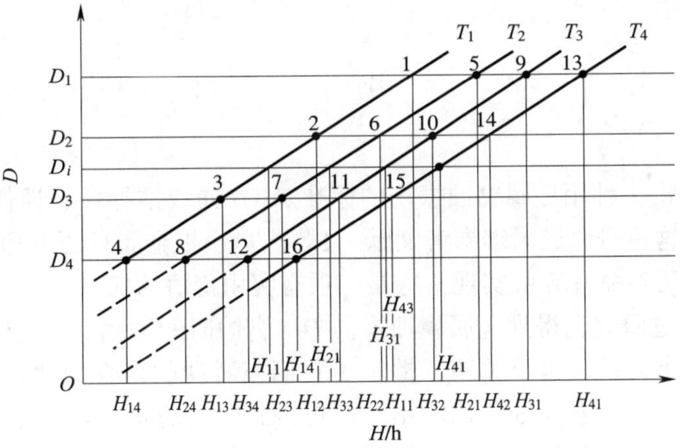

图3　4条等温（$T_1>T_2>T_3>T_4$）腐蚀图

（5）在图3的 D 轴上任选一点 D_i，通过 D_i点作平行于 H 轴的直线，分别与 T_1、T_2、T_3、T_4 4条等温度线相交，4交点分别对应腐蚀时间 H_{1i}、H_{2i}、H_{3i}和 H_{4i}。它们的物理含义是，想得到 D_i的腐蚀损伤量，用 T_1温度腐蚀需要 H_{1i}（h），用 T_2、T_3、T_4温度腐蚀分别需要 H_{2i}、H_{3i}、H_{4i}（h）。

（6）再取一个 $T—H$ 坐标系，如图4所示。在图4上，分别把 T_1、T_2、T_3、T_4 和 H_{1i}、H_{2i}、H_{3i}、H_{4i} 画在坐标系中，并把它们的4交点连线，即得任意腐蚀损伤 D_i 的 $T—H$ 曲线。有了这条曲线，就可用参考文献［1］给出的线性累积腐蚀损伤公式（1），计算具有任意腐蚀损伤量 D_i 的金属结构的日历寿命。

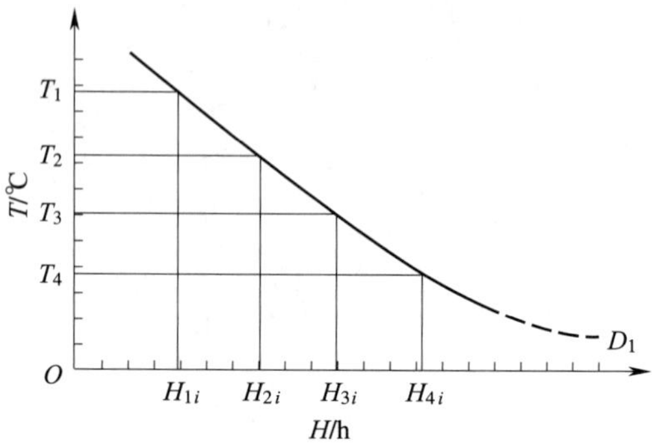

图4　任意腐蚀损伤 D_i 的 $T—H$ 曲线

$$\lambda \sum_{j=1}^{m} \left(\sum_{i=1}^{k} \frac{h_i}{H_i} \right)_j = 1 \tag{1}$$

式中：H_i——在 $T—H$ 曲线中，第 i 级温度下，腐蚀到损伤容限 D_c 时的小时数；

h_i——在使用温度—时间谱中，第 i 级温度对应的小时数；

λ——使用温度—时间谱的总循环块数；

m——湿度级别数；

K——温度级别数。

3　结论

（1）本文给出一种用金属腐蚀损伤的标准 $T—H$ 曲线推导任意损伤的 $T—H$ 曲线的简单有效方法。这一研究成果继参考文献［1］之后，把金属日历寿命计算又向前推进一步，使金属日历寿命计算可实现，这是一项有实用价值的成果。

（2）本文通过研究，得到金属腐蚀损伤 D、腐蚀时间 H 和腐蚀温度 T 三者存在着如图3所示的分布关系。这个关系，揭示了它们三者间的内在规律，如金属在某一恒温 T_1 下进行腐蚀试验，从图3可以看出，要想得到较大的腐蚀量 D_1，就需要较长的腐蚀时间 H_{11}，相反，要想得到较小的腐蚀量 D_4 则需要较短腐蚀时间 H_{14}。从图3还可以看出，金属在不同温度（$T_1 > T_2 > T_3 > T_4$）下进行腐蚀试验，要想得到相同的腐蚀量 D，就需不同的腐蚀时间 H，温度高需要的腐蚀时间少，温度低需要的腐蚀时间长，在一张图上，把这三个参量之间关系表示清楚。这三个参量关系图的最大功用就是通过它可以求得任意腐蚀量 D_i 的 $T—H$ 曲线，为金属结构腐蚀日历寿命计算铺平了道路。本文称此图为等温腐蚀图。

4　讨论与说明

（1）本文研究的金属腐蚀损伤 $T—H$ 曲线范围仅限于参考文献［1］验证过的直线部分，而 $T—H$ 曲线的曲线部分本文没有涉及，因此图中用虚线代之。由于这部分是处于低温接近不腐蚀情况，因此需要很长时间和较多的试件的腐蚀试验才可能找出临界点和分布规律，有待进一步研究。不过，用线性累积腐蚀损伤理论计算金属日历寿命，有了 $T—H$ 曲线的直线部分已可以计算了。

（2）由于本文属于纯方法研究，因此在求解任意腐蚀损伤 D_i 的 $T—H$ 曲线过程中，为了使各转化图更清晰，没有用真实腐蚀试验的曲线数据（从物理概念上讲，图 3 上各条线应是通过坐标原点的射线），而用完全理想化的平行直线段，这不影响求解方法的真实性和正确性。如果有多条等温腐蚀试验曲线，而且很有规律，也可直接引用。

参考文献

［1］张福泽. 金属机件腐蚀损伤日历寿命的计算模型和确定方法［J］. 航空学报，1999，20（1）：75－79.

［2］谢伟杰，李荻，胡艳玲，等. LY12CZ 和 7075T7351 铝合金在 EXCO 溶液中腐蚀动力学的统计研究［J］. 航空学报，1999，20（1）：34－38.

Method for deducing $T-H$ curve of arbitrary corrosion damage

Zhang Fuze

（Beijing Aeronautical Technology Research Centre，Beijing 100076）

Abstract　This paper studies out a method for deducing the $T-H$ curve of arbitrary corrosion damage which must be used in calculating the calendar life of metal corrosion. The method is original on deducing，easy to draw up and adapted for use economically. As long as there are three standard $T-H$ curves of corrosion damage as mentioned above，the $T-H$ curve of arbitrary corrosion damage may be deduced to use in calculating the metal calendar life.

Key words　calendar life；arbitrary corrosion damage；$T-H$ curve

使用环境的金属 *T—H* 曲线和 RH—*H* 曲线绘制原理和方法①

摘要：本文给出一种使用环境下的金属腐蚀损伤 *T—H* 曲线和 RH—*H* 曲线的绘制原理和方法。用该原理和方法绘出的任意腐蚀损伤 *T—H* 曲线和 RH—*H* 曲线，可以省去从腐蚀试验环境向使用环境的当量换算环节。用该曲线计算的日历寿命，就是使用环境下的日历寿命，不需要再进行当量换算了，从而提高金属日历寿命计算的可靠性。

关键词：材料失效与保护；腐蚀损伤；*T—H* 曲线；RH—*H* 曲线

引言

参考文献［1］给出一种“求任意腐蚀损伤的 *T—H* 曲线”的方法，该方法是通过三条高浓度试验 *T—H* 曲线，并经过严密的转换后，获得任意指定的一种腐蚀损伤 *T—H* 曲线。它是试验环境下的高浓度腐蚀损伤 *T—H* 曲线，它不能直接用于金属在使用环境下的日历寿命计算。为了寻找一种能直接用于使用环境的金属日历寿命计算的金属腐蚀损伤 *T—H* 曲线和 RH—*H* 曲线，本文进行了如下研究。

1　用等温等湿等时线求使用环境的金属 *T—H* 曲线

1.1　假设

（1）腐蚀试验温度为 T_1、T_2、T_3，并令 $T_1 > T_2 > T_3$，温度取值低于 60℃。试验湿度 RH_2 为一级，在使用湿度范围内取值。

（2）设使用环境的介质成分、含量等用溶液浓度 $d_1 = 1$ 表示，试验溶液高浓度用 d_2、d_3、d_4 表示，并令 $d_2 < d_3 < d_4$，它们的取值在使用浓度 d_1 基础上加权选取。

---

① 该研究成果于 2009 年 1 月申报国家发明专利，论文未公开发表。

（3）三级温度和浓度试验的时间皆为 H_t（h），H_t 的长短由不同金属、不同腐蚀损伤容限值选定。

（4）设金属损伤容限为 D_{c1}。

1.2　试验

（1）在 d_2 浓度和 RH_1 作用下，分别以 T_1、T_2、T_3 三种温度进行三组金属试件的腐蚀试验，试验小时数皆为 H_t。由此测得三组平均腐蚀损伤 D_{21}、D_{22}、D_{23}（角标 1 为浓度，角标 2 为温度）。

（2）在 d_3 浓度和 RH_1 作用下，分别以 T_1、T_2、T_3 三种温度进行三组金属试件的腐蚀试验，试验小时数皆为 H_t。由此测得三组平均腐蚀损伤 D_{31}、D_{32}、D_{33}。

（3）在 d_4 浓度和 RH_1 作用下，分别以 T_1、T_2、T_3 三种温度进行三组金属试件的腐蚀试验，试验小时数皆为 H_t。由此测得三组平均腐蚀损伤 D_{41}、D_{42}、D_{43}。

1.3　绘制三条等温等湿等时线

根据参考文献［2］绘制等温等湿等时线的原理，分别把 d_2、d_3、d_4 和上述试验测得的 D_{ij} 各值画入 D—d 坐标系中，便获得湿度为 RH_1 的三条等温等湿等时线，如图 1 所示。

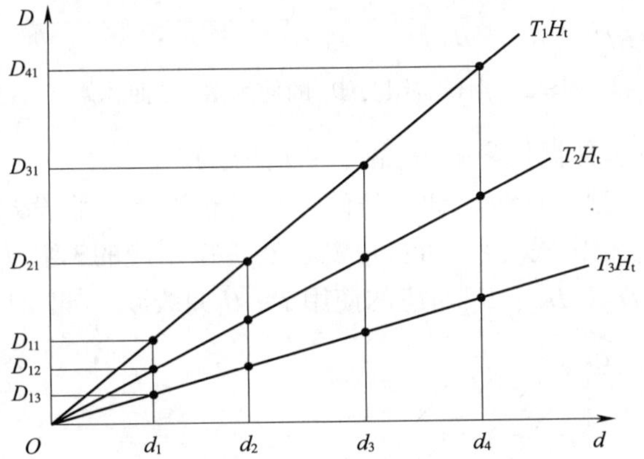

图 1　湿度为 RH_1 的三条金属等温等湿等时线

1.4　使用环境 d_1 下的金属腐蚀损伤 T—H 曲线族

（1）计算图 1 中的 D_{11}、D_{12}、D_{13} 对应腐蚀时间 H_{c1}、H_{c2}、H_{c3}

由图 1 三条等温等湿等时线，可得 d_1 和 T_1、T_2、T_3 对应的 D_{11}、D_{12}、D_{13}，再根据参考文献［2］给出的计算模型按式（1）可算得 H_{c1}、H_{c2}、H_{c3}［式（1）中的 D_{c1} 是指定的损伤容限值，H_t 是已知的腐蚀试验小时数］。

$$H_{ci}=\frac{D_{c1}H_t}{D_{1i}} \tag{1}$$

（2）绘制 d_1 和 RH_1 下的腐蚀损伤容限 D_{c1} 的 T—H 曲线

求 d_1 和 D_{c1} 下的三级温度（T_1、T_2、T_3）对应的腐蚀时间 H_{c1}、H_{c2}、H_{c3} 之后，便可绘制出使用环境 d_1 下的损伤容限为 D_{c1} 的使用 T—H 曲线，如图 2 所示的 RH_1 曲线。

（3）使用环境下的 D_{c1} 对应腐蚀损伤 T—H 曲线族

从图 1 可以看出，在其他试验条件不变的情况下，湿度 RH_1 改为 RH_2 或 RH_i 或 RH_k 时，则图 1 的三条 D—d 曲线也相应改变，因此，D_{11}、D_{12}、D_{13} 值也随之改变。在 D_{c1}、H_t 不变的情况下，H_{c1}、H_{c2}、H_{c3} 也随着改变，由此可绘出图 2 中的 RH_2、RH_i、RH_k 的 T—H 曲线族。

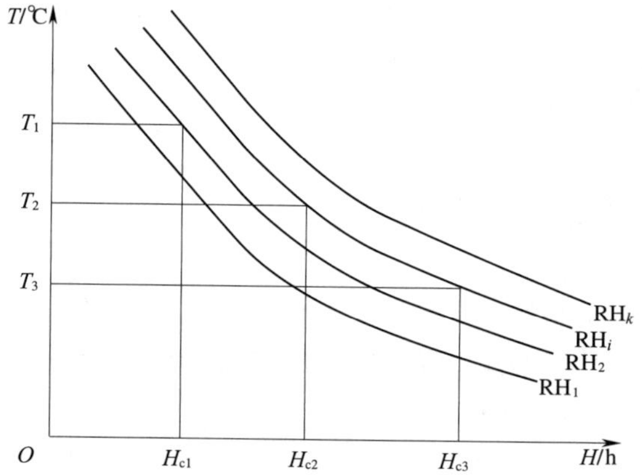

图 2　损伤容限为 D_{c1} 的使用 T—H 曲线族

（4）使用环境下多种损伤容限 D_{ci} 的 T—H 曲线族

在图 1 三条等温等湿等时线和试验条件不变的情况下，假设式（1）中的损伤容限 D_{c1} 改为 D_{c2} 或 D_{ci} 或 D_{ck}，由式（1）可算得 T_1、T_2、T_3 对应的 3 组 H_{c1}、H_{c2}、H_{c3} 数据。由此可绘出损伤容限为 D_{c2}、D_{ci}、D_{ck} 对应的使用 T—H 曲线族，如图 3 ~ 图 5 所示。

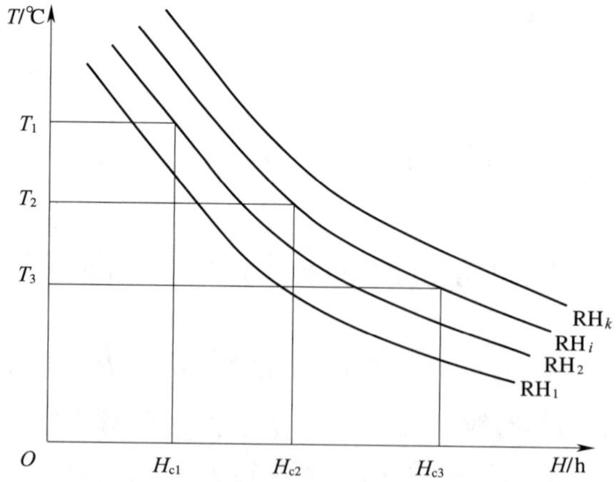

图 3　损伤容限为 D_{c2} 的使用 T—H 曲线

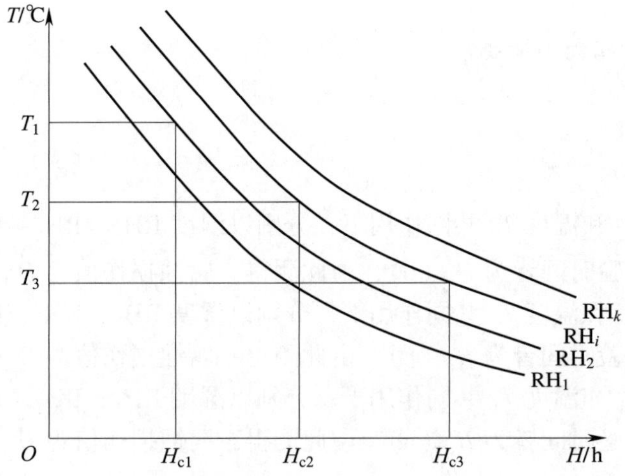

图 4　损伤容限为 D_{ci} 的使用 T—H 曲线

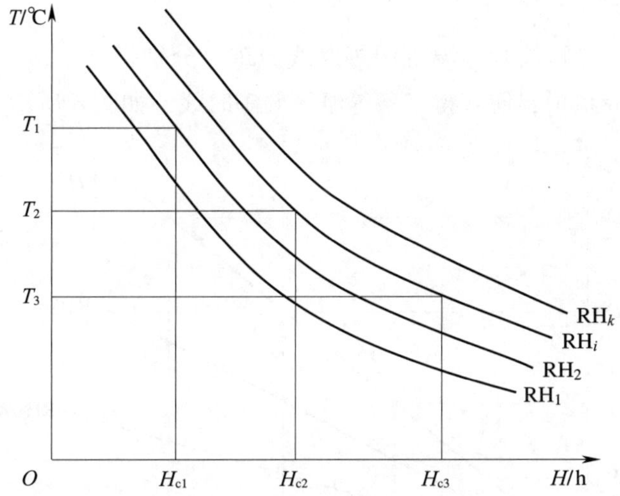

图 5　损伤容限为 D_{ck} 的使用 T—H 曲线

2　用等温等湿等时线[2]求使用环境的金属 RH—*H* 曲线

2.1　假设

（1）腐蚀试验湿度为 RH_1、RH_2、RH_3 三级，并令 $RH_1 > RH_2 > RH_3$，湿度取使用环境的湿度值。试验温度 T_1 为一级，取值在使用温度范围内取。

（2）设使用环境的介质成分、含量等用溶液浓度 d_1 表示，试验溶液浓度用 d_2、d_3、d_4 表示，并令 $d_2 < d_3 < d_4$，它们的取值在浓度 d_1 基础上加权选取。

（3）三级湿度和浓度的试验时间皆为 H_t（h），H_t 的长短由不同金属、不同损伤容限值选定。

（4）设金属损伤容限值为 D_{c1}。

2.2 试验

（1）在浓度 d_2 和温度 T_1 共同作用下，分别以湿度 RH_1、RH_2、RH_3 进行了三组金属试件的试验，试验时间皆为 H_t（h），由此测得，腐蚀损伤值为 D_{21}、D_{22}、D_{23}。

（2）在浓度 d_3 和温度 T_1 共同作用下，分别以湿度 RH_1、RH_2、RH_3 进行了三组金属试件的试验，试验时间皆为 H_t（h），由此测得，腐蚀损伤值为 D_{31}、D_{32}、D_{33}。

（3）在浓度 d_4 和温度 T_1 共同作用下，分别以湿度 RH_1、RH_2、RH_3 进行了三组金属试件的试验，试验时间皆为 H_t（h），由此测得，腐蚀损伤值为 D_{41}、D_{42}、D_{43}。

2.3 绘制三条等温等湿等时线

根据参考文献［2］绘制等温等湿等时线原理，分别把 d_2、d_3、d_4 和上述测得 D_{ij} 各值画入 $D—d$ 坐标系中，便获得三条等温等湿等时线，如图6所示。

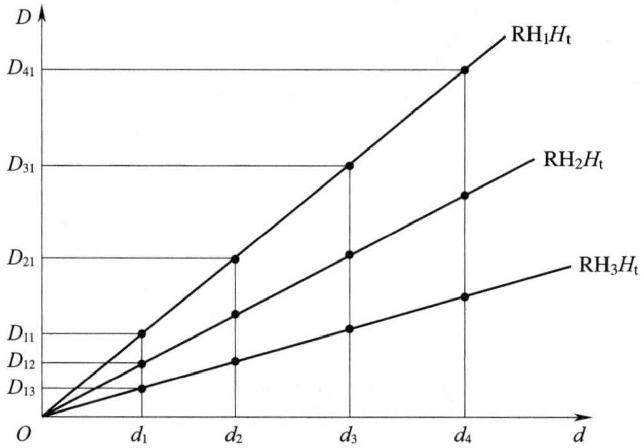

图6 温度 T_1 的三条等温等湿等时线

2.4 使用环境 d_1 下的金属腐蚀损伤 RH—H 曲线族

（1）计算图6中的 D_{11}、D_{12}、D_{13}对应的腐蚀时间 H_{c1}、H_{c2}、H_{c3}

由图6可求得 d_1和三级湿度（RH_1、RH_2、RH_3）对应的 D_{11}、D_{12}、D_{13}，再由参考文献［2］的计算模型，如式（1），可算得三级 H_{c1}、H_{c2}、H_{c3}［式（1）中的 D_{c1}是指定的损伤容限值，H_t 是已知的腐蚀试验小时数］。

（2）绘制使用环境 d_1 和一级 T_1 下的金属腐蚀 RH—H 曲线

由图 6 和式（1）求得 RH_1、RH_2、RH_3 对应的时间 H_{c1}、H_{c2}、H_{c3}后，便可绘出如图 7 的损伤容限为 D_{c1}、温度为 T_1 的使用环境 RH—H 曲线。

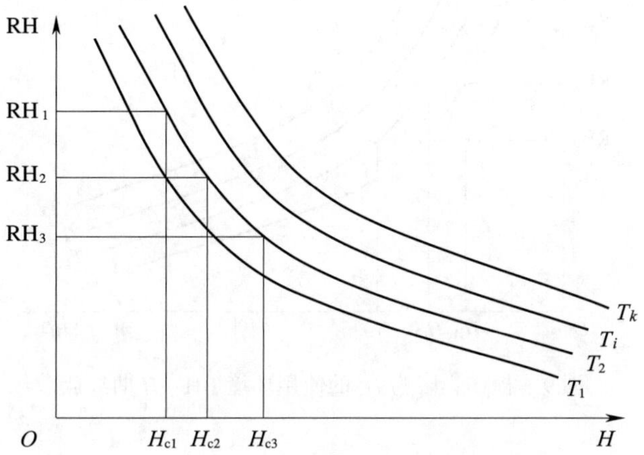

图 7　损伤容限为 D_{c1}的使用环境 RH—H 曲线族

（3）损伤容限为 D_{c1}的使用环境 RH—H 曲线族

与绘制 T—H 曲线族原理一样，在其他试验条件不变情况下，只要试验温度 T_1 改为 T_2 或 T_i 或 T_k，就可绘出图 7 中的 T_2、T_i、T_k 的 RH—H 曲线。

（4）使用环境下，多种损伤容限 D_{ci}的 RH—H 曲线族

在图 6 等温等湿等时线试验条件不变情况下，改式（1）中的损伤容限 D_{c1}为 D_{c2}或 D_{ci}或 D_{ck}，由式（1）可算得 RH_1、RH_2、RH_3 对应的三组 H_{c1}、H_{c2}、H_{c3}数据。由此可绘出损伤容限为 D_{c2}、D_{ci}、D_{ck}对应的使用环境下的 RH—H 曲线族，如图 8 ~ 图 10 所示。

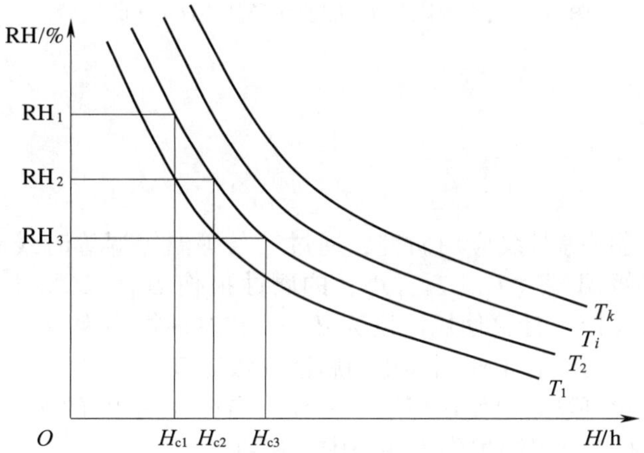

图 8　损伤容限为 D_{c2}的使用环境 RH—H 曲线族

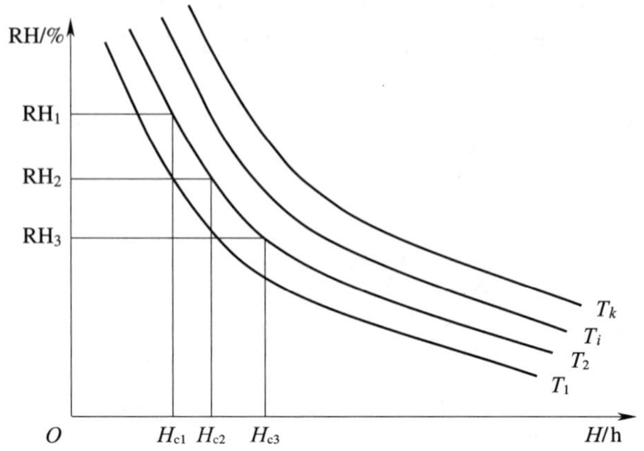

图9　损伤容限为 D_{ci} 的使用环境 RH—H 曲线族

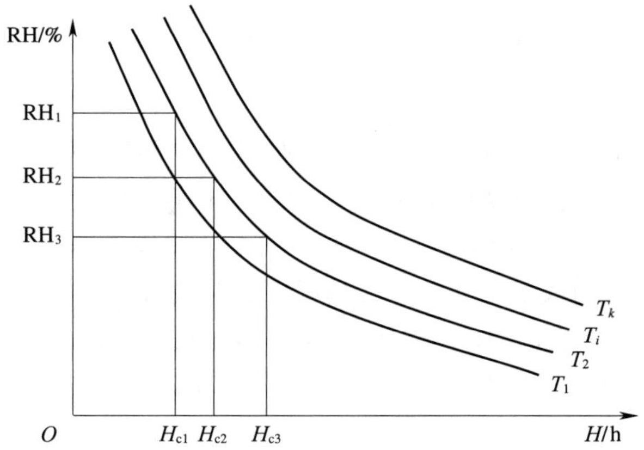

图10　损伤容限为 D_{ck} 的使用环境 RH—H 曲线族

3　结论

本文通过等温等湿等时线应用研究，通过三条等温等湿等时线确定出使用溶液浓度 $d_1=1$ 对应的三级温度（T_1、T_2、T_3）的腐蚀损伤 D_{11}、D_{12}、D_{13}。再用参考文献［2］给出的模型式（1），计算使用浓度为 $d_1=1$ 和腐蚀损伤为 D_{11}、D_{12}、D_{13} 所对应的腐蚀时间 H_{c1}、H_{c2}、H_{c3}。有了使用环境的腐蚀三级温度 T_1、T_2、T_3 和相对应的腐蚀时间 H_{c1}、H_{c2}、H_{c3}，就可绘制出使用环境下的任意腐蚀损伤 D_{ci} 的 T—H 曲线族。同理可绘制出使用环境下的任意腐蚀损伤 D_{ci} 的 RH—H 曲线族。

研究出使用环境下的腐蚀损伤 T—H 曲线和 RH—H 曲线，把金属日历寿命计算中的当量折算这个难以换算准确的环节给消除了，这不仅简化日历寿命确定程序，而且可以提高日历寿命计算的可靠性，这在国际上属首次提出。

参考文献

[1] 张福泽. 求任意腐蚀损伤的 *T—H* 曲线 [J]. 航空学报, 2000, 21 (4): 349 - 351.
[2] 张福泽. 金属腐蚀等温等湿等时线和相应的日历寿命确定方法. 北京航空工程技术研究中心, 2007.
[3] 张福泽. 金属机件腐蚀损伤日历寿命的计算模型和确定方法 [J]. 航空学报, 1999, 20 (1): 75 - 79.
[4] 刘文珽, 李玉海. 飞机结构日历寿命体系评定技术 [M]. 北京: 航空工业出版社, 2004: 106 - 120.
[5] 周希沅. 飞机结构的当量环境谱与加速试验谱 [J]. 航空学报, 1996, 17 (5): 613 - 616.

用标准 EXCO 溶液测试三种航空材料的腐蚀 T—H 曲线[①]

1　试验过程及方法

1.1　试验材料及基本力学性能

（1）材料

LY12CZ、LC4CS 铝合金采用厚度 $B=4$mm 的板材，30CrMnSiA 钢采用厚度 $B=2$mm 的板材。

（2）力学性能见表 1

所有拉伸试件为纵向（L）取样。

表 1　LY12CZ、LC4CS 铝合金板材和 30CrMnSiA 钢板材的力学性能

材料	E/GPa	$\sigma_{0.2}$/MPa	σ_b/MPa	δ_5/%	试验方法
LY12CZ	65.7	362.3	470.7	19.5	HB 5134—96
LC4CS	65.0	510.3	558.0	12.1	
30CrMnSiA	196.0	1056.7	1130.7	13.4	

1.2　试验条件

（1）试件形状及加工

①静力拉伸试件按金属力学性能试样 Q/6S977—91 标准加工。

②腐蚀试件

所有腐蚀试验件为纵向（L）取样，采用平行试样，铝合金尺寸 60mm × 25mm × 4mm（$L-W-B$），试片上取一面为试验面，其余为非试验面，如图 1 所示；钢尺寸 60mm × 25mm × 2mm（$L-W-B$），6 面均为试验面。

---

① 本试验是按照合同要求，由北京航空材料研究院宋钧和郭洪全于 2000 年 12 月完成。

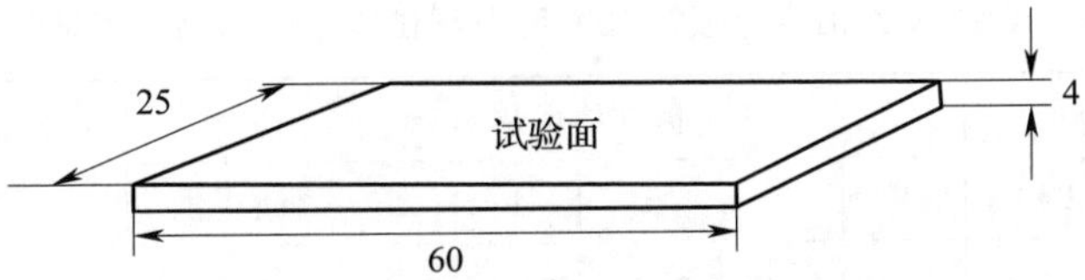

图1 铝合金板材腐蚀试样示意图

（2）试验过程

试件在进行试验之前用丙酮清洗干净，然后 LY12CZ、LC4CS 铝合金试样用化学浸泡方法去包铝层处理，再用千分尺测量试片厚度，最后在非试验面涂 901 - M 耐酸绝缘漆作为保护层；30CrMnSiA 钢试样进行表面除锈处理后用 JJ200 电子天平称重。

（3）试验温度

腐蚀试验溶液温度分别为60℃（30CrMnSiA）、50℃（LY12CZ 和 LC4CS）、28℃、5℃、0℃、－5℃和－25℃。

（4）腐蚀试验溶液（即 EXCO 溶液）

配比为：NaCl 为 234g/L，KNO_3 为 50g/L，HNO_3 为 6.5mL/L。

面容比为 13.3。

（5）腐蚀测量

腐蚀试验后，LY12CZ、LC4CS 铝合金试样在试样中部沿宽度方向锯断，锯口打磨平整，用 Neopht－1 型卧式金相显微镜测量腐蚀深度，以试样未腐蚀面即非试验面作为基准面，在每个试件上用金相显微镜测出断口上腐蚀最深的 5 个点剩余厚度，用试样厚度减去某点剩余厚度就得到该点的腐蚀深度；30CrMnSiA 钢试样采用称重法测量腐蚀量，即通过腐蚀前后试样重量差得出腐蚀量。

2 试验结果

2.1 LY12CZ 铝合金板材腐蚀试验数据和腐蚀温度（*T*）—时间（*H*）曲线

LY12CZ 铝合金板材腐蚀试验数据和腐蚀温度（*T*）—时间（*H*）曲线如表 2～表 4 和图 2～图 4 所示。由于 LY12CZ 铝合金板材在－5℃和－25℃条件下检测不到明显的腐蚀，这里认为腐蚀量为零（其中表 3、表 6 和表 9 中的平均腐蚀 1mm 所需时间，是根据腐蚀损伤 *D* 与腐蚀时间 *H* 成线性关系计算出来的）。

表 2A　LY12CZ 铝合金板材 50℃时每根试样最大腐蚀深度试验数据

序号	试样号	原始厚度/mm	腐蚀后厚度/mm						腐蚀时间/h	最大腐蚀深度/mm
			1	2	3	4	5	最小值		
1	Y81	3.04	2.4	2.48	2.28	2.48	2.56	2.28	24	0.76
2	83	3.05	2.2	2.2	2.36	2.16	2.32	2.16	24	0.89
3	84	3.04	2.52	2.28	2.44	2.56	2.44	2.28	24	0.76
4	85	3.11	2.32	2.4	2.44	2.4	2.52	2.32	24	0.79
5	86	3.03	2.52	2.4	2.6	2.52	2.4	2.4	24	0.63
6	89	3	1.48	1.48	1.24	1	1.6	1	72	2
7	90	3.08	2.24	2.24	1.92	2.12	2.48	1.92	72	1.16
8	91	2.99	1.72	2.04	1.88	1.84	1.6	1.6	72	1.39
9	92	3.04	1.56	1.8	1.4	1.88	1.64	1.4	72	1.64
10	95	3.06	1.72	2.2	1.84	2.2	2.44	1.72	72	1.34
11	126	3.01	1.88	1.88	1.8	1.92	1.28	1.28	114	1.73
12	127	3.06	1.6	2.08	1.72	2.2	1.8	1.6	114	1.46
13	128	3.03	1.6	1.84	2.2	2.16	1.52	1.52	114	1.51
14	129	3.01	1.12	1.8	1.52	1.8	1.84	1.12	114	1.89
15	131	3.06	1.92	1.32	1.28	2	1.8	1.28	114	1.78
16	112	3.09	0	0	0	0	0	0	185	3.09
17	113	3.08	0	0	0	0	0	0	185	3.08
18	121	3.08	0	0	0	0	0	0	185	3.08
19	123	3.03	0	0	0	0	0	0	185	3.03
20	124	3.08	0	0	0	0	0	0	185	3.08
21	100	3.03	0	0	0	0	0	0	240	3.03
22	103	3.04	0	0	0	0	0	0	240	3.04
23	111	3.02	0	0	0	0	0	0	240	3.02
24	122	3.07	0	0	0	0	0	0	240	3.07
25	125	3.04	0	0	0	0	0	0	240	3.04

表 2B　LY12CZ 铝合金板材 28℃时每根试样最大腐蚀深度试验数据

序号	试样号	原始厚度/mm	腐蚀后厚度/mm						腐蚀时间/h	最大腐蚀深度/mm
			1	2	3	4	5	最小值		
1	Y1	3.07	2.68	2.84	2.8	2.92	2.88	2.68	24	0.39
2	3	3.05	2.68	2.68	2.8	2.68	2.72	2.68	24	0.37
3	4	3.04	2.6	2.6	2.6	2.68	2.64	2.6	24	0.44
4	5	3.06	2.68	2.76	2.72	2.76	2.84	2.68	24	0.38
5	6	3.03	2.72	2.72	2.68	2.68	2.72	2.68	24	0.35

表 2B（续）

序号	试样号	原始厚度/mm	腐蚀后厚度/mm						腐蚀时间/h	最大腐蚀深度/mm
			1	2	3	4	5	最小值		
6	15	3.06	2.6	2.4	2.28	2.4	2.36	2.28	72	0.78
7	18	3.04	2.48	2.4	2.4	2.2	2.08	2.08	72	0.96
8	22	3.09	2.64	2.52	2.44	2.6	2.6	2.44	72	0.65
9	24	3.04	2.08	2.16	2.08	2.32	2.28	2.08	72	0.96
10	26	3.06	2.76	2.8	2.68	2.6	2.6	2.6	72	0.46
11	16	3.05	2.56	2.6	2.6	2.48	2.48	2.48	114	0.57
12	17	3.02	2.28	2.36	2	2.04	2.24	2	114	1.02
13	19	3.05	1.88	2.04	2.16	2.08	2.16	1.88	114	1.17
14	20	3.04	2.6	2.48	2.48	2.52	2.52	2.48	114	0.56
15	21	2.99	2.6	2.56	2.56	2.28	2.48	2.28	114	0.71
16	7	3.02	2.24	1.8	1.76	1.92	2.04	1.76	185	1.26
17	8	3.02	2.2	2.52	2.4	2	2.2	2	185	1.02
18	9	3.08	2.2	2.24	2.4	2.16	2.44	2.16	185	0.92
19	10	3.07	1.84	2.04	1.8	2.2	2.2	1.8	185	1.27
20	11	3.05	2.48	2.4	2.44	2.4	2.4	2.4	185	0.65
21	12	3.05	2.08	1.84	1.8	2.04	2.04	1.8	240	1.25
22	13	3.04	2.2	2.08	1.88	1.92	2.08	1.88	240	1.16
23	14	3.07	2.24	1.88	2.2	2.32	2.16	1.88	240	1.19
24	27	3.05	2.2	1.8	1.8	2.2	2.4	1.8	240	1.25
25	28	3.03	1.2	1.8	1.8	1.76	1.88	1.2	240	1.83

表 2C　LY12CZ 铝合金板材 5℃时每根试样最大腐蚀深度试验数据

序号	试样号	原始厚度/mm	腐蚀后厚度/mm						腐蚀时间/h	最大腐蚀深度/mm
			1	2	3	4	5	最小值		
1	Y151	2.69	2.69	2.69	2.69	2.69	2.69	2.69	24	0
2	152	2.71	2.71	2.71	2.71	2.71	2.71	2.71	24	0
3	153	2.64	2.64	2.64	2.64	2.64	2.64	2.64	24	0
4	154	2.7	2.7	2.7	2.7	2.7	2.7	2.7	24	0
5	155	2.73	2.73	2.73	2.73	2.73	2.73	2.73	24	0
6	156	2.7	2.56	2.52	2.54	2.5	2.52	2.5	72	0.2
7	157	2.66	2.68	2.64	2.68	2.64	2.68	2.64	72	0.02
8	158	2.68	2.52	2.44	2.62	2.52	2.52	2.44	72	0.24
9	159	2.69	2.4	2.44	2.52	2.36	2.52	2.36	72	0.33
10	160	2.65	2.48	2.64	2.58	2.58	2.56	2.48	72	0.17

表 2C（续）

序号	试样号	原始厚度/mm	腐蚀后厚度/mm						腐蚀时间/h	最大腐蚀深度/mm
			1	2	3	4	5	最小值		
11	166	2.65	2.48	2.48	2.44	2.52	2.44	2.44	114	0.21
12	167	2.69	2.38	2.42	2.42	2.52	2.48	2.38	114	0.31
13	168	2.67	2.44	2.46	2.48	2.4	2.48	2.4	114	0.27
14	169	2.68	2.58	2.6	2.48	2.56	2.5	2.48	114	0.2
15	170	2.7	2.38	2.4	2.38	2.4	2.38	2.38	114	0.32
16	161	2.7	2.32	2.24	2.2	2.16	2.16	2.16	185	0.54
17	162	2.81	2.32	2.24	2.32	2.28	2.2	2.2	185	0.61
18	163	2.73	2.32	2.36	2.2	2.28	2.28	2.2	185	0.53
19	164	2.77	2.28	2.32	2.32	2.28	2.16	2.16	185	0.61
20	165	2.67	2.16	2.2	2.28	2.28	2.28	2.16	185	0.51
21	171	2.74	2.22	2.2	2.24	2.12	2.12	2.12	240	0.62
22	172	2.71	2.28	2.28	2.38	2.48	2.32	2.28	240	0.43
23	173	2.66	2.48	2.48	2.44	2.44	2.44	2.44	240	0.22
24	174	2.78	2.48	2.5	2.54	2.56	2.52	2.48	240	0.3
25	175	2.65	2.44	2.48	2.42	2.44	2.48	2.42	240	0.23

表 2D　LY12CZ 铝合金板材 0℃时每根试样最大腐蚀深度试验数据

序号	试样号	原始厚度/mm	腐蚀后厚度/mm						腐蚀时间/h	最大腐蚀深度/mm
			1	2	3	4	5	最小值		
1	Y191	2.64	2.64	2.64	2.64	2.64	2.64	2.64	24	0
2	192	2.68	2.68	2.68	2.68	2.68	2.68	2.68	24	0
3	193	2.68	2.68	2.68	2.68	2.68	2.68	2.68	24	0
4	204	2.68	2.68	2.68	2.68	2.68	2.68	2.68	24	0
5	205	2.65	2.65	2.65	2.65	2.65	2.65	2.65	24	0
6	194	2.8	2.6	2.6	2.6	2.54	2.56	2.54	72	0.26
7	195	2.72	2.52	2.6	2.48	2.6	2.6	2.48	72	0.24
8	196	2.7	2.6	2.6	2.6	2.58	2.6	2.58	72	0.12
9	197	2.68	2.48	2.52	2.56	2.52	2.52	2.48	72	0.2
10	199	2.7	2.5	2.48	2.48	2.48	2.48	2.48	72	0.22
11	206	2.82	2.68	2.72	2.52	2.66	2.56	2.52	114	0.3
12	207	2.64	2.4	2.44	2.48	2.44	2.48	2.4	114	0.24
13	208	2.69	2.54	2.52	2.54	2.48	2.48	2.48	114	0.21
14	209	2.72	2.56	2.56	2.6	2.6	2.6	2.56	114	0.16
15	210	2.66	2.52	2.52	2.54	2.56	2.56	2.52	114	0.14

表 2D（续）

序号	试样号	原始厚度/mm	腐蚀后厚度/mm						腐蚀时间/h	最大腐蚀深度/mm
			1	2	3	4	5	最小值		
16	198	2.69	2.24	2.32	2.4	2.36	2.38	2.24	185	0.45
17	200	2.8	2.48	2.44	2.64	2.56	2.52	2.44	185	0.36
18	201	2.72	2.46	2.54	2.48	2.48	2.52	2.46	185	0.26
19	202	2.7	2.32	2.16	2.24	2.24	2.28	2.16	185	0.54
20	203	2.72	2.38	2.4	2.56	2.56	2.52	2.38	185	0.34
21	211	2.85	2.52	2.44	2.6	2.44	2.44	2.44	240	0.41
22	212	2.67	2.4	2.4	2.4	2.28	2.28	2.28	240	0.39
23	213	2.7	2.4	2.42	2.42	2.4	2.4	2.4	240	0.30
24	214	2.73	2.52	2.6	2.6	2.56	2.44	2.44	240	0.29
25	215	2.65	2.44	2.52	2.48	2.48	2.52	2.44	240	0.21

表 2E　LY12CZ 铝合金板材在不同温度的试样最大和平均腐蚀深度试验数据

温度/℃ \ 最大腐蚀深度/mm \ 时间/h		24	72	114	185	240
50	试件	0.76	2	1.73	3.09	3.03
		0.89	1.16	1.46	3.08	3.04
		0.76	1.39	1.51	3.08	3.02
		0.79	1.64	1.89	3.03	3.07
		0.63	1.34	1.78	3.08	3.04
	平均值	0.766	1.506	1.674	3.072	3.04
28	试件	0.39	0.78	0.57	1.26	1.25
		0.37	0.96	1.02	1.02	1.16
		0.44	0.65	1.17	0.92	1.19
		0.38	0.96	0.56	1.27	1.25
		0.35	0.46	0.71	0.65	1.83
	平均值	0.386	0.762	0.806	1.024	1.336
5	试件	0	0.2	0.21	0.54	0.62
		0	0.02	0.31	0.61	0.43
		0	0.24	0.27	0.53	0.22
		0	0.33	0.2	0.61	0.3
		0	0.17	0.32	0.51	0.23
	平均值	0	0.192	0.262	0.56	0.36

表2E（续）

温度/℃	最大腐蚀深度/mm　时间/h	24	72	114	185	240
0	试件	0	0.26	0.3	0.45	0.41
		0	0.24	0.24	0.36	0.39
		0	0.12	0.21	0.26	0.30
		0	0.2	0.16	0.54	0.29
		0	0.22	0.14	0.34	0.21
	平均值		0.208	0.21	0.39	0.32
-5		0	0	0	0	0
-25		0	0	0	0	0

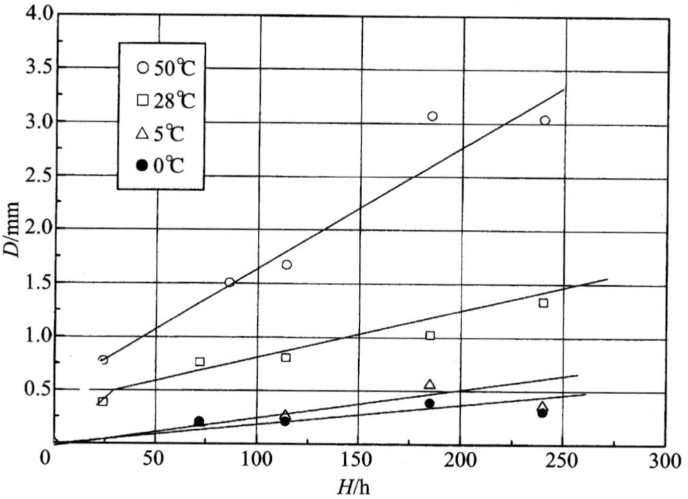

图2　LY12CZ铝合金板材在不同温度的腐蚀深度—时间曲线

表3　LY12CZ铝合金板材平均腐蚀1mm试验 *T—H* 数据

试验温度 *T*/℃	-25	-5	0	5	28	50
试验时间/h	114	114	114	114	114	114
平均腐蚀深度/mm	0	0	0.21	0.26	0.81	1.67
平均腐蚀1mm所需时间/h	∞	∞	543	438.5	140.7	68.3

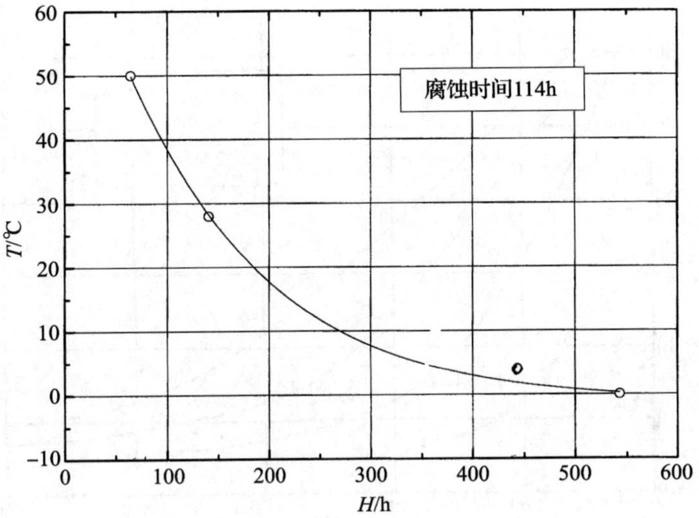

图 3　LY12CZ 铝合金板材平均腐蚀 1mm 的 *T*—*H* 试验曲线

表 4　LY12CZ 铝合金板材腐蚀温度 *T*、时间 *H* 和深度 *D* 一览表

T/℃ \ *H*/h \ *D*/mm	0.5	1.0	1.5	2.0
50	19	52	87	126
28	35	162	289	412
5	175	347	523	694
0	240	474	713	949
−5	∞	∞	∞	∞
−25	∞	∞	∞	∞

2.2　LC4CS 铝合金板材腐蚀试验数据和曲线

LC4CS 铝合金板材腐蚀试验数据和曲线如表 5 ~ 表 7 和图 5 ~ 图 7 所示。由于 LC4CS 铝合金板材在 −25℃条件下检测不到明显的腐蚀，这里认为腐蚀量为零。

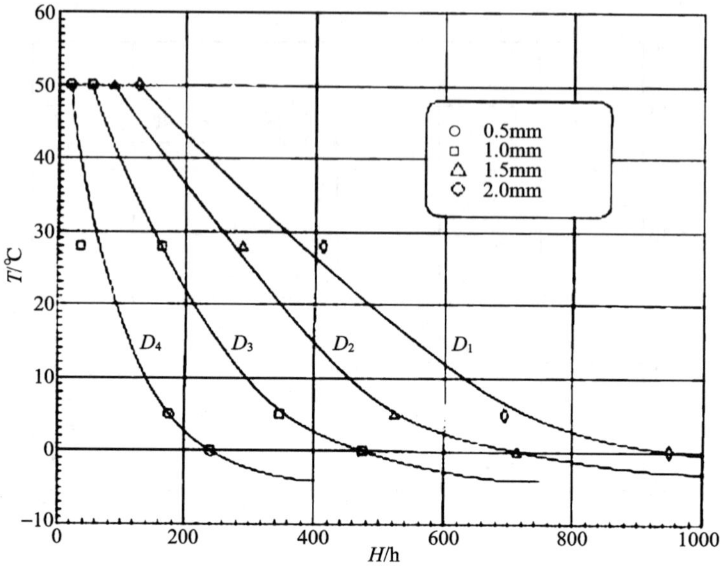

图4　LY12CZ 铝合金板材不同腐蚀损伤 D_i 的 T—H 曲线

表 5A　LC4CS 铝合金板材 50℃时每根试样最大腐蚀深度试验数据

序号	试样号	原始厚度/mm	腐蚀后厚度/mm						腐蚀时间/h	最大腐蚀深度/mm
			1	2	3	4	5	最小值		
1	C12	3	2.48	2.56	2.6	2.6	2.6	2.48	5	0.52
2	20	2.99	2.6	2.68	2.72	2.68	2.56	2.56	5	0.43
3	28	2.84	2.6	2.52	2.48	2.48	2.44	2.44	5	0.4
4	42	2.84	2.6	2.6	2.68	2.6	2.64	2.6	5	0.24
5	46	2.84	2.52	2.52	2.56	2.56	2.52	2.52	5	0.32
6	55	3	2.8	2.56	2.6	2.72	2.8	2.56	16	0.44
7	56	2.85	2.4	2.56	2.52	2.4	2.32	2.32	16	0.53
8	57	2.85	2.64	2.6	2.64	2.68	2.52	2.52	16	0.33
9	58	2.85	2.4	2.36	2.32	2.24	2.52	2.24	16	0.61
10	59	2.83	2.52	2.6	2.6	2.48	2.52	2.48	16	0.35
11	61	2.85	2.4	2.52	2.48	2.6	2.48	2.4	30	0.45
12	62	2.85	2.28	2.4	2.2	2.32	1.68	1.68	30	1.17
13	63	2.85	2.4	2.4	2.4	2.44	2.48	2.4	30	0.45
14	64	2.84	2.52	2.6	2.4	2.2	2.32	2.2	30	0.64
15	65	2.84	2.4	2.56	2.4	2.48	2.4	2.4	30	0.44

表 5A（续）

序号	试样号	原始厚度/mm	腐蚀后厚度/mm						腐蚀时间/h	最大腐蚀深度/mm
			1	2	3	4	5	最小值		
16	67	2.87	2.52	2.52	2.56	2.4	2.52	2.4	40	0.47
17	75	2.8	2	2	2.2	2.28	2.28	2	40	0.8
18	80	2.8	1.8	2.28	2	2	1.88	1.8	40	1
19	115	2.78	2.12	2.2	1.72	2	2.2	1.72	40	1.06
20	123	2.84	1.2	1.4	1.64	2.64	1.6	1.2	40	1.64
21	124	3.07	2.56	2.52	2.4	2.36	2.36	2.36	64	0.71
22	125	2.87	2.28	2	2.12	2	2.2	2	64	0.87
23	126	2.85	2.4	2.44	2.4	2.4	2.48	2.4	64	0.45
24	137	2.87	2.32	2.4	2.36	2.28	2.48	2.28	64	0.59
25	139	2.85	2.48	2.48	2.48	2.4	2.44	2.4	64	0.45
26	146	2.75	2.44	2.28	2.2	2.32	2.36	2.2	72	0.55
27	148	2.95	2.6	2.56	2.52	2.6	2.52	2.52	72	0.43

表 5B　LC4CS 铝合金板材 28℃时每根试样最大腐蚀深度试验数据

序号	试样号	原始厚度/mm	腐蚀后厚度/mm						腐蚀时间/h	最大腐蚀深度/mm
			1	2	3	4	5	最小值		
1	C41	2.86	2.68	2.72	2.68	2.6	2.6	2.6	5	0.26
2	43	2.85	2.64	2.64	2.6	2.72	2.56	2.56	5	0.29
3	44	2.9	2.56	2.64	2.68	2.68	2.64	2.56	5	0.34
4	45	2.85	2.6	2.6	2.68	2.6	2.64	2.6	5	0.25
5	47	2.84	2.6	2.6	2.64	2.52	2.68	2.52	5	0.32
6	49	2.85	2.4	2.24	2.24	2.4	2.2	2.2	16	0.65
7	50	2.82	2.4	2.4	2.28	2.28	2.2	2.2	16	0.62
8	51	2.85	2.28	2.4	2.56	2.56	2.52	2.28	16	0.57
9	52	2.83	2.44	2.48	2.36	2.28	2.24	2.24	16	0.59
10	53	2.85	2.28	2.36	2.4	2.24	2.24	2.24	16	0.61
11	60	2.8	2.4	2.6	2.64	2.56	2.48	2.4	30	0.4
12	66	2.84	2.4	2.48	2.48	2.32	2.24	2.24	30	0.6
13	68	2.85	2.48	2.48	2.32	2.44	2.44	2.32	30	0.53
14	69	2.84	2.56	2.4	2.52	2.6	2.48	2.4	30	0.44
15	70	2.87	2.48	2.4	2.48	2.4	2.44	2.4	30	0.47

表5B（续）

序号	试样号	原始厚度/mm	腐蚀后厚度/mm						腐蚀时间/h	最大腐蚀深度/mm
			1	2	3	4	5	最小值		
16	71	2.85	2.28	2.4	2.44	2.28	2.4	2.28	40	0.57
17	74	2.92	2.64	2.4	2.48	2.68	2.24	2.24	40	0.66
18	101	2.92	2.32	2.48	2.42	2.4	2.48	2.32	40	0.6
19	118	2.82	2.12	2.28	2.24	1.88	2.12	1.88	40	0.94
20	119	2.85	2.12	1.84	1.92	2.24	2.16	1.84	40	1.01
21	120	2.86	2.52	2.44	2.6	2.68	2.56	2.44	64	0.42
22	116	2.87	2.52	2.6	2.6	2.44	2.56	2.44	64	0.43
23	117	2.92	2.48	2.56	2.6	2.6	2.6	2.48	64	0.44
24	76	2.85	1.8	1.84	1.96	2.12	2.28	1.8	64	1.05
25	77	2.85	2.4	2.48	2.52	2.6	2.6	2.4	64	0.45
26	72	2.83	2.6	2.44	2.56	2.36	2.4	2.36	72	0.47
27	78	2.86	2.4	2.4	2.64	2.4	2.56	2.4	72	0.46
28	79	2.9	2.36	2.52	2.6	2.6	2.52	2.36	72	0.5
29	112	2.85	2	1.88	2.04	2.04	2.32	1.88	72	0.97

表5C LC4CS铝合金板材5℃时每根试样最大腐蚀深度试验数据

序号	试样号	原始厚度/mm	腐蚀后厚度/mm						腐蚀时间/h	最大腐蚀深度/mm
			1	2	3	4	5	最小值		
1	C207	2.93	2.84	2.84	2.84	2.88	2.88	2.84	5	0.09
2	208	2.93	2.84	2.88	2.88	2.86	2.88	2.84	5	0.09
3	209	2.92	2.88	2.84	2.84	2.86	2.86	2.84	5	0.08
4	210	2.92	2.88	2.88	2.88	2.84	2.84	2.84	5	0.08
5	211	2.93	2.82	2.82	2.84	2.82	2.82	2.82	5	0.11
6	181	2.92	2.8	2.8	2.8	2.8	2.8	2.8	16	0.12
7	182	2.93	2.82	2.84	2.82	2.8	2.8	2.8	16	0.14
8	183	2.94	2.82	2.84	2.82	2.8	2.8	2.8	16	0.13
9	184	2.94	2.84	2.84	2.86	2.84	2.84	2.84	16	0.1
10	185	2.94	2.84	2.84	2.86	2.84	2.84	2.84	16	0.1
11	197	2.93	2.8	2.84	2.76	2.76	2.8	2.76	30	0.17
12	198	2.94	2.84	2.8	2.72	2.72	2.8	2.72	30	0.22
13	199	2.92	2.68	2.68	2.64	2.68	2.68	2.64	30	0.28
14	200	2.94	2.68	2.72	2.84	2.8	2.8	2.68	30	0.26
15	201	2.93	2.8	2.74	2.72	2.8	2.8	2.72	30	0.21

表 5C（续）

序号	试样号	原始厚度/mm	腐蚀后厚度/mm						腐蚀时间/h	最大腐蚀深度/mm
			1	2	3	4	5	最小值		
16	202	2.92	2.6	2.68	2.68	2.64	2.6	2.6	40	0.32
17	203	2.94	2.8	2.82	2.84	2.84	2.84	2.8	40	0.14
18	204	2.94	2.68	2.68	2.68	2.76	2.76	2.68	40	0.26
19	205	2.98	2.8	2.8	2.8	2.84	2.82	2.8	40	0.18
20	206	2.79	2.72	2.76	2.8	2.8	2.82	2.72	40	0.07
21	191	2.93	2.62	2.7	2.7			2.62	64	0.31
22	192	2.94	2.68	2.7	2.64	2.68	2.68	2.64	64	0.3
23	193	2.95	2.76	2.76	2.76	2.8	2.68	2.76	64	0.19
24	195	2.93	2.7	2.76	2.68	2.74		2.7	64	0.23
25	196	2.92	2.72	2.7				2.68	64	0.24
26	186	2.92	2.64	2.64	2.4	2.52	2.4	2.4	72	0.52
27	187	2.92	2.52	2.52	2.48	2.44	2.4	2.4	72	0.52
28	188	2.93	2.68	2.68	2.64	2.64	2.6	2.6	72	0.33
29	189	2.94	2.52	2.76	2.76	2.7	2.68	2.52	72	0.42
30	190	2.95	2.6	2.6	2.6	2.6	2.56	2.56	72	0.39

表 5D　LC4CS 铝合金板材 0℃时每根试样最大腐蚀深度试验数据

序号	试样号	原始厚度/mm	腐蚀后厚度/mm						腐蚀时间/h	最大腐蚀深度/mm
			1	2	3	4	5	最小值		
1	C230	2.93	2.8	2.8	2.8	2.8	2.8	2.8	5	0.13
2	231	2.94	2.88	2.84	2.88	2.84	2.8	2.8	5	0.14
3	232	2.95	2.76	2.88	2.84	2.8	2.84	2.76	5	0.19
4	233	2.93	2.88	2.8	2.84	2.84	2.84	2.8	5	0.13
5	234	2.94	2.8	2.88	2.88	2.8	2.84	2.8	5	0.14
6	245	2.93	2.72	2.76	2.8	2.72	2.8	2.72	16	0.21
7	246	2.91	2.8	2.84	2.8	2.8	2.72	2.72	16	0.19
8	247	2.93	2.8	2.72	2.72	2.68	2.8	2.68	16	0.25
9	248	2.93	2.8	2.8	2.76	2.84	2.8	2.76	16	0.17
10	249	2.94	2.76	2.8	2.6	2.8	2.8	2.6	16	0.34
11	238	2.94	2.72	2.72	2.72	2.72	2.8	2.72	30	0.22
12	239	2.94	2.76	2.76	2.72	2.8	2.76	2.72	30	0.22
13	240	2.92	2.64	2.72	2.72	2.8	2.68	2.64	30	0.28
14	241	2.93	2.66	2.72	2.8	2.72	2.8	2.66	30	0.27
15	242	2.95	2.74	2.68	2.7	2.8	2.76	2.68	30	0.27

表5D（续）

序号	试样号	原始厚度/mm	腐蚀后厚度/mm						腐蚀时间/h	最大腐蚀深度/mm
			1	2	3	4	5	最小值		
16	225	2.95	2.8	2.64	2.76	2.64	2.84	2.64	40	0.31
17	226	2.93	2.68	2.68	2.76	2.72	2.72	2.68	40	0.25
18	227	2.94	2.64	2.6	2.56	2.68	2.64	2.56	40	0.38
19	228	2.94	2.72	2.68	2.68	2.76	2.8	2.68	40	0.26
20	229	2.91	2.6	2.64	2.68	2.68	2.68	2.6	40	0.31
21	235	2.94	2.52	2.62	2.48	2.62	2.6	2.48	64	0.46
22	236	2.93	2.6	2.6	2.68	2.58	2.7	2.58	64	0.35
23	237	2.94	2.68	2.64	2.6	2.68	2.6	2.6	64	0.34
24	243	2.93	2.64	2.64	2.6	2.66	2.56	2.56	64	0.37
25	244	2.93	2.56	2.58	2.58	2.6	2.6	2.56	64	0.37
26	220	2.93	2.48	2.16	2.52	2.32	2.28	2.16	100	0.77
27	221	2.95	2.24	2.44	2.44	2.6	2.52	2.24	100	0.71
28	222	2.94	2.48	2.52	2.48	2.32	2.44	2.32	100	0.62
29	223	2.94	2.42	2.24	2.52	2.38	2.16	2.16	100	0.78
30	224	2.92	2.36	2.48	2.4	2.52	2.48	2.36	100	0.56

表5E　LC4CS铝合金板材在不同温度的每根试样最大腐蚀深度试验数据

温度/℃ \ 最大腐蚀深度/mm \ 时间/h	5	16	30	40	64	72	100
50	0.52	0.44	0.45	0.47	—	—	—
	0.43	0.53	1.17	0.8	—	—	—
	0.4	0.33	0.45	1	—	—	—
	0.24	0.61	0.64	1.06	—	—	—
	0.32	0.35	0.44	1.64	—	—	—
28	0.26	0.65	0.4	0.57	1.05	0.47	—
	0.29	0.62	0.6	0.66	0.45	0.46	—
	0.34	0.57	0.53	0.6	0.43	0.5	—
	0.25	0.59	0.44	0.94	0.44	0.97	—
	0.32	0.61	0.47	1.01	0.42	—	—
0	0.13	0.21	0.22	0.31	0.46	—	0.77
	0.14	0.19	0.22	0.25	0.35	—	0.71
	0.19	0.25	0.28	0.38	0.34	—	0.62
	0.13	0.17	0.22	0.26	0.37	—	0.78
	0.14	0.34	0.22	0.31	0.37	—	0.56

表 5E（续）

温度/℃ \ 最大腐蚀深度/mm \ 时间/h	5	16	30	40	64	72	100
-5		0.26	0.33	0.34	0.45	0.37	—
		0.14	0.29	0.29	0.29	0.39	—
		0.18	0.34	0.35	0.36	0.49	—
		0.13	0.18	0.3	0.42	0.45	—
		0.18	0.28	0.14	0.33	0.45	—
-25	0	0	0	0	0	0	0

表 6　LC4CS 铝合金板材平均腐蚀 1mm 试验 *T*—*H* 数据

试验温度 *T*/℃	-25	-5	0	28	50
试验时间/h	40	40	40	40	40
平均腐蚀深度/mm	0	0.28	0.302	0.756	0.994
平均腐蚀 1mm 所需时间/h	∞	142.9	132.5	54	40.2

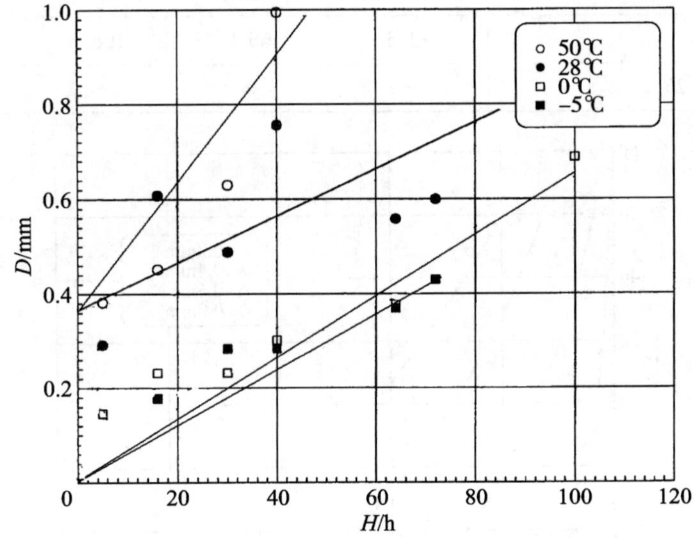

图 5　LC4CS 铝合金板材在不同温度的腐蚀深度曲线

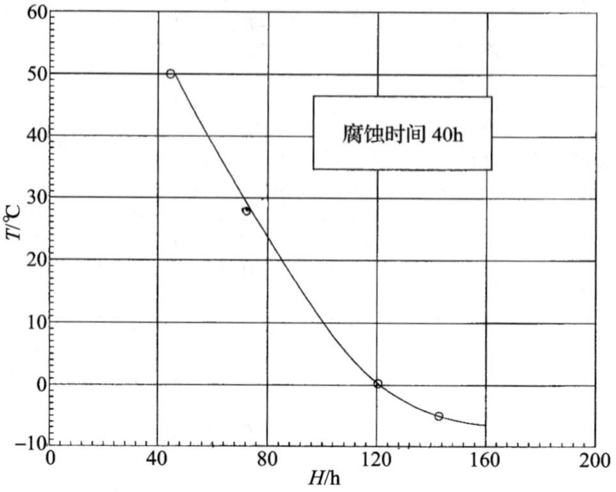

图6 LC4CS 铝合金板材平均腐蚀 1mm 的 T—H 试验曲线

表7 LC4CS 铝合金板材平均腐蚀温度、时间和深度 D 一览表

温度/℃ \ 时间/h \ D_i/mm	0.2	0.4	0.6	0.8
50	2.5	7.5	21.0	33.5
28	3.9	19.0	53.0	86.5
0	15.5	53.0	91.0	129.0
-5	22.5	66.0	108.5	151.0
-25	∞	∞	∞	∞

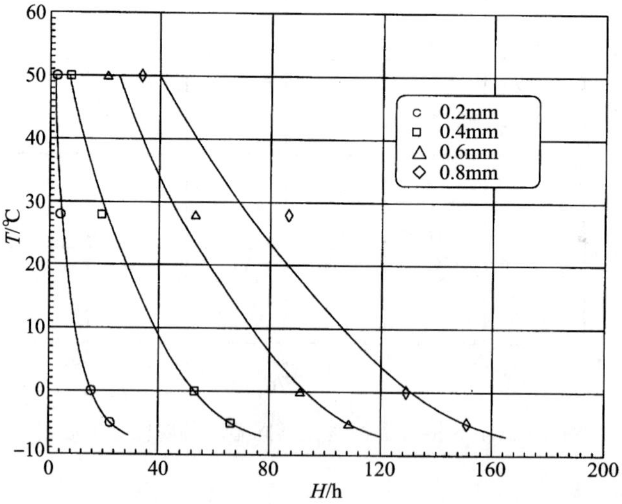

图7 LC4CS 铝合金板材不同腐蚀损伤 D_i 的曲线

2.3　30CrMnSiA 钢板材腐蚀试验数据和曲线

30CrMnSiA 钢板材腐蚀试验数据和曲线如表 8 ~ 表 10 和图 8 ~ 图 10 所示。

表 8A　30CrMnSiA 钢板材 60℃时每根试样失重试验数据

序号	试样号	原始重量/g	腐蚀后重量/g	失重/g	腐蚀时间/h	相对失重/(mg/cm^2)
1	A2	23.74	22.77	0.97	24	29.042
2	6	23.77	22.68	1.09	24	32.635
3	83	23.75	22.38	1.37	24	41.018
4	101	23.74	22.5	1.24	24	37.126
5	115	23.76	22.56	1.2	24	35.928
6	1	23.71	22.15	1.56	72	46.707
7	61	23.77	22.09	1.68	72	50.299
8	74	23.74	22.04	1.7	72	50.898
9	105	23.79	22.16	1.63	72	48.802
10	5	23.77	22.04	1.73	120	51.796
11	17	23.78	22.16	1.62	120	48.503
12	22	23.76	22.04	1.72	120	51.497
13	33	23.78	22.1	1.68	120	50.299
14	35	23.76	22.2	1.56	120	46.707
15	36	23.76	20.23	3.53	192	105.69
16	41	23.77	20.31	3.46	192	103.59
17	59	23.72	20.29	3.43	192	102.69
18	120	23.79	21	2.79	192	83.533
19	140	23.74	20.38	3.36	192	100.6
20	15	23.75	21.31	2.44	240	73.054
21	32	23.73	20.98	2.75	240	82.335
22	55	23.76	21.05	2.71	240	81.138
23	95	23.79	21.26	2.53	240	75.749
24	22	23.73	20.87	2.86	240	85.629

表 8B　30CrMnSiA 钢板材 28℃时每根试样失重试验数据

序号	试样号	原始重量/g	腐蚀后重量/g	失重/g	腐蚀时间/h	相对失重/(mg/cm^2)
1	A96	23.43	22.74	0.69	24	20.659
2	86	23.49	22.8	0.69	24	20.659
3	45	23.46	22.74	0.72	24	21.557
4	70	23.45	22.65	0.8	24	23.952
5	65	23.48	22.76	0.72	24	21.557

表8B（续）

序号	试样号	原始重量/g	腐蚀后重量/g	失重/g	腐蚀时间/h	相对失重/(mg/cm^2)
6	148	23.98	22.71	1.27	72	38.024
7	143	23.05	21.85	1.2	72	35.928
8	30	23.45	22.22	1.23	72	36.826
9	51	23.42	22.24	1.18	72	35.329
10	134	23.48	22.29	1.19	72	35.629
11	117	23.95	22.42	1.53	120	45.808
12	144	23.08	21.64	1.44	120	43.114
13	119	23.49	21.96	1.53	120	45.808
14	57	23.11	21.7	1.41	120	42.216
15	77	23.4	21.81	1.59	120	47.605
16	136	23.44	21.86	1.58	192	47.305
17	8	23.43	21.88	1.55	192	46.407
18	28	23.45	21.87	1.58	192	47.305
19	27	23.42	21.69	1.73	192	51.796
20	21	23.47	21.77	1.7	192	50.898
21	44	23.42	21.25	2.17	240	64.97
22	60	23.44	21.38	2.06	240	61.677
23	7	23.47	21.36	2.11	240	63.174
24	37	23.4	21.28	2.12	240	63.473
25	86	23.49	21.18	2.31	240	69.162

表8C　30CrMnSiA钢板材5℃时每根试样失重试验数据

序号	试样号	原始重量/g	腐蚀后重量/g	失重/g	腐蚀时间/h	相对失重/(mg/cm^2)
1	A128	23.66	23.59	0.07	24	2.0958
2	131	23.62	23.56	0.06	24	1.7964
3	132	23.53	23.47	0.06	24	1.7964
4	133	23.63	23.57	0.06	24	1.7964
5	141	23.85	23.78	0.07	24	2.0958
6	114	23.62	23.44	0.18	72	5.3892
7	116	23.64	23.5	0.14	72	4.1916
8	123	23.57	23.41	0.16	72	4.7904
9	124	23.68	23.55	0.13	72	3.8922
10	125	23.62	23.47	0.15	72	4.491
11	142	23.33	23.06	0.27	120	8.0838
12	146	23.23	22.98	0.25	120	7.485
13	147	23.76	23.48	0.28	120	8.3832
14	138	23.6	23.33	0.27	120	8.0838
15	80	23.84	23.55	0.29	120	8.6826

表 8C（续）

序号	试样号	原始重量/g	腐蚀后重量/g	失重/g	腐蚀时间/h	相对失重/(mg/cm^2)
16	100	23.68	23.41	0.27	192	8.0838
17	103	23.62	23.33	0.29	192	8.6826
18	104	23.81	23.53	0.28	192	8.3832
19	106	23.6	23.31	0.29	192	8.6826
20	113	23.93	23.61	0.32	192	9.5808
21	56	23.32	22.82	0.5	240	14.97
22	53	23.5	23.04	0.46	240	13.772
23	58	23.52	23.07	0.45	240	13.473
24	73	24	23.52	0.48	240	14.371
25	79	23.58	23.1	0.48	240	14.371

表 8D　30CrMnSiA 钢板材 0℃时每根试样失重试验数据

序号	试样号	原始重量/g	腐蚀后重量/g	失重/g	腐蚀时间/h	相对失重/(mg/cm^2)
1	A48	23.66	23.63	0.03	24	0.8982
2	50	23.38	23.35	0.03	24	0.8982
3	52	23.54	23.49	0.05	24	1.497
4	62	23.55	23.51	0.04	24	1.1976
5	64	23.61	23.58	0.03	24	0.8982
6	42	22.82	22.72	0.1	72	2.994
7	43	22.83	22.72	0.11	72	3.2934
8	45	23.29	23.18	0.11	72	3.2934
9	46	22.52	22.41	0.11	72	3.2934
10	47	23.64	23.54	0.1	72	2.994
11	31	23.5	23.32	0.18	120	5.3892
12	34	23.63	23.47	0.16	120	4.7904
13	37	23.84	23.65	0.19	120	5.6886
14	38	23.86	23.68	0.18	120	5.3892
15	40	23.67	23.48	0.19	120	5.6886
16	66	23.28	23.05	0.23	192	6.8862
17	67	23.79	23.53	0.26	192	7.7844
18	70	23.56	23.3	0.26	192	7.7844
19	75	23.05	23.83	0.22	192	6.5868
20	76	23.66	23.43	0.23	192	6.8862
21	1	23.62	23.33	0.29	240	6.6826
22	2	23.59	23.22	0.37	240	11.078
23	3	23.34	23.02	0.32	240	9.5808
24	9	23.86	23.55	0.31	240	9.2814
25	12	23.8	23.49	0.31	240	9.2814

表 8E　30CrMnSiA 钢板材 -25℃时每根试样失重试验数据

序号	试样号	原始重量/g	腐蚀后重量/g	失重/g	腐蚀时间/h	相对失重/(mg/cm²)
1	A71	23.2	23.19	0.01	24	0.2994
2	129	23.21	23.19	0.02	24	0.5988
3	10	23.11	23.1	0.01	24	0.2994
4	112	24.1	24.08	0.02	24	0.5988
5	38	23.12	23.1	0.02	24	0.5988
6	54	23.04	23.02	0.02	72	0.5988
7	4	23.9	23.88	0.02	72	0.5988
8	13	23.27	23.24	0.03	72	0.8982
9	139	23.22	23.19	0.03	72	0.8982
10	39	23.28	23.26	0.02	120	0.5988
11	126	23.27	23.23	0.04	120	1.1976
12	49	23.93	22.88	0.05	120	1.497
13	89	23.17	23.12	0.05	120	1.497
14	78	23.02	22.98	0.04	192	1.1976
15	29	23.25	23.23	0.02	192	0.5988
16	99	23.15	23.13	0.02	192	0.5988
17	72	23.19	23.17	0.02	192	0.5988
18	118	23.23	23.2	0.03	192	0.8982
19	14	24.13	24.13	0	240	
20	149	23.98	23.98	0	240	
21	102	23.28	23.28	0	240	
22	68	23.96	23.96	0	240	
23	150	22.19	22.19	0	240	

表 8F　30CrMnSiA 钢板材在不同温度的每平方厘米腐蚀试验数据

温度/℃	失重/mg \ 时间/h	24	72	120	192	240
60	1cm²	29.042	46.707	51.796	105.69	
		32.635		48.503	103.59	
		41.018	50.299	51.497	102.69	
		37.126	50.898	50.299	83.533	
		35.928	48.802	46.707	100.6	
	平均	35.1498	49.1765	49.7604	99.2206	

表 8F（续）

温度/℃	失重/mg \ 时间/h	24	72	120	192	240
28	1cm^2	20.659	38.024	45.808	47.305	64.97
		20.659	35.928	43.114	46.407	61.677
		21.557	36.826	45.808	47.305	63.174
		23.952	35.329	42.216	51.796	63.473
		21.557	35.629	47.605	50.898	69.162
	平均	21.6768	36.3472	44.9102	48.7422	64.4912
5	1cm^2	2.0958	5.3892	8.0838	8.0838	14.97
		1.7964	4.1916	7.485	8.6826	13.772
		1.7964	4.7904	8.3832	8.3832	13.473
		1.7964	3.8922	8.0838	8.6826	14.371
		2.0958	4.491	8.6826	9.5808	14.371
	平均	1.91616	4.55088	8.14368	8.6826	14.1914
0	1cm^2	0.8982	2.994	5.3892	6.8862	8.6826
		0.8982	3.2934	4.7904	7.7844	11.078
		1.497	3.2934	5.6886	7.7844	9.5808
		1.1976	3.2934	5.3892	6.5868	9.2814
		0.8982	2.994	5.6886	6.8862	9.2814
	平均	1.07784	3.17364	5.3892	7.1856	9.58084
−25	1cm^2	0.2994	0.5988	0.5988	1.1976	
		0.5988	0.5988	1.1976	0.5988	
		0.2994	0.8982		0.5988	
		0.5988		1.497	0.5988	
		0.5988	0.8982	1.497	0.8982	
	平均	0.47904	0.7485	1.1976	0.77844	

表9　30CrMnSiA钢板材平均腐蚀1mm试验 *T—H* 数据

试验温度 *T*/℃	−25	0	5	28	60
试验时间/h	120	120	120	120	120
平均腐蚀深度/mm	1.198	5.4	8.1	44.9	49.76
平均腐蚀1mm所需时间/h	100.2	22.2	14.8	2.67	2.41

表10　30CrMnSiA钢板材腐蚀温度 *T*、时间 *H* 和每平方厘米腐蚀量 *D* 一览表

温度/℃ \ 时间/h \ D_i/mg	10	20	30	40
60	7	13	25	52
28	11	23	55	111
5	82	362	554	730
0	254	502	770	1012

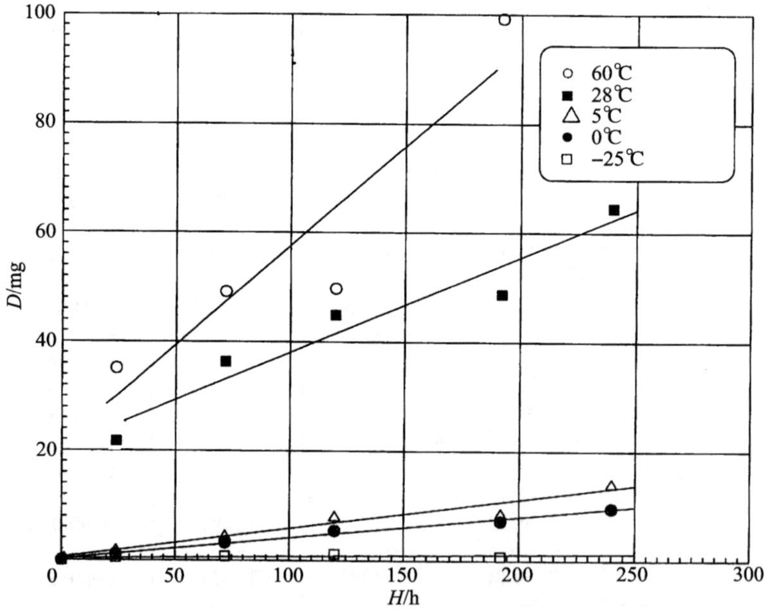

图8　30CrMnSiA钢板材在不同温度的每平方厘米腐蚀量—时间曲线

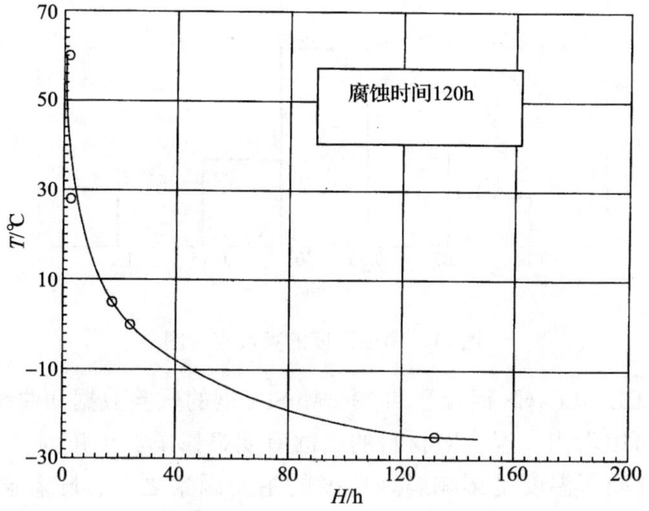

图 9　30CrMnSiA 钢板材平均每平方厘米腐蚀 1mg 试验 *T*—*H* 曲线

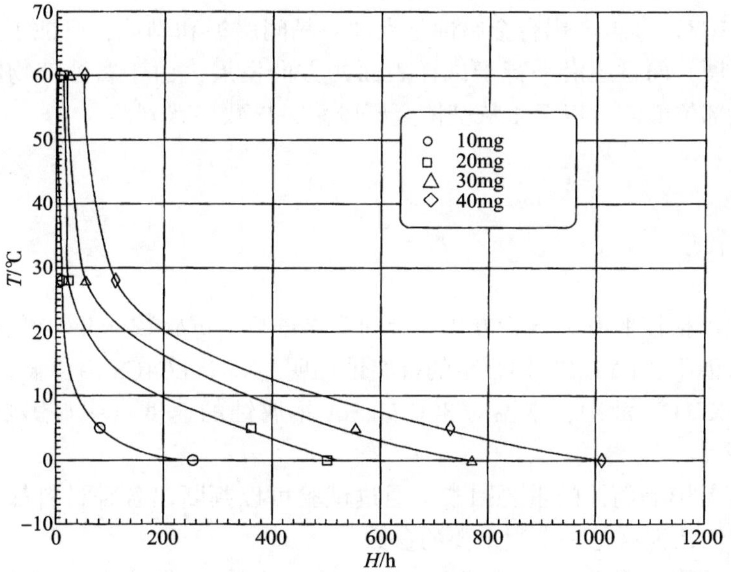

图 10　30CrMnSiA 钢板材每平方厘米不同腐蚀损伤 D_i 的 *T*—*H* 曲线

3　结果分析

（1）数据分析处理。我们的腐蚀试验是成组试验，即每种材料每个条件下 5 个试件，用金相测量法随机在 5 个试件上共测 25 个腐蚀深度，以 LC4CS 铝合金板材在 28℃、72h 最大腐蚀深度的频数直方图为例，其分布规律符合正态分布，如图 11 所示。

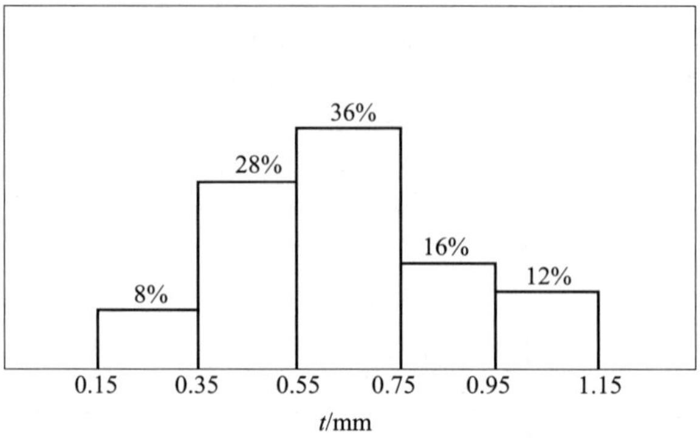

图 11　腐蚀深度的频数直方图

（2）由 LY12CZ、LC4CS 铝合金和 30CrMnSiA 钢的试验数据和曲线（见表 2 ~ 表 10 和图 2 ~ 图 10）可以看出：温度对材料的腐蚀有明显影响，温度越高，腐蚀速度越快，所以在一定环境介质下温度是影响腐蚀速度的主要因素之一，随着温度的下降三种材料都存在一个趋于不腐蚀的临界温度，但各不相同。由此验证三种材料在 EXCO 溶液作用下存在 *T—H* 曲线，而且分布规律很好。

（3）LY12CZ、LC4CS 铝合金腐蚀是点蚀、晶间腐蚀和剥蚀，腐蚀不仅沿垂直于试样表面方向发展，而且还沿平行于试样表面的方向发展，由于腐蚀产物膨胀产生的楔形效应使腐蚀部位鼓起，以至于从基体金属脱落，导致层状剥落。

4　结论

（1）试验严格按照有关试验方法和合同要求进行，试验数据准确可靠。

（2）在常温下，LY12CZ 铝合金的抗腐蚀性明显高于 LC4CS 铝合金。

（3）在 EXCO 溶液中，常温对 30CrMnSiA 钢腐蚀的速度有明显影响，温度越高，腐蚀速度越快。

（4）温度是影响腐蚀的重要因素，通过试验可以判断出各种材料都会有一个临界腐蚀温度，我们认为这是一个很重要的参数。

（5）在常温下，验证在标准溶液（EXCO）试验中，LY12CZ、LC4CS 铝合金和 30CrMnSiA 钢三种金属材料存在 *T—H* 曲线，而且分布规律很好，符合参考文献［1］的理论论证。

参考文献

［1］张福泽．金属机件腐蚀损伤日历寿命的计算模型和确定方法［J］．航空学报，1999，20（1）：75－79.
［2］曹楚南．腐蚀试验数据的统计分析［M］．北京：国防工业出版社，1988.
［3］高镇同．腐蚀应用统计学［M］．北京：国防工业出版社，1986.

[4] 褚武扬. 氢损伤和滞后研究 [M]. 北京：冶金工业出版社，1988.
[5] 徐俊丽. 铝合金晶间腐蚀测定方法（GB 7998—87）. 国家标准局，1987.
[6] 张玉梅. 铝合金剥层腐蚀试验方法（HB 5455—90）. 301 所，1990.
[7] 李幕铮. 腐蚀试验结果的重量损失测定和腐蚀产物的清除（HB 5257—83）. 301 所，1983.

用高浓度介质的试验损伤值求金属使用 T—H 曲线和 RH—H 曲线的原理和方法①

摘要：本文给出一种直接用高浓度介质的试验损伤值求使用情况下的金属 T—H 曲线和 RH—H 曲线的方法。这种方法不用绘制等温等湿等时线，直接用高浓度介质的试验损伤值计算出使用环境的金属腐蚀时间，由此绘制出金属使用情况下的 T—H 曲线和 RH—H 曲线，使 T—H 曲线和 RH—H 曲线测试更简便，更科学。用这些曲线计算出的日历寿命，就是使用环境下的日历寿命，不需要“当量折算”。

关键词：腐蚀损伤；损伤容限；T—H 曲线；RH—H 曲线

参考文献［1］在国际上首先发现金属腐蚀存在 T—H 曲线，接着又发现 RH—H 曲线，但用什么原理和方法测试和编制这些曲线尚在探讨中，参考文献［2］是通过非使用环境的试验溶液（EXCO）试验验证三种航空材料存在 T—H 曲线；参考文献［3］同样用非使用环境的溶液（EXCO）进行试验，来探讨任意损伤值的 T—H 曲线绘制方法；参考文献［4］通过等温等湿等时线研究给出一种“使用情况下的 T—H 曲线和 RH—H 曲线绘制原理和方法”，它不需“当量折算”，直接算出使用环境下的日历寿命，从学术上讲，这已是一种突破。但随着笔者参考文献［5］的发表，发现 T—H 曲线和 RH—H 曲线绘制原理的方法还可以进一步突破。即不用参考文献［4］的等温等湿等时线，而直接用非使用介质浓度试验的腐蚀损伤值，通过参考文献［5］给出的公式，计算出使用环境下的腐蚀时间，从而可以更简便地绘制出使用环境下的 T—H 曲线和 RH—H 曲线，使这些曲线的绘制原理和方法又上一个台阶。从中可以看出，随着笔者对金属材料腐蚀理论研究的深入，腐蚀 T—H 曲线和 RH—H 曲线的测试和编制原理和方法也不断发展和进步。

---

① 本文是在2017年编辑出版《张福泽文集》时写成的，还没来得及发表，该研究在国际上首次给出用非使用浓度介质的试验损伤值求金属使用 T—H 曲线和 RH—H 曲线的原理和方法。

1　用高浓度介质的试验损伤值求解使用环境的 $T—H$ 曲线

1.1　假设

（1）设腐蚀试验温度为 T_1、T_2、T_3 三级，并令 $T_1 > T_2 > T_3$，温度低于60℃[6]。

（2）设腐蚀试验湿度为一级，以 RH_1 表示，取值在使用湿度范围内选取。

（3）设使用环境的介质成分、含量等用溶液浓度 $d_1 = 1$ 表示，与此相对应的腐蚀时间用 H_{c1} 表示，试验高浓度介质溶液用 d_2、d_3、d_4 表示，并令 $d_2 < d_3 < d_4$，它们的取值在使用浓度 d_1 基础上加权选取。

（4）设三级温度和浓度的试验时间皆为 H_t（h），H_t 的长短由不同金属和不同损伤容限值选定。

（5）设金属的腐蚀损伤容限为任意指定的损伤值 D_{ci}。

1.2　腐蚀试验

（1）在浓度 d_2 和一种湿度 RH_1 共同作用下，分别以温度 T_1、T_2、T_3 进行三组金属试件的腐蚀试验，试验时间皆为 H_t（h），由此试验结果，测得三级温度对应的三组平均腐蚀损伤值为 D_{21}、D_{22}、D_{23}（下角标：前者表示浓度级别，后者表示温度级别）。

（2）在浓度 d_3 和一种湿度 RH_1 共同作用下，分别以温度 T_1、T_2、T_3 进行三组金属试件的腐蚀试验，试验时间皆为 H_t（h），由此试验结果测得三级温度对应的三组平均腐蚀损伤值为 D_{31}、D_{32}、D_{33}。

（3）在浓度 d_4 和一种湿度 RH_1 共同作用下，分别以温度 T_1、T_2、T_3 进行三组金属试件的腐蚀试验，试验时间皆为 H_t（h），由此试验结果测得三级温度对应的三组平均腐蚀损伤值为 D_{41}、D_{42}、D_{43}。

1.3　计算使用环境 d_1 下的腐蚀时间 H_{c1}、H_{c2}、H_{c3}

（1）计算公式

参考文献［5］推导出一种直接用腐蚀试验损伤 D_{ti} 计算使用环境下的金属日历寿命公式，如式（1）所示。由此，可无须通过“3 等线”求使用环境下的 $T—H$ 曲线，而直接用式（1）计算使用环境下的三种温度 T_1、T_2、T_3 对应的腐蚀时间 H_{c1}、H_{c2}、H_{c3}

$$H_{ci} = \frac{D_{c1} d_t}{D_{ti}} H_t \tag{1}$$

式中：H_{ci}——使用环境下的第 i 级温度金属腐蚀试验到 D_{c1} 的时间（日历寿命）；

H_t——腐蚀试验时间；

d_t——腐蚀试验介质溶液的平均浓度；

D_{ti}——腐蚀试验第 i 级温度金属腐蚀平均损伤值；

D_{c1}——使用环境下的金属腐蚀损伤容限值。

（2）计算 H_{c1}、H_{c2}、H_{c3}

根据 1.2 节腐蚀试验数据计算试验浓度平均值和损伤平均值

$$d_t = \frac{d_2 + d_3 + d_4}{3}$$

$$D_{t1} = \frac{D_{21} + D_{31} + D_{41}}{3}$$

$$D_{t2} = \frac{D_{22} + D_{32} + D_{42}}{3}$$

$$D_{t3} = \frac{D_{23} + D_{33} + D_{43}}{3}$$

将计算的 d_t、D_{t1}、D_{t2}、D_{t3}和 D_{c1}、H_t 代入式（1）中，便可计算出 T_1、T_2 和 T_3 对应的 H_{c1}、H_{c2}、H_{c3}。

1.4 绘制任意腐蚀损伤容限 D_{ci}的使用 T—H 曲线族

计算出 T_1、T_2、T_3 对应的 H_{c1}、H_{c2}、H_{c3}之后，便可绘制出使用环境 d_1 下的任意损伤容限 D_{ci}的 T—H 曲线（简称任意腐蚀损伤容限 D_{ci}的使用 T—H 曲线），如图 1 所示的 RH_1 曲线。

同理，在其他试验条件不变的情况下，试验湿度由 RH_1 改为 RH_2 或 RH_i 或 RH_k，通过重新腐蚀试验和计算，同样可绘制出如图 1 所示的 RH_2、RH_i、RH_k 的 T—H 曲线，由此获得图 1 所示的任意腐蚀损伤容限 D_{ci}对应的使用 T—H 曲线族。

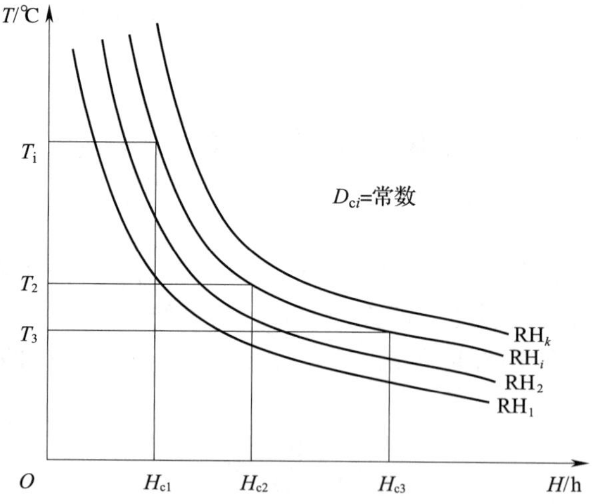

图 1　任意腐蚀损伤容限为 D_{ci}的使用 T—H 曲线族

2　用高浓度介质的试验损伤值求使用环境下的 RH—H 曲线

2.1　假设

（1）设腐蚀试验湿度为 RH_1、RH_2、RH_3 三级，并令 $RH_1 > RH_2 > RH_3$，其值在使用湿度内选取。

（2）设腐蚀试验温度为一级 $T_1 < 60℃$[6]。

（3）设试验的高浓度介质溶液同本文 1.1 节（3）。

（4）设腐蚀试验时间为 H_t（h）。

（5）设腐蚀损伤容限为任意指定的损伤值 D_{ci}。

2.2　腐蚀试验

（1）在浓度 d_2 和温度 T_1 共同作用下，分别以湿度 RH_1、RH_2、RH_3 进行了三组金属试件的腐蚀试验，试验时间皆为 H_t（h），由此试验结果，测得三组试件的平均腐蚀损伤值分别为 D_{21}、D_{22}、D_{23}（下角标：前者表示浓度级别，后者表示湿度级别）。

（2）在浓度 d_3 和温度 T_1 共同作用下，分别以湿度 RH_1、RH_2、RH_3 进行三组金属试件的腐蚀试验，试验时间皆为 H_t（h），由此试验结果，测得三组试件的平均腐蚀损伤值分别为 D_{31}、D_{32}、D_{33}。

（3）在浓度 d_4 和温度 T_1共同作用下，分别以湿度 RH_1、RH_2、RH_3 进行三组金属试件的腐蚀试验，试验时间皆为 H_t（h），由此试验结果，测得三组试件的平均腐蚀损伤值分别为 D_{41}、D_{42}、D_{43}。

2.3　计算使用环境 d_1 下的腐蚀时间 H_{c1}、H_{c2}、H_{c3}

其计算公式和 H_{c1}、H_{c2}、H_{c3}计算同本文的 1.3 节。

2.4　绘制任意损伤容限 D_{ci}的使用 RH—H 曲线族

根据 2.3 节计算出 RH_1、RH_2、RH_3 对应腐蚀时间 H_{c1}、H_{c2}、H_{c3}之后，便可绘制出使用环境 d_1 下的任意损伤容限 D_{ci} 的 RH—H 曲线（简称任意腐蚀损伤容限 D_{ci} 的使用 RH—H 曲线），如图 2 所示的 T_1 曲线。

同理，在其他试验条件不变的情况下，试验温度由 T_1 改为 T_2 或 T_i 或 T_k，通过重新试验和计算，同样可绘制出如图 2 所示中的 T_2、T_i、T_k 的 RH—H 曲线，由此获图 2 的任意腐蚀损伤容限 D_{ci} 的使用 RH—H 曲线族。

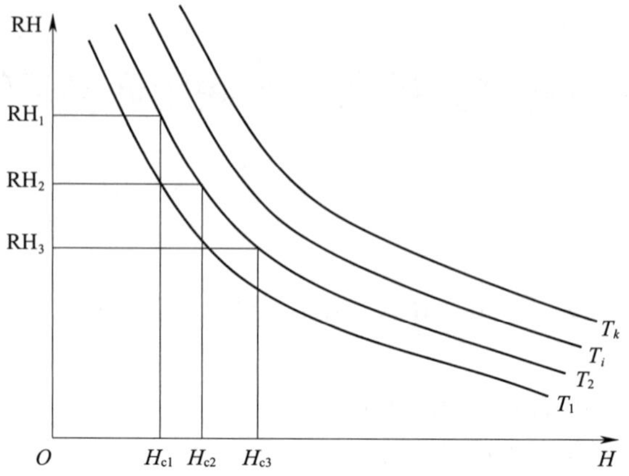

图2　任意腐蚀损伤容限为 D_{ci} 的使用 RH—H 曲线族

3　结论

综上所述，笔者提出了一种不需通过“3 等线”转换，直接用非使用条件的试验腐蚀损伤值求金属使用 *T—H* 曲线和 RH—*H* 曲线的原理和方法归纳如下。

（1）原理

运用参考文献［5］给出的用高浓度介质溶液试验损伤值计算使用环境下的日历寿命的原理，即用式（1）计算使用日历寿命的原理。

（2）方法和步骤：

①用三种不同的高浓度溶液和某一种温度（或湿度），分别以三种湿度（或三种温度）进行9组金属试件试验，共测得9个平均腐蚀损伤值；

②计算使用环境下的三级湿度（或温度）对应的三个腐蚀时间；

③绘制使用环境下的 *T—H* 曲线（或 RH—*H* 曲线）。

参考文献

［1］张福泽．金属机件腐蚀损伤日历寿命的计算模型和确定方法［J］．航空学报，1999，20（1）：75－79．

［2］宋钧，郭洪全．三种航空材料腐蚀 *T—H* 曲线测试技术报告．北京航空材料研究院，2010. 11

［3］张福泽．求任意腐蚀损伤的 *T—H* 曲线［J］．航空学报，2000，21（4）：349－351．

［4］张福泽．用腐蚀“3 等线”绘制使用环境的金属 *T—H* 曲线和 RH—*H* 曲线绘制原理和方法．北京航空工程技术研究中心，2010．

［5］张福泽．金属腐蚀“3 等线”和试验日历寿命确定方法［J］．航空学报，2016，37（2）：371－380．

［6］张福泽，陈勃．LY12CZ、30CrMnSiA 在高温、使用介质下的金属和涂层的 *T—H* 曲线试验报告．北京航空材料研究院，2007．

LY12CZ 铝合金和 A3 钢在三种腐蚀浓度、六种温度下的腐蚀 *D*—*H* 曲线研究①

1 研究目标

（1）获得 LY12CZ 铝合金、A3 钢在三种腐蚀介质浓度和六级温度谱下腐蚀损伤 *D* 与腐蚀时间 *H* 的关系曲线（*D*—*H* 曲线）；

（2）试验绘制上述两种航空材料的腐蚀溶液浓度 *d* 与腐蚀时间 *H* 的关系曲线（*d*—*H* 曲线）。

2 试验内容及方法

2.1 试样形式及数量

LY12CZ 铝合金采用 δ2.5mm 厚包铝板材，试验前通过化学方法去掉包铝层。A3 钢采用 δ2.8mm 板材，所有试样从板材上纵向（L）取样，试样形式及数量见表 1。

表 1 试样形式及数量

材料	试样形状	试样面积/mm^2	数量
LY12CZ（去包铝层）	长方形试样：60mm×20mm×1.6mm（*L*－*W*－*B*）	2700	27（每种浓度 9 件）
A3	长方形试样：50mm×25mm×2.8mm（*L*－*W*－*B*）	2875	27（每种浓度 9 件）

2.2 腐蚀温度谱

以海南陵水地区春秋、夏和冬三个季节的平均白天和夜间温度编制出试验的六级温度谱见表 2，每个谱块以 168h 为一个腐蚀周期。

① 本试验是按照合同要求，由北京航空材料研究院陈勃和叶序彬于 2007 年 5 月完成。

表2 温度谱块（168h）

温度/℃	20	30	40	50	60	70
时间比例/%	10	50	24	10	4	2
时间/h	16.80	84.00	40.32	16.80	6.72	3.36

2.3 腐蚀介质和浓度

本试验是以海南陵水地区的腐蚀介质成分为基础，采用三种高浓度（10倍、30倍和50倍）腐蚀溶液进行实验室加速腐蚀。通过对海南陵水地区的腐蚀介质成分进行调研和统计，确定实验室加速腐蚀所采用的三种高浓度腐蚀溶液如表3所示。

表3 试验溶液中各成分含量

名称	浓度	pH	H_2SO_4（98%）/[(g/L)(mL/L)]	HNO_3（67%）/[(g/L)(mL/L)]	NaCl /(g/L)	H_2O /(mL/L)
溶液A	10倍	2.2	0.46 (0.23)	0.41 (0.2814)	22.7	995
溶液B	30倍	1.4	1.38 (0.69)	1.23 (0.8442)	68.1	960
溶液C	50倍	1.0	2.3 (1.15)	2.05 (1.407)	113.5	960

2.4 腐蚀损伤量的测量

LY12CZ铝合金为点蚀、A3钢为均匀腐蚀，工程上通常采用单位面积腐蚀试样的失重来表征其腐蚀损伤 D，可采用称重法进行测量。对腐蚀过后的试样，按照HB 5257—83方法清除试样腐蚀产物，然后用JJ200电子天平进行称重，由腐蚀前后试样的重量差及试样面积计算出腐蚀损伤度。

表4 去腐蚀产物方法

A3钢	铬酐 CrO_3 150g/L 硫酸（密度1.84）H_2SO_4 1mL/L	80～90℃，20min至数小时
LY12CZ 铝合金	铬酐 CrO_3 20g/L 磷酸（密度1.7）H_3PO_4 200mL/L	室温，15～30min 或80℃，5～10min

2.5　试验过程

按表3配制三种浓度溶液各4L，平均分在两个烧杯中，分别放置LY12CZ铝合金和A3钢试样各9片。对于每种浓度铝或钢试样，按表2温度谱块进行腐蚀浸泡试验，每个周期（168h）后观察试样腐蚀状况并且更换腐蚀溶液。当试样达到一定的腐蚀程度后取出3片试样进行腐蚀损伤量检测，其余的试样继续进行腐蚀浸泡，试验流程如图1所示。

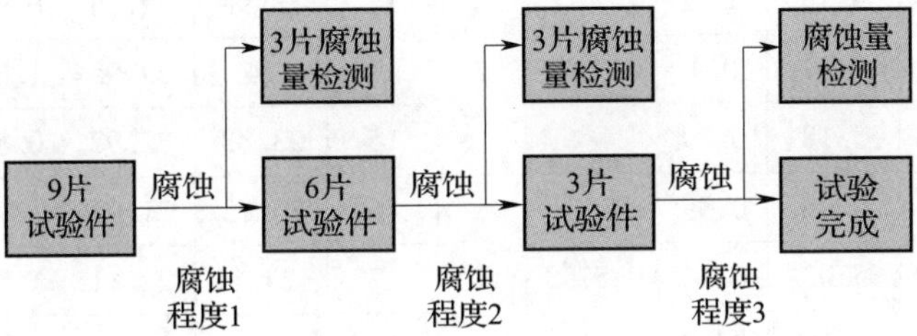

图1　A3钢和LY12CZ铝试样试验流程图

3　试验结果

3.1　A3钢和LY12CZ铝合金试样腐蚀试验数据

在温度谱的作用下，试样的腐蚀试验结果见表5。

表5　A3钢和LY12CZ铝合金试样腐蚀试验结果

腐蚀溶液浓度	LY12CZ						A3					
	试样编号	试验前/g	试验后/g	失重/g	均值/g	腐蚀周期	试样编号	试验前/g	试验后/g	失重/g	均值/g	腐蚀周期
10	1	5.32	5.28	0.04	0.04	1	1	24.22	24.14	0.08	0.077	1
	2	5.32	5.28	0.04			2	23.72	23.63	0.09		
	3	5.32	5.28	0.04			3	24.24	24.18	0.06		
	4	5.32	5.23	0.09	0.09	2	4	24.05	23.69	0.36	0.353	3
	5	5.32	5.23	0.09			5	24.2	23.81	0.39		
	6	5.32	5.23	0.09			6	23.84	23.53	0.31		
	7	5.32	5.17	0.15	0.1433	3	7	23.95	23.34	0.61	0.650	5
	8	5.32	5.19	0.13			8	24.25	23.58	0.67		
	9	5.32	5.17	0.15			9	24.14	23.47	0.67		

表 5（续）

腐蚀溶液浓度	LY12CZ						A3					
	试样编号	试验前/g	试验后/g	失重/g	均值/g	腐蚀周期	试样编号	试验前/g	试验后/g	失重/g	均值/g	腐蚀周期
30	10	5.47	5.21	0.26	0.22	1	10	24.02	23.74	0.28	0.240	1
	11	5.47	5.28	0.19			11	24	23.79	0.21		
	12	5.47	5.26	0.21			12	23.78	23.55	0.23		
	13	5.47	5.15	0.32	0.3367	2	13	23.98	22.99	0.99	0.967	3
	14	5.47	5.07	0.4			14	24	22.95	1.05		
	15	5.47	5.18	0.29			15	23.83	22.97	0.86		
	16	5.47	5.08	0.39	0.5733	3	16	23.73	21.95	1.78	1.970	5
	17	5.47	5.03	0.44			17	24.1	22.11	1.99		
	18	5.47	4.58	0.89			18	24.09	21.95	2.14		
50	19	5.52	4.92	0.6	0.55	1	19	24.05	23.6	0.45	0.363	1
	20	5.52	4.97	0.55			20	24.1	23.77	0.33		
	21	5.52	5.02	0.5			21	23.72	23.41	0.31		
	22	5.52	4.68	0.84	0.7633	2	22	23.72	22.24	1.48	1.470	3
	23	5.52	4.8	0.72			23	24.22	22.82	1.4		
	24	5.52	4.79	0.73			24	23.61	22.08	1.53		
	25	5.52	4.45	1.07	1.08	3	25	23.67	20.11	3.56	3.417	5
	26	5.52	4.41	1.11			26	23.55	20.08	3.47		
	27	5.52	4.46	1.06			27	23.73	20.51	3.22		

3.2 A3 钢和 LY12CZ 铝合金试样的 *D*—*H* 曲线

对表 5 结果进行处理，得到两种材料的 *D*—*H* 的数据见表 6，*D*—*H* 曲线如图 2 和图 3 所示。

表 6 试样腐蚀损伤 *D* 与腐蚀时间 *H* 的数据

材料		LY12CZ			A3		
腐蚀时间/h		168	336	504	168	504	840
单位面积腐蚀失重/(g/m^2)	浓度 10 倍	14.71	33.09	52.70	26.256	121	222.6
	浓度 30 倍	80.88	123.78	210.78	82.192	331.05	674.66
	浓度 50 倍	202.21	280.64	397.06	124.43	503.42	1170.09

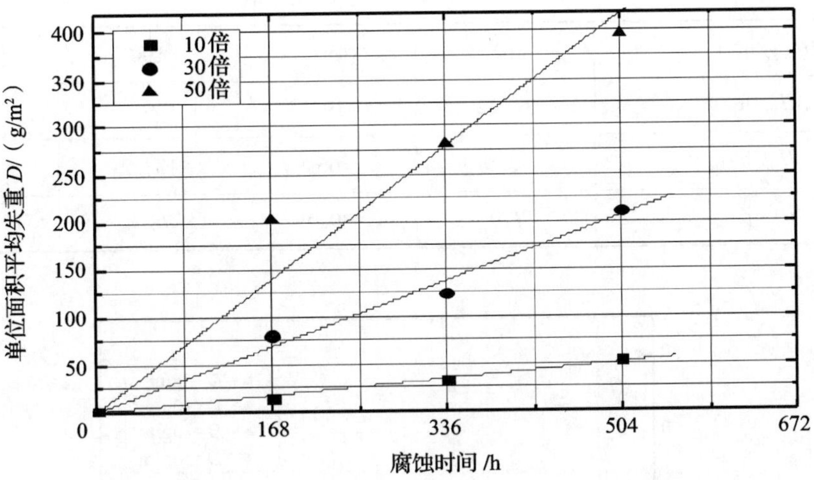

图 2　LY12CZ 铝合金在三种腐蚀浓度的 *D*—*H* 曲线

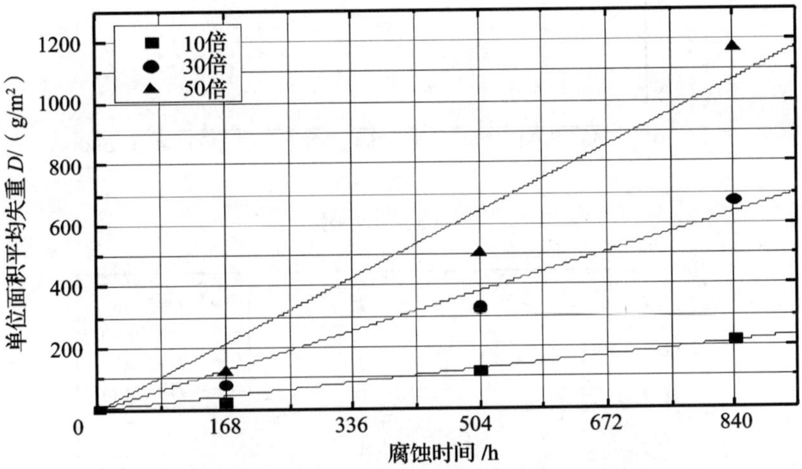

图 3　A3 钢在三种腐蚀浓度的 *D*—*H* 曲线

通过对 *D*—*H* 曲线进行处理，得到两种材料 4 种给定腐蚀损伤 D_i 的 *D*—*H* 数据，如表 7 和表 8 所示，线性坐标及双对数坐标的 *d*—*H* 曲线如图 4 和图 5 所示。

表 7　LY12CZ 试样 *D* 与 *H* 关系表

$D/(\mathrm{g/m^2})$	5	10	20	50
H_{10}/h	49. 5	98. 6	196. 85	492
H_{30}/h	12. 2	24. 5	48. 9	122. 2
H_{50}/h	6. 0	12. 0	24. 1	60. 5

表8　A3 钢试样 D 与 H 关系表

$D/(g/m^2)$	10	50	100	200
H_{10}/h	39.22	197	391	785
H_{30}/h	13.9	66	132.2	264
H_{50}/h	7.9	39.4	78.6	157.2

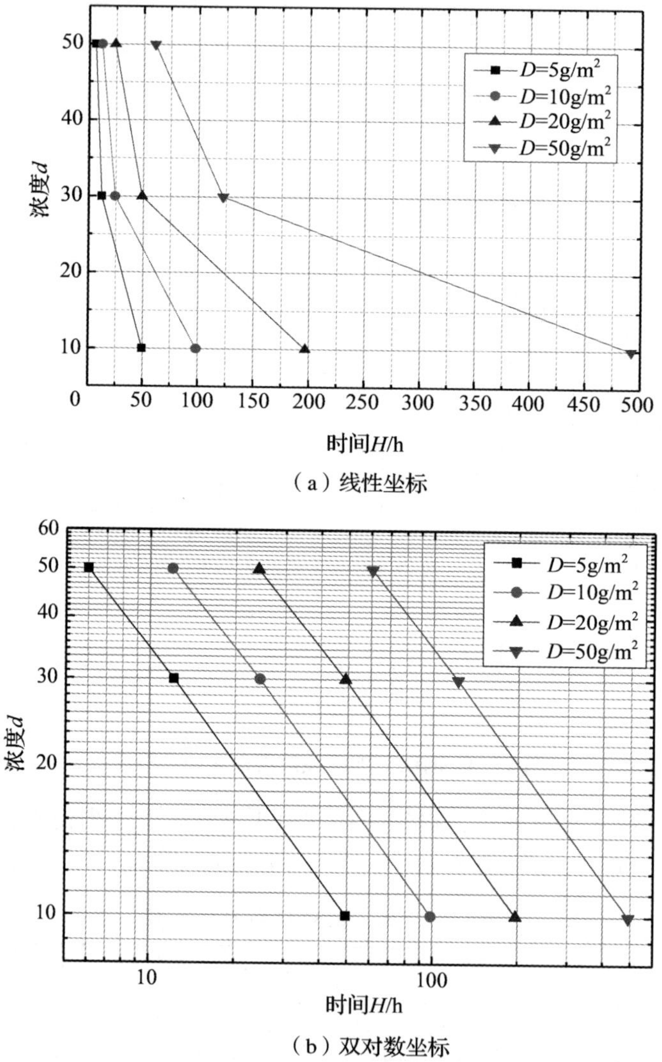

（a）线性坐标

（b）双对数坐标

图4　LY12CZ 几种给定腐蚀损伤 D 的腐蚀 d—H 曲线

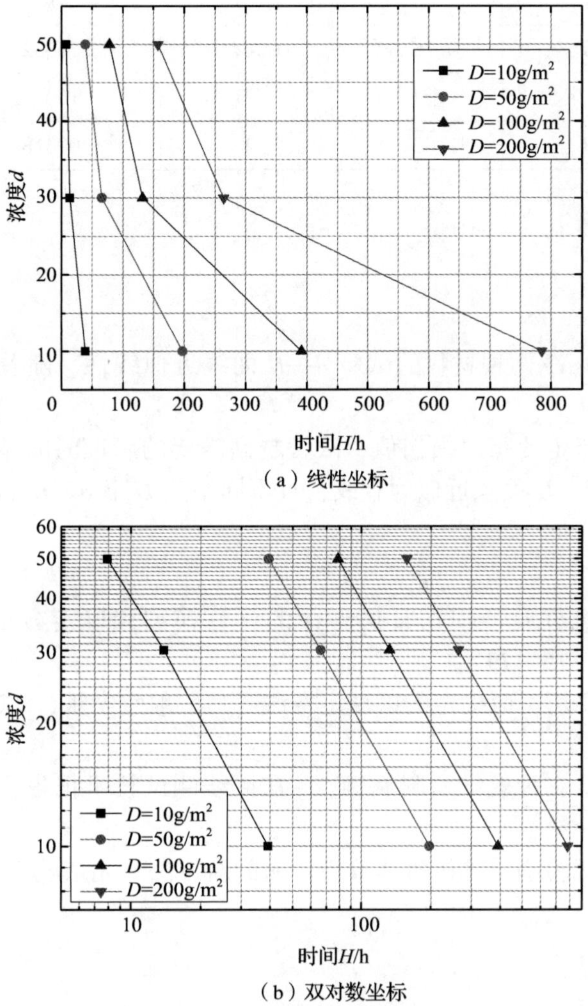

图 5　A3 钢几种给定腐蚀损伤 D 的腐蚀 $d—H$ 曲线

从图中可以看出，达到某一指定的腐蚀损伤值，浓度越高需要的腐蚀时间越少，采用双对数坐标后，两种材料的 $d—H$ 关系近似为直线，用式（1）表示

$$\lg d = A + B\lg H \tag{1}$$

式中 B 为 $d—H$ 曲线的斜率，可根据式（2）求出

$$B = \frac{\lg 50 - \lg 10}{\lg H_{10} - \lg H_{50}} \tag{2}$$

利用式（1）计算得到的不同指定腐蚀损伤 D 的 $d—H$ 曲线的斜率 B，基本相同，见表 9，这说明线性关系显著。

表9 两种材料 d—H 曲线斜率 B

LY12CZ	$D/(\mathrm{g/m^2})$	5	10	20	50
	B	0.76269	0.76416	0.76632	0.76792
A3	$D/(\mathrm{g/m^2})$	10	50	100	200
	B	1.00444	1	1.00318	1.00079

4 试验结论

（1）LY12CZ 和 A3 两种材料的试验 d—H 曲线近似线性，随着腐蚀溶液浓度 d 的增大，腐蚀速率加快。

（2）达到某一指定的腐蚀损伤值，浓度越高需要的腐蚀时间越少，采用双对数坐标后，两种材料的 d—H 关系近似为直线，且不同指定 D 下 d—H 曲线斜率相同。

参考文献

[1] 张福泽. 金属机件腐蚀损伤日历寿命的计算模型和确定方法 [J]. 航空学报，1999，20（1）：75-79.

[2] 张福泽. 飞机日历寿命确定的区域定寿法 [J]. 航空学报，2001，22（6）：549-552.

[3] 宋钧，郭洪全. 三种航空材料腐蚀 T—H 曲线测试技术报告. 北京航空材料研究院，2000.

[4] 张福泽. 通过试验确定飞机机体日历寿命的新方法. 北京航空工程技术研究中心，2006.

三种金属材料的 *D—d* 曲线验证及“集中疲劳”与“分段疲劳”对它的影响[①]

1 研究目标

（1）验证 LY12CZ、LC4CS 两种铝合金和 30CrMnSiA 钢的纯腐蚀 *D—d* 曲线为线性关系，腐蚀环境为重庆环境谱。

（2）验证 LY12CZ、LC4CS 两种铝合金和 30CrMnSiA 钢腐蚀再进行 -55℃低温环境下疲劳试验（称腐蚀后集中疲劳）对 *D—d* 曲线的影响。

（3）验证 LY12CZ、LC4CS 两种铝合金和 30CrMnSiA 钢腐蚀时间内分三次进行 -55℃低温疲劳试验（称腐蚀中分段疲劳试验）对 *D—d* 曲线的影响。

（4）对比分析集中疲劳和分段疲劳对金属腐蚀的影响。

2 试验内容及方法

2.1 材料

（1）LY12CZ 铝合金分别为 δ6.0mm 板材，δ3.0mm 板材（有包铝层），δ2.0mm 板材（有包铝层）。

（2）LC4CS 铝合金分别为 δ8.0mm 板材，δ2.0mm 板材（有包铝层）。

（3）30CrMnSiA 钢为 δ2.0mm 板材。

上述三种材料基本性能见表 1，符合航空行业标准要求。

表 1 LY12CZ、LC4CS 和 30CrMnSiA 三种材料的基本力学性能

材料	状态	σ_b/MPa	$\sigma_{p0.2}$/MPa	δ_5/%	备注
LY12CZ	CZ	454	396	9.8	δ8.0mm
		446	318	20.1	δ2.0mm（有包铝层）
		483	358	20.4	δ3.0mm（有包铝层）

① 本试验是按照合同要求，由北京航空材料研究院马丽婷等于 2013 年 10 月完成。

表1（续）

材料	状态	σ_b/MPa	$\sigma_{p0.2}$/MPa	δ_5/%	备注
LC4CS	CS	582	546	8.9	δ6.0mm
		564	504	14.2	δ2.0mm（有包铝层）
30CrMnSiA	890℃油淬 520℃回火，油冷	1057	975	14.4	δ2.0mm

2.2 试样

（1）纯腐蚀试样

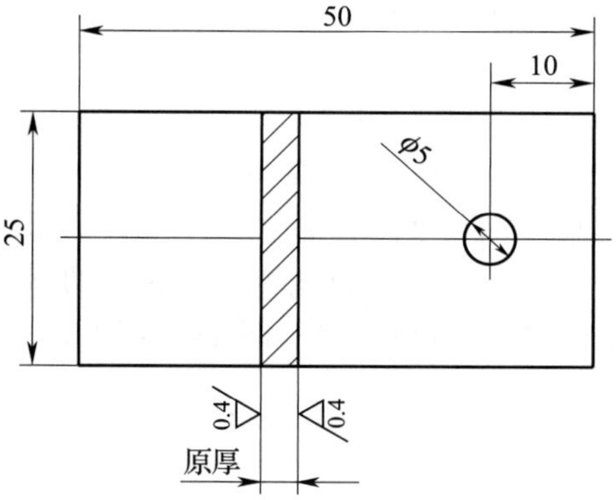

图1 纯腐蚀试样示意图

（2）低温疲劳试样

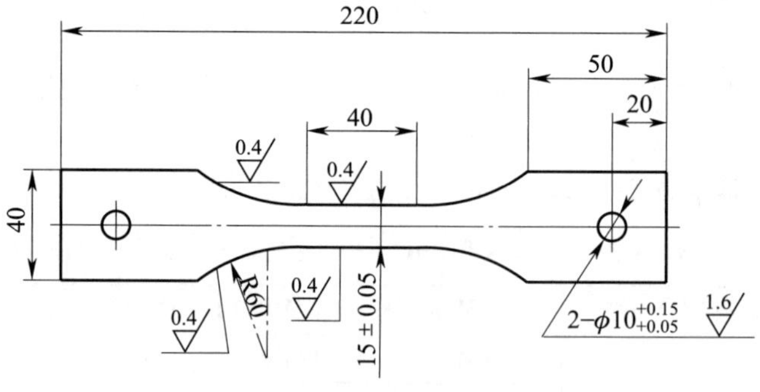

图2 低温疲劳试样示意图

（3）室温疲劳试样

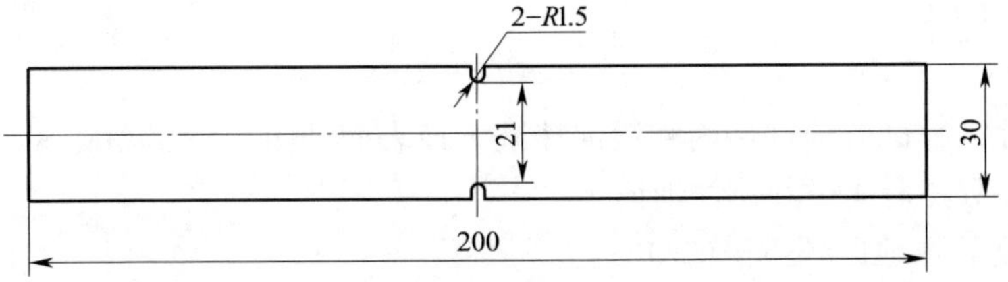

图 3　室温疲劳试样示意图

所有试样从板材上纵向（L）取样。

2.3　腐蚀介质

介质溶液为海南陵水地区和重庆地区腐蚀介质成分配制溶液，见表 2 和表 3。

表 2　海南陵水地区试验溶液中各种成分含量

浓度 d	pH	H_2SO_4（98%）/[(g/L)(mL/L)]	HNO_3（67%）/[(g/L)(mL/L)]	NaCl/(g/L)
1 倍	6. 8	0. 046 (0. 023)	0. 041 (0. 02841)	2. 27

表 3　重庆地区试验溶液中各种成分含量

浓度 d	pH	Na_2SO_4（98%）/(mg/L)	NaCl（98%）/(mg/L)
1 倍	5. 5	23. 11	1. 48

2.4　腐蚀损伤的表征及测量

LY12CZ、LC4CS 两种铝合金是点蚀，用腐蚀深度表征材料的腐蚀损伤 D，委托天津理工大学材料与工程学院对蚀坑深度进行测量和统计，方法为：去腐蚀产物后用三维光学测量显微镜（OLYMPUS STM6）随机测量 8 个蚀坑深度，所有结果取平均值作为损伤量 D 的表征。

30CrMnSiA 钢为均匀腐蚀，工程上通常采用试样单位面积腐蚀失重来表征其损伤量 D，可采用称重法进行测量：对腐蚀后的试样按照 HB 5257—83 方法清除试样腐蚀产物后用电子天平进行称重，由腐蚀前后试样的重量差及试样面积计算出试样的单位面积腐蚀失重。

2.5 试验过程

所有腐蚀试样试验前都用丙酮浸泡擦洗去掉表面油污，对30CrMnSiA钢试样称重，要求精确到小数点后4位并作详细记录。

（1）海南陵水地区环境谱试验

①环境谱见表4（由北京航空工程技术研究中心提供）。

表4 海南陵水地区环境试验谱（1年谱）

温度/℃ 时间/h 湿度/%	25	30	35	总环境试验时间/h
90	1067	248.4	39.0	2209.1
100	516.8	212.8	125.1	

②介质浓度为 $d=10$ 倍、$d=20$ 倍和 $d=30$ 倍的腐蚀溶液配制。

根据表2配制成试验腐蚀溶液各成分含量见表5。

表5 试验腐蚀溶液中各成分含量

浓度 d	H_2SO_4/(mL/L)	HNO_3/(mL/L)	NaCl/(g/L)
10倍	0.23	0.2841	22.7
20倍	0.46	0.5628	45.4
30倍	0.69	0.844	68.1

③将试件按表6分组，分别浸入腐蚀溶液1～2min后取出放入恒温恒湿箱中按表4试验谱进行腐蚀试验。共进行2209.1h的谱环境试验，每隔7天取出所有试样再浸润原浓度溶液，溶液每个月更换一次，试验结束后，立即用清水清洗试样后放入干燥器中。

表6 试验件分组

浓度 d	10倍	20倍	30倍
LY12CZ铝合金	1～5号	6～10号	11～15号
30CrMnSiA钢	301～305号	306～310号	311～315号

④去腐蚀产物

根据HB 5257—83方法配制腐蚀溶液产物及时间，见表7。

表 7　去腐蚀产物溶液及去腐蚀产物时间

钢	铬酐 CrO_3 150g/L 硫酸（密度 1.84）H_2SO_4　1mL/L	3h
铝	铬酐 CrO_3 20g/L 磷酸（密度 1.84）H_3PO_4　200mL/L	30min

去腐蚀产物后烘干 LY12CZ 铝合金试样送天津理工大学进行腐蚀坑深度测量。30CrMnSiA 钢立即进行称重。

（2）重庆环境谱试验

①重庆地区环境试验参数由北京航空工程技术研究中心提出，即试验温度 35℃，试验湿度 RH = 85%。

②根据表 3 重庆地区的介质浓度 $d = 10$ 倍、$d = 20$ 倍、$d = 30$ 倍和 $d = 40$ 倍腐蚀溶液配制，如表 8 所示。

表 8　重庆地区环境试验腐蚀液不同浓度中各成分含量

浓度 d	Na_2SO_4/（mL/L）	NaCl/（g/L）
10 倍	231.1	14.8
20 倍	462.2	29.6
30 倍	693.3	44.4
40 倍	924.4	59.2

③将三种材料试样（按表 9 分组）分别浸入腐蚀溶液中 1 ~ 2min 后取出放入恒温恒湿箱中按重庆试验谱进行试验，共进行 1440h 谱环境试验。

表 9　试样分组

材料	试验项目	$d = 10$ 倍	$d = 20$ 倍	$d = 30$ 倍	$d = 40$ 倍
LY12CZ	纯腐蚀	16 ~ 20 号	21 ~ 25 号	26 ~ 30 号	31 ~ 35 号
	分段疲劳	1 ~ 3 号	8 ~ 10 号	15 ~ 17 号	22 ~ 24 号
	集中疲劳	4 ~ 6 号	11 ~ 13 号	18 ~ 20 号	25 ~ 27 号
LC4CS	纯腐蚀	1 ~ 5 号	6 ~ 10 号	11 ~ 15 号	16 ~ 20 号
	分段疲劳	1 ~ 3 号	8 ~ 10 号	15 ~ 17 号	22 ~ 24 号
	集中疲劳	4 ~ 6 号	11 ~ 13 号	18 ~ 20 号	25 ~ 27 号
30CrMnSiA	纯腐蚀	316 ~ 320 号	321 ~ 325 号	326 ~ 330 号	331 ~ 335 号
	分段疲劳	301 ~ 303 号	308 ~ 310 号	315 ~ 317 号	322 ~ 324 号
	集中疲劳	304 ~ 306 号	311 ~ 313 号	318 ~ 320 号	325 ~ 327 号

每隔7天取出所有试样浸润原浓度腐蚀溶液，腐蚀溶液每个月更换一次。

在重庆环境谱试验中每进行360h取出所有试样，纯腐蚀试样取出后立即放入干燥器中等待下次再进行环境谱试验。疲劳试样分为两部分，集中疲劳部分同纯腐蚀试样一起放入干燥器中等待下次继续腐蚀试验。分段疲劳部分进行低温-55℃谱载试验。

④低温谱载试验

试验载荷谱由北京航空工程技术研究中心提供，见图4。

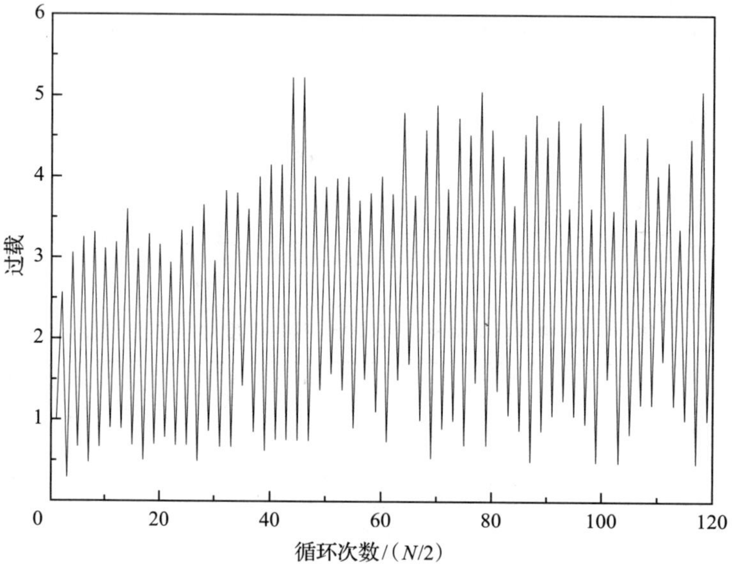

图4　低温疲劳试验载荷谱（部分）

分段疲劳试样按甲方要求每腐蚀1440/4=360h后取出在低温箱中保温30min后，进行-55℃低温谱载试验，10个谱载循环（每个谱载循环等于100飞行小时787次小循环），随后将24组试样再次放入恒温恒湿箱中进行环境腐蚀试验，反复三次直至达到1440h的腐蚀时间。集中疲劳试样经1440h的集中腐蚀后取出进行-55℃的低温谱载疲劳试验，每个试件连续进行30个谱载循环，相同于分段进行疲劳试验的循环数。

3　试验结果及分析

3.1　海南陵水地区环境谱试验结果

（1）LY12CZ铝合金无包铝层腐蚀损伤试验结果如表10所示，*D*—*d*曲线如图5所示。

表 10　LY12CZ 铝合金海南陵水地区环境谱腐蚀损伤结果

浓度 d	试样编号	腐蚀深度随机测量/mm	单件平均腐蚀深度/mm	组腐蚀深度平均值/mm	标准差
10 倍	1	0.65；0.60；0.58；0.58；0.56；0.56；0.55；0.52；0.52；0.52	0.564	0.5618	0.01733
	2	0.65；0.63；0.60；0.56；0.56；0.55；0.55；0.52；0.52；0.52	0.534		
	3	0.64；0.63；0.60；0.55；0.55；0.55；0.54；0.54；0.52；0.52	0.564		
	4	0.65；0.63；0.60；0.56；0.56；0.55；0.53；0.53；0.52；0.50	0.565		
	5	0.64；0.63；0.63；0.62；0.62；0.56；0.55；0.55；0.52；0.50	0.582		
20 倍	6	0.85；0.85；0.83；0.83；0.80；0.80；0.76；0.75；0.72；0.72	0.791	0.7622	0.0181
	7	0.85；0.83；0.80；0.78；0.76；0.76；0.76；0.75；0.70；0.68	0.769		
	8	0.82；0.78；0.78；0.76；0.76；0.76；0.76；0.75；0.68；0.68	0.753		
	9	0.80；0.80；0.80；0.78；0.78；0.76；0.75；0.70；0.68；0.65	0.750		
	10	0.82；0.82；0.80；0.78；0.76；0.76；0.73；0.70；0.66；0.65	0.748		
30 倍	11	1.05；1.03；1.02；0.98；0.98；0.98；0.98；0.95；0.92；0.92	0.902	0.9162	0.04484
	12	1.03；1.03；0.98；0.98；0.96；0.96；0.92；0.92；0.82；0.82	0.850		
	13	1.04；1.03；1.02；0.96；0.96；0.96；0.95；0.95；0.92；0.90	0.969		
	14	1.06；1.03；0.97；0.97；0.96；0.96；0.95；0.92；0.80；0.80	0.942		
	15	1.02；1.02；0.96；0.96；0.94；0.94；0.85；0.85；0.82；0.82	0.918		

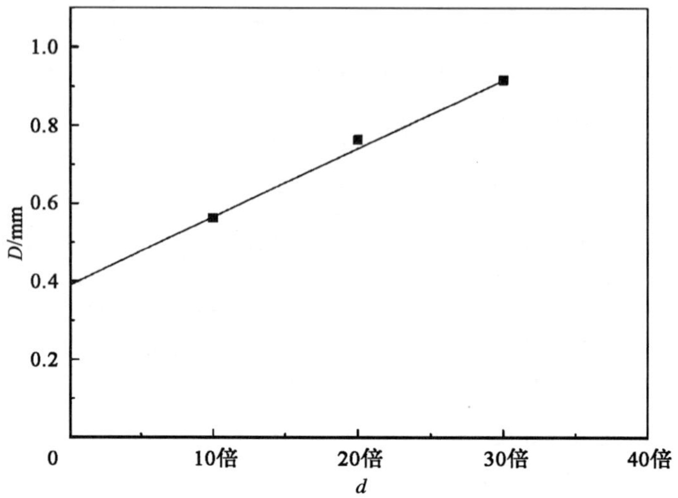

图5 LY12CZ铝合金海南陵水地区环境谱纯腐蚀 $D—d$ 曲线图

（2）30CrMnSiA钢腐蚀损伤试验结果如表11所示，$D—d$ 曲线如图6所示。

表11 30CrMnSiA钢海南陵水地区环境谱腐蚀损伤结果

浓度 d	试样编号	腐蚀前重量/g	腐蚀后重量/g	重量差值/g	平均值/g	标准差	单位面积平均值/（g/m^2）
10倍	301	18.9192	18.1056	0.8136	0.85812	0.05314	306
	302	19.8140	18.8935	0.9205			
	303	20.2672	19.4387	0.8285			
	304	19.9493	19.0380	0.9113			
	305	19.7890	18.9723	0.8167			
20倍	306	20.2000	19.2951	0.9049	0.94066	0.05183	336
	307	19.4380	18.5267	0.9113			
	308	19.6274	18.6011	1.0263			
	309	19.3136	18.4062	0.9074			
	310	19.4628	18.5094	0.9534			
30倍	311	19.4893	18.4596	1.0297	0.99034	0.02517	354
	312	19.7813	18.8076	0.9737			
	313	19.0717	18.0765	0.9952			
	314	20.1181	19.1292	0.9889			
	315	19.9426	18.9784	0.9642			

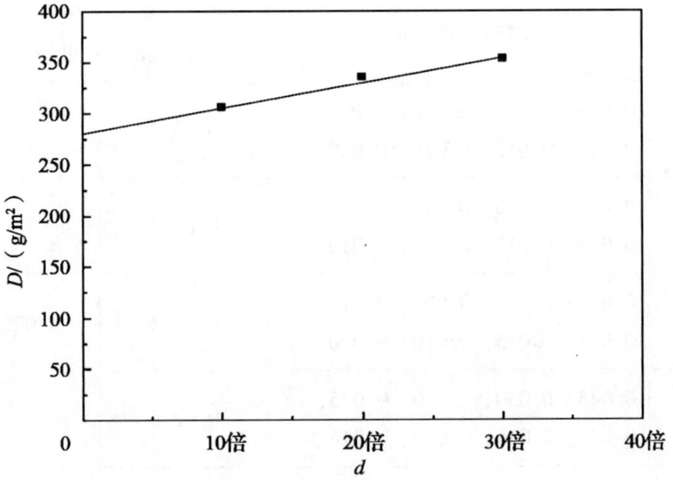

图 6 30CrMnSiA 钢海南陵水地区环境谱纯腐蚀 D—d 曲线图

以上两种材料的腐蚀试验是在哈尔滨飞机工业（集团）有限责任公司理化实验室进行。恒温恒湿箱型号 VC0018，控制精度：温度 ±1.0℃，湿度 ±3%。

3.2 重庆地区环境谱试验结果

（1）LY12CZ 铝合金重庆谱腐蚀损伤试验结果如表 12 和表 13 所示，D—d 曲线如图 7 和图 8 所示。

表 12 LY12CZ 铝合金重庆介质纯腐蚀损伤结果

浓度 d	试样编号	腐蚀深度/mm	单件平均腐蚀深度/mm	组腐蚀深度平均值/mm	标准差
10 倍	16	0.010；0.010；0.010；0.010；0.015；0.015；0.015；0.065	0.0186	0.0175	0.00301
	17	0.010；0.010；0.010；0.010；0.015；0.015；0.015；0.055	0.0175		
	18	0.010；0.010；0.010；0.015；0.015；0.015；0.015；0.075	0.0206		
	19	0.015；0.015；0.015；0.015；0.010；0.010；0.010；0.010	0.0125		
	20	0.015；0.015；0.015；0.015；0.010；0.010；0.010；0.055	0.0181		

表12（续）

浓度 d	试样编号	腐蚀深度/mm	单件平均腐蚀深度/mm	组腐蚀深度平均值/mm	标准差
20倍	21	0.075；0.015；0.015；0.015；0.015；0.015；0.010；0.010	0.0212	0.0202	0.00247
	22	0.025；0.025；0.015；0.015；0.015；0.015；0.010；0.010	0.0165		
	23	0.075；0.025；0.025；0.015；0.015；0.015；0.010；0.010	0.0218		
	24	0.045；0.030；0.030；0.025；0.015；0.015；0.010；0.010	0.0225		
	25	0.025；0.025；0.025；0.015；0.015；0.015；0.015；0.015	0.0188		
30倍	26	0.035；0.035；0.015；0.015；0.010；0.010；0.010；0.010	0.0175	0.0220	0.0078
	27	0.055；0.030；0.020；0.025；0.015；0.015；0.010；0.010	0.0215		
	28	0.085；0.085；0.055；0.035；0.015；0.015；0.010；0.010	0.0375		
	29	0.030；0.030；0.025；0.025；0.025；0.015；0.010；0.010	0.0215		
	30	0.030；0.030；0.025；0.025；0.025；0.015；0.010；0.010	0.0215		
40倍	31	0.045；0.035；0.030；0.025；0.015；0.015；0.010；0.010	0.0230	0.0249	0.00618
	32	0.025；0.025；0.015；0.015；0.015；0.015；0.010；0.010	0.0165		
	33	0.045；0.035；0.030；0.025；0.015；0.015；0.010；0.010	0.0230		
	34	0.085；0.085；0.015；0.015；0.015；0.015；0.010；0.010	0.0315		
	35	0.085；0.070；0.025；0.015；0.015；0.015；0.010；0.010	0.0305		

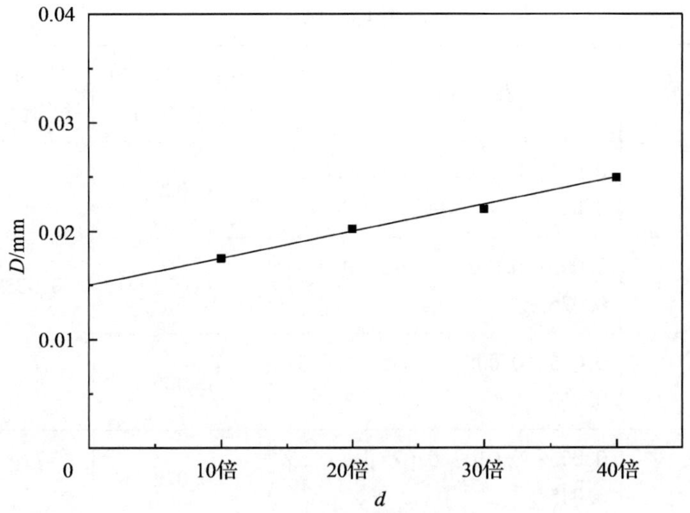

图 7　LY12CZ 铝合金重庆谱纯腐蚀 $D—d$ 曲线图

为了使腐蚀疲劳试件腐蚀坑的测量深度与纯腐蚀试件有可比性，故将腐蚀疲劳试件工作区域等同于纯腐蚀试件的面积进行腐蚀坑深度测量

表 13　LY12CZ 铝合金重庆介质腐蚀疲劳损伤结果

试验条件	试样编号	腐蚀深度/mm	单件平均腐蚀深度/mm	组腐蚀浓度平均值/mm	标准差
10 倍分段疲劳	1	0.015；0.015；0.015；0.010；0.035	0.018	0.01767	0.00252
	2	0.015；0.015；0.020；0.020；0.035	0.020		
	3	0.005；0.010；0.010；0.015；0.020	0.015		
10 倍集中疲劳	4	0.005；0.015；0.015；0.015；0.035	0.018	0.01867	0.00115
	5	0.005；0.015；0.015；0.015；0.035	0.018		
	6	0.005；0.015；0.020；0.020；0.045	0.020		
20 倍分段疲劳	8	0.005；0.005；0.010；0.015；0.025	0.020	0.02067	0.00115
	9	0.005；0.005；0.015；0.015；0.060	0.020		
	10	0.005；0.015；0.025；0.025；0.040	0.022		

表13（续）

试验条件	试样编号	腐蚀深度/mm	单件平均腐蚀深度/mm	组腐蚀浓度平均值/mm	标准差
20倍集中疲劳	11	0.005；0.010；0.015；0.025；0.055	0.022	0.02333	0.00231
	12	0.005；0.005；0.010；0.015；0.075	0.022		
	13	0.005；0.005；0.035；0.035；0.050	0.026		
30倍分段疲劳	15	0.005；0.010；0.025；0.025；0.045	0.022	0.02333	0.00153
	16	0.005；0.005；0.035；0.035；0.035	0.023		
	17	0.005；0.015；0.015；0.035；0.055	0.025		
30倍集中疲劳	18	0.005；0.005；0.035；0.035；0.050	0.026	0.02567	0.00058
	19	0.005；0.010；0.015；0.045；0.045	0.026		
	20	0.005；0.005；0.035；0.035；0.045	0.025		
40倍分段疲劳	22	0.010；0.010；0.025；0.035；0.040	0.024	0.02567	0.00153
	23	0.005；0.015；0.015；0.035；0.050	0.026		
	24	0.005；0.015；0.035；0.035；0.045	0.027		
40倍集中疲劳	25	0.005；0.015；0.035；0.035；0.050	0.028	0.02733	0.00115
	26	0.005；0.015；0.035；0.035；0.050	0.026		
	27	0.005；0.015；0.045；0.045；0.045	0.028		

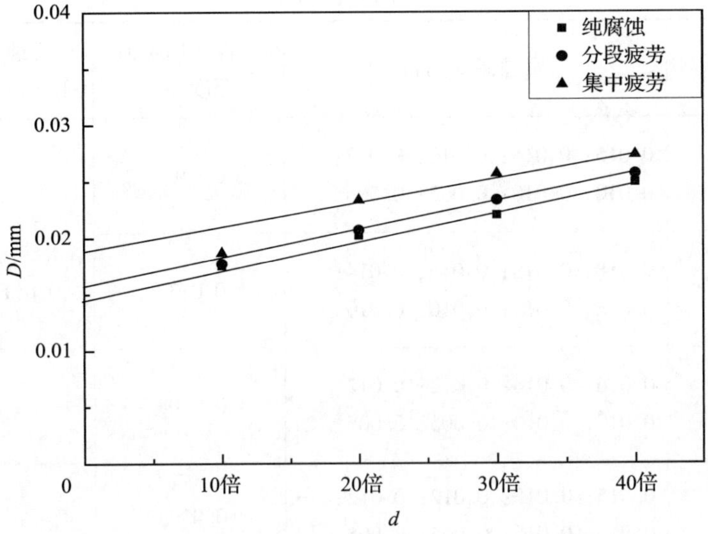

图 8　LY12CZ 铝合金重庆谱纯腐蚀、分段疲劳、集中疲劳 *D*—*d* 曲线比较

从图 8 可以看出，纯腐蚀试样、分段腐蚀疲劳、集中腐蚀疲劳的腐蚀坑深度依次加深，三者腐蚀深度最大相差为 0.00367mm，所以可以认为相差不大。

（2）LC4CS 铝合金重庆谱腐蚀损伤试验结果见表 14 和表 15，*D*—*d* 曲线图见图 9 和图 10。

表 14　LC4CS 铝合金重庆谱纯腐蚀损伤结果

浓度 *d*	试样编号	腐蚀深度/mm	单件平均腐蚀深度/mm	组腐蚀深度平均值/mm	标准差
10 倍	1	0.016；0.016；0.015；0.015；0.010；0.010；0.005；0.005	0.0115	0.01078	0.00121
	2	0.017；0.017；0.016；0.015；0.010；0.010；0.005；0.005	0.0118		
	3	0.017；0.016；0.015；0.012；0.010；0.010；0.005；0.005	0.0113		
	4	0.015；0.015；0.012；0.012；0.010；0.010；0.005；0.005	0.0105		
	5	0.010；0.010；0.008；0.008；0.005；0.005；0.005；0.005	0.0088		
20 倍	6	0.016；0.015；0.010；0.010；0.010；0.010；0.005；0.005	0.0098	0.01136	0.0015
	7	0.015；0.015；0.015；0.015；0.014；0.013；0.005；0.005	0.0121		

表14（续）

浓度 *d*	试样编号	腐蚀深度/mm	单件平均腐蚀深度/mm	组腐蚀深度平均值/mm	标准差
20倍	8	0.015；0.015；0.012；0.012；0.010；0.010；0.005；0.005	0.0105	0.01136	0.0015
	9	0.018；0.018；0.015；0.014；0.012；0.012；0.010；0.010	0.0136		
	10	0.016；0.016；0.012；0.012；0.010；0.010；0.005；0.005	0.0108		
30倍	11	0.015；0.015；0.012；0.012；0.010；0.010；0.005；0.005	0.0105	0.01146	0.00136
	12	0.018；0.018；0.015；0.014；0.012；0.012；0.005；0.005	0.0124		
	13	0.015；0.015；0.012；0.012；0.010；0.010；0.005；0.005	0.0105		
	14	0.015；0.015；0.012；0.012；0.010；0.010；0.005；0.005	0.0105		
	15	0.020；0.020；0.015；0.015；0.012；0.010；0.010；0.005	0.0134		
40倍	16	0.015；0.015；0.012；0.012；0.010；0.010；0.005；0.005	0.0105	0.01228	0.0033
	17	0.015；0.015；0.012；0.012；0.010；0.010；0.005；0.005	0.0105		
	18	0.023；0.023；0.020；0.018；0.016；0.015；0.015；0.015	0.0181		
	19	0.015；0.015；0.012；0.012；0.010；0.010；0.005；0.005	0.0105		
	20	0.017；0.016；0.016；0.015；0.010；0.010；0.005；0.005	0.0118		

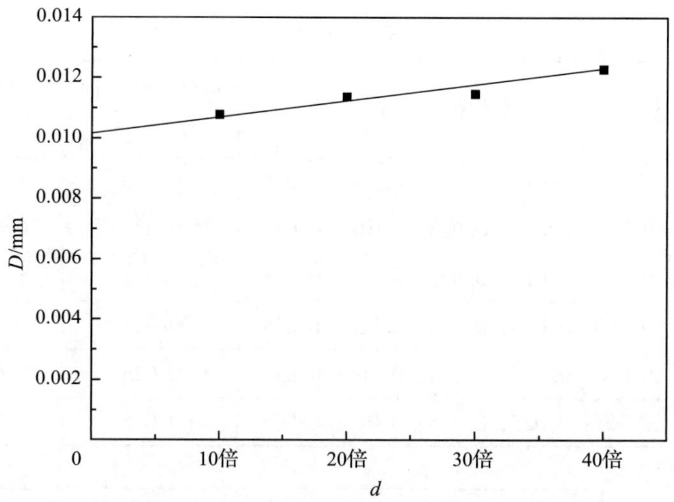

图 9　LC4CS 铝合金重庆谱纯腐蚀 *D—d* 曲线图

表 15　LC4CS 铝合金重庆谱腐蚀疲劳损伤结果

试验条件	试样编号	腐蚀深度/mm	单件平均腐蚀深度/mm	组腐蚀深度平均值/mm	标准差
10 倍分段疲劳	1	0. 010；0. 010；0. 015；0. 020；0. 020	0. 015	0. 014667	0. 00153
	2	0. 010；0. 010；0. 015；0. 015；0. 015	0. 013		
	3	0. 010；0. 010；0. 015；0. 015；0. 025	0. 016		
10 倍集中疲劳	4	0. 010；0. 010；0. 015；0. 015；0. 020	0. 014	0. 01467	0. 00115
	5	0. 010；0. 010；0. 015；0. 015；0. 020	0. 014		
	6	0. 015；0. 015；0. 015；0. 015；0. 020	0. 016		
20 倍分段疲劳	7	0. 005；0. 005；0. 005；0. 015；0. 050	0. 016	0. 01533	0. 00058
	8	0. 015；0. 015；0. 015；0. 010；0. 020	0. 015		
	9	0. 005；0. 005；0. 015；0. 010；0. 030	0. 015		
20 倍集中疲劳	10	0. 005；0. 010；0. 015；0. 015；0. 035	0. 016	0. 01800	0. 00200
	11	0. 005；0. 015；0. 015；0. 015；0. 040	0. 018		
	12	0. 005；0. 015；0. 015；0. 015；0. 050	0. 020		
30 倍分段疲劳	13	0. 005；0. 005；0. 005；0. 015；0. 050	0. 020	0. 01933	0. 00115
	14	0. 005；0. 015；0. 015；0. 025；0. 030	0. 018		
	15	0. 005；0. 015；0. 015；0. 015；0. 050	0. 020		
30 倍集中疲劳	16	0. 005；0. 015；0. 015；0. 035；0. 045	0. 023	0. 02300	0. 00000
	17	0. 005；0. 015；0. 035；0. 035；0. 035	0. 023		
	18	0. 005；0. 010；0. 015；0. 035；0. 050	0. 023		

表15（续）

试验条件	试样编号	腐蚀深度/mm	单件平均腐蚀深度/mm	组腐蚀深度平均值/mm	标准差
40倍分段疲劳	19	0.025；0.015；0.015；0.010；0.035	0.020	0.02167	0.00153
	20	0.035；0.015；0.005；0.010；0.045	0.023		
	21	0.035；0.015；0.015；0.010；0.035	0.022		
40倍集中疲劳	22	0.035；0.015；0.015；0.010；0.035	0.022	0.02400	0.00173
	23	0.065；0.015；0.015；0.005；0.025	0.025		
	24	0.065；0.025；0.015；0.015；0.005	0.025		

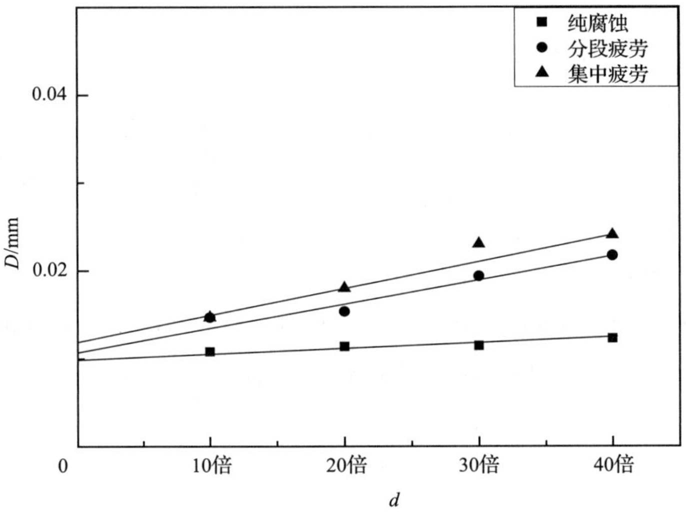

图10 LC4CS铝合金重庆谱纯腐蚀、分段疲劳、集中疲劳 D—d 曲线比较

从图10可以看出，纯腐蚀试样的腐蚀坑深度略低，其次是分段腐蚀疲劳试样，集中腐蚀疲劳试样的腐蚀坑深度略高，但是三种腐蚀环境下的数据相差不大。

（3）30CrMnSiA钢重庆谱腐蚀损伤试验结果如表16和表17所示，D—d 曲线如图11和图12所示。

表16 30CrMnSiA钢重庆谱纯腐蚀损伤结果

浓度 d	试样编号	腐蚀前重量/g	腐蚀后重量/g	重量差值/g	平均值/g	标准差	单位面积平均值/（g/m²）
10倍	316	20.0070	19.8534	0.1536	0.1422	0.0121	50.8
	317	19.8839	19.7401	0.1438			
	318	19.3763	19.2379	0.1384			
	319	19.4975	19.3644	0.1331			
	320	20.1606	20.0183	0.1423			

表 16（续）

浓度 d	试样编号	腐蚀前重量/g	腐蚀后重量/g	重量差值/g	平均值/g	标准差	单位面积平均值/（g/m^2）
20 倍	321	20. 3286	20. 1739	0. 1547	0. 1526	0. 0098	54. 5
	322	20. 3062	20. 1473	0. 1589			
	323	19. 9647	19. 8291	0. 1356			
	324	19. 7194	19. 5654	0. 1540			
	325	20. 0732	19. 9136	0. 1596			
30 倍	326	20. 4783	20. 3069	0. 1714	0. 1645	0. 00678	58. 8
	327	19. 2945	19. 1322	0. 1623			
	328	20. 1566	19. 9911	0. 1655			
	329	19. 8908	19. 7216	0. 1692			
	330	20. 4511	20. 2970	0. 1541			
40 倍	331	20. 5805	20. 4048	0. 1757	0. 1556	0. 01631	55. 6
	332	19. 8327	19. 6917	0. 1410			
	333	19. 6438	19. 4759	0. 1679			
	334	19. 9144	19. 7592	0. 1552			
	335	19. 2940	19. 1556	0. 1384			

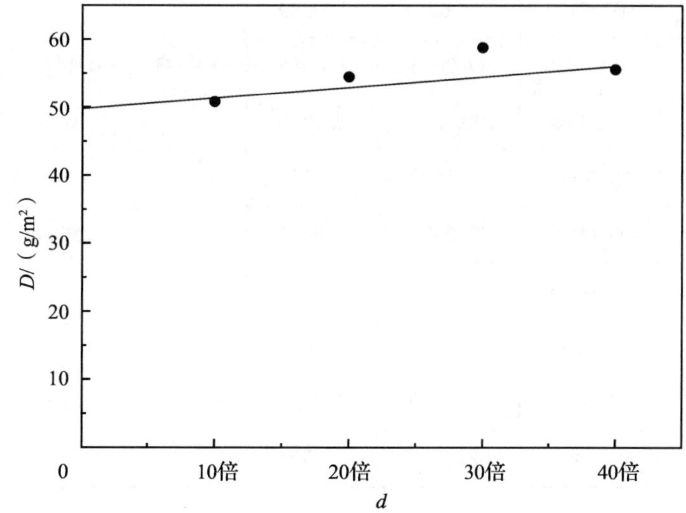

图 11　30CrMnSiA 钢重庆谱纯腐蚀 D—d 曲线

表17　30CrMnSiA钢重庆谱腐蚀疲劳损伤结果

试验条件	试样编号	腐蚀前重量/g	腐蚀后重量/g	重量差值/g	平均值/g	标准差	单位面积平均值/(g/m^2)
10倍分段疲劳	301	99.6804	98.9511	0.7293	0.6280	0.12674	49.8
	302	99.6463	99.1604	0.4859			
	303	98.4307	97.7618	0.6689			
10倍集中疲劳	304	99.9072	99.1646	0.7426	0.6223	0.1057	49.4
	305	100.1251	99.5808	0.5443			
	306	100.1488	99.5688	0.5800			
20倍分段疲劳	308	103.5658	102.9109	0.6549	1.0275	0.5832	81.5
	309	101.3332	100.6052	0.7280			
	310	99.9645	98.2649	1.6996			
20倍集中疲劳	311	100.0773	98.9636	1.1137	1.1934	0.08855	94.7
	312	99.3024	98.1247	1.1777			
	313	102.4111	101.1224	1.2887			
30倍分段疲劳	315	99.2799	98.3738	0.9061	0.7770	0.11297	61.7
	316	99.4491	98.7527	0.6964			
	317	100.7721	100.0437	0.7284			
30倍集中疲劳	318	102.7173	101.6284	1.0889	0.9583	0.1616	76.1
	319	100.3038	99.2953	1.0085			
	320	101.2068	100.4292	0.7776			
40倍分段疲劳	322	99.3056	98.5679	0.7377	1.1700	0.58049	92.9
	323	98.6960	97.7534	0.9426			
	324	99.0326	97.2028	1.8298			
40倍集中疲劳	325	99.0564	98.3118	0.7446	0.7651	0.01778	60.7
	326	99.2636	98.4879	0.7757			
	327	99.5477	98.7726	0.7751			

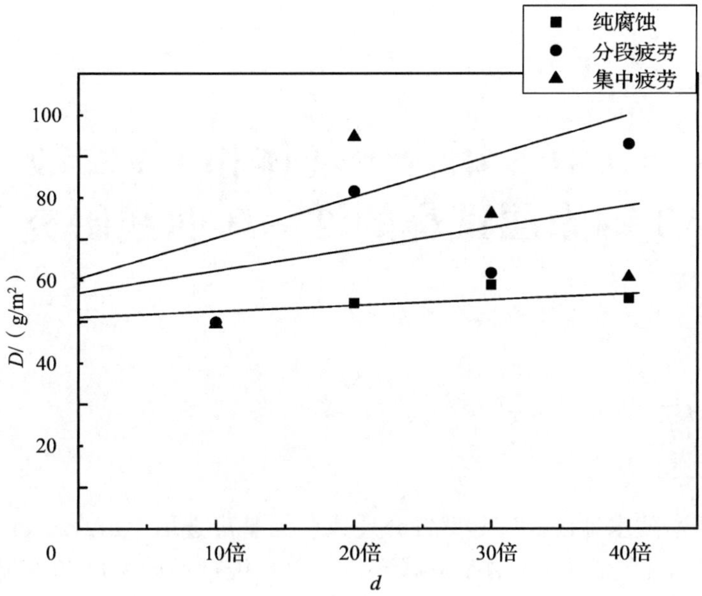

图 12　30CrMnSiA 钢重庆谱纯腐蚀、分段疲劳、集中疲劳 *D*—*d* 曲线比较

从图 12 中可以看出，30CrMnSiA 钢分段腐蚀疲劳和集中腐蚀疲劳的试验数据都在一个分散带交叉分布，所以认为分段腐蚀疲劳和集中腐蚀疲劳无显著差异。

4　结论

（1）三种材料的 *D*—*d* 曲线线性规律好，但曲线偏离坐标原点较远，待研究。

（2）30CrMnSiA 钢的腐蚀疲劳可以认为集中腐蚀疲劳和分段腐蚀疲劳试验数据区别不大。

（3）LY12CZ、LC4CS 铝合金集中腐蚀疲劳比分段腐蚀疲劳损伤稍高，这说明在确定日历寿命时，用集中疲劳比分段疲劳安全，而且试验也相对简单。

（4）LY12CZ、LC4CS 铝合金的纯腐蚀损伤与分段腐蚀疲劳损伤无明显差别。

（5）LY12CZ、LC4CS、30CrMnSiA 三种材料纯腐蚀的腐蚀量较分段疲劳和集中疲劳的低。

参考文献

[1] GB/T 3075—1982. 金属轴向疲劳试验方法.
[2] Q6S 977—91. 金属力学性能图集.
[3] 天津理工大学. 不同腐蚀条件下铝合金腐蚀深度测量报告.

LY12CZ、LC4CS 铝合金基体和 LY12CZ 铝合金、A3 钢涂层试样的 *T—H* 曲线研究①

1 研究目标

本研究以海南陵水地区的实际腐蚀介质成分为基准选取 LY12CZ、LC4CS 铝合金基体试样、LY12CZ 铝合金和 A3 钢涂层试样为对象，进行不同温度和不同浓度腐蚀溶液中的腐蚀浸泡试验，具体研究目标如下：

（1）将腐蚀介质成分加至 5 倍、10 倍、20 倍，进行 LY12CZ、LC4CS 铝合金基体材料试样在三种温度（10℃、25℃、50℃）和三种浓度腐蚀溶液中的腐蚀浸泡试验，浸泡时间为 336h，获取损伤量 D 与腐蚀浓度 d 的等温等湿等时关系曲线（$D—d$ 曲线），并由此导出各自的 $T—H$ 曲线；

（2）以实际腐蚀介质成分配制腐蚀溶液（$d=1$），进行 LY12CZ 铝合金和 A3 钢涂层试样在三种温度（65℃、50℃、25℃）下的腐蚀浸泡试验，直至涂层失效，由试验结果绘制涂层失效的 $T—H$ 曲线。

2 试验内容及方法

2.1 试样

LY12CZ 铝合金采用 δ6mm 板材（无包铝层），LC4CS 铝合金采用 δ8mm 板材，A3 钢采用 δ2mm 板材，所有试样从板材上纵向（L）取样，试样形式及数量见表 1。

铝合金和钢涂层试样的防腐处理方法见表 2。

金属基体试样和涂层试样的编号及分组情况见表 3 和表 4。

① 本试验是按照合同要求，由北京航空材料研究院宋钧和叶序彬于 2011 年 1 月完成。

表 1　试样形式及数量

试样类型	材料	试样形状	数量
金属基体试样	LY12CZ 铝合金	长方形试样：50mm×25mm×6mm（$L-W-B$）	18
	LC4CS 铝合金	长方形试样：50mm×25mm×8mm（$L-W-B$）	18
金属涂层试样	LY12CZ 铝合金	长方形试样：50mm×25mm×6mm（$L-W-B$）	9
	A3 钢	长方形试样：50mm×25mm×2mm（$L-W-B$）	9

表 2　防腐处理

材料	表面处理	防腐涂层
LY12CZ 铝合金	表面阳极化处理	（1）喷涂 1 道 H06-2 锌黄环氧酯底漆； （2）喷涂 2 道 S04-103H 聚氨酯磁漆（白）
A3 钢	吹砂，磷化处理	（1）喷涂 1 道 H06-2 铁红环氧酯底漆； （2）喷涂 H04-2 各色环氧硝基磁漆（黑）

表 3　两种铝合金基体试样分组

材料	10℃			25℃			50℃		
	5 倍	10 倍	20 倍	5 倍	10 倍	20 倍	5 倍	10 倍	20 倍
LY12CZ	B1-B2	B3-B4	B5-B6	B7-B8	B9-B10	B11-B12	B13-B14	B15-B16	B17-B18
LC4CS	C1-C2	C3-C4	C5-C6	C7-C8	C9-C10	C11-C12	C13-C14	C15-C16	C17-C18

表 4　涂层试样分组

材料	室温（25℃）	50℃	65℃
LY12CZ 铝合金	B33，B34，B35	B40，B41，B42	B43，B44，B45
A3 钢	C1，C2，C3	C4，C5，C6	C7，C8，C9

2.2　腐蚀介质浓度及试验温度

基体材料试样的试验温度为：$T_1=10$℃、$T_2=25$℃、$T_3=50$℃；涂层试样的试验温度为：$T_1=25$℃（室温）、$T_2=50$℃、$T_3=65$℃。

腐蚀介质浓度：以海南陵水地区腐蚀介质成分为基准（$d=1$，见表 5），试样的腐蚀溶液浓度为：5 倍、10 倍、20 倍。

表5　试验溶液中各成分含量

浓度 d	pH	H_2SO_4（98%）/[（g/L）（mL/L）]	HNO_3（67%）/[（g/L）（mL/L）]	NaCl /（g/L）
1倍	6.8	0.046（0.023）	0.041（0.02814）	2.27

2.3　腐蚀损伤的表征及测量

金属基体试样：LY12CZ铝合金和LC4CS铝合金以点蚀为主，腐蚀深度是材料腐蚀损伤量 D 的表征方式。委托天津理工大学材料与工程学院对蚀坑深度进行测量和统计，方法为：去腐蚀产物后，采用三维光学测量显微镜（OLYMPUS STM6）随机测量5个蚀坑的深度，所有结果取平均值作为损伤量 D 的表征。

防腐涂层试样采用的失效判据如下：

（1）涂层开裂：涂层发生开裂或破坏，致使基体裸露。

（2）表面大面积起泡。表面涂层由于吸入腐蚀溶液，致使涂层起泡，起泡处在一般环境下不能恢复原状，或部分长大的，则涂层的防护作用大大降低，作为失效处理。

2.4　试验方法

两种铝合金基体试样：将腐蚀介质成分加至5倍、10倍、20倍分别配制腐蚀溶液，进行LY12CZ、LC4CS铝合金基体试样分别在三种温度（10℃、25℃、50℃）和三种浓度（5倍、10倍、20倍）腐蚀溶液中的腐蚀浸泡试验，浸泡时间为336h。对试样的腐蚀损伤量 D 进行测量，获取 D 与腐蚀浓度 d 的等温等湿等时关系曲线（D—d 曲线），并根据参考文献［1］方法导出各自的 T—H 曲线。

涂层试样：以实际腐蚀介质成分（$d=1$）配制腐蚀溶液，进行LY12CZ铝合金和A3钢涂层试样在三种温度（65℃、50℃、25℃）下的腐蚀浸泡试验，直至涂层失效，而后绘制涂层失效的 T—H 曲线。

3　试验结果及分析

3.1　铝合金基体试验结果及分析

（1）腐蚀损伤试验结果

LY12CZ铝合金基体试样腐蚀损伤照片和蚀坑深度测量结果的平均值见表6。

表6　LY12CZ 铝合金基体试样腐蚀照片及蚀坑深度平均值（腐蚀时间 336h）

10℃			25℃			50℃		
浓度	试样	蚀坑深度/mm	浓度	试样	蚀坑深度/mm	浓度	试样	蚀坑深度/mm
5倍	B1	 0. 065	5倍	B7	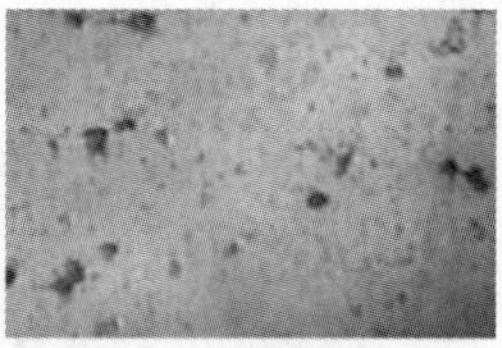 0. 085	5倍	B13	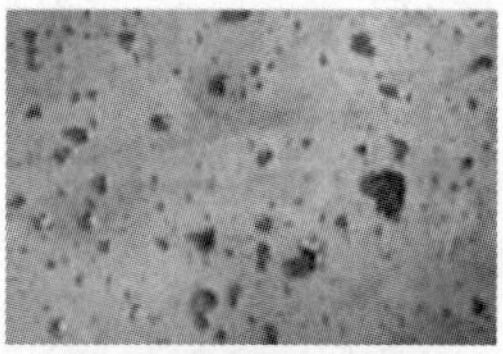 0. 325
	B2	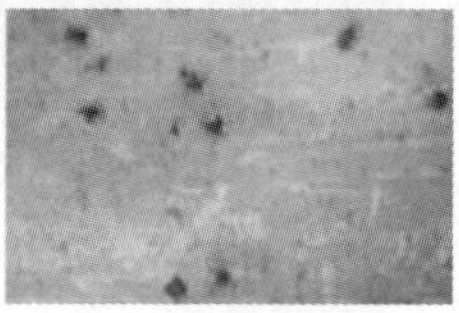 0. 060		B8	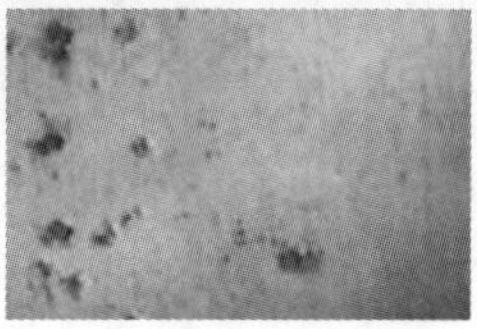 0. 085		B14	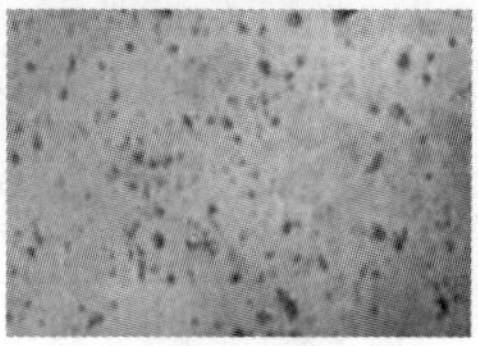 0. 320
10倍	B3	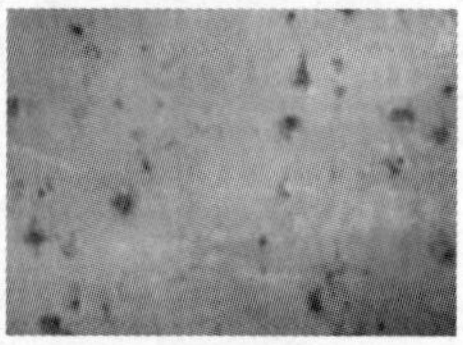 0. 095	10倍	B9	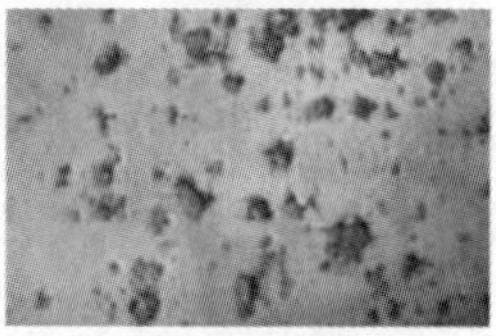 0. 305	10倍	B15	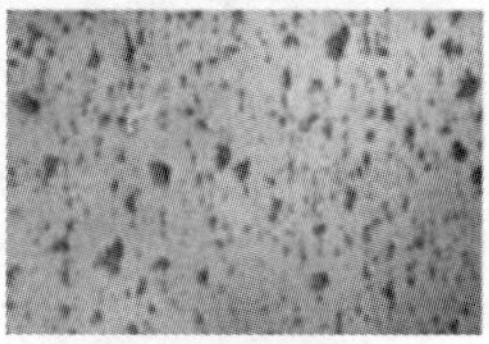 0. 950
	B4	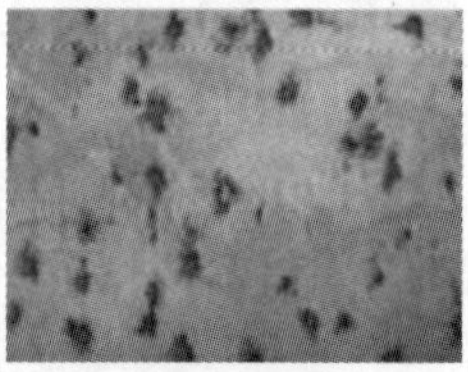 0. 1		B10	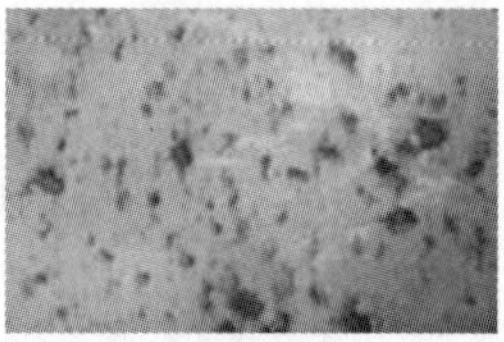 0. 295		B16	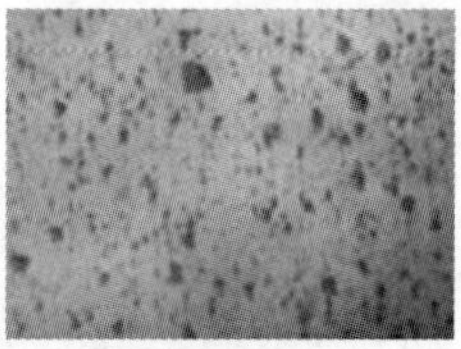 0. 945
20倍	B5	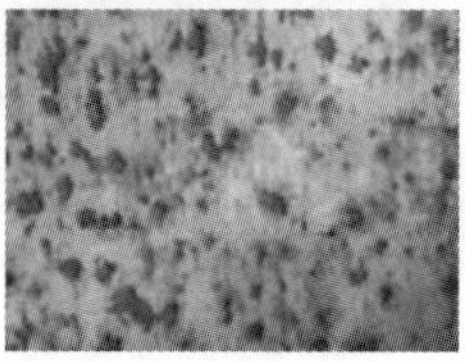 0. 255	20倍	B11	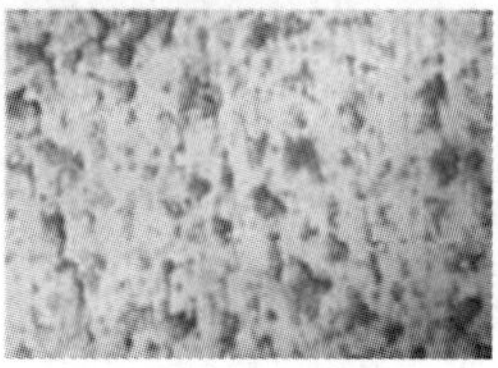 0. 625	20倍	B17	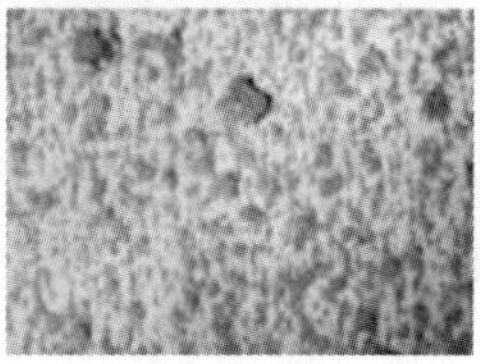 1. 235
	B6	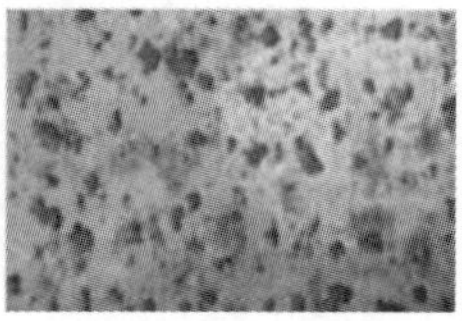 0. 260		B12	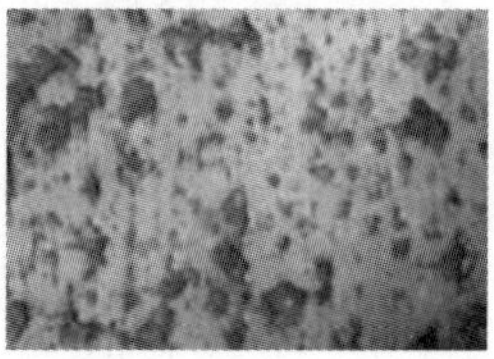 0. 615		B18	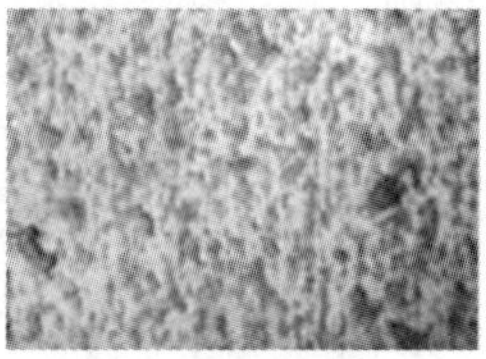 1. 245

LC4CS铝合金基体试样腐蚀损伤照片和蚀坑深度测量平均值见表7。

表7　LC4CS铝合金基体试样腐蚀照片及蚀坑深度平均值（腐蚀时间336h）

10℃			25℃			50℃		
浓度	试样	蚀坑深度/mm	浓度	试样	蚀坑深度/mm	浓度	试样	蚀坑深度/mm
5倍	C1	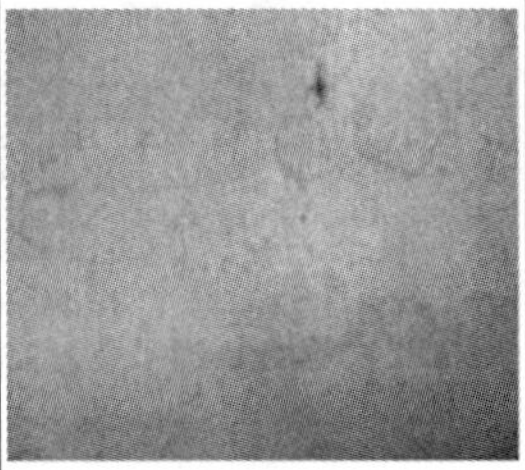 （失去光泽）0.001 *	5倍	C7	 （失去光泽）0.003 *	5倍	C13	 （失去光泽）0.005 *
	C2	 （失去光泽）0.001 *		C8	 （失去光泽）0.003 *		C14	 （失去光泽）0.005 *
10倍	C3	 （失去光泽）0.008 *	10倍	C9	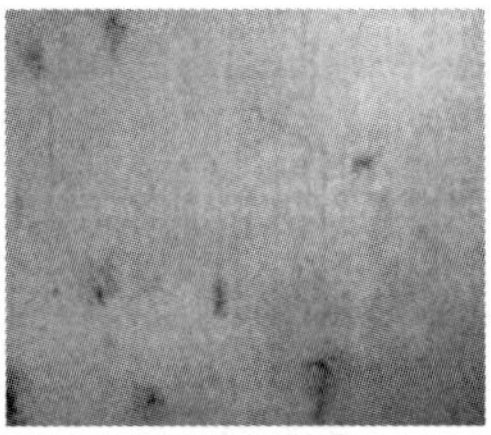 0.015	10倍	C15	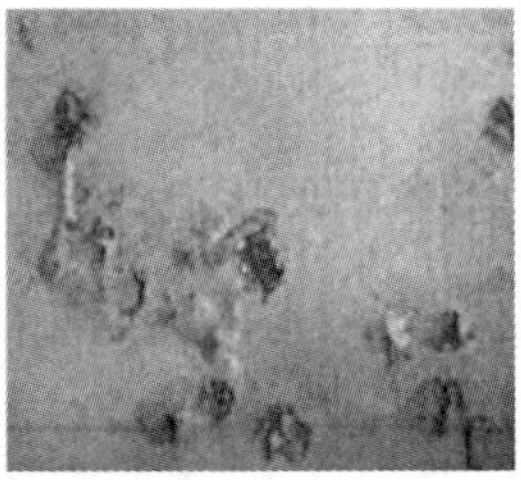 0.065
	C4	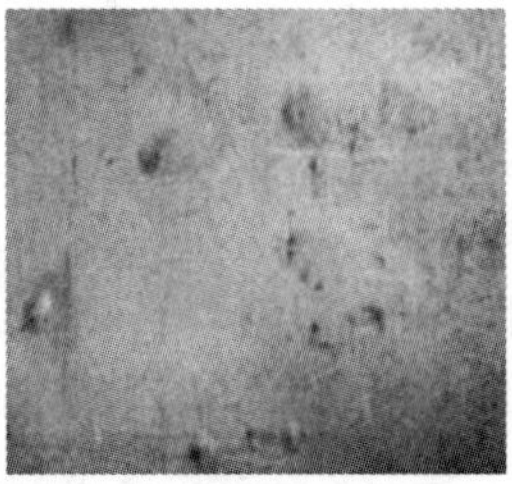 （失去光泽）0.008 *		C10	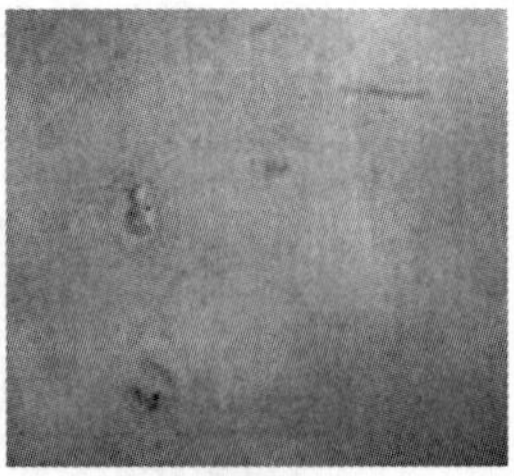 0.015		C16	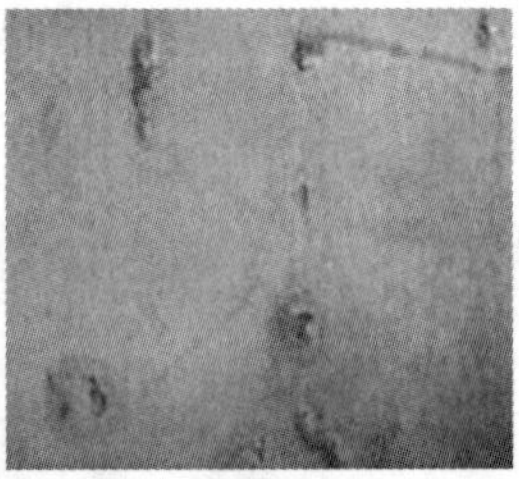 0.055

表 7 （续）

10℃			25℃			50℃		
浓度	试样	蚀坑深度/mm	浓度	试样	蚀坑深度/mm	浓度	试样	蚀坑深度/mm
20倍	C5	 0.01	20倍	C11	 0.06	20倍	C17	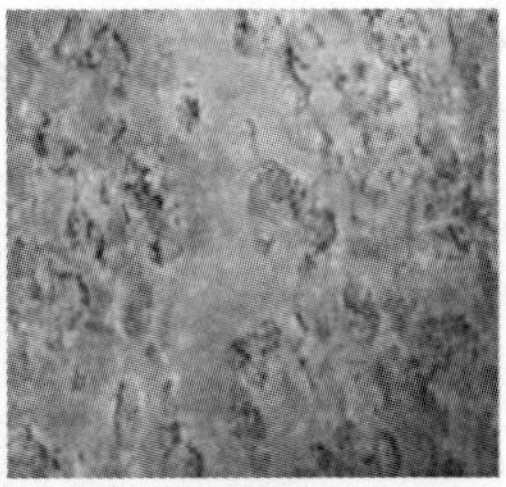 0.140
	C6	 0.01		C12	 0.06		C18	 0.145

采用蚀坑深度作为损伤量 D 的表征，腐蚀 336h 后，LY12CZ 和 LC4CS 铝合金基体试样在不同温度、浓度下的腐蚀损伤量 D 见表 8。表中还给出了根据参考文献［2］的方法计算出的在浓度 $d=1$ 下两种铝合金试样的腐蚀损伤量。

表 8　LY12CZ、LC4CS 铝合金基体在不同温度和浓度下腐蚀 336h 后的平均腐蚀深度

mm

浓度 d	LY12CZ			LC4CS		
	10℃	25℃	50℃	10℃	25℃	50℃
5 倍	0.0625	0.085	0.3225	0.001	0.003	0.005
10 倍	0.0975	0.3	0.9475	0.008	0.015	0.06
20 倍	0.2575	0.62	1.24	0.01	0.06	0.1425
1 倍[1]	0.0122	0.03	0.068	0.00054	0.00258	0.0066

（2）等温等湿等时线

绘制 LY12CZ、LC4CS 铝合金相同温度、湿度和时间的损伤量 D 与腐蚀浓度 d 的关系曲线（等温等湿等时线），见图 1 和图 2。

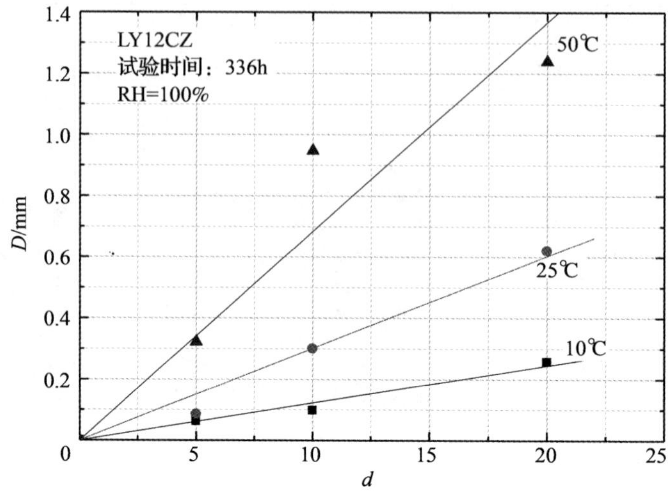

图1　LY12CZ的等温等湿等时 D—d 线

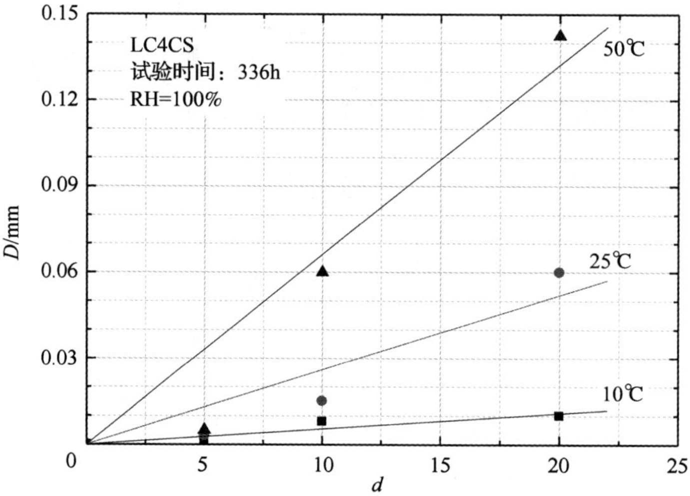

图2　LC4CS的等温等湿等时 D—d 线

（3）T—H 曲线

若指定损伤量 D_c，根据式（1）～式（3），可计算出不同温度 T_1、T_2、T_3 下，腐蚀到指定 D_c 的时间 H_1、H_2、H_3。由此可绘制出指定损伤量 D_c 下的腐蚀 T—H 曲线。

$$H_1 = \frac{D_c \times H}{D_{11}} \tag{1}$$

$$H_2 = \frac{D_c \times H}{D_{12}} \tag{2}$$

$$H_3 = \frac{D_c \times H}{D_{13}} \tag{3}$$

分别以 0.004235mm、0.02mm、0.05mm 为指定的 D_c，计算 LY12CZ、LC4CS 铝合金腐蚀到指定 D_c 的时间如表 9 所示，绘制的 $T—H$ 曲线如图 3 和图 4 所示。

表 9　LY12CZ、LC4CS 铝合金腐蚀到指定 D_c 下的腐蚀时间　h

LY12CZ				LC4CS			
D_c/mm	10℃	25℃	50℃	D_c/mm	10℃	25℃	50℃
0.004235	116.6	47.4	20.9	0.004235	2635.1	551.5	215.6
0.02	550.8	224.0	98.8	0.02	12444.4	7814.0	3054.5
0.05	1377.0	560.0	247.1	0.05	93333.3	19534.9	7636.4

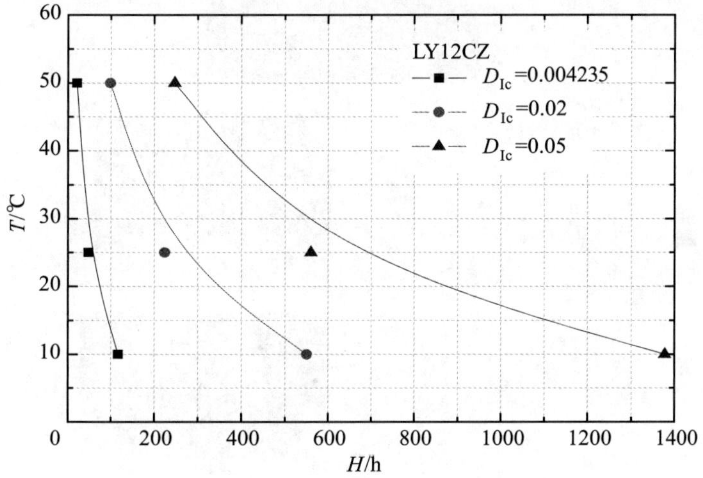

图 3　LY12CZ 的 $T—H$ 曲线

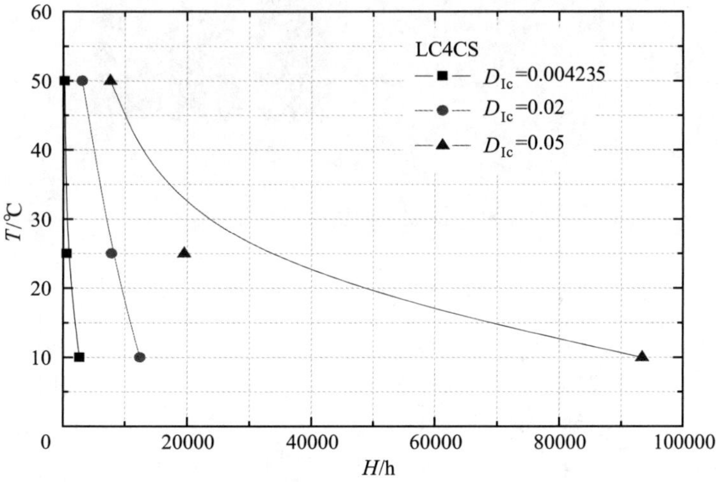

图 4　LC4CS 的 $T—H$ 曲线

3.2 涂层试样试验结果及分析

（1）涂层试样的腐蚀损伤试验结果

LY12CZ铝合金和A3钢涂层试样腐蚀损伤照片如图5所示。铝合金和钢涂层试样的失效模式主要为起泡和边角处涂层开裂，涂层试样的失效周期如表10所示。

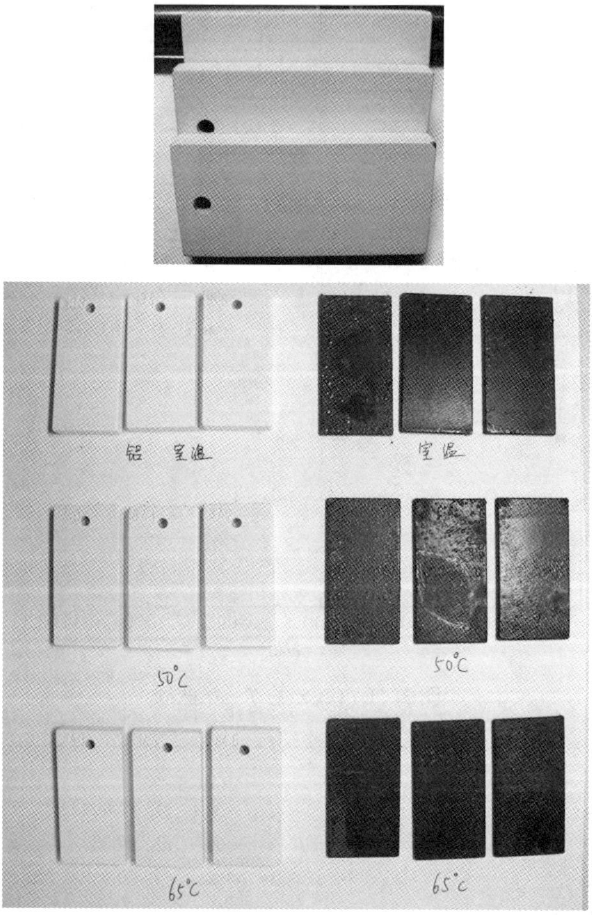

图5 涂层试样腐蚀损伤照片

表10 LY12CZ、A3钢涂层试样的失效周期

材料	温度	失效时间/周期①	平均值/周期	材料	温度	失效时间/周期	平均值/周期
LY12CZ涂层试样	25℃	36，38，39	38	A3钢涂层试样	25℃	23，25，26	25
	50℃	29，31，32	31		50℃	19，20，21	20
	65℃	23，24，25	24		65℃	14，15，15	15

① 1周期=168h。

（2）涂层的 *T—H* 曲线

LY12CZ 铝合金、A3 钢涂层试样在浓度为 1 的腐蚀溶液中涂层失效 *T—H* 曲线如图 6 所示，图中每个周期的腐蚀时间为 168h。

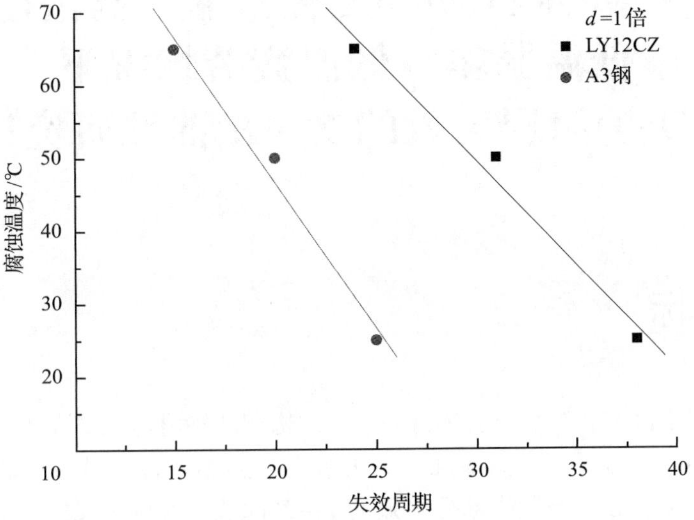

图 6　涂层失效的 *T—H* 曲线

4　结论

（1）进行了 LY12CZ、LC4CS 铝合金基体材料试样在三种温度（10℃、25℃、50℃）和三种浓度（5 倍、10 倍、20 倍）腐蚀溶液中的浸泡试验，腐蚀时间为 336h，获取了损伤量 *D* 与腐蚀浓度 *d* 的等温等湿等时关系曲线（*D—d* 曲线），并由此绘制了 *T—H* 曲线，验证了两种金属的 *D—d* 曲线和 *T—H* 曲线的存在。

（2）进行了 LY12CZ 铝合金和 A3 钢涂层试样在 $d=1$ 的实际腐蚀介质成分溶液中，三种温度（65℃、50℃、25℃）下的腐蚀浸泡试验，绘制了涂层失效的 *T—H* 曲线，验证了两种金属涂层在实际使用介质中的 *T—H* 曲线的存在，而且在一定温度范围内是线性分布规律。

参考文献

［1］张福泽．金属腐蚀等温等湿等时线和相应的日历寿命确定方法（专刊）．北京航空工程技术研究中心，2006.

［2］张福泽．金属机件腐蚀损伤日历寿命的计算模型和确定方法［J］．航空学报，1999，20（1）：75－79.

LY12CZ 和 30CrMnSiA 在常温、高浓度介质、低温暴露、低温疲劳情况下防护涂层失效的 *T—H* 曲线研究[①]

1 研究目标

本研究获得 LY12CZ 铝合金、30CrMnSiA 结构钢两种材料涂层在不同腐蚀温度和腐蚀介质浓度环境下，以及在常温腐蚀 + 低温疲劳、常温腐蚀 + 低温暴露交替作用下防腐涂层的失效数据，以此绘制出涂层失效的 *T—H* 曲线，并确定飞机高空飞行时的低温疲劳载荷对防腐涂层失效的影响规律。具体研究目标如下：

（1）研究两种航空材料涂层在不同浓度、温度的腐蚀介质浸泡和低温暴露的交替作用下，防腐涂层的失效规律及其 *T—H* 曲线；

（2）研究两种航空材料涂层在不同浓度、温度的腐蚀介质浸泡和低温疲劳的交替作用下，防腐涂层的失效规律及其 *T—H* 曲线；

（3）研究低温疲劳对防腐涂层失效的影响。

2 试验内容及方法

2.1 试样及防腐涂层

LY12CZ 铝合金采用 $\delta 2.5$mm 包铝板材，30CrMnSiA 钢采用 $\delta 2.5$mm 及 $\delta 1.5$mm 板材，两种材料的基本力学性能如表 1 所示。

所有试样从板材上纵向（L）取样，常温腐蚀 + 低温暴露、常温腐蚀 + 低温疲劳试样形式及数量如表 2 所示。

两种材料所采用的防腐涂层及表面处理委托北京青云航空仪表有限公司进行，如表 3 所示。

① 本试验是按照合同要求，由北京航空材料研究院陈勃和郭洪全于 2006 年 6 月完成。

表1　LY12CZ 铝合金包铝板材、30CrMnSiA 钢板材两种材料静力性能

材料	E/GPa	$\sigma_{0.2}$/MPa	σ_b/MPa	δ_5/%
LY12CZ	65.7	362.3	470.7	19.5
30CrMnSiA	196.0	1056.7	1130.7	13.4

表2　试样形式及数量

试样类型	材料	试样形状	数量
常温腐蚀＋低温暴露试样	LY12CZ	长方形试样：50mm×25mm×2.5mm（$L-W-B$）	48
	30CrMnSiA	长方形试样：50mm×25mm×1.5mm（$L-W-B$）	48
常温腐蚀＋低温疲劳试样	LY12CZ	轴向疲劳板材边缺口试样（2591－S083）	48
	30CrMnSiA		48

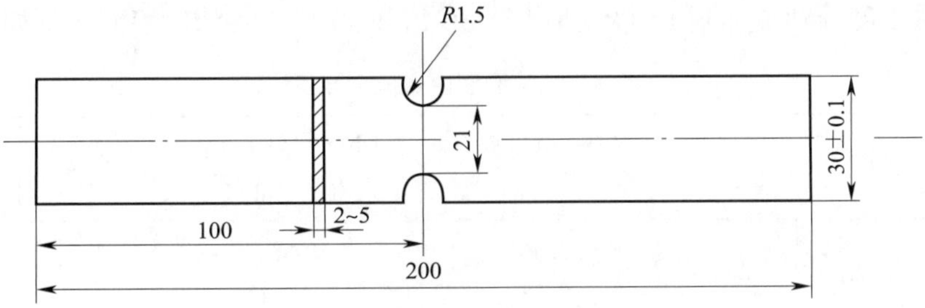

图1　常温腐蚀＋低温疲劳试样图

表3　防腐处理

材料	表面处理	防腐涂层
LY12CZ	表面阳极化处理	（1）喷涂1道H06－2锌黄环氧酯底漆； （2）喷涂2道S04－103H聚氨酯磁漆（白）
30CrMnSiA	吹砂，磷化处理	（1）喷涂1道H06－2铁红环氧酯底漆； （2）喷涂H04－2各色环氧硝基磁漆（黑）

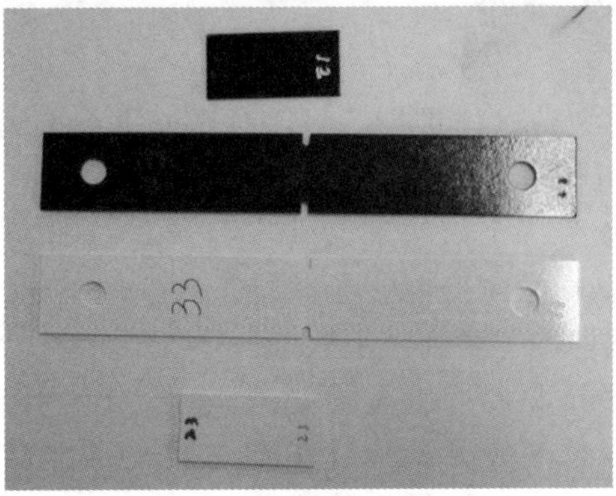

图2　防腐涂层后的试样

对于本试验，防腐涂层采用的失效判据如下：

（1）涂层破裂：涂层发生开裂或剥落，致使基体裸露。

（2）表面大面积起泡。表面涂层由于吸入腐蚀溶液，致使涂层起泡，起泡处在一般环境下不能恢复原状，或部分长大的，则涂层的防护作用大大降低，作为失效处理。

2.2 腐蚀温度和腐蚀介质浓度

试验温度的选择依据飞机长时间在外场停放的环境。由于我国沿海地区环境远比内地恶劣，选择沿海地区为依据有利于飞机结构安全性设计，因此分别模拟海南陵水地区一年四季的温度，根据海航提供的海南陵水地区环境温度调研报告，我们把腐蚀试验温度定为4级：7℃、30℃、50℃和70℃。

为了研究不同腐蚀介质浓度下涂层的耐腐蚀性能，以海南陵水地区环境为基础，将腐蚀介质浓度分别增加到10倍、20倍、30倍和40倍。各浓度溶液比例如表4所示。

表4　试验溶液中各成分含量

名称	浓度	pH	H_2SO_4（98%）/[(g/L)（mL/L)]	HNO_3（67%）/[(g/L)（mL/L)]	NaCl /(g/L)	H_2O /(mL/L)
A	10倍	2.2	0.46 (0.23)	0.41 (0.2814)	22.7	995
B	20倍	1.70	0.92 (0.46)	0.82 (0.5628)	45.4	978
C	30倍	1.4	1.38 (0.69)	1.23 (0.8442)	68.1	960
D	40倍	1.10	1.84 (0.92)	1.64 (1.1256)	90.8	942

2.3 腐蚀/低温疲劳试验

如图3所示，首先对疲劳试样进行编号，对试样进行7天的腐蚀浸泡试验，然后将试样取出清洗干净进行低温疲劳试验，一次腐蚀浸泡和低温疲劳试验为一个试验周期。若试样经过三个周期的常温腐蚀+低温疲劳试验后涂层还未破坏，只对试样进行腐蚀浸泡试验，直至腐蚀涂层失效。每个试验周期后需要更新溶液，每次腐蚀浸泡以及低温疲劳试验后都需观测腐蚀涂层的失效状况，腐蚀涂层失效该试样试验结束。

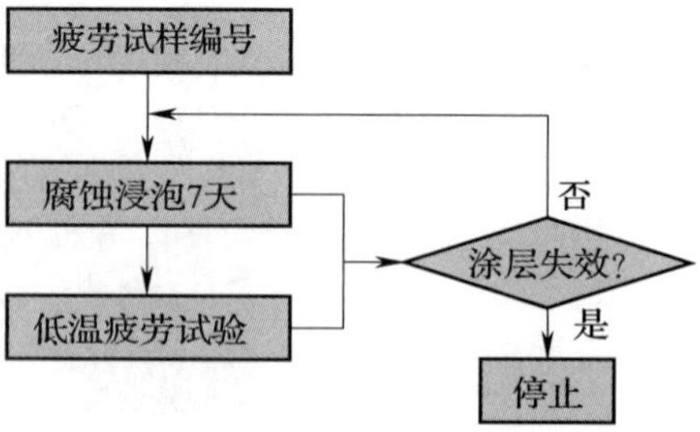

图3　腐蚀/低温疲劳试验流程图

2.3.1 试验件编号

试验前首先对两种材料的疲劳试样进行编号。16 种试验状态（4 种温度、4 种浓度），每种状态取 30CrMnSiA 钢、LY12CZ 铝合金常温腐蚀 + 低温疲劳试样各 3 片，共 96 片进行试验，每种试验状况对应的 30CrMnSiA 钢试样编号如表 5 所示，LY12CZ 铝合金试样编号如表 6 所示。

表 5　30CrMnSiA 钢常温腐蚀 + 低温疲劳试样编号

浓度	温度/℃			
	7	30	50	70
10 倍	2、3、4	20、22、25	43、45、48	62、63、65
20 倍	6、9、10	27、28、30	50、51、52	66、72、73
30 倍	11、12、13	31、33、34	53、54、55	75、77、79
40 倍	14、16、18	36、38、40	58、59、61	82、84、85

表 6　LY12CZ 铝合金常温腐蚀 + 低温疲劳试样编号

浓度	温度/℃			
	7	30	50	70
10 倍	1、2、3	17、19、20	33、34、35	47、48、49
20 倍	4、5、6	21、22、23	36、39、40	50、51、52
30 倍	7、10、11	25、26、27	41、42、43	53、55、56
40 倍	12、14、16	29、31、32	44、45、46	57、59、60

2.3.2 腐蚀浸泡试验

首先按照要求为每种材料各配制 4 种温度下 A、B、C、D 溶液各 4L，共配制 32 个烧杯溶液。用酸度计测量每种浓度溶液的酸度，以确保配制溶液的准确性，如图 4 所示。酸度计在每次使用前都用标准液进行了标定。

如图 5 ~ 图 7 所示，7℃的腐蚀浸泡试验在低温箱中进行，温度波动为 ±1℃。室温腐蚀试验在实验室进行，50℃和 70℃下的腐蚀试验在高温烘箱中进行，温度波动为 ±1℃。

2.3.3 低温疲劳试验

低温疲劳试验是为了考察飞机在高空飞行时，低温和疲劳的共同作用对材料涂层的影响。由于飞机在高空飞行时所处的温度通常为 -50℃左右，因此低温疲劳采用了 -50℃的温度。在疲劳试验前首先将试样在 -50℃环境下降温 20min，然后再进行 10min 的低温疲劳试验，试验采用 MTS810 液压伺服疲劳试验机进行，频率为 10Hz，每次疲劳为 6000 次。低温疲劳采用的恒幅谱如下。

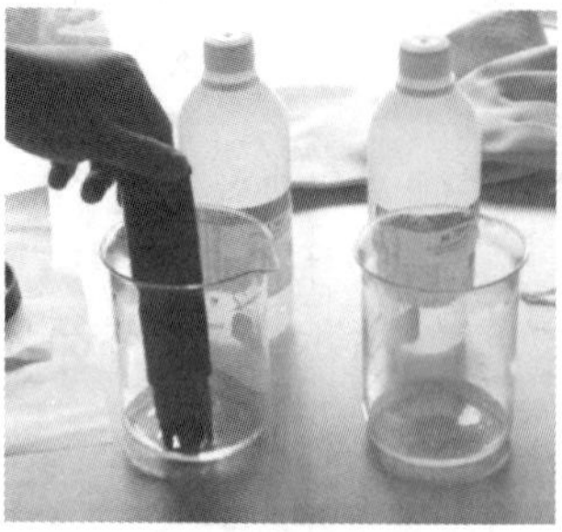

图 4　酸度计的标定

图 5　室温的腐蚀浸泡试验

图 6　低温腐蚀浸泡试验

图 7　50℃和 70℃的腐蚀浸泡试验

LY12CZ 铝合金：$P_{max}=7.875kN$，$P_{min}=0.4725kN$（$\sigma_{max}=120MPa$，$R=0.06$）；
30CrMnSiA 钢：$P_{max}=12.6kN$，$P_{min}=0.756kN$（$\sigma_{max}=300MPa$，$R=0.06$）。

2.4　常温腐蚀 + 低温暴露试验

16 种试验状态（4 种温度、4 种浓度），每种状态取 30CrMnSiA 钢、LY12CZ 铝合金纯试样各 3 片，共 96 片进行试验，每种试验状况对应的钢和铝试样编号如表 7 所示。

表 7　30CrMnSiA 钢和 LY12CZ 铝合金纯腐蚀试验试样编号

浓度	温度/℃			
	7	30	50	70
10 倍	1、2、3	13、14、15	25、26、27	37、38、39
20 倍	4、5、6	16、17、18	28、29、30	40、41、42
30 倍	7、8、9	19、20、21	31、32、33	43、44、45
40 倍	10、11、12	22、23、24	34、35、36	46、47、48

首先按照 2.3.2 节的方法对试样进行腐蚀浸泡试验，然后将试样取出清洗干净后在 –50℃下低温暴露 30min。一次腐蚀浸泡和低温暴露试验为一个试验周期。若试样经过 3 个周期的常温腐蚀 + 低温暴露试验后涂层还未破坏，只对试样进行腐蚀浸泡试验，直至腐蚀涂层失效。试验流程如图 8 所示。

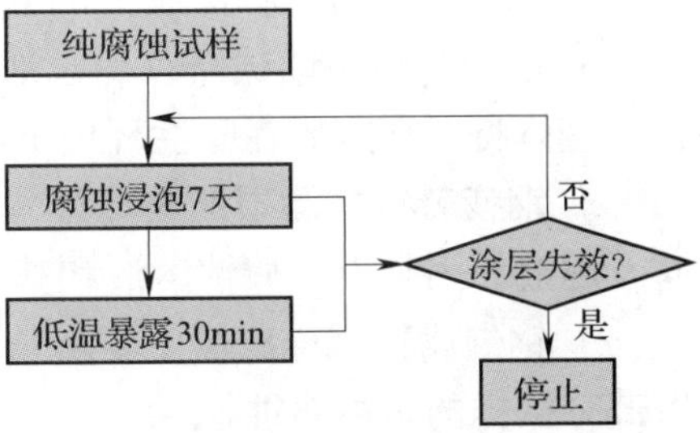

图 8　常温腐蚀 + 低温暴露试验流程图

3　试验结果

3.1　典型失效模式及照片

如图 9 和图 10 所示，起泡和开裂是试样涂层的两种主要失效模式。

钢和铝合金两种不同的防腐涂层，以及在常温腐蚀 + 低温疲劳和常温腐蚀 + 低温暴露两种试验条件下，试样涂层（不考虑疲劳试样的夹持部分）的主要失效模式略有不同：

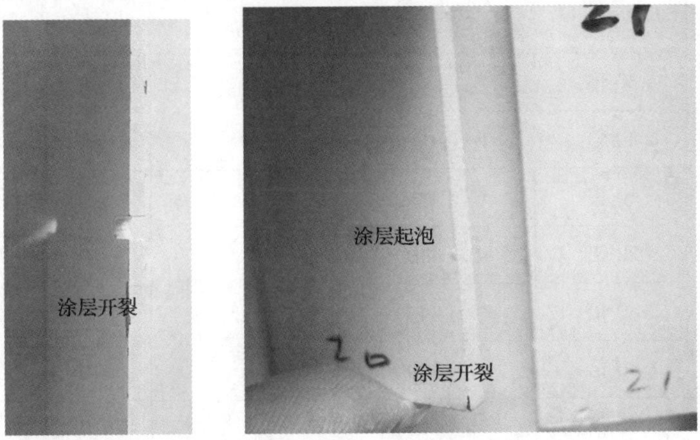

（a）常温腐蚀+低温疲劳试样　　（b）常温腐蚀+低温暴露试样

图 9　铝试样典型失效模式照片

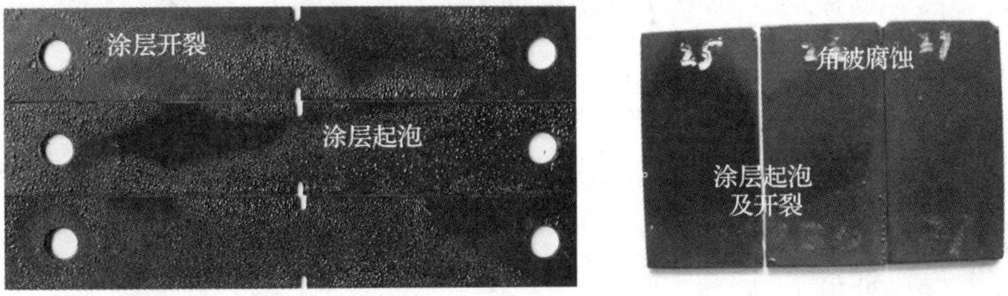

（a）常温腐蚀+低温疲劳试样　　（b）常温腐蚀+低温暴露试样

图 10　钢试样典型失效模式照片

（1）铝合金疲劳试样涂层大部分从边缘开裂，导致失效，部分试样起泡。

（2）铝合金纯腐蚀试样较少起泡，涂层多从角上薄弱处开裂。由于铝试样有包铝层，其基体材料裸露后在酸性环境下不至于继续腐蚀。

（3）钢疲劳试样涂层的破坏模式为大面积起泡，部分试样由于泡破裂而导致基体裸露，起泡原因是由于酸性溶液和基体材料发生化学反应产生氢气造成的。

（4）钢纯腐蚀试样涂层主要从角上薄弱处发生开裂，基体在酸性环境下继续腐蚀，导致部分试样的角被腐蚀掉。

3.2 试样的失效周期

随着常温腐蚀+低温疲劳试验、常温腐蚀+低温暴露试验的进行，不同温度及浓度下 LY12CZ 铝合金、30CrMnSiA 钢疲劳试样和纯腐蚀试样的涂层失效周期及时间如表8和表9所示，其中每个周期中，腐蚀浸泡时间为168h。

表8　LY12CZ 铝合金试样涂层失效周期

试样	温度/℃	溶液浓度	失效周期	试样	温度/℃	溶液浓度	失效周期
疲劳试样	7	10倍	10（1848）	纯腐蚀试样	7	10倍	12（2016）
		20倍	8（1334）			20倍	12（2016）
		30倍	7（1176）			30倍	11（1848）
		40倍	6（1008）			40倍	11（1848）
	30	10倍	6（1008）		30	10倍	8（1334）
		20倍	5（840）			20倍	8（1334）
		30倍	5（840）			30倍	7（1176）
		40倍	5（840）			40倍	7（1176）
	50	10倍	4（672）		50	10倍	6（1008）
		20倍	4（672）			20倍	6（1008）
		30倍	3（504）			30倍	6（1008）
		40倍	3（504）			40倍	6（1008）
	70	10倍	3（504）		70	10倍	4（672）
		20倍	3（504）			20倍	4（672）
		30倍	3（504）			30倍	4（672）
		40倍	3（504）			40倍	4（672）

表 9　30CrMnSiA 钢试样涂层失效周期

试样	温度/℃	溶液浓度	失效周期	试样	温度/℃	溶液浓度	失效周期
疲劳试样	7	10 倍	10（2016）	纯腐蚀试样	7	10 倍	12（2016）
		20 倍	10（2016）			20 倍	12（2016）
		30 倍	10（2016）			30 倍	12（2016）
		40 倍	10（2016）			40 倍	12（2016）
	30	10 倍	6（1008）		30	10 倍	10（1680）
		20 倍	6（1008）			20 倍	8（1334）
		30 倍	6（1008）			30 倍	8（1334）
		40 倍	6（1008）			40 倍	8（1334）
	50	10 倍	3（504）		50	10 倍	7（1176）
		20 倍	3（504）			20 倍	7（1176）
		30 倍	3（504）			30 倍	6（1008）
		40 倍	3（504）			40 倍	6（1008）
	70	10 倍	2（336）		70	10 倍	4（672）
		20 倍	2（336）			20 倍	4（672）
		30 倍	2（336）			30 倍	4（672）
		40 倍	2（336）			40 倍	4（672）

3.3　试验结果分析

3.3.1　试验条件对试验结果的影响

腐蚀温度的影响：从试验结果可以看出，随着腐蚀温度的升高，LY12CZ 铝合金、30CrMnSiA 钢常温腐蚀 + 低温疲劳试样和常温腐蚀 + 低温暴露试样的涂层失效周期显著降低。例如，70℃下 4 种浓度的钢疲劳试样涂层在第 2 个试验周期都发生了腐蚀失效，而低温下的钢疲劳试样涂层在第 12 个周期才发生腐蚀失效，可见腐蚀温度对腐蚀涂层失效起决定性作用。

腐蚀介质浓度的影响：对于本次试验采用的腐蚀溶液，在同一温度下，浓度对腐蚀涂层的失效也产生一定的影响。随着浓度的增加，涂层失效加速，但其影响不如温度显著。其主要原因可能是：对于本试验所采用的腐蚀溶液，酸度是造成腐蚀涂层失效的主要原因，而本试验所采用的 4 种浓度溶液的 pH 值之间相差不大，相近浓度溶液的 pH 值相差只在 0.4 左右，使得浓度对涂层失效的影响并不明显。

疲劳载荷的影响：在相同的温度和浓度下，将常温腐蚀+低温疲劳试样和常温腐蚀+低温暴露试样的失效周期进行对比可以看出，低温疲劳过程对涂层失效产生显著影响。经初步分析，其原因可能是：由于涂层表面不可能绝对均匀，有的地方分子结合力较强，而有的地方分子结合力却较弱。在交变疲劳载荷作用下，试样的应变对涂层分子链产生的交变应力将涂层中能量较弱的分子链打断，使得腐蚀溶液能够通过断裂的分子链与试样基体材料发生反应。另一方面，疲劳载荷也使得涂层与基体材料之间的结合力下降。两方面的原因使得经过疲劳试验的试样涂层比未经过疲劳试验的试样容易破坏。

失效形貌分析：由于疲劳载荷将涂层中较弱的分子链打断，使得腐蚀溶液能够通过断裂的分子链进入涂层内部。对于钢疲劳试样，酸性溶液与基体材料发生化学反应，产生氢气，造成了试样表面大面积的起泡甚至开裂。铝试样由于有包铝层，较少起泡，涂层多从结合较为薄弱的边缘开裂失效。钢、铝合金纯腐蚀试样涂层的失效大部分从分子链结合最弱的角发生。

3.3.2 试验数据处理与分析

在浓度为10倍、20倍、30倍和40倍的腐蚀溶液中，LY12CZ铝合金、30CrMnSiA钢常温腐蚀+低温疲劳和常温腐蚀+低温暴露试样的涂层失效 *T—H* 曲线如图11～图18所示，图中每个周期的腐蚀时间为168h。

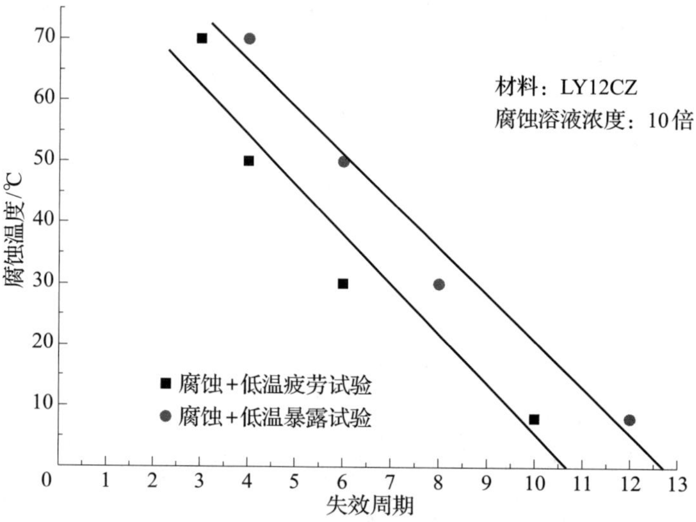

图11　LY12CZ铝合金试样涂层的腐蚀 *T—H* 曲线（浓度10倍）

从图11～图18可以看出，无论是4种温度下腐蚀+低温疲劳试验还是4种温度下腐蚀+低温暴露试验，要使腐蚀涂层失效，提高腐蚀温度 *T*，可以缩短腐蚀小时数 *H*。降低腐蚀温度，则需要的腐蚀时间增长。试样涂层失效的腐蚀温度与腐蚀时间的 *T—H* 关系可以近似为直线，这与金属基体材料的腐蚀 *T—H* 曲线类似，这种线性关系对于建立涂层失效的计算模型是非常有用的。

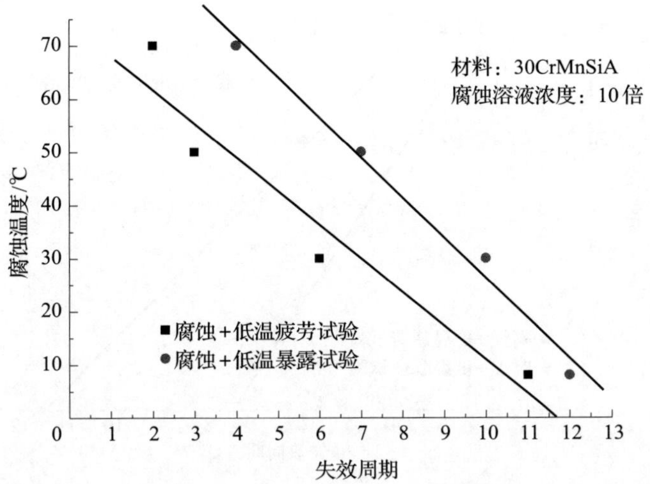

图 12　30CrMnSiA 钢试样涂层的腐蚀 $T—H$ 曲线（浓度 10 倍）

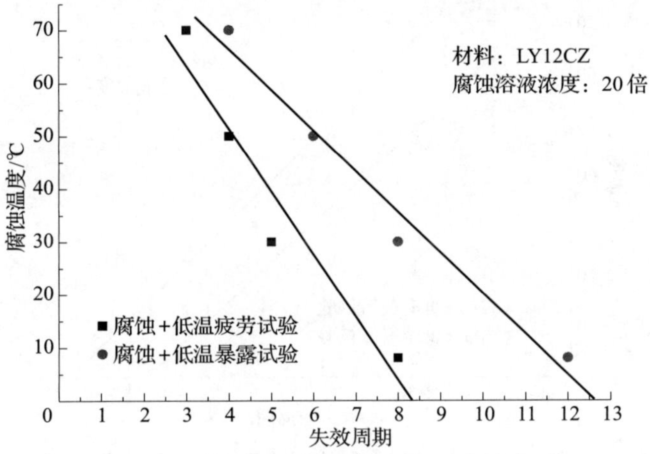

图 13　LY12CZ 铝合金试样涂层的腐蚀 $T—H$ 曲线（浓度 20 倍）

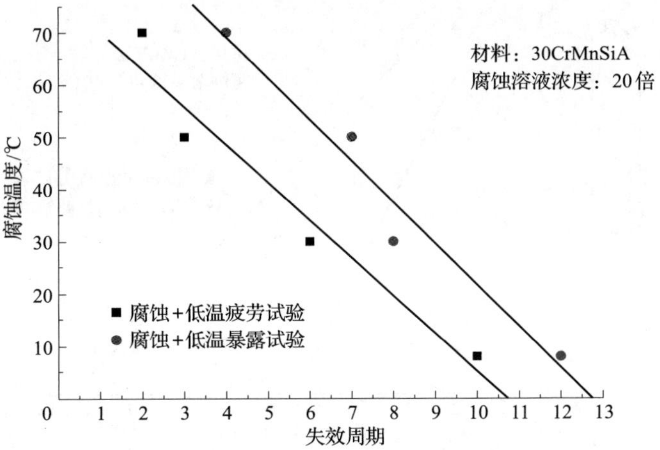

图 14　30CrMnSiA 钢试样涂层的腐蚀 $T—H$ 曲线（浓度 20 倍）

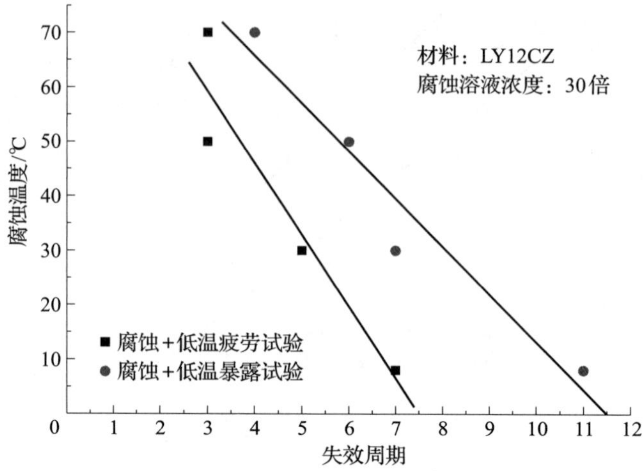

图15 LY12CZ铝合金试样涂层的腐蚀 *T*—*H* 曲线（浓度30倍）

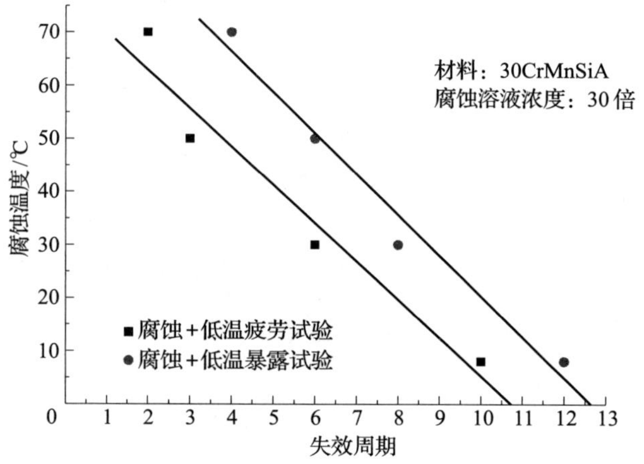

图16 30CrMnSiA钢试样涂层的腐蚀 *T*—*H* 曲线（浓度30倍）

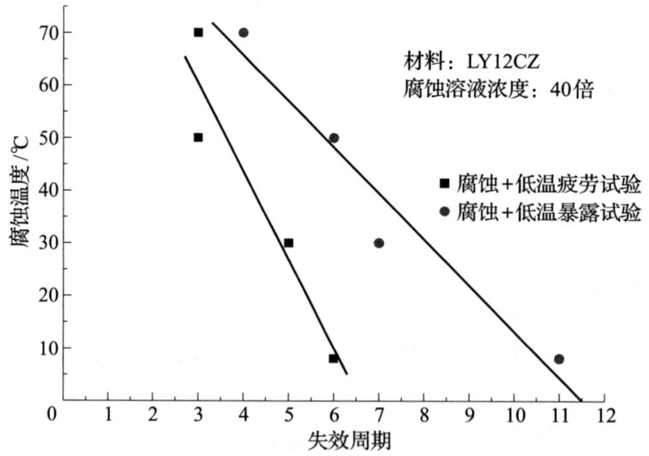

图17 LY12CZ铝合金试样涂层的腐蚀 *T*—*H* 曲线（浓度40倍）

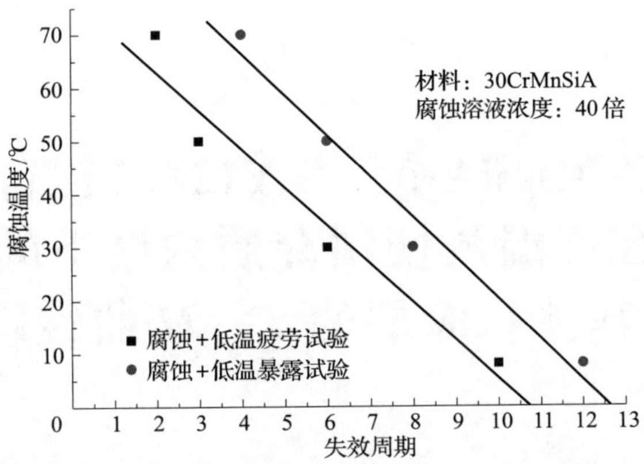

图18　30CrMnSiA钢试样涂层的腐蚀 $T—H$ 曲线（浓度40倍）

在同一浓度下，4种温度下腐蚀+低温疲劳试验涂层失效的 $T—H$ 拟合曲线较低温暴露的 $T—H$ 拟合曲线下移，说明低温疲劳载荷对腐蚀涂层失效将产生明显的影响。

4　结论

（1）试验严格按照有关试验方法和合同要求进行，试验数据准确可靠。

（2）一定环境介质下，随着腐蚀溶液温度升高，30CrMnSiA钢和LY12CZ铝合金4种温度下腐蚀+低温疲劳试样和4种温度下腐蚀+低温暴露试样涂层失效周期都显著降低，腐蚀温度对腐蚀涂层失效有显著影响。

（3）要使腐蚀涂层失效，提高腐蚀温度 T，可以缩短腐蚀小时数 H，腐蚀温度降低，需要腐蚀的时间增长。腐蚀温度 T 与腐蚀时间 H 可以近似为直线，这与金属基体材料的腐蚀 $T—H$ 曲线类似。

（4）对于本次试验采用的腐蚀溶液，在同一温度下，浓度对涂层失效的影响不显著，因此涂层失效 $T—H$ 曲线测试不能用提高浓度的方法进行。

（5）低温疲劳过程使得涂层和金属基体材料的结合力减弱，在相同的腐蚀条件下，经过疲劳载荷试样的涂层比未经过疲劳载荷试样的涂层失效时间显著缩短，说明疲劳载荷对于涂层失效产生显著的影响，在涂层失效规律的研究中必须要考虑。

参考文献

[1] 张福泽. 金属机件腐蚀损伤日历寿命的计算模型和确定方法［J］. 航空学报，1999，20（1）：75-79.
[2] 张福泽. 飞机日历寿命确定的区域定寿法［J］. 航空学报，2001，22（6）：549-552.
[3] 宋钧，郭洪全. 三种航空材料腐蚀 $T—H$ 曲线测试技术报告. 北京航空材料研究院，2000.
[4] 蒋祖国. 飞机结构腐蚀疲劳［M］. 北京：航空工业出版社，1992.
[5] 苏雷什 S. 材料的疲劳［M］. 王中光，译. 2版. 北京：国防工业出版社，2000.
[6] 高镇同. 疲劳应用统计学［M］. 北京：国防工业出版社，1986.

30CrMnSiA 钢、LY12CZ 铝合金在高温及使用介质浓度下的金属基体和涂层的 *T—H* 曲线研究①

1　研究目标

为探索高温及使用介质浓度的金属基体及防腐涂层的 *T—H* 曲线分布规律和加速试验方法，本文选取 LY12CZ 铝合金、30CrMnSiA 钢基体试样、防腐涂层试样为对象，根据海南陵水机场的实际腐蚀介质成分配制腐蚀溶液，进行腐蚀浸泡试验研究，具体目标如下：

（1）测得 LY12CZ 铝合金、30CrMnSiA 钢在 4 种温度（50℃、65℃、80℃、95℃）和使用腐蚀介质浓度（$d=1$）的损伤值 D 与腐蚀时间 H 的相对应试验数据；

（2）绘制上述两种金属基体材料的腐蚀 *T—H* 曲线；

（3）绘制上述两种金属材料防腐涂层失效的 *T—H* 曲线。

2　研究内容及方法

2.1　试样

LY12CZ 铝合金采用 δ2.5mm 厚包铝板材，30CrMnSiA 钢采用 δ2.0mm 板材。根据试验目标，试样分为基体材料（不带涂层）和涂层腐蚀试样两种，为纵向（L）取样。每种温度下材料腐蚀试样 9 件，涂层腐蚀试样三件，试样形式及数量见表 1。铝基体材料腐蚀试样在试验前通过化学方法去掉其包铝层，去包铝层后试样厚 1.6mm。

如图 1 所示，涂层腐蚀试样所采用的防腐涂层及表面处理委托北京青云航空仪表有限公司进行，如表 2 所示。

① 本试验是按照合同要求，由北京航空材料研究院陈勃和叶序彬于 2007 年 1 月完成。

表 1　试样形式及数量

试样类型	材料	试样形状	试样面积/mm²	数量
金属基体腐蚀试样	LY12CZ（去包铝层）	长方形试样：60mm×20mm×1.6mm（$L-W-B$）	2700	36
	30CrMnSiA	长方形试样：50mm×25mm×2.0mm（$L-W-B$）	2900	36
涂层腐蚀试样	LY12CZ	轴向疲劳板材边缺口试样（2591－S083）	12000	12
	30CrMnSiA		12000	12

图 1　涂层腐蚀试样

表 2　防腐处理

材料	表面处理	防腐涂层
LY12CZ	表面阳极化处理	（1）喷涂 1 道 H06－2 锌黄环氧酯底漆； （2）喷涂 2 道 S04－103H 聚氨酯磁漆（白）
30CrMnSiA	吹砂，磷化处理	（1）喷涂 1 道 H06－2 铁红环氧酯底漆； （2）喷涂 H04－2 各色环氧硝基磁漆（黑）

对于本试验，防腐涂层采用的失效判据如下：

（1）涂层开裂：涂层发生开裂或破坏，致使基体裸露。

（2）表面大面积起泡。表面涂层由于吸入腐蚀溶液，致使涂层起泡，起泡处在一般环境下不能恢复原状，或部分长大的，则涂层的防护作用大大降低，作为失效处理。

2.2　腐蚀温度和腐蚀介质

本试验以海南陵水地区的腐蚀介质成分为基础，以实际使用浓度（$d=1$）配制腐蚀溶液进行试验。通过对海南陵水地区腐蚀介质的调研和统计，腐蚀介质成分及 pH 值如表 3 所示。

表3 试验溶液中各成分含量

浓度	pH	H_2SO_4（98%）/[（g/L）（mL/L）]	HNO_3（67%）/[（g/L）（mL/L）]	NaCl /（g/L）
$d=1$	6.8	0.046（0.023）	0.041（0.02814）	2.27

2.3 腐蚀损伤量测量

30CrMnSiA 钢为均匀腐蚀，工程上通常采用试样单位面积腐蚀失重来表征其腐蚀损伤 D，可采用称重法进行测量：对腐蚀过后的试样，按照 HB 5257—83 方法清除试样腐蚀产物（见表4），然后用 JJ200 电子天平进行称重，由腐蚀前后试样的重量差及腐蚀面积计算出试样的单位面积腐蚀失重。

LY12CZ 铝合金是点蚀，腐蚀深度是材料腐蚀损伤的表征方式。该项测试委托天津理工大学材料与工程学院完成。先对去腐蚀产物后的试样进行了腐蚀坑深度的测量和统计，方法为：每个试样首先目测判断出三个最深的点蚀坑，然后通过三维光学显微镜（OLYMPUS STM6）测量出其深度，将具有相同腐蚀状况试样的所有测量结果取平均值作为损伤 D 的表征。

表4 去腐蚀产物方法

30CrMnSiA 钢	铬酐 CrO_3 150g/L 硫酸（密度1.84）H_2SO_4 1mL/L	80～90℃，20min 至数小时
LY12CZ 铝合金	铬酐 CrO_3 20g/L 磷酸（密度1.7）H_3PO_4 200mL/L	室温，15～30min 或80℃，5～10min

2.4 试验过程

为了获得 LY12CZ 铝合金、30CrMnSiA 钢在4种温度（50℃、65℃、80℃、95℃）和使用腐蚀介质浓度（$d=1$）下的腐蚀损伤 D 与腐蚀时间 H 的关系（D—H）曲线，按表3配制溶液32L，平均分配到8个烧杯中，放置不带涂层的 LY12CZ 铝合金或 30CrMnSiA 钢基体试样9片、带涂层试样3片，并将烧杯放置于图2所示的高温烘箱中进行腐蚀试验。每个周期（168h）后观察试样的腐蚀状况并且更换腐蚀溶液。对于涂层腐蚀试样，记录每种温度下涂层的失效周期；对于金属基体腐蚀试样，每两个试验周期后取出3片试样进行腐蚀损伤量检测。腐蚀试验流程如图3所示。

图 2　高温烘箱

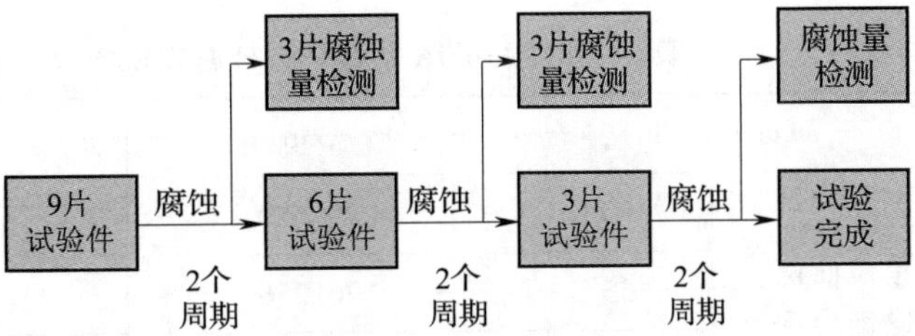

图 3　钢、铝合金试样材料腐蚀试验流程图

3　试验结果及分析

3.1　30CrMnSiA 钢基体试样的腐蚀失重试验结果

30CrMnSiA 钢基体试样的腐蚀失重试验结果见表 5。

表 5　30CrMnSiA 钢基体试样腐蚀失重试验结果

腐蚀温度/℃	试样编号	试验前/g	试验后/g	失重/g	均值/g	腐蚀周期	腐蚀温度/℃	试样编号	试验前/g	试验后/g	失重/g	均值/g	腐蚀周期
50	1	19.4	19.31	0.09	0.0867	2	65	10	19.62	19.54	0.08	0.0767	2
	2	19.4	19.31	0.09				11	19.62	19.55	0.07		
	3	19.4	19.32	0.08				12	19.62	19.54	0.08		
	4	19.4	19.23	0.17	0.17	4		13	19.62	19.44	0.18	0.17	4
	5	19.4	19.23	0.17				14	19.62	19.45	0.17		
	6	19.4	19.23	0.17				15	19.62	19.46	0.16		
	7	19.4	19.16	0.24	0.2433	6		16	19.62	19.38	0.24	0.2467	6
	8	19.4	19.16	0.24				17	19.62	19.38	0.24		
	9	19.4	19.15	0.25				18	19.62	19.36	0.26		
80	19	19.7	19.62	0.08	0.0767	2	95	28	20.06	20.02	0.04	0.04	2
	20	19.7	19.62	0.08				29	20.06	20.02	0.04		
	21	19.7	19.63	0.07				30	20.06	20.02	0.04		
	22	19.7	19.56	0.14	0.1333	4		31	20.06	20	0.06	0.0633	4
	23	19.7	19.58	0.12				32	20.06	20	0.06		
	24	19.7	19.56	0.14				33	20.06	19.99	0.07		
	25	19.7	19.51	0.19	0.1733	6		34	20.06	19.97	0.09	0.0967	6
	26	19.7	19.53	0.17				35	20.06	19.95	0.11		
	27	19.7	19.54	0.16				36	20.06	19.97	0.09		

对表5结果进行处理，得到30CrMnSiA钢单位面积腐蚀失重与腐蚀时间 *H* 的试验数据如表6所示，关系曲线如图4所示。

表6　30CrMnSiA钢基体试样腐蚀损伤 *D* 与腐蚀时间 *H* 的数据

腐蚀时间/h		336	672	1008
单位面积腐蚀失重/(g/m^2)	50℃	29.680	58.220	83.330
	65℃	26.256	58.219	84.475
	80℃	26.256	45.6621	59.36
	95℃	13.697	21.690	33.105

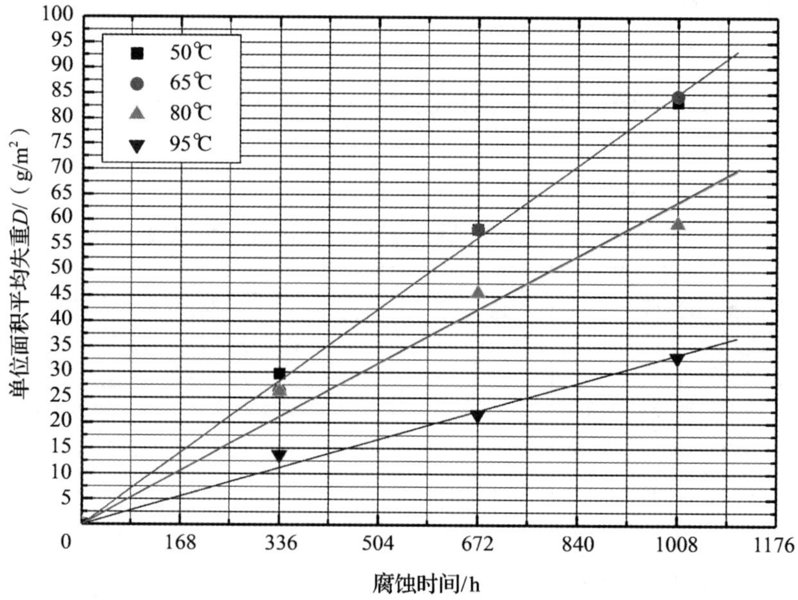

图4　30CrMnSiA钢基体试样单位面积腐蚀失重与腐蚀时间 *H* 的关系曲线

从30CrMnSiA钢基体的腐蚀 *D*—*H* 曲线可以看出：*D* 与 *H* 的线性关系较好，但50℃和65℃的 *D*—*H* 曲线几乎重合，说明其腐蚀速率相当。而随着温度的进一步升高，试样的腐蚀速率反而下降，这与常规条件下材料的 *T*—*H* 曲线规律相反。参考文献［4］指出，当温度较高（>80℃）时，随着温度升高，溶液中氧含量减小，腐蚀速率将会减缓，这与本实验得到的结论是一致的。

3.2　LY12CZ铝合金试样点蚀深度测量结果及分析

对于LY12CZ铝合金，由于点蚀深度是腐蚀损伤 *D* 的表征方式，因此对铝合金基体试样进行了腐蚀坑深度的检测和统计，试样平均腐蚀深度的统计结果如表7所示，平均腐蚀深度与时间的关系曲线如图5所示。

表 7　LY12CZ 腐蚀深度测量统计结果

腐蚀时间/h		336	672	1008
平均点蚀深度/mm	50℃	0. 398	0. 268	0. 555
	65℃	0. 358	0. 254	0. 237
	80℃	0. 240	0. 168	0. 531
	95℃	0. 131	0. 154	0. 262

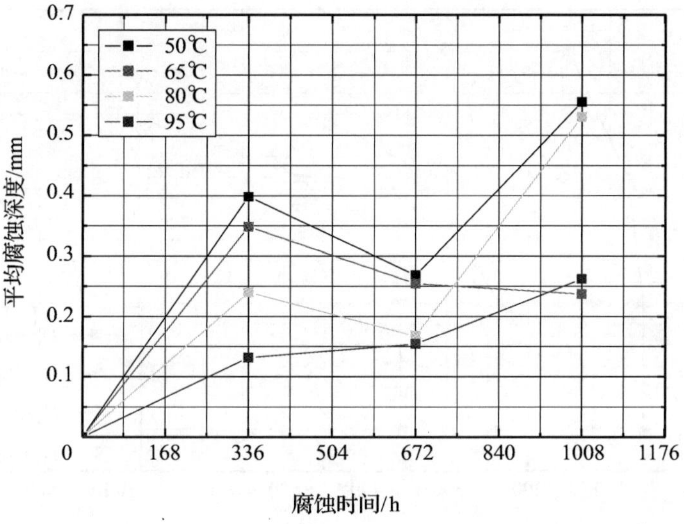

图 5　LY12CZ 试样平均腐蚀深度与时间 H 的关系

从图 5 可以看出，本次 LY12CZ 铝合金材料腐蚀规律性较差，特别是在 672h 测量的平均点蚀深度偏小，原因可能是由于去腐蚀产物过程中去腐蚀产物溶液的温度和时间控制不当所致，若严加控制试验结果规律性应好些。从图中可以看出：温度对腐蚀速率的影响与 30CrMnSiA 的结论是一致的：50℃和 65℃的腐蚀速率相当，随着温度进一步的升高，试样的腐蚀速率下降。

3. 3　30CrMnSiA 钢的腐蚀 $T—H$ 曲线

鉴于铝合金基体试样的 $D—H$ 曲线规律性不好，无法获得有价值的 $T—H$ 曲线，因此仅对 30CrMnSiA 钢基体试样的 $D—H$ 曲线进行处理，方法为：指定 4 个损伤 D_i（$5g/m^2$、$10g/m^2$、$20g/m^2$、$30g/m^2$），根据不同温度的 $D—H$ 曲线计算出试样腐蚀到 D_i 所需的时间 H，$T—H$ 数据如表 8 所示，曲线如图 6 所示。

从图中可以看出，当温度较高时，随着温度的进一步升高，腐蚀溶液中氧的含量降低，试样的腐蚀速率下降，达到相同的腐蚀损伤量，腐蚀温度越高需要的腐蚀时间将越长，这与常规条件下材料的 $T—H$ 曲线规律相反[3]。

表8　30CrMnSiA 的 *T—H* 数据

D_i		5g/m²	10g/m²	20g/m²	30g/m²
腐蚀时间/h	50℃	59.2	119.7	238.5	357.3
	65℃	59.2	119.7	238.5	357.3
	80℃	78.6	158.6	318.5	478
	95℃	151.3	301.5	602.1	902.7

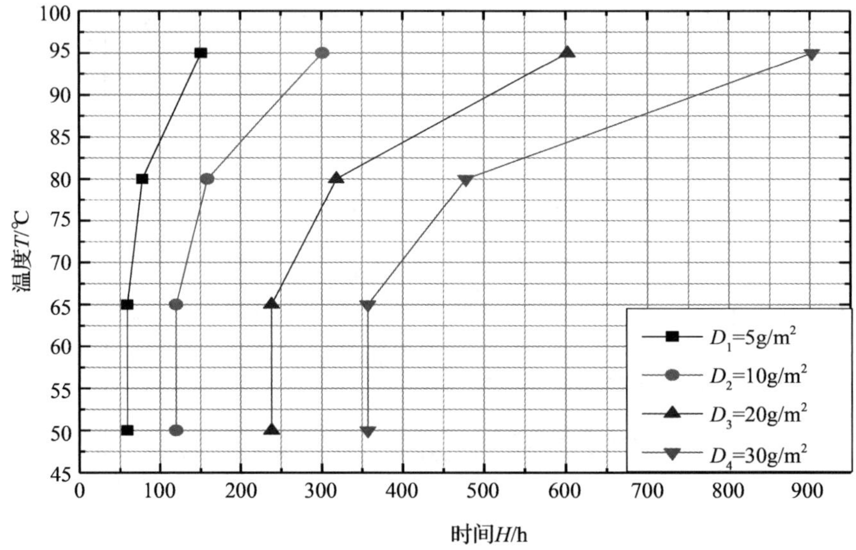

图6　4个指定损伤 *D* 的 30CrMnSiA 的腐蚀 *T—H* 曲线

3.4　涂层腐蚀试验结果

不同的温度下的两种材料涂层的腐蚀失效时间试验结果如表9所示，每个腐蚀周期为168h。

表9　涂层腐蚀试样失效时间

材料	失效周期①			
	50℃	65℃	80℃	95℃
30CrMnSiA	6	4	2	1
LY12CZ	16（未完）	11	5	2

①1 周期 = 168h。

涂层试样的腐蚀 *T—H* 曲线如图7所示，从图中可以看出，*T—H* 曲线线性关系好，温度是影响涂层失效的一个关键因素，腐蚀温度越高，涂层失效越快。

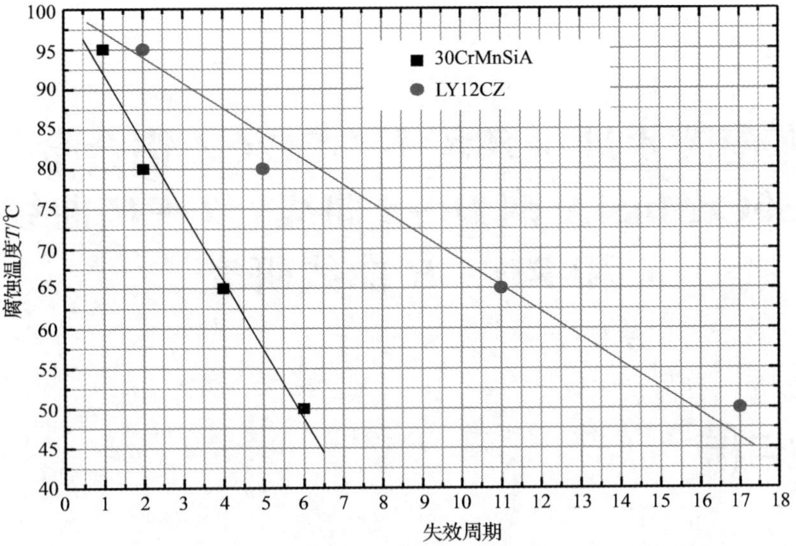

图 7　涂层的腐蚀 *T—H* 曲线

4　结论

（1）温度对两种材料腐蚀速率的影响规律：50℃和 65℃的腐蚀速率相当，随着温度的进一步升高，腐蚀速率下降。这是由于在较高温度（60～80℃）时，随着温度的进一步升高，溶液中氧含量减小，腐蚀速率将会减缓。

（2）从 30CrMnSiA 钢的 *T—H* 曲线可以看出：由于温度升高试样的腐蚀速率反而下降，达到相同的腐蚀损伤量，温度越高需要的腐蚀时间将越长，这与常温条件下材料的 *T—H* 曲线规律相反。验证了该材料的 *T—H* 曲线需用常温测试。

（3）本次 LY12CZ 铝合金材料的腐蚀 *D—H* 曲线规律性较差，原因可能是由于去腐蚀产物过程中去腐蚀产物溶液的温度和时间控制不当所致，若严加控制试验结果规律性应好些。

（4）两种材料涂层失效的 *T—H* 曲线线性关系好，温度是影响涂层失效的一个关键因素，腐蚀温度越高，涂层失效越快，这与常温条件下金属基体材料的腐蚀 *T—H* 曲线规律一致，因此涂层失效的 *T—H* 曲线可用提高温度的方法进行测试。

参考文献

[1] 张福泽. 金属机件腐蚀损伤日历寿命的计算模型和确定方法 [J]. 航空学报，1999，20（1）：75－79.

[2] 张福泽. 飞机日历寿命确定的区域定寿法 [J]. 航空学报，2001，22（6）：549－552.

[3] 宋钧，郭洪全. 三种航空材料腐蚀 *T—H* 曲线测试技术报告. 北京航空材料研究院，2000.

[4] 尤里克 H H，瑞维亚 R W. 腐蚀与腐蚀控制：腐蚀科学和腐蚀工程导论 [M]. 翁永基，译. 北京：石油工业出版社，1985.

海南陵水地区环境下 LY12CZ 铝合金与 30CrMnSiA 钢 *D—d* 曲线、*T—H* 曲线和 RH—*H* 曲线研究①

1　研究目标

（1）试验测试并绘制 LY12CZ 铝合金、30CrMnSiA 钢不同湿度的等温等湿等时曲线族，并绘制不同湿度的 *T—H* 曲线族和相应的数据表。

（2）试验测试并绘制 LY12CZ 铝合金、30CrMnSiA 钢不同温度的等温等湿等时曲线族，并绘制不同温度的 RH—*H* 曲线族和相应的数据表。

2　试验内容及方法

2.1　试样

LY12CZ 铝合金采用 δ6mm 板材（无包铝层），30CrMnSiA 钢采用 δ2.0mm 板材，所有试样从板材上纵向（L）取样，试样形式及数量见表 1，试件分组如表 2 和表 3 所示。

表 1　试样形式及数量

材料	试样形状	试样面积/mm^2	数量
LY12CZ 铝合金	长方形试样：50mm × 25mm × 6mm（*L* – *W* – *B*）	3400	69
30CrMnSiA 钢	长方形试样：50mm × 25mm × 2mm（*L* – *W* – *B*）	2800	69

表 2　环境谱测试试验件分组及编号

浓度	10 倍	20 倍	30 倍
LY12CZ 铝合金	201 ~ 203 号	206 ~ 210 号	211 ~ 215 号
30CrMnSiA 钢	301 ~ 305 号	306 ~ 310 号	311 ~ 315 号

① 本试验是按照合同要求，由北京航空材料研究院陈勃和叶序彬于 2011 年 5 月完成。

表 3　等温等湿等时线测试试验件分组及编号

湿度 RH/%	20℃			35℃			50℃		
	浓度			浓度			浓度		
	10 倍	20 倍	40 倍	10 倍	20 倍	40 倍	10 倍	20 倍	40 倍
100	W1 - W2	W3 - W4	W5 - W6	W7 - W8	W9 - W10	W11 - W12	W13 - W14	W15 - W16	W17 - W18
90	W19 - W20	W21 - W22	W23 - W24	W25 - W26	W27 - W28	W29 - W30	W31 - W32	W33 - W34	W35 - W36
84	W37 - W38	W39 - W40	W41 - W42	W43 - W44	W45 - W46	W47 - W48	W49 - W50	W51 - W52	W53 - W54

2.2　腐蚀介质、温度及环境

采用温湿环境箱进行两种材料试验件在三种温度、三种湿度的腐蚀损伤试验，腐蚀时间为 1008h。

相对湿度 RH：$RH_1=100\%$，$RH_2=90\%$，$RH_3=84\%$；

试验温度 T：$T_1=20℃$，$T_2=35℃$，$T_3=50℃$；

介质溶液浓度 d：以海南陵水地区腐蚀介质成分为基准，见表 4，加至 10 倍、20 倍、40 倍。

表 4　试验溶液中各成分含量

浓度 d	pH	H_2SO_4（98%）/[（g/L）（mL/L）]	HNO_3（67%）/[（g/L）（mL/L）]	NaCl /（g/L）
1 倍	6.8	0.046 （0.023）	0.041 （0.02814）	2.27

2.3　腐蚀损伤的表征及测量

LY12CZ 铝合金是点蚀，腐蚀深度是材料腐蚀损伤量 D 的表征方式。委托天津理工大学材料与工程学院对蚀坑深度进行测量和统计，方法为：去腐蚀产物后，采用三维光学测量显微镜（OLYMPUS STM6）随机测量 5 个蚀坑的深度，所有结果取平均值作为损伤量 D 的表征。

30CrMnSiA 钢为均匀腐蚀，工程上通常采用试样单位面积腐蚀失重来表征其腐蚀损伤量 D，可采用称重法进行测量：对腐蚀过后的试样，按照 HB 5257—83 方法清除试样腐蚀产物，然后用 JJ200 电子天平进行称重，由腐蚀前后试样的重量差及腐蚀面积计算出试样的单位面积腐蚀失重。

表5 去腐蚀产物方法

30CrMnSiA 钢	铬酐 CrO_3 150g/L 硫酸（密度1.84）H_2SO_4 1mL/L	80~90℃，20min 至数小时
LY12CZ 铝	铬酐 CrO_3 20g/L 磷酸（密度1.7）H_3PO_4 200mL/L	室温，15~30min 或80℃，5~10min

2.4 试验过程

（1）等温等湿等时线测试试验过程

①试验前用丙酮去掉表面油污，对30CrMnSiA钢试样称重，要求精确到小数点后4位，并作详细记录；

②配制腐蚀溶液：配制4L、12L、6L试验溶液中各成分含量如表6所示；

表6 4L、12L、6L试验溶液中各成分含量

浓度	H_2SO_4（98%）			HNO_3（67%）			NaCl		
	4L	12L	6L	4L	12L	6L	4L	12L	6L
10倍	0.92	2.76	1.38	1.13	3.4	1.7	90.8	272.4	136.2
20倍	1.84	5.52	2.76	2.26	6.8	3.4	181.6	544.8	272.4
30倍	2.76	8.28	4.14	3.39	10.2	5.1	272.4	817.2	408.6
40倍	3.68	11	5.52	4.52	13.6	6.8	363.2	1089.6	544.8

③按表2对试验件分组，将试验件浸入腐蚀溶液2min后取出烘干；

④将试样放入温湿环境箱进行腐蚀，每种情况腐蚀时间为42天，每7天重新浸泡试样后放入环境箱进行腐蚀；

⑤腐蚀损伤试验结束后，取出试样，首先用清水冲洗烘干后立即放入干燥器中，待全部试验结束后按要求对试样去腐蚀产物并进行腐蚀损伤测量。

（2）环境谱测试试验过程

①试验前用丙酮去掉表面油污，对30CrMnSiA钢试样称重，要求精确到小数点后4位，并作详细记录；

②按表6配制腐蚀溶液；

③按表3对试验件分组，将试验件浸入腐蚀溶液1~2min后取出；

④按表4要求将试样放入恒温恒湿试验箱进行环境谱腐蚀试验，腐蚀时间为2209.1h，每7天重新浸泡试样后放入环境箱进行腐蚀，介质每月更换一次；

⑤腐蚀损伤试验结束后，取出试样，首先用清水冲洗烘干后立即放入干燥器中，待全部试验结束后按要求对试样去腐蚀产物并进行腐蚀损伤测量。

3　试验结果及分析

3.1　LY12CZ 铝合金的等温等湿等时线试验结果及分析

（1）腐蚀损伤试验结果

LY12CZ 铝合金基体试样 5 个蚀坑深度测量结果的平均值如表 7 所示（腐蚀时间 1008h）。

表 7　LY12CZ 铝合金基体试样蚀坑深度测量结果平均值

湿度 100%				湿度 90%				湿度 84%			
温度	浓度	试样编号	蚀坑深度/mm	温度	浓度	试样编号	蚀坑深度/mm	温度	浓度	试样编号	蚀坑深度/mm
20℃	10 倍	W1	0. 260	20℃	10 倍	W19	0. 02	20℃	10 倍	W37	0. 02
		W2	0. 265			W20	0. 02			W38	0. 02
	20 倍	W3	0. 310		20 倍	W21	0. 05		20 倍	W39	0. 05
		W4	0. 305			W22	0. 05			W40	0. 05
	40 倍	W5	0. 550		40 倍	W23	0. 2		40 倍	W41	0. 12
		W6	0. 560			W24	0. 2			W42	0. 12
35℃	10 倍	W7	0. 310	35℃	10 倍	W25	0. 05	35℃	10 倍	W43	0. 04
		W8	0. 305			W26	0. 05			W44	0. 04
	20 倍	W9	0. 810		20 倍	W27	0. 15		20 倍	W45	0. 08
		W10	0. 820			W28	0. 15			W46	0. 08
	40 倍	W11	1. 02		40 倍	W29	0. 35		40 倍	W47	0. 16
		W12	0. 92			W30	0. 35			W48	0. 16
50℃	10 倍	W13	0. 555	50℃	10 倍	W31	0. 08	50℃	10 倍	W49	0. 06
		W14	0. 55			W32	0. 08			W50	0. 06
	20 倍	W15	0. 95		20 倍	W33	0. 26		20 倍	W51	0. 12
		W16	0. 945			W34	0. 25			W52	0. 12
	40 倍	W17	1. 21		40 倍	W35	0. 35		40 倍	W53	0. 18
		W18	1. 22			W36	0. 35			W54	0. 19

采用蚀坑深度作为损伤量 D 的表征，腐蚀1008h后，试样在不同温度、湿度下的腐蚀损伤量 D 见表8。表中还给出了根据参考文献［2］的方法计算出在浓度 $d=1$ 下LY12CZ铝合金基体的腐蚀损伤量。

表8　LY12CZ铝合金基体在不同温度和浓度下腐蚀1008h后的平均腐蚀损伤深度 D　mm

湿度/%	浓度	20℃	35℃	50℃
100	10倍	0.2625	0.3075	0.5525
	20倍	0.3075	0.815	0.9475
	40倍	0.555	0.97	1.215
	1倍[2]	0.015	0.030	0.044
90	10倍	0.02	0.05	0.08
	20倍	0.05	0.15	0.255
	40倍	0.2	0.35	0.35
	1倍[2]	0.0028	0.0053	0.0083
84	10倍	0.02	0.04	0.06
	20倍	0.05	0.08	0.12
	40倍	0.12	0.16	0.185
	1倍[2]	0.0024	0.004	0.006

（2）不同湿度的等温等湿等时曲线和 T—H 曲线族

绘制LY12CZ铝合金RH＝100%、90%、84%下，相同温度和时间的损伤量 D 与腐蚀浓度 d 的关系曲线（等温等湿等时线），如图1～图3所示。

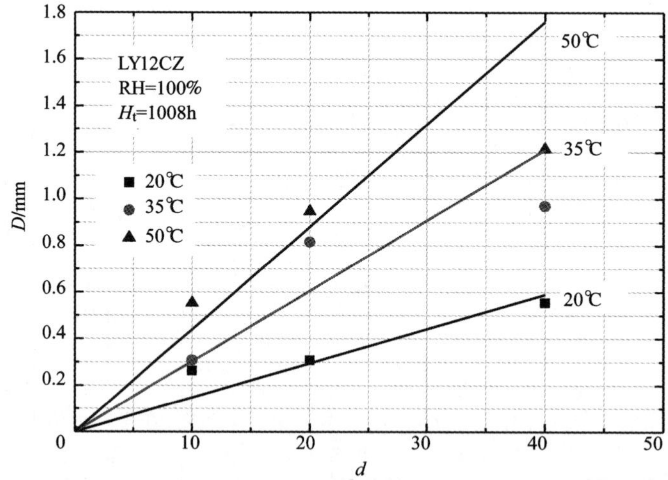

图1　LY12CZ铝合金，RH＝100%的等温等湿等时线族

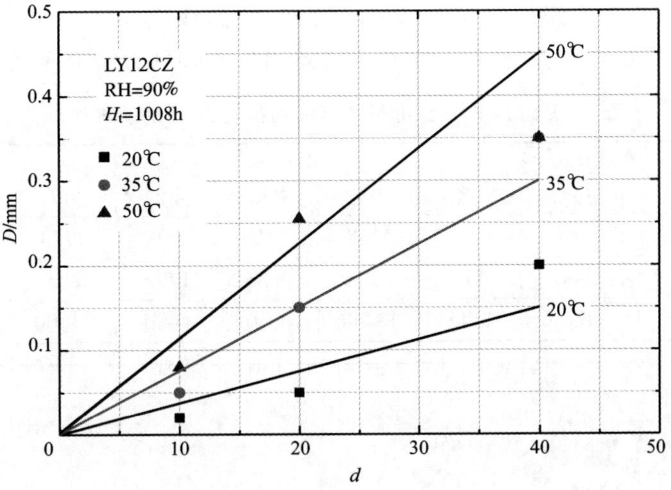

图 2　LY12CZ 铝合金，RH = 90% 的等温等湿等时线族

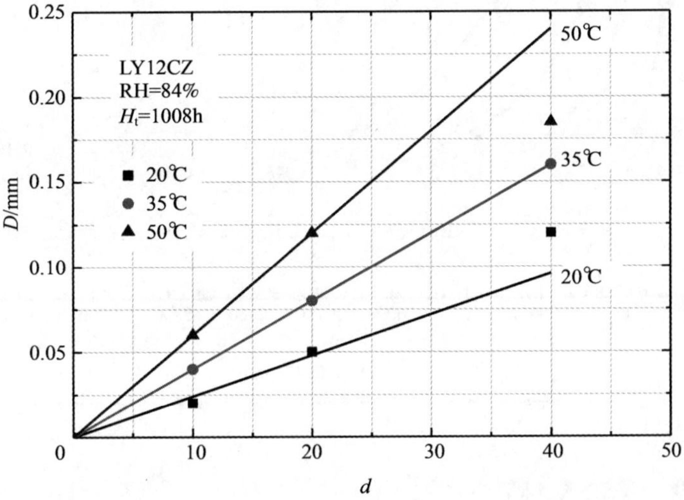

图 3　LY12CZ 铝合金，RH = 84% 的等温等湿等时线族

若指定损伤量 D_c，根据式（1）～式（3），可计算出不同腐蚀温度 T_1、T_2、T_3 下，腐蚀到指定 D_c 的时间 H_1、H_2、H_3。由此可绘制出指定损伤量 D_c 下，不同湿度的腐蚀 T—H 曲线族[1]。

$$H_1 = \frac{D_c \times H_t}{D_{11}} \tag{1}$$

$$H_2 = \frac{D_c \times H_t}{D_{12}} \tag{2}$$

$$H_3 = \frac{D_c \times H_t}{D_{13}} \tag{3}$$

分别以 0.004235mm、0.02mm、0.05mm 为指定的 D_c，计算 LY12CZ 铝合金基体腐蚀到指定 D_c 的时间如表 9 所示，T—H 曲线族如图 4 所示。为了工程应用，在图 4 中用插值法给出RH＝95%、85%、80%、75%、70%的曲线供参考（见图 4 中虚线），试验数据在附录 A 中给出。附表 A1～A10 中还给出其他多种 D_c 下的数据。

表 9　LY12CZ 铝合金基体腐蚀到指定 D_c 下的腐蚀时间　h

D_c/mm	RH＝100%			RH＝90%			RH＝84%		
	20℃	35℃	50℃	20℃	35℃	50℃	20℃	35℃	50℃
0.004235	289	141	97	1138	569	379	1779	1067	711
0.02	1367	666	458	5376	2688	1792	8400	5040	3360
0.05	3417	1666	1145	13440	6720	4480	21000	12600	8400

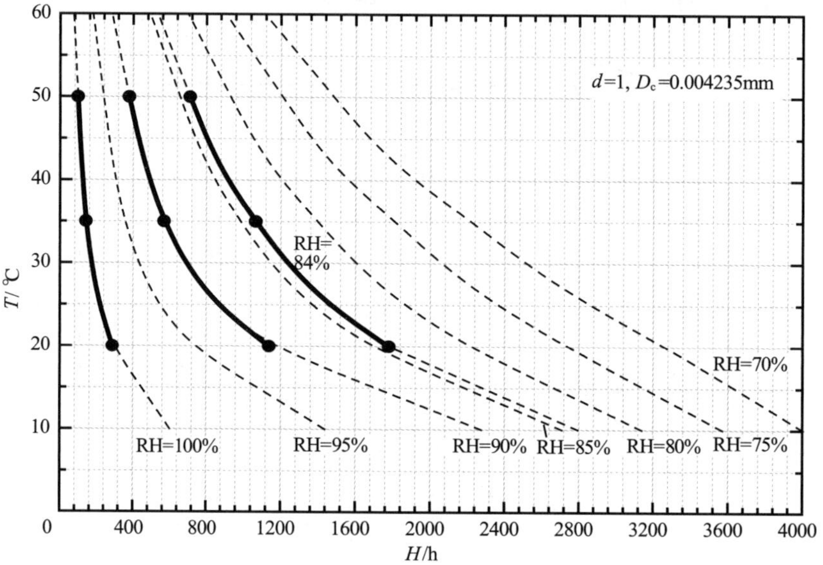

(a) D_c=0.004235mm

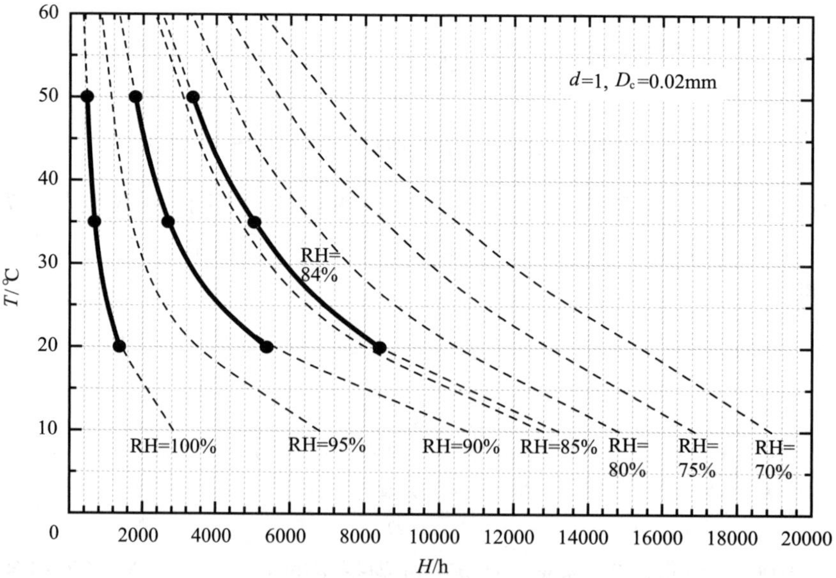

(b) D_c=0.02mm

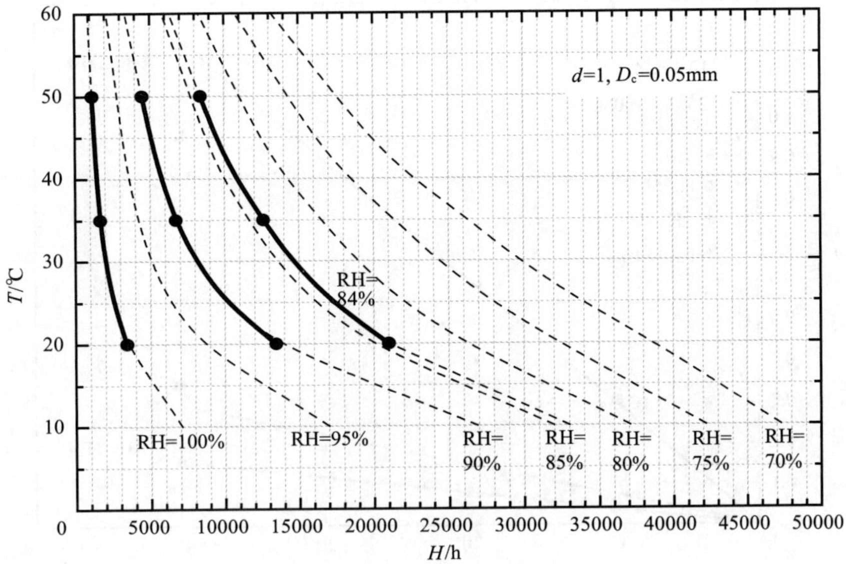

(c) D_c=0.05mm

图4　LY12CZ 铝合金基体不同湿度的 T—H 曲线族

（3）不同温度的等温等湿等时曲线和 RH—H 曲线族

绘制 $T=20℃$、35℃、50℃下，相同湿度和时间下，损伤量 D 与腐蚀浓度 d 的关系曲线（等温等湿等时线），如图5～图7所示。

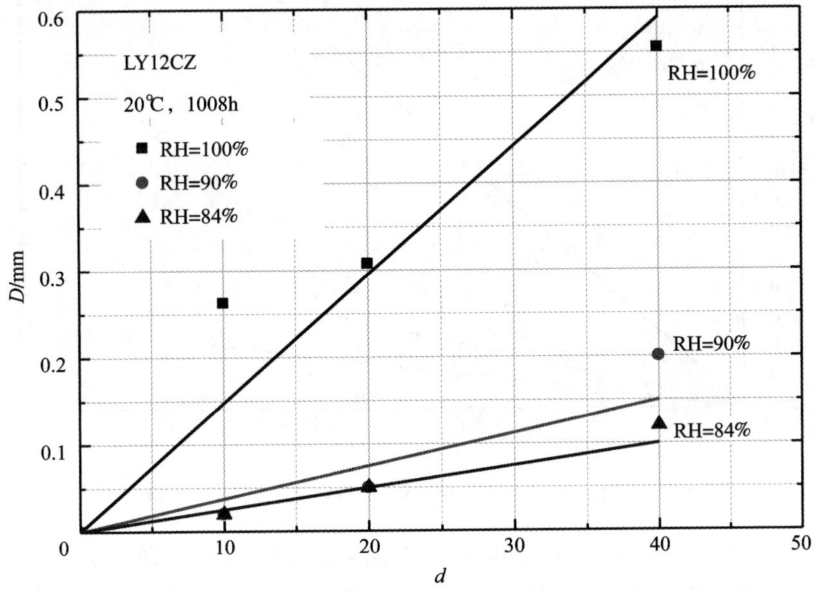

图5　LY12CZ 铝合金基体在 $T=20℃$ 的等温等湿等时线

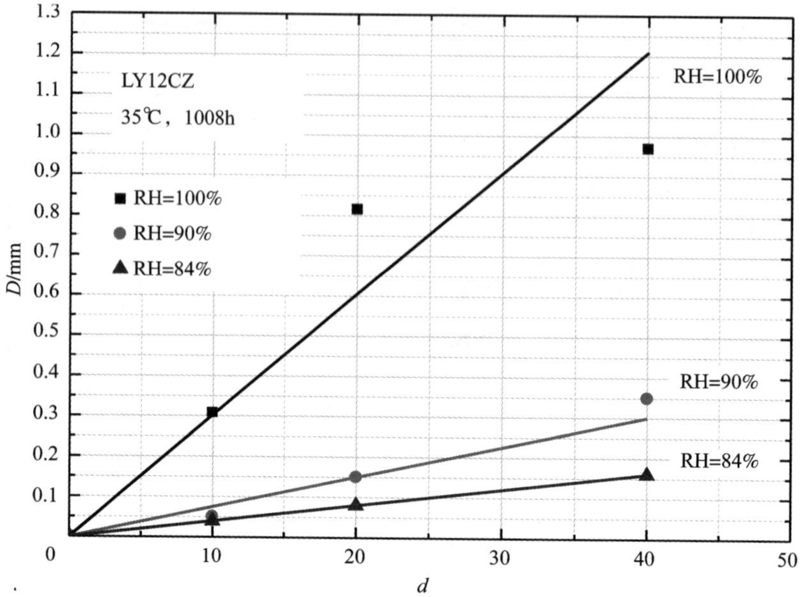

图6　LY12CZ铝合金基体在 $T=35$℃的等温等湿等时线

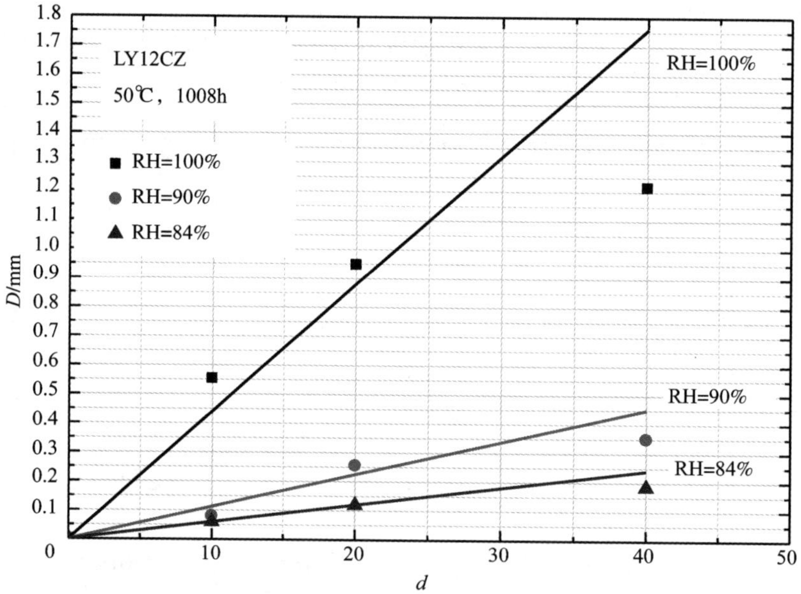

图7　LY12CZ铝合金基体在 $T=50$℃的等温等湿等时线

根据图5～图7绘制LY12CZ铝合金不同温度的RH—H曲线族，如图8所示。为工程应用，还用插值法计算出了10℃、15℃、25℃、30℃、40℃、45℃的曲线供参考（见图8中虚线），试验数据在附录A中给出。附表A1～A10中还给出其他多种 D_c 下的数据。

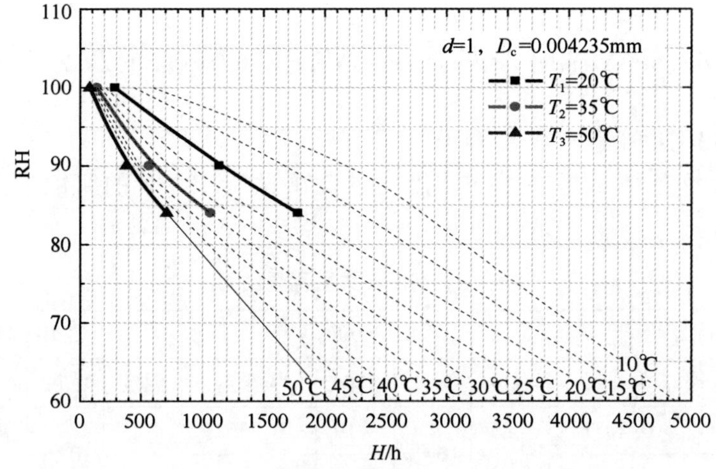

（a）D_c=0.004235mm

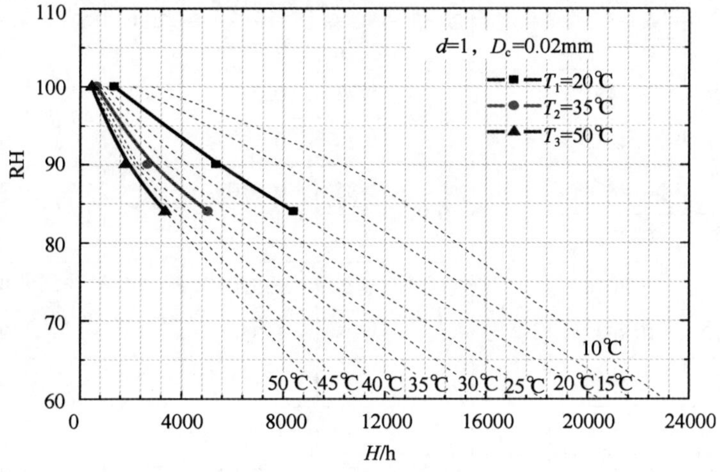

（b）D_c=0.02mm

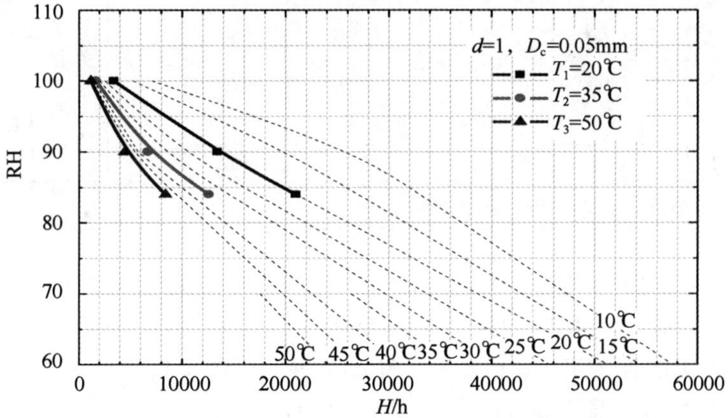

（c）D_c=0.05mm

图 8　LY12CZ 铝合金基体在不同温度的 RH—*H* 曲线族

3.2 30CrMnSiA 钢的等温等湿等时线试验结果及分析

（1）腐蚀损伤试验结果

30CrMnSiA 钢基体试样在不同浓度与湿度下试验 1008h 的腐蚀失重试验结果如表 10 所示。

表 10 钢试样失重测量结果

RH = 100%				RH = 90%				RH = 84%			
温度	浓度	试样号	失重/g	温度	浓度	试样号	失重/g	温度	浓度	试样号	失重/g
20℃	10 倍	W1	0.4051	20℃	10 倍	W19	0.2352	20℃	10 倍	W37	0.1314
		W2	0.4598			W20	0.2461			W38	0.1207
	20 倍	W3	0.6675		20 倍	W21	0.2163		20 倍	W39	0.2008
		W4	0.6369			W22	0.2098			W40	0.2409
	40 倍	W5	1.3411		40 倍	W23	0.2331		40 倍	W41	0.3187
		W6	1.4537			W24	0.2277			W42	0.2856
35℃	10 倍	W7	0.4868	35℃	10 倍	W25	0.6109	35℃	10 倍	W43	0.3454
		W8	0.4723			W26	0.5821			W44	0.3442
	20 倍	W9	0.8078		20 倍	W27	1.5203		20 倍	W45	0.8293
		W10	0.8637			W28	1.3585			W46	0.6732
	40 倍	W11	1.5004		40 倍	W29	1.1914		40 倍	W47	1.0735
		W12	1.567			W30	1.4745			W48	0.9923
50℃	10 倍	W13	0.6351	50℃	10 倍	W31	0.2601	50℃	10 倍	W49	0.1973
		W14	0.5637			W32	0.2588			W50	0.1801
	20 倍	W15	1.0469		20 倍	W33	0.7009		20 倍	W51	0.8779
		W16	0.9904			W34	0.6924			W52	0.5938
	40 倍	W17	1.4576		40 倍	W35①	2.7737		40 倍	W53①	6.3054
		W18	1.6341			W36①	2.0702			W54①	5.5684
①表示试样号看不清楚，去腐蚀产物去掉了一层。											

采用单位面积的腐蚀失重作为损伤量 D 的表征（试样面积为 $2800mm^2$），试样在不同温度、湿度下试验 1008h 后的腐蚀损伤量 D 见表 11。表中还给出了根据参考文献 [2] 的方法计算出的在浓度 $d=1$ 下 30CrMnSiA 钢的腐蚀损伤量。

（2）不同湿度的等温等湿等时曲线和 T—H 曲线族

绘制 RH = 100%、90%、84% 下，相同温度和时间的损伤量 D 与腐蚀浓度 d 的关系曲线（等温等湿等时线），如图 9 ~ 图 11 所示。

表 11　30CrMnSiA 钢基体试样在不同温度、浓度下试验 1008h 后的腐蚀损伤量 D　mm

湿度/%	浓度	20℃	35℃	50℃
100	10 倍	154.45	171.27	214.07
	20 倍	232.93	298.48	363.80
	40 倍	499.07	547.75	552.09
	1 倍[2]	12.40	15.70	19.00
90	10 倍	85.95	213.04	92.66
	20 倍	76.09	514.07	248.80
	40 倍	82.29	476.05	864.98
	1 倍[2]	4.20	12.20	15.60
84	10 倍	45.02	123.14	67.39
	20 倍	78.88	268.30	262.80
	40 倍	107.91	368.89	2120.32
	1 倍[2]	2.80	9.30	13.17

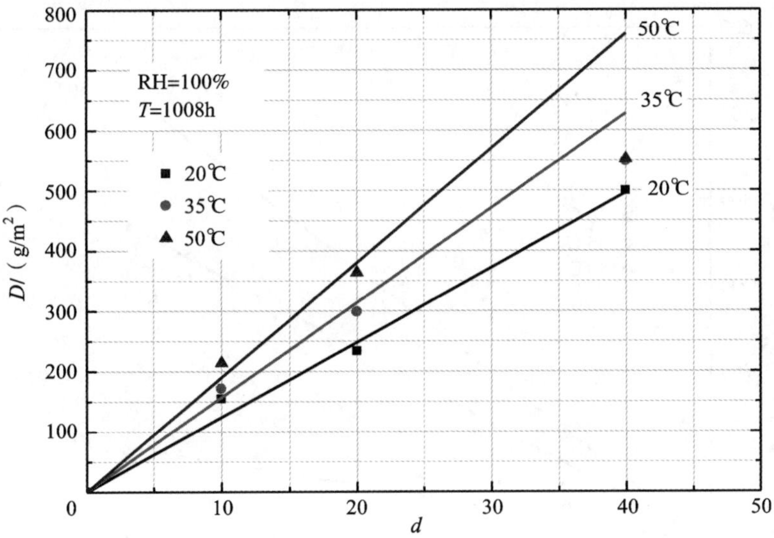

图 9　30CrMnSiA 钢基体在 RH = 100% 的等温等湿等时线族

分别以 $10\mathrm{g/m^2}$、$50\mathrm{g/m^2}$、$100\mathrm{g/m^2}$ 为指定的 D_c，计算 30CrMnSiA 钢腐蚀到指定 D_c 的时间如表 12 所示，T—H 曲线族如图 12 所示。为了工程应用，图 12 中还用插值法给出了 RH = 95%、85%、80%、75%、70% 的曲线供参考（见图 12 中虚线），试验数据在附录 B 中给出。附表 B1 ~ B10 中还给出其他多种 D_c 下的数据。

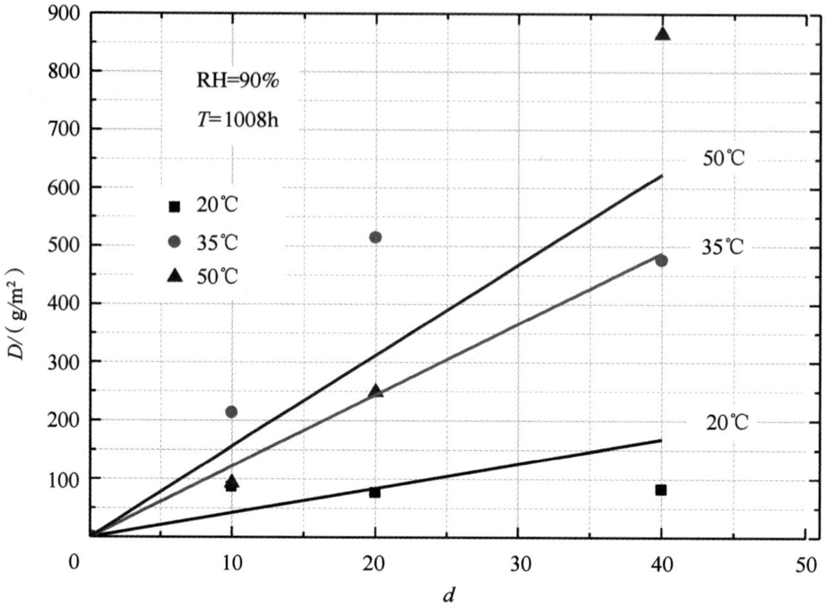

图10　30CrMnSiA钢基体在RH=90%的等温等湿等时线族

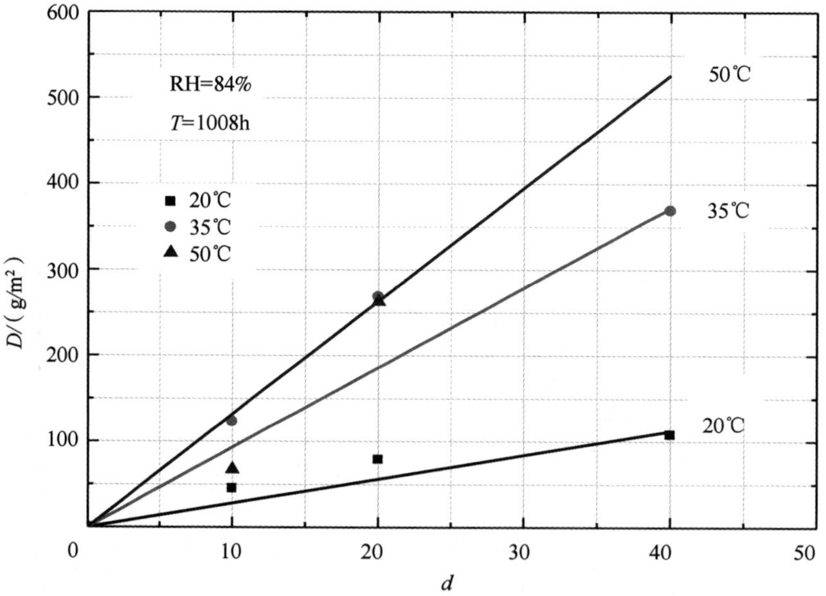

图11　30CrMnSiA钢基体在RH=84%的等温等湿等时线族

表 12　30CrMnSiA 钢基体腐蚀到指定 D_c 的腐蚀时间　h

D_c / (g/m²)	RH = 100%			RH = 90%			RH = 84%		
	20℃	35℃	50℃	20℃	35℃	50℃	20℃	35℃	50℃
10	813	642	531	2400	826	646	3600	1084	765
50	4065	3210	2653	12000	4131	3231	18000	5419	3827
100	8129	6420	5305	24000	8262	6462	36000	10839	7654

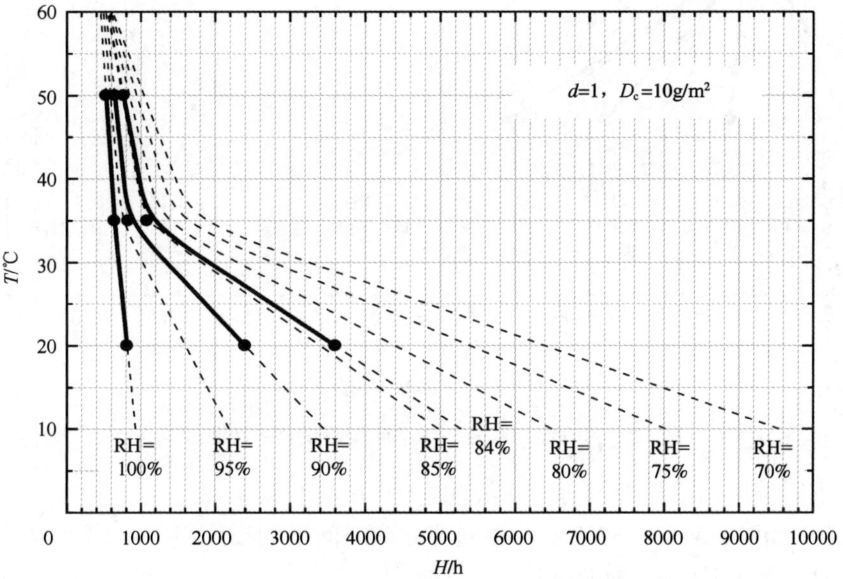

(a) D_c=10g/m²

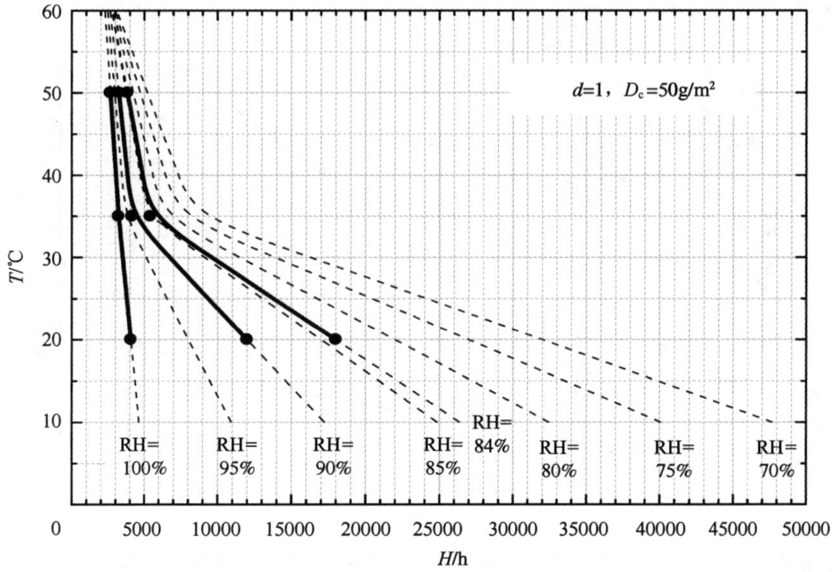

(b) D_c=50g/m²

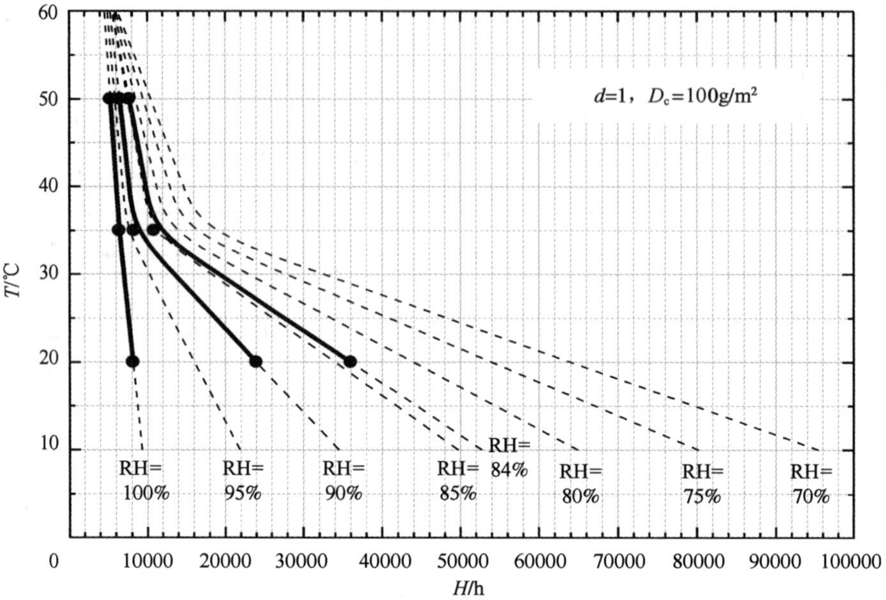

（c）D_c=100g/m²

图12　30CrMnSiA钢基体不同湿度的 T—H 曲线族

（3）不同温度的等温等湿等时曲线和RH—H 曲线族

绘制 $T=20℃$、35℃、50℃下，相同湿度和时间下的损伤量 D 与腐蚀浓度 d 的关系曲线（等温等湿等时线），如图13～图15所示。

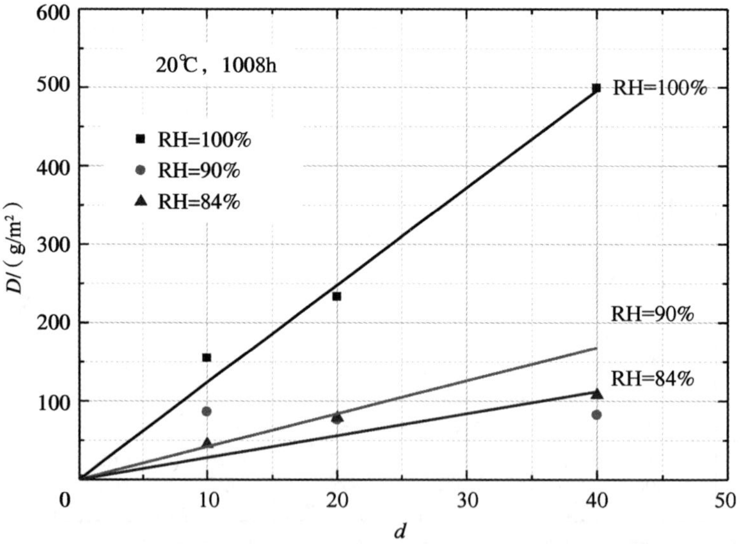

图13　30CrMnSiA钢基体在 $T=20℃$ 的等温等湿等时线族

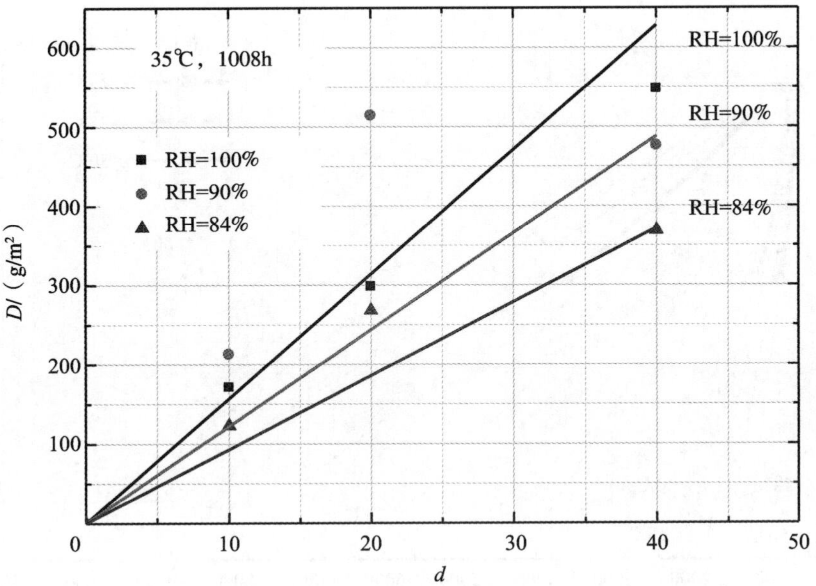

图 14　30CrMnSiA 钢基体在 $T=35$℃的等温等湿等时线族

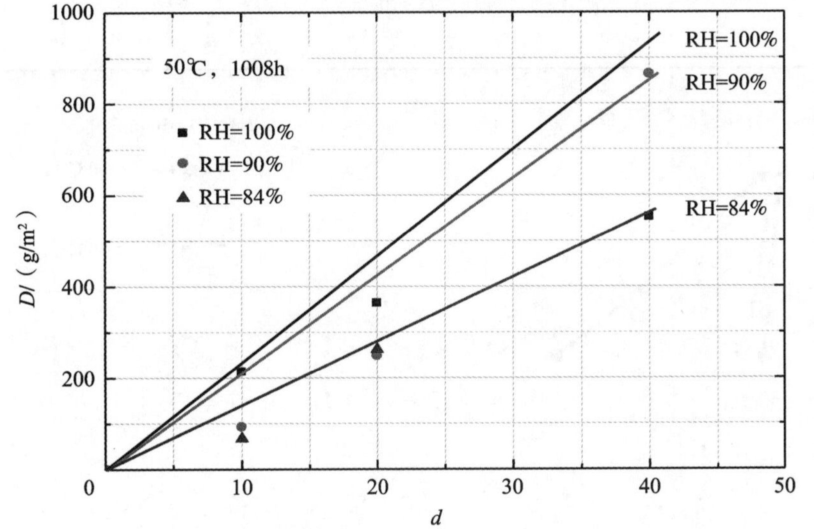

图 15　30CrMnSiA 钢基体在 $T=50$℃的等温等湿等时线族

根据图 13 ~ 图 15 绘制 30CrMnSiA 钢不同温度的 RH—H 曲线族，如图 16 所示。还用插值法计算出了 10℃、15℃、25℃、30℃、40℃、45℃下的曲线供参考（见图 16 中虚线），试验数据在附录 B 中给出。附表 B1 ~ B10 中还给出其他多种 D_c下的数据。

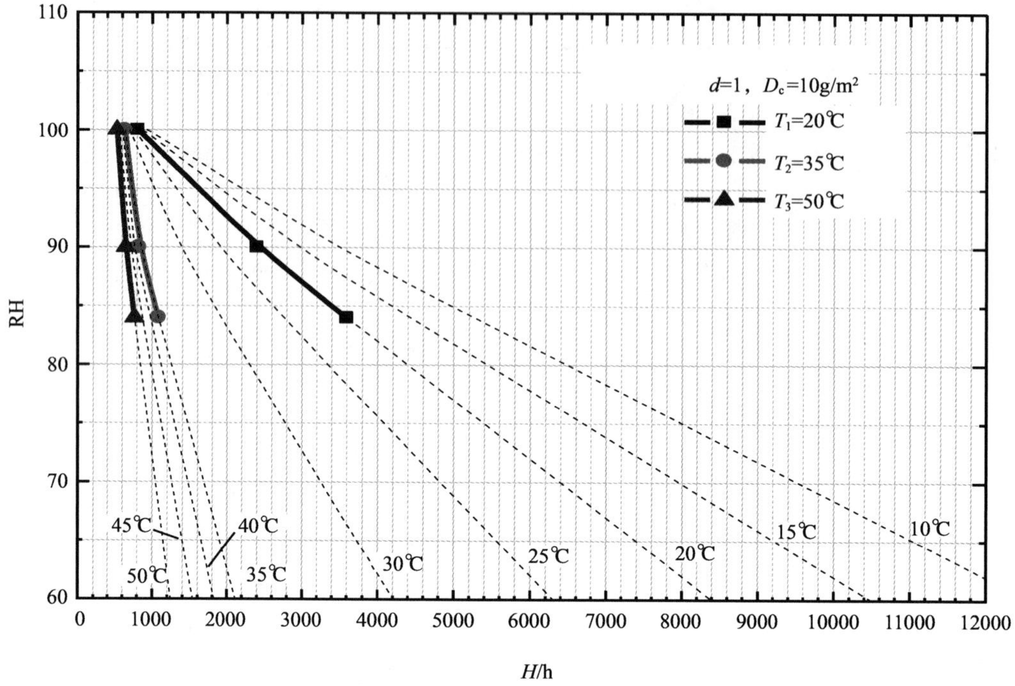

（a） D_c=10g/m²

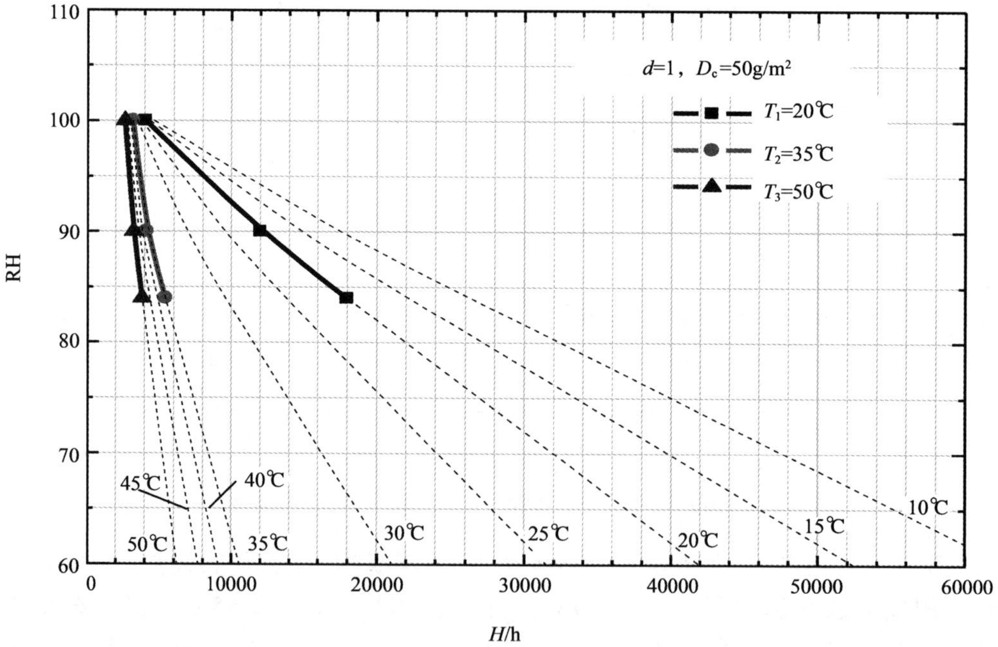

（b） D_c=50g/m²

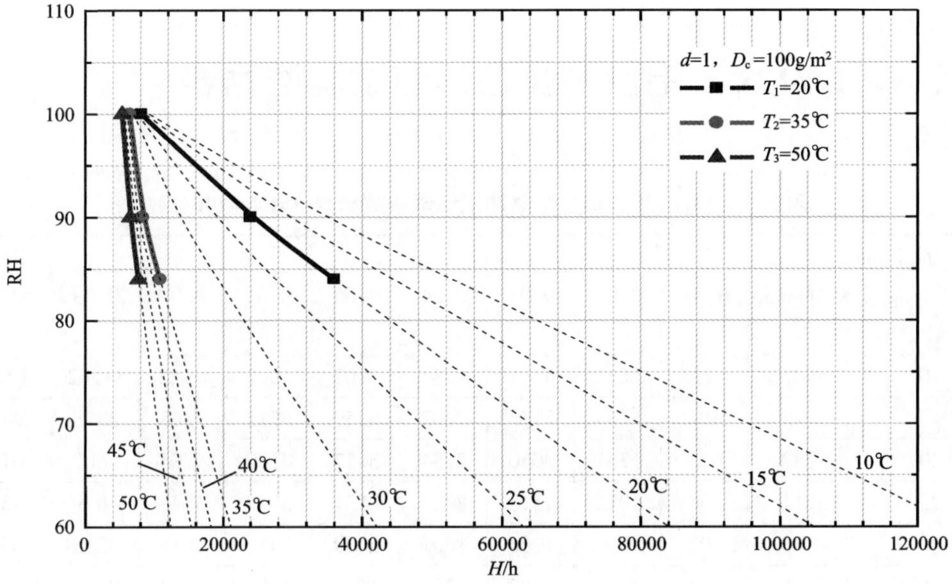

（c）D_c=100g/m²

图 16　30CrMnSiA 钢基体不同温度的 RH—*H* 曲线族

4　结论

（1）试验测试并绘制了 LY12CZ 铝合金、30CrMnSiA 钢不同湿度的等温等湿等时曲线族，并绘制不同湿度的 *T*—*H* 曲线族。

（2）试验测试并绘制 LY12CZ 铝合金、30CrMnSiA 钢不同温度的等温等湿等时曲线族，并绘制不同温度的 RH—*H* 曲线族。

（3）验证了两种金属的“3 等线”、*T*—*H* 曲线、RH—*H* 曲线的存在。

（4）给出了 LY12CZ 铝合金和 30CrMnSiA 钢腐蚀损伤数据表，供日历寿命计算用。

参考文献

[1] 张福泽. 使用温湿谱中各温度和各湿度对应时间的等腐蚀损伤折算原理和公式(专刊)，北京航空工程技术研究中心，2008.

[2] 张福泽. 金属腐蚀等温等湿等时线和相应的日历寿命确定方法（专刊）. 北京航空工程技术研究中心，2006.

[3] 张福泽. 金属机件腐蚀损伤日历寿命的计算模型和确定方法［J］. 航空学报，1999，20（1）：75－79.

[4] 黄玉华. 检测报告. 哈飞检测中心，2010.

附录A　LY12CZ铝合金腐蚀损伤试验数据表

附表A1　LY12CZ铝合金腐蚀损伤试验数据表（RH＝100%）

D_{IC}/mm 时间/h 温度/℃	0.004235	0.01	0.02	0.03	0.04	0.05	0.06	0.07	0.08	0.09
10	601	1420	2841	4261	5681	7102	8522	9942	11362	12783
15	445	1052	2104	3155	4207	5259	6311	7363	8415	9466
20	289	683	1367	2050	2734	3417	4100	4784	5467	6151
25	214	506	1012	1518	2024	2531	3037	3543	4049	4555
30	170	402	804	1206	1607	2009	2411	2813	3215	3617
35	141	333	666	1000	1333	1666	1999	2333	2666	2999
40	123	289	579	868	1158	1447	1736	2026	2315	2604
45	108	256	511	767	1023	1279	1534	1790	2046	2302
50	97	229	458	687	916	1145	1375	1604	1833	2062
60	74	176	352	527	703	879	1055	1231	1406	1582

D_{IC}/mm 时间/h 温度/℃	0.1	0.2	0.3	0.4	0.5	0.6	0.7	0.8	0.9	1.0
10	14203	28406	42609	56812	71015	85218	99421	113624	127827	142030
15	10518	21037	31555	42073	52591	63110	73628	84146	94664	105183
20	6834	13668	20502	27336	34169	41003	47837	54671	61505	68339
25	5061	10122	15183	20244	25305	30367	35428	40489	45550	50611
30	4019	8037	12056	16074	20093	24112	28130	32149	36167	40186
35	3332	6664	9997	13329	16661	19993	23326	26658	29990	33322
40	2894	5788	8681	11575	14469	17363	20256	23150	26044	28938
45	2557	5115	7672	10229	12786	15344	17901	20458	23016	25573
50	2291	4582	6873	9164	11455	13745	16036	18327	20618	22909
60	1758	3516	5274	7032	8790	10548	12306	14064	15822	17580

D_{IC}/mm 时间/h 温度/℃	1.1	1.2	1.3	1.4	1.5	1.6	1.7	1.8	1.9	2.0
10	156233	170436	184639	198842	213045	227248	241451	255654	269857	284060
15	115701	126219	136737	147256	157774	168292	178810	189329	199847	210365
20	75173	82007	88841	95675	102508	109342	116176	123010	129844	136678

附表 A1（续）

D_{IC}/mm 时间/h 温度/℃	1.1	1.2	1.3	1.4	1.5	1.6	1.7	1.8	1.9	2.0
25	55672	60733	65794	70855	75916	80977	86038	91100	96161	101222
30	44205	48223	52242	56260	60279	64298	68316	72335	76353	80372
35	36655	39987	43319	46651	49983	53316	56648	59980	63312	66645
40	31832	34725	37619	40513	43407	46300	49194	52088	54982	57876
45	28130	30688	33245	35802	38359	40917	43474	46031	48589	51146
50	25200	27491	29782	32073	34364	36655	38945	41236	43527	45818
60	19338	21096	22854	24612	26370	28128	29886	31644	33402	35160

D_{IC}/mm 时间/h 温度/℃	2.1	2.2	2.3	2.4	2.5	2.6	2.7	2.8	2.9	3.0
10	298263	312466	326669	340872	355075	369278	383481	397684	411887	426090
15	220883	231402	241920	252438	262957	273475	283993	294511	305030	315548
20	143512	150346	157180	164014	170847	177681	184515	191349	198183	205017
25	106283	111344	116405	121466	126527	131588	136649	141710	146772	151833
30	84391	88409	92428	96447	100465	104484	108502	112521	116540	120558
35	69977	73309	76641	79974	83306	86638	89970	93302	96635	99967
40	60769	63663	66557	69451	72344	75238	78132	81026	83920	86813
45	53703	56260	58818	61375	63932	66490	69047	71604	74162	76719
50	48109	50400	52691	54982	57273	59564	61855	64145	66436	68727
60	36918	38676	40434	42192	43950	45708	47466	49224	50982	52740

D_{IC}/mm 时间/h 温度/℃	3.1	3.2	3.3	3.4	3.5	3.6	3.7	3.8	3.9	4.0
10	440293	454496	468699	482902	497105	511308	525511	539714	553917	568120
15	326066	336584	347103	357621	368139	378657	389176	399694	410212	420730
20	211851	218685	225519	232353	239186	246020	252854	259688	266522	273356
25	156894	161955	167016	172077	177138	182199	187260	192321	197382	202444
30	124577	128595	132614	136633	140651	144670	148688	152707	156726	160744
35	103299	106631	109964	113296	116628	119960	123293	126625	129957	133289
40	89707	92601	95495	98389	101282	104176	107070	109964	112857	115751
45	79276	81833	84391	86948	89505	92063	94620	97177	99734	102292
50	71018	73309	75600	77891	80182	82473	84764	87055	89345	91636
60	54498	56256	58014	59772	61530	63288	65046	66804	68562	70320

附表 A2 LY12CZ 铝合金腐蚀损伤试验数据表（RH =95%）

温度/℃ \ 时间/h \ D_{IC}/mm	0.004235	0.01	0.02	0.03	0.04	0.05	0.06	0.07	0.08	0.09
10	1439	3398	6796	10194	13593	16991	20389	23787	27185	30583
15	1077	2542	5084	7626	10168	12710	15251	17793	20335	22877
20	714	1686	3371	5057	6743	8428	10114	11800	13486	15171
25	534	1261	2522	3783	5044	6305	7566	8827	10088	11349
30	427	1007	2015	3022	4029	5037	6044	7051	8059	9066
35	355	839	1677	2516	3354	4193	5032	5870	6709	7548
40	305	721	1441	2162	2883	3603	4324	5045	5766	6486
45	268	632	1264	1896	2527	3159	3791	4423	5055	5687
50	238	563	1125	1688	2250	2813	3375	3938	4500	5063
60	179	424	848	1272	1696	2120	2543	2967	3391	3815
温度/℃ \ 时间/h \ D_{IC}/mm	0.1	0.2	0.3	0.4	0.5	0.6	0.7	0.8	0.9	1.0
10	33982	67963	101945	135926	169908	203889	237871	271852	305834	339815
15	25419	50838	76257	101677	127096	152515	177934	203353	228772	254191
20	16857	33714	50571	67428	84285	101142	117999	134856	151713	168569
25	12611	25221	37832	50442	63053	75663	88274	100884	113495	126105
30	10073	20147	30220	40293	50367	60440	70513	80586	90660	100733
35	8386	16772	25158	33544	41931	50317	58703	67089	75475	83861
40	7207	14414	21621	28828	36034	43241	50448	57655	64862	72069
45	6319	12637	18956	25275	31593	37912	44231	50549	56868	63186
50	5625	11251	16876	22502	28127	33753	39378	45004	50629	56255
60	4239	8478	12717	16956	21195	25434	29673	33912	38151	42390
温度/℃ \ 时间/h \ D_{IC}/mm	1.1	1.2	1.3	1.4	1.5	1.6	1.7	1.8	1.9	2.0
10	373797	407778	441760	475741	509723	543704	577686	611667	645649	679630
15	279610	305030	330449	355868	381287	406706	432125	457544	482963	508383
20	185426	202283	219140	235997	252854	269711	286568	303425	320282	337139
25	138716	151327	163937	176548	189158	201769	214379	226990	239600	252211
30	110806	120880	130953	141026	151100	161173	171246	181319	191393	201466

附表 A2（续）

D_{IC}/mm 时间/h 温度/℃	1.1	1.2	1.3	1.4	1.5	1.6	1.7	1.8	1.9	2.0
35	92247	100633	109020	117406	125792	134178	142564	150950	159336	167722
40	79276	86483	93690	100896	108103	115310	122517	129724	136931	144138
45	69505	75824	82142	88461	94780	101098	107417	113736	120054	126373
50	61880	67505	73131	78756	84382	90007	95633	101258	106884	112509
60	46629	50868	55107	59346	63585	67824	72063	76302	80541	84780

D_{IC}/mm 时间/h 温度/℃	2.1	2.2	2.3	2.4	2.5	2.6	2.7	2.8	2.9	3.0
10	713612	747593	781575	815556	849538	883519	917501	951482	985464	1019445
15	533802	559221	584640	610059	635478	660897	686317	711736	737155	762574
20	353996	370853	387710	404567	421424	438281	455138	471995	488852	505708
25	264821	277432	290043	302653	315264	327874	340485	353095	365706	378316
30	211539	221613	231686	241759	251833	261906	271979	282052	292126	302199
35	176108	184495	192881	201267	209653	218039	226425	234811	243197	251583
40	151345	158552	165758	172965	180172	187379	194586	201793	209000	216207
45	132692	139010	145329	151648	157966	164285	170603	176922	183241	189559
50	118135	123760	129385	135011	140636	146262	151887	157513	163138	168764
60	89019	93258	97497	101736	105975	110214	114453	118692	122931	127170

D_{IC}/mm 时间/h 温度/℃	3.1	3.2	3.3	3.4	3.5	3.6	3.7	3.8	3.9	4.0
10	1053427	1087408	1121390	1155371	1189353	1223334	1257316	1291297	1325279	1359260
15	787993	813412	838831	864250	889670	915089	940508	965927	991346	1016765
20	522565	539422	556279	573136	589993	606850	623707	640564	657421	674278
25	390927	403537	416148	428758	441369	453980	466590	479201	491811	504422
30	312272	322346	332419	342492	352566	362639	372712	382785	392859	402932
35	259970	268356	276742	285128	293514	301900	310286	318672	327059	335445
40	223414	230620	237827	245034	252241	259448	266655	273862	281069	288276
45	195878	202197	208515	214834	221153	227471	233790	240109	246427	252746
50	174389	180015	185640	191265	196891	202516	208142	213767	219393	225018
60	131409	135648	139887	144126	148365	152604	156843	161082	165321	169560

附表 A3　LY12CZ 铝合金腐蚀损伤试验数据表（RH = 90%）

D_{IC}/mm 时间/h 温度/℃	0.004235	0.01	0.02	0.03	0.04	0.05	0.06	0.07	0.08	0.09
10	2277	5376	10752	16128	21504	26880	32256	37632	43008	48384
15	1708	4032	8064	12096	16128	20160	24192	28224	32256	36288
20	1138	2688	5376	8064	10752	13440	16128	18816	21504	24192
25	854	2016	4032	6048	8064	10080	12096	14112	16128	18144
30	683	1613	3226	4838	6451	8064	9677	11290	12902	14515
35	569	1344	2688	4032	5376	6720	8064	9408	10752	12096
40	488	1152	2304	3456	4608	5760	6912	8064	9216	10368
45	427	1008	2016	3024	4032	5040	6048	7056	8064	9072
50	379	896	1792	2688	3584	4480	5376	6272	7168	8064
60	285	672	1344	2016	2688	3360	4032	4704	5376	6048
D_{IC}/mm 时间/h 温度/℃	0.1	0.2	0.3	0.4	0.5	0.6	0.7	0.8	0.9	1.0
10	53760	107520	161280	215040	268800	322560	376320	430080	483840	537600
15	40320	80640	120960	161280	201600	241920	282240	322560	362880	403200
20	26880	53760	80640	107520	134400	161280	188160	215040	241920	268800
25	20160	40320	60480	80640	100800	120960	141120	161280	181440	201600
30	16128	32256	48384	64512	80640	96768	112896	129024	145152	161280
35	13440	26880	40320	53760	67200	80640	94080	107520	120960	134400
40	11520	23040	34560	46080	57600	69120	80640	92160	103680	115200
45	10080	20160	30240	40320	50400	60480	70560	80640	90720	100800
50	8960	17920	26880	35840	44800	53760	62720	71680	80640	89600
60	6720	13440	20160	26880	33600	40320	47040	53760	60480	67200
D_{IC}/mm 时间/h 温度/℃	1.1	1.2	1.3	1.4	1.5	1.6	1.7	1.8	1.9	2.0
10	591360	645120	698880	752640	806400	860160	913920	967680	1021440	1075200
15	443520	483840	524160	564480	604800	645120	685440	725760	766080	806400
20	295680	322560	349440	376320	403200	430080	456960	483840	510720	537600
25	221760	241920	262080	282240	302400	322560	342720	362880	383040	403200
30	177408	193536	209664	225792	241920	258048	274176	290304	306432	322560

附表 A3（续）

温度/℃ \ 时间/h \ D_{IC}/mm	1.1	1.2	1.3	1.4	1.5	1.6	1.7	1.8	1.9	2.0
35	147840	161280	174720	188160	201600	215040	228480	241920	255360	268800
40	126720	138240	149760	161280	172800	184320	195840	207360	218880	230400
45	110880	120960	131040	141120	151200	161280	171360	181440	191520	201600
50	98560	107520	116480	125440	134400	143360	152320	161280	170240	179200
60	73920	80640	87360	94080	100800	107520	114240	120960	127680	134400

温度/℃ \ 时间/h \ D_{IC}/mm	2.1	2.2	2.3	2.4	2.5	2.6	2.7	2.8	2.9	3.0
10	1128960	1182720	1236480	1290240	1344000	1397760	1451520	1505280	1559040	1612800
15	846720	887040	927360	967680	1008000	1048320	1088640	1128960	1169280	1209600
20	564480	591360	618240	645120	672000	698880	725760	752640	779520	806400
25	423360	443520	463680	483840	504000	524160	544320	564480	584640	604800
30	338688	354816	370944	387072	403200	419328	435456	451584	467712	483840
35	282240	295680	309120	322560	336000	349440	362880	376320	389760	403200
40	241920	253440	264960	276480	288000	299520	311040	322560	334080	345600
45	211680	221760	231840	241920	252000	262080	272160	282240	292320	302400
50	188160	197120	206080	215040	224000	232960	241920	250880	259840	268800
60	141120	147840	154560	161280	168000	174720	181440	188160	194880	201600

温度/℃ \ 时间/h \ D_{IC}/mm	3.1	3.2	3.3	3.4	3.5	3.6	3.7	3.8	3.9	4.0
10	1666560	1720320	1774080	1827840	1881600	1935360	1989120	2042880	2096640	2150400
15	1249920	1290240	1330560	1370880	1411200	1451520	1491840	1532160	1572480	1612800
20	833280	860160	887040	913920	940800	967680	994560	1021440	1048320	1075200
25	624960	645120	665280	685440	705600	725760	745920	766080	786240	806400
30	499968	516096	532224	548352	564480	580608	596736	612864	628992	645120
35	416640	430080	443520	456960	470400	483840	497280	510720	524160	537600
40	357120	368640	380160	391680	403200	414720	426240	437760	449280	460800
45	312480	322560	332640	342720	352800	362880	372960	383040	393120	403200
50	277760	286720	295680	304640	313600	322560	331520	340480	349440	358400
60	208320	215040	221760	228480	235200	241920	248640	255360	262080	268800

附表 A4 LY12CZ 铝合金腐蚀损伤试验数据表（RH = 85%）

温度/℃ \ 时间/h \ D_{IC}/mm	0.004235	0.01	0.02	0.03	0.04	0.05	0.06	0.07	0.08	0.09
10	2709	6396	12792	19188	25584	31980	38376	44772	51168	57564
15	2190	5172	10344	15516	20688	25860	31032	36204	41376	46548
20	1672	3948	7896	11844	15792	19740	23688	27636	31584	35532
25	1355	3200	6399	9599	12799	15998	19198	22397	25597	28797
30	1140	2692	5384	8076	10768	13459	16151	18843	21535	24227
35	984	2324	4648	6972	9296	11620	13944	16268	18592	20916
40	844	1992	3984	5976	7968	9960	11952	13944	15936	17928
45	738	1743	3486	5229	6972	8715	10458	12201	13944	15687
50	656	1549	3099	4648	6197	7747	9296	10845	12395	13944
60	492	1162	2324	3486	4648	5810	6972	8134	9296	10458

温度/℃ \ 时间/h \ D_{IC}/mm	0.1	0.2	0.3	0.4	0.5	0.6	0.7	0.8	0.9	1.0
10	63960	127920	191880	255840	319800	383760	447720	511680	575640	639600
15	51720	103440	155160	206880	258600	310320	362040	413760	465480	517200
20	39480	78960	118440	157920	197400	236880	276360	315840	355320	394800
25	31996	63993	95989	127985	159982	191978	223975	255971	287967	319964
30	26919	53838	80756	107675	134594	161513	188431	215350	242269	269188
35	23240	46480	69720	92960	116200	139440	162680	185920	209160	232400
40	19920	39840	59760	79680	99600	119520	139440	159360	179280	199200
45	17430	34860	52290	69720	87150	104580	122010	139440	156870	174300
50	15493	30987	46480	61973	77467	92960	108453	123947	139440	154933
60	11620	23240	34860	46480	58100	69720	81340	92960	104580	116200

温度/℃ \ 时间/h \ D_{IC}/mm	1.1	1.2	1.3	1.4	1.5	1.6	1.7	1.8	1.9	2.0
10	703560	767520	831480	895440	959400	1023360	1087320	1151280	1215240	1279200
15	568920	620640	672360	724080	775800	827520	879240	930960	982680	1034400
20	434280	473760	513240	552720	592200	631680	671160	710640	750120	789600
25	351960	383956	415953	447949	479945	511942	543938	575935	607931	639927
30	296106	323025	349944	376863	403782	430700	457619	484538	511457	538375

附表 A4（续）

D_{IC}/mm 时间/h 温度/℃	1.1	1.2	1.3	1.4	1.5	1.6	1.7	1.8	1.9	2.0
35	255640	278880	302120	325360	348600	371840	395080	418320	441560	464800
40	219120	239040	258960	278880	298800	318720	338640	358560	378480	398400
45	191730	209160	226590	244020	261450	278880	296310	313740	331170	348600
50	170427	185920	201413	216907	232400	247893	263387	278880	294373	309867
60	127820	139440	151060	162680	174300	185920	197540	209160	220780	232400

D_{IC}/mm 时间/h 温度/℃	2.1	2.2	2.3	2.4	2.5	2.6	2.7	2.8	2.9	3.0
10	1343160	1407120	1471080	1535040	1599000	1662960	1726920	1790880	1854840	1918800
15	1086120	1137840	1189560	1241280	1293000	1344720	1396440	1448160	1499880	1551600
20	829080	868560	908040	947520	987000	1026480	1065960	1105440	1144920	1184400
25	671924	703920	735916	767913	799909	831905	863902	895898	927895	959891
30	565294	592213	619132	646050	672969	699888	726807	753726	780644	807563
35	488040	511280	534520	557760	581000	604240	627480	650720	673960	697200
40	418320	438240	458160	478080	498000	517920	537840	557760	577680	597600
45	366030	383460	400890	418320	435750	453180	470610	488040	505470	522900
50	325360	340853	356347	371840	387333	402827	418320	433813	449307	464800
60	244020	255640	267260	278880	290500	302120	313740	325360	336980	348600

D_{IC}/mm 时间/h 温度/℃	3.1	3.2	3.3	3.4	3.5	3.6	3.7	3.8	3.9	4.0
10	1982760	2046720	2110680	2174640	2238600	2302560	2366520	2430480	2494440	2558400
15	1603320	1655040	1706760	1758480	1810200	1861920	1913640	1965360	2017080	2068800
20	1223880	1263360	1302840	1342320	1381800	1421280	1460760	1500240	1539720	1579200
25	991887	1023884	1055880	1087876	1119873	1151869	1183865	1215862	1247858	1279855
30	834482	861401	888319	915238	942157	969076	995994	1022913	1049832	1076751
35	720440	743680	766920	790160	813400	836640	859880	883120	906360	929600
40	617520	637440	657360	677280	697200	717120	737040	756960	776880	796800
45	540330	557760	575190	592620	610050	627480	644910	662340	679770	697200
50	480293	495787	511280	526773	542267	557760	573253	588747	604240	619733
60	360220	371840	383460	395080	406700	418320	429940	441560	453180	464800

附表 A5　LY12CZ 铝合金腐蚀损伤试验数据表（RH = 84%）

温度/℃ ＼ 时间/h ＼ D_{IC}/mm	0.004235	0.01	0.02	0.03	0.04	0.05	0.06	0.07	0.08	0.09
10	2795	6600	13200	19800	26400	33000	39600	46200	52800	59400
15	2287	5400	10800	16200	21600	27000	32400	37800	43200	48600
20	1779	4200	8400	12600	16800	21000	25200	29400	33600	37800
25	1455	3436	6873	10309	13745	17182	20618	24055	27491	30927
30	1231	2908	5815	8723	11631	14538	17446	20354	23262	26169
35	1067	2520	5040	7560	10080	12600	15120	17640	20160	22680
40	915	2160	4320	6480	8640	10800	12960	15120	17280	19440
45	800	1890	3780	5670	7560	9450	11340	13230	15120	17010
50	711	1680	3360	5040	6720	8400	10080	11760	13440	15120
60	534	1260	2520	3780	5040	6300	7560	8820	10080	11340

温度/℃ ＼ 时间/h ＼ D_{IC}/mm	0.1	0.2	0.3	0.4	0.5	0.6	0.7	0.8	0.9	1.0
10	66000	132000	198000	264000	330000	396000	462000	528000	594000	660000
15	54000	108000	162000	216000	270000	324000	378000	432000	486000	540000
20	42000	84000	126000	168000	210000	252000	294000	336000	378000	420000
25	34364	68727	103091	137455	171818	206182	240545	274909	309273	343636
30	29077	58154	87231	116308	145385	174462	203538	232615	261692	290769
35	25200	50400	75600	100800	126000	151200	176400	201600	226800	252000
40	21600	43200	64800	86400	108000	129600	151200	172800	194400	216000
45	18900	37800	56700	75600	94500	113400	132300	151200	170100	189000
50	16800	33600	50400	67200	84000	100800	117600	134400	151200	168000
60	12600	25200	37800	50400	63000	75600	88200	100800	113400	126000

温度/℃ ＼ 时间/h ＼ D_{IC}/mm	1.1	1.2	1.3	1.4	1.5	1.6	1.7	1.8	1.9	2.0
10	726000	792000	858000	924000	990000	1056000	1122000	1188000	1254000	1320000
15	594000	648000	702000	756000	810000	864000	918000	972000	1026000	1080000
20	462000	504000	546000	588000	630000	672000	714000	756000	798000	840000
25	378000	412364	446727	481091	515455	549818	584182	618545	652909	687273
30	319846	348923	378000	407077	436154	465231	494308	523385	552462	581538

附表 A5（续）

D_{IC}/mm 时间/h 温度/℃	1.1	1.2	1.3	1.4	1.5	1.6	1.7	1.8	1.9	2.0
35	277200	302400	327600	352800	378000	403200	428400	453600	478800	504000
40	237600	259200	280800	302400	324000	345600	367200	388800	410400	432000
45	207900	226800	245700	264600	283500	302400	321300	340200	359100	378000
50	184800	201600	218400	235200	252000	268800	285600	302400	319200	336000
60	138600	151200	163800	176400	189000	201600	214200	226800	239400	252000

D_{IC}/mm 时间/h 温度/℃	2.1	2.2	2.3	2.4	2.5	2.6	2.7	2.8	2.9	3.0
10	1386000	1452000	1518000	1584000	1650000	1716000	1782000	1848000	1914000	1980000
15	1134000	1188000	1242000	1296000	1350000	1404000	1458000	1512000	1566000	1620000
20	882000	924000	966000	1008000	1050000	1092000	1134000	1176000	1218000	1260000
25	721636	756000	790364	824727	859091	893455	927818	962182	996545	1030909
30	610615	639692	668769	697846	726923	756000	785077	814154	843231	872308
35	529200	554400	579600	604800	630000	655200	680400	705600	730800	756000
40	453600	475200	496800	518400	540000	561600	583200	604800	626400	648000
45	396900	415800	434700	453600	472500	491400	510300	529200	548100	567000
50	352800	369600	386400	403200	420000	436800	453600	470400	487200	504000
60	264600	277200	289800	302400	315000	327600	340200	352800	365400	378000

D_{IC}/mm 时间/h 温度/℃	3.1	3.2	3.3	3.4	3.5	3.6	3.7	3.8	3.9	4.0
10	2046000	2112000	2178000	2244000	2310000	2376000	2442000	2508000	2574000	2640000
15	1674000	1728000	1782000	1836000	1890000	1944000	1998000	2052000	2106000	2160000
20	1302000	1344000	1386000	1428000	1470000	1512000	1554000	1596000	1638000	1680000
25	1065273	1099636	1134000	1168364	1202727	1237091	1271455	1305818	1340182	1374545
30	901385	930462	959538	988615	1017692	1046769	1075846	1104923	1134000	1163077
35	781200	806400	831600	856800	882000	907200	932400	957600	982800	1008000
40	669600	691200	712800	734400	756000	777600	799200	820800	842400	864000
45	585900	604800	623700	642600	661500	680400	699300	718200	737100	756000
50	520800	537600	554400	571200	588000	604800	621600	638400	655200	672000
60	390600	403200	415800	428400	441000	453600	466200	478800	491400	504000

附表 A6　LY12CZ 铝合金腐蚀损伤试验数据表（RH = 80%）

D_{IC}/mm 时间/h 温度/℃	0.004235	0.01	0.02	0.03	0.04	0.05	0.06	0.07	0.08	0.09
10	3140	7416	14832	22248	29664	37080	44496	51912	59328	66744
15	2673	6312	12624	18936	25248	31560	37872	44184	50496	56808
20	2206	5208	10416	15624	20832	26040	31248	36456	41664	46872
25	1856	4383	8767	13150	17533	21916	26300	30683	35066	39449
30	1597	3771	7542	11313	15084	18855	22626	26397	30168	33939
35	1399	3304	6608	9912	13216	16520	19824	23128	26432	29736
40	1199	2832	5664	8496	11328	14160	16992	19824	22656	25488
45	1049	2478	4956	7434	9912	12390	14868	17346	19824	22302
50	933	2203	4405	6608	8811	11013	13216	15419	17621	19824
60	700	1652	3304	4956	6608	8260	9912	11564	13216	14868

D_{IC}/mm 时间/h 温度/℃	0.1	0.2	0.3	0.4	0.5	0.6	0.7	0.8	0.9	1.0
10	74160	148320	222480	296640	370800	444960	519120	593280	667440	741600
15	63120	126240	189360	252480	315600	378720	441840	504960	568080	631200
20	52080	104160	156240	208320	260400	312480	364560	416640	468720	520800
25	43833	87665	131498	175331	219164	262996	306829	350662	394495	438327
30	37710	75419	113129	150838	188548	226257	263967	301676	339386	377095
35	33040	66080	99120	132160	165200	198240	231280	264320	297360	330400
40	28320	56640	84960	113280	141600	169920	198240	226560	254880	283200
45	24780	49560	74340	99120	123900	148680	173460	198240	223020	247800
50	22027	44053	66080	88107	110133	132160	154187	176213	198240	220267
60	16520	33040	49560	66080	82600	99120	115640	132160	148680	165200

D_{IC}/mm 时间/h 温度/℃	1.1	1.2	1.3	1.4	1.5	1.6	1.7	1.8	1.9	2.0
10	815760	889920	964080	1038240	1112400	1186560	1260720	1334880	1409040	1483200
15	694320	757440	820560	883680	946800	1009920	1073040	1136160	1199280	1262400
20	572880	624960	677040	729120	781200	833280	885360	937440	989520	1041600
25	482160	525993	569825	613658	657491	701324	745156	788989	832822	876655
30	414805	452514	490224	527934	565643	603353	641062	678772	716481	754191

附表 A6（续）

温度/℃ \ 时间/h \ D_{IC}/mm	1.1	1.2	1.3	1.4	1.5	1.6	1.7	1.8	1.9	2.0
35	363440	396480	429520	462560	495600	528640	561680	594720	627760	660800
40	311520	339840	368160	396480	424800	453120	481440	509760	538080	566400
45	272580	297360	322140	346920	371700	396480	421260	446040	470820	495600
50	242293	264320	286347	308373	330400	352427	374453	396480	418507	440533
60	181720	198240	214760	231280	247800	264320	280840	297360	313880	330400

温度/℃ \ 时间/h \ D_{IC}/mm	2.1	2.2	2.3	2.4	2.5	2.6	2.7	2.8	2.9	3.0
10	1557360	1631520	1705680	1779840	1854000	1928160	2002320	2076480	2150640	2224800
15	1325520	1388640	1451760	1514880	1578000	1641120	1704240	1767360	1830480	1893600
20	1093680	1145760	1197840	1249920	1302000	1354080	1406160	1458240	1510320	1562400
25	920487	964320	1008153	1051985	1095818	1139651	1183484	1227316	1271149	1314982
30	791900	829610	867319	905029	942738	980448	1018158	1055867	1093577	1131286
35	693840	726880	759920	792960	826000	859040	892080	925120	958160	991200
40	594720	623040	651360	679680	708000	736320	764640	792960	821280	849600
45	520380	545160	569940	594720	619500	644280	669060	693840	718620	743400
50	462560	484587	506613	528640	550667	572693	594720	616747	638773	660800
60	346920	363440	379960	396480	413000	429520	446040	462560	479080	495600

温度/℃ \ 时间/h \ D_{IC}/mm	3.1	3.2	3.3	3.4	3.5	3.6	3.7	3.8	3.9	4.0
10	2298960	2373120	2447280	2521440	2595600	2669760	2743920	2818080	2892240	2966400
15	1956720	2019840	2082960	2146080	2209200	2272320	2335440	2398560	2461680	2524800
20	1614480	1666560	1718640	1770720	1822800	1874880	1926960	1979040	2031120	2083200
25	1358815	1402647	1446480	1490313	1534145	1577978	1621811	1665644	1709476	1753309
30	1168996	1206705	1244415	1282124	1319834	1357543	1395253	1432962	1470672	1508382
35	1024240	1057280	1090320	1123360	1156400	1189440	1222480	1255520	1288560	1321600
40	877920	906240	934560	962880	991200	1019520	1047840	1076160	1104480	1132800
45	768180	792960	817740	842520	867300	892080	916860	941640	966420	991200
50	682827	704853	726880	748907	770933	792960	814987	837013	859040	881067
60	512120	528640	545160	561680	578200	594720	611240	627760	644280	660800

附表 A7　LY12CZ 铝合金腐蚀损伤试验数据表（RH = 75%）

D_{IC}/mm 时间/h 温度/℃	0.004235	0.01	0.02	0.03	0.04	0.05	0.06	0.07	0.08	0.09
10	3572	8436	16872	25308	33744	42180	50616	59052	67488	75924
15	3156	7452	14904	22356	29808	37260	44712	52164	59616	67068
20	2739	6468	12936	19404	25872	32340	38808	45276	51744	58212
25	2358	5567	11134	16701	22268	27835	33401	38968	44535	50102
30	2054	4850	9700	14550	19400	24250	29100	33950	38800	43650
35	1814	4284	8568	12852	17136	21420	25704	29988	34272	38556
40	1555	3672	7344	11016	14688	18360	22032	25704	29376	33048
45	1361	3213	6426	9639	12852	16065	19278	22491	25704	28917
50	1210	2856	5712	8568	11424	14280	17136	19992	22848	25704
60	907	2142	4284	6426	8568	10710	12852	14994	17136	19278

D_{IC}/mm 时间/h 温度/℃	0.1	0.2	0.3	0.4	0.5	0.6	0.7	0.8	0.9	1.0
10	84360	168720	253080	337440	421800	506160	590520	674880	759240	843600
15	74520	149040	223560	298080	372600	447120	521640	596160	670680	745200
20	64680	129360	194040	258720	323400	388080	452760	517440	582120	646800
25	55669	111338	167007	222676	278345	334015	389684	445353	501022	556691
30	48500	97001	145501	194001	242502	291002	339502	388002	436503	485003
35	42840	85680	128520	171360	214200	257040	299880	342720	385560	428400
40	36720	73440	110160	146880	183600	220320	257040	293760	330480	367200
45	32130	64260	96390	128520	160650	192780	224910	257040	289170	321300
50	28560	57120	85680	114240	142800	171360	199920	228480	257040	285600
60	21420	42840	64260	85680	107100	128520	149940	171360	192780	214200

D_{IC}/mm 时间/h 温度/℃	1.1	1.2	1.3	1.4	1.5	1.6	1.7	1.8	1.9	2.0
10	927960	1012320	1096680	1181040	1265400	1349760	1434120	1518480	1602840	1687200
15	819720	894240	968760	1043280	1117800	1192320	1266840	1341360	1415880	1490400
20	711480	776160	840840	905520	970200	1034880	1099560	1164240	1228920	1293600
25	612360	668029	723698	779367	835036	890705	946375	1002044	1057713	1113382
30	533503	582004	630504	679004	727505	776005	824505	873006	921506	970006

附表 A7（续）

D_{IC}/mm 时间/h 温度/℃	1.1	1.2	1.3	1.4	1.5	1.6	1.7	1.8	1.9	2.0
35	471240	514080	556920	599760	642600	685440	728280	771120	813960	856800
40	403920	440640	477360	514080	550800	587520	624240	660960	697680	734400
45	353430	385560	417690	449820	481950	514080	546210	578340	610470	642600
50	314160	342720	371280	399840	428400	456960	485520	514080	542640	571200
60	235620	257040	278460	299880	321300	342720	364140	385560	406980	428400

D_{IC}/mm 时间/h 温度/℃	2.1	2.2	2.3	2.4	2.5	2.6	2.7	2.8	2.9	3.0
10	1771560	1855920	1940280	2024640	2109000	2193360	2277720	2362080	2446440	2530800
15	1564920	1639440	1713960	1788480	1863000	1937520	2012040	2086560	2161080	2235600
20	1358280	1422960	1487640	1552320	1617000	1681680	1746360	1811040	1875720	1940400
25	1169051	1224720	1280389	1336058	1391727	1447396	1503065	1558735	1614404	1670073
30	1018506	1067007	1115507	1164007	1212508	1261008	1309508	1358009	1406509	1455009
35	899640	942480	985320	1028160	1071000	1113840	1156680	1199520	1242360	1285200
40	771120	807840	844560	881280	918000	954720	991440	1028160	1064880	1101600
45	674730	706860	738990	771120	803250	835380	867510	899640	931770	963900
50	599760	628320	656880	685440	714000	742560	771120	799680	828240	856800
60	449820	471240	492660	514080	535500	556920	578340	599760	621180	642600

D_{IC}/mm 时间/h 温度/℃	3.1	3.2	3.3	3.4	3.5	3.6	3.7	3.8	3.9	4.0
10	2615160	2699520	2783880	2868240	2952600	3036960	3121320	3205680	3290040	3374400
15	2310120	2384640	2459160	2533680	2608200	2682720	2757240	2831760	2906280	2980800
20	2005080	2069760	2134440	2199120	2263800	2328480	2393160	2457840	2522520	2587200
25	1725742	1781411	1837080	1892749	1948418	2004087	2059756	2115425	2171095	2226764
30	1503510	1552010	1600510	1649010	1697511	1746011	1794511	1843012	1891512	1940012
35	1328040	1370880	1413720	1456560	1499400	1542240	1585080	1627920	1670760	1713600
40	1138320	1175040	1211760	1248480	1285200	1321920	1358640	1395360	1432080	1468800
45	996030	1028160	1060290	1092420	1124550	1156680	1188810	1220940	1253070	1285200
50	885360	913920	942480	971040	999600	1028160	1056720	1085280	1113840	1142400
60	664020	685440	706860	728280	749700	771120	792540	813960	835380	856800

附表 A8　LY12CZ 铝合金腐蚀损伤试验数据表（RH=70%）

温度/℃ \ 时间/h \ D_{IC}/mm	0.004235	0.01	0.02	0.03	0.04	0.05	0.06	0.07	0.08	0.09
10	4004	9456	18912	28368	37824	47280	56736	66192	75648	85104
15	3639	8592	17184	25776	34368	42960	51552	60144	68736	77328
20	3273	7728	15456	23184	30912	38640	46368	54096	61824	69552
25	2859	6751	13501	20252	27002	33753	40503	47254	54004	60755
30	2511	5929	11858	17787	23716	29646	35575	41504	47433	53362
35	2229	5264	10528	15792	21056	26320	31584	36848	42112	47376
40	1911	4512	9024	13536	18048	22560	27072	31584	36096	40608
45	1672	3948	7896	11844	15792	19740	23688	27636	31584	35532
50	1486	3509	7019	10528	14037	17547	21056	24565	28075	31584
60	1115	2632	5264	7896	10528	13160	15792	18424	21056	23688

温度/℃ \ 时间/h \ D_{IC}/mm	0.1	0.2	0.3	0.4	0.5	0.6	0.7	0.8	0.9	1.0
10	94560	189120	283680	378240	472800	567360	661920	756480	851040	945600
15	85920	171840	257760	343680	429600	515520	601440	687360	773280	859200
20	77280	154560	231840	309120	386400	463680	540960	618240	695520	772800
25	67505	135011	202516	270022	337527	405033	472538	540044	607549	675055
30	59291	118582	177873	237164	296455	355746	415038	474329	533620	592911
35	52640	105280	157920	210560	263200	315840	368480	421120	473760	526400
40	45120	90240	135360	180480	225600	270720	315840	360960	406080	451200
45	39480	78960	118440	157920	197400	236880	276360	315840	355320	394800
50	35093	70187	105280	140373	175467	210560	245653	280747	315840	350933
60	26320	52640	78960	105280	131600	157920	184240	210560	236880	263200

温度/℃ \ 时间/h \ D_{IC}/mm	1.1	1.2	1.3	1.4	1.5	1.6	1.7	1.8	1.9	2.0
10	1040160	1134720	1229280	1323840	1418400	1512960	1607520	1702080	1796640	1891200
15	945120	1031040	1116960	1202880	1288800	1374720	1460640	1546560	1632480	1718400
20	850080	927360	1004640	1081920	1159200	1236480	1313760	1391040	1468320	1545600
25	742560	810065	877571	945076	1012582	1080087	1147593	1215098	1282604	1350109
30	652202	711493	770784	830075	889366	948657	1007948	1067239	1126530	1185822

附表 A8（续）

D_{IC}/mm 时间/h 温度/℃	1.1	1.2	1.3	1.4	1.5	1.6	1.7	1.8	1.9	2.0
35	579040	631680	684320	736960	789600	842240	894880	947520	1000160	1052800
40	496320	541440	586560	631680	676800	721920	767040	812160	857280	902400
45	434280	473760	513240	552720	592200	631680	671160	710640	750120	789600
50	386027	421120	456213	491307	526400	561493	596587	631680	666773	701867
60	289520	315840	342160	368480	394800	421120	447440	473760	500080	526400

D_{IC}/mm 时间/h 温度/℃	2.1	2.2	2.3	2.4	2.5	2.6	2.7	2.8	2.9	3.0
10	1985760	2080320	2174880	2269440	2364000	2458560	2553120	2647680	2742240	2836800
15	1804320	1890240	1976160	2062080	2148000	2233920	2319840	2405760	2491680	2577600
20	1622880	1700160	1777440	1854720	1932000	2009280	2086560	2163840	2241120	2318400
25	1417615	1485120	1552625	1620131	1687636	1755142	1822647	1890153	1957658	2025164
30	1245113	1304404	1363695	1422986	1482277	1541568	1600859	1660150	1719441	1778732
35	1105440	1158080	1210720	1263360	1316000	1368640	1421280	1473920	1526560	1579200
40	947520	992640	1037760	1082880	1128000	1173120	1218240	1263360	1308480	1353600
45	829080	868560	908040	947520	987000	1026480	1065960	1105440	1144920	1184400
50	736960	772053	807147	842240	877333	912427	947520	982613	1017707	1052800
60	552720	579040	605360	631680	658000	684320	710640	736960	763280	789600

D_{IC}/mm 时间/h 温度/℃	3.1	3.2	3.3	3.4	3.5	3.6	3.7	3.8	3.9	4.0
10	2931360	3025920	3120480	3215040	3309600	3404160	3498720	3593280	3687840	3782400
15	2663520	2749440	2835360	2921280	3007200	3093120	3179040	3264960	3350880	3436800
20	2395680	2472960	2550240	2627520	2704800	2782080	2859360	2936640	3013920	3091200
25	2092669	2160175	2227680	2295185	2362691	2430196	2497702	2565207	2632713	2700218
30	1838023	1897314	1956606	2015897	2075188	2134479	2193770	2253061	2312352	2371643
35	1631840	1684480	1737120	1789760	1842400	1895040	1947680	2000320	2052960	2105600
40	1398720	1443840	1488960	1534080	1579200	1624320	1669440	1714560	1759680	1804800
45	1223880	1263360	1302840	1342320	1381800	1421280	1460760	1500240	1539720	1579200
50	1087893	1122987	1158080	1193173	1228267	1263360	1298453	1333547	1368640	1403733
60	815920	842240	868560	894880	921200	947520	973840	1000160	1026480	1052800

附表 A9　LY12CZ 铝合金腐蚀损伤试验数据表（RH = 65%）

温度/℃ \ 时间/h \ D_{IC}/mm	0.004235	0.01	0.02	0.03	0.04	0.05	0.06	0.07	0.08	0.09
10	4435	10476	20952	31428	41904	52380	62856	73332	83808	94284
15	4122	9732	19464	29196	38928	48660	58392	68124	77856	87588
20	3806	8988	17976	26964	35952	44940	53928	62916	71904	80892
25	3360	7934	15868	23803	31737	39671	47605	55539	63473	71408
30	2968	7008	14016	21025	28033	35041	42049	49057	56065	63074
35	2644	6244	12488	18732	24976	31220	37464	43708	49952	56196
40	2267	5352	10704	16056	21408	26760	32112	37464	42816	48168
45	1983	4683	9366	14049	18732	23415	28098	32781	37464	42147
50	1763	4163	8325	12488	16651	20813	24976	29139	33301	37464
60	1322	3122	6244	9366	12488	15610	18732	21854	24976	28098

温度/℃ \ 时间/h \ D_{IC}/mm	0.1	0.2	0.3	0.4	0.5	0.6	0.7	0.8	0.9	1.0
10	104760	209520	314280	419040	523800	628560	733320	838080	942840	1047600
15	97320	194640	291960	389280	486600	583920	681240	778560	875880	973200
20	89880	179760	269640	359520	449400	539280	629160	719040	808920	898800
25	79342	158684	238025	317367	396709	476051	555393	634735	714076	793418
30	70082	140164	210246	280327	350409	420491	490573	560655	630737	700818
35	62440	124880	187320	249760	312200	374640	437080	499520	561960	624400
40	53520	107040	160560	214080	267600	321120	374640	428160	481680	535200
45	46830	93660	140490	187320	234150	280980	327810	374640	421470	468300
50	41627	83253	124880	166507	208133	249760	291387	333013	374640	416267
60	31220	62440	93660	124880	156100	187320	218540	249760	280980	312200

温度/℃ \ 时间/h \ D_{IC}/mm	1.1	1.2	1.3	1.4	1.5	1.6	1.7	1.8	1.9	2.0
10	1152360	1257120	1361880	1466640	1571400	1676160	1780920	1885680	1990440	2095200
15	1070520	1167840	1265160	1362480	1459800	1557120	1654440	1751760	1849080	1946400
20	988680	1078560	1168440	1258320	1348200	1438080	1527960	1617840	1707720	1797600
25	872760	952102	1031444	1110785	1190127	1269469	1348811	1428153	1507495	1586836
30	770900	840982	911064	981146	1051228	1121310	1191391	1261473	1331555	1401637

附表 A9（续）

D_{IC}/mm 时间/h 温度/℃	1.1	1.2	1.3	1.4	1.5	1.6	1.7	1.8	1.9	2.0
35	686840	749280	811720	874160	936600	999040	1061480	1123920	1186360	1248800
40	588720	642240	695760	749280	802800	856320	909840	963360	1016880	1070400
45	515130	561960	608790	655620	702450	749280	796110	842940	889770	936600
50	457893	499520	541147	582773	624400	666027	707653	749280	790907	832533
60	343420	374640	405860	437080	468300	499520	530740	561960	593180	624400

D_{IC}/mm 时间/h 温度/℃	2.1	2.2	2.3	2.4	2.5	2.6	2.7	2.8	2.9	3.0
10	2199960	2304720	2409480	2514240	2619000	2723760	2828520	2933280	3038040	3142800
15	2043720	2141040	2238360	2335680	2433000	2530320	2627640	2724960	2822280	2919600
20	1887480	1977360	2067240	2157120	2247000	2336880	2426760	2516640	2606520	2696400
25	1666178	1745520	1824862	1904204	1983545	2062887	2142229	2221571	2300913	2380255
30	1471719	1541801	1611882	1681964	1752046	1822128	1892210	1962292	2032374	2102455
35	1311240	1373680	1436120	1498560	1561000	1623440	1685880	1748320	1810760	1873200
40	1123920	1177440	1230960	1284480	1338000	1391520	1445040	1498560	1552080	1605600
45	983430	1030260	1077090	1123920	1170750	1217580	1264410	1311240	1358070	1404900
50	874160	915787	957413	999040	1040667	1082293	1123920	1165547	1207173	1248800
60	655620	686840	718060	749280	780500	811720	842940	874160	905380	936600

D_{IC}/mm 时间/h 温度/℃	3.1	3.2	3.3	3.4	3.5	3.6	3.7	3.8	3.9	4.0
10	3247560	3352320	3457080	3561840	3666600	3771360	3876120	3980880	4085640	4190400
15	3016920	3114240	3211560	3308880	3406200	3503520	3600840	3698160	3795480	3892800
20	2786280	2876160	2966040	3055920	3145800	3235680	3325560	3415440	3505320	3595200
25	2459596	2538938	2618280	2697622	2776964	2856305	2935647	3014989	3094331	3173673
30	2172537	2242619	2312701	2382783	2452865	2522946	2593028	2663110	2733192	2803274
35	1935640	1998080	2060520	2122960	2185400	2247840	2310280	2372720	2435160	2497600
40	1659120	1712640	1766160	1819680	1873200	1926720	1980240	2033760	2087280	2140800
45	1451730	1498560	1545390	1592220	1639050	1685880	1732710	1779540	1826370	1873200
50	1290427	1332053	1373680	1415307	1456933	1498560	1540187	1581813	1623440	1665067
60	967820	999040	1030260	1061480	1092700	1123920	1155140	1186360	1217580	1248800

附表 A10　LY12CZ 铝合金腐蚀损伤试验数据表（RH＝60%）

D_{IC}/mm 时间/h 温度/℃	0.004235	0.01	0.02	0.03	0.04	0.05	0.06	0.07	0.08	0.09
10	4867	11496	22992	34488	45984	57480	68976	80472	91968	103464
15	4604	10872	21744	32616	43488	54360	65232	76104	86976	97848
20	4340	10248	20496	30744	40992	51240	61488	71736	81984	92232
25	3861	9118	18236	27353	36471	45589	54707	63825	72943	82060
30	3425	8087	16175	24262	32349	40436	48524	56611	64698	72785
35	3059	7224	14448	21672	28896	36120	43344	50568	57792	65016
40	2622	6192	12384	18576	24768	30960	37152	43344	49536	55728
45	2295	5418	10836	16254	21672	27090	32508	37926	43344	48762
50	2040	4816	9632	14448	19264	24080	28896	33712	38528	43344
60	1530	3612	7224	10836	14448	18060	21672	25284	28896	32508

D_{IC}/mm 时间/h 温度/℃	0.1	0.2	0.3	0.4	0.5	0.6	0.7	0.8	0.9	1.0
10	114960	229920	344880	459840	574800	689760	804720	919680	1034640	1149600
15	108720	217440	326160	434880	543600	652320	761040	869760	978480	1087200
20	102480	204960	307440	409920	512400	614880	717360	819840	922320	1024800
25	91178	182356	273535	364713	455891	547069	638247	729425	820604	911782
30	80873	161745	242618	323490	404363	485236	566108	646981	727854	808726
35	72240	144480	216720	288960	361200	433440	505680	577920	650160	722400
40	61920	123840	185760	247680	309600	371520	433440	495360	557280	619200
45	54180	108360	162540	216720	270900	325080	379260	433440	487620	541800
50	48160	96320	144480	192640	240800	288960	337120	385280	433440	481600
60	36120	72240	108360	144480	180600	216720	252840	288960	325080	361200

D_{IC}/mm 时间/h 温度/℃	1.1	1.2	1.3	1.4	1.5	1.6	1.7	1.8	1.9	2.0
10	1264560	1379520	1494480	1609440	1724400	1839360	1954320	2069280	2184240	2299200
15	1195920	1304640	1413360	1522080	1630800	1739520	1848240	1956960	2065680	2174400
20	1127280	1229760	1332240	1434720	1537200	1639680	1742160	1844640	1947120	2049600
25	1002960	1094138	1185316	1276495	1367673	1458851	1550029	1641207	1732385	1823564
30	889599	970471	1051344	1132217	1213089	1293962	1374834	1455707	1536580	1617452

附表 A10（续）

D_{IC}/mm 时间/h 温度/℃	1.1	1.2	1.3	1.4	1.5	1.6	1.7	1.8	1.9	2.0
35	794640	866880	939120	1011360	1083600	1155840	1228080	1300320	1372560	1444800
40	681120	743040	804960	866880	928800	990720	1052640	1114560	1176480	1238400
45	595980	650160	704340	758520	812700	866880	921060	975240	1029420	1083600
50	529760	577920	626080	674240	722400	770560	818720	866880	915040	963200
60	397320	433440	469560	505680	541800	577920	614040	650160	686280	722400

D_{IC}/mm 时间/h 温度/℃	2.1	2.2	2.3	2.4	2.5	2.6	2.7	2.8	2.9	3.0
10	2414160	2529120	2644080	2759040	2874000	2988960	3103920	3218880	3333840	3448800
15	2283120	2391840	2500560	2609280	2718000	2826720	2935440	3044160	3152880	3261600
20	2152080	2254560	2357040	2459520	2562000	2664480	2766960	2869440	2971920	3074400
25	1914742	2005920	2097098	2188276	2279455	2370633	2461811	2552989	2644167	2735345
30	1698325	1779198	1860070	1940943	2021815	2102688	2183561	2264433	2345306	2426178
35	1517040	1589280	1661520	1733760	1806000	1878240	1950480	2022720	2094960	2167200
40	1300320	1362240	1424160	1486080	1548000	1609920	1671840	1733760	1795680	1857600
45	1137780	1191960	1246140	1300320	1354500	1408680	1462860	1517040	1571220	1625400
50	1011360	1059520	1107680	1155840	1204000	1252160	1300320	1348480	1396640	1444800
60	758520	794640	830760	866880	903000	939120	975240	1011360	1047480	1083600

D_{IC}/mm 时间/h 温度/℃	3.1	3.2	3.3	3.4	3.5	3.6	3.7	3.8	3.9	4.0
10	3563760	3678720	3793680	3908640	4023600	4138560	4253520	4368480	4483440	4598400
15	3370320	3479040	3587760	3696480	3805200	3913920	4022640	4131360	4240080	4348800
20	3176880	3279360	3381840	3484320	3586800	3689280	3791760	3894240	3996720	4099200
25	2826524	2917702	3008880	3100058	3191236	3282415	3373593	3464771	3555949	3647127
30	2507051	2587924	2668796	2749669	2830542	2911414	2992287	3073159	3154032	3234905
35	2239440	2311680	2383920	2456160	2528400	2600640	2672880	2745120	2817360	2889600
40	1919520	1981440	2043360	2105280	2167200	2229120	2291040	2352960	2414880	2476800
45	1679580	1733760	1787940	1842120	1896300	1950480	2004660	2058840	2113020	2167200
50	1492960	1541120	1589280	1637440	1685600	1733760	1781920	1830080	1878240	1926400
60	1119720	1155840	1191960	1228080	1264200	1300320	1336440	1372560	1408680	1444800

附录B 30CrMnSiA钢腐蚀损伤试验数据表

附表B1 30CrMnSiA钢腐蚀损伤试验数据表（RH = 100%）

D_{IC}/mm 时间/h 温度/℃	10	50	100	150	200	250	300	350	400	450	500
10	927	4634	9268	13902	18536	23170	27804	32438	37073	41707	46341
15	870	4349	8699	13048	17397	21746	26096	30445	34794	39144	43493
20	813	4065	8129	12194	16258	20323	24387	28452	32516	36581	40645
25	756	3780	7559	11339	15119	18899	22678	26458	30238	34018	37797
30	699	3495	6990	10485	13980	17475	20970	24465	27960	31455	34950
35	642	3210	6420	9631	12841	16051	19261	22471	25682	28892	32102
40	605	3024	6049	9073	12097	15122	18146	21170	24195	27219	30243
45	568	2838	5677	8515	11354	14192	17031	19869	22708	25546	28385
50	531	2653	5305	7958	10611	13263	15916	18568	21221	23874	26526
60	456	2281	4562	6843	9124	11405	13686	15966	18247	20528	22809

D_{IC}/mm 时间/h 温度/℃	550	600	650	700	750	800	850	900	950	1000
10	50975	55609	60243	64877	69511	74145	78779	83413	88047	92681
15	47842	52191	56541	60890	65239	69589	73938	78287	82637	86986
20	44710	48774	52839	56903	60968	65032	69097	73161	77226	81290
25	41577	45357	49137	52916	56696	60476	64256	68035	71815	75595
30	38445	41940	45435	48930	52424	55919	59414	62909	66404	69899
35	35312	38522	41732	44943	48153	51363	54573	57783	60994	64204
40	33268	36292	39316	42341	45365	48389	51414	54438	57462	60487
45	31223	34062	36900	39739	42577	45416	48254	51093	53931	56770
50	29179	31832	34484	37137	39789	42442	45095	47747	50400	53053
60	25090	27371	29652	31933	34214	36495	38776	41057	43338	45619

附表 B2　30CrMnSiA 钢腐蚀损伤试验数据表（RH = 95%）

温度/℃ \ 时间/h \ D_{IC}/mm	10	50	100	150	200	250	300	350	400	450	500
10	2188	10940	21880	32820	43760	54700	65640	76580	87520	98460	109400
15	1897	9486	18972	28458	37944	47431	56917	66403	75889	85375	94861
20	1606	8032	16065	24097	32129	40161	48194	56226	64258	72290	80323
25	1316	6578	13157	19735	26314	32892	39470	46049	52627	59206	65784
30	1025	5125	10249	15374	20498	25623	30747	35872	40996	46121	51245
35	734	3671	7341	11012	14683	18353	22024	25695	29365	33036	36707
40	686	3428	6855	10283	13711	17138	20566	23994	27421	30849	34277
45	637	3185	6369	9554	12739	15923	19108	22293	25478	28662	31847
50	588	2942	5883	8825	11767	14709	17650	20592	23534	26475	29417
60	491	2456	4911	7367	9823	12279	14734	17190	19646	22101	24557

温度/℃ \ 时间/h \ D_{IC}/mm	550	600	650	700	750	800	850	900	950	1000
10	120340	131280	142220	153160	164100	175040	185980	196920	207860	218800
15	104347	113833	123320	132806	142292	151778	161264	170750	180236	189722
20	88355	96387	104419	112452	120484	128516	136548	144581	152613	160645
25	72362	78941	85519	92098	98676	105254	111833	118411	124990	131568
30	56370	61494	66619	71743	76868	81993	87117	92242	97366	102491
35	40377	44048	47719	51389	55060	58731	62401	66072	69743	73413
40	37704	41132	44560	47988	51415	54843	58271	61698	65126	68554
45	35032	38216	41401	44586	47770	50955	54140	57324	60509	63694
50	32359	35300	38242	41184	44126	47067	50009	52951	55892	58834
60	27013	29469	31924	34380	36836	39292	41747	44203	46659	49114

附表 B3　30CrMnSiA 钢腐蚀损伤试验数据表（RH = 90%）

D_{IC}/mm 时间/h 温度/℃	10	50	100	150	200	250	300	350	400	450	500
10	3449	17246	34492	51738	68984	86230	103475	120721	137967	155213	172459
15	2925	14623	29246	43869	58492	73115	87738	102361	116984	131607	146230
20	2400	12000	24000	36000	48000	60000	72000	84000	96000	108000	120000
25	1875	9377	18754	28131	37508	46885	56262	65639	75016	84393	93770
30	1351	6754	13508	20262	27016	33770	40525	47279	54033	60787	67541
35	826	4131	8262	12393	16525	20656	24787	28918	33049	37180	41311
40	766	3831	7662	11493	15324	19155	22986	26817	30648	34479	38310
45	706	3531	7062	10593	14124	17654	21185	24716	28247	31778	35309
50	646	3231	6462	9692	12923	16154	19385	22615	25846	29077	32308
60	526	2631	5261	7892	10522	13153	15783	18414	21044	23675	26305

D_{IC}/mm 时间/h 温度/℃	550	600	650	700	750	800	850	900	950	1000
10	189705	206951	224197	241443	258689	275934	293180	310426	327672	344918
15	160852	175475	190098	204721	219344	233967	248590	263213	277836	292459
20	132000	144000	156000	168000	180000	192000	204000	216000	228000	240000
25	103148	112525	121902	131279	140656	150033	159410	168787	178164	187541
30	74295	81049	87803	94557	101311	108066	114820	121574	128328	135082
35	45443	49574	53705	57836	61967	66098	70230	74361	78492	82623
40	42141	45972	49803	53634	57465	61296	65127	68958	72789	76620
45	38840	42371	45902	49433	52963	56494	60025	63556	67087	70618
50	35538	38769	42000	45231	48462	51692	54923	58154	61385	64615
60	28936	31566	34197	36827	39458	42088	44719	47349	49980	52610

附表 B4 30CrMnSiA 钢腐蚀损伤试验数据表（RH = 85%）

D_{IC}/mm 时间/h 温度/℃	10	50	100	150	200	250	300	350	400	450	500
10	4973	24864	49727	74591	99454	124318	149181	174045	198909	223772	248636
15	4186	20932	41864	62795	83727	104659	125591	146522	167454	188386	209318
20	3400	17000	34000	51000	68000	85000	102000	119000	136000	153000	170000
25	2614	13068	26136	39205	52273	65341	78409	91478	104546	117614	130682
30	1827	9136	18273	27409	36546	45682	54819	63955	73091	82228	91364
35	1041	5205	10409	15614	20819	26023	31228	36433	41637	46842	52047
40	942	4712	9425	14137	18849	23561	28274	32986	37698	42411	47123
45	844	4220	8440	12660	16880	21100	25319	29539	33759	37979	42199
50	746	3728	7455	11183	14910	18638	22365	26093	29820	33548	37275
60	549	2743	5486	8228	10971	13714	16457	19199	21942	24685	27428

D_{IC}/mm 时间/h 温度/℃	550	600	650	700	750	800	850	900	950	1000
10	273499	298363	323226	348090	372953	397817	422681	447544	472408	497271
15	230250	251181	272113	293045	313977	334909	355840	376772	397704	418636
20	187000	204000	221000	238000	255000	272000	289000	306000	323000	340000
25	143750	156819	169887	182955	196023	209091	222160	235228	248296	261364
30	100501	109637	118774	127910	137047	146183	155319	164456	173592	182729
35	57251	62456	67660	72865	78070	83274	88479	93684	98888	104093
40	51835	56547	61260	65972	70684	75396	80109	84821	89533	94246
45	46419	50639	54859	59079	63299	67518	71738	75958	80178	84398
50	41003	44730	48458	52185	55913	59640	63368	67095	70823	74551
60	30171	32913	35656	38399	41142	43884	46627	49370	52113	54856

附表 B5　30CrMnSiA 钢腐蚀损伤试验数据表（RH＝84%）

温度/℃ \ 时间/h \ D_{IC}/mm	10	50	100	150	200	250	300	350	400	450	500
10	5277	26387	52774	79161	105548	131935	158323	184710	211097	237484	263871
15	4439	22194	44387	66581	88774	110968	133161	155355	177548	199742	221935
20	3600	18000	36000	54000	72000	90000	108000	126000	144000	162000	180000
25	2761	13806	27613	41419	55226	69032	82839	96645	110452	124258	138065
30	1923	9613	19226	28839	38452	48065	57677	67290	76903	86516	96129
35	1084	5419	10839	16258	21677	27097	32516	37935	43355	48774	54194
40	978	4889	9777	14666	19554	24443	29331	34220	39108	43997	48885
45	872	4358	8715	13073	17431	21789	26146	30504	34862	39219	43577
50	765	3827	7654	11481	15308	19134	22961	26788	30615	34442	38269
60	553	2765	5530	8296	11061	13826	16591	19357	22122	24887	27652

温度/℃ \ 时间/h \ D_{IC}/mm	550	600	650	700	750	800	850	900	950	1000
10	290258	316645	343032	369419	395806	422194	448581	474968	501355	527742
15	244129	266323	288516	310710	332903	355097	377290	399484	421677	443871
20	198000	216000	234000	252000	270000	288000	306000	324000	342000	360000
25	151871	165677	179484	193290	207097	220903	234710	248516	262323	276129
30	105742	115355	124968	134581	144194	153806	163419	173032	182645	192258
35	59613	65032	70452	75871	81290	86710	92129	97548	102968	108387
40	53774	58662	63551	68439	73328	78216	83105	87994	92882	97771
45	47935	52292	56650	61008	65366	69723	74081	78439	82796	87154
50	42096	45923	49749	53576	57403	61230	65057	68884	72711	76538
60	30418	33183	35948	38713	41478	44244	47009	49774	52539	55305

附表 B6　30CrMnSiA 钢腐蚀损伤试验数据表（RH = 80%）

温度/℃ \ 时间/h \ D_{IC}/mm	10	50	100	150	200	250	300	350	400	450	500
10	6496	32481	64962	97444	129925	162406	194887	227369	259850	292331	324812
15	5448	27241	54481	81722	108962	136203	163444	190684	217925	245166	272406
20	4400	22000	44000	66000	88000	110000	132000	154000	176000	198000	220000
25	3352	16759	33519	50278	67038	83797	100556	117316	134075	150834	167594
30	2304	11519	23038	34556	46075	57594	69113	80631	92150	103669	115188
35	1256	6278	12556	18834	25113	31391	37669	43947	50225	56503	62782
40	1119	5594	11187	16781	22374	27968	33561	39155	44748	50342	55935
45	982	4909	9818	14727	19636	24545	29453	34362	39271	44180	49089
50	845	4224	8449	12673	16897	21121	25346	29570	33794	38019	42243
60	571	2855	5710	8565	11420	14275	17130	19985	22840	25695	28550

温度/℃ \ 时间/h \ D_{IC}/mm	550	600	650	700	750	800	850	900	950	1000
10	357293	389775	422256	454737	487218	519700	552181	584662	617143	649625
15	299647	326887	354128	381369	408609	435850	463090	490331	517572	544812
20	242000	264000	286000	308000	330000	352000	374000	396000	418000	440000
25	184353	201113	217872	234631	251391	268150	284910	301669	318428	335188
30	126707	138225	149744	161263	172782	184300	195819	207338	218857	230375
35	69060	75338	81616	87894	94172	100451	106729	113007	119285	125563
40	61529	67122	72716	78309	83903	89497	95090	100684	106277	111871
45	53998	58907	63816	68725	73634	78543	83451	88360	93269	98178
50	46467	50691	54916	59140	63364	67589	71813	76037	80261	84486
60	31405	34260	37115	39971	42826	45681	48536	51391	54246	57101

附表 B7　30CrMnSiA 钢腐蚀损伤试验数据表（RH = 75%）

温度/℃ \ 时间/h （D_{IC}/mm）	10	50	100	150	200	250	300	350	400	450	500
10	8020	40099	80198	120297	160396	200494	240593	280692	320791	360890	400989
15	6710	33549	67099	100648	134198	167747	201297	234846	268396	301945	335494
20	5400	27000	54000	81000	108000	135000	162000	189000	216000	243000	270000
25	4090	20451	40901	61352	81802	102253	122703	143154	163604	184055	204506
30	2780	13901	27802	41703	55604	69506	83407	97308	111209	125110	139011
35	1470	7352	14703	22055	29407	36758	44110	51462	58813	66165	73517
40	1295	6475	12950	19424	25899	32374	38849	45324	51798	58273	64748
45	1120	5598	11196	16794	22392	27990	33588	39185	44783	50381	55979
50	944	4721	9442	14163	18884	23605	28326	33047	37768	42489	47210
60	593	2967	5935	8902	11869	14836	17804	20771	23738	26706	29673

温度/℃ \ 时间/h （D_{IC}/mm）	550	600	650	700	750	800	850	900	950	1000
10	441088	481187	521286	561384	601483	641582	681681	721780	761879	801978
15	369044	402593	436143	469692	503242	536791	570341	603890	637439	670989
20	297000	324000	351000	378000	405000	432000	459000	486000	513000	540000
25	224956	245407	265857	286308	306758	327209	347659	368110	388561	409011
30	152912	166813	180714	194616	208517	222418	236319	250220	264121	278022
35	80868	88220	95572	102923	110275	117627	124978	132330	139682	147033
40	71223	77698	84172	90647	97122	103597	110071	116546	123021	129496
45	61577	67175	72773	78371	83969	89567	95165	100763	106360	111958
50	51931	56653	61374	66095	70816	75537	80258	84979	89700	94421
60	32640	35608	38575	41542	44509	47477	50444	53411	56379	59346

附表 B8　30CrMnSiA 钢腐蚀损伤试验数据表（RH = 70%）

D_{IC}/mm 时间/h 温度/℃	10	50	100	150	200	250	300	350	400	450	500
10	9543	47717	95433	143150	190866	238583	286299	334016	381732	429449	477166
15	7972	39858	79717	119575	159433	199291	239150	279008	318866	358724	398583
20	6400	32000	64000	96000	128000	160000	192000	224000	256000	288000	320000
25	4828	24142	48283	72425	96567	120709	144850	168992	193134	217276	241417
30	3257	16283	32567	48850	65134	81417	97701	113984	130268	146551	162834
35	1685	8425	16850	25276	33701	42126	50551	58976	67401	75827	84252
40	1471	7356	14712	22068	29424	36780	44136	51492	58848	66204	73560
45	1257	6287	12574	18861	25148	31435	37722	44008	50295	56582	62869
50	1044	5218	10436	15653	20871	26089	31307	36525	41742	46960	52178
60	616	3080	6159	9239	12318	15398	18477	21557	24636	27716	30796

D_{IC}/mm 时间/h 温度/℃	550	600	650	700	750	800	850	900	950	1000
10	524882	572599	620315	668032	715748	763465	811181	858898	906614	954331
15	438441	478299	518158	558016	597874	637732	677591	717449	757307	797166
20	352000	384000	416000	448000	480000	512000	544000	576000	608000	640000
25	265559	289701	313842	337984	362126	386268	410409	434551	458693	482834
30	179118	195401	211685	227968	244252	260535	276819	293102	309386	325669
35	92677	101102	109527	117952	126378	134803	143228	151653	160078	168503
40	80917	88273	95629	102985	110341	117697	125053	132409	139765	147121
45	69156	75443	81730	88017	94304	100591	106878	113165	119452	125739
50	57396	62614	67831	73049	78267	83485	88703	93920	99138	104356
60	33875	36955	40034	43114	46193	49273	52352	55432	58512	61591

附表 B9　30CrMnSiA 钢腐蚀损伤试验数据表（RH = 65%）

温度/℃ \ 时间/h \ D_{IC}/mm	10	50	100	150	200	250	300	350	400	450	500
10	11067	55334	110668	166003	221337	276671	332005	387340	442674	498008	553342
15	9233	46167	92334	138501	184668	230836	277003	323170	369337	415504	461671
20	7400	37000	74000	111000	148000	185000	222000	259000	296000	333000	370000
25	5567	27833	55666	83499	111332	139164	166997	194830	222663	250496	278329
30	3733	18666	37332	55997	74663	93329	111995	130660	149326	167992	186658
35	1900	9499	18997	28496	37995	47493	56992	66491	75989	85488	94987
40	1647	8237	16475	24712	32949	41187	49424	57661	65898	74136	82373
45	1395	6976	13952	20928	27904	34880	41856	48832	55807	62783	69759
50	1143	5715	11429	17144	22858	28573	34287	40002	45716	51431	57146
60	638	3192	6384	9575	12767	15959	19151	22343	25535	28726	31918

温度/℃ \ 时间/h \ D_{IC}/mm	550	600	650	700	750	800	850	900	950	1000
10	608676	664011	719345	774679	830013	885347	940682	996016	1051350	1106684
15	507838	554005	600172	646340	692507	738674	784841	831008	877175	923342
20	407000	444000	481000	518000	555000	592000	629000	666000	703000	740000
25	306162	333995	361828	389660	417493	445326	473159	500992	528825	556658
30	205324	223989	242655	261321	279987	298653	317318	335984	354650	373316
35	104485	113984	123483	132981	142480	151979	161478	170976	180475	189974
40	90610	98848	107085	115322	123560	131797	140034	148272	156509	164746
45	76735	83711	90687	97663	104639	111615	118591	125567	132543	139519
50	62860	68575	74289	80004	85718	91433	97148	102862	108577	114291
60	35110	38302	41494	44685	47877	51069	54261	57453	60645	63836

附表 B10　30CrMnSiA 钢腐蚀损伤试验数据表（RH =60%）

D_{IC}/mm 时间/h 温度/℃	10	50	100	150	200	250	300	350	400	450	500
10	12590	62952	125904	188856	251808	314759	377711	440663	503615	566567	629519
15	10495	52476	104952	157428	209904	262380	314856	367332	419808	472283	524759
20	8400	42000	84000	126000	168000	210000	252000	294000	336000	378000	420000
25	6305	31524	63048	94572	126096	157620	189144	220668	252192	283717	315241
30	4210	21048	42096	63144	84192	105241	126289	147337	168385	189433	210481
35	2114	10572	21144	31717	42289	52861	63433	74005	84577	95150	105722
40	1824	9119	18237	27356	36474	45593	54711	63830	72948	82067	91186
45	1533	7665	15330	22995	30660	38325	45990	53655	61320	68984	76649
50	1242	6211	12423	18634	24845	31057	37268	43479	49691	55902	62113
60	661	3304	6608	9912	13216	16520	19824	23129	26433	29737	33041

D_{IC}/mm 时间/h 温度/℃	550	600	650	700	750	800	850	900	950	1000
10	692471	755423	818374	881326	944278	1007230	1070182	1133134	1196086	1259038
15	577235	629711	682187	734663	787139	839615	892091	944567	997043	1049519
20	462000	504000	546000	588000	630000	672000	714000	756000	798000	840000
25	346765	378289	409813	441337	472861	504385	535909	567433	598957	630481
30	231529	252577	273626	294674	315722	336770	357818	378866	399914	420962
35	116294	126866	137438	148011	158583	169155	179727	190299	200871	211444
40	100304	109423	118541	127660	136778	145897	155016	164134	173253	182371
45	84314	91979	99644	107309	114974	122639	130304	137969	145634	153299
50	68325	74536	80747	86958	93170	99381	105592	111804	118015	124226
60	36345	39649	42953	46257	49561	52865	56169	59473	62777	66082

附　　录

我的科研之道

1962 年，我大学毕业分配到北京航空工程技术研究中心工作，工作后，我根据自己的性格和爱好，将自己定位在“不当官、做研究”上。这是我一生的选择。半个多世纪，我不忘初心，一直坚守自己的选择，始终在科研一线搞研究，既付出了辛勤的汗水，也收获了一些成果。我先后荣获全国科学大会成果奖 2 项，国家科学技术进步奖一、二等奖各 1 项，军队科学技术进步奖一等奖 4 项、二等奖 4 项。发表论文 106 篇，独自发表 59 篇。1990 年被评为国家级有突出贡献的中青年专家，享受国务院政府特殊津贴。1992 年被评为全国 12 名“科技英才”人物之一。1995 年当选中国工程院院士，成为中国空军第一位院士。1996 年分别荣获首届全军专业技术重大贡献奖和香港第三届何梁何利基金科学与技术进步奖，2003 年获首届空军专业技术重大贡献奖。2019 年空军成立 70 周年，被空军评为“推进空军战略转型十大杰出人物”，受到国家主席习近平的接见并合影留念。没想到，我这个技术人员能评上“战略转型人物”，谢谢组织对我的鼓励！

也许有人会问，你靠什么获得这么多成果？回首自己走过的研究之路，我的深切体会是：为国家主动担当与创新，靠勤奋、恒心与拼搏。是它们给了我勇气、智慧、信心和力量，是它们伴我一路前行，才有今天的收获。

主动担当　勇于创新

在科研道路上，要有负责任敢担当的精神。有责任，敢担当，是一个人的立身之本。责任，就是牢记使命，勇于担当；就是立足本职，尽职尽责。

1966 年底，组织上派我到上海飞机修理厂了解一批已修好的飞机却出不了厂的原因。按理说，我把情况了解后就可回京向所里作一汇报便可完事。但得知修理的飞机因给不出飞机寿命，总师不签字，飞机交付不了，而且这种型号飞机部队还有几百架。我思来想去，觉得自己有责任为解决这个问题出主意想办法，不能就这样空手而归。由于当时正处在“文化大革命”时期，回京的火车停运，我借在上海等待的 3 个月时间，研究出如何对乌米格－15 飞机进行延寿，如何做疲劳试验，做什么部件的试验等问题的方案。方案得到单位认可后，担任课题组长的我便运用自己所学知识自行设计，并带领课题组成员自力更生，攻克技术难关，先后研制成功立式、卧式两套试验设备。

接着又组织飞机实测和数据处理，编制出我国第一个实测自编的载荷谱。最终将乌米格－15和米格－15比斯两种飞机的总使用寿命由1700飞行小时分别延至3700和3200飞行小时，相当于为军队新增千余架飞机。

在“七五”至“九五”期间，我四次在不情愿的情况下被“借调”到空军机关协助工作，如果我消极对待，得过且过，做一天和尚撞一天钟，只能无所作为。但我想到“责任”二字，就没把派出当成“发配”而消极怠工，相反，当成中途“充电”“加油”的过程。我不但完成了《军用飞机强度和刚度规范》《航空产品寿命和可靠性暂行规定》的编写工作，而且研究出“系列飞机定寿法”，以此定寿法为指导，从技术上担当起为我国近万架飞机定寿的重任。

在我国近万架飞机定寿和之后的10年间，由于国际疲劳理论上的不足和空白，引起在飞机定寿中不规范乱取分散系数的问题，导致飞机定寿可靠性降低。为消除这种乱象，提高飞机定寿的可靠性，我利用业余时间主动担当起解决这个问题的“重任”。为此先后撰写并发表7篇论文：疲劳分散系数安全标准差的研究、疲劳分散系数的分类及其取值研究、飞—续—飞载荷谱与程序块载荷谱对疲劳分散性的对比研究、已飞飞机原寿命的疲劳分散系数研究、单机寿命监控飞机的疲劳分散系数研究、疲劳分散系数理论曲线研究、使用载荷下的重谱不能降低疲劳分散系数的研究。这些论文中的每一篇都是针对当时国际上争论很大的理论问题和规范问题。这些论文发表后，不仅平息了这些争议，而且填补了国际疲劳理论的某些不足和空白，使疲劳分散系数取值更科学和规范，使飞机定寿更可靠。

创新精神是一种勇于抛弃旧思想旧事物、创立新思想新事物的精神。它表现为不满足已有认识，不断进行改革和革新；不墨守成规，敢于打破原有框框，探索新的规律，新的方法；不迷信书本、权威，敢于根据事实和自己的思考，同书本和权威质疑；不盲目效仿别人的想法、说法、做法，不人云亦云，唯书唯上，坚持用新的方式思考，用新的方式做事。

早在20世纪60年代，为了我国飞机延寿的急需，我曾创新设计出我国第一台一次可以试验3个部件的受力自身平衡疲劳试验设备，为两个大机群飞机延了寿，产生数百架飞机的效益。1975年，因歼5飞机定寿需要，上级决定再做一台这种疲劳试验设备。按理说，图样资料都是现成的，重新再做一套就完事了。可我认为，既然要重做一套，就应该在原来的基础上有所创新，更为先进。为此我利用1个月的业余时间，设计了一套一次可以试验6个部件的卧式疲劳试验设备图样，这种试验设备不仅试验件数由3件提高到6件，而且取消了原设备的承载支持部件，使6个试验件巧妙地构成一个自身平衡系统，使试件受力更准确，设备更简单，使用更方便。这一台新研制设备，为几个大机群飞机定了寿。它不仅获得全国科学大会奖还荣获了国家发明奖。

1977年，空军装备部下达了在歼6飞机上增挂500kg炸弹的改装任务。为此，有关部门成立了一个攻关课题组。根据一般的理论和经验，这种改装须改动机体结构，增加加强框或加强肋，使其能经受住这巨大的负荷。因此在预研中，有人拿出了一个改装方案。这个方案几乎要将飞机的后机身结构重新设计和制造。也就是说需大拆大卸，更换部件后再重新组装。这不仅使改装难度加大，费用增加，时间周期延长，而且部队修理厂因设备条件不够，很难完成。但在没有更好方案的情况下，有关部门只好决定先行动工，按此方案进行试制。我被调到课题组后，给我的任务是强度计算，在研究强度计算中，总觉得这不是个好方案。经过一番仔细的调研分析和独立思考，决定另辟蹊径，用自己创新的“类比计算法”，对飞机总体强度和部件强度进行严密的分析、计算后，提出了一个创新的挂弹方案，提交到课题组。这个方案说出来非常简单，却十分巧妙，即将新设计的挂弹装置，安装在机翼与机身对接的螺栓上，不动机身、机翼任何结构，就达到了改装的要求和目的。这个方案一拿到课题组专门会议上讨论，即获得一致同意。在机关支持下，课题组共同努力，很快第一架样机改装出来，经过试飞、试投，效果良好，经空军有关部门研究确定，先行投入小批改装。实践证明，我提出的这一改装方案，不仅避免了大拆大卸和重新设计制造后机身的繁杂工序，节省了许多材料和费用，还使改装变得简单方便，不进修理厂，在外场就可施行，将改装周期也大大缩短了。更为重要的是，由于机翼机身连接部位的刚度大，且靠近飞机的重心位置，使投弹的命中率得以提升，从而大大提高了飞机加挂炸弹的军事效益。为此，挂弹改装项目荣获了国家科学大会奖。

20 世纪 80 年代前，我国近万架军用飞机，无论是外购的、仿制的还是自行研制的，由于都是按静强度设计的，未做疲劳试验，均未给出寿命指标。因此，使用、修理都存在盲目性，飞行事故屡屡发生。这些飞机亟待定寿或延寿。但因国家经费有限，只拨了 3 个在研机型定寿的费用。在这危难之际，我出于为国解难，在“寿命类比计算理论”基础上，又创新研究出“系列飞机定寿法”。以此方法为指导，在空军可靠性办公室领导下，在我国疲劳团队共同努力下，只用 3 个机型的定寿经费，10 多年时间就完成了我国 15 个机型近万架飞机定寿和延寿任务，解决了新中国成立以来一直要解决而又没有解决的重大系统工程难题，为国家创造了数千架飞机的价值。1995 年，“‘系列飞机定寿法’及其在 15 种飞机定寿中的应用和其中 10 种飞机定延寿”的重大工程项目，荣获国家科学技术进步奖一等奖。

我除了在工程项目中为国家做出一些创新成果外，在国际疲劳和腐蚀理论领域，出于对事业负责和好奇，也创新研究出一些前人没有解决的难题。我首先研究出“裂纹形成寿命类比计算法”和“裂纹扩展寿命类比计算法”，消除了 Miner 这一经典理论中的分散性导致计算精度低的问题；研究出“代表起落谱”，解决了这个世界上一直没有解决的“载荷迟滞”效应问题；研究出“寿命系数定寿法”，解决了世界各国一直谋求降低疲劳试验时间这个问题；研究出一种“耗损系数”，用这个系数消除“当量小时”，解决了国内外单机寿命监控技术中这个长期没有解决的问题；在国际日历寿命研究领域，建立了用真实使用环境参数确定日历寿命的新理论体系和方法，解决了世界几百年一直期盼解决而没解决的理论问题。可以说，我在工程实际工作中取得的成绩，在国际疲劳和腐蚀理论研究领域取得一些突破，均与创新分不开。

牢记勤、恒、拼这个“三字经”

“勤、恒、拼”三字是我工作的座右铭，它贯穿我整个研究生涯，是我为国家作贡献的利器。在我半个多世纪的实际工作中，我深深体会到：勤能生智，恒能积才，拼能攀峰。

勤生智。勤奋是一种美德，更是成功的一大秘诀。聪明与勤奋有不解之缘。聪明的人，首先是勤奋的人。卡莱尔说过：“天才就是无止境地刻苦勤奋的努力。”伟大的发明家爱迪生说过“成功等于百分之一的天才加百分之九十九的勤奋”。这些名人的经验之谈告诉我们，天才离不开勤奋，只有勤奋，才能成才。俗话说得好，“勤能补拙是良训，一分辛苦一分才”。对此我也是这样理解认同的。勤不仅能补拙，还能生出智慧，生出才能，让人聪明起来。

参加工作后，我养成了一个习惯，每天下午别人下班了，我还要工作和学习一段时间。晚饭后，也几乎每天都在办公室，因为此时办公楼安静，工作效率更高。1984年前，我一家三代 4 口挤在一间不足 $16m^2$ 的房子里，一住就是十几年。晚上，我也常常在家人睡着了以后，再继续坐在小马扎上工作。即使躺下了，忽然想到什么问题，或有了某一灵感，我会马上爬起来记下来。就这样通过多年的勤学勤练，使我这个不懂疲劳的外行人变成内行人。

由于历史原因，我念中学、大学时，学的都是俄语。可从事飞机结构寿命和可靠性研究后，经常要查阅一些资料，这些资料中多数是英文的。为看懂这些英文资料我开始自学英文。于是买来英汉字典和收音机，对照字典一字一句地抠，打开收音机一遍又一遍地反复听，日积月累，总算能应付资料的阅读。1987 年，我撰写的《飞—续—飞载荷谱与程序块载荷谱对疲劳分散性的对比研究》论文，被环太平洋国际宇航学术会议录用，并邀请我出席当年在澳大利亚墨尔本举行的大会，并在会上宣读该论文。这是我第一次出国，也是第一次能站在国际学术舞台上。可用英语宣读论文对我来说还是“大姑娘坐轿头一回”。为了能闯过这一关，不论白天晚上，只要有空就练习口语，反复默念论文，直至背诵下来，并能用英语回答论文的相关问题。就这样勤学苦练，又掌握了一门外语。

我的理论研究成果，也是靠勤思考、勤选题、勤创新取得的。我的理论研究课题都是自选的，没有立项，既没有经费，也没有时间保证，全在业余时间进行。因此时间对我来说尤其宝贵。在我脑子里没有星期天、节假日的概念，60 岁前我从未休过假。研究工作成了我生命中不可或缺的一部分。半个世纪以来，我就这样不间断地研究新课题，使我不仅取得了一些成果，而且增长了智慧。智慧积累多了，人就自然“聪明”了。

恒积才。英国伟大的科学家牛顿说过：“一个人做事如果没有恒心，他是任何事也做不成功的。”我国有一句谚语，“立志无恒，终身事无成”。在历史的长河中，古今中外的大多名人都是因持之以恒产生的：马克思写《资本论》花了 40 年；摩尔根写《古代社会》花了40年；德国大诗人歌德耗费了60年的心血，才完成他的长诗《浮士德》；列夫·托尔斯泰写《战争与和平》花了37年；明代李时珍用了整整27年的时间终于完成了医学上的不朽之作——《本草纲目》，完成时已经两鬓白发……

万事，恒为贵。古今中外的名人贤士都逐一证明“恒心”是成功的基石。只有持之以恒，才会创造奇迹。著名法国化学家拉瓦锡，只因为他持之以恒不懈地进行探究与实验，才会得出质量守恒等重要化学理论。居里夫人几十年如一日投身于科学研究，历尽千辛万苦，终于发现了钋和镭两种元素，但她没有沾沾自喜，继续研究，成为诺贝尔奖历史上唯一两次获此殊荣的女性。古今中外，恒者不胜枚举。

我研究的课题，从开始至结束，少则三五年，多则十几年，甚至几十年。这些课题，有的是基础理论，有的是工程应用，有的是国内急于解决的现实需求，有的是国际上几十年没有破译的难题等不一而足。这些研究，不仅涉及面广，复杂、艰深，须花费巨大的精力和大量的时间，还枯燥无味，不易出成果。“类比寿命计算法”研究，我花了16年时间；“代表起落谱”研究花了20年时间；“飞机日历寿命”研究花了整整28年的时间。如果没有耐得住寂寞的心理准备，没有锲而不舍、持之以恒的执着精神是很难坚持到最后的，更不用说出什么成果，得什么奖项了。

正是由于自己在疲劳领域默默耕耘，长期坚持才逐步做出一点应有贡献。可以说，每一个希望都在始终坚持的道路上得以实现。我认为有恒心的人，纵使气馁过，也能重新站起来，因为有恒心的人，不会轻易放弃。有恒心的人，纵使成功过也不曾骄傲，因为有恒心的人，知道骄傲会使他失败，所以他成功了，也只会一笑而过，心里想着下一个目标，下一个成功。

我在大学毕业之前，对这个“恒”字并没有怎么看重，而是肤浅地认为，人生只要勤奋，就能到达“胜利的彼岸”。待参加工作，特别是深入科研领域后，才掂量到这“恒”字的沉重分量，认识到其在科研中不可或缺的重要性。才体会到“持之以恒”是对我们学术意志的长期考验，是块比“勤”更能察验一个人意志的“试金石”。它不仅是艰辛坚守的连续奋战，更是种执着追求精神的不断呈现。与此同时，我还深感“恒”还能积才。在科研的道路上不可能都一帆风顺，会遇到许许多多的困难和问题，而要解决这些困难和问题，就要不断地去研究，不断地去探求，不断地学习新知识、掌握新技术。因此，“恒”是我们科研人员积淀知识，积蓄才能，积累经验的漫长过程。而有了知识、才能、经验的积累，又为今后的科研打下更为坚实的基础。

拼攀峰。雨果曾说：“所谓活着的人，就是不断挑战的人，不断攀登命运的人。”人生能有几回搏！不拼搏，居里夫人就不会发现镭，詹天佑就不会筑成京张铁路……

我在科研上也被人称为“拼命三郎”。我国各系列飞机的疲劳寿命是“疲劳帮”十几年的拼搏给出来了，但这些飞机的日历寿命仍无法给出。1995年，我当选为中国工程院院士，但我没把这一荣誉当成终点，而是把它作为新的起点。1995年，已到花甲之年的我开始研究飞机日历寿命，决心为攻克这一世界性难题拼一次搏一把。

大家知道，飞机日历寿命是飞机两大寿命指标（疲劳寿命和日历寿命）之一。目前飞机日历寿命的给出，尚没有做真实使用环境下的有效理论计算和试验，是靠经验和拍脑袋给出的。这样无根据地长期使用，将会使腐蚀部位的损伤值达到或超过容限值导致飞机或其他机械灾难的事故发生。例如，1981年中国台湾一架波音747飞机，因机身腐蚀空中解体，造成150人遇难；2002年美国一架F-15战斗机由于尾翼腐蚀断裂在空中解体；2001年我国歼8飞机由于机身一个主要承力框腐蚀几乎断裂，险些摔飞机。1984年，印度一个化学管道由于腐蚀开裂，造成3000多人死亡，18万人受重伤；1992年，墨西哥一家工厂的输油管道腐蚀泄漏，造成300人死亡。这类腐蚀事故在世界各地每年都屡屡发生，给国家和人民造成重大的经济损失和人员伤亡。自20世纪70年代开始，特别是80年代以来，随着现代飞机对使用寿命要求越来越高，特别是随着飞机在使用中暴露出来的腐蚀和腐蚀疲劳问题越来越严重，如何从日历寿命角度解决飞机使用寿命问题就显得越来越重要、越来越紧迫。因此各国学术界多年来都把机械日历寿命的可靠确定，当成皇冠上的明珠来追逐，但自1813年法拉第定律创立至今已200多年了，国内外仍没有找到一种可靠有效的理论计算方法和相应的试验方法。

为攻克这一世界性难题，我设想了要达到的研究目标：即用使用环境参数和试验曲线，计算给出金属和涂层的使用日历寿命；直接用环境参数进行试验，给出试验的金属和涂层日历寿命。最终可以通过计算和试验，分别给出机械（飞机）计算使用日历寿命和试验使用日历寿命。

都说确定目标是运筹帷幄，实现目标是布兵打仗。那么，采取什么技术途径来实现目标呢？考虑到飞机日历寿命与腐蚀有很大关系，因此，我刚踏入日历寿命领域的第一年，主要是从腐蚀学科入手，进行跟踪学习。为了掌握了解这一学科研究发展情况，我查阅了大量有关资料，发现腐蚀学科已从微观到宏观研究得很深、很透，论文如云似海，但仔细分析认为它给不出真实使用环境的日历寿命。这是因为机械日历寿命属多学科的问题，仅靠腐蚀单学科是无法解决的。因此，从踏入腐蚀领域的第二年，我决定另起炉灶，从头探索。我开始对腐蚀、疲劳、损伤力学、材料和表面工程学等综合交叉研究。经过近30年艰难的拼搏和探索，经于有了初步结果。2015年5月，我在空军召开的飞机日历寿命学术会议上宣读了日历寿命研究论文，介绍了研究取得的初步成果。同年10月，第五届全军高层次科技创新人才工程学术交流会在武汉召开，我应邀到会作了题为《金属日历寿命确定的新理论新方法研究》的报告，介绍了在飞机（金属）日历寿命研究方面的新进展：找到了金属材料腐蚀的多种新规律曲线；建立了金属日历寿命计算的新理论公式；新试验方法和新编谱方法。该理论和方法，可用真实使用环境的参数和试验曲线计算日历寿命，也能用真实使用环境参数进行试验，给出日历寿命，这些都得到了多次试验验证，证明是有效的。与会专家认为，这是目前国际其他理论和方法无法达到的。如今，应用我上述研究成果就可以通过理论计算和试验给出飞机（机械）日历寿命了。

其实，对于飞机（机械）日历寿命的研究，我开始并没有什么把握，因而没有向上级或有关部门申请科研立项和经费及助研人员，而是自己在不耽搁现有工作的前提下，利用一切可利用的时间，查阅资料，收集信息，在占有大量资料并进行消化和知识积累后，再潜心反复思考研究，推导运算。在挑战飞机日历寿命这一世界性难题的探索过程中，遇到许多问题和困难，但我始终没有放弃，没有犹豫和动摇，而是充满信心。苦也好，累也罢，失败也好，寂寞、坐冷板凳也罢，义无反顾，始终朝着自己既定目标向前拼搏……

我的研究经历告诉我，只要敢于拼搏，善于拼搏，任何成功的大门都会为我们敞开的。也只有不畏艰险，勇于拼搏的人才能攀上科学的顶峰。我们应记住：只有拼出来的美丽，没有等出来的辉煌，爱拼才会赢！

张福泽日历寿命模型的应用实例

海军航空大学青岛校区杨晓华教授团队根据张福泽院士研究出的金属日历寿命模型，在海军××系列飞机大修3次，防护涂层有效期为10年的条件下，得到海军××系列飞机翻修间隔为14年，总日历寿命为43年的结论。此结论与部队实际应用情况吻合，并在2016年由柯伟、孙聪等院士参加的海军飞机结构寿命可靠性评定与腐蚀控制技术体系研究及应用的鉴定会上得到认可。

海军航空大学青岛校区出具的《应用证明》附后。

应用证明

成果名称	金属腐蚀日历寿命预计模型
应用单位名称	海军航空大学青岛校区
应用内容	张福泽院士提出的金属腐蚀日历寿命预计模型为：为了获得飞机各次日历寿命翻修期 $y_1, y_2, \cdots, y_n$、总日历寿命 Y、自由腐蚀到临界损伤 D_c 的年限 λ、防护层一次有效年限 λ_m 和翻修次数 n 的关系表达式，假设：（1）假设各次防护层一次有效期 λ_m 相等；（2）假设在防护层有效时间内，机件不腐蚀；（3）假设自由腐蚀到损伤容限 D_c 的年限 λ 平均分配给各次翻修期中，则： 飞机各次翻修期 y_i 的预计模型为：$y_i = \lambda_m + \frac{\lambda}{n+1}$ 飞机总日历寿命 Y 预计模型为：$Y = (n+1)\lambda_m + \lambda$
起到的作用及达到的效果	根据张院士提出的模型以及所提供的铝合金板材平均腐蚀1mm的 $T\text{–}H$ 试验曲线和合金钢板材平均每平方厘米腐蚀1mg试验 $T\text{–}H$ 曲线，在海军××系列飞机大修3次、防护涂层有效期为10年的条件下，根据上述模型，得到海军××系列飞机翻修间隔为14年，总日历寿命为43年。 上述结论与部队实际应用情况较吻合，并在2016年由柯伟、孙聪等院士参加的海军飞机结构寿命可靠性评定与腐蚀控制技术体系研究及应用的鉴定会上得到认可。
本证明填写客观真实，若有不实，愿意承担相应责任并接受处理。 应用单位法人签字：王德 （应用单位盖章） 2022年7月20日	
经办人：杨晓华	

空军 80 岁院士破解衡量飞机寿命世界性难题

本报讯　记者陆荣军、特约记者李良泰报道：80 岁高龄的中国工程院院士、空军装备研究院飞机寿命专家张福泽，应用自创的飞机日历寿命新理论新方法，对飞机金属材料进行理论计算和试验对比研究，其计算结果与试验值吻合，验证了这种理论和方法的可靠性、适用性，这是目前国际上其他理论和方法无法达到的。该研究成果在第五届全军高层次科技创新人才工程学术会上进行交流，引起学术界广泛关注。

准确确定飞机的日历寿命是保障飞行安全的重要环节，也是长期困扰国际航空界的一大难题。为破解这一难题，张福泽长期开展飞机腐蚀、疲劳、损伤力学和表面工程等多学科交叉综合研究，历经 20 年反复论证和验证，找到金属材料与真实环境参数之间的多种新规律曲线，建立了飞机金属结构日历寿命确定的新理论法则、新试验方法和新编谱方法，先后在国际航空科学大会、《航空学报》和《前沿科学》发表论文 21 篇，获国家发明专利 5 项。

据了解，国际上衡量飞机寿命的指标通常有疲劳寿命和日历寿命两种，从安全角度考虑，飞机只要达到任一指标就必须报废。据张福泽介绍，飞机的日历寿命主要依据飞机金属材料的腐蚀和非金属材料的老化损伤来确定，由于涉及温度、湿度、紫外线照射和各种介质等繁多因素，至今国际上仍未建立起有效的飞机日历寿命计算理论和方法，导致无法给出准确的日历寿命，使飞机或过度使用引发事故，或提前报废造成浪费，严重制约了飞机的正常使用。

应用张福泽创立的新理论新方法，可用腐蚀参量直接计算或试验给出真实环境下的金属使用日历寿命，这在国内外尚属首创，将为飞行安全提供有力保障。

（原载 2015 年 12 月 8 日《解放军报》）

张福泽大事年表

1936 年 3 月

辽宁岫岩县出生。

1952 年 2 月

岫岩县三家子小学毕业。

1954 年 7 月

岫岩中学初中毕业。

1957 年 7 月

丹东二中高中毕业。

1962 年 9 月

北京航空学院飞机设计专业大学本科毕业。

1962 年 10 月

分配到北京航空工程技术研究中心。

1963 年 1 月

在空军第一师当机械兵 1 年，被评为“五好战士”。

1964 年 1 月

在成都空军 5701 飞机修理厂实习 1 年。

1965 年 6 月

派遣到河南陕县参加“四清”工作队 6 个月。

1966 年 1 月

参加图 - 4 飞机改装发动机 1 年。

1967—1970 年

研制一次同时试验三个全尺寸部件的立式疲劳试验设备，为两个大机群飞机延寿提供疲劳试验数据（该设备获全国科学大会奖，位列获奖名单第一人）。

1967—1976 年

任课题组组长，完成我国第一个大机群乌米格 - 15 飞机延寿，产生数百架飞机效益（获全国科学大会奖，位列获奖名单第一人）。

1969—1981 年

首创“裂纹形成寿命类比计算法”，在国际上首先研究出类比计算裂纹形成寿命的模型和方法。论文被美国著名学术刊物《AD 报告》全文转载（获部级科学技术进步奖二等奖，独自获得）。

1975—1977 年

研制一次同时试验两组 6 个全尺寸大结构件的卧式疲劳试验设备，为三个大机群飞机延寿提供疲劳试验数据（获全国科学大会奖，该设备独特设计方法获国家发明奖四等奖，独自获得）。

1977—1979 年

参加歼 6 飞机增挂 250kg×2 炸弹改装项目，把歼 6 改装成轻型轰炸机，相对增加一个新机型（获全国科学大会奖，位列获奖名单第四人）。

1978—1979 年

任课题组组长，完成我国第二个大机群米格－15 比斯飞机延寿，产生数百架米格－15 比斯飞机的效益（获军队科技进步奖三等奖，位列获奖名单第一人）。

1979 年 3 月

加入中国共产党。

1979 年 12 月—1980 年 12 月

参加歼 6 飞机加装机腹油箱后，再增挂 250kg×2 炸弹课题。

1980 年 3 月

参与编写空军版本《军用飞机强度和刚度规范》，历时三年。此规范是国家版本强度规范的参照本（获军队科技进步奖一等奖，位列获奖名单第二人）。

1980 年 4 月

被评为工程师，晋升为专业技术 9 级。

1981—1985 年

首创“裂纹扩展寿命类比计算法”，在国际上首先研究出裂纹扩展寿命类比计算模型和方法。论文被美国著名学术刊物《AD 报告》全文转载（获部级科技进步奖三等奖，独自获得）。

1982—1984 年

参与编写国家版本《军用飞机强度和刚度规范》，结束了我国飞机无疲劳强度规范的历史（获国家科学技术进步奖二等奖）。

1983 年 5 月

晋升为专业技术 8 级。

1983—1986年

对疲劳分散系数中标准差进行研究，填补了国内外疲劳寿命安全标准差计算空白（获部级科学技术进步奖一等奖，独自获得）。

1984—1985年

参与编写《航空产品寿命和可靠性暂行规定》，与此同时研究出“系列飞机定寿法”，为我国各系列飞机定寿延寿提供理论支持。

1985—1987年

在国际上首次将疲劳分散系数分成：理论计算用的疲劳分散系数、试验用的疲劳分散系数、裂纹形成寿命的分散系数和裂纹扩展寿命的分散系数。填补了国际上这方面的空白。

1985—2001年

课题“以中值寿命（或损伤）代表起落编制飞机飞—续—飞载荷谱研究”获军队科技进步奖一等奖（独自获得）。

1986—1989年

课题“飞机结构可靠性定寿方法研究”（获部级科学技术进步奖一等奖，位列获奖名单第二人）。

1986—1995年

以“系列飞机定寿法”为指导，对我国15个机型近万架飞机定寿延寿。解决了新中国成立40年来一直想解决而没有解决的大难题，创造数千架飞机的经济效益（获国家科学技术进步奖一等奖，位列获奖名单第一人）。

1987年2月

被评为高级工程师。

1987年11月

晋升为专业技术7级。

1987年11月

出席在澳大利亚墨尔本召开的第一届环太平洋国际宇航学术交流会，并在会上宣读《飞—续—飞载荷谱与程序块载荷谱对疲劳分散性的对比研究》论文。该论文由于解决了国际疲劳领域的一道难题，被大会誉为“80年代高质量的论文”，同年被美国著名技术刊物*SAE*全文转载，并由该刊出版单行本。

1988年6—12月

在美国威斯康星大学做高级访问学者。

1989年8月

应182厂邀请，赴乌克兰考察，调研有关运8飞机的定寿延寿问题。

1990 年 6 月

应机械工业部之邀，赴德国就有关机械可靠性及寿命问题进行访问考察。

1990 年 8 月

出席在日本岐阜召开的国际亚太宇航学术交流会，并发表论文《飞机与直升机结构寿命设计中的疲劳分散系数和减缩系数》。该论文后来被美国著名学术刊物 *SAE* 转载。

1990 年

被评为国家级有突出贡献的中青年专家，享受国务院政府特殊津贴。

1991 年 12 月

晋升为专业技术 6 级。

1992 年

被评为全国 12 名“科技英才”之一，事迹在中央人民广播电台播出。

1994 年 6 月

与清华大学杜庆华院士、611 所王正研究员一行 3 人，出席在美国西雅图召开的国际应用力学会议，发表《经济寿命类比计算法》。会后辗转到英国出席国际动力学会议。随后到法国巴黎大学、新加坡南洋理工大学进行学术交流。

1995 年 5 月

当选为中国工程院院士，也是中国空军第一位院士。同年 6 月，越级晋升为技术 3 级。

1995 年至今

协助各厂、所进行现役和新机的疲劳定寿，并利用业余时间进行飞机日历寿命研究。

1996 年

在人民大会堂受到中共中央总书记、国家主席、中央军委主席江泽民的亲切接见。

1996 年

获首届全军专业技术重大贡献奖。

1996 年

获何梁何利基金科学与技术进步奖。

1998 年 11 月

出席在澳大利亚墨尔本召开的国际航空科学大会，并宣读论文《代表起落随机载荷谱编制方法》。该论文突破了国际上几十年一直未能解决的“载荷迟滞效应”与“载荷加载状态”两项技术难题，被誉为“张福泽代表起落谱”。

1999年1月

发表论文《金属机件腐蚀损伤日历寿命的计算模型和确定方法》。该论文突破了国际一直无法用真实腐蚀参数计算金属日历寿命的历史。

1999年9月

晋升为文职级别1级。

1999年12月

晋升为专业技术2级。

2000年

任中国人民解放军总装备部科学技术委员会兼职委员（任期12年）。

2001年7月

随011基地有关人员赴俄罗斯西伯利亚航空研究院调研疲劳方面的问题。同年8月又随中国航空学会代表团赴俄罗斯，同俄方协商处理解决我国引进苏-27飞机疲劳寿命、生产线和使用中出现的诸多问题。

2001年

研究出《飞机日历寿命确定的区域定寿法》。该论文在国际上首次提出分区域给飞机定日历寿命的方法。

2001年

任中国人民解放军空军首席专家。

2003年12月

晋升为专业技术1级。

2003—2018年

任再制造技术国防科技重点实验室学术委员会委员、专家指导委员会委员。

2003年

获首届空军专业技术重大贡献奖。

2004年4月

作为空军高级军事代表团成员，赴希腊和埃及考察。

2004年8月

出席在日本横滨召开的国际航空科学大会，并宣读论文《高空腐蚀环境下飞机疲劳寿命的修正》。该论文论证了高空腐蚀对疲劳寿命影响很小，不需修正。解决了国际尚不明确的问题。

2004年9月

晋升为文职级别特级。

2005 年

研究出《飞机日历翻修期与总日历寿命确定方法和计算公式》。该论文的确定方法和计算公式在国际上属首创，解决了国际上一直没解决的难题。

2006 年

研究出疲劳分散系数理论曲线，为重谱不能降低疲劳分散系数研究打下理论基础，在国际上属首次给出。

2006—2007 年

先后发表论文《在 25℃ 和 -40℃ 环境下的三种航空材料的疲劳品质研究》和《在 25℃ 和 -40℃ 环境下的三种航空材料的裂纹扩展品质研究》。这两篇论文是回答常温下的疲劳试验定寿结论到高空 -40℃ 使用是安全还是不安全的问题。结论是安全的。解决了国际上一直没解决和担心的问题。

2008 年

在人民大会堂受到中共中央总书记、国家主席、中央军委主席胡锦涛的亲切接见。

2009 年

任中国航空学会第八、第九届理事（任期 8 年）。

2011 年

任航空工业强度研究所强度实验室第二、第三届学术委员会主任。

2012 年

任中国人民解放军总装备部科学技术委员会顾问（任期三年）。

2013 年

在《航空学报》发表论文《已飞飞机原寿命的疲劳分散系数》。该论文解决了用已飞飞机进行疲劳试验如何取分散系数的国际无解问题。

2014 年

出席在俄罗斯圣彼得堡召开的国际航空科学大会，会上发表论文《使用载荷下的重谱能降低寿命不能降低疲劳分散系数》。该论文纠正了国际学界的错误观点，引领疲劳分散系数研究朝着正确方向发展。

2015 年

任中央军委科学技术委员会顾问。

2016 年 3 月

3 月 8 日 80 寿辰，谢绝有关方面的安排，不摆庆贺宴，不开庆祝会，而是将近年研究成果整理成文，向《航空学报》投稿。《航空学报》独设专栏，集结发表了 5 篇论文。其中《金属腐蚀“3 等线”和试验日历寿命确定方法》

推导出金属腐蚀试验日历寿命计算公式，解决了这个国际上没解决的难题；《三维等损伤环境谱的编制原理和方法》解决了日历寿命确定中无法编制等损伤谱的难题；《金属涂层的日历寿命计算公式和试验方法》解决了无法计算涂层日历寿命的国际难题；《寿命系数定寿的原理和方法》解决了国内外无法减少全尺寸疲劳试验时间的难题；《金属材料日历寿命确定的分散系数和取值》解决了国内外没有解决的问题。

2017年1月

《中国工程院院士传记张福泽传》由航空工业出版社、人民出版社出版发行。

2017年9月

在《航空学报》同时发表论文《用腐蚀损伤计算金属日历寿命原理和模型》和《金属任意腐蚀损伤量日历寿命计算模型和曲线》。《用腐蚀损伤计算金属日历寿命原理和模型》论文在国际上首次提出用腐蚀损伤计算金属日历寿命，使日历寿命计算更简便；《金属任意腐蚀损伤量日历寿命计算模型和曲线》研究，在国际上首次发现某些金属在腐蚀中存在一个不变常数，用这个常数可直接求出金属日历寿命，使日历寿命计算更简便。

2017年11月

《张福泽文集》由航空工业出版社出版发行。

2018年6月

由中国航空学会主持“张福泽院士飞机日历寿命理论与方法培训班”（东北地区）。

2018年9月

由中国航空学会主持“张福泽院士飞机日历寿命理论与方法培训班”（西安地区）。

2018年10月

由中国航空学会主持“张福泽院士飞机日历寿命理论与方法培训班”（北京地区）。

2018年12月

由空军宣布退休。

2019年4月

由中国航空学会主持“张福泽院士飞机日历寿命理论与方法培训班”（成都、南昌地区）。

2019年7月

由中国航空学会主持“张福泽院士飞机日历寿命理论与方法培训班”（贵阳、荆门地区）。

2019 年 11 月

中国空军成立 70 周年，被空军评为“推进空军战略转型十大杰出人物”，得到国家主席习近平的接见并合影留念。

2021 年 5 月

在《航空学报》发表《求飞机结构真实腐蚀容限的原理和方法》论文，突破国际一直没解决的难题。

2021 年 7 月

《张福泽文集》由航空工业出版社第 3 次印刷。

2021 年 12 月

在《中国航空学报（英文版）》发表日历寿命总结性论文：*Principles and Methods for Determining Calendar Life and Corrosion Tolerance of Mechanical Parts*。

2023 年 4 月

受组织关怀，转到海淀第七退休干部休养所。

2024 年 2 月

在《航空学报》发表论文《全机日历寿命确定及相关问题》。